DUO JIQIREN
XIETONG KONGZHI JISHU

多机器人
协同控制技术

周乐来　张辰　李贻斌◎著

化学工业出版社
·北京·

内容简介

本书是山东大学机器人研究中心在多机器人领域及以多机器人技术为基本支撑的移动式模块化机器人领域多年研究成果的总结，系统介绍了多机器人系统和移动式模块化机器人关键技术。主要内容包括：多机器人协同定位感知、协同通信、协同运动控制、协同导航关键技术；移动式模块化机器人的模型构建；模块化可重构机器人变构决策优化技术；模块化机器人并行变构最优轨迹规划技术；模块化机器人动态环境实时最优路径规划技术；分布式并行变构控制技术。

本书可供从事多机器人集群系统、模块化可重构机器人研究的科研技术人员参考，也可供高等院校机器人、自动控制等相关专业的师生阅读。

图书在版编目（CIP）数据

多机器人协同控制技术 / 周乐来，张辰，李贻斌著.
北京 : 化学工业出版社，2025. 2. -- ISBN 978-7-122-46979-3

Ⅰ. TP242

中国国家版本馆 CIP 数据核字第 20242HV553 号

责任编辑：金林茹　　文字编辑：王　硕
责任校对：杜杏然　　装帧设计：王晓宇

出版发行：化学工业出版社
（北京市东城区青年湖南街 13 号　邮政编码 100011）
印　　装：三河市君旺印务有限公司
787mm×1092mm　1/16　印张 23¼　字数 608 千字
2025 年 5 月北京第 1 版第 1 次印刷

购书咨询：010-64518888　　售后服务：010-64518899
网　　址：http://www.cip.com.cn
凡购买本书，如有缺损质量问题，本社销售中心负责调换。

定　　价：128.00 元

前言

集群行为是自然界中最常见的生物行为之一，大量的个体通过集群行为可产生强大的种群效能。对机器人领域而言，相较于单体机器人，多机器人系统能够决策调度任务并“分而治之”，各机器人协同执行子任务，可增加系统冗余度、增强扩展性，提高任务执行效率。多机器人协同运动作为机器人领域新的研究方向，逐渐引起国内外的关注。随着机器人应用领域不断扩展，作业层次不断深化，机器人所处的环境逐渐复杂，任务类型逐渐多样，单一形制的机器人平台难以满足多样的环境和任务需求，以多机器人技术为基本支撑的变构型机器人应运而生，可根据所处环境和设定任务要求改变形状尺寸或结构拓扑，实现自身构型和环境任务的最优匹配。

自 2018 年起，在多项国防项目的支持下，山东大学组成研究团队，研制了多款不同自重载重等级、不同驱动机构形制的电驱动四轮移动平台，开展了多机器人协同定位、导航、建图、编队控制等研究，以及移动式可重构模块化机器人自主最优变构、组合体协同运动控制、组合体越障控制等技术攻关，积累了丰富的理论、方法和技术手段。本书以山东大学机器人研究中心多年研究成果为核心，详细阐述了多机器人协同定位感知、协同通信、协同运动控制、协同导航关键技术，移动式模块化机器人模型构建，模块化可重构机器人变构决策优化，模块化机器人并行变构最优轨迹规划，模块化机器人动态环境实时最优路径规划，分布式并行变构控制等方面的内容，建立了多机器人协同控制与移动式模块化可重构机器人基础理论体系。全书内容分述如下。

第 1 章阐述了多机器人系统和模块化可重构机器人的发展现状，指出了当前多机器人系统和模块化可重构机器人发展中需要发展的关键技术和未来趋势。

第 2 章阐述了多机器人协同通信与定位感知技术，包括协同通信协议和 ROS 系统下多机器人通信机制、绝对式和相对式定位感知技术，基于滤波技术、优化技术的定位感知算法，以及分布式扩展卡尔曼滤波的多机器人相对定位方法。

第 3 章阐述了多机器人协同导航技术，主要包括协同导航的传感问题、控制问题和路径规划算法，以及在包含透明障碍物环境下的导航问题和移动机器人自主探索技术。

第 4 章阐述了多机器人编队协同运动控制技术，包括多移动机器人建模、编队协同运动策略、分布式编队控制算法等。

第 5 章聚焦室外复杂环境和崎岖地形内机器人环境感知与地图构建，阐述了传感器因子节点构建、多因子图算法等。

第 6 章介绍了机器人起伏地形轨迹规划与跟踪控制算法，包括崎岖地形路径规划、起伏地形轨迹跟踪算法和依据多智能体技术路线提出的多轮分布式协同控制方法等。

第 7 章阐述了模块化可重构机器人组合体在崎岖地形下的越障路径规划技术，介绍了沿越障路径移动的组合体最优越障构型规划与分析方法。

第 8 章讨论分层序列式多优化目标变构决策技术和同时空并行变构最优轨迹规划方法，主要介绍了模块化机器人组合体构型变换决策的帕累托最优解求解技术，以及多组元并行运动过程中解决运动冲突问题和运动时间最短的优化问题的技术。

第 9 章阐述了高动态环境下实时最优路径规划与分布式并行变构控制，介绍了高实时性去中心化全地图随机树、回环分支技术和动态环境快速响应机制，介绍了基于生物种群行为机理的异形组元分布式轨迹跟踪控制器。

全书由山东大学机器人研究中心的周乐来教授和李贻斌教授总体策划和撰写，研究中心的多机器人协同控制与模块化可重构机器人课题组人员，包括博士后张辰，硕士研究生隋明君、孙业镇、吴举名、黄双发、刘江涛、党婉莹、杨晓航、孙晓辉、尚福昊、曹路阳、高圣焜、王靖文、王帅、刘大宇、肖飞参与撰写，张辰、曹路阳、高圣焜、王靖文最后整理完成。山东大学机器人研究中心在多机器人协同控制与模块化可重构机器人研究初期得到了山东大学的大力资助，在此表示感谢。

限于笔者水平，书中难免存在不足之处，恳请广大读者和专家指正！

著者

目录

第1章

绪论

多机器人协同的研究始于20世纪80年代，国际机器人与自动化大会（ICRA）曾将"Multi-Robot Motion Coordination"（多机器人运动协调）作为研讨的专题之一，讨论了多机器人控制、协同冲突等问题[1]；国际期刊"Robotics and Autonomous System"也曾以特刊的形式对动态环境下多机器人协同运动展开讨论[2]。MRS研讨会也曾两度对多机器人协同系统决策、分配等问题进行了讨论[3]。多机器人协同运动作为机器人领域新的研究方向，引起了国内外的广泛关注。

1994年，日本名古屋大学的Fukuda等学者提出了一种动态可协同运动的多机器人系统——CEBOT。图1-1所示为该研究的移动机器人平台，采用去中心化的分布式设计，将各机器人按照具备的功能划分为不同的子单元，子单元之间可以进行组合协同，提高了多机器人的灵活性，自适应能力和可扩展性强，能够高效完成任务[4]。在控制架构上，提出了一种多移动机器人系统的分层控制体系结构，对机器人的运动行为进行分解并采用并行处理的方式进行组合、重构的决策。集成多种协同行为的系统优化了多移动机器人运动控制，提高了机器人控制的鲁棒性[5]。在通信方面，针对多机器人系统涉及大量数据通信造成通信延迟大等问题，多机器人系统CEBOT能够计算决策风险和通信代价，以"最少的通信获取最多的信息"为准则完成指定协同任务[6]。在控制策略上，多机器人系统CEBOT通过定义简单数据、获取的知识和运动状态，基于熵策略对系统自身的性能指标进行优化。如系统执行多种任务时采用熵最大策略，当系统只处理少量任务时采用熵最小策略等，实现了可重构的智能控制系统的策略。多机器人系统CEBOT的相关研究，是智能多移动机器人协同运动控制系统的一种早期实现。

图1-1　多移动机器人系统CEBOT原型机

美国军方在20世纪末开始进行陆地移动机器人（UGV）的研究计划，将移动机器人作为感知、远程通信、任务决策和协同行为的载体，通过运动控制、多车协同、自主导航、决策调度等技术，完成战争态势分析、战况侦察等危险行为，如图 1-2 所示。UGV Demo Ⅱ项目基于四台协同作战的陆地移动机器人对无人系统的各种行为进行了演示：它们通过定位、探测以及战况评估等技术对潜在的威胁执行监控任务；在防御行为中，协同占领预先计划好的防御阵地，最大限度削弱敌人[7]。Balch 等研究了基于行为的协同策略，将队形控制与导航等行为进行结合，使机器人团队能够协同运动完成任务，并将理论成功应用在 UGV Demo Ⅱ项目中，实现了多移动机器人系统基于行为的协同运动控制[8]。而在 UGV Demo Ⅲ项目中着重研究了陆地多移动机器人系统，包括理论建模、控制策略、硬件和软件，以及协同越野、领航跟随侦察系统等作战技术的研究。美国军方的系列项目展示了多移动机器人协同系统的应用能够增强军事实力。

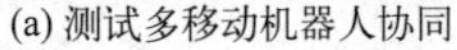
(a) 测试多移动机器人协同

(b) 美国军方进行机器人雪地测试

图 1-2　美国军方陆地移动机器人

2011 年，Hashimoto 等学者进行多移动机器人的应用研究，并研制了一种基于多车协同的行人跟踪机器人群体，如图 1-3 所示。每台移动机器人都具有两个独立的驱动轮和两个万向轮，通过编码器、惯性传感器、激光雷达以及差分 GPS 等传感器，获取机器人自身位置、姿态信息以及行人跟踪信息，并搭建无线通信网络实现机器人之间的信息交互，完成行人检测与跟踪[9]。考虑到差分 GPS 接收数据的环境限制较大，研究人员采用协同 SLAM 技术，将构建的局部地图合并为全局地图，解决了对 GPS 定位的需求。该项目基于协同运动控制、多源传感器融合、协同 SLAM 导航等技术实现了多移动机器人系统在行人跟踪上的应用[10]。

图 1-3　基于多车协同的行人跟踪机器人

2014 年，美国普林斯顿大学 Wiktor 等学者研制了一种多移动机器人系统 DrRobot Jaguar Lite robots（DRJL），每台移动机器人集成了激光雷达、深度相机等传感器获取自身定位以及运动状态。他们研究了集中式控制和分布式控制架构，使多移动机器人系统既能以耦合的方式进行协同运动，又能以解耦的方式使各机器人独立规划运动，如图 1-4 所示，并针对移动机器人通信丢失的问题，提出了一种可扩展、分布式的 Push-Swap-Wait 运动规划算法，实现了在单通道环境下各移动机器人基于有限通信协同运动到达目标位置。针对在室外环境中多机器人系统的定位精度差这一问题，他们基于地形适应导航（TRN）研究了多车协同定位技术，提高了多移动机器人在未知地形下协同运动过程中系统的定位精度[11]。

国内学者对多移动机器人系统的研究起步于 20 世纪末，哈尔滨工业大学、清华大学等学校依托机器人足球比赛，开展了多机器人协同运动相关研究[12]。如图 1-5 所示，上海交通大学席裕庚、陈卫东等学者基于 Pioneer 系列移动平台对多机器人协同控制进行了大量研究。他们基于多智能体系统理论，提出了分布式协同控制体系，并通过搬运以及协同编组等复杂任务展示了对多移动机器人协同运动技术的研究[13]。

图 1-4　普林斯顿大学多移动机器人系统 DRJL

图 1-5　Pioneer 系列移动机器人平台

北京理工大学的夏元清等学者基于 E-puck 移动机器人［图 1-6(a)］和 NOKOV 三维动作捕捉系统研制了多移动机器人协同控制实验平台［图 1-6(b)］。实验平台由控制系统、通信系统以及定位系统组成。采用 NOKOV 三维动作捕捉系统实现了各机器人亚毫秒级的定位，并通过 Wi-Fi 无线网络实现多机器人通信。各机器人具备独立运动控制能力，为多移动机器人理论研究提供实验支撑。陈杰和窦丽华等学者对陆用运动体集群运动的智能与安全控制进行了研究，相关研究成果可应用在多移动机器人协同运动领域[14]。

(a) E-puck机器人群

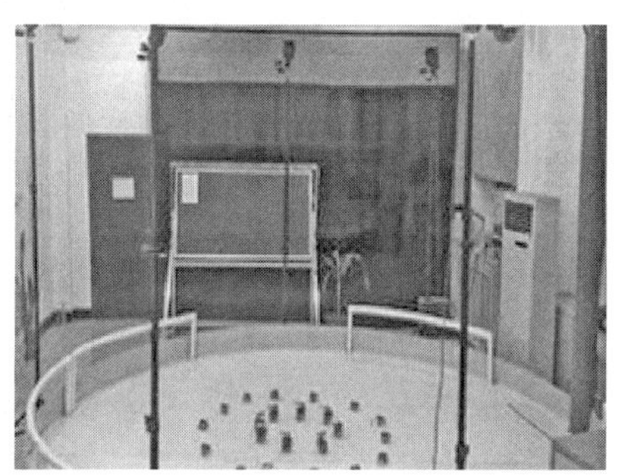

(b) 在运动捕捉系统下运动的多机器人

图 1-6　北京理工大学的多机器人协同控制实验平台

国内企业如阿里巴巴、京东等也纷纷进行了多移动机器人协同应用的探索。2018 年，京东物流展示了自主研发并应用在物流仓库的多移动机器人智能协同控制系统。各移动分拣机器人如图 1-7 所示，独立集成了物联网、视觉检测、协同决策规划等技术，作为物流无人管理系统中最小的作业单元，成千上万地出现在数万平方米的物流仓库中并替代人完成货物的出入库、搬运及分拣工作，单日分拣量达到 20 万单以上，实现管理无人化、运营高效化和决策智能化[15]。

在医疗领域，由于疫情防控环境复杂，一线人员时刻面临被感染的风险。为此，Yang 等学者对机器人在抗疫工作中应用的可行性进行了分析，针对医疗物资匮乏、消杀工作繁重、防疫人员短缺等问题，使用多移动机器人进行防控工作[16]。湖南大学王耀南院士所带

(a) 京东无人物流仓库

(b) 敦豪快递服务公司(DHL)物流仓库

图 1-7　物流多移动分拣机器人

领的科研团队联合湖南爱米家智能科技有限公司研制出了一种面向重大传染病防控的多机器人系统。通过分析调研各个医院的防疫需求，针对医疗人员不足、消毒范围大、医疗物资搬运困难、疫区监控广以及采样检测工作量大等难题，基于多机器人协同技术，分别研制了不同功能的机器人完成相应防疫工作，如防控巡检机器人［图 1-8(a)］进行巡检并实时监控病区疫情，物资分发机器人［图 1-8(b)］进入隔离区分发医疗物资，搬运机器人［图 1-8(c)］将手术器械或医疗用品搬运至目的地等。所有移动机器人通过控制中心进行决策规划、任务调度和协同运动等过程，基于多机器人联动构建了智能疫情防控系统[17]。

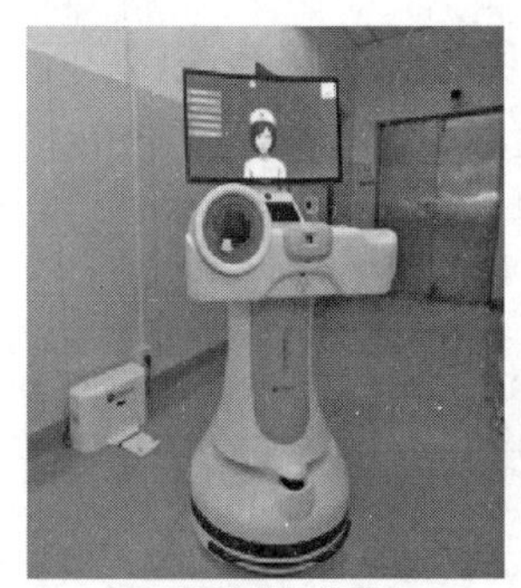

(a) 防控巡检机器人

(b) 物资分发机器人

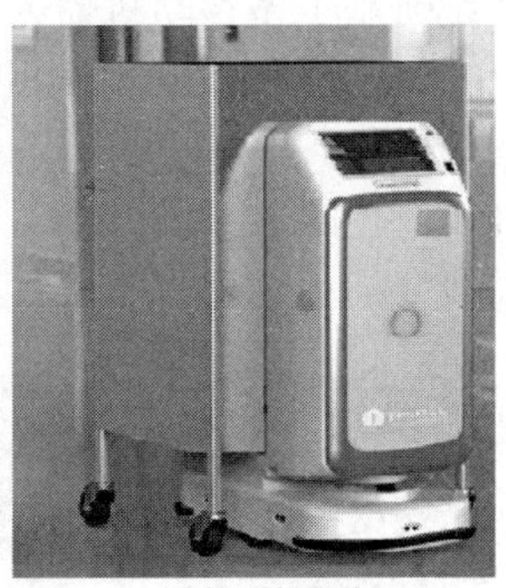

(c) 搬运机器人

图 1-8　疫情防控下的多移动机器人协同系统

1.1　多机器人协同定位发展现状

多机器人协同定位方法可以有效提高多机器人导航性能。针对协同定位方法，国内外进行了多样的研究[18-21]。如图 1-9 所示，清华大学智能驾驶实验室对多平台的协同定位进行了深入研究，针对分布式滤波算法在实际应用中面临的实际困难进行了深入研究，针对分布式滤波中计算资源有限和通信网络不可靠等问题，提出了有效的信息通信与传感器融合方法。

多机器人协同定位更多应用在物流领域。国内外物流仓库得益于多物流机器人的协同作业，物流仓库的运行效率有了较大提升，同时大量减少了所需人力，有效降低了运输成本。京东、淘宝等国内电商平台在国内建设了大量的物流仓库，德国敦豪快递服务公司（DHL）在北美地区设置了 350 家自动化的物流中心。基于多物流机器人的物流仓库有效减少了人力成本，并有效提高了货物分配准确度。

为了保证多机器人协同定位的精度与鲁棒性，现有的研究主要针对定位感知与定位优化

图 1-9　清华大学多车协同定位感知

两个方面。定位感知技术的发展，使机器人能够使用较为简单且低成本的传感器获取较高精度的相对或全局定位信息；定位优化技术的发展，使机器人能够采用多样的融合优化算法，融合多个传感器定位信息，实现传感器信息的优势互补，有效提高定位精度与定位鲁棒性。为了有效提高协同定位效果，主流的定位方案是通过搭载多个传感器，如 GPS（全球定位系统）、IMU（惯性测量单元）、视觉传感器等进行定位感知，针对多种传感器定位感知结果进行定位信息融合优化。本书将分别针对现有的定位感知技术以及定位优化技术研究现状进行分析介绍。

多机器人协同定位技术的主旨就是获取移动机器人在每个时刻的精确位姿，机器人定位感知是实现多机器人协同定位的基础。多机器人系统定位感知的方式主要有两种：一种是通过传感器实时感知各个机器人在环境中的绝对位置，即绝对式定位感知技术，如表 1-1 所示；另一种是通过感知机器人相对于初始状态或其他标志物的相对移动进行感知定位，即相对式定位感知技术，如表 1-2 所示。多机器人的定位方法主要有 GPS 定位法、惯性导航定位法、视觉靶标定位法。协同编组的多机器人的精确定位更是每个移动机器人模块完成相关分布式任务的基础，通过结合多样的定位传感器，即可实现从全局到局部的协同定位。相对于单个机器人，多机器人可以搭载更加多样的传感器，具有更好的环境感知能力与信息处理能力，复杂环境下的多机器人协同定位具有更好的定位鲁棒性。

表 1-1　绝对式定位感知技术

定位技术	感知传感方式	技术特点
无线电定位	GPS、RTK（实时动态差分）	室外使用、差分精度高
	Wi-Fi、ZigBee（紫蜂协议）、蓝牙、UWB（超宽带）	室内外皆可使用、定位范围较近、精度中等
	红外定位	容易被遮挡和被日光影响
声波定位	超声定位	定位范围较近、精度中等
	水声定位	水下使用、应答时间较长
环境辅助定位	地形匹配、点云匹配	精度较高、计算量大
	环境特征匹配	精度较高、计算量大
	视觉/RFID（射频识别）路标	精度较高、计算量中等，用于室内、小型室外环境

多机器人编组定位多通过协同定位的方法，获取部分移动机器人模块［领导者（leader）］的全局位姿以及其他机器人模块［跟随者（follower）］相对其的位姿信息，进而

将各个机器人位姿展示在全局地图中。相较于绝对式定位感知技术，相对式定位感知技术定位距离较近且精度更高、受环境影响更小，存在较好的可扩展性与抗干扰的能力。常用的机器人相对定位技术有惯性导航定位技术（加速度计、里程计、陀螺仪）和视觉测量定位技术（模板匹配、特征识别）。

表 1-2　相对式定位感知技术

定位技术	感知传感方式	技术特点
惯性系统导航	IMU	校准后精度较高、存在累积误差和漂移
航迹推算	里程计、步程计	存在累积误差和漂移
无线电测量	Wi-Fi、ZigBee、蓝牙、UWB	RSSI(接收信号强度指示)、TOA(到达时间)、TDOA(到达时间差)、AOA(到达信号角度)法计算相对位姿
视觉测量	合作靶标与非合作靶标	计算目标位姿，精度较高、受光照和视觉影响

惯性导航定位技术需要精确校准且存在累积误差和漂移。视觉测量定位技术可以获取相对于模板、特征的位姿且具有较高精度，不受初始状态和历史状态影响，不存在累积误差；但容易受到光线影响和视角限制，容易因丢帧而出现检测失效，影响协同定位效果。

针对多机器人多传感器数据融合问题，卡尔曼滤波及其衍生算法已经得到了广泛的研究[22-23]，通过搭建移动机器人先验模型结合对多传感器数据进行融合滤波优化，获取精度更高、鲁棒性更好的协同定位效果。针对实际场景中大量的非线性系统，在卡尔曼滤波的基础上提出了扩展卡尔曼滤波（EKF）[24]、无迹卡尔曼滤波（UKF）[25]、容积卡尔曼滤波(CKF)[26]，利用不同的方法对非线性系统进行逼近。

对于多机器人平台定位优化算法，常采用分布式卡尔曼滤波[27]：通过局部卡尔曼滤波和信息交换来达到全局状态的一致性，从而有效减少多平台间的通信开销；可以利用多个机器人的感知定位信息，能有效提高定位精度与有效性；通过各个卡尔曼滤波器之间的耦合得到整体滤波效果，具有一定的扩展能力且支持多种不同类型的传感器，更适合多机协同定位。

本书针对全向型移动机器人平台，建立数学模型，采用分布式的扩展卡尔曼滤波系统对车体里程计的信息与视觉观测定位信息进行融合优化；针对四轮转向的车辆模型[28]，搭建了阿克曼转向机器人系统状态模型，其状态方程中线速度与角速度由车体里程计反馈得到；以视觉系统的相对位姿作为系统观测值，融合两种传感器的互补特性，在低成本平台上，有效提高相对位姿检测精度，并且消除丢帧与系统累积误差，提高了系统定位鲁棒性且具有一定的扩展能力。

1.2　多机器人协同通信发展现状

多机器人系统应用领域广泛，美、欧、日等国家和地区从 20 世纪 80 年代中期就开始对多机器人系统进行大量研究，协作机器人学得到了较好的发展，国内外在多机器人协同通信方面积累了丰富的成果。

日本较早地对多机器人系统进行了大量研究，研发了著名的 CEBOT 和 ACTRESS 系统。ACTRESS 是通过设计底层的通信结构而把机器人、周围设备和计算机等连接起来的自治多机器人智能系统；CEBOT 系统摒弃了传统的集中式结构，采用了分布式结构控制，使单个机器人可以自由移动，并且该系统具有群体智能学习的性能，根据所处环境的变化和任务要求进行重构，由“主细胞”分配子任务，并与其他“主细胞”进行通信，通过增加个体细胞来降低通信需求[29]。美国著名学者 K. Jin 和 G. Beni 创建了一种由大量自主式机器人构成的分布式系统——SWARM[30]。该系统整体具有群体智能的功能，但是该系统中的单个机器人没有智能性，通过与相邻机器人的状态信息交互作用来完成系统中多个机器人的通信。

ROS 系统诞生于 2007 年斯坦福大学人工智能实验室与机器人技术公司 Willow Garage 的个人机器人合作项目[31]，是目前应用比较广泛的机器人操作系统。

我国虽然在多机器人研究方面起步较晚，但近年来越来越多的国内学者开始重视这一领域。随着云计算、大数据、物联网和各种智能体的蓬勃发展，云通信技术大放异彩，其融合了云计算、大数据、物联网等多种技术，形成了以商业模式为主的多设备通信模式：多设备的数据处理、数据共享、数据融合等都集中在云端，各种应用模块互联互通，用户只需搭建好硬件设备，将其接入到云通信平台，通过平台的多种接入协议及数据传输协议就可以实现多种不同设备的协同通信。随着通信技术研究的不断深入，将云通信与协同通信相结合，构建基于云通信的协同通信系统，以提高整个通信系统的可靠性。

1.3 移动机器人环境感知与自主探索发展现状

国内外学者就机器人自主探索问题展开了广泛深入的研究，提出了众多创新的自主探索方法[32]。现阶段这些方法大致分为基于边界的自主探索算法、基于信息论的自主探索算法、基于深度强化学习的自主探索算法。基于边界的自主探索算法是自主探索领域的经典方法，由 Yamauchi 提出[33]，其将已知区域与未知区域的交界处定义为边界，并通过引导移动机器人前往边界进行探索以扩大探索区域。最初边界的检测依赖于计算机图像技术，但随着地图规模的不断扩大，边界检测的效率会逐渐降低。Orsulic 等提出了一种高效的边界检测算法[34]，通过与即时定位与地图构建（simultaneous localization and mapping，SLAM）算法结合，在局部进行检测，降低了检测边界的工作量。另有算法在此基础上进行了优化[35]，并分析了聚类后边界的可达性。Kim 等提出了一种基于分割地图和目标检测的探索方法[36]，提高了探索效率，降低了与现实环境障碍物发生碰撞的概率。基于 RRT 的自主探索算法能够解决大范围空间内的边界点寻找问题，Matan 等[37] 设计了依托快速扩展随机树（rapidly-exploring random tree，RRT）的波前边界检测器与快速边界检测器，避免了全局边界检测。Umari 等[38] 利用 RRT 倾向于向未知区域生长的特性，提出了局部与全局树进行边界检测，获得了较高的探索效率，并能够应用于高维空间探索。以 RRT 算法为基础的自主探索方法虽然简单，但在引导机器人穿越未知环境方面表现出较强的引导性。后续最优视角（next best view，NBV）方法[39] 利用最优视角，基于滚动优化的思想将上述过程优化为仅执行部分路径，保证了实时更新环境，追求最佳探索结果。Pan 等[40] 重点关注探索质量，提出了一种基于全局最大流量的多分辨率 NBV 方法，实现了更高的环境覆盖率。Cao 等[41] 提出的分层框架则注重大型环境全局探索的整体效率，而非贪婪追求最大边际回报，方法以分层框架优化整个探索路径，在提升探索效率的同时降低了计算消耗。Yan 等[42] 提出了一种平衡探索效率与地图合并鲁棒性的多机器人探索算法。算法处理传感器获取的环境信息，并执行探索的过程，本质上是通过传感器的观测减少环境的不确定性，使移动机器人追求最大的互信息导向未知区域。Brian J 等[43] 将传感器测量与空间现实进行联系，设计了以最大化互信息奖励函数为任务的控制器，并进行了实验验证。Lauri 等[44] 将探索问题视为将该问题表述为具有信息论目标函数的部分可观察马尔可夫决策过程，提出了基于样本的互信息近似方法。Jadidi 等[45] 以高斯过程占据栅格地图为基础，提出了一种基于互信息的贪婪探索技术，快速降低信息熵以探索环境。深度强化学习因其智能体与环境的交互性引起了研究人员的兴趣，研究人员针对深度强化学习在移动机器人自主探索领域的应用展开了诸多研究。Niroui 等[46] 应用深度强化学习确定合适的探索边界位置，适应不同的环境布局和环境尺寸。Bigazzi 等[47] 基于机器人行为对内部环境表示的影响，提出一个纯粹的内在奖励信号来训练模型从而指导探索。

国内外学者针对移动机器人在以玻璃为主的透明障碍物环境中的环境感知和自主探索开展了大量研究。面对环境中的玻璃，研究人员对识别与重建的各方面展开了研究。较多方法从多传感器融合方面进行玻璃识别。研究人员利用超声波的声学特性[48] 来获得正确的玻璃位置，Diosi 等[49] 提出采用声呐传感器来检测玻璃并进行数据融合。超声波能够有效检测到玻璃，但超声波传感器只能在小范围内测量其朝向前的障碍物，在三维环境中的应用受到限制，且超声波传感器安装位置过近将导致相互干扰。多传感器融合方法可以很好地利用不同传感器的特性，但在安装结构和融合算法方面比较复杂，会降低系统的鲁棒性和结果的准确性。玻璃的镜面反射会增强反射强度，从镜面反射中筛选高反射强度，并使用多反射回波[50] 确定玻璃的边界，是利用镜面反射特性识别玻璃的另一种方法。为了进一步利用反射强度特征，Wang 等[51] 在算法中定义了三个参数来筛选反射强度特征以检测玻璃，并将该算法结合到 SLAM 过程中。在点云的几何结构方面，Cui 等[52] 仅依靠点云的结构特征来确定玻璃的存在以及其边界。Tibebu 等[53] 观察到穿过玻璃的点云分布更加发散，设计了两个滤波器来筛选穿过玻璃的光束以识别玻璃。

1.4 移动机器人轨迹跟踪控制技术

移动机器人通常是具有非完整约束、复杂强耦合、非线性和欠驱动特点的控制系统，难以建立精准的数学模型进行研究分析，因此，对移动机器人平台轨迹跟踪技术的研究和控制器的设计是机器人领域重要的研究方向。目前关于移动机器人轨迹跟踪控制问题的研究主要有以下几种方法：比例-积分-微分算法、滑模控制算法、纯跟踪算法、斯坦利算法、线性二次调节器和模型预测控制算法。

比例-积分-微分（proportional integral derivative，PID）算法是一种在工业领域应用相当成熟的算法，具有结构简单、控制效果好的特点，国内外学者也纷纷进行研究和改进。Marino 等[54] 根据 PID 算法的基础思想，设计了一种可以减少曲率随时间产生干扰的 PID 嵌套算法，在曲率不明情况下对算法进行测试，证明该算法可以增加轮式机器人在未知曲率道路中轨迹跟踪控制的精确性。Ali 和 Albagul 等[55] 提出一种将 PID 算法与 PSO 算法结合的轨迹跟踪控制器，在机器人控制器和谐作用方面发挥了重要作用。Sutantra 等[56] 将蚁群算法与 PID 算法进行结合，设计了一种基于优化 PID 的轨迹跟踪控制器，提高了机器人轨迹跟踪的准确性。为改善 PID 控制的振荡问题并提高系统的抗干扰能力，修彩靖[57] 设计了一种预瞄控制方法，利用模糊 PID 作为补偿控制器计算补偿控制量，实验证明该方法可以提高系统鲁棒性。

滑模控制（sliding mode control，SMC）算法凭借响应速度快、调节参数少和抗干扰能力强的特点成为机器人轨迹跟踪领域的热门研究算法。Cao 等[58] 提出一种滑模控制与模糊自适应控制结合的方法，解决了模糊自适应控制引入侧向加速度的问题。厦门大学研究团队利用通过线性矩阵设计切换面的滑模控制调节四轮电动车的横向运动，提出一种可以自适应调节切换增益和未知干扰的跟踪控制方法[59]。江苏大学研究团队通过机器人横向误差和航向角误差实用滑模控制算法计算驱动力和转向角，以机器人侧倾稳定性作为控制目标进行驱动力分配[60]。针对四轮转向汽车，Dai 等[61] 通过滑模控制计算四轮横向运动的转向角控制输入，实现了满足动力学要求的轨迹跟踪控制。

纯跟踪（pure pursuit，PP）算法是一种基于几何学模型的机器人轨迹跟踪控制算法。纯跟踪算法被提出时用在导弹追击目标的应用场景中[62]，其最大的优点在于简单、稳定、易维护。Petrinec 等[63] 将 PP 算法改进，通过在预瞄点设定虚拟目标解决了机器人运动过程中偏离误差较大的问题。由于期望转向角与实际转向角变化易导致系统误差增大，Urmson 等[64] 提出一种基于积分校正的方法，改进了纯跟踪算法。为解决传统 PP 算法跟踪精度较差问题，Sun[65] 提出一种改进算法，将预览距离通过转向角和偏转角的变化进行自适应决策，保证了跟踪的准确性。E. Horváth 等[66] 研究了纯跟踪算法前瞄距离选择不当的问题，设计了利用选择多个目标、调整横向偏差方式动态决策前瞄距离，提高了跟踪精度和系统稳定性。

斯坦利算法（Stanley algorithm）也是一种基于几何学的轨迹跟踪方法，由斯坦福大学 Hoffmann 开创，后续通过航向角补偿与转向修正等方式改善算法性能[67]。Amer 等[68] 采用 PSO（粒子群优化）算法和模糊逻辑系统对斯坦利控制器参数进行自适应调节，解决了控制系统在不同速度和轨迹下跟踪问题。根据预览距离与动力学的自适应变化，Hua 等[69-70] 提出一种基于 MPC 的 Stanley 跟踪算法，验证了参考轨迹曲率较低情况下的跟踪效果。Dominguez 等[71] 利用 PID 控制、滑模控制与斯坦利控制方法测试机器人在七种弯道的轨迹跟踪情况，并对各控制器性能进行评价。Abdelmoniem 等[72] 提出一种模拟人类驾驶行为的控制方法，将 MPC 算法的预测模型加入 Stanley 算法，通过预测状态改善控制量输出，减小了跟踪偏差。

线性二次调节器（linear quadratic regulator，LQR）是基于线性状态反馈构成的闭环控制系统，通过构建最优问题，获得性能指标函数的最小值。Cordeiro 等[73] 利用线性化的二自由度运动学模型设计 LQR 轨迹跟踪控制器，通过引入参考约束降低横向误差，验证了在大曲率轨迹下的跟踪性能。Tourajizadeh 等[74] 优化机器人动力学模型，根据轨迹边界设计成本函数和 LQR 轨迹跟踪控制器，优化了轨迹跟踪效果。Cofield 等[75] 设计了在线更新的 LQR 控制器，实现了无人车辆识别道路标志和避让行人等功能。赵盼[76] 提出一种专家规则设计 PID 控制器参数，极大提高了系统的动态特性和跟踪精度。胡杰等[77] 设计了一种基于行驶速度的权重调整方法，改善了 LQR 控制器的跟踪精度。江苏大学研究团队[60] 通过改进优化函数中的雅可比矩阵，建立横向误差与雅可比矩阵的模糊对应规则，提升了在小曲率轨迹下的行驶稳定性和大曲率轨迹下的精确性。

模型预测控制（model predictive control，MPC）是一种最早应用于工业领域的计算机优化算法。Ge 等[78] 提出一种基于 MPC 的自适应轨迹跟踪算法，可以在轨迹变化较大时快速减小跟踪误差。为消除传统 MPC 的缺点，Zuo 等[79] 提出利用 PSO 算法结合 MPC 设计的轨迹跟踪控制器，实验证明可以减小轨迹跟踪的横向误差。Zhai 等[80] 提出一种综合控制策略，利用 SMC 可以解决底层的转矩最优控制问题的特点，结合机器人运动学模型建立 MPC 上层控制器，解决了不同路面附着系数轨迹跟踪的扭矩最优分配问题。Li 等[81] 研究了非完整约束下机器人的运动控制问题，利用原始对偶神经网络解决 MPC 所提出的二次规划问题。Chu 等[82] 提出一种轨迹跟踪与规划框架，利用 PID 反馈对 MPC 规划轨迹进行跟踪。国内各高校也对 MPC 算法进行了研究和改进，北京理工大学龚建伟等[83] 对 MPC 在无人驾驶方面的应用进行了系统研究介绍。吉林大学郭孔辉等[84] 提出一种双包络面的轨迹跟踪算法，利用 MPC 优化系统约束提高了稳定性。安徽大学吴永刚[85] 提出 MPC 参数自适应优化改进，实验验证了该方法在复杂路况下的有效性。沈阳理工大学王靖岳等[86] 通过MPC算法与模糊PID控制，提高了驾驶稳定性。针对高速情况下车辆侧倾问题，北京理工大学刘凯等[87] 通过建立等效动力学模型，计算出高速行驶下的约束条件，优化了控制序列。

为了进一步研究轨迹跟踪控制算法在机器人运动控制方面的特性，除上述算法外，学者们在轨迹跟踪研究中也应用了其他方法。Ni等[88] 通过质心侧偏角计算前馈量，与机器人的直接横摆力矩进行结合，对运动进行控制。Li等[89] 通过人工势场法对环境中障碍物进行标记，根据前馈-反馈方法跟踪误差，设计了具有容错误差的车辆平滑转向方法。针对四驱四转向汽车，Chen等[90] 利用汉密尔顿能量函数计算转角和横摆力矩，提高了行驶稳定性和跟踪准确性。

综上所述，轨迹跟踪控制算法多种多样，但如何提高算法的鲁棒性，使其能够在不同类型轨迹和环境情况下提高跟踪性能，仍是轨迹跟踪算法领域研究的重要内容。

1.5 移动机器人分布式控制技术

移动机器人系统以其结构化、模块化和交互性强的特性，在工业环境中执行复杂的协同任务方面发挥着重要作用。这些系统采用分布式控制策略，这种策略以其出色的灵活性和能够实时调整控制架构的特点，确保了系统的高鲁棒性和适应性，使其成为机器人协同作业和运动控制研究中的常用技术。在分布式控制领域，常见的控制策略包括基于行为法、虚拟结构法以及领导-跟随法。

基于行为（behavior）法的思想最早由Rodney Brooks提出，主要原理是将控制任务分解为不同类型的基本行为并进行融合，机器人根据环境信息做出不同反应。Rossi等[91] 在设计基本行为时赋予其不同权重，利用权重分配处理分布式控制中的协调问题。为应对机器人运动过程中的避障问题，Motlagh等[92] 提出模糊逻辑与基于行为法结合的控制方法，使机器人在复杂环境协作时可以解决避障问题，系统的鲁棒性也进一步提高。

虚拟结构（virtual structure）法由Kar-Han Tan提出，基本思想是将机器人系统看作一个刚性虚拟结构，将单个智能体视作虚拟结构中的固定点，根据虚拟结构中目标点的特性设计控制律，使智能体进行跟踪[93]。Qin等[94] 在传统虚拟结构法基础上进行改进，使智能体之间通信协调性提高，机器人系统协作配合稳定性进一步加强。为提高机器人的自适应能力，Mahmud等[95] 将虚拟结构法与反馈控制法结合，这使机器人系统在狭小空间中也能完成控制任务，也为复杂环境下机器人系统协作提供了新的方法，对后续研究有一定借鉴意义。

领导-跟随者（leader-follower）法概念由Jaydev P. Desai提出，主要原理是将智能体分为领导者与跟随者两种角色，由领导者智能体负责控制系统整体的运动趋势，跟随者智能体根据约束信息进行跟随[96]。Nguyen等[97-98] 设计了一种基于领导-跟随法的多智能体控制架构，包含启发式控制方法，结合单个智能体轨迹反馈并解决了避障问题，具有较高的鲁棒性和较强实用性。

为进一步推动机器人系统分布式控制研究的发展，近年来，有学者针对机器人系统协作与协同控制方法提出分布式模型预测控制[99]（distributed model predictive control，DMPC）、非线性模型预测控制[100]（nonlinear model predictive control，NMPC）和递归神经网络[101]（recurrent neural networks，RNN）等方法，这些方法在状态预测、约束处理、误差最优化等方面取得了重要进展，也是未来分布式控制的主要研究方向。

1.6 模块化机器人国内外发展现状

随着机器人应用领域不断扩展，作业层次不断深化，机器人所处的环境逐渐复杂，任务类型逐渐多样。单一形制的机器人平台难以满足多样的环境和任务需求，变构型机器人应运而生。变构型机器人能够根据所处环境和设定任务要求改变形状尺寸或结构拓扑，实现自身构型和环境任务的最优匹配。

模块化可重构机器人作为变构型机器人的重要分支，成为未来机器人的重要构想之一。可重构机器人由多个具有独立的感知、决策、控制和行为能力的模块拼接而成，以类似积木的形式组成多种多样的组合体平台，可以根据环境和任务改变构型，实现丰富的功能。在工厂、港口物资运输过程中，大型、重型、异形货物的运输成本极高，定制化运载平台从设计、研制、验证、加工、集成、装配到最终调试使用，需要耗费巨大的时间代价和经济成本。定制化平台的可扩展性不高，当更改货物类型后平台可能无法使用。模块化可重构机器人通过多个单模块平台，根据运输的大型异形设备的外形、重量参数，灵活调整组合体构型。例如对工厂通用型自动导向车（automated guided vehicle，AGV）进行模块化改装，可以将多台 AGV 拼接成不同运输平台，实现大、重、异形设备的整体运输；同时，运输任务完成后，组合体又可拆分成 AGV 个体，执行通用型运输任务。多 AGV 单体相较于大型特制运输平台，维修成本低、故障排查容易、存放空间需求低。诸多优点使得模块化可重构机器人成为未来机器人实用化的重要技术路线之一。

自行式模块运输车[102]（self-propelled modular transporter，SPMT）是由多个具备多独立转向轮的模块化平台拼接而成的大型运载平台，如图 1-10 所示。每个驱动轮由液压控制独立转向和悬挂系统升降。多个模块平台之间通过销轴进行刚性铰接，形成平面内不同形状的阵列式组合体，适用于大、重、异形结构件的运输，在装备制造业和道路桥梁架设等领域应用广泛[103]。

图 1-10 自行式模块运输车

模块化可重构机器人具备同构模块批量化和面向任务多样化的优势，尤其适合在作业平台类型有限的条件下执行多样化复杂任务。该类场景的典型代表是太空星球早期栖息地建设。由于飞船运载力和航行里程限制，大型工程装置无法发射到外星球，作业设备必须轻量化、小型化、多能化、智能化。作为美国航空航天局（NASA）3D 打印栖息地挑战赛的前十名之一，Hassell 和 Eckersley O'Callaghan 联合提出了可重构的模块化群智能体系统构想[104]，用于在火星上建造栖息地，如图 1-11 所示。这些模块组装成晶格构型，挖掘火星风化层，提炼原材料，并打印栖息地。模块化可重构机器人能够在面对复杂多变任务时实现定制化、积木化平台重构，具备极强的适应力。

图 1-11 NASA 模块化群智能体系统建造火星栖息地构想

依据结构组成不同，模块化可重构机器人可划分为支链型、晶格型和移动型三类[105]。支链型通过构建串行或树形拓扑，形成仿蛇或爬虫的串行组合体；晶格型与化合物原子晶格构型相似，通过空间堆叠形成不同的形状和功能；移动型通过轮、履带、腿足或滑轨方式，完成组合体的整体移动。

(1) 支链型模块化机器人

支链型模块化机器人通过模块串行连接，形成平面或空间内的树形拓扑。如图 1-12 所示，东京大学研究者研制的 DRAGON 模块化飞行机器人，通过具备双自由度力矢量机构的双旋子万向节模块完成串行构型的拼接，通过旋翼推力控制保持组合体稳定悬停，通过转子万向节控制提高悬停和变构过程稳定性[106]。

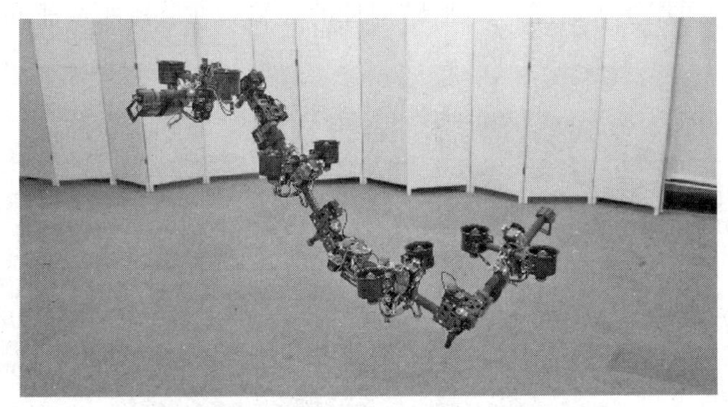

图 1-12 DRAGON 模块化飞行机器人

如图 1-13 所示，新西兰坎特伯雷大学研究者开发了基于串联弹性执行器的模块化二维蛇形机器人，通过弹簧-阻尼器接触模型，计算踏板波运动（垂直于平面波动）的外部接触力，建立了该机器人在不平坦地形上的踏板波运动模型，通过基于转矩反馈的自适应控制器，完成了对于楼梯式障碍物的跨越[107]。

意大利生物机器人研究所团队设计了 Scout 模块化机器人，模块为立方体形状，由履带驱动模块在二维平面上运动，并具备用于重构和宏观运动的两个旋转自由度，可以构成多种构型，具备多模态运动能力[108]。

(2) 晶格型模块化机器人

晶格型模块化机器人模拟分子晶体排布和生物体细胞堆叠现象，通过模块在空间中的紧

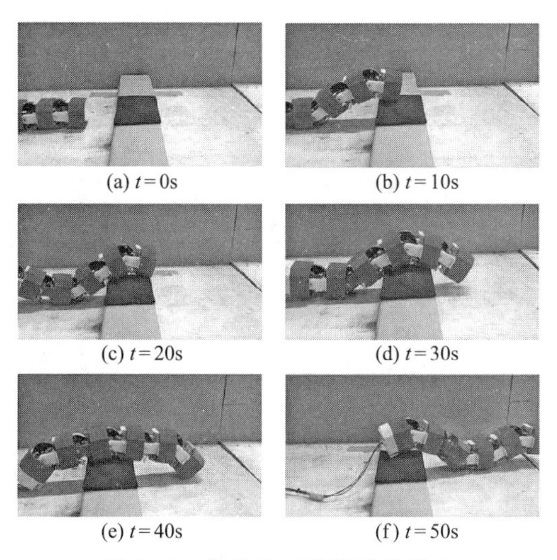

(a) $t=0$s (b) $t=10$s

(c) $t=20$s (d) $t=30$s

(e) $t=40$s (f) $t=50$s

图 1-13 模块化二维蛇形机器人

密排列形成具备不同功能的组合体。新加坡技术与设计大学研究者提出一种模块化的清扫机器人 hTetro，由四个矩形模块通过被动铰链连接，由一个转向单元带动一组差速轮进行驱动，可重新配置成七个不同的形状，以最大限度地扩大地板清洁的面积[109]。如图 1-14 所示，波兰科学院基础技术研究所的研究者针对大规模三维自主自重构模块的空间变构过程的故障评估问题，将其等效为具备分布式内存和本地消息传递接口的分布式 CPU 系统，建立基于模型的机械故障检测方法，以分布式共轭梯度迭代方法求解平衡方程[110]。

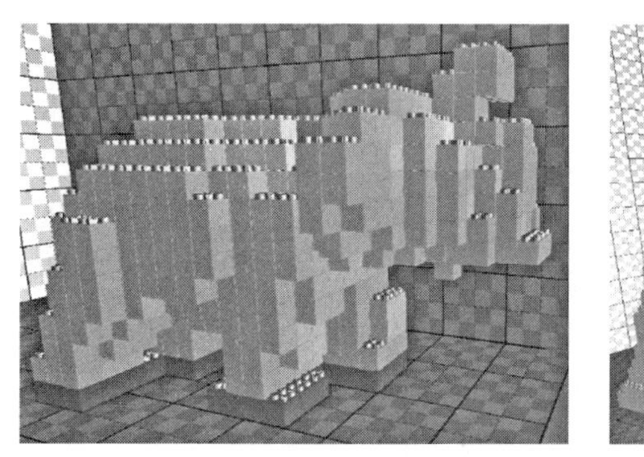

图 1-14 大规模三维自主自重构模块的变构故障求解

美国马里兰大学研究者研制了 usBot 模块化机器人，模块是边长 50mm 的对称立方体，通过四个活动面与相邻机器人进行对接和释放，借助八向对称方式排列的面对准磁铁实现模块的对齐，模块本身无驱动力，通过外部驱动托盘进行驱动，实现了分布式自主随机组装[111]。以色列阿里尔大学团队研究了一种新型滑动三角格模机器人，使用快速探索随机树算法解决变构问题，将多个等价子构型视为同一构型，显著地减少了搜索树的规模，并通过多个模块组同时移动提高了变构效率[112]。

（3）移动型模块化机器人

移动型模块化机器人通过对接机构在平面形成 2D 构型，完成对任务和环境的适应。英国约克大学的研究人员开发了 Omni-Pi-tent 机器人模块，通过主动无性别对接机构，将多个具备全向移动能力的模块相连，借助接近传感器和方向传感器进行临近模块检测和姿态感知，通过 5kHz 频率调制红外系统进行引导对接，实现了组合体系统在群体任务中的自组装和自修复能力[113]。美国休斯敦大学研究团队通过在3D打印立方体内嵌入永磁体，通过外部均匀磁场进行无线控制，实现立方体的移动、对接和解锁（图1-15），可以拼接成多种二维平面构型，完成变构和对物体的推动[114-115]。

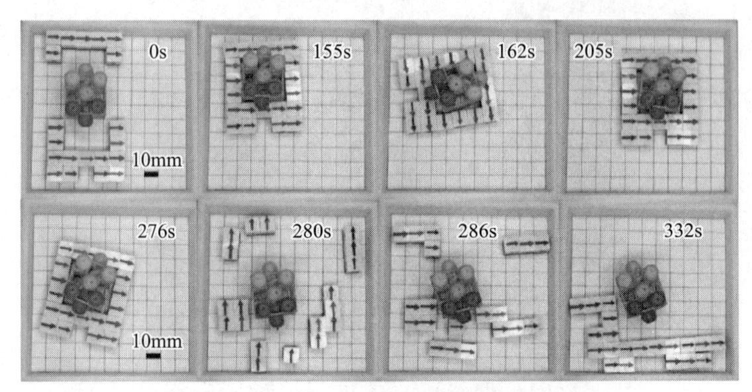

图1-15　外部磁场驱动下组合体构型推动物体

比利时布鲁塞尔自由大学的研究者开发了“可合并的神经系统”的模块化机器人（图1-16），每个模块都可以成为神经系统或大脑控制的一部分，来配合其他机器人作为整体完成任务，各个模块的机械结构和控制系统可以合并形成全新的机器人，保持完整的感觉运动控制功能[116]。哈佛大学研究者对具有一千个Kilobot机器人的集群（图1-17）进行了具有三种原始集体行为的有限状态自动机研究，使Kilobot机器人模块通过振动电机进行滑动运动，开发一个集群形状汇聚的集体算法，对大规模分散系统的变构型过程和形状误差具有高度的鲁棒性[117]。

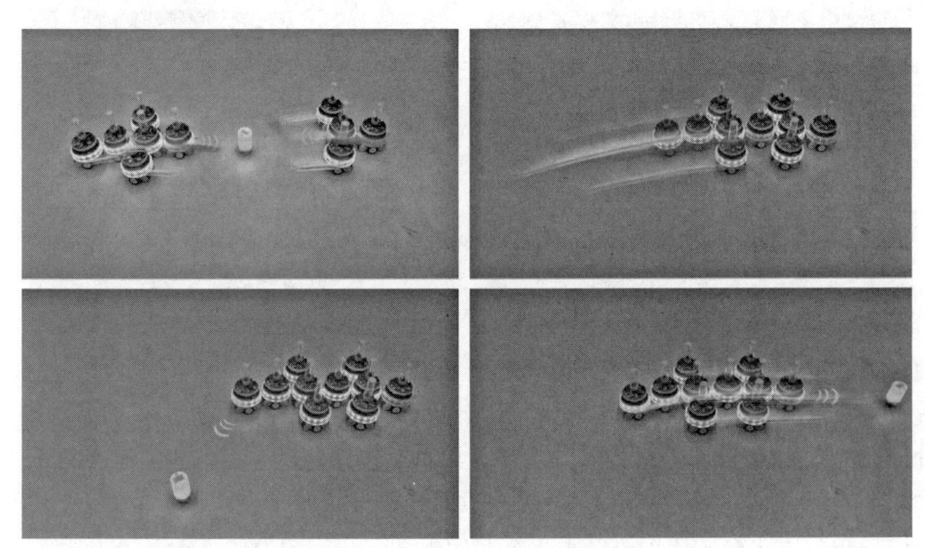

图1-16　两个子构型合并后具备整体的感知和控制功能

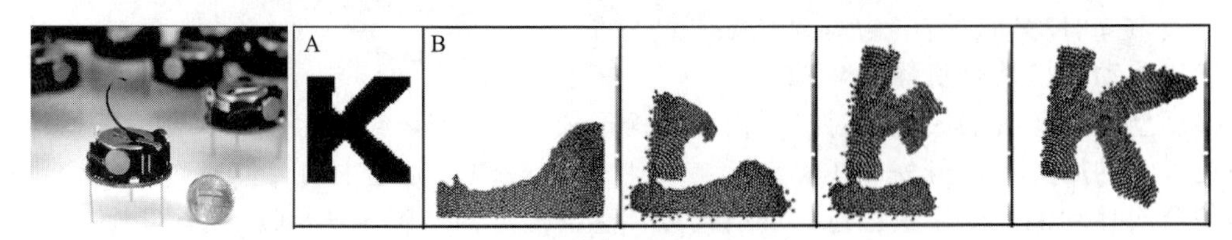

图1-17　一千个Kilobot机器人自主形成平面构型

在跨越复杂地形的应用领域，研究者们也进行了大量的研究。如图 1-18 所示，Swarm-Bots 机器人的每个模块可以独立行动，也可以通过抓手自组装成机器人组合体，完成复杂地形中的跨越[118]。美国圣母大学的研究者受多腿生物能力的启发，通过相同的低成本四足机器人群相互连接形成多足组合体（图 1-19），不需要复杂的控制和感知策略，可在多变地形中执行不同的任务，具备极强的越障能力，同时分散的多模块组成集群系统，能够协调搬运物体[119]。

图 1-18　Swarm-Bots 机器人通过夹爪对接成组合体完成越障

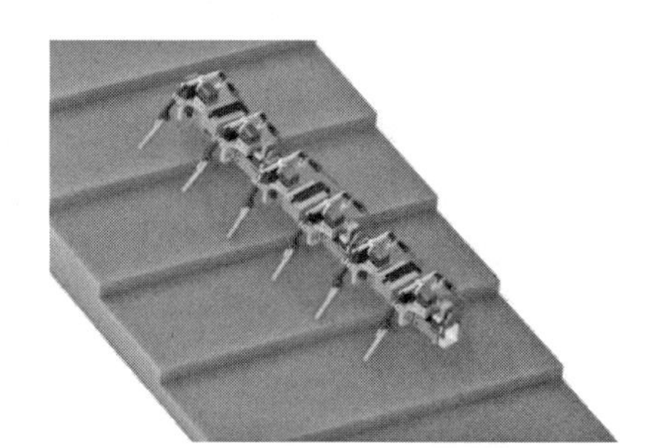

图 1-19　足式模块化机器人系统

国内多个研究团队针对模块化可重构机器人的机构设计、运动规划和变构控制等技术开展研究。南开大学研究人员提出基于元胞自动机的簇流运动与基于膜计算思想的空间几何的分散局部表示方法（图 1-20），用于对晶格模块化机器人进行变构控制[120]。哈尔滨工业大学研究者针对变构过程中目标形状的设计和分散模块没有全局状态的问题，受植物生长发育过程启发，将 L 型系统扩展到模块机器人的自重构过程中，使用 L 字符串描述目标配置，通过重写函数捕获分形字符，引导模块向构型末端移动，完成构型的生长[121]。北京邮电大学团队设计了球形自重构机器人的基于公共部件模块映射的变构策略，以图的形式描述了机器人的构型，计算中心节点模块作为不同配置比较的起始节点，保留两种配置之间的公共部分，并搜索最接近目标模块的模块，以最小的能耗约束，从内到外重新进行目标配置，提高了重构效率[122]。

如图 1-21 所示，香港中文大学研究者开发了 FreeSN 模块化机器人，由具备两个磁吸连

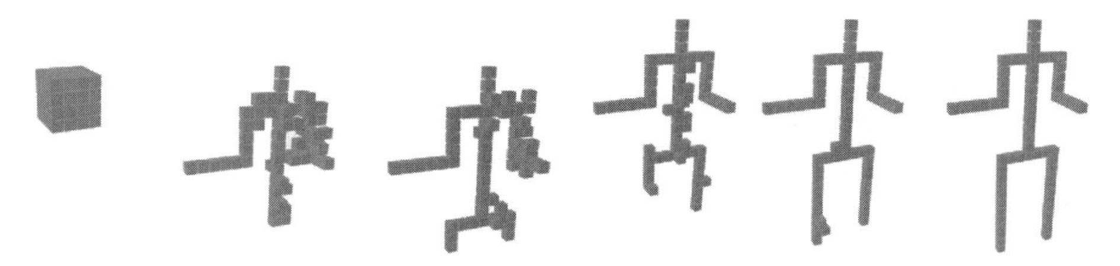

图 1-20　晶格模块化机器人元胞自动机方法变构

接器的支柱模块和低碳钢球壳节点模块组成，支柱模块沿着节点模块运动，可与节点模块形成自由角度的连接，从而使机器人具备对环境的良好适应性。通过多个模块组成不同的构型，实现装配、跨越障碍、运输和对象操作等能力[123]。

图 1-21　FreeSN 模块化机器人运输和跨越障碍

南开大学的研究者提出了一种新型的自重构波状爬行（SWC）机器人，引入串联连接和并行连接实现自重构，建立 SWC 机器人的运动学模型，提高了移动机器人的运动能力[124]。香港城市大学与浙江大学合作开发了毫米尺度蜂窝机器人 mCEBOT，由短单元和长单元两类异构单元组成，在磁场作用下组装成与非结构化环境相对应的不同形态，根据任务要求执行滑动、滚动、行走和攀爬等多模式运动，具备狭窄空间、垂直障碍和湿润表面的自适应移动能力[125]，如图 1-22 所示。

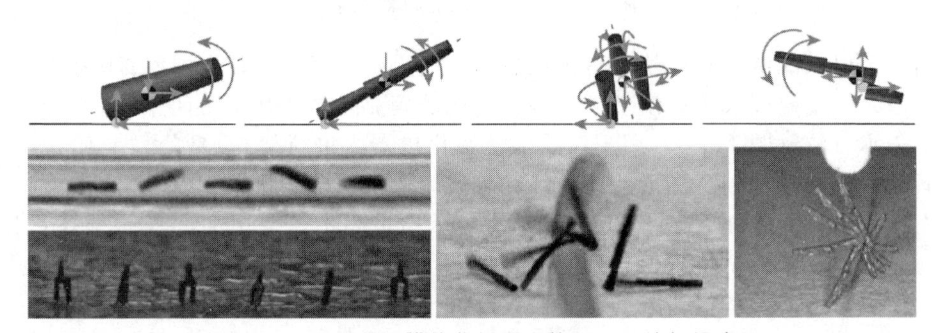

图 1-22　mCEBOT 模块化机器人构型、运动与越障

如图 1-23 所示，在软体模块化机器人领域，哈尔滨工业大学研究团队设计了一种结构简单的气动可重构软体模块化机器人，硅胶模块通过磁铁进行对接和断开，通过模块充气膨胀和抽气收缩完成组合体整体的蠕动[126]。

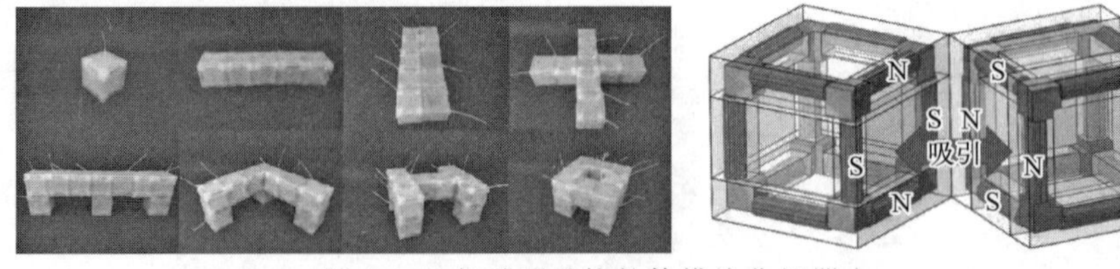

图 1-23　气动可重构软体模块化机器人

参考文献

[1] V. Dupourque, H. Guiot, O. Ishacian. Towards multi-processor and multi-robot controllers [C]. Proceedings of 1986 IEEE International Conference on Robotics and Automation, 1986: 864-870.

[2] J. R. Kok, M. T. J. Spaan, N. Vlassis. Non-communicative multi-robot coordination in dynamic environments [J]. Robotics and Autonomous Systems, 2005, 50 (2-3): 99-114.

[3] S. Moarref, H. Kress-Gazit. Decentralized control of robotic swarms from high-level temporal logic specifications [C]. 2017 International Symposium on Multi-Robot and Multi-Agent Systems (MRS), 2017: 17-23.

[4] T. Fukuda, G. Iritani, T. Ueyama, et al. Self-organizing robotic systems-organization and evolution of group behavior in cellular roboticsystem [C]. Proceedings of PerAc'94. From Perception to Action, 1994: 24-35.

[5] A. H. Cai, T. Fukuda, F. Arai, et al. Hierarchical control architecture for cellular robotic system—Simulations and experiments [C]. Proceedings of 1995 IEEE International Conference on Robotics and Automation, 21-27 May 1995, Nagoya, Japan, 1995: 1191-1196.

[6] T. Fukuda, K. Sekiyama. Communication reduction with risk estimate for multiple roboticsystem [C]. Proceedings of the 1994 IEEE International Conference on Robotics and Automation, 1994, 4: 2864-2869.

[7] W. Chun, J. W. Faulconer, S. Munkeby. UGV Demo Ⅱ reuse technology for AHS [C]. Proceedings of the Intelligent Vehicles'95 Symposium, 1995: 247-252.

[8] T. Balch, R. C. Arkin. Behavior-based formation control for multirobot teams [J]. IEEE Transactions on Robotics and Automation, 1998, 14 (6): 926-939.

[9] M. Ozaki, M. Hashimoto, T. Yokoyama, et al. Laser-based pedestrian tracking in outdoor environments by multiple mobile robots [C]. IECON 2011 - 37th Annual Conference of the IEEE Industrial Electronics Society, 2011: 197-202.

[10] K. Kakinuma, M. Ozaki, M. Hashimoto, et al. Cooperative pedestrian tracking by multi-vehicles in GPS-denied environments [C]. 2012 Proceedings of SICE Annual Conference (SICE), 2012: 211-214.

[11] A. Wiktor, S. Rock. Collaborative multi-robot localization in natural terrain [C]. 2020 IEEE International Conference on Robotics and Automation (ICRA), 2020: 4529-4535.

[12] 李实，陈江，孙增圻．清华机器人足球队的结构设计与实现 [J]. 清华大学学报（自然科学版），2001 (07): 94-97.

[13] 吴智政，席裕庚．一种基于理性原则的多机器人协调控制 [J]. 自动化学报，2000 (04): 454-460.

[14] 毛昱天，陈杰，方浩，等．连通性保持下的多机器人系统分布式群集控制 [J]. 控制理论与应用，2014，31 (10): 1393-1403.

[15] 吴爱萍．无人仓技术的研究分析——以京东无人仓为例 [J]. 电子商务，2018: 51-52，57.

[16] G. Z. Yang, B. J. Nelson, R. R. Murphy, et al. Combating COVID-19—The role of robotics in managing public health and infectious diseases [J]. Science Robotics, 2020, 5 (40), 5589.

[17] 张辉，王耀南，易俊飞，等．面向重大疫情应急防控的智能机器人系统研究 [J]. 中国科学：信息科学，2020，50: 1069-1090.

[18] A. Yilmaz, A. Gupta. Indoor positioning using visual and inertial sensors [C]. 2016 IEEE SENSORS, 2016: 1-3.

[19] D. Fu, H. Xia, Y. Qiao. Monocular visual-inertial navigation for dynamic environment [J]. Remote Sensing, 2021, 13 (9): 1610.

[20] D. Schubert, T. Goll, N. Demmel, et al. The TUM VI benchmark for evaluating visual-inertial odometry [C]. IEEE/RSJ International Conference on Intelligent Robots and Systems (IROS), 2018: 1680-1687.

[21] S. Ji, Z. Qin, J. Shan, et al. Panoramic SLAM from a multiple fisheye camera rig [J]. ISPRS Journal of Photogrammetry and Remote Sensing, 2020, 159: 169-183.

[22] C. Hu, H. Lin, Z. Li, et al. Kullback-Leibler divergence based distributed cubature Kalman filter and its application in cooperative space object tracking [J]. Entropy, 2018, 20 (2): 116.

[23] G. Hao, S. Sun. Distributed fusion cubature Kalman filters for nonlinear systems [J]. International Journal of Robust and Nonlinear Control, 2019, 29 (17): 5979-5991.

[24] Y. Cao, D. St-Onge, G. Beltrame. Collaborative localization and tracking with minimal infrastructure [C]. 2020 18th IEEE International New Circuits and Systems Conference (NEWCAS), 2020: 114-117.

[25] Y. Lyu, Q. Pan, J. Lv. Unscented transformation-based multi-robot collaborative self-localization and distributed

target tracking [J]. Applied Sciences, 2019, 9 (5): 903.

[26] B. Chenchana, O. Labbani-Igbida, S. Renault, et al. Range-based collaborative MSCKF localization [C]. 2018 25th International Conference on Mechatronics and Machine Vision in Practice (M2VIP), 2018: 1-6.

[27] R. Olfati-Saber. Distributed Kalman filtering for sensor networks [C]. 2007 46th IEEE Conference on Decision and Control, 2007: 5492-5498.

[28] M. W. Choi, J. S. Park, B. S. Lee, et al. The performance of independent wheels steering vehicle (4WS) applied Ackerman geometry [C]. 2008 International Conference on Control, Automation and Systems, 2008: 197-202.

[29] T. Fukuda, S. Nakagawa, Y. Kawauchi, et al. Structure decision method for self organising robots based on cell structures-CEBOT [C]. 1989 IEEE International Conference on Robotics and Automation, 1989: 695-700.

[30] M. Brambilla, E. Ferrante, M. Birattari, et al. Swarm robotics: A review from the swarm engineering perspective [J]. Swarm Intelligence, 2013, 7: 1-41.

[31] M. Quigley, K. Conley, B. Gerkey, et al. ROS: An open-source robot operating system [C]. ICRA Workshop on Open Source Software, 2009: 5.

[32] 张世勇，张雪波，苑晶，等．旋翼无人机环境覆盖与探索规划方法综述 [J]. 控制与决策，2022，37：513-529.

[33] B. Yamauchi. A frontier-based approach for autonomous exploration [C]. IEEE International Symposium on Computational Intelligence in Robotics & Automation, 2002.

[34] J. Orsulic, D. Miklic, Z. Kovacic. Efficient dense frontier detection for 2-D graph SLAM based on occupancy grid submaps [J]. IEEE Robotics and Automation Letters, 2019, 4 (4): 3569-3576.

[35] Z. Z. Sun, B. H. Wu, C. Z. Xu, et al. Frontier detection and reachability analysis for efficient 2D graph-SLAM based active exploration [J]. arXiv, 2020: 8.

[36] H. Kim, H. Kim, S. Lee, et al. Autonomous exploration in a cluttered environment for a mobile robot with 2D-map segmentation and object detection [J]. IEEE Robotics and Automation Letters, 2022, 7 (3): 6343-6350.

[37] M. Keidar, G. A. Kaminka. Efficient frontier detection for robot exploration [J]. International Journal of Robotics Research, 2014, 33 (2): 215-236.

[38] H. Umari, S. Mukhopadhyay. Autonomous robotic exploration based on multiple rapidly-exploring randomized trees [C]. IEEE/RSJ International Conference on Intelligent Robots and Systems (IROS) / Workshop on Machine Learning Methods for High-Level Cognitive Capabilities in Robotics, Vancouver, Canada, 2017: 1396-1402.

[39] A. Bircher, M. Kamel, K. Alexis, et al. Receding horizon "Next-Best-View" planner for 3D exploration [C]. IEEE International Conference on Robotics and Automation (ICRA), Royal Inst Technol, Ctr Autonomous Syst, Stockholm, SWEDEN, 2016: 1462-1468.

[40] S. Pan, H. Wei. A global max-flow-based multi-resolution next-best-view method for reconstruction of 3D unknown objects [J]. IEEE Robotics and Automation Letters, 2022, 7 (2): 714-721.

[41] C. Cao, H. Zhu, H. Choset, et al. TARE: A hierarchical framework for efficiently exploring complex 3D environments [C]. Conference on Robotics - Science and Systems, Electr Network, 2021.

[42] J. Yan, X. Lin, Z. Ren, et al. MUI-TARE: Cooperative multi-agent exploration with unknown initial position [J]. IEEE Robotics and Automation Letters, 2023, 8 (7): 4299-4306.

[43] B. J. Julian, S. Karaman, D. Rus. On mutual information-based control of range sensing robots for mapping applications [C]. IEEE/RSJ International Conference on Intelligent Robots and Systems (IROS), Tokyo, JAPAN, 2013: 5156-5163.

[44] M. Lauri, R. Ritala. Planning for robotic exploration based on forward simulation [J]. Robotics and Autonomous Systems, 2016, 83: 15-31.

[45] M. G. Jadidi, J. V. Miro, G. Dissanayake. Gaussian process autonomous mapping and exploration for range sensing mobile robots [J]. arXiv, 2016: 26.

[46] F. Niroui, K. Zhang, Z. Kashino, et al. Deep reinforcement learning robot for search and rescue applications: Exploration in unknown cluttered environments [J]. IEEE Robotics and Automation Letters, 2019, 4 (2): 610-617.

[47] R. Bigazzi, F. Landi, S. Cascianelli, et al. Focus on impact: indoor exploration with intrinsic motivation [J]. IEEE Robotics and Automation Letters, 2022, 7 (2): 2985-2992.

[48] H. Wei, X. Li, Y. Shi, et al. Fusing sonars and LRF data to glass detection for robotics navigation [C]. IEEE

International Conference on Robotics and Biomimetics (ROBIO), Kuala Lumpur, Malaysia, 2018: 826-831.

[49] A. Diosi, L. Kleeman. Advanced sonar and laser range finder fusion for simultaneous localization and mapping [C]. 2004 IEEE/RSJ International Conference on Intelligent Robots and Systems, 2004, 2: 1854-1859.

[50] X. Zhao, Z. Yang, S. Schwertfeger. Mapping with reflection-detection and utilization of reflection in 3D LiDAR scans [C]. IEEE International Symposium on Safety, Security, and Rescue Robotics (SSRR), Khalifa Univ, ELECTR NETWORK, 2020: 27-33.

[51] X. Wang, J. Wang. Detecting glass in simultaneous localisation and mapping [J]. Robotics and Autonomous Systems, 2017, 88: 97-103.

[52] G. J. Cui, M. Y. Chu, et al. Recognition of indoor glass by 3D LiDAR [C]. 2021 5th CAA International Conference on Vehicular Control and Intelligence, 2021: 4.

[53] H. Tibebu, J. Roche, V. De Silva, et al. LiDAR-based glass detection for improved occupancy grid mapping [J]. Sensors, 2021, 21 (7).

[54] R. Marino, S. Scalzi, M. Netto. Nested PID steering control for lane keeping in autonomous vehicles [J]. Control Engineering Practice, 2011, 19 (12): 1459-1467.

[55] H. Ali, A. Albagul, A. Algitta. Optimization of PID parameters based on Particle Swarm optimization for ball and beam system [C]. 2013 International Conference on Information Science and Cloud Computing Companion (ISCC-C), 2020: 59-69.

[56] D. H. Kusuma, M. Ali, N. Sutantra. The comparison of optimization for active steering control on vehicle using PID controller based on artificial intelligence techniques [C]. 2016 International Seminar on Application for Technology of Information and Communication (ISemantic), 2016: 18-22.

[57] 修彩靖，陈慧．基于改进人工势场法的无人驾驶车辆局部路径规划的研究 [J]. 汽车工程，2013，35 (09): 808-811.

[58] H. Cao, X. Song, S. Zhao, et al. An optimal model-based trajectory following architecture synthesising the lateral adaptive preview strategy and longitudinal velocity planning for highly automated vehicle [J]. Vehicle system dynamics, 2017, 55 (8): 1143-1188.

[59] J. Guo, Y. Luo, K. Li. An adaptive hierarchical trajectory following control approach of autonomous four-wheel independent drive electric vehicles [J]. IEEE Transactions on Intelligent Transportation Systems, 2017, 19 (8): 2482-2492.

[60] 陈特，陈龙，徐兴，等．分布式驱动无人车路径跟踪与稳定性协调控制 [J]. 汽车工程，2019，41 (10): 1109-1116.

[61] P. Dai, J. Taghia, S. Lam, et al. Integration of sliding mode based steering control and PSO based drive force control for a 4WS4WD vehicle [J]. Autonomous Robots, 2018, 42: 553-568.

[62] L. L. Scharf, W. P. Harthill, P. H. Moose. A comparison of expected flight times for intercept and purepursuit missiles [J]. IEEE Transactions on Aerospace Electronic Systems, 1969 (4): 672-673.

[63] K. Petrinec, Z. Kovacic, A. Marozin. Simulator of multi-AGV robotic industrial environments [C]. IEEE International Conference on Industrial Technology, 2003: 979-983.

[64] C. Urmson, C. Ragusa, D. Ray, et al. A robust approach to high-speed navigation for unrehearsed desert terrain [J]. Journal of Field Robotics, 2006, 23 (8): 467-508.

[65] Q. P. Sun, Z. H. Wang, M. Li, et al. Path tracking control of wheeled mobile robot based on improved pure pursuit algorithm [C]. 2019 Chinese Automation Congress (CAC), 2019: 4239-4244.

[66] E. Horváth, C. Hajdu, P. Kőrös. Novel pure-pursuit trajectory following approaches and their practical applications [C]. 2019 10th IEEE International Conference on Cognitive Infocommunications (CogInfoCom), 2019: 000597-000602.

[67] G. M. Hoffmann, C. J. Tomlin, M. Montemerlo, et al. Autonomous automobile trajectory tracking for off-road driving: Controller design, experimental validation and racing [C]. 2007 American Control Conference (ACC), 2007: 2296-2301.

[68] N. H. Amer, K. Hudha, H. Zamzuri, et al. Adaptive modified Stanley controller with fuzzy supervisory system for trajectory tracking of an autonomous armoured vehicle [J]. Robotics Autonomous Systems, 2018, 105: 94-111.

[69] Q. Hua, B. Peng, X. Mou, et al. Model prediction control path tracking algorithm based on adaptive Stanley [C].

2022 IEEE 96th Vehicular Technology Conference（VTC2022-Fall），2022：1-5.

[70] C. Sun，X. Zhang，L. Xi，et al. Design of a path-tracking steering controller for autonomous vehicles [J]. Energies，2018，11（6）：1451.

[71] S. Dominguez，A. Ali，G. Garcia，et al. Comparison of lateral controllers for autonomousvehicle：Experimental results [C]. 2016 IEEE 19th International Conference on Intelligent Transportation Systems（ITSC），2016：1418-1423.

[72] A. Abdelmoniem，A. Osama，M. Abdelaziz，et al. A path-tracking algorithm using predictive Stanley lateral controller [J]. International Journal of Advanced Robotic Systems，2020，17（6）.

[73] R. A. Cordeiro，J. R. Azinheira，E. C. de Paiva，et al. Dynamic modeling and bio-inspired LQR approach for off-road robotic vehicle path tracking [C]. 2013 16th International Conference on Advanced Robotics（ICAR），2013：1-6.

[74] H. Tourajizadeh，M. Sarvari，S. Ordoo. Modeling and optimal contol of 4 wheel steering vehicle using LQR and its comparison with 2 wheel steering vehicle [C]. 2018 6th RSI International Conference on Robotics and Mechatronics（IcRoM），2018：106-113.

[75] R. G. Cofield，R. Gupta. Reactive trajectory planning and tracking for pedestrian-aware autonomous driving in urban environments [C]. 2016 IEEE Intelligent Vehicles Symposium（Ⅳ），2016：747-754.

[76] 赵盼．城市环境下无人驾驶车辆运动控制方法的研究 [D]. 合肥：中国科学技术大学，2012.

[77] 胡杰，钟鑫凯，陈瑞楠，等．基于模糊LQR的智能汽车路径跟踪控制 [J]. 汽车工程，2022，44：17-25，43.

[78] C. Ge，S. Q. Qian. An adaptive MPC trajectory tracking algorithm for autonomous vehicles [C]. 2021 17th International Conference on Computational Intelligence and Security（CIS），2021：197-201.

[79] Z. Zuo，X. Yang，Z. Li，et al. MPC-based cooperative control strategy of path planning and trajectory tracking for intelligent vehicles [J]. IEEE Transactions on Intelligent Vehicles，2020，6（3）：513-522.

[80] L. Zhai，C. Wang，Y. Hou，et al. MPC-based integrated control of trajectory tracking and handling stability for intelligent driving vehicle driven by four hub motor [J]. IEEE Transactions on Vehicular Technology，2022，71（3）：2668-2680.

[81] Z. Li，J. Deng，R. Lu，et al. Trajectory-tracking control of mobile robot systems incorporating neural-dynamic optimized model predictive approach [J]. IEEE Transactions on Systems，Man，Cybernetics：Systems，2015，46（6）：740-749.

[82] D. Chu，H. Li，C. Zhao，et al. Trajectory tracking of autonomous vehicle based on model predictive control with pid feedback [J]. IEEE Transactions on Intelligent Transportation Systems，2022，24（2）：2239-2250.

[83] 龚建伟，龚乘，林云龙，等．智能车辆规划与控制策略学习方法综述 [J]. 北京理工大学学报，2022，42（07）：665-674.

[84] 郭孔辉，李红，宋晓琳，等．自动泊车系统路径跟踪控制策略研究 [J]. 中国公路学报，2015，28（09）：106-114.

[85] 吴永刚．无人驾驶车辆自适应模型预测横向控制方法研究 [D]. 合肥：安徽大学，2021.

[86] 王靖岳，汪杰，王浩天．基于模型预测控制的无人驾驶汽车纵向速度控制研究 [J]. 机械设计，2021，38（S1）：69-74.

[87] 刘凯，龚建伟，陈舒平，等．高速无人驾驶车辆最优运动规划与控制的动力学建模分析 [J]. 机械工程学报，2018，54（14）：141-151.

[88] J. Ni，J. Hu，C. Xiang. Envelope control for four-wheel independently actuated autonomous ground vehicle through AFS/DYC integrated control [J]. IEEE Transactions on Vehicular Technology，2017，66：9712-9726.

[89] B. Li，H. Du，W. Li. A potential field approach-based trajectory control for autonomous electric vehicles with in-wheel motors [J]. IEEE Transactions on Intelligent Transportation Systems，2016，18（8）：2044-2055.

[90] T. Chen，L. Chen，X. Xu，et al. Simultaneous path following and lateral stability control of 4WD-4WS autonomous electric vehicles with actuator saturation [J]. Advances in Engineering Software，2019，128：46-54.

[91] F. Rossi，S. Bandyopadhyay，M. Wolf，et al. Review of multi-agent algorithms for collective behavior：A structural taxonomy [J]. IFAC-PapersOnLine，2018，51（12）：112-117.

[92] O. R. E. Motlagh，T. S. Hong，N. Ismail，et al. Development of a new minimum avoidance system for a behavior-based mobile robot [J]. Fuzzy Sets Systems，2009，160（13）：1929-1946.

[93] L. Vladareanu，G. Tont，V. Vladareanu，et al. The navigation mobile robot systemsusing Bayesian approach

through the virtual projection method [C]. The 2012 International Conference on Advanced Mechatronic Systems (ICAMechS), 2012: 498-503.

[94] D. Qin, A. Liu, D. Zhang, et al. Formation control of mobile robot systems incorporating primal-dual neural network and distributed predictive approach [J]. Journal of the Franklin Institute, 2020, 357 (17): 12454-12472.

[95] M. S. A. Mahmud, M. S. Z. Abidin, Z. Mohamed, et al. Multi-objective path planner for an agricultural mobile robot in a virtual greenhouse environment [J]. Computers electronics in agriculture, 2019, 157: 488-499.

[96] X. Chen, A. Serrani, H. Ozbay. Control of leader-follower formations of terrestrial UAVs [C]. 42nd IEEE International Conference on Decision and Control (IEEE Cat. No. 03CH37475), 2003: 498-503.

[97] R. Olfati-Saber. Flocking for multi-agent dynamic systems: Algorithms and theory [J]. IEEE Transactions on automatic control, 2006, 51 (3): 401-420.

[98] M. T. Nguyen, H. M. La, K. A. Teague. Collaborative and compressed mobile sensing for data collection in distributed robotic networks [J]. IEEE Transactions on Control of Network Systems, 2017, 5 (4): 1729-1740.

[99] C. E. Luis, A. P. Schoellig. Trajectory generation for multiagent point-to-point transitions via distributed model predictive control [J]. IEEE Robotics Automation Letters, 2019, 4 (2): 375-382.

[100] S. Heshmati-Alamdari, G. C. Karras, K. J. Kyriakopoulos. A predictive control approach for cooperative transportation by multiple underwater vehicle manipulator systems [J]. IEEE Transactions on Control Systems Technology, 2021, 30 (3): 917-930.

[101] H. Zhu, F. M. Claramunt, B. Brito, et al. Learning interaction-aware trajectory predictions for decentralized multi-robot motion planning in dynamic environments [J]. IEEE Robotics Automation Letters, 2021, 6 (2): 2256-2263.

[102] 樊巍巍，王帅，鲜飞．Split-SPMT 三纵列应用时平衡调节及稳定性分析 [J]. 起重运输机械，2020 (18): 39-42.

[103] 卢玲霞．基于 SPMT 的高速公路天桥拆建技术分析 [J]. 交通世界，2023 (24): 170-173.

[104] J. Irawan, X. D. Kestelier, N. Argyros, et al. A reconfigurable modular swarm robotic system for ISRU (In-Situ Resource Utilisation) autonomous 3D printing in extreme environments [J]. Impact: Design With All Senses, 2020: 685-698.

[105] H. İ. Dokuyucu, N. G. Özmen. Achievements and future directions in self-reconfigurable modular robotic systems [J]. Journal of Field Robotics, 2022, 40 (3): 701-746.

[106] M. Zhao, T. Anzai, F. Shi, et al. Design, modeling, and control of an aerial robot DRAGON: A dual-rotor-embedded multilink robot with the ability of multi-degree-of-freedom aerial transformation [J]. IEEE Robotics and Automation Letters, 2018, 3 (2): 1176-1183.

[107] M. J. Koopaee, C. Pretty, K. Classens, et al. Dynamical modeling and control of modular snake robots with series elastic actuators for pedal wave locomotion on uneven terrain [J]. Journal of Mechanical Design, 2019, 142 (3): 031120.

[108] S. Russo, K. Harada, T. Ranzani, et al. Design of a robotic module for autonomous exploration and multimode locomotion [J]. IEEE/ASME Transactions on Mechatronics, 2013, 18 (6): 1757-1766.

[109] R. Parween, L. T. L. Clarissa, M. Y. Naing, et al. Modeling and analysis of the cleaning system of a reconfigurable tiling robot [J]. IEEE Access, 2020, 8: 137770-137782.

[110] P. Holobut, S. P. A. Bordas, J. Lengiewicz. Autonomous model-based assessment of mechanical failures of reconfigurable modular robots with a Conjugate Gradient solver [C]. 2020 IEEE/RSJ International Conference on Intelligent Robots and Systems (IROS), 2020: 11696-11702.

[111] U. A. Fiaz, J. S. Shamma. usBot: A modular robotic testbed for programmable self-assembly [J]. IFAC-PapersOnLine, 2019, 52 (15): 121-126.

[112] S. Odem, S. Hacohen, O. Medina. An RRT that uses MSR-equivalence for solving the self-reconfiguration task in lattice modular robots [J]. IEEE Robotics and Automation Letters, 2023, 8 (5): 2922-2929.

[113] R. H. Peck, J. Timmis, A. M. Tyrrell. Self-assembly and self-repair during motion with modular robots [J]. Electronics, 2022, 11 (10): 1595-1628.

[114] A. Bhattacharjee, Y. Lu, A. T. Becker, et al. Magnetically controlled modular cubes with reconfigurable self-assembly and disassembly [J]. IEEE Transactions on Robotics, 2022, 38 (3): 1793-1805.

[115] Y. Lu, A. Bhattacharjee, C. C. Taylor, et al. Closed-loop control of magnetic modular cubes for 2D self-

assembly [J]. IEEE Robotics and Automation Letters, 2023, 8 (9): 5998-6005.

[116] N. Mathews, A. L. Christensen, R. O'Grady, et al. Mergeable nervous systems for robots [J]. Nature Communications, 2017, 8 (1).

[117] M. Rubenstein, A. Cornejo, R. Nagpal. Programmable self-assembly in a thousand-robot swarm [J]. Science, 2014, 345 (6198): 795-799.

[118] R. Gross, M. Bonani, F. Mondada, et al. Autonomous self-assembly in swarm-bots [J]. IEEE Transactions on Robotics, 2006, 22 (6): 1115-1130.

[119] Y. Ozkan-Aydin, D. I. Goldman. Self-reconfigurable multilegged robot swarms collectively accomplish challenging terradynamic tasks [J]. Science Robotics, 2021, 6 (56): 1628.

[120] D. Bie, M. A. Gutiérrez-Naranjo, J. Zhao, et al. A membrane computing framework for self-reconfigurable robots [J]. Natural Computing, 2018, 18 (3): 635-646.

[121] D. Bie, G. Liu, Y. Zhang, et al. Modeling the fractal development of modular robots [J]. Advances in Mechanical Engineering, 2017, 9 (3).

[122] H. Sun, M. Li, J. Song, et al. Research on self-reconfiguration strategy of modular spherical robot [J]. International Journal of Advanced Robotic Systems, 2022, 19 (2).

[123] Y. Tu, G. Liang, T. L. Lam. FreeSN: A freeform strut-node structured modular self-reconfigurable robot—design and implementation [C]. 2022 International Conference on Robotics and Automation (ICRA), 2022: 4239-4245.

[124] H. Sun, Q. Wu, X. Wang, et al. A new self-reconfiguration wave-like crawling robot: Design, analysis, and experiments [J]. Machines, 2023, 11 (3): 398-406.

[125] X. Yang, R. Tan, H. Lu, et al. Milli-scale cellular robots that can reconfigure morphologies and behaviors simultaneously [J]. Nature Communications, 2022, 13 (1).

[126] X. Sui, H. Cai, D. Bie, et al. Automatic generation of locomotion patterns for soft modular reconfigurable robots [J]. Applied Sciences, 2019, 10 (1): 294-309.

第2章

多机器人协同通信与定位技术

2.1 概述

目前，由于大数据、云计算、物联网和人工智能的蓬勃发展，机器人产业也结合了多种技术实现真正的“机器人换人”[1]。而相对于单机器人操作平台，多机器人系统能够显著提高人员效率，加快对环境的响应时间[2-3]。多机器人系统在面对复杂环境时具有更好的抗干扰、抗故障能力，执行效率高、执行任务多样且对环境的适应性更好，同时可减少系统设计成本、增加系统冗余度。因此，多机器人系统成了当下机器人研究的热门课题。

多机器人协同通信是指多个机器人之间通过通信技术实现信息传递、任务协调和合作行动的过程。这种机器人之间的协同通信可以提高工作效率、拓展应用领域，并且有助于解决复杂任务和环境中的挑战。多机器人协同通信采用了多种技术和协议，其中包括无线通信、传感器网络、云计算和人工智能等。通过这些技术的结合应用，机器人可以相互感知、共享信息和合理分配任务，以达到协同工作的目标。在工业生产中，多个机器人可以协同完成装配、搬运和包装等任务，提高生产效率和质量，如图 2-1 所示。在农业领域，多个机器人可以一起进行种植、收割和病虫害监测等工作，提高农作物的产量和质量。此外，多机器人协同通信还可以应用于救援、勘探和环境监测等领域，帮助人类完成一些危险或难以完成的

图 2-1　协作搬运机器人

任务。

总体来说，多机器人协同通信是一种有潜力的技术，可以提高机器人工作的效率和能力，拓展应用领域，解决复杂任务和环境中的挑战。随着通信技术的进步和机器人智能化水平的提高，多机器人协同通信将在各个领域发挥更大的作用，并为人们带来更多的便利和效益。

定位是多机器人系统另一最基本的任务[4]，是实现机器人自主化、智能化的重要前提，是机器人实现任务需求的基础[5]。多机器人系统需要实时精确地获取系统内各个模块的位置信息，机器人之间可以通过相互的观察和通信实现多机器人的位置感知，甚至可以在全球定位系统（global positioning system，GPS）、实时差分定位（real-time kinematic，RTK）等全局检测无法定位的环境中实现多机器人的实时位置感知，这种方法称为协同定位(cooperative localization，CL)。多机器人系统通过融合每个机器人的传感器定位信息，经由多机通信进行机器人间的位姿感知，可以提高整体的多机器人系统定位精度、抗干扰能力与定位鲁棒性[6]。多机器人协同定位被认为是一种很有研究价值与应用价值的定位方法[7-8]。

2.2 多机器人协同通信技术

在多机器人协同通信中，一些关键概念和技术非常重要。首先是机器人之间的通信方式，通常采用的是无线通信技术，如无线局域网（Wi-Fi）、蓝牙和移动通信网络等。通过这些通信方式，机器人可以实时交换信息，包括位置、传感器数据和任务状态等。其次是机器人之间的信息共享和传递。机器人可以通过传感器获取环境信息，将其转化为数字信号，并通过通信技术将这些信息传递给其他机器人。同时，机器人可以将自己的状态、任务进展等信息发送给其他机器人，以实现协调和合作。另外，多机器人协同通信还涉及任务分配和协调。根据任务的复杂程度和机器人自身的能力，可以使用不同的算法和策略来分配任务，并在任务执行过程中进行动态调整。这样可以实现资源的最大化利用和任务的高效完成。

在进行协同通信时，通信双方须遵循相关通信协议。通信协议定义了机器人中数据的格式、编码和解码方式，以确保数据能够准确、可靠地在机器人之间传输。通过通信协议，机器人可以发送和接收各种类型的数据，如位置信息、传感器数据、任务指令等。通信协议是多个机器人之间能够协同工作的基础，通过共享位置信息、任务状态和传感器数据等，机器人可以相互协调行动，避免碰撞、分配任务、协作完成复杂任务等。同时，通信协议有助于实现机器人系统的整合和集成。不同厂商或不同类型的机器人可以使用相同的通信协议，以便在同一系统中实现互操作性和统一管理。通信协议的标准化有利于改善机器人的开放性、可扩展性和兼容性。常见的多机器人通信协议有 TCP/IP、UDP、ICMP 等。TCP/IP 广泛应用于计算机网络中，它是互联网的基础协议。

TCP/IP（transmission control protocol/Internet protocol）由两个主要的协议组成：传输控制协议（TCP）和 Internet 协议（IP）。IP 用于在网络上标识和寻址设备。每个设备在网络中都有一个唯一的 IP 地址，它可以用来确定数据包从哪个设备发送到哪个设备。IP 负责将数据包从源设备路由到目标设备，通过互联网进行传输。而 TCP 负责将数据分割成小的数据包，并确保这些包按照正确的顺序组装在一起，从而实现可靠的数据传输。TCP 提供了连接导向的通信方式，它确保数据的完整性和可靠性，能够处理丢包、重传和拥塞控制等问题。

UDP（user datagram protocol）是一种面向无连接的传输协议，它位于 OSI 模型的传输层，用于在计算机网络中通过 IP 协议进行数据传输。UDP 相较于 TCP 协议而言更加简单，不提供可靠性保证和流量控制机制。它将数据划分为数据报（datagram），每个数据报都包含了源端口号、目标端口号、长度以及校验和等信息。UDP 协议没有建立连接的过程，发送方可以直接将数据报发送给接收方，而接收方则可以从接收到的数据报中提取数据，传输开销较小，传输速度较快，适用于实时性要求较高的应用场景。但由于 UDP 不提供可靠性保证，发送方无法确认数据是否被接收方正确接收，也无法进行重传操作。因此，UDP 可能会发生数据丢失、乱序等问题。

互联网控制报文协议（ICMP），负责在 IP 网络上传递控制信息和错误报告。互联网组管理协议（IGMP）属于网络层协议，其主要功能包括：确认 IP 包是否成功送达目标地址，通知在发送过程当中 IP 包被废弃的具体原因，改善网络设置等。

ROS 系统提供模块化网络通信机制，如消息（topic）、服务（service）、动作（action）；提供一系列开源工具，如 3D 显示（rviz）、坐标变换（TF）、仿真平台（gazebo）、实时绘图监控（rqt _ plot）等；封装了机器人常见算法，提高代码复用性，如 SLAM（GMapping）、识别（ORK）、机械臂规划（Moveit）等；支持多种开发，如多语言（C＋＋、Python）支持、多系统（Windows、Linux）支持。

ROS 的通信机制同样是基于 TCP/IP 协议族，基于 HTTP 协议实现远程调用的 RPC 机制。其核心通信协议为 ROS Master-Slave 协议。引入进程单元作为节点（node），通常一个 node 负责机器人的某一个单独的功能和管理，如 IMU 数据获取和更新；通过多个不同的 node 实现机器人系统的分布式开发。引入管理者（Master）作为 node 管理器，负责协调各 node 之间的通信稳定。

ROS 的通信方式包括消息、服务、动作和参数机制等，图 2-2 所示为各种通信机制的简要示意图。话题通信机制为 ROS 机器人开发中最常用的通信方式，因此本书选择该通信方式进行多机协同通信设计。

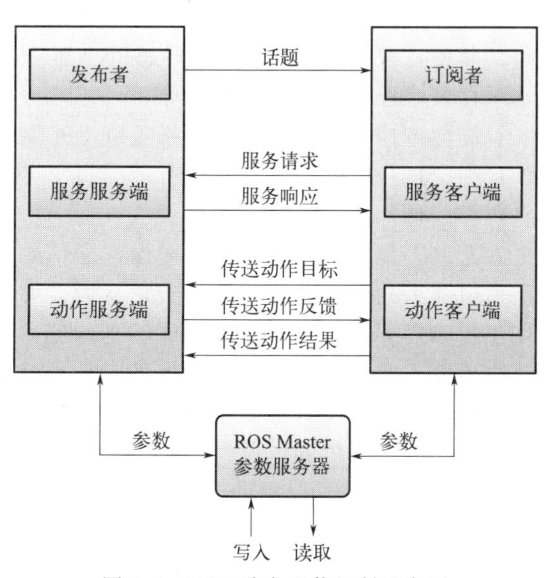

图 2-2　ROS 消息通信机制示意图

话题通信是单向的，一般用于连续发送数据的传感器。建立一次联系后，多个订阅者可以获取同一个发布信息；同样，一个订阅者也可以订阅多个发布者的消息。因此，领航者机器人可作为节点，将需要与跟随者进行通信的数据进行话题封装然后发布出去；跟随者机器人同样视为节点，并订阅话题以获取领航者发布出来的相应数据，同时发布自身的运动姿态等数据作为话题，领航者机器人可以订阅这些话题以获取跟随者机器人的数据。

整个过程在同一个 Master 管理器下进行分布式通信，基于面向服务编程思想（SOP），数据以 XML 文本形式通过 RPC 机制进行注册与订阅等行为交互，屏蔽了网络通信、协议栈等底层设计，通用的远程调用方式简化开发模型；话题数据传输则采用 TCP 通信方式，避免了复杂通信，提高通信效率。最终实现多移动机器人数据交互的通信机制。

多机器人协同通信也存在一些挑战和问题。首先，通信技术的可靠性和带宽限制可能影响机器人之间的信息传递和实时性。其次，在任务分配和协调过程中，需要考虑机器人之间的合作策略和目标一致性，避免出现冲突和低效率的情况。此外，安全和隐私问题也需要重视，保护机器人之间的通信不受到未经授权的访问和篡改。

多机器人协同通信网络的基本技术内容[9] 包括通信协议选择、拓扑结构和网络设计、数据安全和加密、自组织网络和路由算法、通信性能优化、实时性和同步性等。

在通信协议选择方面，常见的协议包括 TCP/IP、UDP、ICMP 等。TCP/IP 协议提供稳定、可靠的连接，适用于需要数据准确传输的场景。UDP 协议适用于实时性要求较高的应用，它是无连接的、轻量级的传输协议。ICMP 协议主要用于网络状态的监测和故障排除，帮助实时掌握网络健康状况。选择合适的通信协议，能够在不同场景下实现多机器人系统的高效通信，确保数据的可靠传输和及时响应。

在多机器人系统中，选择合适的网络拓扑结构（如星形、网状、树状等）和传输介质（有线或无线）非常重要。拓扑结构的选择应该基于具体应用需求，以确保通信的稳定性等性能。网络设计应该考虑机器人的分布、任务需求、带宽需求以及网络规模的估算。

数据安全和加密是多机器人协同通信网络安全性的关键。为此，采用加密和认证机制，如强加密算法 AES（advanced encryption standard），以确保传输过程中的数据隐私。同时，确立身份验证和数据完整性验证机制，以保证通信的合法性和数据完整性。这样的安全措施可以有效防止未经授权的访问和数据篡改，保障多机器人系统通信的安全性和可靠性。

构建多机器人协同通信网络时，需要进行自组织网络和智能路由算法的设计。自组织网络技术使机器人网络可以自动适应环境的变化，维持通信连接的稳定性。智能路由算法的运用则确保了数据传输的高效性，通过综合考虑网络拓扑结构、带宽、延迟等因素，选择最佳的传输路径。这些策略使得多机器人在移动或部署时，网络连接能够灵活、智能地调整，确保通信的持续性和稳定性，从而实现机器人之间的协同作业。

在多机器人协同通信网络中，为了优化通信性能，提高系统整体效率，需要采取一系列策略。其中，数据压缩技术被用于减小传输数据量，从而降低网络负担，提高传输效率。同时，缓存策略通过将常用的数据缓存在机器人本地，减少了对网络的请求，加速了数据获取。智能传输控制策略则根据网络负载动态调整数据传输速率，最大化利用带宽，确保通信的稳定性。这些策略的综合运用有效提高了多机器人系统的通信效能，使得数据传输更加迅速、可靠。

在某些多机器人应用中，需要保证通信的实时性和同步性。为此，采用时间同步协议确保所有机器人的系统时间保持一致，从而能够精确记录事件发生的顺序。实时数据传输技术被用于保障需要即时响应的数据能够迅速到达目标机器人。此外，事件触发机制被设计用于在某个机器人或传感器触发特定事件时，及时通知其他机器人，以确保所有机器人在事件发生时能够同步响应。这些策略的综合运用确保了多机器人系统在动态环境中的快速、准确响应，实现了高效的协同作业。

为了确保多机器人协同通信网络的高效性和可靠性，需要采用一系列评价方法和指标[10]。常用的评价指标如下：

① 带宽和延迟：带宽表示通信网络的数据传输能力，延迟表示信息从发送方到接收方所需的时间。较高的带宽和较低的延迟有助于实时通信和快速决策。

② 丢包率：丢包率表示在数据传输过程中丢失的数据包的比例。较低的丢包率意味着更可靠的通信。

③ 网络拥塞：网络拥塞是指通信网络中的数据流量过大，导致通信性能下降。合适的拥塞控制机制可以缓解这一现象。

④ 通信能耗：多机器人系统通常由移动机器人组成，因此通信会消耗宝贵的电力资源。评估通信能耗有助于优化机器人的能源管理策略。

⑤ 安全性：评估通信网络的安全性，通过数据加密、认证机制和防护措施等，以确保机器人系统不容易受到恶意攻击或数据泄露。

⑥ 可扩展性：多机器人系统可能需要根据任务需求扩展通信网络。评估通信网络的可扩展性可以确定系统是否能够轻松应对增加的机器人数量。

⑦ 容错性：通信网络应具备一定的容错性，以应对通信中断或故障。评估网络的容错性有助于确保系统在面临问题时能够继续运行。

综合考虑以上评价指标，多机器人协同通信网络的设计和评估应该是一个综合性的过程，需要考虑通信需求、硬件设备、环境条件以及任务特性等多个因素。只有建立高效、可靠且安全的通信网络，多机器人系统才能够顺利协同工作，完成各种复杂任务。

2.2.1　基于 TCP/IP 协议的多机器人协同通信

在多机器人协同领域，有效的通信是实现任务协同和协作的关键要素之一。TCP/IP 协议是互联网上广泛使用的协议套件之一，它提供了可靠的、端到端的通信，适用于多种场景，包括多机器人协同[11]。本节将以 OSI 七层模型为基础，深入探讨基于 TCP/IP 协议的多机器人协同通信方法，包括其核心原理、优势以及实施细节。

2.2.1.1　OSI 七层模型

谈及计算机网络和网络通信时，OSI（open system interconnection）七层模型是一个基础且重要的概念。它提供了一个通用的网络通信框架，用于指导不同厂商的计算机系统之间的通信，确保不同类型的计算机和网络设备可以互相通信。在实际的数据传输过程中，其封装和解封装的过程如图 2-3 所示。图中，AH 为应用层协议头，PH 为表示层协议头，SH 为会话层协议头，TH 为传输层协议头，NH 为网络层协议头，DH 为数据链路层协议头，DT 为数据链路层协议尾，DATA 为数据。

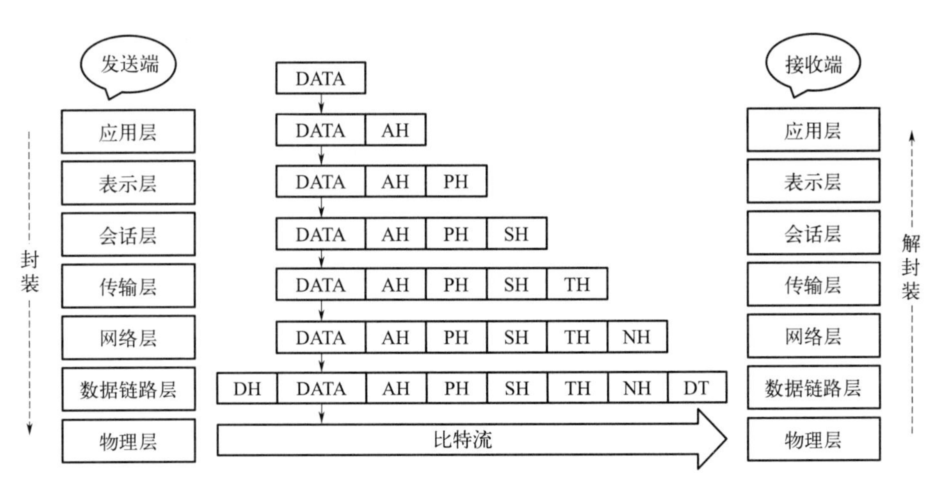

图 2-3　网络通信框架

在计算机网络领域，数据的传输过程经过严格规划与精心设计。首先，发送方根据网络各层协议为数据添加详细的信息头，进行封装处理。这个过程被称为封装，其中数据被分为不同层级，每个层级负责添加特定的控制信息，以确保数据在传输中的正确处理。然后，在物理层，这些封装后的数据包被转换成比特流，以电信号或光信号的形式依赖硬件媒介传输。在传输过程中，数据流依赖于各种传输介质，如电缆或光纤，以确保信号的准确传递。

最终，接收方收到比特流后，进行解封装处理。在解封装阶段，接收方逐层去除控制信息，将数据包还原成原始数据。这个过程保障了数据在传输中的完整性和准确性，同时确保了不同系统之间的顺畅通信。这种分层设计不仅保障了网络通信的稳定性和可靠性，也为各种不同类型的设备间的顺畅交流提供了基础。

2.2.1.2 TCP/IP 协议

TCP/IP 协议是一组协议，用于在网络上传输数据。它包括两个主要协议：TCP 和 IP。TCP（transmission control protocol）提供了可靠的、面向连接的数据传输。它确保数据按照正确的顺序到达目标，并能够处理丢失的数据包，保证数据的完整性。这对于多机器人协同通信非常重要，因为协同任务通常要求精确的数据传输。IP（Internet protocol）负责路由数据包，将其从源地址传送到目标地址。它定义了如何在网络上定位和标识设备，以便正确地传递数据。每个机器人必须具有唯一的 IP 地址，以便能够准确定位和通信。这可以通过手动分配或动态分配 IP 地址来实现，具体取决于系统的规模和需求。数据传输通常涉及数据的分割、封装和发送。机器人将与任务相关的数据分割成小数据包，并使用 TCP 协议封装这些数据包。然后，数据包通过网络传输到目标机器人。TCP 协议确保数据包按顺序到达，并负责处理任何丢失的或损坏的数据包。

尽管计算机能够通过 IP 协议在不同平台之间发送和接收数据，但这并不足以解决数据分组和确保准确传输的问题。因此，引入 TCP 协议成为必要，它承担了确保数据准确、无误传输的责任。TCP/IP 协议定义了网络设备如何连接网络，以及数据在各个网络层之间如何传输。它是一种端对端的网络传输协议，能够将各种不同系统相互连接起来，保障了 Internet 上数据的准确快速传输。这种协议体系的引入不仅使得网络通信更为可靠，也确保了跨平台、跨系统的高效数据交换，为现代网络通信提供了坚实的基础。

从概念上来讲，TCP/IP 协议族把七层网络模型合并成四层，其对应关系如图 2-4 所示。

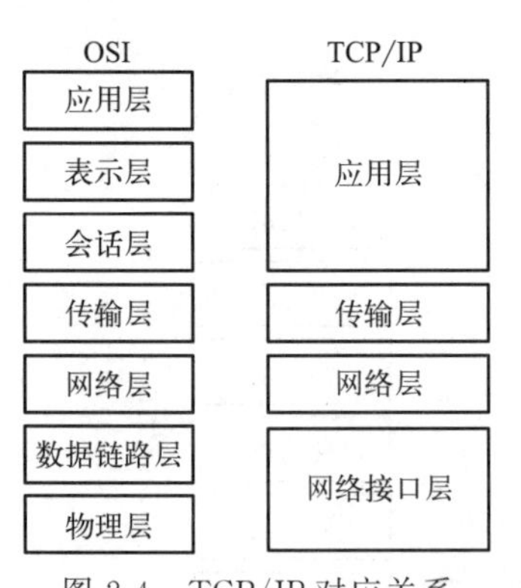

图 2-4 TCP/IP 对应关系

在这个框架中，网络接口层负责保障数据的可靠传输，它的主要功能是将数据封装为帧（frame），同时在接收端解封装，确保数据完整性。网络层则是 TCP/IP 协议族中的核心，大部分情况下采用不可靠、无连接的 IP 数据传输格式，实现网络设备之间的数据传输。在传输层，TCP 和 UDP 两个协议分别负责不同进程间的通信，TCP 保障数据的可靠传输，而 UDP 则提供了无连接的高效传输。应用层则负责对传输的数据进行打包和解包处理，确保应用程序之间能够顺畅通信。这种分层架构保证了网络通信的稳定性和可靠性，为各种不同需求的应用提供了灵活且高效的数据传输机制。

TCP/IP 协议的优势是可靠、广泛支持和可扩展。TCP/IP 协议提供了可靠的数据传输，有助于避免通信中的错误和数据丢失。TCP/IP 协议是标准的互联网协议，因此受到广泛支持和应用，有丰富的工具和库可供使用。TCP/IP 协议可以轻松扩展以适应不同规模的机器人团队和任务。

TCP/IP 协议中存在一些问题：TCP/IP 协议引入了一定的通信延迟，这可能对某些需要即时响应的任务造成影响；在拥挤的网络中，TCP/IP 协议可能会受到性能影响，需要采取措施来缓解网络拥塞；TCP/IP 协议的安全性需要额外保证，包括加密和身份验证，以防止潜在的威胁。

2.2.1.3　基于TCP/IP协议的多机器人协同通信的实例应用

基于TCP/IP的多机器人协同通信可以应用于各种场景，包括工业自动化、无人机团队协作、自动驾驶车队等。在这些应用中，机器人可以通过TCP/IP协议共享信息、协同工作，并实现更高效的任务执行。TCP/IP协议在多机器人系统中的应用场景之一是智能物流仓库管理系统。

在大型仓库中，使用多台机器人协同工作可以提高仓库内物品的管理和分拣效率[12]。这种系统通常包括各种传感器和摄像头，用于检测物品和机器人的位置。

① 通信基础架构：每个机器人都配备有嵌入式系统，该系统基于TCP/IP协议与中央服务器和其他机器人进行通信。服务器充当中央协调者，负责分配任务和监控整个仓库的状态。

② 任务分配和数据共享：当一个新的任务进入系统（例如，从特定货架上拿取特定商品），中央服务器将任务信息发送给所有机器人。每个机器人接收到任务后，会通过TCP/IP协议回传确认，并将自身的状态和任务进展发送回服务器。机器人之间也可以通过TCP/IP协议相互通信，共享信息，确保任务的顺利执行。

③ 实时监控和调度：服务器通过TCP/IP连接实时监控机器人的位置、传感器数据和任务完成情况。如果某个机器人在执行任务时遇到问题，服务器可以快速下发新的指令，通过TCP/IP协议传达给相关机器人，进行即时调度，确保系统的高效运行。

④ 数据分析和优化：所有机器人的活动和传感器数据被传输到服务器，服务器利用TCP/IP协议接收和处理这些数据。通过分析大量的实时数据，系统可以优化任务分配、路径规划和资源利用，提高仓库管理的效率和准确性。

智能物流仓库管理系统是基于TCP/IP的多机器人协同通信的一个实例，它展示了TCP/IP协议在协同控制、任务分配、实时监控和数据分析等方面的应用，使得仓库管理系统更加智能、高效。

2.2.2　基于UDP协议的多机器人协同通信

UDP（user datagram protocol）与TCP协议一样，位于OSI模型中的传输层，是一种简便的数据包传输协议。相较于TCP协议，UDP协议具有明显的特点：UDP无须在数据传输前进行连接，因此传输速度远远快于TCP协议；UDP数据包的头部信息较少，传输效率比TCP高；基于UDP协议的编程相对容易，比TCP编程更为简便。综合以上特点，UDP协议非常适合用于在可靠性较好的局域网内进行点对点传输小数据的场合。本小节将深入研究基于UDP协议的多机器人协同通信方法，包括其核心原理、优势、实际应用案例以及挑战与未来发展方向。

2.2.2.1　UDP协议

UDP协议是一种无连接的、轻量级的传输层协议，它是TCP/IP协议族的一部分。与TCP协议不同，UDP不涉及建立连接和维护状态信息，因此在某些情况下，它更加适用于多机器人协同通信[13]。

UDP通信不需要在发送数据之前建立连接，这减少了通信的初始化开销。UDP不提供数据可靠性保证，它不负责重传丢失的数据包，也不保证数据包的顺序性。UDP的头部信息较小，不占用大量网络带宽，适用于带宽有限的环境。由于不需要建立连接，UDP通信通常具有较低的通信延迟，非常适合需要即时响应的应用。

在建立基于UDP协议的多机器人协同通信系统过程中，每个机器人需要分配唯一的IP

地址，以确保其他机器人能够准确识别和定位通信目标。这可以通过手动分配或使用DHCP等自动分配方式来实现。数据传输通常包括数据的封装和发送，机器人将任务相关的数据封装成UDP数据包，然后通过网络广播或单播到目标机器人。UDP协议负责数据包的传输，但不保证可靠性和顺序性，因此需要应用层协议来处理数据丢失和顺序性问题。除了UDP协议外，多机器人协同系统通常还会使用特定的通信协议来定义数据包的格式和通信规则。这些协议可以用于任务分配、位置更新、障碍物避免等。由于UDP协议的不可靠性，多机器人协同通信需要处理丢包情况。可以通过在应用层实现重传机制或使用冗余数据来弥补丢失的数据包。UDP通信通常具有低延迟，但在一些特殊应用中，可能需要进一步优化通信以满足严格的实时性要求。这可以通过降低数据包大小、使用高速网络等方式来实现。

UDP协议的优势是低延迟、轻量级和简单。UDP通信通常具有较低的延迟，适用于需要即时响应的任务，如无人机控制和协同导航。UDP的头部信息较小，占用的网络带宽相对较少，适用于带宽有限的环境。相对于TCP，UDP的实现和配置更加简单，降低了通信的复杂性，使其适合于嵌入式系统和资源受限的设备。

UDP协议存在的问题体现在不可靠性、丢包和安全性方面。UDP不提供数据可靠性保证，因此需要在应用层处理数据的可靠传输和丢包问题。这对于一些关键应用来说可能是一个挑战。在不可靠的网络环境中，数据包可能会丢失，需要特殊处理来保证数据的完整性，如使用冗余数据或应用层的重传机制。UDP通信通常不提供加密和身份验证，因此在需要保障通信安全性的应用中需要额外的安全措施，如IPSec或TLS。

2.2.2.2 基于UDP的多机器人协同通信的实例应用

基于UDP的多机器人协同通信系统通常用于实时性要求较高、数据包较小，但对可靠性要求相对较低的应用场景。以下是基于UDP的多机器人协同通信的实例应用。

① 多机器人协同探险：在探险任务中，多个机器人通常需要实时共享环境信息，以便有效避障和规划路径。UDP协议的低延迟特性使其成为这种实时性要求较高的场景中的理想选择。

② 实时传感器数据共享：每个机器人配备有各种传感器，如激光雷达、摄像头和距离传感器。这些传感器实时地收集周围环境的信息，如障碍物、地形等。机器人将这些数据打包成小的UDP数据包，并通过网络广播给其他机器人。

③ 位置同步和协同规划：每个机器人定期广播自身的位置和运动信息（如速度和方向）。其他机器人收到这些信息后，可以实时更新它们的内部地图，并进行路径规划，以避免与其他机器人相撞或者重复探测相同区域。

④ 协同任务分配：通过UDP协议，机器人可以实时共享任务信息。例如，如果一个机器人发现了一个探险目标，它可以通过UDP广播通知其他机器人，协同它们一起前往目标位置。

⑤ 实时监控和反馈：每个机器人定期发送状态和健康信息，如电池状态、驱动系统状态等。这些信息帮助团队中的其他机器人了解各自的状态，及时发现并响应任何可能的故障或问题。

在多机器人协同探险的场景中，UDP协议的低延迟和简单的无连接特性，使得机器人能够实时地共享信息、协同行动，有效地应对复杂的环境，高效地完成探险任务。

2.2.3 基于ICMP协议的多机器人协同通信

本节将探讨基于互联网控制报文协议（ICMP）的多机器人协同通信方法。ICMP协议是 Internet 协议套件的一部分，通常用于网络故障排除和诊断，但它也可以用于机器人之间的通信和协同工作。

2.2.3.1　ICMP

ICMP，中文全称为互联网控制报文协议（Internet control message protocol），是一种面向无连接的协议，用于传输控制信息。作为 TCP/IP 协议族的子协议，它属于网络层，主要用于在主机与路由器之间传递控制信息，包括错误报告、受限制的控制和状态信息等。当遇到 IP 数据无法访问目标或路由器无法按当前速率转发数据包等情况时，ICMP 会自动发送消息[14]。因此，ICMP 可被视作一种“错误侦测与应答报告机制”，其作用在于检测网络的连接状态，包括检测远程主机是否存在、建立和维护路由信息，重定向数据传输路径以及控制数据流量等。通过 ICMP，能够更好地了解网络的健康状况，及时解决网络通信中的问题。

ICMP 定义了多种消息类型，每种类型都有特定的目的和用途。以下是一些常见的 ICMP 消息类型，对于多机器人协同通信至关重要。

① 回显请求和回显回应（echo request and echo reply）：用于测试网络连接的可达性，类似于 Ping 工具所使用的消息。机器人可以使用这些消息来确定其他机器人是否在线和可达。

② 时间超时（time exceeded）：当 IP 包在路由过程中超时时，路由器会生成这种消息，以便源主机了解发生了什么问题。这对于检测通信路径上的问题至关重要。

③ 目标不可达（destination unreachable）：用于通知发送方某个目标不可达，可以包括网络不可达、主机不可达等情况。这对于机器人协同中的路径规划至关重要。

④ 重定向（redirect）：用于告知主机在发送数据包时应该使用不同的路由器。这可以帮助机器人系统优化通信路径。

要在多机器人系统中使用 ICMP，机器人需要了解 ICMP 消息的格式，包括消息类型、代码、检验和以及相关的数据字段。这样它们才能正确地解析和处理接收到的消息。ICMP 不使用端口号，但机器人需要确定如何将不同类型的消息路由到正确的处理程序。这可以通过在消息数据字段中包含标识符来实现。ICMP 消息可能被滥用，因此在多机器人系统中需要考虑安全性措施，例如消息身份验证和加密，以防未经授权的机器人干扰通信。

尽管 ICMP 在多机器人协同中具有潜力，但也存在一些挑战。ICMP 不是实时通信协议，因此在需要高实时性的应用中可能不适用。ICMP 消息通常不加密，因此容易受到恶意攻击。未来的发展中需要更强的安全性措施。随着机器人系统规模的增加，管理大量 ICMP 消息可能会变得复杂。需要研究更有效的管理和路由方法。

未来，我们可以期待 ICMP 协议在多机器人协同通信中获得更广泛的应用，同时需要继续研究和发展新的通信协议来满足不同应用场景的需求。

2.2.3.2　基于 ICMP 的多机器人协同通信的实例应用

基于 ICMP 的多机器人协同通信系统通常用于网络状态监测、错误诊断和实时通知等应用场景。以下是基于 ICMP 的多机器人协同通信的实例应用。

① 多机器人网络状态监测与自组织行为：在一个机器人团队中，机器人需要共同协作，应对环境变化和故障。ICMP 协议可用于实现多机器人网络状态监测和自组织行为。

② 网络连通性监测：每个机器人定期向其他机器人发送 ICMP echo request 消息（Ping 消息），以检测其他机器人的网络连通性。如果某个机器人长时间没有响应，可能意味着它遇到了故障或者处于无网络状态。

③ 故障自愈：当一个机器人检测到另一个机器人无响应，它可以发出 ICMP echo request 消息，尝试建立连接。如果对方机器人能够响应，那么问题可能只是短时的网络中断。如果对方机器人仍然无响应，那么可能存在硬件故障。系统可以根据这些信息，自动调整团队的行为，例如选择不依赖故障机器人的路径，避免任务受阻。

④ 自组织网络：基于 ICMP 的自组织网络可以实现在机器人之间的动态路由和网络拓扑调整。当机器人之间的连接状态发生变化时，其他机器人可以根据 ICMP 消息动态调整通信路径，确保团队内部的通信始终保持稳定。

⑤ 实时通知与协同决策：机器人可以利用 ICMP 协议进行实时通知。例如，当一个机器人探测到紧急情况时，它可以通过 ICMP 消息向其他机器人发送警报。其他机器人接收到警报后，可以迅速做出协同决策，例如调整路径、改变任务分配等，以适应突发状况。

在上述多机器人网络状态监测与自组织行为的实例应用中，ICMP 协议的快速响应和实时性特性使得机器人能够在网络状态发生变化时迅速做出决策，确保团队整体的稳定性和高效性。

2.2.4 基于 ROS 的多机器人协同通信

当涉及多机器人协同通信时，ROS（机器人操作系统）的话题通信机制是一个关键概念。话题通信为不同 ROS 节点之间的信息传递提供了一种高效且灵活的方式，它是实现多机器人之间协同操作的基础。

2.2.4.1 ROS 话题通信机制

ROS 的话题通信机制是一种发布/订阅模型，允许多个节点之间以异步的方式交换消息。在这一模型中，节点可以扮演消息的发布者（publisher）和消息的订阅者（subscriber）的角色，以便在特定话题上发布和接收消息。

要在 ROS 中创建话题，首先需要指定话题的名称和消息类型。例如，如果想创建一个用于传递机器人位置信息的话题，可以定义一个名为“/robot _ position”的话题，并指定消息类型为“geometry _ msgs/Pose”。消息类型定义了消息的结构，包括数据字段和数据类型。

创建一个发布者节点，它将负责发布消息到指定的话题。发布者节点使用 ROS 的通信库来发布消息，消息会被发送到 ROS 主节点（master node），然后由订阅该话题的节点接收。

订阅者节点用于接收发布者节点发送的消息。要订阅话题，需要指定要订阅的话题名称和消息类型。当有新消息发布到该话题时，订阅者节点将自动接收并处理消息。当发布者节点发布机器人位置信息时，订阅者节点的回调函数将被触发，用于处理接收到的消息。

话题通信机制在多机器人协同通信中具有以下优势：

① 松耦合性：这种特性使通信系统中的各个组件能够相对独立地进行操作，无须紧密依赖其他组件的内部结构。每个组件可以独立地发布和订阅特定的话题，而不需要了解其他组件的实现细节，从而实现了模块间的独立性和高度灵活性。这意味着，当系统需要添加新功能或者修改现有功能时，可以只修改受影响的模块，而不会影响到系统的其他部分，减少了系统维护和扩展的难度。此外，松耦合性还使得系统更容易进行横向和纵向扩展，可以轻松地增加新的功能模块或者提升现有功能模块的处理能力，为系统的可扩展性提供了坚实基础。

② 多对多通信：话题通信中的多对多通信机制为系统通信提供了非常强大的优势。这

种模式的灵活性和多样性使得各个组件能够同时参与多个话题的信息交换，不仅可以接收来自不同源头的信息，也可以向多个目标发布信息。这种多对多的交流机制在分布式系统中尤为重要，因为在这样的系统中，多个节点需要协同工作，进行复杂的数据处理、共享和协作决策。此外，多对多通信降低了通信的复杂性，通过话题的方式将节点分组，每个节点只需与其订阅的话题建立连接，简化了通信的管理和维护。

③ 异步通信：异步通信在话题通信中扮演着关键角色，其独特的优势使系统能够更高效、更灵活地进行消息传递和处理。通过异步通信，系统各个组件能够在发送消息后立即继续执行其他任务，而无须等待接收方的响应。这种特性大大提高了系统的响应速度，使系统能够处理更多的消息请求，同时也增强了系统的并发性，各个组件可以并行地执行任务，提高了系统的处理能力。更为重要的是，异步通信提高了系统的健壮性，即使某个组件出现问题，也不会影响整个系统的运行，系统可以继续处理其他任务，确保了系统的稳定性。

④ 数据共享：话题通信中的数据共享优势不仅在于实时性的数据传递，也体现在协同决策、资源共享、知识传递和降低数据冗余等方面。通过数据共享，不同组件能够即时共享信息，使得系统能够快速做出智能决策，提高了整个系统的响应速度和效率。而且数据共享使得组件之间能够协同工作，共同参与决策和协作计算，从而增强了系统的智能化和适应性。共享资源和知识传递使系统内的组件能够更加高效地利用资源，同时支持机器学习和智能决策的发展。

话题通信是 ROS 中最常用的通信机制之一，它为多机器人协同通信提供了强大的基础。本书的后续部分将深入研究更多 ROS 通信机制，以及如何将它们应用于多机器人系统中，以实现各种协同任务和应用。

在多机器人协同通信中，话题通信可以用于实现分布式控制和信息共享。多机器人系统通常由多个独立的机器人组成，每个机器人都具有自己的传感器和执行器。话题通信机制允许这些机器人之间通过发布和订阅话题的方式交换信息，从而实现协同工作和智能决策。

通过话题通信，不同机器人可以发布自己的状态和能力信息到特定话题上。其他机器人可以订阅这些话题，了解其他机器人的状态和能力。基于这些信息，机器人可以实现任务的合理分工和协同工作，避免重复工作，提高任务执行效率。多个机器人可以通过话题通信共享各自的传感器数据，例如激光雷达扫描点云、摄像头图像等。这些数据可以被用来构建环境地图，实现更准确的定位和路径规划。不同机器人的地图数据可以互相共享，从而提高整个系统的环境感知能力。通过话题通信，机器人可以交换彼此的意图和决策信息。例如，在多机器人探险任务中，机器人可以共享探测到的目标信息，通过集体决策确定最优的探测路径。这种集体智能的决策机制可以提高任务的成功率和效率。多个机器人可以通过话题通信共享各自的资源状态，如电池电量、工作负载等。基于这些信息，系统可以实现资源的合理分配和互补。例如，电池电量较充足的机器人可以承担更多的任务，而电量较低的机器人可以选择充电或休息，从而保持系统的持续工作能力。

话题通信在多机器人协同通信中扮演了关键角色，促使机器人之间实现信息共享、任务协同、集体决策和资源互补，从而提高了整个系统的智能性和适应性。

2.2.4.2　ROS 服务通信机制

在多机器人协同通信中，除了话题通信机制之外，ROS 还提供了服务通信机制，它允许节点之间进行点对点的同步通信。服务通信是一种请求-响应模型，其中一个节点请求另一个节点提供的服务，然后等待响应。下面将深入探讨 ROS 的服务通信机制以及如何在多机器人系统中应用它。

要在ROS中创建一个服务，首先需要定义服务的名称和消息类型，包括请求消息和响应消息。请求消息用于传递客户端请求的数据，而响应消息用于传递服务的执行结果。服务通信机制在多机器人协同通信中具有以下优势：

① 点对点通信：服务通信采用请求-响应模型，允许一个节点（客户端）向另一个节点（服务提供者）发送请求，并等待响应。这种点对点通信方式非常灵活，适用于需要同步执行、请求特定操作或获取特定数据的场景。

② 请求-响应模型：请求-响应模型是一种在计算机科学和网络通信中被广泛采用的通信模式，它的优势在于提供了高度同步性和可控性。在这种模式下，通信的双方严格遵循特定的流程：请求方发送请求，然后等待响应方的响应。这种同步性确保了通信的顺序性和可预测性，使得请求方可以准确掌控何时发送请求、何时等待响应，以及如何处理接收到的响应。此外，请求-响应模型也提供了精确的数据传输机制，请求和响应的数据结构明确定义，保证了数据的准确传递，避免了解析错误和数据不一致性。

③ 数据传输：服务通信提供了高效、可靠的数据传输通道，通过专门设计的网络协议，确保了数据能够快速、准确地从发送方传输到接收方，降低了通信延迟，保障了实时性。其次，数据传输在服务通信中是可靠的，具备错误检测和纠正的机制，保障了数据的完整性和准确性，即便在传输过程中发生错误，系统也能够进行有效修复。

④ 错误处理：服务通信提供了明确的错误信息，使得在出现问题时能够清晰地了解错误的具体原因，为快速定位问题提供了有力支持。此外，服务通信的错误处理允许精细的错误分类，开发者可以根据不同类型的错误采取特定的处理策略，提高了错误处理的灵活性和准确性。服务通信还具备容错机制，可以应对网络中断、服务提供者宕机等异常情况，确保了系统的稳定性和可靠性。

在多机器人协同通信中，服务通信可以用于各种任务，包括但不限于：

① 任务分配：通过服务通信，中央控制节点可以动态地发布任务，其他机器人则能够订阅这些任务服务，实现智能任务分配。同时，机器人可以通过服务通信实时报告任务执行状态，使任务分配能够根据机器人的实际情况进行动态调整。此外，服务通信还允许机器人请求任务的重新分配，以适应任务执行过程中的不确定性和变化。它还支持资源共享和任务优先级调整，使机器人能够在协同作业时更加高效地利用资源和灵活地应对各种任务需求。

② 资源请求：通过服务通信，机器人可以向其他节点发出资源请求服务，例如请求传感器数据、地图信息、计算资源等。这种机制使机器人能够实时共享和利用其他机器人或中央服务器上的资源，提高系统整体的效率和性能。同时，服务通信还支持资源的动态分配和优化：当某个机器人需要更多的计算或存储资源时，它可以通过服务通信请求额外的资源，而其他机器人或中央服务器则可以根据请求的情况动态地分配资源，确保每个机器人能够获得所需的资源。

③ 状态查询：机器人可以向其他节点或中央服务器发送状态查询请求，获取其他机器人、传感器、任务或系统的实时状态信息。这种机制使机器人团队能够实时了解整个系统的运行状况，包括其他机器人的位置、速度、电量等信息，传感器采集的数据，以及任务的执行进度和系统的负载情况。

④ 故障恢复：机器人系统能够实时检测各个节点的健康状态，并在发现故障时迅速传递相关信息。当一个机器人或系统组件遭遇故障时，它通过服务通信向中央节点发送故障报告，可实现快速故障诊断。同时，这些故障信息还能够被传递给其他机器人，使整个系统能够共同应对故障影响，例如调整路径规划以避开故障点。更为重要的是，服务通信还支持自动化的故障恢复。中央节点在接收到故障信息后，可以通过服务通信触发自动化的恢复服

务，例如重新规划任务、调度备用机器人等。

服务通信提供了一种灵活且强大的方式，使多机器人能够以同步方式交流和协同工作。通过深入了解 ROS 的服务通信机制，读者可以更好地理解如何应用它来解决多机器人协同通信中的挑战和需求。本书的后续部分将继续探讨其他 ROS 通信机制以及如何将它们与服务通信结合使用，以实现更复杂的多机器人协同任务。

2.2.4.3　ROS 多机通信机制

在 ROS 中，多机通信机制是实现分布式机器人系统的关键[15-16]。ROS 多机通信机制主要有以下四种。

① ROS Master-Slave 协议：ROS 的核心通信协议，通过构建一个 ROS Master 节点作为中心节点，管理 ROS 中其他从节点之间的通信，包括发布和订阅话题、服务调用等。从节点向中心节点注册自己的话题、服务等，主节点将从节点的信息收集起来，从而实现多机通信。

② ROS 参数服务器：一个分布式的键值存储系统，可以在 ROS 系统的多个节点之间共享参数和配置信息。不同机器人上的节点可以使用 ROS 参数服务器来共享配置信息，从而实现对系统行为的调整和优化。

③ TCP/IP 协议：ROS 支持使用 TCP/IP 协议进行分布式多机通信。通过建立局域网为每个平台分配 IP 地址和端口号进行通信。在 TCP/IP 协议中，每个 ROS 节点都是一个独立的实体。这种协议提供了可靠的数据传输和较高的数据传输速率，但 TCP/IP 协议的建立连接和确认机制会带来一些网络延迟。

④ UDP 协议：ROS 还支持 UDP 协议进行分布式多机通信。同样，在 UDP 协议中，每个 ROS 节点都是一个独立的实体，由于它没有 TCP/IP 协议中建立连接和确认机制，故该协议提供了更低的网络延迟以及更高的数据传输速率，但不提供可靠的数据传输。因此，UDP 协议更适合实时性要求较高的场景。

每个平台工控机基于 TCP/IP 协议进行网络连接后，ROS 机器人操作系统建立一个 ROS Master 节点作为中心节点，管理其他从节点话题的发送、接收。ROS 通信架构主要基于发布/订阅（publisher/subscriber）模式：发布节点（publisher）将消息（msg），例如传感器数据、状态反馈数据、卡尔曼滤波迭代矩阵等发布到特定的话题（topic）中；订阅节点（subscriber）则订阅中心节点中所需的话题，当发布节点发布新消息时，订阅节点立即接收到此消息。发布者和订阅者之间的通信是异步的，适用于需要实时传输的数据信息。ROS 还有服务（service）模式，需要其他节点请求服务节点来获得消息响应，常用于传输非实时数据。本书实验数据大多依托发布/订阅模式实现通信。

在 ROS 系统中，树形通信架构，即将所有平台的状态、观测信息等传感器信息均汇总到 ROS Master 中心节点，并在中心节点上位机上进行解算，获取其协同定位位姿信息。此架构具有可靠性高、易于管理等优点，能够完成每个平台状态时间对齐，但都依靠中心节点进行解算，且由于需要获得所有平台的状态信息，其通信延迟会增大，对中心节点计算能力提出了更高的要求。网状通信架构则是在每个平台工控机上处理当前传感器信息，相互之间的状态观测信息在两个平台上位机上进行处理，不再汇总到中心节点一起处理，中心节点仅用来展现所有平台相对位姿关系。这种架构具有可靠性高、高效等优点，两两之间的状态信息通信处理能够有效减少网络延迟，且可扩展性大大增强，即使某个节点断开连接或出现故障，数据仍然可以通过其他路径传输，保证通信的可靠性和稳定性。多机通信架构如图 2-5 所示。

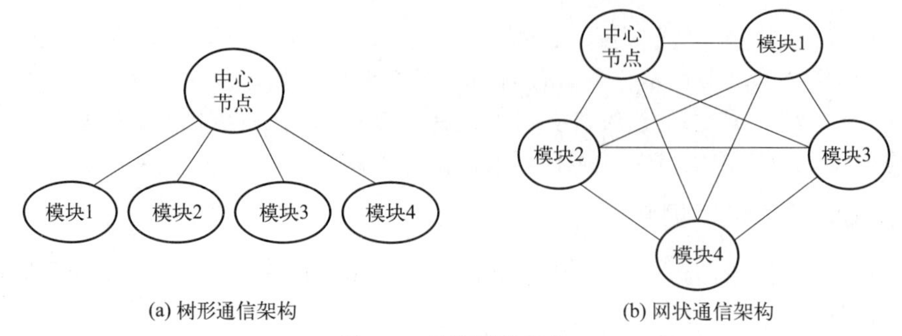

(a) 树形通信架构　　(b) 网状通信架构

图 2-5　多机通信架构

2.2.4.4　ROS 多机通信时间对齐

在 ROS 多机通信过程中，确保不同节点使用一致的时间戳对消息进行排序和同步是至关重要的，这种时间同步性是多机器人系统协同的前提。ROS 提供了多种机制，包括网络时间协议（NTP）和时间同步库（message _ filters），以确保多机系统中的节点具有相同的时间标准，避免通信问题和数据不一致性[17]。

在 ROS 多机通信中，不同节点通常会使用时间戳来排序和同步消息。如果多机节点的系统时间不同步，消息可能会被错误地排序或丢失，导致通信问题和不可预测的行为。为了解决这个问题，ROS 中引入了 NTP（网络时间协议）来同步多机系统时间。通过安装和配置 ntpdate 软件包，ROS 系统可以启用 NTP 来对齐多机系统时间。

NTP 通过与外部时间服务器进行通信，确保各个节点的系统时间保持同步。在多机器人系统中，节点可以定期与 NTP 服务器同步，以确保时间的准确性。这样，无论消息来自哪个节点，它们的时间戳都将是一致的，从而确保了消息的顺序性和一致性。

在多机器人系统中，常常涉及多个传感器，每个传感器都可能发布带有时间戳的消息。这些消息的时间戳需要在接收端进行同步，以便更好地处理和分析数据。ROS 提供了 message _ filters 库，通过使用 message _ filters 库，接收节点可以订阅多个传感器发布的话题，接收节点会在接收到消息时，比较各个消息的时间戳，并自动调整它们的发布时间，以确保它们在同一时间戳发布。这种机制保证了接收节点在处理来自多个传感器的数据时，可以获得具有相同时间标准的数据。

2.2.5　复杂场景下的协同通信

在多机器人协同领域，协同通信是至关重要的一环。复杂场景下的协同通信涉及多个机器人之间的信息交流和协作，以便有效地完成各种任务。本书将深入探讨复杂场景下的多机器人协同通信方法，包括问题定义、挑战、现有解决方案以及未来的研究方向。

复杂场景下的多机器人协同通信涵盖了许多不同的应用领域，如自动驾驶、无人机编队、救援任务等。在这些应用中，多个机器人必须相互协作，共享信息，以便实现共同的目标。

复杂场景下的多机器人协同通信面临着许多挑战。当多个机器人在同一无线信道上进行通信时，信道干扰可能会导致通信丢失或错误。机器人的位置和连接关系可能会不断变化，特别是在移动机器人的情况下，这使得建立和维护通信连接更加复杂。在某些应用中，通信带宽可能受到限制，机器人需要智能地管理可用的带宽资源。在共享敏感信息的情况下，确保通信的隐私和安全性至关重要。机器人需要采取适当的安全措施来保护通信内容。

为了应对复杂场景下的多机器人协同通信挑战，研究人员已经提出了多种解决方案和技术。通过利用多个通信路径，如蓝牙、Wi-Fi、无线电等，机器人可以提高通信的可靠性和带宽利用率；采用自组织网络技术，使机器人能够自主地建立和维护通信连接，减少对中央控制的依赖；开发各种协同通信算法，包括路由算法、调度算法和功率控制算法，以优化通信性能；制定多机器人通信的协议和标准，以确保不同机器人可以互操作并进行有效通信。

在复杂场景下的多机器人协同通信领域，不断的研究和创新将为未来智能机器人系统的发展提供坚实的基础，为社会和工业领域带来更多的机遇和益处。

2.3　定位感知技术

2.3.1　绝对式定位感知技术

绝对式定位感知技术是一种用于确定机器人绝对位置（通常以地理坐标或地理位置描述）的技术。目前，在室外环境中北斗或全球定位系统常被用于机器人定位；在卫星信号受阻的室内环境中，预先安装的传感器网络同样能够被用于机器人定位。

2.3.1.1　无线电定位技术

该技术通过测量机器人之间的无线信号参数来计算它们之间的距离。这些信号参数包括信号强度、到达时间和相位等。常用的无线电定位技术包括：TOA（到达时间）、AOA（到达信号角度）、TDOA（到达时间差）、RSSI（接收信号强度指示）等。无线信号对障碍物具有一定的穿透能力，因此无线技术（如 ZigBee、Wi-Fi、UWB 等）被广泛应用于室内复杂环境下的定位。ZigBee 和 Wi-Fi 在定位应用中常采用信号强度进行定位，由于通信带宽有限与信号衰减等问题，其通常只能获得米级的定位精度，不适用于高精度定位应用场景。UWB 传感器具有精度高、功耗低、频带宽以及多径分辨能力强等优点，被广泛应用于机器人的精确定位，但是 UWB 通常仅提供距离测量值，单个测距值无法实现机器人间的相对位姿估计。

目前，UWB 定位常采用多 UWB 方案和 UWB 与多传感器融合方案。其中，多 UWB 定位方案具有较好的定位精度和较强的实时性，但由于在部署时需要考虑各 UWB 之间的距离，不适用于体积较小的机器人。

(1) TOA 方法

TOA 是一种基于信号到达时间的定位方法，通过测量信号从发射到接收所需的时间来计算距离，如图 2-6 所示。该技术要求目标发射机 MS 与地面接收机 BS 之间的时钟必须是同步的。机器人之间的时间差可以用于三角定位，从而确定机器人的位置。

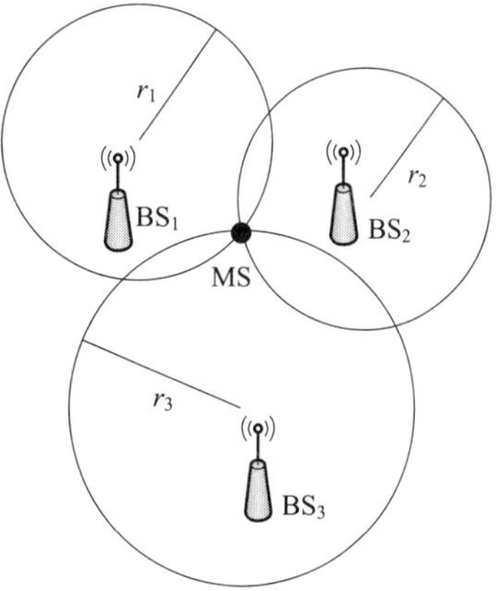

图 2-6　TOA 定位示意图

根据几何原理，理论上只需三个基站就可以确定机器人的位置，但现实中会存在误差和干扰，三个圆可能不交叉或者不止有一个交叉点，因此可以根据最小二乘算法计算机器人的估计位置。假设机器人的位置坐标为 (x, y)，N 个基站的位置坐标为 (x_i, y_i)，则它们之间满足以下关系：

$$(x_i - x)^2 + (y_i - x)^2 = r_i^2, \quad i = 1, 2, \cdots, N \tag{2-1}$$

将公式展开，化简得到

$$x_i^2+y_i^2+x^2+y^2-2x_i^2x-2y_i^2y=r_i^2 \tag{2-2}$$

令 $K_i=x_i^2+y_i^2$，$R=x^2+y^2$，上式可表示为

$$r_i^2-K_i=-2x_ix-2y_iy+R \tag{2-3}$$

联立多组数据，得到

$$\begin{bmatrix} r_1^2-K_1 \\ r_2^2-K_2 \\ \vdots \\ r_N^2-K_N \end{bmatrix}=\begin{bmatrix} -2x_1 & -2y_1 & 1 \\ -2x_2 & -2y_2 & 1 \\ \vdots & \vdots & \vdots \\ -2x_N & -2y_N & 1 \end{bmatrix}\begin{bmatrix} x \\ y \\ R \end{bmatrix} \tag{2-4}$$

$$\Downarrow$$

$$\boldsymbol{Y}=\boldsymbol{A}\boldsymbol{X}$$

我们要求得坐标（x，y），即求得 $\boldsymbol{X}$。利用最小二乘法可得

$$\boldsymbol{X}=(\boldsymbol{A}^{\mathrm{T}}\boldsymbol{A})^{-1}\boldsymbol{A}^{\mathrm{T}}\boldsymbol{Y} \tag{2-5}$$

相比于 RSSI，TOA 的定位精度更高，但同时也需要较高的算力和复杂的时间同步机制，对硬件要求较高。

（2）AOA 方法

AOA 方法通过测量信号到达接收器的入射角度，推断出信号源的位置。如图 2-7 所示，机器人发送测距信号给两座基站，两座基站先后获得发射信号的入射角度 α，从两座基站作沿着发射角度的射线，射线的交会处便是机器人的位置。

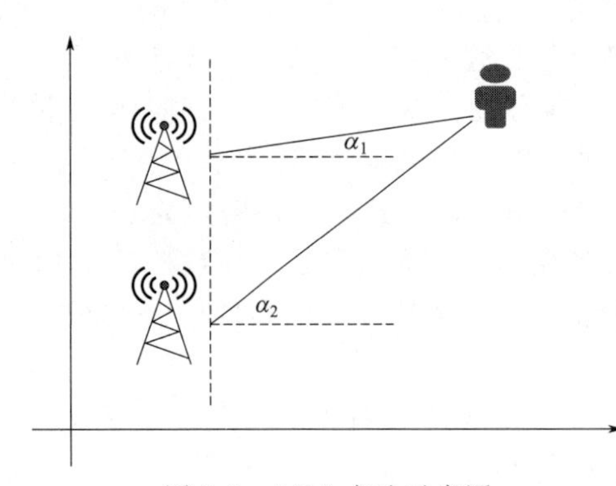

图 2-7　AOA 方法示意图

设两个基站的入射角分别为 α_1、α_2，坐标为（x_1，y_1）、（x_2，y_2），机器人坐标为（x，y），则机器人和基站之间的位置满足

$$\tan\alpha_i=\frac{y-y_i}{x-x_i} \tag{2-6}$$

为减小误差，往往采用多个基站进行定位，将上式进行变换得

$$y_i-x_i\tan\alpha_i=-x\tan\alpha_i+y \tag{2-7}$$

联立多组数据，得到

$$\begin{bmatrix} y_1-x_1\tan\alpha_1 \\ y_2-x_2\tan\alpha_2 \\ \vdots \\ y_N-x_N\tan\alpha_N \end{bmatrix}=\begin{bmatrix} -\tan\alpha_1 & 1 \\ -\tan\alpha_2 & 1 \\ \vdots & \vdots \\ -\tan\alpha_N & 1 \end{bmatrix}\begin{bmatrix} x \\ y \end{bmatrix} \tag{2-8}$$

$$\Downarrow$$

$$\boldsymbol{Y}=\boldsymbol{A}\boldsymbol{X}$$

采用最小二乘法求得机器人位置。

AOA 方法对入射角测量的精度有很高的要求，人们往往采用天线阵列进行入射角度的测量，其基本原理是通过天线上相邻、已知距离的两个点接收信号的时间差，最终算出入射角度，如图 2-8 所示。

(3) TDOA 方法

TDOA (time differences of arrival，到达时间差) 方法是一种基于信号到达时间差异的定位方法，通过测量信号到达不同接收器的时间差来计算机器人的位置。TDOA 降低了目标源与各个基站之间的时钟同步要求，但提高了各个基站之间的时钟同步要求。

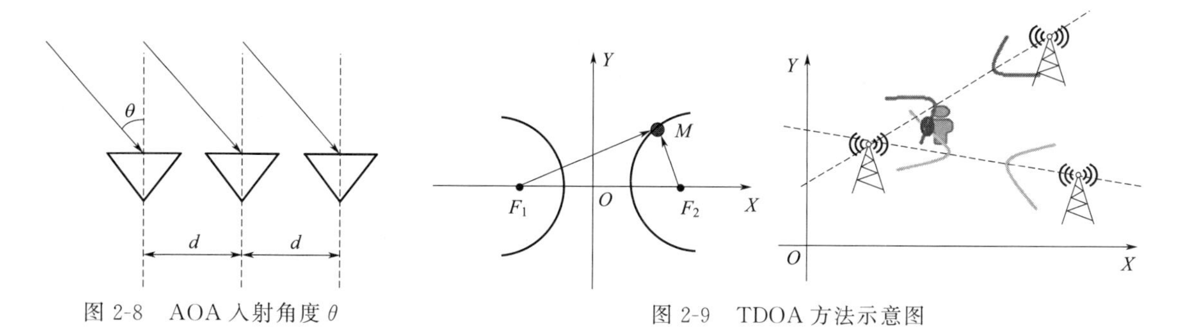

图 2-8　AOA 入射角度 θ

图 2-9　TDOA 方法示意图

TDOA 方法的原理如图 2-9 所示，不同的基站同时向机器人发送信号，机器人接收到信号的时间差 $\Delta t\times$信号速度＝机器人到这两个基站的距离差 d，而根据几何原理，双曲线上的点到两个焦点的距离之差的绝对值恒为 $2a$。因此，机器人位于以两个基站为焦点，$2a$ 等于 d 的双曲线上，利用三个基站，便可以得到两条双曲线：

$$\begin{cases}\sqrt{(x_2-x)^2+(y_2-y)^2}-\sqrt{(x_1-x)^2+(y_1-y)^2}=d_{21}\\ \sqrt{(x_3-x)^2+(y_3-y)^2}-\sqrt{(x_1-x)^2+(y_1-y)^2}=d_{31}\end{cases} \tag{2-9}$$

式中，(x, y) 为机器人坐标；(x_i, y_i) $(i=1,2,3)$ 为基站坐标；d 为距离差。联立上述两方程，便可以求出机器人的坐标。

(4) RSSI 方法

RSSI 方法是一种基于信号强度的定位方法，运用信号强度与距离成反比的特性，通过测量接收到的信号强度来推断机器人之间的距离。在无线信道中，信号衰减可用以下公式表示：

$$\mathrm{RSSI}(d)=\mathrm{RSSI}(d_0)-10\times n\times \lg\left(\frac{d}{d_0}\right)+X \tag{2-10}$$

式中，$\mathrm{RSSI}(d)$ 表示收发端距离为 d 时接收端的 RSSI 值，dB；$\mathrm{RSSI}(d_0)$ 表示收发端近距离（一般 $d_0=1\mathrm{m}$）时的 RSSI 值；n 为路径损耗系数，其受周围环境布局的影响，一般取 2～4；X 表示噪声干扰，其符合 $N(0,\delta^2)$ 的正态分布，δ 的取值一般在 3.0～14.1dB 之间变化。根据模型可以计算出接收端和发送端的距离 d，然后依据多边定位或质心定位计算出机器人位置坐标。

该方法成本低廉，仅通过常见的信号发射器和接收器即可定位；不需要发射源之间的时钟信号同步，易于实现。

2.3.1.2　声源定位技术

声源定位即定位声源的位置，是机器人听觉系统的重要功能之一。声源定位技术利用麦克风阵列接收声源发出的声音信号，然后根据声源信号的信息特征来进行声源识别和定位。机器人搭建发声装置蜂鸣器用于发出声源信号，同时搭载多个麦克风（麦克风阵列）用于捕捉环境中的声源信号，由于声源信号到达不同麦克风的时间有不同程度的延迟，通过声源定位算法分析测量得到的声音传感器的数据，确定声源点相对于麦克风的方位角、俯仰角和距离等位置和角度信息。在多机器人系统中，每个机器人通过声源定位算法估计发声机器人在其局部坐标系下的坐标，并通过多机器人通信广播给其他机器人，通过坐标变换计算出其他机器人在其坐标系下的坐标。

经过长期的发展，声源定位技术也逐渐形成一个完整理论框架。常用的声源定位方法主要有：基于最大输出功率的可控波速形成法、基于高分辨率谱估计定位法、基于到达时间差（TDOA）定位算法。其中基于 TDOA 的定位算法计算量较小，实时性好，实用性较高。基于 TDOA 的声源定位算法通常分为两步：首先估计出声源信号与麦克风阵列的麦克风之间的时间延迟，即时延值；再通过构成麦克风阵列的几何形状建立声源定位模型来求解相对位置，从而进行定位估计，如图 2-10 所示。

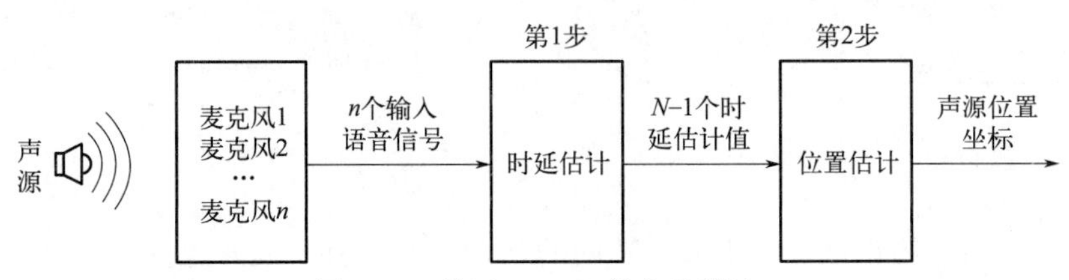

图 2-10　基于 TDOA 的定位算法

声源定位模型可以分为近场声源模型和远场声源模型。人类发出的声音传递范围在 1～16m，远大于麦克风阵列上阵元之间的距离，且多机器人间进行声源定向时，为了防止机器人发生碰撞，距离不会低于 20cm。所以，只需考虑声源在远场模型情况下的定向。在远场模型情况下，只考虑信号的波达方向。图 2-11 所示为远场声源模型。

(1) 麦克风阵列的时延估计算法

TDOA 的信号模型为：在空间中仅有一个声源 $s(t)$（位于 $\boldsymbol{s}$ 位置），将两个麦克风 m_1、m_2 所在位置记为 $\boldsymbol{M}_1$、$\boldsymbol{M}_2$。TDOA 时延计算模型如图 2-12 所示。

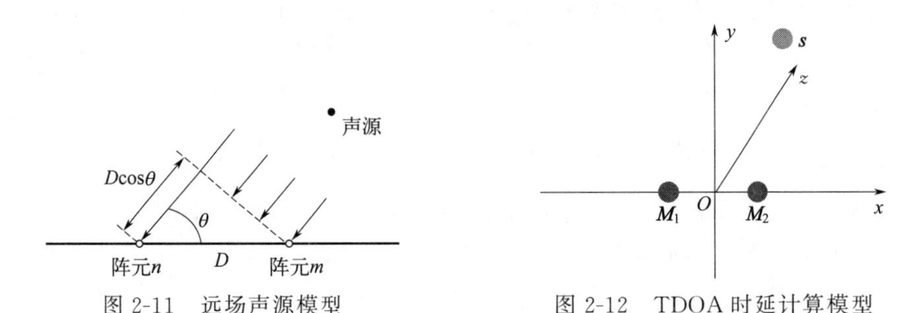

图 2-11　远场声源模型

图 2-12　TDOA 时延计算模型

那么麦克风 m_1、m_2 所收到的信号分别为

$$
\begin{aligned}
x_1(t)&=s(t-\tau_1)+n_1(t)\\
x_2(t)&=s(t-\tau_2)+n_2(t)
\end{aligned}
\tag{2-11}
$$

式中，τ_1 和 τ_2 分别表示声源到达两个麦克风的延迟时间；$n_1(t)$ 和 $n_2(t)$ 为加性噪声。τ_1 和 τ_2 可以由下式计算：

$$
\tau_i=\frac{\|\boldsymbol{s}-\boldsymbol{M}_i\|}{c} \tag{2-12}
$$

其中，c 是声速；$\boldsymbol{s}$ 表示声源位置；$\boldsymbol{M}_i$ 表示麦克风位置，$i\in\{1,2\}$。由此计算声源信号到达两个麦克风的 TDOA 为

$$\tau=\tau_1-\tau_2=\frac{\|\boldsymbol{s}-\boldsymbol{M}_1\|}{c}-\frac{\|\boldsymbol{s}-\boldsymbol{M}_2\|}{c} \tag{2-13}$$

一般情况下，可以选择其中一个麦克风信号作为参考信号，当选择 m_2 信号为参考信号时，$\tau_2=0$。在麦克风阵列的位置信息已知情况下，声源定位问题则变成对时延的估计问题。

(2) 传统互相关法

以图 2-13 为例，4 个麦克风 m_1、m_2、m_3、m_4 组成圆形阵列，所在位置记为 $\boldsymbol{M}_1\sim\boldsymbol{M}_4$。

假设声源在第一象限，如图 2-13 所示，麦克风 m_1 和 m_2 相距 l。当声源发声时，m_1 和 m_2 接收到包含噪声的声音信号 $x_1(n)$ 和 $x_2(n)$ 可表示为

$$x_1(n)=\alpha_1 s(n-\tau_1)+\upsilon_1(n) \tag{2-14}$$

$$x_2(n)=\alpha_2 s(n-\tau_2)+\upsilon_2(n) \tag{2-15}$$

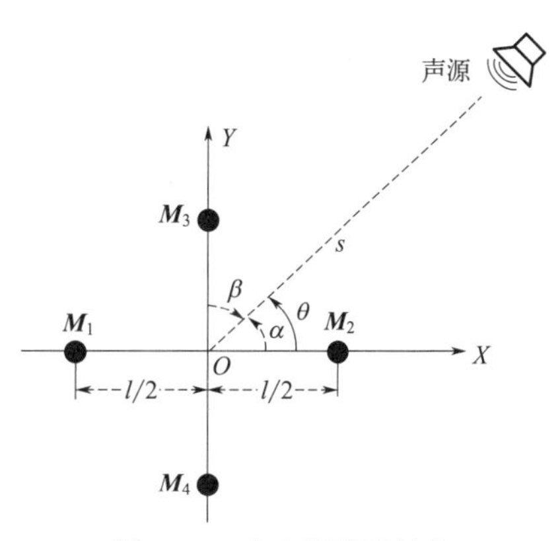

图 2-13　麦克风阵列结构

式中，$s(n)$ 代表声源的声音信号；τ_1、τ_2 分别表示声音从声源到麦克风 m_1 和 m_2 的时间；α_1、α_2 分别表示两种情况下声音的衰减系数；$\upsilon_1(n)$、$\upsilon_2(n)$ 分别表示两种情况下的高斯白噪声。

$x_1(n)$ 和 $x_2(n)$ 的互相关函数可以表示为

$$R_{12}^{cc}(\tau)=E(x_1(n)x_2(n-\tau)) \tag{2-16}$$

设声音到达 m_1、m_2 的时间差是 τ_{12}。将式(2-14)和式(2-15) 代入式(2-16) 可得

$$R_{12}^{cc}(\tau)=E(\alpha_1\alpha_2 s(n-\tau_1)s(n-\tau_1-\tau_2))=\alpha_1\alpha_2 R_s(\tau-\tau_{12}) \tag{2-17}$$

式中，$R_s(\tau-\tau_{12})$ 是 $s(n)$ 的自相关函数；$\tau\in(-\tau_{\max},\tau_{\max})$，$\tau_{\max}$ 为声音到达麦克风 m_1、m_2 的最大时间差。设 c 表示声音传播的速度，$\tau_{\max}=l/c$。$\tau=\tau_{12}$ 时，$R_{12}^{cc}(\tau)$ 有最大值，$\tau_{12}=\mathrm{argmax}R_{12}^{cc}(\tau)$。

设声源信号周期是 T。当 $\tau_{\max}$ 比 $T/2$ 大时，在（$-\tau_{\max}$，$\tau_{\max}$）范围内存在很多个峰值。因此，要想得到比较准确的到达时间差的估计值，可对 $\tau_{\max}$ 的取值范围进行限定，使互相关函数有且只有一个峰值落在（$-\tau_{\max}$，$\tau_{\max}$）内，即

$$\tau_{\max}=\frac{l}{c}<\frac{T}{2} \tag{2-18}$$

则两个麦克风的间距 l 需要满足以下条件：

$$l<\frac{Tc}{2}=\frac{\lambda}{2} \tag{2-19}$$

在声源处于远场的情况下，声波的波阵面接近平面。因此 m_1 与 m_2 之间的距离差 d_1 为

$$d_1=c\tau_{12} \tag{2-20}$$

综合以上各式，得到声源与麦克风阵列坐标系 X 轴正向的夹角 α：

$$\alpha=\arccos\frac{d_1}{l}=\arccos\frac{c\,\mathrm{argmax}R_{12}^{cc}(\tau)}{l} \tag{2-21}$$

如果声源距离麦克风阵列较远，该计算方法是有效的。同理，可以求出 m_3 与 m_4 之间的距离差 d_2 以及声源与麦克风阵列坐标系 Y 轴正向的夹角 β。为了获得比较准确的方向角 θ，融合 θ、β：

$$\theta=0.5(\sin^2\alpha+\cos^2\beta)\alpha+0.5(\cos^2\alpha+\sin^2\beta)(90-\beta) \tag{2-22}$$

不过，以上求解方向角 θ 的前提是声源位于第一象限。实际上需要首先确定声源所在象限。因此，通过 d_1、d_2 的正负确定声源所在象限，具体如下：

第一象限：d_1 为正且 d_2 为负；

第二象限：d_1 为负且 d_2 为负；

第三象限：d_1 为负且 d_2 为正；

第四象限：d_1 为正且 d_2 为正。

通过以上方法，便可确定声源所在象限及方向角。然后用声源距离估计方法，求出声源具体坐标。

(3) 麦克风阵列的位置估计算法

在多机器人之间进行声源定向时，只需考虑声源在远场模型情况下的定向。因此，要想得到声源和麦克风阵列的距离，可以通过获得声音传播的时间进行计算。重点是求出声源发声的起始时刻和麦克风接收到声音信号的起始时刻 t_{start}，如图 2-14 所示。

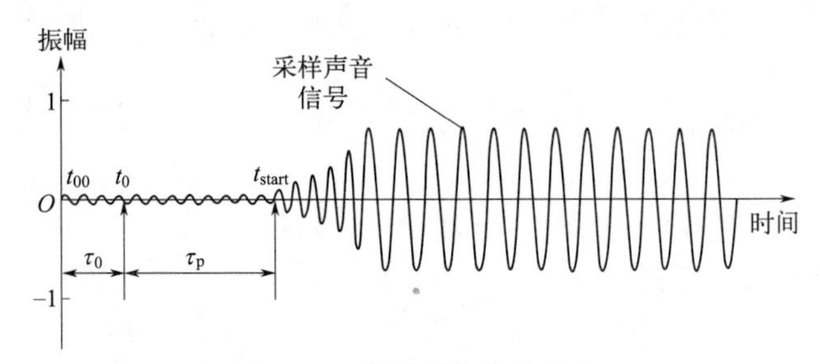

图 2-14　声源距离估计方法

无线电波的传播速度（3×10^8m/s）远大于声波的传播速度（340m/s）。当无线电波传输 1m 时，声波仅能传播 1.13μm。因此，利用无线通信模块传输信号时产生的时延很小，可以忽略不计。在机器人发声的同时，其他机器人开始采集声音信号，此时刻为 t_{00}。从无线通信模块发送起始信号，到蜂鸣器开始发声，有一段延时，设为 τ_0。因此，设蜂鸣器实际开始发声的时刻是 $t_0=t_{00}+\tau_0$。设 4 个麦克风 m_1、m_2、m_3 和 m_4 接收的声音信号值分别为 $x_1(n)$、$x_2(n)$、$x_3(n)$ 和 $x_4(n)$；选择其中峰值最高的一个麦克风（即距离声源最近的一个麦克风）的数据值，记作 $x_{max}(n)$；再选取麦克风阵列中位于对角线上的另一个麦克风的数据，记作 $x_{min}(n)$。为了减少噪声对声音起始时刻 t_{start} 的影响，设 $x(n)=x_{max}(n)-x_{min}(n)$，则可求出 $t_{start}=m\times T_s$，T_s 为采样周期。声音从声源传播到距离声源最近的麦克风的时间 τ_p 为

$$\tau_p=t_{start}-t_0 \tag{2-23}$$

声源到最近的麦克风的距离 s' 为

$$s'=c\times\tau_p$$

式中，c 是声速。

最后，根据上一节求出的声源方向角 θ、声源到最近麦克风的距离 s'、该麦克风在圆形阵列中的几何关系，求出声源到麦克风阵列中心的距离 s。

2.3.1.3　环境辅助匹配定位技术

SLAM（simultaneous localization and mapping）是一种在未知环境中同时进行自主定位和建图的技术。它是机器人领域中关键的技术之一，广泛应用于无人驾驶汽车、无人机、机器人导航等领域。SLAM 可以分为两大类：基于相机的视觉 SLAM 和基于激光雷达的

SLAM。

视觉 SLAM 传感器依靠相机对目标物体进行定位，依照工作方式可分为单目相机、双目相机以及深度相机。单目相机使用一个摄像头来获取二维空间的位置信息；双目相机由两个单目相机组装而成，可在静置状态下依靠采集到的位置信息进行数据处理来计算像素距离；深度相机则运用了红外传感器技术直接采集像素深度信息，计算量较小。

激光 SLAM 搭载的是 2D 激光雷达及 3D 激光雷达。2D 激光雷达能够扫描并识别平面内的障碍物，并进行实时更新，适用于对平面运动的物体进行自定位与建图。当环境因素多变且更为复杂时，移动机器人多采用 3D 激光雷达对三维空间进行动态扫描。

而惯性测量单元（inertial measurement unit，IMU）是 SLAM 的辅助传感器，可以获取角速度和线速度信息，在目标物体运动过快时解决漂移问题，减小位置信息的误差，常与其他传感器配合使用，提高单一传感器测量结果的精度。

不同 SLAM 传感器优缺点比较如表 2-1 所示。

表 2-1　不同 SLAM 传感器优缺点比较

类型	优点	缺点
视觉传感器	可从环境中获取海量纹理信息，成本低	光照不足或纹理缺失环境中不适用
激光雷达	测量精度高，计算量小	成本高，易受天气影响
惯性测量单元	不受漂移影响，误差较小	很少单一使用，需与其他传感器配合

三种传感器之间具有较好的互补性。IMU 测量不受环境特征的影响，惯性导航系统仅基于载体运动产生的惯性信息就可以对速度、位置和姿态进行全参数估计。惯性导航估计的运动参数可用于校正雷达数据的畸变、补偿单目视觉缺失的尺度信息等。而激光雷达 SLAM 和视觉 SLAM 测量的载体运动则可以校正惯性导航系统的累积误差。近年来，基于多传感器融合的 SLAM 系统发展迅速，并且展现出比基于单一传感器更高的精度和更强的环境适应性。

Gmapping 算法是一种基于粒子滤波进行改进的二维 SLAM 算法，其中粒子滤波是对非线性环境中的状态空间模型进行后续状态估计。粒子滤波算法的初始化阶段主要初始化目标物体的位姿；搜索阶段搜索随机分布粒子；决策阶段通过一系列计算方式来获得近似积分后进行粒子的权值计算；重采样阶段则利用粒子集与其相对应的权重属性计算并估计后续的分布状况，进行重采样。相较于传统粒子滤波算法，Gmapping 算法改进了粒子分布和选择性重采样。其中，改进粒子分布的作用是降低粒子数量，选择性重采样则解决了之前重复采样引发的粒子耗散问题。

Cartographer 算法采用误差累积小、计算量较小的 Scan to Map 匹配方式。在局部 SLAM 中，前端进行数据提取和数据处理，优化后得到更加准确的子图。多次数据处理后获得多个子图，即局部地图。而在全局 SLAM 中，后端首先进行闭环检测，再对前端获得的若干个子图进行优化。通过全局计算得到优化后的位姿，可用来消除累积误差，得到最优的全局地图。其工作流程如图 2-15 所示。

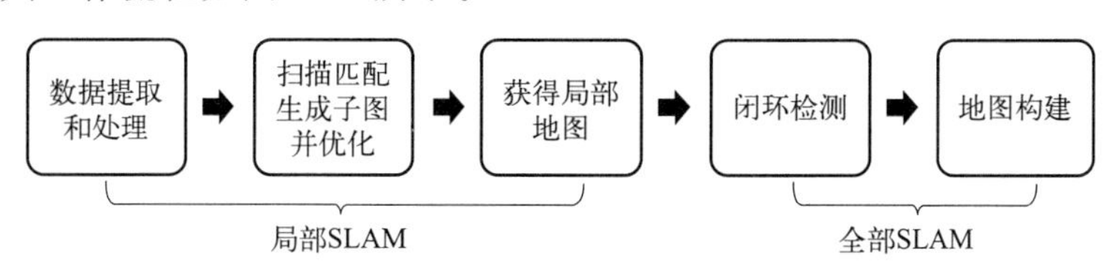

图 2-15　Cartographer 算法的工作流程

LOAM（LiDAR odometry and mapping）算法以新颖的方法提取激光点云线面特征，减少了计算量，并创造性地将运动估计问题分成两个独立算法来共同完成，一个算法执行高频率的里程计但是返回低精度的运动估计，另一个算法运行频率较低的匹配建图但返回高精度的运动估计，最终将两个数据融合成高频率、高精度的运动估计，很好地平衡了精度和效率，实时性高。唯一的不足在于缺少回环检测。

Hector 算法分为前端和后端两个阶段。前端进行激光扫描，获得栅格地图。激光雷达采集到最新数据后，使用双线性插值算法得到连续的概率栅格地图。随后采用最新采集到的当前帧数据与现有地图的数据进行数据处理来构建函数，并用高斯-牛顿法对位置相邻的帧进行匹配，以此获取最优解与偏移量，使地图数据误差最小。为避免获得的数据陷入局部极小值，使用不同分辨率的栅格地图来进行匹配。Hector 算法不需要里程计，但对雷达精度要求极高。针对这一点，可以通过判定激光雷达的运动形式来优化 SLAM 的关键帧判定机制。

常见的地形匹配算法有特征点匹配算法和点云匹配算法。

点云匹配算法将地形信息表示为一组三维点云数据、如激光雷达数据、RGB-D 摄像头获取的点云数据等。ICP（迭代最近点）和 NDT 是业界最流行的三维环境点云匹配算法，广泛用于地图构建和三维重建。图 2-16 展示了正态分布地图与点云地图之间的地图匹配过程。该过程对点云中的所有点执行匹配过程并重复，直到获得准确的姿态估计。

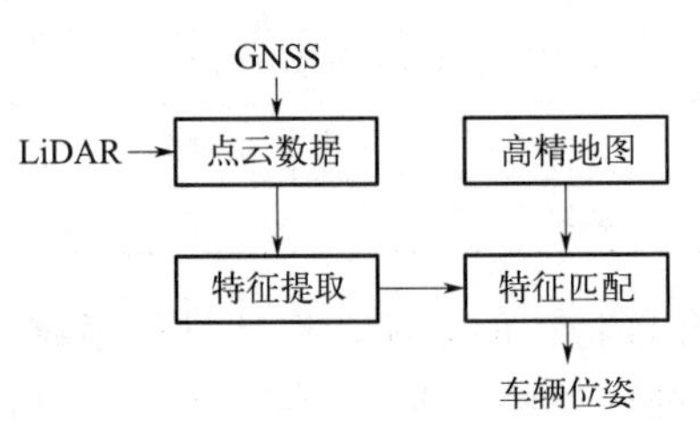

图 2-16 地图匹配流程

ICP 是最简单且易于实现的匹配算法，它用迭代的方法不断地最小化传感器数据和参考环境地图之间的点到点的欧几里得距离（又称欧氏距离），如图 2-17 所示。图中，Sourcet 表示扫描点云，Target 表示参考点云。在每一步中，选择离每个扫描点最近的参考点，并用最小化距离平方和来分别计算旋转和平移。选择距离每个扫描点最近的参考点的过程通常是比较耗时的，可以采用 KDTree 来优化这个过程。KDTree 是一种采用分治法的数据结构，利用已有数据对 k 维空间进行切分，减少搜索时间。

NDT 不像 ICP 那样使用点云的各个点，而是将位于三维像素内的 3D 数据点转换为正态分布，如图 2-18 所示。它把环境用局部概率密度函数（PDF）建模成一个平滑表面。参考点被分组为固定大小的单元格，形成三维像素网格，并用牛顿迭代法匹配最优的网格区间。图 2-18 中，$\boldsymbol{g}_i$ 和 $\boldsymbol{H}_i$ 分别代表牛顿迭代法中的一阶梯度（梯度向量）和二阶梯度（Hessian 矩阵），它们用于在匹配过程中加速和精确调整点云的位姿更新。

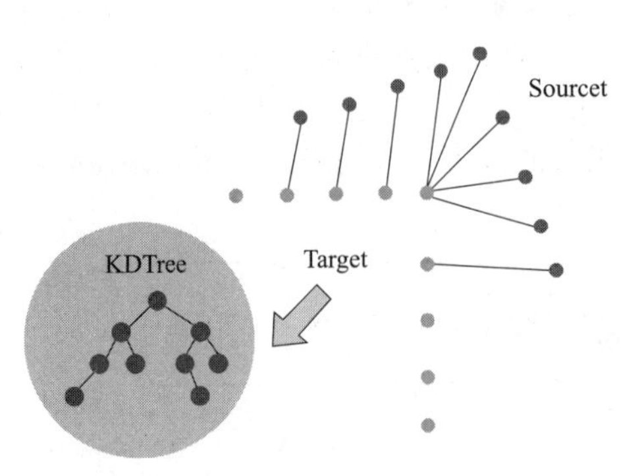

图 2-17 ICP 示意图

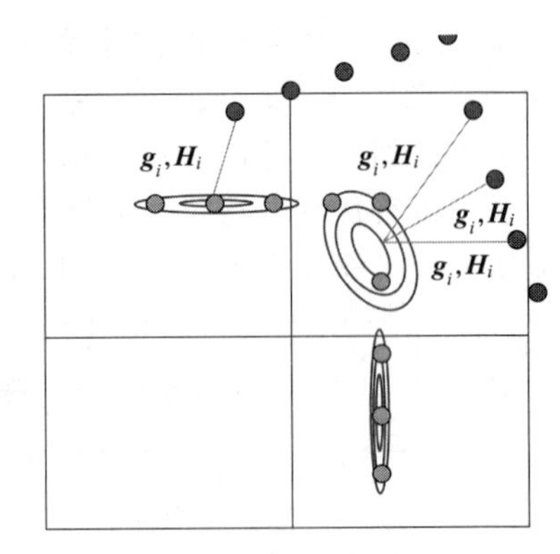

图 2-18 NDT 示意图

与点云匹配算法不同，特征点匹配算法将地形信息表示为一组具有显著特征的点或描述子，例如 SIFT、SURF 等。该算法在机器人当前观测到的地形数据中提取特征点，并与地图中的特征点进行匹配。

其中，SIFT（scale invariant feature transform，尺度不变特征转换）算法很大程度上解决了目标的旋转、缩放、平移、图像仿射/投影变换、光照影响、杂乱场景、噪声等重大难题。首先，它利用关键点邻域像素的梯度方向的分布特性，为每个关键点指定方向参数，从而保证了特征点的旋转不变性以及尺度不变性。然后，统计以特征点为中心的局部区域梯度，生成 128 维梯度特征向量，再归一化特征向量，去除其光照的影响。通过以上步骤产生的特征点具有旋转不变、尺度不变以及光照不变等性能。SIFT 算法同时建议：在某一尺度上的特征检测可以通过对两个相邻高斯尺度空间的图像相减，得到 DoG 的响应值图像 $D(x,y,\sigma)$；然后仿照 LoG 方法，通过对响应值图像 $D(x,y,\sigma)$进行局部最大值搜索，在空间位置和尺度空间定位局部特征点将 LoG 算子简化为 DoG 算子。这样不仅可以得到更好的关键点，而且可以减少计算量。SIFT 算法是近 20 年来传统图像特征检测算法中的标杆算法，具有里程碑意义。

而 SURF（speeded-up robust features，加速稳健特征）快速算法在保持 SIFT 算法优良性能特点的基础上，解决了 SIFT 计算复杂度高、耗时长的缺点，提升了算法的执行效率。为了实现尺度不变性的特征点检测与匹配，SURF 算法先利用 Hessian 矩阵确定候选点，然后进行非极大抑制。同时，为提高算法运行速度，在精度影响很小的情况下，用近似的盒状滤波器代替高斯核，并引用查表积分图，从而实现比标准 SIFT 算法快 3 倍的运行速度。

2.3.2　相对式定位感知技术

在卫星信号受阻的室内环境中，可以通过基站或者运动捕捉系统进行室内定位，但需要很高的成本，因此在没有外部信息的环境下，利用机器人自身携带的传感器实现机器人间的相对定位。

2.3.2.1　惯性传感器定位技术

机器人搭载惯性传感器，采集机器人的加速度和角速度的数据，基于牛顿运动定律，经过积分得到机器人的瞬时速度，并对其进行积分，最终得到机器人的位置坐标。

设机器人在某一时刻的瞬时加速度为 $\boldsymbol{a}_w(t)$。由于此时惯性传感器采集到的加速度包含 x、y、z 三轴的加速度分量，分别为 $a_{wx}(t)$、$a_{wy}(t)$、$a_{wz}(t)$，而此时的 $a_{wz}(t)$ 又包含重力加速度 g。因此在对上述瞬时加速度进行积分时，应当在 z 轴的加速度分量中减去重力加速度，具体如下：

$$\begin{cases} v_{wx}(t)=\int_0^t a_{wx}(\tau)\mathrm{d}\tau \\ v_{wy}(t)=\int_0^t a_{wy}(\tau)\mathrm{d}\tau \\ v_{wz}(t)=\int_0^t [a_{wz}(\tau)-g]\mathrm{d}\tau \end{cases} \tag{2-24}$$

式中，t 为机器人的采样时间；$v_{wx}(t)$、$v_{wy}(t)$、$v_{wz}(t)$ 为 t 时刻 x、y、z 三轴的瞬时速度分量；g 为重力加速度，取 $9.8\mathrm{m/s^2}$。

将这个速度再次积分便可得到机器人从 0 时刻到 t 时刻行走的位移 $\boldsymbol{p}_w(t)$：

$$\begin{cases} p_{wx}(t)=\int_0^t v_{wx}(\tau)\mathrm{d}\tau \\ p_{wy}(t)=\int_0^t v_{wy}(\tau)\mathrm{d}\tau \\ p_{wz}(t)=\int_0^t v_{wz}(\tau)\mathrm{d}\tau \end{cases} \tag{2-25}$$

式中，$p_{wx}(t)$、$p_{wy}(t)$、$p_{wz}(t)$ 为 t 时刻 x、y、z 三轴的位移，由这三个位移分量可确定机器人在空间中的位置坐标信息。

2.3.2.2 基于航迹推算的定位感知技术

基于航迹推算的定位感知技术是一种通过分析和推测机器人或物体的轨迹确定它们的位置和运动状态的技术。移动机器人的运动学模型决定了如何将车轮速度映射到机器人的本体速度，而其动力学模型则决定着如何将车轮扭矩映射到机器人的加速度。选用麦克纳姆全向轮机器人分析其运动模型。

麦克纳姆轮，简称麦轮，属于全向类型的轮式机器人，允许侧向滑动确保了机器人底盘上不存在速度约束，见图 2-19。麦轮本身并不转向，它们只能向前或向后驱动。全向轮式移动机器人，每一个车轮有一个电机驱动，控制其前后运动。

假设机器人在坚硬的水平地面上做无滑动的纯滚动，并假设机器人具有单刚体底盘，位形为 $\boldsymbol{T}_{sb}$，表示从水平面上固定空间坐标系 $\{s\}$ 到底盘物体坐标系 $\{b\}$ 的转换矩阵。我们用坐标 $\boldsymbol{q}=(\phi,x,y)$来表示 $\boldsymbol{T}_{sb}$。通常，我们也将底盘速度表示为坐标相对于时间的导数，即$\dot{\boldsymbol{q}}=(\dot{\phi},\dot{x},\dot{y})$。在某些情况下，使用表示在坐标系 $\{b\}$ 中的底盘平面运动旋量 $\boldsymbol{v}_b=(\omega_{bz},v_{bx},v_{by})$ 会比较方便。其中

$$\dot{\boldsymbol{q}}=\begin{bmatrix}\dot{\phi}\\ \dot{x}\\ \dot{y}\end{bmatrix}=\begin{bmatrix}1 & 0 & 0\\ 0 & \cos\phi & -\sin\phi\\ 0 & \sin\phi & \cos\phi\end{bmatrix}\begin{bmatrix}\omega_{bz}\\ v_{bx}\\ v_{by}\end{bmatrix} \tag{2-26}$$

即

$$\begin{cases} \omega_{bz}=\dot{\phi} \\ v_{bx}=(\cos\phi)\dot{x}-(\sin\phi)\dot{y} \\ v_{by}=(-\sin\phi)\dot{x}+(\cos\phi)\dot{y} \end{cases} \tag{2-27}$$

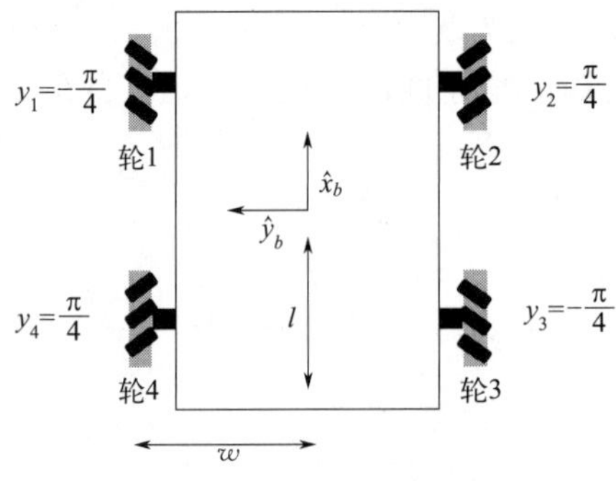

图 2-19　麦轮运动学模型

带有 4 个麦克纳姆轮的移动机器人运动学建模为

$$\boldsymbol{u}=\begin{bmatrix}u_1\\u_2\\u_3\\u_4\end{bmatrix}=\boldsymbol{H}(0)\boldsymbol{v}_b=\begin{bmatrix}-l-w & 1 & -1\\l+w & 1 & 1\\l+w & 1 & -1\\-l-w & 1 & 1\end{bmatrix}\begin{bmatrix}\omega_{bz}\\v_{bx}\\v_{by}\end{bmatrix} \tag{2-28}$$

底盘的车底运动旋量 $\boldsymbol{v}_b=(\omega_{bz},v_{bx},v_{by})$ 与车轮速度变化量 $\Delta\boldsymbol{\theta}$ 的关系，可由 $\Delta\boldsymbol{\theta}=\boldsymbol{H}(0)\boldsymbol{v}_b$ 得出，即

$$\boldsymbol{v}_b=\boldsymbol{H}^{\dagger}(0)\Delta\boldsymbol{\theta} \tag{2-29}$$

$\boldsymbol{F}=\boldsymbol{H}^{\dagger}(0)$ 是 $\boldsymbol{H}(0)$ 的伪逆矩阵，对 4 麦克纳姆轮机器人由

$$\boldsymbol{v}_b=\boldsymbol{F}\Delta\boldsymbol{\theta}=\frac{r}{4}\begin{bmatrix}\frac{-1}{\ell+w} & \frac{1}{\ell+w} & \frac{1}{\ell+w} & \frac{-1}{\ell+w}\\1 & 1 & 1 & 1\\-1 & 1 & -1 & 1\end{bmatrix}\Delta\boldsymbol{\theta} \tag{2-30}$$

对 $\boldsymbol{v}_b$ 积分生成由车轮角度增量 $\Delta\boldsymbol{\theta}$ 产生的位移：

$$\boldsymbol{T}_b=\int\boldsymbol{v}_b\,\mathrm{d}t \tag{2-31}$$

提取相对于体坐标系 $\{b\}$ 的坐标变换：

$$\Delta\boldsymbol{q}_b=(\Delta\phi_b,\Delta x_b,\Delta y_b) \tag{2-32}$$

用（$\omega_{bz},v_{bx},v_{by}$）表示：

如果 $\omega_{bz}=0$，则

$$\Delta\boldsymbol{q}_b=\begin{bmatrix}\Delta\phi_b\\\Delta x_b\\\Delta y_b\end{bmatrix}=\begin{bmatrix}0\\v_{bx}\\v_{by}\end{bmatrix} \tag{2-33}$$

如果 $\omega_{bz}\neq 0$，则

$$\Delta\boldsymbol{q}_b=\begin{bmatrix}\Delta\phi_b\\\Delta x_b\\\Delta y_b\end{bmatrix}=\begin{bmatrix}\omega_{bz}\\\dfrac{v_{bx}\sin\omega_{bz}+v_{by}(\cos\omega_{bz}-1)}{\omega_{bz}}\\\dfrac{v_{by}\sin\omega_{bz}+v_{bx}(1-\cos\omega_{bz})}{\omega_{bz}}\end{bmatrix} \tag{2-34}$$

使用底盘角度 ϕ_k 将 $\{b\}$ 中的 $\Delta\boldsymbol{q}_b$ 变换为固定坐标系 $\{s\}$ 中的 $\Delta\boldsymbol{q}$：

$$\Delta\boldsymbol{q}=\begin{bmatrix}1 & 0 & 0\\0 & \cos\phi_k & -\sin\phi_k\\0 & \sin\phi_k & \cos\phi_k\end{bmatrix}\Delta\boldsymbol{q}_b \tag{2-35}$$

更新后的底盘位形里程计测距估计值为

$$\boldsymbol{q}_{k+1}=\boldsymbol{q}_k+\Delta\boldsymbol{q} \tag{2-36}$$

航迹推算中首先需要知道初始位姿。当前时刻的位姿是利用前一时刻的位姿加上每个测速周期内位姿的变化量得到的，在实时性定位上有很大的优势。但是，每个周期的变化量是通过编码器测得的，有一定误差，随着时间增加，航迹推算定位误差的变化是一个发散的过程。

2.3.2.3　基于视觉测量的多机器人定位感知技术

基于视觉测量的多机器人定位感知技术可以应用全向视觉传感器识别人工标签、特征提取和匹配、视觉 SLAM 等。

采用多机器人相对位姿视觉感知方法，搭建了多机器人协同定位视觉感知系统，获取稳定、准确的相对位姿。本节选取的实验平台是全向移动机器人平台，为了达到全角度的视觉感知效果，在每个移动机器人平台上搭建4个对称排列的单目相机，通过4个相机的组合实现全视角的环境感知。通过对单目广角相机进行模型分析与标定，获取单目相机的畸变误差，以在位姿感知过程中提高视觉位姿感知的准确性；通过全角度的单目相机阵列观测机器人平台上的April Tag视觉靶标，获取相机到视觉靶标的相对位姿，进而通过坐标变换得到多移动机器人平台之间的相对位姿感知结果。

选取的实验平台为松灵机器人的Ranger MINI移动机器人平台，如图2-20所示。

图2-20 松灵机器人的Ranger MINI移动机器人平台

为了获取协同定位所需的全角度的相对位姿观测信息，本实验采用视觉的方法感知移动机器人的相对位姿。常用的视觉传感器中，RGBD相机成本较高且观测视野较小，无法满足协同定位所需的全景位姿要求；鱼眼相机则需要进行高精度标定，才能等效成理想帧相机，同时图像解析压力大，不易观测到平面上其他移动机器人的定位靶标；单目相机结构简单、成本低且图像解析压力较小，通过在四个方向搭建四个单目相机即可实现移动机器人之间的全景位姿感知。单目相机阵列安装示意图如图2-21所示，相机呈正方形排列在移动机器人平台上，每个相机下方放置正方形的靶标作为观测靶标，通过观测对应的靶标解析出多机之间的相对位姿，根据靶标的ID感知机器人序号信息。

单目相机的视角决定了单目相机阵列的观测范围，相机监视角度如图2-22所示，通过计算即可获取单目相机的架设宽度信息。本实验中选取型号为1080P、2.8mm焦距、120°广角单目相机，图2-22中相机观测角度 $\varphi_c=120°$。为获取全景的观测角度，相机视角最小宽度 $l_{\lim}=246\text{mm}$，即为机器人平台的宽度，以此方可保证机器人的全视角位姿检测。

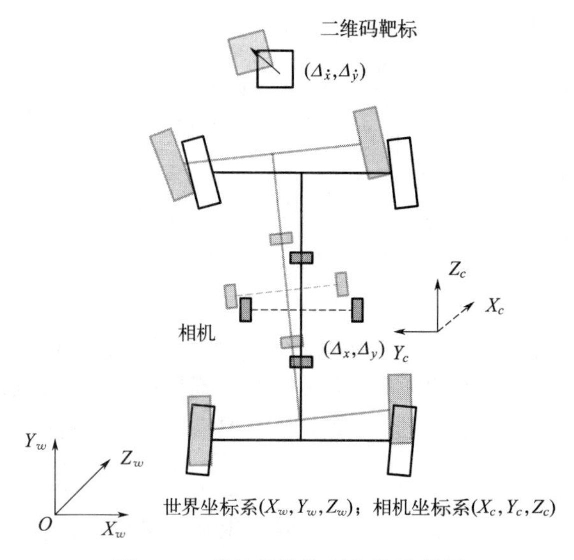

图2-21 单目相机阵列安装示意图

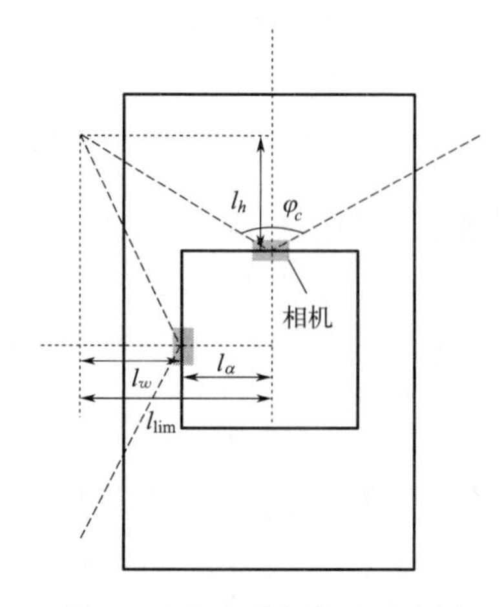

图2-22 相机监视角度示意图

可得单目相机阵列最长架设宽度 $2l_\alpha=208\text{mm}$，本实验设置单目相机阵列架设宽度为200mm。至此，机器平台单目视觉检测硬件搭设完毕。

$$\begin{cases} l_w+l_\alpha=l_h\tan\dfrac{\varphi_c}{2}=l_{\text{lim}} \\ l_h+l_\alpha=l_w\tan\dfrac{\varphi_c}{2} \end{cases} \tag{2-37}$$

为了获取协同定位所需的实时相对位姿观测值，本实验采用单目相机阵列实时感知相邻机器人的位姿。对于单目相机而言，解算出空间三维点的位姿需要已知特征物体上的三个以上特征点，视觉靶标为空间解算提供了多种包含信息的特征点。常用的视觉检测靶标如图2-23所示。

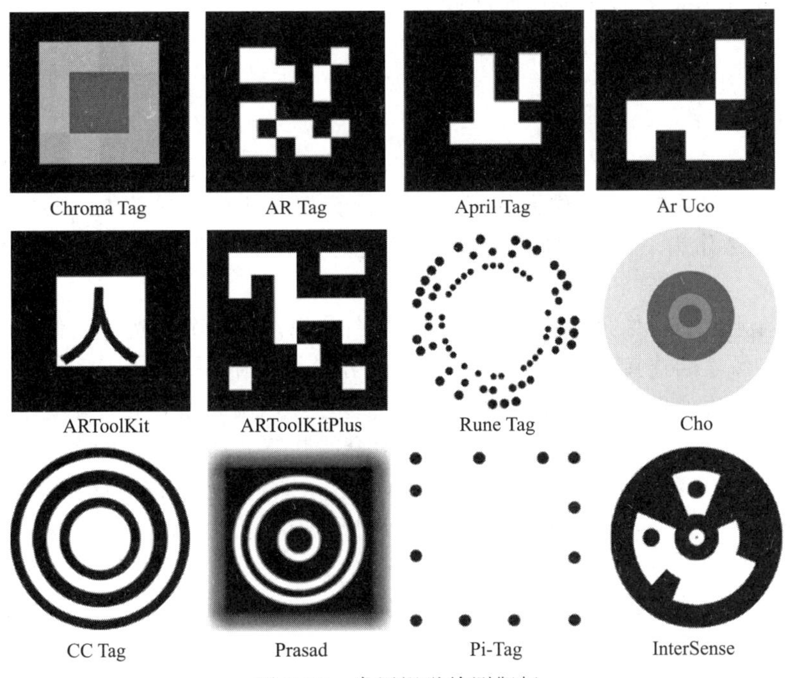

图2-23 常用视觉检测靶标

在早期的设计中，研究者提出了同心对比圆（CCC）作为视觉监测靶标，随后在该方法的基础上，研究人员进行了大量的改进，包括对其增加多种颜色和尺度的信息，同时在同心圆外增加环形数据带，来为姿态的解算提供更多的特征检测点。最常使用的为Rune Tag和CC Tag等，通过使用多个检测环来提高视觉位姿检测的鲁棒性。对于圆形监测靶标，可以较快感知靶标的ID信息，但由于需要找到足够多的特征圆环或者特征检测圆点，追踪范围比较有限，同时以牺牲计算量与计算时间为代价来提高了定位识别精度，不适用于动态环境下的使用。

为了便于定位，方形靶标应运而生，其含有的方形边框可以较好地获取角点坐标，4个角点就可满足视觉定位的需求。ARToolKit一经提出就广泛应用于视觉靶标定位，并通过图像方法分析其内部区域来感知靶标的ID信息，然而ARToolKit所需的解码需要将标签的有效载荷与已知的标签进行关联，这种形式大大提高了解码所需的计算成本，同时只对输入图像进行简单的二值化，对光照变化的鲁棒性较差，也不能处理标签的适度遮挡。AR Tag和ARToolKitPlus则采用二进制编码的方式获取靶标ID信息，提高了靶标身份信息识别的准确性，提出了基于前向纠错的编码系统，提高了视觉检测的鲁棒性，并提出了一种基于图像梯度的检测机制，提高了光线变化的鲁棒性。在 AR Tag 与 ARToolKitPlus 的基础上，Olson E 等提出了 April Tag，该视觉靶标引入了一种改进的生成二进制有效载荷的方法，保证了在所有可能的旋转下标签之间的最小汉明距离，在检测速度与检测鲁棒性上具有更好的表现。研究人员在此基础上提出了 April Tag 2，在改进靶标编码方式的基础上对其检测器进行了重构，具有更高的效率与更少的检测时间。相对于圆形定位靶标，方形定位靶标在实际应用中更受欢迎，该技术检测鲁棒性更好且追踪范围更大。为了保证动态环境下的检测精度与检测鲁棒性，本实验定位靶标选取 April Tag 2，下面将对其定位原理做简要介绍。

April Tag 2 靶标监测定位的基本流程可以表示为：

① 对拍摄到的图片进行自适应二值化处理；

② 使用 UnionFind 查找图形连通区域；

③ 拟合轮廓，确定候选的矩形靶标位置；

④ 矩形解码识别靶标；

⑤ 位姿坐标计算。

首先就是对拍摄到的图片进行二值化处理，April Tag 2 使用一种自适应的二值化处理算法，通过将图像划分为 4×4 像素的图像块，计算像素块内的极值 $b_{\min}$、$b_{\max}$，将其平均值 $(b_{\min}+b_{\max})/2$ 作为二值化阈值，分配像素块内每一个像素黑白值，并滤去对比度不足的图像区域。

继而对二值化后的图像进行边缘拟合，通过白色像素块来分割边缘，使用并集查找算法分割亮像素和暗像素的连接分量，该算法为每个分量提供唯一 ID。对于每对相邻的白色像素块，我们将其两边的像素识别为不同的聚类。通过使用哈希表，按照黑色像素块的 ID 索引每个聚类结果，即可有效地完成靶标边缘的拟合，其算法如算法 2-1 所示。该算法的 1～8 行使用 Union Find 函数查找二值化图像的连通区域，即将亮度相同的相邻区域包括到连通区域中，并分别记录到 uf 中；算法的 9～23 行对形成的连续边界（相邻像素不同区域）进行分组，检测分开的黑色像素块，在哈希表中查找 ID 信息，并将检测到的像素块及其位置保存下来。使用主成分分析法（PCA）进行靶标边框的线性拟合，通过迭代检测到的 4 个候选角点的所有排列方式，选择均方误差最小的 4 个角，以此提取图像视野中的 April Tag 靶标。由于正方形靶标存在 4 种可能的旋转方式，根据 4 个可能的旋转方式分别对靶标 ID 哈希表中的值进行异或处理，具有最小汉明距离的靶标 ID 标签即为该靶标的 ID。

算法 2-1 边缘拟合算法

```
uf←UnionFind(im.W.im.h)
    for each pixel(x,y)do
      for each neighbor(x',y')do
        if im[x,y]=im[x',y']then
          uf.union(y.img.w+x,y'·img.w+x')
        end if
      end for
    end for
    h←HashTable()
    for each pixel(x.y)do
      for each neighbor(x',y')do
        if im[x,y]≠im[x',y'] then
```

续表

```
        r_0 ← uf.find(y.img.w+x)
            r_1 ← uf.find(y'.img.w+x')
            id ← ConcatenateBits(Sort(r_0, r_1))
            if id ∉ h then
              h[id] ← List()
            end if
            p ← ((x+x')/2, (y+y')/2)
            h[id].append(p)
          end if
        end for
      end for
```

April Tag 视觉检测中一方面如上文所示提取图像中的靶标，并查找出靶标的 ID 信息，另一方面通过 4 个靶标角点来计算靶标的位姿。上述步骤拟合出的四边形不是规则的正方形，两者之间存在仿射变换，故需要将拟合出的四边形投影成完全规则的四边形，其中相差一个比例系数 s，即为相机的深度信息。

3×3 的单应性矩阵用以表示图像坐标系到世界坐标系的变换关系。单个靶标检测过程中设定世界坐标系与靶标坐标系重合，故亦可认为标签坐标系中 $Z_q=0$，如式(2-38) 所示。

$$s\begin{bmatrix}u\\v\\1\end{bmatrix}=\begin{bmatrix}h_{11}&h_{12}&h_{13}\\h_{21}&h_{22}&h_{23}\\h_{31}&h_{32}&h_{33}\end{bmatrix}\begin{bmatrix}x_q\\y_q\\1\end{bmatrix}\tag{2-38}$$

将公式展开可得

$$\begin{cases}su=h_{11}x_q+h_{12}y_q+h_{13}\\sv=h_{21}x_q+h_{22}y_q+h_{23}\\s=h_{31}x_q+h_{32}y_q+h_{33}\end{cases}\tag{2-39}$$

消去式中的比例系数 s，可得

$$\begin{bmatrix}x_q&y_q&1&0&0&0&-ux_q&-uy_q&-u\\0&0&0&x_q&y_q&1&-vx_q&-vy_q&-v\end{bmatrix}\begin{bmatrix}h_{11}\\\vdots\\h_{33}\end{bmatrix}=0\tag{2-40}$$

单应性矩阵 $\boldsymbol{H}$ 中最后一个元素可以归一化成 1，故单应性矩阵存在八个约束，故至少需要四个点对方可求解出单应性矩阵 $\boldsymbol{H}_c$，即通过靶标的四个角点直接线性化求解。

如式(2-41) 所示，单应性矩阵包含相机的内外参信息 $\boldsymbol{H}_c=s\boldsymbol{A}_c\boldsymbol{M}_c$，由相机标定获取了相机的内参矩阵 $\boldsymbol{A}_c$，即可通过单应性矩阵 $\boldsymbol{H}$ 解算外参矩阵。

$$\boldsymbol{H}_c=\begin{bmatrix}h_{11}&h_{12}&h_{13}\\h_{21}&h_{22}&h_{23}\\h_{31}&h_{32}&h_{33}\end{bmatrix}=s\boldsymbol{A}_c\boldsymbol{M}_c=s\begin{bmatrix}f_x&0&u_0\\0&f_y&v_0\\0&0&1\end{bmatrix}\begin{bmatrix}r_{11}&r_{12}&t_x\\r_{21}&r_{22}&t_y\\r_{31}&r_{32}&t_z\end{bmatrix}\tag{2-41}$$

对公式进行展开，并将每个 h_{ij} 写成一组联立方程，解算出单应性矩阵 $\boldsymbol{H}_c$，进而计算相机外参矩阵 $\boldsymbol{M}_c$：

$$\begin{cases} h_{11}=sr_{11}f_x+su_0r_{31} \\ h_{12}=sr_{12}f_x+su_0r_{32} \\ h_{13}=st_xf_x+su_0r_{33} \\ \cdots\cdots \end{cases} \tag{2-42}$$

通过式(2-42)可计算出旋转矩阵向量 $\boldsymbol{R}$ 与平移向量 $\boldsymbol{t}$，由于旋转矩阵 $\boldsymbol{R}$ 为正交矩阵，可通过另外两组已知列向量的内积获得。可根据旋转矩阵列向量的模长为1这一约束条件得到比例因子 s，由于靶标在相机前方，需要保证平移向量中 $t_z<0$，依此获得比例因子 s 的符号正负。至此获得靶标到相机坐标系的变换矩阵 ${}_{\text{tag}}^{\text{cam}}\boldsymbol{R}$。

移动机器人实验平台上，April Tag 靶标设置在每侧每个单目相机旁边，故检测到的靶标到相机坐标系的位姿信息需要根据相机 ID 与靶标 ID 分别映射到机器人中心，即建立每个相机以及靶标相对于机器人中心的变换矩阵 ${}_{\text{cam}}^{\text{mod}}\boldsymbol{R}$ 以及 ${}_{\text{mod}}^{\text{tag}}\boldsymbol{R}$，该变换矩阵可由相机与靶标的装设位置计算得出，且与相机与靶标的 ID 有关，两个机器人中心坐标变换矩阵可表示为

$${}_{2}^{1}\boldsymbol{R}={}_{\text{cam}}^{\text{mod1}}\boldsymbol{R}\ {}_{\text{tag}}^{\text{cam}}\boldsymbol{R}\ {}_{\text{mod2}}^{\text{tag}}\boldsymbol{R} \tag{2-43}$$

2.3.2.4 多普勒导航技术

多普勒效应：多普勒效应是一种物理现象，是波源和观察者有相对运动时，观察者接收到波的频率与波源发出的频率并不相同的现象。多普勒导航技术是利用多普勒效应来测量机器人相对于移动物体或信号源的速度和距离，从而实现定位和导航的技术。多普勒传感器通常包括雷达或声音传感器，用于发送信号并接收反射信号，以测量物体的速度和距离。在多机器人系统中，多普勒传感器可以用于测量其他机器人、车辆等物体的速度和运动方向。

激光多普勒测振法是目前能够直接获取微小位移和速度分辨率的振动测量方法，已被广泛用于基础科学领域。激光测振仪系统采用激光作为探测手段，完全无附加质量影响，具有非侵入性，从而能够在很小和极轻质的结构上进行测量。激光多普勒测振仪（laser Doppler vibrometer）采用非接触测量方式，利用激光多普勒频移效应产生频差的原理，并结合激光干涉技术来获取各种物体的振动速度、位移及加速度等信息。激光多普勒测振仪能实现纳米级的振幅分辨率，线性度高，在很大频率范围内仍能确保振幅的一致性，而特性不受测量距离影响。因此无论是近距离的显微测试还是远距离测试，其均适用。

2.4 基于滤波的多机器人定位感知算法

2.4.1 卡尔曼滤波算法

卡尔曼滤波针对的是线性系统，这种滤波方法是一种递推算法，它是对系统中状态向量的一种线性最小方差估计。扩展卡尔曼滤波是卡尔曼滤波的一种延伸，它针对的是非线性系统，它的系统表达式为

$$\begin{cases} \boldsymbol{X}_{k+1}=f(\boldsymbol{X}_k,\boldsymbol{U}_k)+\boldsymbol{W}_k \\ \boldsymbol{Y}_k=h(\boldsymbol{X}_k)+\boldsymbol{V}_k \end{cases} \tag{2-44}$$

式中，第一个方程是系统的状态方程；$\boldsymbol{X}_k$ 是系统的状态向量；$\boldsymbol{U}_k$ 是系统的输入信号向量；$\boldsymbol{Y}_k$ 是系统的观测方程；$f(\boldsymbol{X}_k,\boldsymbol{U}_k)$和 $h(\boldsymbol{X}_k)$是关于 $\boldsymbol{X}_k$ 的非线性函数，它们对 $\boldsymbol{X}_k$ 所有分量的一阶偏导都是连续的；$\boldsymbol{W}_k$ 是系统的过程噪声；$\boldsymbol{V}_k$ 是系统的观测噪声。$\boldsymbol{W}_k$ 和 $\boldsymbol{V}_k$ 都是均值为零的高斯白噪声信号，并且它们之间是彼此独立的，即它们同时满足以下这些条件：

$$\begin{cases}E(\boldsymbol{W}_k)=0,\ \operatorname{cov}(\boldsymbol{W}_k,\boldsymbol{W}_j)=E(\boldsymbol{W}_k,\boldsymbol{W}_j^{\mathrm{T}})=\boldsymbol{Q}_k\zeta_{kj}\\E(\boldsymbol{V}_k)=0,\ \operatorname{cov}(\boldsymbol{V}_k,\boldsymbol{V}_j)=E(\boldsymbol{V}_k,\boldsymbol{V}_j^{\mathrm{T}})=\boldsymbol{R}_k\zeta_{kj}\\\operatorname{cov}(\boldsymbol{W}_k,\boldsymbol{V}_j)=E(\boldsymbol{W}_k,\boldsymbol{V}_j^{\mathrm{T}})=0\end{cases} \tag{2-45}$$

式中，E(*)表示求随机变量的期望；cov(*)表示求协方差；ζ_{kj} 表示狄拉克函数；$\boldsymbol{Q}_k$ 和 $\boldsymbol{R}_k$ 表示噪声序列的协方差矩阵。

扩展卡尔曼滤波利用非线性函数的局部线性特性，将非线性函数局部线性化，做一阶泰勒展开，即

$$\begin{cases}f(\boldsymbol{X}_k,\boldsymbol{U}_k)\approx f(\hat{\boldsymbol{X}}_k,\boldsymbol{U}_k)+\boldsymbol{A}_k(\boldsymbol{X}_k-\hat{\boldsymbol{X}}_k)\\h(\boldsymbol{X}_k)\approx h(\hat{\boldsymbol{X}}_{k|k-1})+\boldsymbol{C}_k(\boldsymbol{X}_k-\hat{\boldsymbol{X}}_{k|k-1})\end{cases} \tag{2-46}$$

式中：

$$\boldsymbol{A}_k=\frac{\partial f(\hat{\boldsymbol{X}}_k,\boldsymbol{U}_k)}{\partial \boldsymbol{X}_k} \tag{2-47}$$

$$\boldsymbol{C}_k=\frac{\partial h(\hat{\boldsymbol{X}}_{k|k-1})}{\partial \boldsymbol{X}_k} \tag{2-48}$$

得到扩展卡尔曼滤波方差如下。

预测：

$$\hat{\boldsymbol{X}}_{k+1|k}=f(\hat{\boldsymbol{X}}_k,\boldsymbol{U}_k) \tag{2-49}$$

$$\boldsymbol{P}_{k+1|k}=\boldsymbol{F}_k\boldsymbol{P}_{k|k}\boldsymbol{F}^{\mathrm{T}}+\boldsymbol{Q}_k \tag{2-50}$$

更新：

$$\boldsymbol{K}_{k+1}=\boldsymbol{P}_{k+1|k}\boldsymbol{H}_{k+1}^{\mathrm{T}}(\boldsymbol{H}_{k+1}\boldsymbol{P}_{k+1|k}\boldsymbol{H}_{k+1}^{\mathrm{T}}+\boldsymbol{R}_{k+1})^{-1} \tag{2-51}$$

$$\hat{\boldsymbol{X}}_{k+1}=\hat{\boldsymbol{X}}_{k+1|k}+\boldsymbol{K}_{k+1}(\boldsymbol{Z}_{k+1}-\hat{\boldsymbol{Z}}_{k+1|k}) \tag{2-52}$$

$$\boldsymbol{P}_{k+1}=\boldsymbol{P}_{k+1|k}-\boldsymbol{K}_{k+1}\boldsymbol{H}_{k+1}\boldsymbol{P}_{k+1|k} \tag{2-53}$$

式中，$\boldsymbol{F}_k$ 和 $\boldsymbol{H}_{k+1}$ 分别是函数 f(*)和函数 h(*)的雅可比矩阵：

$$\boldsymbol{F}_k=\left.\frac{\partial f}{\partial \boldsymbol{X}}\right|_{\boldsymbol{X}=\hat{\boldsymbol{X}}_k} \tag{2-54}$$

$$\boldsymbol{H}_{k+1}=\left.\frac{\partial h}{\partial \boldsymbol{X}}\right|_{\boldsymbol{X}=\hat{\boldsymbol{X}}_{k+1|k}} \tag{2-55}$$

2.4.2　粒子滤波算法

粒子滤波算法源于蒙特卡罗原理，是贝叶斯滤波的非参数化实现。它通过大量随机分布的粒子来代表每一种机器人位置的可能假设，在机器人的运动满足马尔可夫假设的前提下，通过对粒子的权重值的迭代计算来代替概率密度函数的推演计算，并由此来得到机器人所在位置的估计结果。粒子滤波算法对于非线性非高斯系统表现良好，更加适用于实际情况。

粒子滤波的工作原理：用一个粒子数量为 M 的粒子集 X_t 来近似后验置信度 bet($\boldsymbol{x}_t$)，在理想情况下假设粒子集 X_t 所代表的状态与贝叶斯滤波的 bet($\boldsymbol{x}_t$) 成正比，即满足式(2-56)。

$$\boldsymbol{x}_t^{[m]}\sim p(\boldsymbol{x}_t|\boldsymbol{z}_{1:t},\boldsymbol{u}_{1:t})\quad m=1,2,\cdots,M\quad \boldsymbol{x}_t\in X_t \tag{2-56}$$

式中，$\boldsymbol{x}$ 为预测位置；$\boldsymbol{z}$ 为独立测量结果；$\boldsymbol{u}$ 为机器人的运动控制。

从理想的情况分析，状态空间的某个子区域被填充得越密集，机器人的真实状态落入该区域的可能性越大。但上式只有当 M 趋近于无穷大时才能满足，因为只有这样才能保证粒

子的覆盖区域无遗漏。在工程实现时，通过产生大量的粒子来近似模拟这种情况。常见的粒子滤波算法有两种，分别是序贯重要性采样（SIS）算法和重采样（SIR）算法。

SIR 算法的计算由以下几个步骤组成：

① 在整个区域随机散布粒子集 X_t 中的所有粒子 $\boldsymbol{x}_0^{[m]}$。

② 让所有粒子与机器人在相同的控制 $\boldsymbol{u}_t$ 下做运动。

③ 用一个独立于控制的观测值 $\boldsymbol{z}_t$ 去衡量所有粒子的权重值 $\omega_t^{[m]}$，权重值的大小表明了粒子可信度的高低。

④ 将所有粒子的坐标和权重值进行加权平均运算，得出机器人位置的后验估计。

⑤ 对所有粒子按照权重值大小进行随机重采样，重采样的粒子总数保持不变。

⑥ 所有粒子权重调整为相同。

⑦ 从第二步开始循环。

尽管每个粒子可能服从于某种类型的分布，但是由于粒子数量足够多，分布无序，因此粒子群在整体上并不呈现明显的分布特征，所以粒子滤波可以处理各种类型的概率分布函数，不会像卡尔曼滤波那样仅仅局限于能够处理高斯分布的误差。也就是说粒子滤波算法能够适用于各种应用场合，可以应用于任何类型的机器人，这也是粒子滤波算法最大的优点。粒子滤波算法的关键点有两个：一是对各个粒子的权重值的调整，二是对整个粒子集的重采样。SIR 算法在每次运动 $\boldsymbol{u}_t$ 后对所有粒子的权重值进行调整，调整的结果是在独立观测值 $\boldsymbol{z}_t$ 的指导下，越靠近机器人所在的目标区域，粒子的权重值越大，保证越是靠近目标区域的粒子能够对机器人的定位结果产生越大的影响。随着运动次数的增多，目标区域附近的粒子权重值越来越大，定位误差逐渐缩小，从而得到一个较为精确的定位结果。SIR 算法在对粒子进行权重值调整后，再对整个粒子群进行随机重采样，粒子被采样到的概率与自身的权重值成正比。随着机器人定位计算次数的增加，可以逐渐淘汰权重值低的粒子，使权重值高的粒子被保留下来，使得粒子集向独立测量所指示的目标区域聚集。

重采样环节对定位算法既有有利影响，也有不利影响。有利的一面是每一次运动都会有很大概率淘汰掉一部分权重值低的粒子，这样使部分可信度低的粒子不会对定位结果造成干扰，同时避免了很多无效运算，节省了运算资源。在远离机器人真实位置的粒子被淘汰掉后，整个粒子集会自然向独立测量 $\boldsymbol{z}_t$ 所指导的目标区域聚集，同时被淘汰的粒子的权重值转移到高权重值的粒子上，从而加快定位结果的收敛速度。但是重采样的缺陷是经过多次采样后，权重值低的粒子逐渐被淘汰，权重值高的粒子则被反复采样，最终结果是机器人在经过一段较长时间的运动后，实际剩下的粒子个数很少。这使得粒子集的多样性丧失，多样性丧失的负面影响往是很难量化的。

2.5 基于优化的多机器人定位感知算法

基于优化的多机器人定位感知算法通常通过最小化目标位置估计与观测数据之间的误差或者最大化定位准确性指标，来寻找最优的目标位置估计。常见的基于优化的定位感知算法有滚动时域法、粒子群优化法、梯度下降法等。

2.5.1 滚动时域法

基于滚动优化原理的滚动时域估计（moving horizon estimation，MHE）通过将状态估计问题转化为固定时域的优化问题，能较好地处理状态量的约束和带有不确定性的非线性系统，目前在跟踪定位、故障诊断、参数估计等领域得到了广泛的研究与应用。

基于模型预测滚动优化原理来讨论 MHE 的数学原理，受扰动离散的非线性状态空间表达式为

$$\begin{cases}\boldsymbol{x}(k+1)=f(\boldsymbol{x}(k),\boldsymbol{u}(k))+\boldsymbol{w}(k)\\ \boldsymbol{z}(k)=h(\boldsymbol{x}(k))+\boldsymbol{v}(k)\end{cases} \tag{2-57}$$

式中，k 为采样时刻；$\boldsymbol{x}(k)$ 为状态变量；$\boldsymbol{u}(k)$ 为控制输入；$\boldsymbol{w}(k)$ 为外部干扰；$\boldsymbol{z}(k)$ 为测量向量；$\boldsymbol{v}(k)$ 为测量噪声；f、h 为非线性过程和测量模型。

状态值和测量值历史序列为

$$\begin{cases}X=(x(0),\boldsymbol{x}(1),\cdots,\boldsymbol{x}(k))\\ \boldsymbol{Z}=(\boldsymbol{z}(0),\boldsymbol{z}(1),\cdots,\boldsymbol{z}(k))\end{cases} \tag{2-58}$$

假设系统初始状态为 $\hat{\boldsymbol{x}}(0)$，$\boldsymbol{P}_0$ 为初始时刻对称正定的协方差矩阵，反映对初始估计的信心。$\breve{\boldsymbol{x}}(i)$ 为 i 时刻使用 MHE 估计出的系统状态值，同时也是优化变量；$\hat{\boldsymbol{x}}(i)$ 是利用 $i-1$ 时刻系统状态估计值和控制输入根据系统模型计算出的 i 时刻状态的预测值。对当前时刻 k 的系统状态进行估计，全信息滚动时域估计可描述为以下优化问题：

$$\min J(\breve{X},Z)=\|\breve{\boldsymbol{x}}(0)-\hat{\boldsymbol{x}}(0)\|_{\boldsymbol{P}_0^{-1}}^2+\sum_{i=1}^{k}\left[\|\breve{\boldsymbol{x}}(i)-\hat{\boldsymbol{x}}(i)\|_{\boldsymbol{Q}_i^{-1}}^2+\|\boldsymbol{z}(i)-h(\breve{\boldsymbol{x}}(i))\|_{\boldsymbol{R}_i^{-1}}^2\right] \tag{2-59}$$

式中，$\boldsymbol{Q}_i$、$\boldsymbol{R}_i$ 为正定的惩罚矩阵，反映对模型干扰和测量噪声的程度，通常为方差的对角矩阵 $\breve{\boldsymbol{x}}$ 系统状态估计值。

通过上述最小化式可以求出历史所有状态的估计值，只取最后一个估计值作为当前时刻的状态值。新的采样时刻到来时，将新的测量数据补充进测量序列，在线重新求解式(2-57)。但随着时间的增加，数据越来越多，优化问题越来越复杂，直至不可解。随着时间的推移，过久的数据对当前状态的影响逐渐降低，因此，引入固定时域窗口 N，考虑固定窗口的滚动时域估计，只使用最近 N 个状态值和测量值，有

$$\begin{cases}\breve{X}_N:=(\breve{\boldsymbol{x}}(k-N),\breve{\boldsymbol{x}}(k-N+1),\cdots,\breve{\boldsymbol{x}}(k))\in X^{N+1}\\ Z_N:=(\boldsymbol{z}(k-N+1),\boldsymbol{z}(k-N+2),\cdots,\boldsymbol{z}(k))\in Z^N\end{cases} \tag{2-60}$$

将系统模型作为等式约束，加上状态和控制的不等式约束，用优化问题替代全信息 MHE 问题，有

$$\begin{aligned}\min J(\breve{X}_N,Z_N)=&\|\breve{\boldsymbol{x}}(k-N)-\hat{\boldsymbol{x}}(k-N)\|_{\boldsymbol{P}_{k-N}^{-1}}^2\\ &+\sum_{i=k-N+1}^{k}\left[\|\breve{\boldsymbol{x}}(i)-\hat{\boldsymbol{x}}(i)\|_{\boldsymbol{Q}_i^{-1}}^2+\|\boldsymbol{z}(i)-h(\breve{\boldsymbol{x}}(i))\|_{\boldsymbol{R}_i^{-1}}^2\right]\end{aligned} \tag{2-61}$$

$$\text{s. t.}\begin{cases}\breve{\boldsymbol{x}}(i)=f(\breve{\boldsymbol{x}}(i-1),\boldsymbol{u}(i-1)) & (k-N\leqslant\forall i\leqslant k)\\ \breve{\boldsymbol{x}}(i)\in X & (k-N\leqslant\forall i\leqslant k)\\ \boldsymbol{u}(i)\in U & (k-N+1\leqslant\forall i\leqslant k)\end{cases}$$

式中，X、U 分别为状态值和控制量序列；$\|\breve{\boldsymbol{x}}(k-N)-\hat{\boldsymbol{x}}(k-N)\|_{\boldsymbol{P}_{k-N}^{-1}}^2$ 是 MHE 问题的到达代价；$\boldsymbol{P}_{k-N}$ 是第 $k-N$ 步状态的后验估计协方差矩阵，计算式为

$$\begin{aligned}\boldsymbol{P}_m=&\boldsymbol{Q}_{m-1}+\boldsymbol{F}_{m-1}\boldsymbol{P}_{m-1}\boldsymbol{F}_{m-1}^{\mathrm{T}}\\ &-\boldsymbol{F}_{m-1}\boldsymbol{P}_{m-1}\boldsymbol{H}_{m-1}^{\mathrm{T}}(\boldsymbol{R}_{m-1}+\boldsymbol{H}_{m-1}\boldsymbol{P}_{m-1}\boldsymbol{H}_{m-1}^{\mathrm{T}})^{-1}\boldsymbol{H}_{m-1}\boldsymbol{P}_{m-1}\boldsymbol{F}_{m-1}^{\mathrm{T}}\end{aligned} \tag{2-62}$$

其中

$$\begin{cases}\boldsymbol{F}_{m-1}=\left.\dfrac{\partial f}{\partial \boldsymbol{x}}\right|_{\boldsymbol{x}=\breve{\boldsymbol{x}}_{m-1}}\\ \boldsymbol{H}_{m-1}=\left.\dfrac{\partial h}{\partial \boldsymbol{x}}\right|_{\boldsymbol{x}=\breve{\boldsymbol{x}}_{m-1}}\end{cases} \tag{2-63}$$

式中，$m=k-N$；$\boldsymbol{F}_{m-1}$、$\boldsymbol{H}_{m-1}$ 为系统模型和测量模型雅可比矩阵。

由此，通过 MHE 算法将状态估计问题转换成固定时域的优化问题，处理了系统约束、模型干扰和非线性以及测量噪声，能提高估计的合理性和准确性。

2.5.2 粒子群优化法

1995 年，James Kennedy 和 Russell Eberhart 受鸟群觅食行为的启发，提出了一种优化算法，经过多年的改进，最终形成了粒子群优化（particle swarm optimization，PSO）算法[18]。

粒子群优化算法是一种基于群体智能的优化算法。在定位感知中，可以将机器人位置看作粒子的位置，在搜索过程中不断更新粒子的速度和位置，以寻求最优解。通过模拟粒子群体的协同行为，PSO 算法可以有效地搜索目标位置空间，找到最优的位置估计。

为了寻找求解空间中的最优解，算法首先初始化 N 个粒子，每个粒子具备速度和位置属性，其中位置即为解空间中的一个解，速度为粒子下一步位移的向量，两者会随算法的进行而不断更新。同时，每次迭代还需要计算出各粒子的适应值 f_i，并更新各粒子搜索到的最优位置（个体最优解）$\boldsymbol{p}_{id,\mathrm{pbest}}$、群体搜索到的最优位置（群体最优解）$\boldsymbol{p}_{d,\mathrm{gbest}}$、每个粒子搜索到的最优位置的适应值（优化目标函数的值）f_{p} 和群体搜索到的最优位置的适应值 f_{g}。其中，$i=1,2,\cdots,N$。

速度的更新公式为

$$\boldsymbol{v}_{id}^{k+1}=\omega\boldsymbol{v}_{id}^{k}+c_1r_1(\boldsymbol{p}_{id,\mathrm{pbest}}^{k}-\boldsymbol{x}_{id}^{k})+c_2r_2(\boldsymbol{p}_{d,\mathrm{gbest}}^{k}-\boldsymbol{x}_{id}^{k}) \tag{2-64}$$

式中 k——迭代次数；

ω——惯性权重；

c_1——个体学习因子；

c_2——群体学习因子；

r_1，r_2——区间［0，1］内的随机数，增加搜索的随机性；

$\boldsymbol{v}_{id}^{k}$——粒子 i 在第 k 次迭代中第 d 维的速度向量；

$\boldsymbol{x}_{id}^{k}$——粒子 i 在第 k 次迭代中第 d 维的位置向量；

$\boldsymbol{p}_{id,\mathrm{pbest}}^{k}$——粒子 i 在第 k 次迭代中第 d 维的历史最优位置，即在 k 次迭代后，第 i 个粒子（个体）搜索得到的最优解；

$\boldsymbol{p}_{d,\mathrm{gbest}}^{k}$——群体在第 k 次迭代中第 d 维的历史最优位置，即在 k 次迭代后，整个粒子群中的最优解。

速度更新公式由三项组成：

① 第一项：惯性部分。它由惯性权重和粒子自身速度构成，表示粒子对先前自身运动状态的信任。

② 第二项：认知部分。它表示粒子本身的“思考”，即粒子自己经验的部分，可理解为粒子当前位置与自身历史最优位置之间的距离和方向。

③ 第三项：社会部分。它表示粒子之间的信息共享与合作，即来源于群体中其他优秀粒子的经验，可理解为粒子当前位置与群体历史最优位置之间的距离和方向。

第一项的参数 ω 很大程度地决定了算法的性能：ω 越大，粒子探索新区域的能力越强，局部寻优能力越弱；反之则全局搜寻能力越弱，局部搜寻能力越强。较大的 ω 有利于全局搜索，跳出局部极值，不至于陷入局部最优；而较小的 ω 有利于局部搜索，让算法快速收敛到最优解。当问题空间较大时，为了在搜索速度和搜索精度之间达到平衡，通常做法是使算法在前期有较高的全局搜索能力以得到合适的种子，而在后期有较高的局部搜索能力以提高收敛精度，所以 ω 不宜为一个固定的常数。这里提供一个简单常用的自适应调整策略——线性变化策略：随着迭代次数的增加，惯性权重 ω 不断减小，从而使得粒子群算法在初期具有较强的全局收敛能力，在后期具有较强的局部收敛能力。

$$\omega=\omega_{\max}-(\omega_{\max}-\omega_{\min})\frac{\text{iter}}{\text{iter}_{\max}} \tag{2-65}$$

式中　$\omega_{\max}$——最大惯性权重；

$\omega_{\min}$——最小惯性权重；

iter——当前迭代次数；

$\text{iter}_{\max}$——最大迭代次数。

位置的更新公式为

$$\boldsymbol{x}_{id}^{k+1}=\boldsymbol{x}_{id}^{k}+\boldsymbol{v}_{id}^{k+1} \tag{2-66}$$

当到达最大迭代次数或得到可接受的满意解时，便可停止搜索，最优解寻找完成。

PSO 算法流程图如图 2-24 所示。

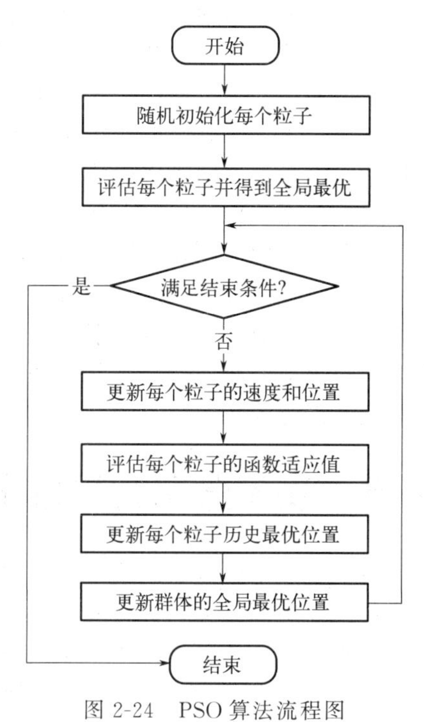

图 2-24　PSO 算法流程图

2.5.3　梯度下降法

梯度下降（gradient descent）算法是一种迭代优化算法，是机器学习领域中最重要的优化方法之一，其基本思想是：从任意初始点开始不断迭代，每次沿着当前位置的负梯度方向（即函数值下降最快的方向）移动一定的步长，直到达到一个局部或全局最小值点。梯度下降法更新参数的方式为

$$\boldsymbol{w}_{t+1}=\boldsymbol{w}_t-\alpha\nabla J(\boldsymbol{w}_t) \tag{2-67}$$

式中，$J(\boldsymbol{w}_t)$ 是目标函数；$\boldsymbol{w}_t$ 是当前的模型参数向量；$\nabla J(\boldsymbol{w}_t)$ 是该点处的梯度向量；α 是学习率或步长，用于确定每次迭代的更新程度。

在实践中，通常需要通过调整学习率来达到最佳效果。如果学习率太大，则可能越过最优解，并在最优解附近反复振荡；如果学习率太小，则会使算法收敛过慢。通常情况下，可以采用如下策略：在离最优解较远时设置较大的学习率，加快模型的训练速度；在离最优解较近时设置较小的学习率，确保模型收敛。

相比于基于信号时间和角度的定位方法，基于接收信号强度指示（received signal strength indication，RSSI）位置指纹的定位方法通常无须添加额外的硬件，具有检测设备成本低、测量信号稳定性好、定位方法简单等优点。“位置指纹”是把室内环境中的位置和该位置的某些特定信号强度关联起来，一个位置对应唯一的指纹。这样就能通过模式匹配的方式完成室内定位。位置指纹定位主要分为两个阶段：一是离线阶段，主要是信息采集和样本训练，利用参考点的已知位置数据和接收到的接入点的 RSSI 信号特征值（RSSI、MAC 地址、最值、均值、方差、方向、概率等）建立位置-指纹数据库，从而建立空间位置与

RSSI序列的映射关系；二是在线阶段，将待定位节点与信号位置指纹数据库进行匹配，从而实现节点定位。因其实现简单，定位成本较低，所以成为室内定位的主要算法。近几年来常见的用于指纹匹配定位的机器学习方法有：K最近邻法、支持向量机、随机森林、卷积神经网络、循环神经网络等。

与传统方法不同，机器学习的方法无需其他复杂的处理就可以提取高阶特征。对于具有庞大数据支撑的项目，基于机器学习的方法可以在很大程度上提高系统精度。因此，机器学习在定位系统的定位精度和稳定性方面有所帮助。基于无线信号的室内定位方法易受到环境变化、信号干扰、衰减以及非视距等因素影响。利用合适的机器学习算法能有效降低这些变化影响。通过神经网络模型的较强的自学习、更新能力，不断调整、优化模型参数以适应环境的变化，系统鲁棒性有所增强。此外，机器学习算法相较于传统定位算法有着更低的成本，机器学习的方法在指纹库构建过程中借助自学习能力可以实现自动更新，可以降低人力采集数据构建指纹库的成本。由于机器学习的方法大都将定位转换为分类问题，在一定程度上降低了计算成本。但机器学习的方法也存在一些缺点：在训练数据样本较少时，网络容易产生过拟合的问题，造成离线阶段训练时定位精度较高，误差较小，但在线预测时准确度低，定位误差大。

2.6 基于分布式扩展卡尔曼滤波算法的相对位姿优化估算

本节基于卡尔曼滤波器，通过优化视觉检测与平台反馈里程信息获得精度更好、鲁棒性更高的位姿解算结果，针对分布式的平台相对位姿感知结构进行了分布式的设计。单个卡尔曼滤波器可组合为分布式滤波器，当两个机器人靠近并可通过视觉感知到相邻平台的相对位姿时，才需要在各个滤波器之间交换信息。分布式感知方法融合了视觉观测信息与平台状态反馈信息，同时尽可能减少平台间通信处理的要求。将该分布式定位算法应用于四个平台的相对定位中，提高了定位精度与定位鲁棒性。

分布式的滤波系统需要满足如下条件：

① 系统内每个平台均有线性或非线性的数学方程来描述其运动方式；

② 每个平台均具有获得平台自身运动信息与位姿变换信息的传感器；

③ 每个平台也都有感受外部环境变化的传感器，用以检测相对于环境或其他机器人的位姿变化；

④ 所有平台均具有与整体进行实时通信的能力。

通过分布式滤波系统所需的传感信息与数据模型，以平台状态反馈值与视觉传感器检测视觉靶标的方式分别感知平台自身运动状态与整体相对位姿观测状态。同时，通过平台状态反馈信息建立平台在四种运动模式下的运动方程，并通过ROS的多机通信构建平台的实时通信。

卡尔曼滤波估算可分为两个阶段，即预测阶段与更新阶段：

① 预测阶段：基于系统运动学方程，获取系统方程所需的控制量与观测量，估算系统方程下的平台位姿状态信息；

② 更新阶段：根据估算信息与观测信息获得下一时刻准确的位姿状态，并计算下一时刻卡尔曼滤波增益系数。

上节分别对三种运动模式下的平台运动学方程进行了数学建模，其运动学方程是非线性方程。传统的卡尔曼模型仅对线性系统进行迭代优化，故需要对非线性系统进行线性化，本书通过扩展卡尔曼算法对相对位姿感知系统进行滤波优化。

本节提到分布式的扩展卡尔曼滤波器的主要目的是将四个平台间的相对位姿关系纳入整体进行解算，即模块 1 与模块 2 的相对位姿关系不仅仅依靠模块 1 和模块 2 之间的直接观测解算，同时还与模块 3、4 和模块 1、2 的相对观测有关。将其纳入一个滤波器有利于通过多平台的相对位姿观测对平台位姿进行精确化的优化估算，同时还可获得相机观测视野外的相对位姿关系。

扩展卡尔曼滤波首先需要获得系统的状态观测模型。在 2.3 节中，已经针对平台运动模式分别进行了运动学建模，下面将对三种平台运动模式下的系统状态方程分别进行推算。

2.6.1 多平台扩展卡尔曼算法集中建模

对于四轮转向模型状态方程，为了简化计算，低速实验状态下可认为平台滑移角 $\beta=0$，则有

$$\begin{cases} X_k = X_{k-1} + v(\cos\gamma_{k-1})\Delta t \\ Y_k = Y_{k-1} + v(\sin\gamma_{k-1})\Delta t \\ \gamma_k = \gamma_{k-1} + \omega_{r_k}\Delta t \end{cases} \quad (k=1,2,3,\cdots) \tag{2-68}$$

式中，X_k、Y_k、γ_k 分别为平台在 k 时刻的横、纵坐标和航向角；v 和 ω 分别为线速度和角速度。式(2-68) 可以写成 $\boldsymbol{L}_k = f(\boldsymbol{L}_{k-1}, v_{k-1}, w_{k-1})$ 的形式，平台反馈感知的误差可以视为均值为 0 的高斯白噪声，以 w_v、w_ω 分别表示速度与角速度的状态误差，则平台状态方程可表示为

$$\begin{cases} X_k = X_{k-1} + (v_{k-1} + w_{v_{k-1}})(\cos\gamma_{k-1})\Delta t \\ Y_k = Y_{k-1} + (v_{k-1} + w_{v_{k-1}})(\sin\gamma_{k-1})\Delta t \\ \gamma_k = \gamma_{k-1} + (\omega_{r_{k-1}} + w_{\omega_{k-1}})\Delta t \end{cases} \quad (k=1,2,3,\cdots) \tag{2-69}$$

式(2-69) 为非线性方程，需要将其进行线性化处理，方可进行卡尔曼滤波算法优化，扩展卡尔曼滤波线性化即求解非线性方程的雅克比矩阵：

$$\boldsymbol{\Phi}_k = \left.\frac{\partial f(\boldsymbol{L}_k, v_k, w_k)}{\partial \boldsymbol{L}_k}\right|_{\boldsymbol{L}_k} \tag{2-70}$$

得到的线性化方程如式(2-71) 所示，$\hat{\boldsymbol{L}}_k = [\hat{X}_k \quad \hat{Y}_k \quad \hat{\gamma}_k]^{\mathrm{T}}$ 表示 k 时刻的系统状态实际值。

$$\begin{cases} \tilde{X}_k = \tilde{X}_{k-1} - v_{k-1}(\sin\hat{\gamma}_{k-1})\Delta t + w_{v_{k-1}}(\cos\hat{\gamma}_{k-1})\Delta t \\ \tilde{Y}_k = \tilde{Y}_{k-1} + v_{k-1}(\cos\hat{\gamma}_{k-1})\Delta t + w_{v_{k-1}}(\sin\hat{\gamma}_{k-1})\Delta t \\ \tilde{\gamma}_k = \tilde{\gamma}_{k-1} + \omega_{r_{k-1}}\Delta t + w_{\omega_{k-1}}\Delta t \end{cases} \quad (k=1,2,3,\cdots) \tag{2-71}$$

将式(2-71) 写成矩阵的形式：

$$\begin{bmatrix} \tilde{X} \\ \tilde{Y} \\ \tilde{\gamma} \end{bmatrix}_k = \begin{bmatrix} 1 & 0 & -v_{k-1}(\sin\hat{\gamma}_{k-1})\Delta t \\ 0 & 1 & v_{k-1}(\cos\hat{\gamma}_{k-1})\Delta t \\ 0 & 0 & \omega_{r_{k-1}} \end{bmatrix} \begin{bmatrix} \tilde{X} \\ \tilde{Y} \\ \tilde{\gamma} \end{bmatrix}_{k-1} + \begin{bmatrix} (\cos\hat{\gamma}_{k-1})\Delta t & 0 \\ (\sin\hat{\gamma}_{k-1})\Delta t & 0 \\ 0 & \Delta t \end{bmatrix} \begin{bmatrix} w_{v_{k-1}} \\ w_{\omega_{k-1}} \end{bmatrix} \quad (k=1,2,3\cdots) \tag{2-72}$$

式中，$\widetilde{\boldsymbol{L}}_k=\begin{bmatrix}\widetilde{X} & \widetilde{Y} & \widetilde{\gamma}\end{bmatrix}_k^{\mathrm{T}}=\boldsymbol{L}_k-\widehat{\boldsymbol{L}}_k$，为$k$时刻状态估计值与$k$时刻实际位姿之差，即系统状态误差，表示$k$时刻实际平台角度值。式(2-72)也可表示为式(2-73)的形式：

$$\widetilde{\boldsymbol{L}}_k=\widetilde{\boldsymbol{\Phi}}(\Delta t)\widetilde{\boldsymbol{L}}_{k-1}+\boldsymbol{G}_{k-1}\boldsymbol{w}_{k-1} \tag{2-73}$$

式中，$\widetilde{\boldsymbol{\Phi}}(\Delta t)$ 即 $\boldsymbol{\Phi}(t_k, t_{k-1})$，表示系统状态转移矩阵；$\boldsymbol{G}_k$ 表示k时刻系统噪声输入矩阵；$\boldsymbol{w}_k$ 表示k时刻平台线速度与角速度的测量误差，是均值为零的高斯误差。系统的噪声协方差矩阵可以表示为式(2-74)。

$$\boldsymbol{Q}_k=\boldsymbol{G}_k\mathrm{E}(\boldsymbol{w}_k\boldsymbol{w}_k^{\mathrm{T}})\boldsymbol{G}_k^{\mathrm{T}} \tag{2-74}$$

通过运动学模型可构建横移模式下的平台运动状态误差转移方程，如式(2-75)所示，其中 $\boldsymbol{w}_{v_{k-1}}$ 表示横移线速度的高斯误差：

$$\begin{bmatrix}\widetilde{X}\\ \widetilde{Y}\\ \widetilde{\gamma}\end{bmatrix}_k=\begin{bmatrix}1 & 0 & -v_{h_{k-1}}(\sin\widehat{\gamma}_{k-1})\Delta t\\ 0 & 1 & v_{h_{k-1}}(\cos\widehat{\gamma}_{k-1})\Delta t\\ 0 & 0 & 1\end{bmatrix}\begin{bmatrix}\widetilde{X}\\ \widetilde{Y}\\ \widetilde{\gamma}\end{bmatrix}_{k-1}+\begin{bmatrix}(\cos\widehat{\gamma}_{k-1})\Delta t\\ (\sin\widehat{\gamma}_{k-1})\Delta t\\ 0\end{bmatrix}\boldsymbol{w}_{v_{k-1}}\quad (k=1,2,3,\cdots) \tag{2-75}$$

同理，通过运动学模型构建横移模式下的平台运动状态误差转移方程，如式(2-76)所示，其中 $\boldsymbol{w}_{v_{k-1}}$ 表示斜移线速度的高斯误差：

$$\begin{bmatrix}\widetilde{X}\\ \widetilde{Y}\\ \widetilde{\gamma}\end{bmatrix}_k=\begin{bmatrix}1 & 0 & -v_{t_{k-1}}[\sin(\theta_{k-1}-\widehat{\gamma}_{k-1})]\Delta t\\ 0 & 1 & v_{t_{k-1}}[\cos(\theta_{k-1}-\widehat{\gamma}_{k-1})]\Delta t\\ 0 & 0 & 1\end{bmatrix}\begin{bmatrix}\widetilde{X}\\ \widetilde{Y}\\ \widetilde{\gamma}\end{bmatrix}_{k-1}+\begin{bmatrix}(\cos\widehat{\gamma}_{k-1})\Delta t\\ (\sin\widehat{\gamma}_{k-1})\Delta t\\ 0\end{bmatrix}\boldsymbol{w}_{v_{k-1}}\quad (k=1,2,3,\cdots) \tag{2-76}$$

本书四个机器人平台依靠状态值可获得每个平台独立的位姿变化，而通过视觉观测方法仅可获得两个平台间的相对位姿变化关系，又因为四个平台相互位姿不存在互相影响，故可构建集中式的扩展卡尔曼滤波系统，将状态估计与视觉监测结合起来。通过将四个平台的状态方程组合起来，构建集中式的扩展卡尔曼滤波系统如式(2-77)所示。

$$\begin{bmatrix}\widetilde{\boldsymbol{L}}_1\\ \widetilde{\boldsymbol{L}}_2\\ \widetilde{\boldsymbol{L}}_3\\ \widetilde{\boldsymbol{L}}_4\end{bmatrix}_k=\begin{bmatrix}\boldsymbol{\Phi}_1 & \boldsymbol{0} & \boldsymbol{0} & \boldsymbol{0}\\ \boldsymbol{0} & \boldsymbol{\Phi}_2 & \boldsymbol{0} & \boldsymbol{0}\\ \boldsymbol{0} & \boldsymbol{0} & \boldsymbol{\Phi}_3 & \boldsymbol{0}\\ \boldsymbol{0} & \boldsymbol{0} & \boldsymbol{0} & \boldsymbol{\Phi}_4\end{bmatrix}_{\Delta t}\begin{bmatrix}\widetilde{\boldsymbol{L}}_1\\ \widetilde{\boldsymbol{L}}_2\\ \widetilde{\boldsymbol{L}}_3\\ \widetilde{\boldsymbol{L}}_4\end{bmatrix}_{k-1}+\begin{bmatrix}\boldsymbol{G}_1 & \boldsymbol{0} & \boldsymbol{0} & \boldsymbol{0}\\ \boldsymbol{0} & \boldsymbol{G}_2 & \boldsymbol{0} & \boldsymbol{0}\\ \boldsymbol{0} & \boldsymbol{0} & \boldsymbol{G}_3 & \boldsymbol{0}\\ \boldsymbol{0} & \boldsymbol{0} & \boldsymbol{0} & \boldsymbol{G}_4\end{bmatrix}_{k-1}\begin{bmatrix}\boldsymbol{w}_1\\ \boldsymbol{w}_2\\ \boldsymbol{w}_3\\ \boldsymbol{w}_4\end{bmatrix}_{k-1} \tag{2-77}$$

式中，1,2,3,4 分别表示四个平台，即将四个平台的状态转移矩阵全部置于一个统一的集中式扩展卡尔曼滤波状态转移矩阵中，状态误差转移矩阵与噪声输入矩阵均为对角阵。类似于式(2-73)，集中式扩展卡尔曼滤波系统也可表示为式(2-78)的形式。

$$\widehat{\widetilde{\boldsymbol{L}}}_k=\widehat{\boldsymbol{\Phi}}(\Delta t)\widehat{\widetilde{\boldsymbol{L}}}_{k-1}+\widehat{\boldsymbol{G}}_{k-1}\widehat{\boldsymbol{w}}_{k-1} \tag{2-78}$$

扩展卡尔曼滤波算法中系统状态误差协方差矩阵是重要的递归量，系统状态误差协方差由状态误差差值进行计算，即平台位姿估计值与平台位姿实际值的差值方差，如式(2-79)所示。

$$\boldsymbol{P}_k^{-}=E[(\widehat{\boldsymbol{L}}_k-\widehat{\widehat{\boldsymbol{L}}}_k)(\widehat{\boldsymbol{L}}_k-\widehat{\widehat{\boldsymbol{L}}}_k)^{\mathrm{T}}] \tag{2-79}$$

集中式扩展卡尔曼滤波系统的系统状态误差协方差矩阵可表示为式(2-80)。

$$\boldsymbol{P}_{k}^{-}=\widehat{\boldsymbol{\Phi}}(\Delta t)\boldsymbol{P}_{k-1}^{+}\widehat{\boldsymbol{\Phi}}^{\mathrm{T}}(\Delta t)+\boldsymbol{Q}_{k-1} \tag{2-80}$$

系统运行初始状态下，平台未有相对观测结果，故系统初始状态下的状态误差协方差矩阵可表示为式(2-81)，其为对角阵，即在没有相对观测发生之前，平台的位姿仅与自身的状态输入值有关。

$$\boldsymbol{P}_{0}^{+}=\begin{bmatrix} {}_{1}^{1}\boldsymbol{P}_{0}^{+} & \mathbf{0} & \mathbf{0} & \mathbf{0} \\ \mathbf{0} & {}_{2}^{2}\boldsymbol{P}_{0}^{+} & \mathbf{0} & \mathbf{0} \\ \mathbf{0} & \mathbf{0} & {}_{3}^{3}\boldsymbol{P}_{0}^{+} & \mathbf{0} \\ \mathbf{0} & \mathbf{0} & \mathbf{0} & {}_{4}^{4}\boldsymbol{P}_{0}^{+} \end{bmatrix} \tag{2-81}$$

同样，在没有相对观测的条件下，状态误差协方差矩阵可表示为式(2-82)。

$${}_{i}^{i}\boldsymbol{P}_{k}^{-}=\widehat{\boldsymbol{\Phi}}_{i}(\Delta t){}_{i}^{i}\boldsymbol{P}_{k-1}^{+}\widehat{\boldsymbol{\Phi}}_{i}^{\mathrm{T}}(\Delta t)+\boldsymbol{Q}_{i}\quad(i=1,2,3,4) \tag{2-82}$$

由于没有其他传感器对系统内的误差进行观测纠正，此时可认为 k 时刻的状态先验值等于 k 时刻的后验估计，即 $\boldsymbol{P}_{k}^{-}=\boldsymbol{P}_{k}^{+}$。由于状态误差协方差矩阵的初始值 $\boldsymbol{P}_{0}^{+}$ 为对角矩阵，代入式(2-80) 进行迭代可知：在没有位姿相对观测时，系统状态误差协方差矩阵均为对角矩阵。这说明此时系统迭代均是局部迭代，每个平台的状态与协方差均为完全分布，平台的位姿变化情况仅靠自身状态反馈获得，不能感知其相对位姿变化。故集中式的扩展卡尔曼滤波系统还需要引入相对观测才可获得相对的位姿优化估算结果。

2.6.2 分布式扩展卡尔曼滤波耦合

针对四台移动机器人的运动状态进行集中建模，建立了容纳四个平台位姿变化的方程，仅靠状态反馈获得的位姿即可获得平台自身的位姿变化；对于扩展卡尔曼滤波系统，还需要系统观测方程，方可进行扩展卡尔曼滤波迭代。本实验采用视觉靶标观测的方式，可直接观测到相邻平台的相对位姿数值，下面以模块 1 与模块 2 之间的相对观测为例，其观测方程可表示为式(2-83) 的形式。

$$\begin{bmatrix} {}_{2}^{1}X \\ {}_{2}^{1}Y \\ {}_{2}^{1}\gamma \end{bmatrix}_{k}=\begin{bmatrix} X_{2}-X_{1} \\ Y_{2}-Y_{1} \\ \gamma_{2}-\gamma_{1} \end{bmatrix}_{k}+{}_{2}^{1}\boldsymbol{u}_{k} \tag{2-83}$$

通过式(2-83)，模块 1 与模块 2 之间的视觉观测位姿误差可表示为

$${}_{2}^{1}\widetilde{\boldsymbol{Z}}_{k}={}_{2}^{1}\widetilde{\boldsymbol{H}}_{k}{}_{2}^{1}\widetilde{\boldsymbol{L}}_{k}+{}_{2}^{1}\boldsymbol{u}_{k} \tag{2-84}$$

式中，${}_{2}^{1}\boldsymbol{Z}_{k}$ 表示 k 时刻模块 1 与模块 2 相对位姿观测值；${}_{2}^{1}\widetilde{\boldsymbol{Z}}_{k}$ 表示 k 时刻模块 1 与模块 2 相对位姿观测误差；${}_{2}^{1}\widetilde{\boldsymbol{H}}_{k}$ 表示 k 时刻模块 1 与模块 2 相对位姿观测误差矩阵，如式(2-85) 所示；${}_{2}^{1}\boldsymbol{u}_{k}$ 表示 k 时刻模块 1 与模块 2 相对位姿观测噪声，为高斯误差，其均值为 $\mathbf{0}$。

$${}_{2}^{1}\widetilde{\boldsymbol{H}}_{k}=\begin{bmatrix} -{}_{2}^{1}\boldsymbol{H}_{k} & \boldsymbol{I}_{3\times3} & \mathbf{0}_{3\times3} & \mathbf{0}_{3\times3} \end{bmatrix} \tag{2-85}$$

式中，${}_{2}^{1}\boldsymbol{H}_{k}$ 为 3×3 单位矩阵。

${}_{2}^{1}\boldsymbol{R}_{k}$ 表示 k 时刻观测噪声协方差矩阵，其计算公式如 (2-86) 所示。

$${}_{2}^{1}\boldsymbol{R}_{k}=\mathrm{E}\left[{}_{2}^{1}\boldsymbol{u}_{k}{}_{2}^{1}\boldsymbol{u}_{k}^{\mathrm{T}}\right] \tag{2-86}$$

式中，${}_{2}^{1}\boldsymbol{u}_{k}$ 表示 k 时刻模块 1 与模块 2 之间的观测误差。

在获得视觉相对位姿观测结果后，即可在集中扩展卡尔曼滤波的基础上进行平台间相关项的计算。此时系统状态误差协方差矩阵经过迭代后，如式(2-87) 所示，其中包含平台间

的相对位姿误差信息。

$$\boldsymbol{P}_k^+=\begin{bmatrix} {}_1^1\boldsymbol{P}_k^+ & {}_2^1\boldsymbol{P}_k^+ & {}_3^1\boldsymbol{P}_k^+ & {}_4^1\boldsymbol{P}_k^+ \\ {}_1^2\boldsymbol{P}_k^+ & {}_2^2\boldsymbol{P}_k^+ & {}_3^2\boldsymbol{P}_k^+ & {}_4^2\boldsymbol{P}_k^+ \\ {}_1^3\boldsymbol{P}_k^+ & {}_2^3\boldsymbol{P}_k^+ & {}_3^3\boldsymbol{P}_k^+ & {}_4^3\boldsymbol{P}_k^+ \\ {}_1^4\boldsymbol{P}_k^+ & {}_2^4\boldsymbol{P}_k^+ & {}_3^4\boldsymbol{P}_k^+ & {}_4^4\boldsymbol{P}_k^+ \end{bmatrix} \tag{2-87}$$

为了计算式(2-87)的系统状态误差协方差，本书引入相关误差协方差${}_2^1\boldsymbol{S}_k$，如式(2-88)所示（仍然以模块1与模块2之间的相对位姿观测为例）。

$$\begin{aligned} {}_2^1\boldsymbol{S}_k &={}_2^1\widetilde{\boldsymbol{H}}_k\boldsymbol{P}_k^-\,{}_2^1\widetilde{\boldsymbol{H}}_k^{\mathrm{T}}+{}_2^1\boldsymbol{R}_k \\ &={}_2^1\boldsymbol{H}_k\,{}_1^1\boldsymbol{P}_k^-\,{}_2^1\boldsymbol{H}_k^{\mathrm{T}}+{}_2^2\boldsymbol{P}_k^-+{}_2^1\boldsymbol{R}_k \end{aligned} \tag{2-88}$$

对于模块2到模块1的相对位姿观测，相关误差协方差可表示为${}_1^2\boldsymbol{S}_k$，其计算方法如式(2-89)所示，其中观测误差矩阵${}_1^2\boldsymbol{R}_k={}_2^1\boldsymbol{R}_k$。当两个模块间的相对位姿观测数值相同，符号相反时，观测矩阵${}_1^2\widetilde{\boldsymbol{H}}_k=-{}_2^1\widetilde{\boldsymbol{H}}_k$，可得相关误差协方差矩阵${}_1^2\boldsymbol{S}_k={}_2^1\boldsymbol{S}_k$。

$$\begin{aligned} {}_1^2\boldsymbol{S}_k &={}_1^2\widetilde{\boldsymbol{H}}_k\boldsymbol{P}_k^-\,{}_1^2\widetilde{\boldsymbol{H}}_k^{\mathrm{T}}+{}_1^2\boldsymbol{R}_k \\ &={}_1^2\boldsymbol{H}_k\,{}_1^1\boldsymbol{P}_k^-\,{}_1^2\boldsymbol{H}_k^{\mathrm{T}}+{}_2^2\boldsymbol{P}_k^-+{}_1^2\boldsymbol{R}_k \end{aligned} \tag{2-89}$$

此时迭代的扩展卡尔曼滤波增益可表示为式(2-90)。

$$\boldsymbol{K}_k=\boldsymbol{P}_k^-\,{}_2^1\widetilde{\boldsymbol{H}}_k^{\mathrm{T}}\,{}_2^1\boldsymbol{S}_k^{-1}=\begin{bmatrix} -{}_1^1\boldsymbol{P}_k^-\,{}_2^1\boldsymbol{H}_k^{\mathrm{T}}\,{}_2^1\boldsymbol{S}_k^{-1} \\ {}_2^2\boldsymbol{P}_k^-\,{}_2^1\boldsymbol{H}_k^{\mathrm{T}}\,{}_2^1\boldsymbol{S}_k^{-1} \\ \boldsymbol{0} \\ \boldsymbol{0} \end{bmatrix} \tag{2-90}$$

获取扩展卡尔曼滤波增益后，即可根据$k-1$时刻的状态误差后验值对k时刻的状态误差进行先验估算。k时刻的状态误差进行先验估算可表示为式(2-91)。

$$\begin{aligned} \widehat{\boldsymbol{L}}_k^+ &=\widehat{\boldsymbol{L}}_k^-+\boldsymbol{K}_k({}_2^1\boldsymbol{Z}_k-{}_2^1\widetilde{\boldsymbol{H}}_k\widehat{\boldsymbol{L}}_k^-) \\ &=\begin{bmatrix} (\boldsymbol{I}-{}_1^1\boldsymbol{P}_k^-\,{}_2^1\boldsymbol{H}_k^{\mathrm{T}}\,{}_2^1\boldsymbol{S}_k^{-1})\,{}^1\widehat{\boldsymbol{L}}_k^-+{}_1^1\boldsymbol{P}_k^-\,{}_2^1\boldsymbol{H}_k^{\mathrm{T}}\,{}_2^1\boldsymbol{S}_k^{-1}({}_2^1\widetilde{\boldsymbol{H}}_k\,{}^2\widetilde{\boldsymbol{L}}_k^- -{}_2^1\boldsymbol{Z}_k) \\ (\boldsymbol{I}-{}_2^2\boldsymbol{P}_k^-\,{}_2^1\boldsymbol{H}_k^{\mathrm{T}}\,{}_2^1\boldsymbol{S}_k^{-1})\,{}^2\widehat{\boldsymbol{L}}_k^-+{}_2^2\boldsymbol{P}_k^-\,{}_2^1\boldsymbol{H}_k^{\mathrm{T}}\,{}_2^1\boldsymbol{S}_k^{-1}({}_2^1\widetilde{\boldsymbol{H}}_k\,{}^1\widetilde{\boldsymbol{L}}_k^- +{}_2^1\boldsymbol{Z}_k) \\ {}^3\boldsymbol{L}_k^- \\ {}^4\boldsymbol{L}_k^- \end{bmatrix} \end{aligned} \tag{2-91}$$

依据式(2-90)可知，随着状态误差协方差的增大，即状态估计值误差增大，卡尔曼滤波系数也随之变大，表现在式(2-91)中即为视觉观测相对位姿所占的比重更大。由于上文以模块1与模块2的相对位姿观测为例，不考虑模块3、模块4的变化，故模块3、模块4的k时刻状态先验结果与状态后验结果相同，同理其状态误差协方差${}_3^3\boldsymbol{P}_k^+={}_3^3\boldsymbol{P}_k^-$、${}_4^4\boldsymbol{P}_k^+={}_4^4\boldsymbol{P}_k^-$，即在获得模块1与模块2的相对位姿观测后，仅对模块1与模块2的状态误差协方差矩阵与状态估计值进行扩展卡尔曼滤波迭代，而不影响模块3、模块4的状态误差协方差矩阵与状态估计值。这就使得集中式的扩展卡尔曼滤波系统变成了分布式的优化求解，在两个平台进行相对观测后，仅通过两者之间的信息交换即可进行相对位姿的优化求解，此时系统误差协方差矩阵$\widehat{\boldsymbol{\Phi}}_i(\Delta t)$中的$\Delta t=t_k-t_{k-1}$即为相邻两次信息交换的时间差值。

此时系统状态误差协方差更新可表示为式(2-92)。

$$\boldsymbol{P}_k^+=\boldsymbol{P}_k^- -\boldsymbol{P}_k^-\,{}_2^1\widetilde{\boldsymbol{H}}_k^{\mathrm{T}}\,{}_2^1\boldsymbol{S}_k^-\,{}_2^1\widetilde{\boldsymbol{H}}_k\boldsymbol{P}_k^- \tag{2-92}$$

将式(2-92)的后验误差协方差矩阵展示出来，如式(2-93)所示。

$$
\boldsymbol{P}_k^+=\begin{bmatrix}
{}_1^1\boldsymbol{P}_k^- - {}_1^1\boldsymbol{P}_k^-\,{}_2^1\boldsymbol{H}_k^{\mathrm{T}}\,{}_2^1\boldsymbol{S}_k^{-1}\,{}_2^1\widetilde{\boldsymbol{H}}_k\,{}_1^1\boldsymbol{P}_k^- & {}_1^1\boldsymbol{P}_k^-\,{}_2^1\boldsymbol{H}_k^{\mathrm{T}}\,{}_2^1\boldsymbol{S}_k^{-1}\,{}_2^1\widetilde{\boldsymbol{H}}_k\,{}_2^2\boldsymbol{P}_k^- & \boldsymbol{0} & \boldsymbol{0}\\
{}_2^2\boldsymbol{P}_k^-\,{}_2^1\widetilde{\boldsymbol{H}}_k\,{}_2^1\boldsymbol{S}_k^{-1}\,{}_2^1\boldsymbol{H}_k^{\mathrm{T}}\,{}_1^1\boldsymbol{P}_k^- & {}_2^2\boldsymbol{P}_k^- - {}_2^2\boldsymbol{P}_k^-\,{}_2^1\boldsymbol{H}_k^{\mathrm{T}}\,{}_2^1\boldsymbol{S}_k^{-1}\,{}_2^1\widetilde{\boldsymbol{H}}_k\,{}_2^2\boldsymbol{P}_k^- & \boldsymbol{0} & \boldsymbol{0}\\
\boldsymbol{0} & \boldsymbol{0} & {}_3^3\boldsymbol{P}_k^- & \boldsymbol{0}\\
\boldsymbol{0} & \boldsymbol{0} & \boldsymbol{0} & {}_4^4\boldsymbol{P}_k^-
\end{bmatrix}
\tag{2-93}
$$

由式(2-93)可知，误差协方差矩阵后验矩阵${}_2^1\boldsymbol{P}_k^+=({}_1^2\boldsymbol{P}_k^+)^{\mathrm{T}}$，两者互为转置矩阵，故式(2-87)中系统误差协方差矩阵$\boldsymbol{P}_k^+=(\boldsymbol{P}_k^+)^{\mathrm{T}}$。

系统运行期间，四个平台运动过程中可通过视觉观测到多个平台的相对位姿，其系统状态误差协方差后验矩阵如式(2-87)所示，既有平台本身运动状态误差协方差${}_i^i\boldsymbol{P}_k$，又有状态误差协方差相关项${}_j^i\boldsymbol{P}_k$。系统状态误差协方差先验矩阵如式(2-94)所示，同样，误差协方差先验矩阵$\boldsymbol{P}_k^-=(\boldsymbol{P}_k^-)^{\mathrm{T}}$，实际计算过程中仅需计算矩阵上半三角，有效简化滤波优化过程计算量。

$$
\begin{aligned}
\boldsymbol{P}_k^- &=\boldsymbol{\Phi}(\Delta t)\boldsymbol{P}_{k-1}^+\boldsymbol{\Phi}^{\mathrm{T}}(\Delta t)+\boldsymbol{Q}_k\\
&=\begin{bmatrix}
\boldsymbol{\Phi}_1\,{}_1^1\boldsymbol{P}_{k-1}^+\boldsymbol{\Phi}_1^{\mathrm{T}}+\boldsymbol{Q}_1 & \boldsymbol{\Phi}_1\,{}_2^1\boldsymbol{P}_{k-1}^+\boldsymbol{\Phi}_2^{\mathrm{T}} & \boldsymbol{\Phi}_1\,{}_3^1\boldsymbol{P}_{k-1}^+\boldsymbol{\Phi}_3^{\mathrm{T}} & \boldsymbol{\Phi}_1\,{}_4^1\boldsymbol{P}_{k-1}^+\boldsymbol{\Phi}_4^{\mathrm{T}}\\
\boldsymbol{\Phi}_2\,{}_1^2\boldsymbol{P}_{k-1}^+\boldsymbol{\Phi}_1^{\mathrm{T}} & \boldsymbol{\Phi}_2\,{}_2^2\boldsymbol{P}_{k-1}^+\boldsymbol{\Phi}_2^{\mathrm{T}}+\boldsymbol{Q}_2 & \boldsymbol{\Phi}_2\,{}_3^2\boldsymbol{P}_{k-1}^+\boldsymbol{\Phi}_3^{\mathrm{T}} & \boldsymbol{\Phi}_2\,{}_4^2\boldsymbol{P}_{k-1}^+\boldsymbol{\Phi}_4^{\mathrm{T}}\\
\boldsymbol{\Phi}_3\,{}_1^3\boldsymbol{P}_{k-1}^+\boldsymbol{\Phi}_1^{\mathrm{T}} & \boldsymbol{\Phi}_3\,{}_2^3\boldsymbol{P}_{k-1}^+\boldsymbol{\Phi}_2^{\mathrm{T}} & \boldsymbol{\Phi}_3\,{}_3^3\boldsymbol{P}_{k-1}^+\boldsymbol{\Phi}_3^{\mathrm{T}}+\boldsymbol{Q}_3 & \boldsymbol{\Phi}_3\,{}_4^3\boldsymbol{P}_{k-1}^+\boldsymbol{\Phi}_4^{\mathrm{T}}\\
\boldsymbol{\Phi}_4\,{}_1^4\boldsymbol{P}_{k-1}^+\boldsymbol{\Phi}_1^{\mathrm{T}} & \boldsymbol{\Phi}_4\,{}_2^4\boldsymbol{P}_{k-1}^+\boldsymbol{\Phi}_2^{\mathrm{T}} & \boldsymbol{\Phi}_4\,{}_3^4\boldsymbol{P}_{k-1}^+\boldsymbol{\Phi}_3^{\mathrm{T}} & \boldsymbol{\Phi}_4\,{}_4^4\boldsymbol{P}_{k-1}^+\boldsymbol{\Phi}_4^{\mathrm{T}}+\boldsymbol{Q}_4
\end{bmatrix}
\end{aligned}
\tag{2-94}
$$

可见，平台运动过程中，需要对每个时刻的系统状态误差协方差矩阵进行迭代更新，即通过每个平台运动的状态转移矩阵$\boldsymbol{\Phi}_i(t_k,t_{k-1})$进行状态误差协方差矩阵迭代更新。例如，$k$时刻模块1与模块2进行了相对位姿观测，而直到$k+m$时刻才获得了下一次的相对位姿观测结果，此时状态误差协方差相关项${}_2^1\boldsymbol{P}_{k+m}^-$可表示为式(2-95)。

$$
{}_2^1\boldsymbol{P}_{k+m}^-=\boldsymbol{\Phi}_1(t_{k+m},t_{k+m-1})\cdots\boldsymbol{\Phi}_1(t_{k+1},t_k)\boldsymbol{P}_k^+\ \boldsymbol{\Phi}_2^{\mathrm{T}}(t_{k+1},t_k)\boldsymbol{\Phi}_2^{\mathrm{T}}(t_{k+m},t_{k+m-1})
\tag{2-95}
$$

由此可得，在系统运行过程中，每接收到一次相对位姿观测值，要对两个时刻间的状态误差协方差先验矩阵所有相关项进行迭代更新，并记录在当前平台上。即没有涉及相对位姿观测的平台，也需要根据当前时间间隔$\Delta t=t_k-t_{k-1}$对${}_j^i\boldsymbol{P}_k^-$进行迭代更新。为了减少通信复杂度，可先将未进行观测的平台状态转移矩阵进行记录，如式(2-96)所示，待到两平台获得相对位姿检测时，计算系统误差协方差矩阵相关项先验值${}_j^i\boldsymbol{P}_{k+m}^-$。

$$
\begin{cases}
\vec{\boldsymbol{\Phi}}_i=\boldsymbol{\Phi}_i(t_{k+m},t_{k+m-1})\cdots\boldsymbol{\Phi}_i(t_{k+1},t_k)\\
{}_j^i\boldsymbol{P}_{k+m}^-=\vec{\boldsymbol{\Phi}}_i\boldsymbol{P}_k^+\vec{\boldsymbol{\Phi}}_j^{\mathrm{T}}
\end{cases}
\tag{2-96}
$$

此时由于状态误差协方差矩阵每项均不为0，相关误差协方差${}_2^1\boldsymbol{S}_k$计算由式(2-89)更改为式(2-97)的形式。

$$
\begin{aligned}
{}_2^1\boldsymbol{S}_k &={}_2^1\widetilde{\boldsymbol{H}}_k\boldsymbol{P}_k^-\,{}_2^1\widetilde{\boldsymbol{H}}_k^{\mathrm{T}}+{}_2^1\boldsymbol{R}_k\\
&={}_2^1\boldsymbol{H}_k\,{}_1^1\boldsymbol{P}_k^-\,{}_2^1\boldsymbol{H}_k^{\mathrm{T}}-{}_1^2\boldsymbol{P}_k^-\,{}_2^1\boldsymbol{H}_k^{\mathrm{T}}-{}_2^1\boldsymbol{H}_k\,{}_2^1\boldsymbol{P}_k^-+{}_2^2\boldsymbol{P}_k^-+{}_2^1\boldsymbol{R}_k
\end{aligned}
\tag{2-97}
$$

对于分布式扩展卡尔曼滤波系统，其卡尔曼增益可表示为式(2-98)。

$$
{}_2^1\boldsymbol{K}_k=\boldsymbol{P}_k^- \,{}_2^1\widetilde{\boldsymbol{H}}_k^{\mathrm{T}}\,{}_2^1\boldsymbol{S}_k^{-1}=\begin{bmatrix}({}_2^1\boldsymbol{P}_k^- - {}_1^1\boldsymbol{P}_k^- \,{}_2^1\boldsymbol{H}_k^{\mathrm{T}})\,{}_2^1\boldsymbol{S}_k^{-1}\\ ({}_2^2\boldsymbol{P}_k^- - {}_1^2\boldsymbol{P}_k^- \,{}_2^1\boldsymbol{H}_k^{\mathrm{T}})\,{}_2^1\boldsymbol{S}_k^{-1}\\ ({}_2^3\boldsymbol{P}_k^- - {}_1^3\boldsymbol{P}_k^- \,{}_2^1\boldsymbol{H}_k^{\mathrm{T}})\,{}_2^1\boldsymbol{S}_k^{-1}\\ ({}_2^4\boldsymbol{P}_k^- - {}_1^4\boldsymbol{P}_k^- \,{}_2^1\boldsymbol{H}_k^{\mathrm{T}})\,{}_2^1\boldsymbol{S}_k^{-1}\end{bmatrix} \tag{2-98}
$$

系统后验误差协方差矩阵相关项${}_2^1\boldsymbol{P}_k^+$ 可表示为式(2-99)。

$$
\begin{aligned}\boldsymbol{P}_k^+ &=(\boldsymbol{I}-{}_2^1\boldsymbol{K}_k\,{}_2^1\widetilde{\boldsymbol{H}}_k)\boldsymbol{P}_k^-\\ &=\boldsymbol{P}_k^- -\boldsymbol{P}_k^-\,{}_2^1\widetilde{\boldsymbol{H}}_k^{\mathrm{T}}\,{}_2^1\boldsymbol{S}_k^-\,{}_2^1\widetilde{\boldsymbol{H}}_k\boldsymbol{P}_k^-\end{aligned} \tag{2-99}
$$

正常空旷场地下，常见的情况为多个模块之间能够同时观测到对应的视觉靶标，即模块1同时观测到了模块2、模块3与模块4，此时经过分布式扩展卡尔曼滤波系统迭代，其状态变量可表示为式(2-100)的形式。

$$
\boldsymbol{L}_k^+=\boldsymbol{L}_k^- +{}_2^1\boldsymbol{K}_k({}_2^1\boldsymbol{Z}_k-{}_2^1\widetilde{\boldsymbol{H}}_k\widetilde{\boldsymbol{L}}_k^-)+{}_3^1\boldsymbol{K}_k({}_3^1\boldsymbol{Z}_k-{}_3^1\widetilde{\boldsymbol{H}}_k\widetilde{\boldsymbol{L}}_k^-)+{}_4^1\boldsymbol{K}_k({}_4^1\boldsymbol{Z}_k-{}_4^1\widetilde{\boldsymbol{H}}_k\widetilde{\boldsymbol{L}}_k^-) \tag{2-100}
$$

算法 2-2 分布式扩展卡尔曼滤波算法

Initialization:

set $\boldsymbol{L}_0$ *and* $\boldsymbol{P}_0^+$ *depend on vision observation*

Generation:

$\boldsymbol{L}_k=\boldsymbol{\Phi}(\Delta t)\boldsymbol{L}_{k-1}+\boldsymbol{G}_{k-1}\boldsymbol{w}_{k-1}$

Linearization$\rightarrow\widetilde{\boldsymbol{L}}_k=\widetilde{\boldsymbol{\Phi}}(\Delta t)\widetilde{\boldsymbol{L}}_{k-1}+\boldsymbol{G}_{k-1}\boldsymbol{w}_{k-1}$

$\boldsymbol{P}_k^+=\boldsymbol{P}_k^-$

if *modl*$\rightarrow$*mod*2 **then**

Get Observision:

${}_2^1\boldsymbol{Z}_k={}_2^1\boldsymbol{h}_k\boldsymbol{L}_k+{}_2^1\boldsymbol{u}_k$

Linearization$\rightarrow{}_2^1\widetilde{\boldsymbol{Z}}_k={}_2^1\widetilde{\boldsymbol{H}}_k\widetilde{\boldsymbol{L}}_k+{}_2^1\boldsymbol{u}_k$

Generation:

$\boldsymbol{P}_k^-=\boldsymbol{\Phi}(\Delta t)\boldsymbol{P}_{k-1}^+\boldsymbol{\Phi}^{\mathrm{T}}(\Delta t)+\boldsymbol{Q}_k$

${}_2^1\boldsymbol{S}_k={}_2^1\widetilde{\boldsymbol{H}}_k\boldsymbol{P}_k^-\,{}_2^1\widetilde{\boldsymbol{H}}_k^{\mathrm{T}}+{}_2^1\boldsymbol{R}_k$

${}_2^1\boldsymbol{K}_k=\boldsymbol{P}_k^-\,{}_2^1\widetilde{\boldsymbol{H}}_k^{\mathrm{T}}\,{}_2^1\boldsymbol{S}_k^{-1}$

$\boldsymbol{P}_k^+=(\boldsymbol{I}-{}_2^1\boldsymbol{K}_k\,{}_2^1\widetilde{\boldsymbol{H}}_k)\boldsymbol{P}_k^-$

Optimization estimation:

$\boldsymbol{L}_k^+=\boldsymbol{L}_k^-+{}_2^1\boldsymbol{K}_k({}_2^1\boldsymbol{Z}_k-{}_2^1\widetilde{\boldsymbol{H}}_k\widetilde{\boldsymbol{L}}_k^-)$

end if

if mod 1$\rightarrow$*mod* 2 *mod* 3 *and mod* 4 **then**

Optimization estimation:

$\boldsymbol{L}_k^+ =\boldsymbol{L}_k^-+{}_2^1\boldsymbol{K}_k({}_2^1\boldsymbol{Z}_k-{}_2^1\widetilde{\boldsymbol{H}}_k\widetilde{\boldsymbol{L}}_k^-)$

$+({}_3^1\boldsymbol{Z}_k-{}_3^1\widetilde{\boldsymbol{H}}_k\widetilde{\boldsymbol{L}}_k^-)+({}_4^1\boldsymbol{Z}_k-{}_4^1\widetilde{\boldsymbol{H}}_k\widetilde{\boldsymbol{L}}_k^-)$

end if

至此，完成了分布式扩展卡尔曼滤波系统更新迭代、优化估算的基本流程，算法流程如算法 2-2 所示，其中 mod1～4 分别表示四个机器人模块。以视觉相对观测位姿为支撑点完成了系统的分布式搭建，在获得相对观测位姿后，通过相互通信交换位姿观测数据，并进行系统滤波迭代，减少了相互通信量，实现了平台间高效相对位姿信息耦合。引入的平台里程信息作为状态输入量，提高了相对位姿感知精度，提高了协同定位稳定性与定位鲁棒性。

分布式扩展卡尔曼滤波系统依据初始观测值给定系统各个模块的初始位姿状态值 $\boldsymbol{L}_0$，根据系统运动状态方程，通过感知平台运动反馈状态对平台运动位姿进行估算。此时由于没有模块之间视觉相对观测，可认为系统状态误差协方差矩阵先验值与后验值相同，即 $\boldsymbol{P}_k^+=\boldsymbol{P}_k^-$。当出现了两平台相互观测时，平台获取相对位姿观测方程，此时依次计算误差协方差矩阵状态先验矩阵、状态误差协方差矩阵相关矩阵、扩展卡尔曼滤波增益、误差协方差矩阵状态后验矩阵；进而根据卡尔曼增益计算平台状态后验矩阵。随着观测方程的增加，增加不同观测对状态误差的分布式扩展卡尔曼滤波优化估算。

2.6.3　分布式滤波系统自适应误差优化

以上小节完成了基于分布式扩展卡尔曼滤波系统的算法构建，然而该算法在实际应用中还存在两个问题：

问题一：在实际观测中，距离相对较远的平台相对观测结果误差较大，较大的误差会引起误差协方差 $\boldsymbol{P}_k$ 与扩展卡尔曼增益 $\boldsymbol{K}_k$ 的增大，使滤波结果更依赖状态观测值、对观测结果更敏感，而距离较近的观测结果常常误差更小，同时其观测结果更准确，这就导致分布式扩展卡尔曼滤波器更易受距离较远、误差较大的观测结果影响，对相对位姿的观测精度产生较大干扰。

问题二：由于每个平台都带有四个靶标与四个单目相机，故当模块 1 相机感知到模块 2 靶标时，模块 2 相机也能感知到模块 1 靶标，这就引出了两个相对观测结果该如何取舍的问题。

针对上述两个问题，提出了自适应的滤波系统优化方案，如下。

自适应优化方案即针对机器人状态输入噪声以及观测噪声进行实时优化，上节中式(2-74)与式(2-86) 分别表示了系统状态输入噪声协方差与观测噪声协方差的计算方法，然而实际计算之中，其 k 时刻平台线速度与角速度的测量误差 $\boldsymbol{w}_k$ 以及 k 时刻模块 1 与模块 2 之间的观测误差 ${}_2^1\boldsymbol{u}_k$ 均认为是恒定值，这使得噪声误差协方差恒定，无法对噪声误差的变化产生影响；实际情况是随着观测与运动距离的增加，其噪声误差协方差也会变大，这就导致了问题一，故需要对输入噪声与观测噪声进行动态调整，可解决问题一。

针对模块 1 同时观测到了模块 2、模块 3 与模块 4 的情况，可分别计算模块 1 到每个平台的相对观测结果状态后验矩阵与视觉系统观测矩阵的误差，记为 $\boldsymbol{\varepsilon}_k$，如式(2-101) 所示(仍以模块 1 到模块 2 的误差残差为例)。

$$ {}_2^1\boldsymbol{\varepsilon}_k={}_2^1\boldsymbol{Z}_k-{}_2^1\widehat{\boldsymbol{L}}_k^- - {}_2^1\boldsymbol{K}_k({}_2^1\boldsymbol{Z}_k-{}_2^1\widetilde{\boldsymbol{H}}_k\,{}_2^1\widetilde{\boldsymbol{L}}_k^-) \tag{2-101} $$

观测噪声误差协方差可表示为式(2-102)，Wang J 等给出了该噪声误差计算公式的推导过程[19]。

$$ {}_2^1\boldsymbol{R}_k=\mathrm{E}({}_2^1\boldsymbol{\varepsilon}_k\,{}_2^1\boldsymbol{\varepsilon}_k^{\mathrm{T}})+{}_2^1\boldsymbol{H}_k\,{}_2^1\boldsymbol{P}_k^-\,{}_2^1\boldsymbol{H}_k^{\mathrm{T}} \tag{2-102} $$

根据不同观测的相对距离构建低通滤波器如式(2-103) 所示。

$$ {}_2^1\boldsymbol{R}_k={}_2^1\alpha\,{}_2^1\boldsymbol{R}_{k-1}+(1-{}_2^1\alpha)\left[\mathrm{E}({}_2^1\boldsymbol{\varepsilon}_k\,{}_2^1\boldsymbol{\varepsilon}_k^{\mathrm{T}})+{}_2^1\boldsymbol{H}_k\,{}_2^1\boldsymbol{P}_k^-\,{}_2^1\boldsymbol{H}_k^{\mathrm{T}}\right] \tag{2-103} $$

式中，滤波系数 ${}_2^1\alpha$ 与模块 1 到其余模块的感知相对距离有关，一阶低通滤波器滤波系数可表示为式(2-104)，l_{w} 取平台的宽度，当相对距离超出 l_{w} 时对观测误差进行自适应优化。

$$ {}_{2}^{1}\alpha=\frac{l_{\mathrm{w}}}{\sqrt{({}^{1}X-{}^{2}X)^{2}+({}^{1}Y-{}^{2}Y)^{2}}} \tag{2-104}$$

经过低通滤波器，系统的观测噪声获得了距离约束。通过实时计算观测误差，当观测距离增加时，由于计算得到的观测误差增大，系统的观测噪声协方差矩阵 $\boldsymbol{R}_k$ 也将增大，同时距离越远，该矩阵也就越大。对于较远的观测结果，其观测噪声误差协方差增大导致扩展卡尔曼滤波增益的减小，减小了较远距离的观测结果对整体相对位姿的影响。

至此问题一已经解决。针对问题二，本书采用对互相观测结果误差进行加权平均的方式，获取最终代入计算的相对位姿结果。首先计算 $k-1$ 时刻的两平台之间状态值之差，如式(2-105) 所示。

$$ {}_{2}^{1}\boldsymbol{J}_{k-1}={}^{2}\boldsymbol{L}_{k-1}^{+}-{}^{1}\boldsymbol{L}_{k-1}^{+} \tag{2-105}$$

根据系统对观测结果的预测值${}_{2}^{1}\boldsymbol{J}_{k-1}$ 即可获得 k 时刻相对观测值的比例系数，如式(2-106) 所示。

$$\begin{cases} {}_{2}^{1}\boldsymbol{w}_{k}=\dfrac{{}_{2}^{1}\vec{\boldsymbol{Z}}_{k}}{{}_{2}^{1}\boldsymbol{J}_{k-1}} \\ {}_{1}^{2}\boldsymbol{w}_{k}=\dfrac{-{}_{1}^{2}\vec{\boldsymbol{Z}}_{k}}{{}_{2}^{1}\boldsymbol{J}_{k-1}} \end{cases} \tag{2-106}$$

式中，${}_{2}^{1}\vec{\boldsymbol{Z}}_{k}$ 表示模块 1 对模块 2 的相对位姿直接观测值。

最终对相对的位姿观测结果进行加权平均可得模块间相对位姿观测值，如式(2-107) 所示。

$$ {}_{2}^{1}\boldsymbol{Z}_{k}=\frac{{}_{2}^{1}\boldsymbol{w}_{k}}{{}_{2}^{1}\boldsymbol{w}_{k}+{}_{1}^{2}\boldsymbol{w}_{k}}\,{}_{2}^{1}\vec{\boldsymbol{Z}}_{k}-\frac{{}_{1}^{2}\boldsymbol{w}_{k}}{{}_{2}^{1}\boldsymbol{w}_{k}+{}_{1}^{2}\boldsymbol{w}_{k}}\,{}_{1}^{2}\vec{\boldsymbol{Z}}_{k} \tag{2-107}$$

通过对相互观测的结果进行加权平均，将相互观测的相对位姿整合成最终的观测结果${}_{2}^{1}\boldsymbol{Z}_{k}$，并完成了对两个相互观测结果${}_{2}^{1}\vec{\boldsymbol{Z}}_{k}$ 与${}_{1}^{2}\vec{\boldsymbol{Z}}_{k}$ 的融合。

对观测噪声以距离信息作为低通滤波系数构建低通滤波器，使得距离越远的观测结果受系统状态差值的影响越大，在观测误差增大时对系统卡尔曼滤波增益起到抑制作用，解决了问题一；通过构建低通滤波器，对两个平台之间的相互观测位姿进行加权平均，整合了两个相互观测结果，并使计算结果趋向于状态估计值。至此，本书提出的分布式滤波系统中的两个问题已经解决。

2.7 多机器人相对位姿估计方法与协同定位方法

2.7.1 初始相对位姿估计解算

2.7.1.1 初始视觉相对位姿估计

在机器人技术中，相机的位姿估计可用于导航、同时定位与地图构建、自动驾驶车辆和增强现实等领域。设多机器人系统为 $R_{\text{robot}}=\{0,1,\cdots,N-1\}$，$\boldsymbol{x}(t)\in\mathbf{R}^{3}$ 表示机器人在 t 时刻的位置，多机器人系统中的成员用 i、j 表示，即：$\boldsymbol{x}_i(t)\in\mathbf{R}^3$，表示机器人 i 在 t 时刻的位置，$\boldsymbol{x}_i(t)=[x_i,y_i,\psi_i]^{\mathrm{T}}$；$\boldsymbol{x}_{ij}(t)\in\mathbf{R}^3$，表示机器人 i 和机器人 j 之间的相对位姿估计，$\boldsymbol{x}_{ij}(t)=[x_{ij},y_{ij},\psi_{ij}]^{\mathrm{T}}$。

本书初始视觉位姿估计是通过单目相机识别 AR Tag 人工标签实现的。首先从相机捕获的图像中检测人工标签，进而推导出相机相对于标签的姿态信息，通过位姿变换，得到机器人之间的相对位姿。系统中相对位姿的估计示意图如图 2-25 所示。以机器人 i 和机器人 j 为例（j 为观察者），假设两个机器人都能观测到对方携带的 AR Tag，即可得到机器人 i 的 ID 和机器人 i 在机器人 j 局部坐标系下的位姿估计，此时将机器人 i 定义为机器人 j 的邻机器人。

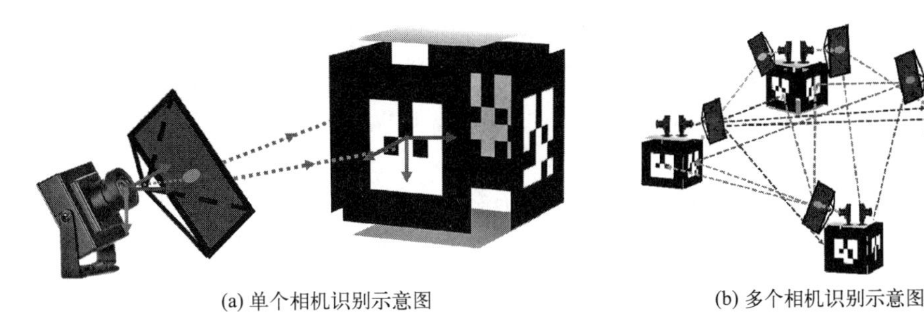

(a) 单个相机识别示意图　　(b) 多个相机识别示意图

图 2-25　相对位姿估计示意图

为了减小多机器人系统的通信压力并提高数据的可靠性，首先对位姿结果进行数据预处理，剔除位姿结果中的异常值。将跳变和数据波动太大的数据从识别到的位姿结果中剔除，仅当位姿数据满足以下条件时，才认为其是有效数据，否则将其视为无效数据并予以剔除。位姿结果筛选条件为

$$\begin{cases} d_{ij}=\sqrt{x_{ij}^2+y_{ij}^2+z_{ij}^2}\geqslant d_{\mathrm{thread}} \\ \alpha_{ij}=\mathrm{atan2}(\dfrac{r_{32}}{c\theta_{ij}},\dfrac{r_{33}}{c\theta_{ij}})>\alpha_{\mathrm{thread}} \\ \psi_{ij}=\mathrm{atan2}(-r_{31},\sqrt{r_{11}^2+r_{21}^2})>\psi_{\mathrm{thread}} \\ z_{ij}>pz_0 \end{cases} \tag{2-108}$$

式中，$[\alpha_{ij},\theta_{ij},\psi_{ij}]^{\mathrm{T}}$ 是机器人 i 相对于机器人 j 的欧拉角；d_{thread}、α_{thread}、ψ_{thread} 分别为距离、角度、角度阈值；pz_0 为机器人在 Z 轴上的距离；r 是矩阵 $\boldsymbol{R}$ 的元素。因为多机器人系统在平坦的平面运动，所以 Z 轴方向超过 pz_0 即视为无效数据。

机器人 i 的标签 ag 在机器人 j 的相机 c 坐标系中的检测位姿可以估计为

$$^{t}\widehat{\boldsymbol{T}}_{B_i}^{C_{j,c}}={}^{t}\widehat{\boldsymbol{T}}_{M_{i,ag}}^{C_{j,c}}\ {}^{t}\widehat{\boldsymbol{T}}_{B_j}^{M_{i,ag}} \tag{2-109}$$

则机器人 i 和机器人 j 之间的姿态关系可以表示为

$$\widehat{\boldsymbol{T}}_{B_j}^{B_i}=(\widehat{\boldsymbol{T}}_{B_i}^{C_{i,c}})^{-1}\ \widehat{\boldsymbol{T}}_{M_{j,ag}}^{C_{i,c}}\ \widehat{\boldsymbol{T}}_{B_j}^{M_{j,ag}} \tag{2-110}$$

将所有的检测结果广播到所有终端，为了优化资源利用并提高系统效率，可采取一种条件触发的策略来决定何时进行新的位姿估计。如果多机器人系统中每个机器人都保持相对静止，即没有发生相对运动，则相对位姿估计结果将保持不变，系统不继续新的位姿解算，从

而节省算力，减少不必要的计算。如果满足以下条件之一，即检测到新的机器人，则选择一个图像帧作为机器人 j 的数据帧进行新一轮的位姿估计，并实时更新整个系统的相对位姿估计数据。

① 与上一个数据帧相比，机器人 j 移动的距离超过了设定距离；

② 机器人 j 检测到其他机器人或被其他机器人检测到；

③ 机器人系统加入了新的机器人成员。

2.7.1.2 UWB分布式测距模型

为了应对相机易受环境影响以及视距较近等问题，补充UWB传感器数据作为测量数据。与普遍的通过UWB基站定位不同，UWB分布式测距模型不需要提前布置基站，也不需要安装多个锚点，每个机器人上只需要安装一个UWB测距模块。通过测量两个UWB设备之间的飞行时间（TOF），再乘以光速即可得到两个设备之间的距离。这种模式提升了系统的实用性和灵活性，可以在不同环境下进行测距。UWB双向飞行时间测距模型如图2-26所示。

在该模式下只存在节点一种角色，并且所有节点等价，不再区分标签、锚点等角色，所有节点需要进行相同的配置。测距模块通过发布话题将距离和ID信息发送给其他机器人，所有节点都可以测量到信号范围内与其他节点的距离，并可以与其通信。UWB设备通过硬件同步设置所有节点的ID和距离数据，全部进行同步输出。UWB工作模式如图2-27所示。

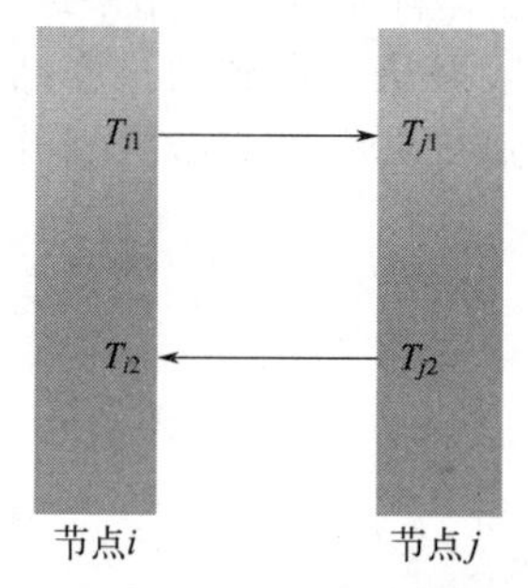

图2-26 UWB双向飞行时间测距模型

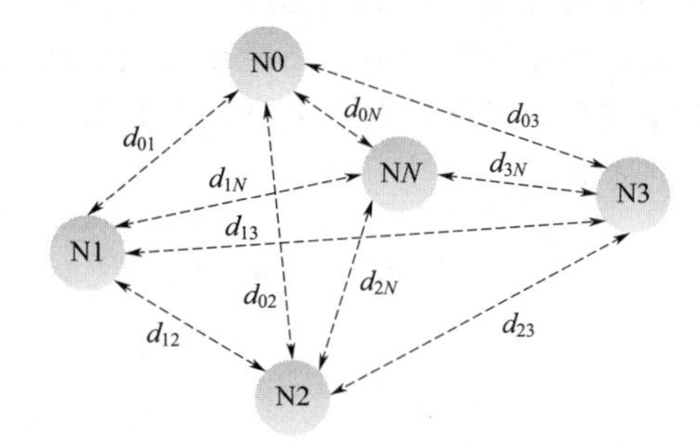

图2-27 UWB的分布式测距工作模式示意图

图2-27中，若某个机器人节点的ID为 i，则简记为Ni，图2-27所示所有节点可以输出自身到其他所有节点的ID和距离并进行广播，距离可以通过式(2-111)得到。

$$d_{ij-\mathrm{UWB}}^{t}=\frac{C_{\mathrm{wave}}}{2}\left[(T_{i2}-T_{i1})-(T_{j2}-T_{j1})\right] \tag{2-111}$$

式中，$[T_{i1},T_{i2}]$、$[T_{j1},T_{j2}]$两个区间分别是机器人 i 上的测距节点和机器人 j 上的测距节点发送和接收信号的时刻；C_{wave} 是电磁波在真空中的传播速度；$d_{ij-\mathrm{UWB}}^{t}$ 为时间 t 时机器人 i 上UWB和机器人 j 上的UWB之间的距离，通过式(2-112)可以转换为机器人 i 和机器人 j 车体坐标系的距离：

$$d_{\mathrm{UWB}_{ij}}^{t}=d_{ij-\mathrm{UWB}}^{t}+\|\boldsymbol{S}_{U_i}^{B_i}\|+\|\boldsymbol{S}_{U_j}^{B_j}\| \tag{2-112}$$

2.7.1.3 基于滑动窗口融合的视觉位姿估计方法

在多机器人系统中，利用多个相机进行二维码检测可能会产生大量的视觉位姿观测数据。由于多个相机可能同时识别到同一机器人的二维码，这会导致多组数据存在跳变和不稳定现象，并且随着时间的推移，系统中的变量信息会不断增加，系统的复杂性和计算负担也随之增加。为了有效管理这些数据并减少计算量，采取了一种基于滑动窗口融合的视觉位姿估计策略。通过维护一个固定长度的滑动窗口，对机器人的位姿进行估计，滑动窗口包含关键的视觉数据帧。通过优化滑动窗口中的数据帧，对窗口内的数据进行整体优化、提升精度，获得准确的位姿估计；并且控制窗口内优化变量的数量，保持计算量在一定的范围内，可以在保持系统实时性的同时提高位姿估计的准确度。

在进行初始视觉位姿估计的过程中，设置一个固定长度的滑动窗口，只有满足式(2-108)时，才认为数据有效。按时间顺序排列的一系列数据帧形成一个用于优化的数据容器，用于优化的数据容器的大小最大选择为 50，以确保实时性和稳健性。引入滑动窗口来处理机器人间的相对位置和方向信息，t 时刻窗口中的全部位姿信息定义为 **Allpose**：

$$\mathbf{Allpose}=\Big[\underbrace{\overbrace{{}^{t}\widehat{\boldsymbol{T}}_{0}^{j}\quad {}^{t+1}\widehat{\boldsymbol{T}}_{0}^{j}\quad \cdots\quad {}^{t+n-1}\widehat{\boldsymbol{T}}_{0}^{j}}^{n}\quad {}^{t}\widehat{\boldsymbol{T}}_{1}^{j}\quad \cdots\quad {}^{t+n-1}\widehat{\boldsymbol{T}}_{N-1}^{j}}_{n\times N}\Big]^{\mathrm{T}} \tag{2-113}$$

式中，N 为多机器人的数量；n 是滑动窗中数据帧的个数。当有新的数据帧到达时，会更新滑动窗口，将一些过时的数据帧从窗口中移除，并将新的数据帧添加进滑动窗口，从而保持窗口大小的恒定。由滑动窗口中保留下来的状态变量与后续加入的数据帧所计算得到的状态变量进行新一轮的加权优化。

对视觉传感器位姿估计的测量数据进行采样处理，并对相应时间段内的数据进行均值滤波，进行平滑处理。通过对一段时间内的位姿信息进行平均，可以削弱由于传感器噪声、临时误差或者数据采集中的随机波动所导致的抖动和跳变，使估计结果更加稳定，提高了数据的稳定性。均值滤波表示如下：

$${}^{t}\widehat{\boldsymbol{T}}=\frac{\sum_{g=1}^{n}({}^{t+g}\widehat{\boldsymbol{T}})}{n} \tag{2-114}$$

式中，${}^{t+g}\widehat{\boldsymbol{T}}$ 为时间内的位姿信息；${}^{t}\widehat{\boldsymbol{T}}$ 为数据容器均值滤波后的相对位姿信息。将相对位姿关系固定在一个滑动窗口内，生成新的观测结果后，设置一个数据容器，将最旧的观测结果对齐，并添加新的观测结果。使用指数加权移动平均优化算法对位姿变换进行平滑优化，使其满足

$${}^{t+1}\widehat{\boldsymbol{T}}=\beta({}^{t+1}\widehat{\boldsymbol{T}})+(1-\beta)({}^{t}\widehat{\boldsymbol{T}}) \tag{2-115}$$

式中，β 为衰减因子，通过引入衰减因子来加权历史数据，使得最新数据对位姿结果的影响更大，从而适应系统在动态环境中的变化。

联合式(2-113)～式(2-115) 可以得到完整的视觉位姿相对估计的向量：

$$\mathbf{Allpose}=\Big[\underbrace{{}^{t}\widehat{\boldsymbol{T}}_{0}^{j}\quad {}^{t}\widehat{\boldsymbol{T}}_{1}^{j}\quad \cdots\quad {}^{t}\widehat{\boldsymbol{T}}_{N-1}^{j}}_{N}\Big]^{\mathrm{T}},j\in\{0,1,\cdots,N-1\} \tag{2-116}$$

该算法通过滑动窗口维护关键数据帧，首先通过数据筛选提出异常帧，并在滑动窗口内结合均值滤波和指数加权移动平均优化窗口数据，解决了数据出现跳变以及不稳定的问题，实现了对多机器人系统中视觉位姿的稳定和准确估计。整个算法的流程如图 2-28 所示。

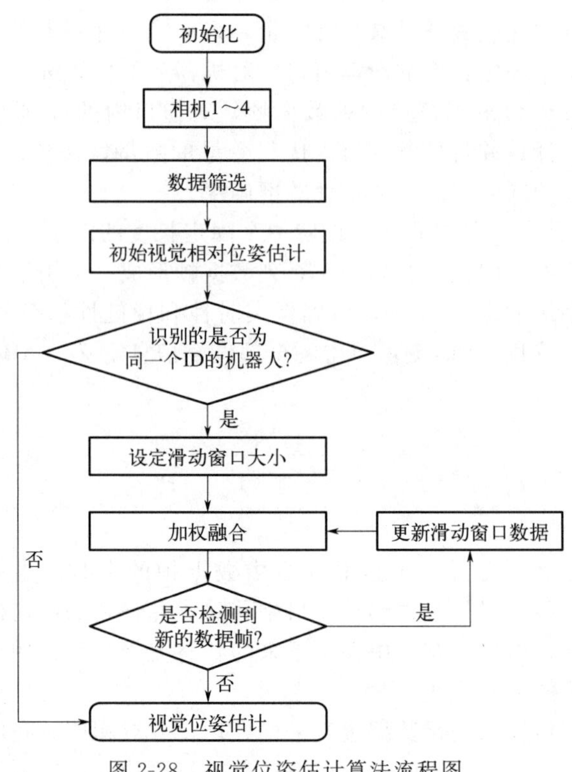

图 2-28 视觉位姿估计算法流程图

2.7.2 基于定位置信度的传感器信息融合

通过初始相对位姿估计解算与 UWB 测距模型分别获得视觉位姿估计结果和 UWB 的测距结果，视觉位姿估计和 UWB 在 t 时刻产生两个独立的分布式并行检测结果。其中，视觉位姿估计在光照条件好以及距离近的条件下效果好，而在遮挡和黑暗视场下，UWB 测距结果更稳定。本节的 UWB 测距模块只能获取两个机器人之间的距离信息，并没有安装定位基站，无法获取机器人的成员精准位姿信息。为了克服单一传感器的不足，根据不同传感器实时的测量数据，提出传感器置信度的概念，旨在量化多机器人相对定位的精度，并为每个传感器分配最优权重，使融合结果更准确。

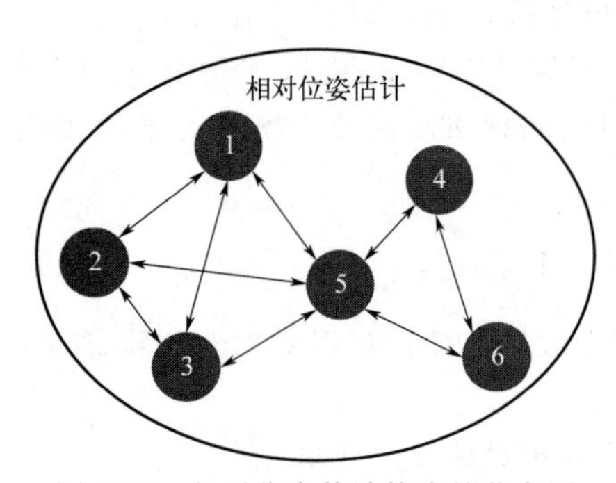

图 2-29 相对位姿估计构成的节点图

定义 Ω_{visual}、Ω_{UWB} 来描述机器人 i 在时刻 t 的相对定位可靠性。当相机受环境因素影响，如人工标签被遮挡、光照不足导致数据不可用或 d_{visual} 低于阈值 d_{set} 时，设定 Ω_{visual} 为 1。而当视觉结果不可用时，设定 Ω_{UWB} 为 1，Ω_{visual}、Ω_{UWB} 满足 $\Omega_{\text{visual}}+\Omega_{\text{UWB}}=1$。当相机和 UWB 检测结果都可用时，通过测距信息和视觉模块得到的机器人位姿估计构建非线性最小二乘问题，如图 2-29 所示。

在 t 时刻，机器人 i 相对于机器人 j 的视觉位姿估计用 $\boldsymbol{x}^t_{\text{visual}_{ij}}$ 表示，$\boldsymbol{x}^t_{\text{visual}_{ij}}=[x^t_{\text{visual}_{ij}}, y^t_{\text{visual}_{ij}}, \psi^t_{\text{visual}_{ij}}]^{\text{T}}$。待优化参数为 $\overline{\boldsymbol{x}}^t_{ij}$，为减小计算量以及保证实时性，选择 τ 长度的时间窗口，获取 $t-\tau$ 到 t 时间段内的 UWB 测距信息 $d^t_{\text{UWB}_{ij}}$ 和视觉位姿估计信息 $\boldsymbol{x}^t_{\text{visual}_{ij}}$。

通过最小化 UWB 测距和视觉位姿估计之间的距离误差，找到最佳相对位姿估计，即优化参数 $\overline{\boldsymbol{x}}_{ij}^{t}$。非线性最小二乘问题可以表示为

$$\underset{\overline{x}_{ij}^{t}}{\operatorname{argmin}} \sum_{g=t-\tau}^{g=t} \left(d_{\mathrm{UWB}_{ij}}^{g} - \left\| \boldsymbol{x}_{\mathrm{visual}_{ij}}^{g} \right\|\right)^{2} \tag{2-117}$$

式中，$\left\| \boldsymbol{x}_{\mathrm{visual}_{ij}}^{g} \right\|$为视觉位姿估计中机器人 i 和机器人 j 的距离。构建完最小二乘问题后，利用 Levenberg-Marquardt 算法进行迭代求解，获得 $\overline{\boldsymbol{x}}_{ij}^{t}$。

则整个基于传感器置信度的传感器融合的公式为

$$\boldsymbol{Z}_{ij}^{t} = \begin{cases} \boldsymbol{x}_{ij}^{t} = \boldsymbol{x}_{\mathrm{visual}_{ij}}^{t}, \Omega_{\mathrm{visual}} = 1 \\ \boldsymbol{x}_{ij}^{t} = \overline{\boldsymbol{x}}_{ij}^{t}, \Omega \neq 1 \\ d_{ij}^{t} = d_{\mathrm{UWB}_{ij}}^{t}, \Omega_{\mathrm{UWB}} = 1 \end{cases} \tag{2-118}$$

根据不同的环境条件选择传感器的测量值，当二者均可用时，通过非线性优化实现两种传感器的信息融合，可以得到更准确的相对位姿估计，同时也能适应更多不同的情况，得到的相对位姿估计结果鲁棒性更高。基于定位置信度的传感器信息融合整体的示意图如图 2-30 所示。

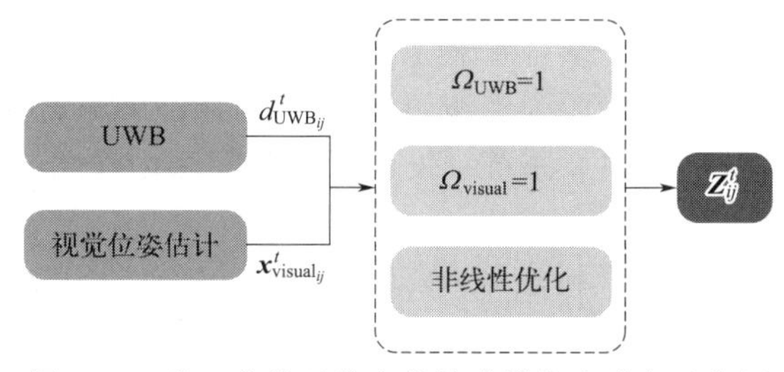

图 2-30　基于定位置信度的传感器信息融合示意图

在各个机器人成员得到与邻机器人的相对位姿估计结果后，机器人可以基于广度优先搜索（breadth first search，BFS）算法计算与其他机器人之间的位姿。根据图论生成树的基本概念，生成多机器人位姿树，通过广度优先搜索算法搜索位姿关系，搜索到后回溯路径，得到机器人之间的相对位姿估计。使用 FIFO（first input first output）队列数据结构实现，每个节点设计如图 2-31 所示，并构建整个节点（node）集合 AllNode。

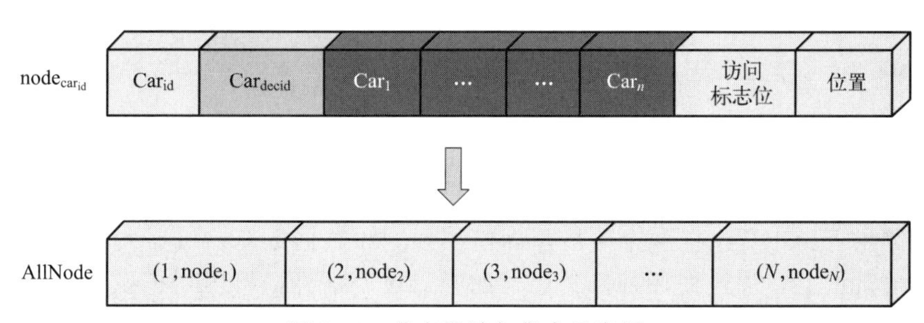

图 2-31　节点设计与集合示意图

在初始化状态下，所有的机器人节点都是尚未访问状态，此时根据各个机器人与邻机器人的位姿关系，建立实时更新的动态位姿树。将起始机器人作为根节点开始搜索，采用深度优先搜索策略，确保每个节点都只访问一次，层层搜索，遍历整张图，直至找到所有目标机器人节点。完成目标机器人节点搜索后回溯路径，累积计算两个机器人之间的相对位姿关系。广度搜索算法示例见图 2-32。

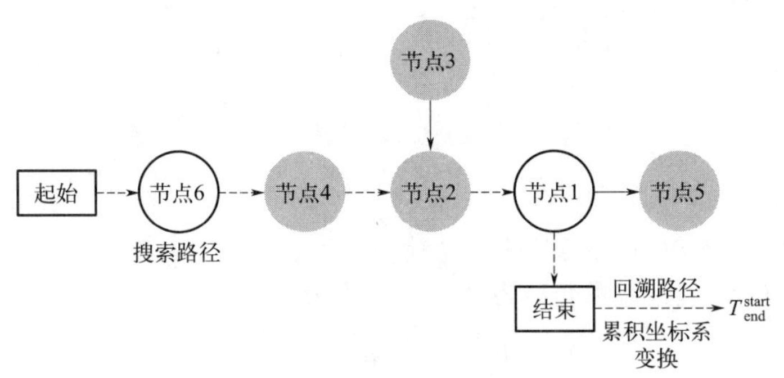

图 2-32　广度搜索算法示例图

2.7.3　基于扩展容积卡尔曼滤波的协同定位

前面提到的相对位姿估计都是基于每个机器人自身坐标系得到的相对于其他机器人的相对位姿。本书引入里程计数据，通过扩展容积卡尔曼滤波（ECKF）实现整个多机器人系统的全局位姿优化，修正机器人的里程计数据，提升多机器人系统整体的定位精度。

根据不同阶段的非线性程度，结合扩展卡尔曼滤波（EKF）和容积卡尔曼滤波（CKF）的各自优点来处理协同定位问题。因为模型预测阶段线性化相对较为简单，采用扩展卡尔曼滤波的预测公式，而针对更新阶段，系统维度较高、非线性化程度高，选择容积卡尔曼滤波进行更新，计算效率与精度更高。

一个连续时间内机器人的位姿和机器人之间的相对位姿如图 2-33 所示，图中箭头表示机器人轨迹，即里程计数据，虚线表示提供的相对位姿估计数据。

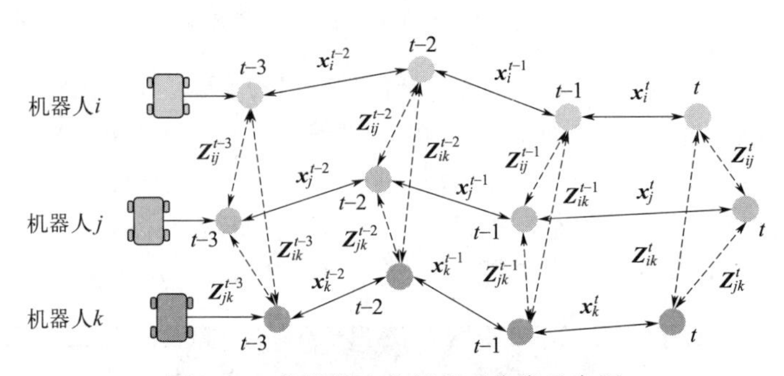

图 2-33　多机器人之间相对位姿示意图

本节设计的全局位姿优化是分布式的，每个机器人在自己的任务计算机上进行运算，通过里程计航迹推算获得机器人 i 的位姿 $\boldsymbol{x}_i^t, i\in[0,N-1]$，相对位姿估计 $\boldsymbol{Z}_{ij}^t$ 为多机器人系统之间的观测量。ECKF 包括两个阶段，即模型预测和数据更新。机器人的里程计会随着时间的推移而出现偏差，通过使用外部传感器的相对位姿估计，可以纠正该误差。具体的流程如下。

（1）模型预测阶段

模型预测阶段的非线性较为简单，线性化的近似误差较小，使用 EKF 的线性化处理可以简化计算过程，减少计算量。某些情况下两个机器人之间可能会没有相对位姿估计数据，比如传感器完全受遮挡时，机器人使用运动模型来预测当前时刻的位姿，并使用编码器值来推断机器人位置，即航迹推算。每个机器人 i 的位置预测为

$$\hat{\boldsymbol{x}}_i^{t+1|t}=f(\hat{\boldsymbol{x}}_i^{t|t},\boldsymbol{u}_i^t) \tag{2-119}$$

式中，$\boldsymbol{u}_i^t$ 为机器人 i 在 t 时刻的输入控制量。

预测协方差 $\boldsymbol{P}_{\mathrm{cov}}^{t+1|t}$ 为

$$\boldsymbol{P}_{\mathrm{cov}}^{t+1|t}=\boldsymbol{F}_{x^t}\boldsymbol{P}_{\mathrm{cov}}^{t|t}\boldsymbol{F}_{x^t}^{\mathrm{T}}+\boldsymbol{F}_{u^t}\boldsymbol{Q}\boldsymbol{F}_{u^t}^{\mathrm{T}} \tag{2-120}$$

如果时间 t 没有相对位姿估计结果，则保持式(2-121)、式(2-122)。

$$\hat{\boldsymbol{x}}_i^{t+1|t+1}=\hat{\boldsymbol{x}}_i^{t+1|t} \tag{2-121}$$

$$\boldsymbol{P}_{\mathrm{cov}}^{t+1|t+1}=\boldsymbol{P}_{\mathrm{cov}}^{t+1|t} \tag{2-122}$$

(2) 数据更新阶段

在更新阶段，系统的维度较高且非线性化程度高，CKF 能够更准确地处理这种复杂性。当机器人之间发生相对位姿估计时，相对位姿估计结果用于更新多机器人系统的位置和方差。首先计算 $2n_{pt}$ 个容积点，具体的公式如下：

$$\begin{cases}\boldsymbol{\chi}_{t+1}^{g}=\hat{\boldsymbol{x}}_i^{t+1|t}+\sqrt{n_{pt}}\left(\sqrt{\boldsymbol{P}_{\mathrm{cov}}^{t+1|t}}\right)_g, g\in\{1,2,\cdots,n_{pt}\}\\ \boldsymbol{\chi}_{t+1}^{g+n_{pt}}=\hat{\boldsymbol{x}}_i^{t|t}-\sqrt{n_{pt}}\left(\sqrt{\boldsymbol{P}_{\mathrm{cov}}^{t|t}}\right)_g, g\in\{1,2,\cdots,n_{pt}\}\end{cases} \tag{2-123}$$

预测观测向量以执行校正步骤，其中 $\omega_{\mathrm{cube}_g}=1/2n_{pt}$，是相应的权重。

$$\hat{\boldsymbol{Z}}_{ij}^{t+1|t}=\sum_{g=1}^{2n_{pt}}h(\boldsymbol{\chi}_{t+1}^{g}), g\in\{1,2,\cdots,2n_{pt}\} \tag{2-124}$$

互协方差矩阵可以借助中间变量计算为

$$\boldsymbol{P}_{\mathrm{cov}-xz}^{t+1|t}=\sum_{g=1}^{2n_{pt}}\omega_{\mathrm{cube}_g}(\boldsymbol{\chi}_{t+1}^{g}-\hat{\boldsymbol{x}}_i^{t+1|t})[h(\boldsymbol{\chi}_{t+1}^{g})-\hat{\boldsymbol{Z}}_{ij}^{t+1|t}] \tag{2-125}$$

创新协方差为

$$\boldsymbol{P}_{\mathrm{cov}-zz}^{t+1|t}=\sum_{g=1}^{2n_{pt}}\omega_{\mathrm{cube}_g}[h(\boldsymbol{\chi}_{t+1}^{g})-\hat{\boldsymbol{Z}}_{ij}^{t+1|t}][h(\boldsymbol{\chi}_{t+1}^{g})-\hat{\boldsymbol{Z}}_{ij}^{t+1|t}]^{\mathrm{T}}+\boldsymbol{R}_i^t \tag{2-126}$$

用最新的观察结果更新机器人姿势：

$$\hat{\boldsymbol{x}}_i^{t+1|t+1}=\hat{\boldsymbol{x}}_i^{t+1|t}+\boldsymbol{P}_{\mathrm{cov}-xz}^{t+1|t}(\boldsymbol{P}_{\mathrm{cov}-zz}^{t+1|t})^{-1}(\boldsymbol{Z}_{ij}^{t+1|t+1}-\hat{\boldsymbol{Z}}_{ij}^{t+1|t}) \tag{2-127}$$

计算更新的误差协方差矩阵：

$$\boldsymbol{P}_{\mathrm{cov}}^{t+1|t+1}=\boldsymbol{P}_{\mathrm{cov}}^{t+1|t}-\boldsymbol{P}_{\mathrm{cov}-xz}^{t+1|t}(\boldsymbol{P}_{\mathrm{cov}-zz}^{t+1|t})^{-1}(\boldsymbol{P}_{\mathrm{cov}-zx}^{t+1|t})^{\mathrm{T}} \tag{2-128}$$

当获得任意两个机器人之间的相对观测值时，多机器人群体共享观测信息并更新整个群体的状态。通过 ECKF，使用滤波算法得到调整后的位姿估计，修正了机器人里程计的数据，实现了对全局位姿的优化，并通过得到的结果更新每个机器人的位姿信息。

2.7.4　仿真与物理平台实验

2.7.4.1　仿真模型平台搭建

本节使用的仿真计算平台为 i5-11400F、Ubuntu 18.04、ROS Melodic。Gazebo 支持 URDF 或 xacro 文件，可以搭建仿真地图环境；为机器人添加重力、惯性等现实物理性质；支持添加各类传感器数据仿真以及传感器噪声。其中，相机、里程计、雷达传感器数据由 Gazebo 模拟环境提供，Odom 添加累积误差，相机添加高斯噪声，UWB 传感器数据通过机器人定位加上测距误差模型，以 50Hz 的频率发布机器人之间相对距离。每个机器人以 ROS 话题的形式发布每个传感器数据，同时为了方便可视化多机器人系统，联合 Rviz，通过节点订阅相关话题，在 Rviz 显示机器人模型以及相关数据。Gazebo、Rviz 机器人联合仿真如图 2-34 所示。

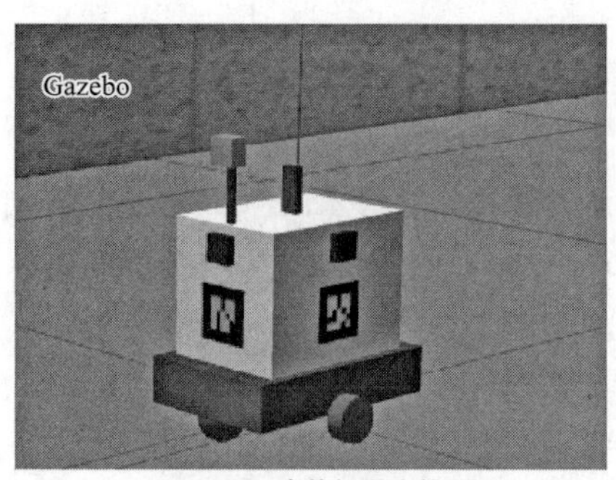

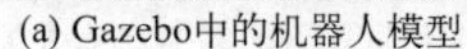
(a) Gazebo中的机器人模型

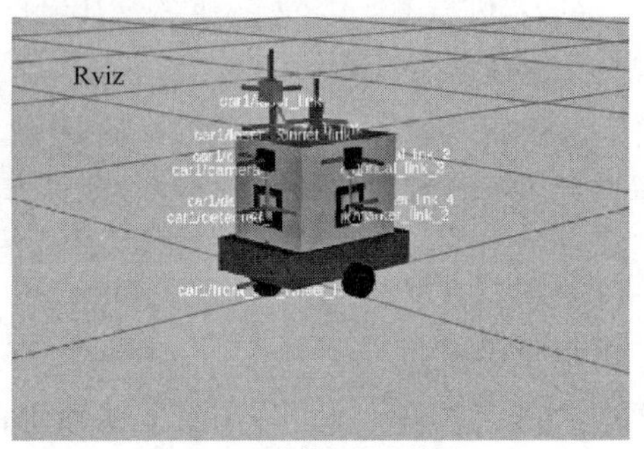

(b) Rviz中的机器人模型

图 2-34　Gazebo、Rviz 机器人联合仿真

搭建好 Gazebo 仿真环境后，将多个机器人模型导入环境，组成多机器人系统。通过给每个机器人添加＜group＞标签分配命名空间以区分不同机器人，多机器人系统加载在如图 2-35 所示的环境。

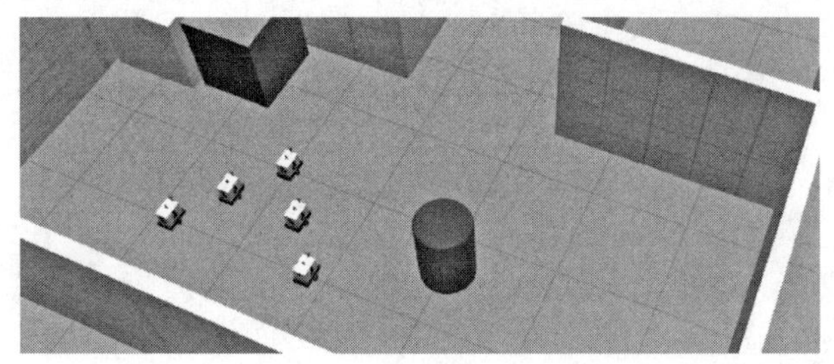

图 2-35　五个机器人构成的多机器人系统

2.7.4.2　多机器人定位仿真实验

为了测试本书提出的相对位姿估计系统的精度，本节采用三个机器人组成的多机器人系统，通过计算机仿真验证所提方法的有效性，建模和仿真场景如图 2-36 所示。通过构建多

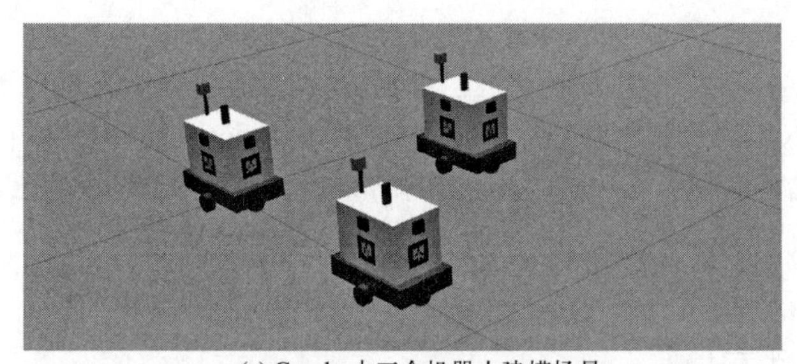

(a) Gazebo中三个机器人建模场景

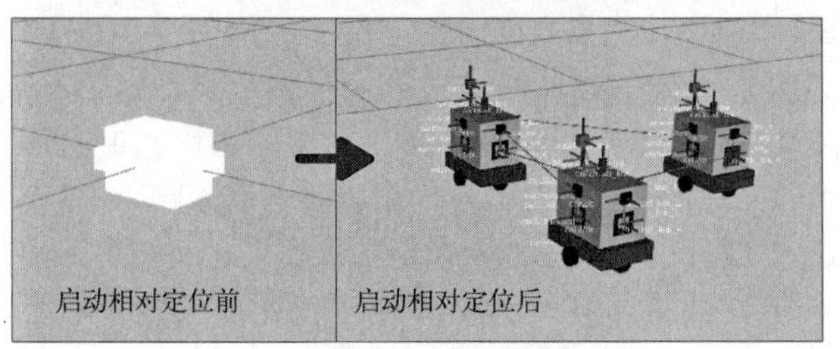

(b) Rviz相对定位可视化

图 2-36　相对位姿估计仿真实验

机器人运动场景（如直线、圆形），对本书提出的定位算法进行实验分析和效果评估。

启动相对定位算法节点前，机器人无法在 Rviz 中加载机器人模型，即多机器人系统之间的通信尚未建立，如图 2-36(b) 所示，因此机器人之间无法相互识别或共享位置信息。当启动相对定位算法节点后，三个机器人通过传感器相互感知并获取彼此的相对位姿估计信息，从而实现了系统间的有效通信和数据交换，机器人在相互协作中构建了一个统一的、动态更新的多机器人系统模型。

多机器人定位仿真实验的相关参数如表 2-2 所示，其中 UWB 测距范围可达 20m，测距频率为 50Hz。在每个测距过程中，每个机器人与其他机器人共享估计的速度和定位信息。

表 2-2　仿真实验相关参数

参数	数值
T/s	0.02
$\overline{v}$/(m/s)	0.3
β	0.9
$f_{\mathrm{UWB,camera}}$/Hz	50
$f_{\mathrm{odom,lidar}}$/Hz	30
UWB 测距距离/m	20
仿真时间/s	40

如图 2-36(b) 所示，机器人 1 能够识别并定位机器人 2，同时机器人 2 也能够识别机器人 3。即便在机器人 1 的直接视野中未能观测到机器人 3，机器人 1 依然能够依据与机器人 2 之间的相对位姿信息，推算出机器人 3 在其自身坐标系中的相对位置。这一过程验证了相对定位算法在非直接观测情况下的有效性。

在本次实验设置中，设定机器人 1 执行直线往返运动，机器人 2 和机器人 3 进行圆周运动。为了准确评估定位算法的性能，图 2-37 展示了三个机器人的实际运动轨迹与估计轨迹

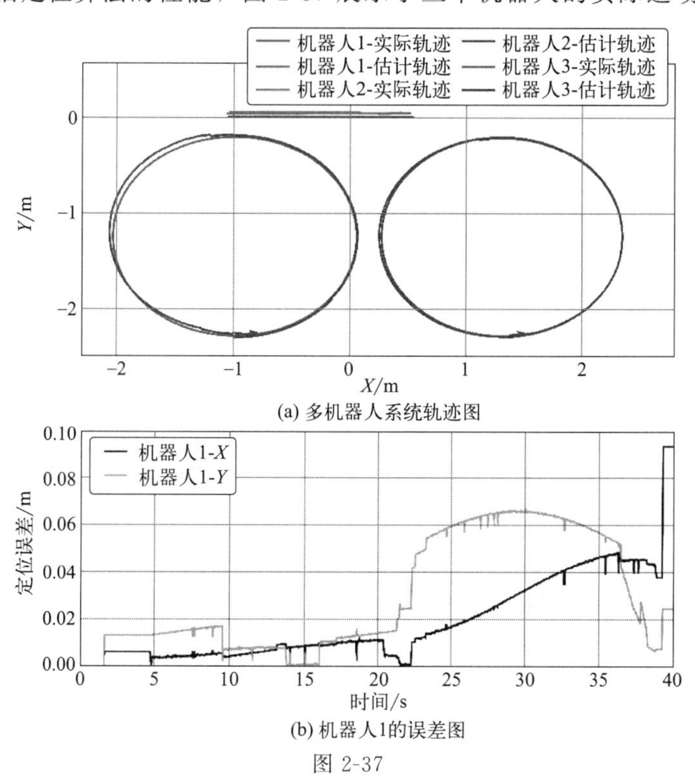

(a) 多机器人系统轨迹图

(b) 机器人1的误差图

图 2-37

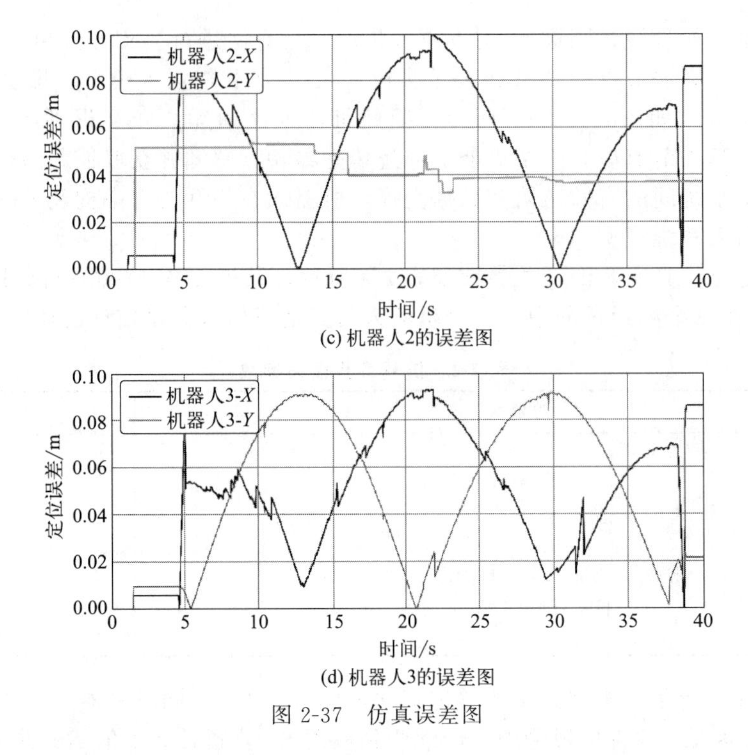

(c) 机器人2的误差图

(d) 机器人3的误差图

图 2-37 仿真误差图

的对比以及其定位误差的变化曲线。

通过对比这些估计值与仿真环境中的位姿真实值，能够对每个机器人的定位精度进行定量分析。相应的均方根误差（RMSE）记录如表 2-3 所示。结合图 2-37 和表 2-3 中的数据，可以得到 RMSE 的值能够稳定在 6cm 以及 0.06rad 的范围内，这一结果表明本书提出的定位算法在实际应用中具有较高的可靠性和准确性。

表 2-3 机器人相对位姿估计误差

定位误差	机器人 1	机器人 2	机器人 3
RMSE X/m	0.0289	0.0642	0.0377
RMSE Y/m	0.0382	0.0582	0.0432
RMSE 偏航角/rad	0.0235	0.0673	0.0431

小提琴图直观展示了三个机器人的位置误差分布情况，如图 2-38 所示。可得位置误差中位数也可以稳定在 6cm，角度误差中位数稳定在 0.06rad 附近。这些结果进一步证实

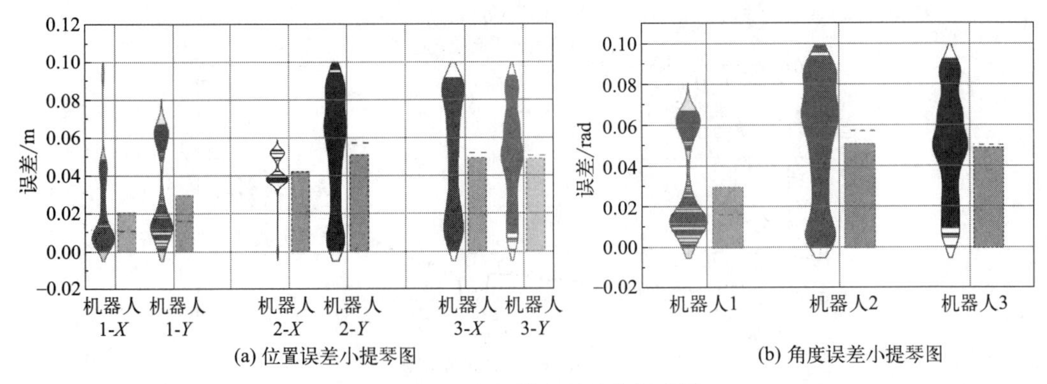

(a) 位置误差小提琴图

(b) 角度误差小提琴图

图 2-38 三个机器人误差小提琴图

了定位算法在保持位置和方向精度方面的有效性，为后续编队算法提供了有力的数据支持。

2.7.4.3　样机平台搭建

(1) 控制器模块

本节选用 NVIDIA Jetson Nano 作为上层控制平台（工控机），搭载四核 Cortex-A57 处理器，性能强大并且功耗较小。在 Jetson Nano 中安装 Ubuntu 18.04 操作系统，并部署 ROS Melodic 框架。此框架主要用于系统内各传感器数据的处理与通信，执行上文提出的算法，以及利用相对位姿估计算法和编队控制算法向运动控制器发送控制指令。采用 STM32F407 作为运动控制器，该控制器搭载 ARM-Cortex M4 内核，能够低功耗运行，适合长时间连续作业。STM32F407 具备丰富的外设接口，能够驱动四个独立麦克纳姆车轮电机，并使用编码器和 IMU 获取轮子与车体的旋转信息。Jetson Nano 与 STM32F407 通过串口进行通信，STM32F407 负责将采集的内部传感器信息发送至 Jetson Nano 上层控制平台，工控机进行解算并发出速度信息，运动控制器接收工控机的速度指令，对机器人进行实时的运动控制。控制器模块如图 2-39 所示。

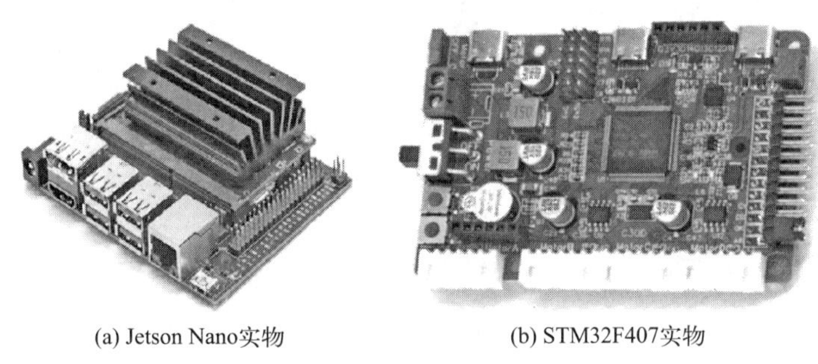

(a) Jetson Nano实物　　(b) STM32F407实物

图 2-39　控制器模块

(2) 传感器模块

机器人的传感器模块包括内部传感器和外部传感器，内部传感器主要用于机器人的自主定位与控制，外部传感器用于感知机器人周围的环境。本节使用的内部传感器包括编码器和 IMU；外部传感器包括单目相机、UWB、激光雷达。上述传感器赋予了机器人高度的感知能力和自主性，为后续多机器人系统的定位与编队提供了坚实的技术基础。传感器实物如图 2-40 所示。

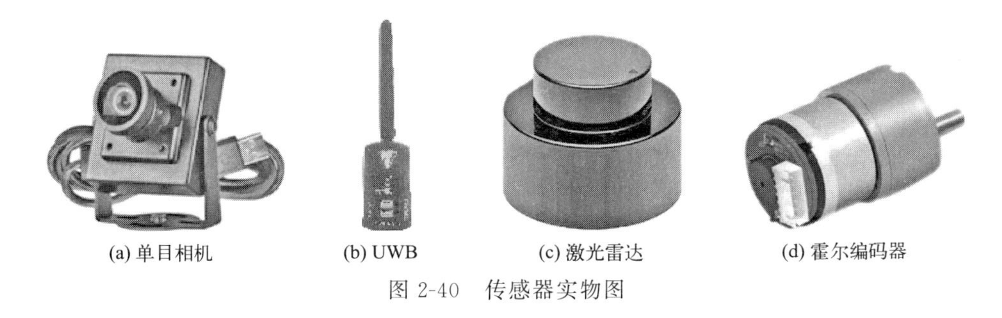

(a) 单目相机　　(b) UWB　　(c) 激光雷达　　(d) 霍尔编码器

图 2-40　传感器实物图

将上述硬件模块组装到麦克纳姆机器人底盘上。由于现实环境限制，搭载两个单目相机，并在机器人四周安装 10cm×10cm 的人工标签，最终完成单体机器人与多机器人平台的搭建，如图 2-41 和图 2-42 所示。

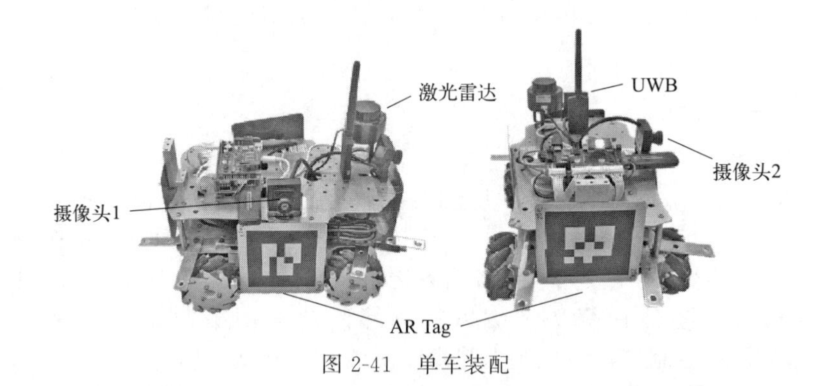

图 2-41　单车装配

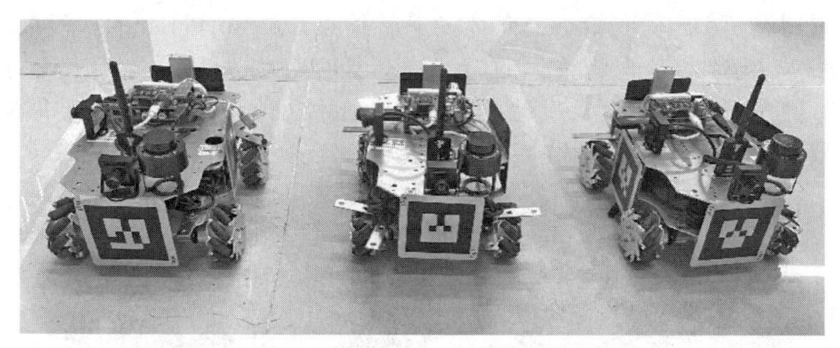

图 2-42　多机器人平台（包含 3 个机器人）

2.7.4.4　多机器人样机定位实验

多机器人样机协同定位采用包含三个机器人的多机器人系统，三个机器人分别做往返直线运动。每个机器人上方携带 AR Tag，使用摄像头定位标签，进行全局视觉定位，并将其结果作为机器人真实位姿信息。图 2-43 展示了全局视觉定位设置。

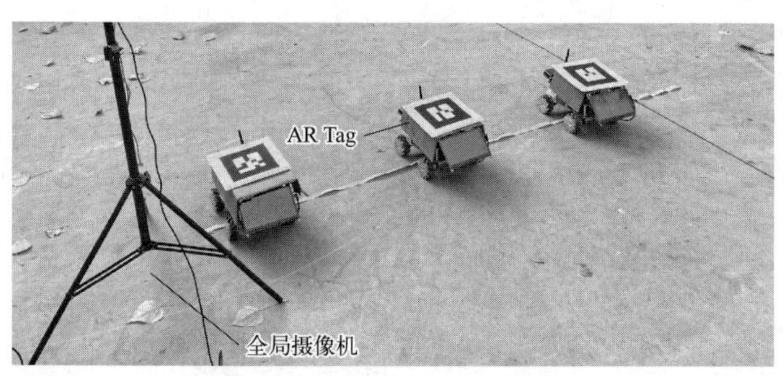

图 2-43　全局视觉定位设置

三个机器人的轨迹和角度误差如图 2-44 所示。系统通过视觉检测进行位姿初始化，丢弃暗遮挡场景中的视觉检测数据，依靠相对位姿估计对里程计定位数据进行校正。

将本书算法与 Robot Pose EKF 进行比较，图 2-45 展示了三个机器人真值、本书算法以及 Robot Pose EKF 的轨迹图。通过对比真实轨迹和估计轨迹，直观地评估两种算法的准确性，从图中可以观察到，本节使用的机器人里程计因成本低廉、精度有限，导致 Robot Pose EKF 误差较大。本书算法估计出的轨迹与真实轨迹更接近，能够有效地纠正这些误差，提供更为精确的定位结果。

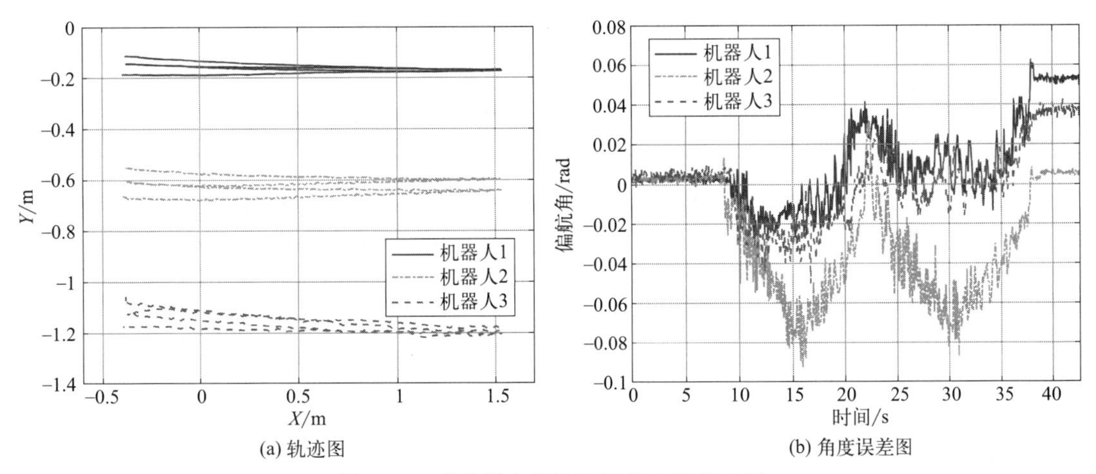

(a) 轨迹图　　(b) 角度误差图

图 2-44　多机器人的轨迹图和角度误差图

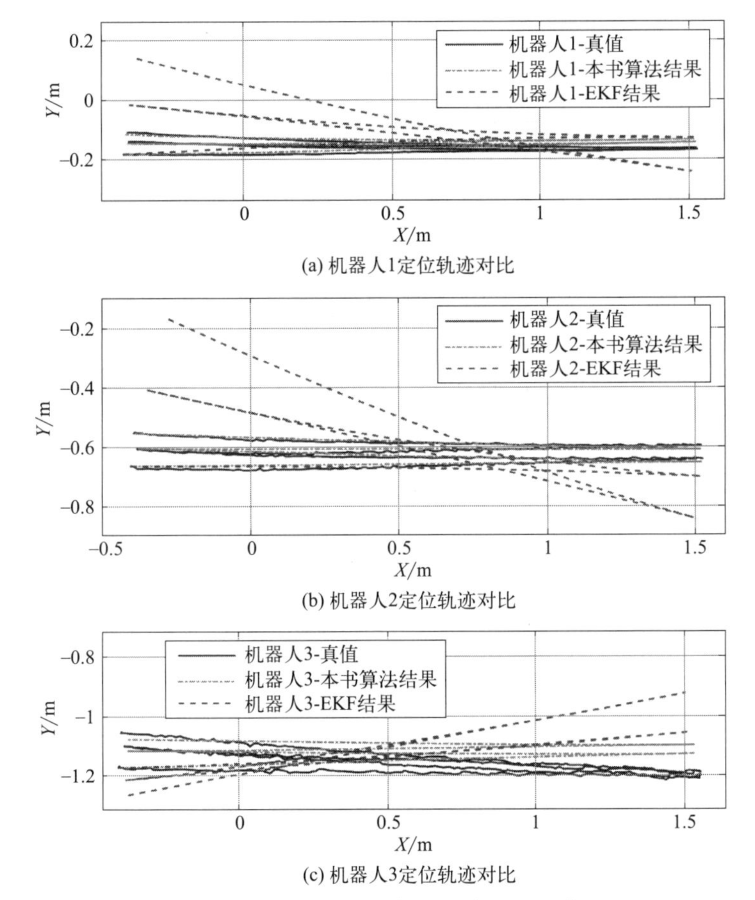

(a) 机器人1定位轨迹对比

(b) 机器人2定位轨迹对比

(c) 机器人3定位轨迹对比

图 2-45　机器人轨迹与地面实况的比较

表 2-4　机器人位姿估计误差

项目	机器人 1	机器人 2	机器人 3
本书算法位置误差/m	0.037	0.004	0.051
EKF 位置误差/m	0.16	0.183	0.121

续表

项目	机器人 1	机器人 2	机器人 3
本书算法角度误差/rad	0.033	0.019	0.045
EKF 角度误差/rad	0.253	0.211	0.287

使用均方根误差来验证定位方法的精度和有效性，表 2-4 所示为机器人位姿估计误差：本书所提算法的 RMSE 位置误差可以达到 5cm 水平，精度相较于 EKF 方法提高了 10cm 左右；角度误差可以达到 0.05rad 水平，精度较 EKF 提高了 0.2rad，精度更高。

参考文献

[1] 蔡自兴，陈白帆，王璐，等. 异质多移动机器人协同技术研究的进展 [J]. 智能系统学报，2007，(03)：1-7.

[2] J. P. Queralta，J. Taipalmaa，B. C. Pullinen，et al. Collaborative multi-robot systems for search and rescue：Coordination and perception [J]. arXiv preprint arXiv：2008.12610，2020.

[3] S. Mehmood，S. Ahmed，A. S. Kristensen，et al. Multi criteria decision analysis（MCDA）of unmanned aerial vehicles（UAVS）as a part of standard response to emergencies [C]. 4th International Conference on Green Computing and Engineering Technologies，2018：31.

[4] S. Saeedi，M. Trentini，M. Seto，et al. Multiple-robot simultaneous localization and mapping：A review [J]. Journal of Field Robotics，2016，33（1）：3-46.

[5] 刘公绪，史凌峰. 室内导航与定位技术发展综述 [J]. 导航定位学报，2018，6（02）：7-14.

[6] 张辰，周乐来，李贻斌. 多机器人协同导航技术综述 [J]. 无人系统技术，2020，3（02）：1-8.

[7] T. K. Chang，S. Chen，A. Mehta. Multirobot cooperative localization algorithm with explicit communication and its topology analysis [C]. Robotics Research：The 18th International Symposium ISRR，2020：643-659.

[8] 王伟嘉，郑雅婷，林国政，等. 集群机器人研究综述 [J]. 机器人，2020，42（02）：232-256.

[9] Z. Yan，N. Jouandeau，A. A. Cherif. A survey and analysis of multi-robot coordination [J]. International Journal of Advanced Robotic Systems，2013，10（12）：399.

[10] 孙亮，张永强，乔世权. 多移动机器人通信技术综述 [J]. 中国科技信息，2008（05）：112-114.

[11] 王慧，颜国正，高志军. 基于 TCP/IP 的多机器人通信 [J]. 计算机测量与控制，2003（03）：205-206.

[12] 顾大强，郑文钢. 多移动机器人协同搬运技术综述 [J]. 智能系统学报，2019，14（01）：20-27.

[13] D. Tardioli，R. Parasuraman，P. Ögren. Pound：A multi-master ROS node for reducingdelay and jitter in wireless multi-robot networks [J]. Robotics and Autonomous Systems，2019，111：73-87.

[14] E. Krotkov，D. Hackett，L. Jackel，et al. The DARPA robotics challenge finals：Results and perspectives [J]. The DARPA Robotics Challenge Finals：Humanoid Robots To The Rescue，2018：1-26.

[15] M. F. Ginting，K. Otsu，J. A. Edlund，et al. CHORD：Distributed data-sharing via hybrid ROS 1 and 2 for multi-robot exploration of large-scale complex environments [J]. IEEE Robotics and Automation Letters，2021，6（3）：5064-5071.

[16] A. Singhal，P. Pallav，N. Kejriwal，et al. Managing a fleet of autonomous mobile robots（AMR）using cloud robotics platform [C]. 2017 European Conference on Mobile robots（ECMR），2017：1-6.

[17] 吴正平，关治洪，吴先用. 基于一致性理论的多机器人系统队形控制 [J]. 控制与决策，2007（11）：1241-1244.

[18] J. Kennedy，R. Eberhart. Particle swarm optimization [C]. Proceedings of ICNN'95-international conference on neural networks，1995：1942-1948.

[19] J. Wang，H. K. Lee，Y. J. Lee，et al. Online stochastic modelling for network-based GPS real-time kinematic positioning [J]. Journal of Global Positioning Systems，2005，4（1，2）：113-119.

第3章

多机器人协同导航与自主探索技术

3.1 概述

移动机器人在多个领域广泛应用，室内环境是其中一个主要场景，因而引起了研究者们的高度关注。与之相关的领域包括但不限于家庭服务、商业服务以及医疗护理等。在家庭服务领域，智能家居系统中的扫地机器人等已经成为家庭生活的一部分，为用户提供便捷的生活体验。在商业服务领域，室内移动机器人被应用于餐饮服务、购物助手、导览机器人等，为商场、酒店等场所提供更加智能和个性化的服务。在医疗护理领域，室内移动机器人可以用于患者陪护、药物配送、病房巡视等任务，减轻医护人员的负担，提升医疗服务的效率和质量。室内移动机器人的发展将为社会创造更多的就业机会，促进产业升级和经济发展。在此基础上，自主探索是智能系统更高层次的自主性和适应性发展，使移动机器人能够在各种复杂和未知环境中执行任务，为机器人技术在日常生活、商业服务等领域的广泛应用提供了更强大的支持。室内移动机器人通常搭载各种传感器，包括激光雷达、摄像头和惯性测量单元等。机器人必须具备高度的智能感知和导航能力，以适应复杂多变的空间结构、障碍物和人流等因素。

尽管室内移动机器人广泛应用激光雷达等传感器以提高环境感知的准确性和实时性，但在复杂的室内环境中，特别是涉及大量以玻璃为主的透明障碍物元素的场景时，移动机器人仍然面临着一系列危险和挑战。玻璃作为一种透明且脆弱的材料，给移动机器人的导航、避障和感知带来了独特的困难，其反射和透射特性使机器人在面对玻璃表面时难以准确获取环境信息。移动机器人通常通过感知周围环境来规划路径，但对于玻璃表面，激光雷达可能遭受反射等影响，导致机器人对其周围环境产生误判[1]。此外，透明的玻璃表面可能导致传感器误判空间延伸，进而影响机器人对障碍物的精确探测[2]。这一问题在机器人于办公室、商场等高玻璃密集度场景中进行导航的情况下变得尤为显著。在现代建筑中，设计师通常采用无框玻璃和大面积的透明墙体，使玻璃变得更加难以被机器人准确感知，进一步提高了导航和避障的难度。

3.2 多机器人协同导航技术

3.2.1 传感器技术在多机器人导航中的应用

多机器人系统导航中的传感问题是指在多个机器人协同工作导航时可能出现的与感知相关的挑战和难题。解决多机器人系统导航中的传感问题需要综合考虑硬件、软件和算法方面的解决方案，以确保多机器人系统能够安全、高效地导航并协同工作。此外，传感技术和多机器人导航领域的进步也将继续推动解决这些问题。在复杂环境中，单一传感器通常需要与其他传感器结合使用，以提供更全面的环境感知和导航能力。

3.2.1.1 基于超声波传感器的多机器人导航

超声波传感器在机器人导航中发挥了重要作用，特别是用于避障和距离测量。基于超声波传感器的多机器人导航系统可以在室内环境中实现相对简单的协同导航任务，例如自动清洁机器人在家庭中协同工作。超声波传感器的特点是简单、实时且工作范围有限：超声波传感器是一种相对简单且实时的感知设备，它们的工作原理基于声波的传播时间，因此具有较低的延迟，适用于需要快速响应的导航任务；但超声波传感器的主要限制是其工作范围有限。通常，传感器在数米范围内有效，超过这个距离就可能失去精度。这意味着机器人需要配备多个超声波传感器以覆盖较大的空间。超声波传感器在多机器人导航中主要应用于避障、距离测量和多点感知。

① 避障：超声波传感器可以用于检测机器人前方的障碍物，例如墙壁、家具或其他物体。机器人可以通过发送超声波脉冲并测量其回波来计算距离，并根据距离信息采取适当的措施，以避免碰撞[3]。

② 距离测量：超声波传感器能够准确测量到障碍物或目标物体的距离。这对于机器人定位和导航至关重要，因为它们可以使用距离信息来更新其位置估计或避免与物体接触。

③ 多点感知：超声波传感器通常能够提供多个测量点，从而允许机器人获取环境中多个位置的距离信息。这有助于机器人更全面地感知周围环境，提高了避障的效率。

3.2.1.2 基于红外传感器的多机器人导航

红外传感器通常相对便宜，因此可以在多台机器人上广泛使用，降低系统的总成本，其功耗通常较低，这意味着机器人可以在较长时间内运行，而不需要频繁更换电池或充电。红外传感器的性能通常受到环境条件的影响，如光照、反射表面的特性等，在使用时需要根据具体的场景和应用需求来考虑其可行性和适用性。红外传感器通常比某些其他类型传感器（如激光雷达）更小巧，可以更容易地集成到机器人的设计中。红外传感器的检测范围相对有限，通常在几米到十几米之间，因此在大型环境中可能需要大量传感器以覆盖整个区域。

多机器人导航中，红外传感器通常分布在机器人周围的不同方向，用于辅助检测障碍物、物体和其他机器人的存在。

3.2.1.3 基于视觉传感器的多机器人导航

基于视觉传感器的多机器人导航系统旨在利用视觉传感器（如摄像头、深度相机等）实现多个机器人在共享环境中的导航、定位、避障和协同工作。视觉传感器可以用于多种任务，包括障碍物检测、目标识别、姿态估计和自主导航等，因此非常灵活。视觉传感器能够捕捉丰富的信息，包括颜色、纹理、深度和形状等。这些信息对于环境感知和导航非常有用，使机器人能够更好地理解其周围环境，并在此基础上创建包含详细信息的高精度环境地图[4]。同时，视觉传感器数据的计算处理复杂性相对较高。实时处理大量图像数据需要强大的计算资源，这可能需要高性能的硬件和复杂的算法。另外，视觉传感器的性能受到光照条件、反射表面的特性以及视野遮挡等环境因素的影响。在恶劣的光照条件下，视觉传感器可能会失效。

在多机器人协同系统中，视觉传感器具有广泛的应用场景，可以帮助机器人更好地感知环境、协同工作、执行任务和避免冲突。多机器人系统可以使用视觉传感器来协调任务分工，使用视觉传感器识别目标并规划路径，以最大程度地提高效率。多机器人系统可以使用视觉传感器来跟踪和识别目标，跟踪定位其他移动机器人以完成导航任务。通常每个机器人都配备有一个或多个视觉传感器，这些传感器通常安装在机器人的不同部位，以获取环境的视觉信息。传感器的位置和朝向可以影响机器人的感知范围。

3.2.1.4　基于激光雷达的多机器人导航

激光雷达在多机器人导航中通常提供高精度的地图构建和障碍物检测能力，因此在室内和室外环境中都得到广泛应用，包括工业自动化、自动驾驶车辆、无人机编队、仓储机器人、搜索与救援等领域。激光雷达通过发射激光束并测量其返回时间来获取目标或环境的距离和形状信息，能够提供非常高精度的距离测量信息，精度通常可以达到毫米级别。激光雷达不受光照和颜色影响。激光雷达的缺点是成本较高、有时受到大气散射的影响、不适用于非线性表面。

激光雷达在机器人导航中发挥着关键作用，它通过测量环境中的距离和障碍物位置来帮助机器人感知其周围环境。激光雷达数据可用于路径规划，帮助机器人确定从当前位置到目标位置的最佳路径。运动控制算法可以根据激光雷达数据来调整机器人的速度和方向，以实现安全的导航。在局部避障导航中，机器人使用激光雷达来检测前方的障碍物。障碍物检测算法会分析激光雷达数据，以识别障碍物的位置和形状，并采取措施以避免碰撞。对于系统中的其他机器人，多机器人需要协调其路径规划，以避免路径冲突和碰撞。激光雷达可以提供实时的障碍物检测，机器人个体能够实时调整路径或速度以避免与其他机器人发生碰撞，确保多个机器人能够协同工作[5]。基于激光雷达的多机器人导航具有以下特点和优势。

① 高精度地图构建：激光雷达能够提供高精度的环境地图数据，包括障碍物的位置和形状，有助于机器人在导航过程中更准确地感知环境[6]。

② 实时感知和反应：激光雷达可以提供实时的环境感知，机器人能够快速检测到新的障碍物或变化的环境条件，并相应地调整路径。

③ 高分辨率：激光雷达可以提供高分辨率的障碍物数据，使机器人能够检测小型障碍物、区分不同对象以及精细地规划路径。

④ 精确定位：激光雷达可用于精确定位机器人，使用 SLAM 等技术，以获取机器人在地图中的准确位置。

⑤ 无需外部标记或信号：与其他导航方法（如 GPS）不同，激光雷达不依赖外部标记或信号，因此适用于室内和室外多种环境条件。

⑥ 避障性能强大：激光雷达能够精确地探测障碍物，使机器人能够避开障碍物，减少碰撞风险。

⑦ 适用于复杂环境：多机器人导航通常需要处理复杂的环境，包括不确定性和动态障碍物。激光雷达可以在这些复杂环境中提供可靠的感知数据。

⑧ 高度可配置性：激光雷达通常具有可配置的参数，例如扫描角度、扫描频率等，可以根据导航任务的需求进行调整。

⑨ 独立性：每个机器人可以独立运行激光雷达，无须过多依赖其他机器人或中央控制系统，从而提高系统的鲁棒性。

3.2.2 多机器人导航控制策略概述

3.2.2.1 基于人工势场的多机器人导航

人工势场模拟了物体之间相互作用的物理势场，用于实现多个机器人在共享环境中的导航、避障和协同工作。

对于每个机器人，构建一个势场，其中包括两个主要部分：吸引势和排斥势。吸引势由目标位置产生，它吸引机器人朝着目标移动。机器人越接近目标，吸引势越强，从而促使机器人朝目标靠近。排斥势由障碍物产生，它会推动机器人远离障碍物，在多机器人系统中，将其他机器人看作障碍物，产生排斥势。势场实时更新，根据其他机器人的位置计算当前总势场，总势场的梯度指向势场中潜在的最低点，引导机器人前往目标点。基于人工势场的多机器人导航具有一些优点，如简单易懂、易于实现和实时性强。然而其也可能会使机器人陷入局部最小值，可能会产生振荡，需要调整势场参数以获得良好的性能。

通过借鉴自然界的集群行为，如天空中候鸟组成集群完成迁徙、海洋中游鱼组建鱼群进行御敌及捕食以及地面上蚂蚁进行集体协同搬迁等，相较于单体机器人，多移动机器人系统能够决策调度任务并"分而治之"，各机器人协同执行子任务，增加系统冗余度、增强扩展性，提高任务执行效率。人们对多移动机器人领域的研究与应用进行了很多探索，其中协同运动技术的研究是关键环节之一。

3.2.2.2 基于模糊控制逻辑的多机器人导航

模糊控制逻辑通常用于处理复杂的、模糊的、难以用精确数学模型表示的系统。它使用模糊集合理论，允许基于模糊规则和经验知识来设计控制系统，而不需要精确的数学方程。它包括模糊集合、模糊规则、模糊推理、去模糊化、模糊控制器五个部分。

基于模糊控制逻辑协调和导航多个机器人，使它们能够在共享环境中协同工作，避免碰撞，并完成任务。在导航过程中，每个机器人使用传感器来感知其周围的环境，包括检测障碍物、其他机器人的位置、目标位置等信息。将感知数据转化为模糊输入变量。这些输入变量通常包括障碍物距离、与其他机器人的距离、目标位置等。每个输入变量可以用模糊集合来表示，如"近""中等""远"。基于经验知识和领域专家的建议，定义一组模糊规则，描述输入变量与输出控制动作之间的关系。这些规则通常采用"如果……那么……"的形式，例如：如果障碍物距离远且目标位置远，那么减小速度。对于每个机器人，将感知到的数据映射到模糊集合，并使用模糊规则来执行模糊推理。推理过程会计算每个输出变量的模糊集合，这些模糊集合表示控制动作的隶属度。多个机器人在同一环境中导航，它们的模糊输出可以合并为一个总的模糊输出。合并方法通常包括使用模糊逻辑运算，如模糊 AND、模糊 OR。最终将合并的模糊输出转化为清晰的控制指令。并通过输出指令来控制机器人的运动。

在复杂和不确定的环境中，基于模糊控制逻辑的多机器人导航方法可以帮助机器人更好地应对挑战，实现安全导航和协同工作[7]。设计和调整合适的模糊规则以及进行实时更新是关键，以此确保系统性能的优化。

3.2.2.3 基于栅格法的多机器人导航

栅格在机器人导航、环境建模和路径规划等领域中对环境进行离散化表示和处理。它将连续的环境空间划分为离散的小区域，每个小区域称为一个栅格，然后将环境信息储存在这些栅格中。栅格地图用途广泛，能够实时更新，以反映环境中的变化，且占用资源较少，常用于机器人地图表示。但栅格法在处理连续性、大规模和高维度环境时可能存在问题。

栅格法将连续的环境空间分割成有限数量的二维或三维栅格，每个栅格可以包含信息，如障碍物位置、机器人位置、目标位置等，离散化的环境表示有利于提高计算效率。任务分配算法可以用于将每个机器人分配给一个特定的任务或目标。机器人按照规划的路径进行移动。在执行路径时，机器人需要根据传感器数据来跟踪实际位置，并根据需要进行调整。多机器人系统需要感知动态环境中的变化，如移动障碍物或其他机器人的位置变化。这需要实时更新感知信息和重新规划路径。基于栅格法的多机器人导航中涉及各种控制问题：

① 路径跟踪：一旦规划好路径，机器人需要执行控制操作，使其沿着规划的路径移动。这包括机器人的速度和转向控制、姿态和位置控制等。

② 碰撞避免：控制器需要能够检测到潜在的碰撞，并采取措施来避免碰撞。这可能包括紧急停止、避让其他机器人或调整路径。

③ 协同控制：机器人之间需要协同工作，以共同完成任务。协同控制需要确保机器人之间的协同动作，例如避让、跟随、合作携带物品等。

④ 任务分配：任务分配通常需要控制器来确定哪个机器人执行哪项任务。这涉及机器人之间的通信和协同工作，以确保任务分配的效率。

⑤ 通信控制：机器人之间的通信是控制的一部分，以共享位置、任务和冲突避免信息。控制器需要处理通信协议和数据传输。

⑥ 避障控制：控制器需要根据感知数据来避开障碍物。这包括对激光雷达、摄像头等传感器数据的实时分析和响应。

⑦ 局部感知和全局感知：控制器需要处理局部感知和全局感知信息，以实现路径规划和冲突避免。这可能需要传感器融合技术来整合不同传感器的数据。

⑧ 动态环境适应：多机器人系统可能需要适应动态环境中的变化，如移动障碍物或新任务的出现。控制器需要能够处理这些变化。

⑨ 实时性和延迟：控制器需要考虑实时性和通信延迟，以确保机器人能够快速响应变化的情况。

3.2.2.4　基于人工神经网络的多机器人导航

基于人工神经网络的多机器人导航利用神经网络的强大学习能力和适应性，使多个机器人能够在复杂环境中实现高效导航和协同工作[8]。该方法对于复杂环境下的多机器人导航具有较好的处理性能，具有灵活性和适应性，能够适应不同的环境和任务需求。然而，该方法需要大量的数据来训练神经网络，并且需要仔细调整网络的架构和超参数以获得良好的性能，对于一些特定的导航任务，仍然需要考虑传统方法和规则制定。

基于人工神经网络的多机器人导航需要设计一个适当的神经网络架构，用于处理导航任务。这个神经网络可以是卷积神经网络（CNN）或循环神经网络（RNN），具体选择取决于任务的性质。神经网络的输入通常包括机器人的传感器数据，如摄像头图像、激光雷达数据、距离传感器数据等。在多机器人系统中，可以利用迁移学习的技术，将一个机器人已经学到的知识应用到其他机器人上，以加速多机器人系统的学习和性能提升。通过人工神经网络控制移动机器人有以下几个步骤。

① 传感器数据输入：机器人通过搭载各种传感器（例如摄像头、激光雷达、超声波传感器等）来感知周围环境。这些传感器会不断地收集数据，然后将数据传递给已经训练好的

神经网络。

② 数据预处理：传感器数据通常需要经过一些预处理步骤，以确保其与神经网络的输入格式和范围一致。这可以包括数据缩放、降噪、图像处理、特征提取等。

③ 神经网络推理：已经训练好的神经网络接收传感器数据作为输入，然后生成与机器人移动相关的决策。这些决策可以包括机器人应该采取的行动，例如前进、后退、左转、右转等。神经网络根据其训练得出的模型来推理，无须再次进行训练。

④ 实施控制指令：机器人控制系统根据神经网络的输出来实施相关的行动。这可能涉及调整轮速度、舵机的角度以及执行机械臂的动作等，以实现神经网络建议的行为。

⑤ 反馈：机器人执行行动后，会根据环境中的反馈信息来评估其性能。这个反馈可以包括机器人位置、障碍物检测、目标达成等信息。这些反馈数据可以用于验证神经网络的决策是否有效，或者用于改进控制策略。

神经网络通常是根据特定任务和环境进行训练的，因此在不同环境或任务下同一神经网络的表现可能会有所不同。实际应用中，通常需要进行一些额外的调整和优化，以确保机器人能够有效地执行任务并适应新的情境。

3.2.2.5 基于遗传算法的多机器人导航

遗传算法模拟大自然生物进化过程，采用数学和计算机技术，将问题求解过程转换为种群中最优个体的迭代过程。种群的个体经过选择、交叉和变异等遗传操作得到新种群，重复迭代直至得到最优个体。基于遗传算法的多机器人导航方法具有适应性强、能够处理复杂的非线性问题、能够搜索全局最优解等优点。该方法需要大量的计算资源和参数调整，因此在实际应用中需要谨慎设计和调优。遗传算法是一种全局搜索方法，对于高维度的问题，可能会面临搜索空间过大的挑战。

通常，优化算法每次迭代对象为种群中的控制参数个体。采用二进制编码的方式，将每一个控制参数映射为“染色体”的一段基因表达。控制参数定义的选取范围过大会导致种群难以产生好的个体，增加搜索时间。因此在调节控制参数之前，需要采用人工经验调试，确定参数的选取上限和下限，提高搜索效率。种群中适应度函数指标最优的个体在遗传操作中可能未被选择遗传或由交叉、变异等因素导致指标优秀的编码被破坏，进而降低种群的平均适应度指标，对运算效率和收敛性都产生较差影响。精英选择策略的思想是对种群所有个体进行适应度函数计算后，使指标最优的个体直接进入下一代种群中，使种群保留指标优秀的个体，提高遗传搜索效率。

3.2.2.6 多机器人导航中的其他控制算法

多机器人导航领域涵盖了各种复杂的问题和挑战，因此常常需要根据具体任务的要求选择适当的控制算法和方法。不同算法之间可能会有权衡和折中，需要综合考虑导航的效率、可扩展性、实时性和资源消耗等因素。

分布式控制算法强调每个机器人在局部环境中的自主决策，而不是依赖中央控制[9]。分布式算法可以使用局部信息来协调机器人的动作，其中每个组成部分（例如机器人、传感器或节点）在局部决策下，通过交流信息来协调和合作以实现全局性能目标。分布式控制算法的优势在于其去中心化、自适应性和可扩展性，需要考虑通信带宽、延迟、拓扑结构等因素，以确保系统的稳定性和其他相关性能。

一些优化算法，如线性规划、混合整数规划和二次规划，可以用于多机器人导航中的控制参数设计、任务分配和路径规划。这些算法旨在最小化或最大化某个性能指标，如总成本、时间或能耗。

3.3 多机器人导航中的路径规划算法

移动机器人的路径规划是一个重要的问题，在仓储物流、自动驾驶、机器人集群等场景下有重要应用。路径规划要对位形空间进行离散化，采用一些算法来获得起始点与目标点之间的路径。常用的方法有单元分解法、人工势场法、概率路线图法、快速搜索随机树等。

3.3.1 常见的全局路径规划算法

全局路径规划是指在整个地图范围内寻找从起点到目标点的最佳路径。常用的算法包括 Dijkstra 算法、A^* 算法、D^* 算法、RRT 算法、PRM 等。

3.3.1.1 Dijkstra 算法

Dijkstra 算法是一种用于解决单源最短路径问题的经典算法，通常用于在加权图中找到从一个源节点到所有其他节点的最短路径。该算法由荷兰计算机科学家 Edsger W. Dijkstra 于 1956 年提出。Dijkstra 算法的目标是找到从源节点到所有其他节点的最短路径，其中路径的长度由边的权重决定。以下是 Dijkstra 算法的基本步骤：

① 初始化：创建一个集合 S，用于存储已经找到最短路径的节点；创建一个数组 distance []，用于存储从源节点到每个节点的最短距离。开始时，将源节点的最短距离设置为 0，而所有其他节点的最短距离设置为无穷大。

② 选择：从未加入集合 S 的节点中选择距离最小的节点，将其加入集合 S。

③ 松弛：对于每个未加入集合 S 的邻接节点，计算通过当前选择的节点到达它们的距离。如果通过当前节点的路径比已知的最短路径短，就更新距离数组中的值。

④ 重复步骤②和步骤③，直到所有节点都加入集合 S。

最终，距离数组中存储的值就是从源节点到每个节点的最短路径长度。Dijkstra 算法的优点是它可以处理带有正权重边的加权图，并且在边的权重都为正数时表现良好。然而，它不适用于带有负权重边的图，因为在这种情况下，算法可能会陷入无限循环。

另外需要注意的是，Dijkstra 算法在每一步选择未加入集合 S 的最短距离节点，因此它是一种贪婪算法。如果要找到所有节点对之间的最短路径，需要执行多次 Dijkstra 算法，每次将不同的节点作为源节点来执行。

Dijkstra 算法的思想为：假设从图 3-1 中的任意顶点开始，引入两个数组 K 和 M，K 用来记录已经求出最短路径的顶点以及对应路径，M 记录尚未求出最短路径的顶点以及该点到起始点的距离，从 M 中找出最短路径点加入 K 中，更新 M 中的信息并不断重复该操作。

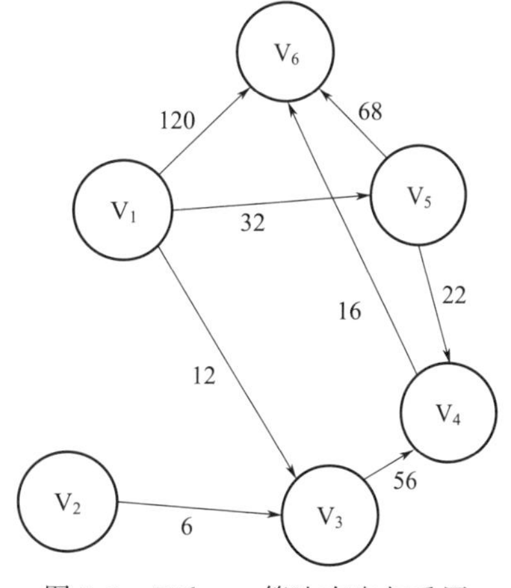

图 3-1 Dijkstra 算法有向权重图

3.3.1.2 A^* 算法

A^* 算法（A-star algorithm）是一种常用于路径规划的启发式搜索算法，它用于寻找从起点到目标点的最短路径。A^* 算法综合了广度优先搜索和启发式函数，以有效地搜索图或图形结构中的路径。A^* 算法的基本思想是在搜索过程中同时考虑两个因素：

实际代价（g 值）：从起点出发，沿着已探索的路径到达某个节点的实际代价。这是从起点到该节点的距离或开销。

启发式函数（h 值）：估计从当前节点到目标节点的最短路径的代价。这是以一个启发式估计，通常是以一种简化的方式来估计距离或代价。

A^*^ 算法在搜索过程中，综合考虑每个节点的实际代价 g 和启发式函数 h，选择具有最小的 $f=g+h$ 值的节点进行探索。这将导致首先探索那些距离目标更近的节点，因此 A^*^ 算法通常能够快速找到最短路径。基本的 A^*^ 算法步骤如下：

① 初始化起始节点和目标节点。

② 创建一个开放列表，用于存储待探索的节点。

③ 将起始节点添加到开放列表，并将其 f 值（$f=g+h$）设置为 0。

④ 重复以下步骤直到找到目标节点或开放列表为空：

a. 从开放列表中选择 f 值最小的节点。

b. 如果选择的节点是目标节点，算法结束，路径被找到。

c. 否则，将该节点从开放列表中移除，并将其标记为已探索。

d. 对于每个邻接节点（未被标记为已探索）：

计算它们的 g 值；

如果这个 g 值比之前计算的 g 值更小，更新它们的 g 值；

计算它们的 f 值；

如果邻接节点不在开放列表中，将其添加到开放列表。

A^*^ 算法的效率和精确度受到启发式函数的选择和质量的影响。如果启发式函数能够准确估计到目标的代价，A^*^ 算法通常能够快速找到最短路径。然而，如果启发式函数不够准确，算法可能需要探索更多的节点，从而降低了效率。

图 3-2 中，橙色方块代表起始位置，蓝色方块代表障碍物区域，红色方块代表目标位置，通过等式 $F=G+H$ 可计算出方块间的距离。G 为从当前方块移动到指定方块的代价，H 为从指定方块移动到终点方块的代价，在当前橙色方块位置选取周围方块中 F 值最小的作为移动目标，当移动完成后重新计算周围方块的 F 值，通过反复计算选取 F 值最小的方格进行移动，最终形成路径。

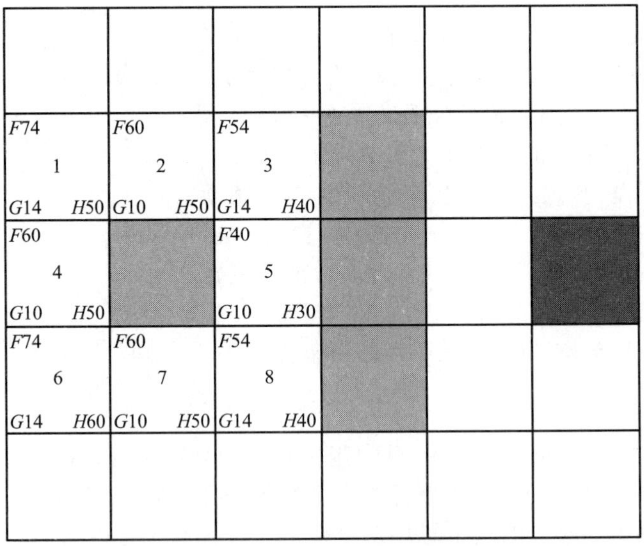

F74 1 G14 H50	F60 2 G10 H50	F54 3 G14 H40			
F60 4 G10 H50		F40 5 G10 H30			
F74 6 G14 H60	F60 7 G10 H50	F54 8 G14 H40			

图 3-2　A^*^ 算法示意图

3.3.1.3　D* 算法

D* 算法（D-star algorithm）是一种用于路径规划的增量搜索算法，它用于寻找从起点到目标点的最短路径，同时能够在动态环境中实时更新路径。D* 算法最初由 Anthony Stentz 在 1985 年开发，而后在 1994 年由 Sven Koenig 进一步发展。D* 算法的主要优点是它可以在已知地图中或者在实时动态环境中，通过逐步修正路径来实现路径规划。这使其适于机器人导航、自动驾驶汽车等需要动态路径规划的应用。以下是 D* 算法的基本思想和步骤：

（1）初始化

首先，将起点设置为当前位置，将目标点设置为目标位置。然后，创建一个优先队列（通常是一个优先级队列）来存储待探索的节点，并将所有节点的代价设置为无穷大，而起点的代价为 0。起点被添加到队列中。

（2）迭代搜索

D* 算法通过迭代搜索来逐步更新路径，直到找到最短路径或目标不可达。

① 从优先队列中选择代价最小的节点（通常是 f 值最小的节点，$f=g+h$）。

② 如果该节点的代价没有变化，意味着已经找到最短路径或无法到达目标，算法终止。

③ 否则，更新该节点的代价，并更新与其相邻的节点的代价。

④ 重复步骤①～③，直到找到最短路径。

（3）路径更新

如果环境发生了变化，例如障碍物移动了，D* 算法可以快速重新计算路径。只需更新与路径相关的节点的代价，然后重新执行迭代搜索。

D* 算法的一个重要特点是，它允许路径规划过程中的实时更新，这对于需要快速适应变化环境的应用非常有用。然而，D* 算法的实现可能相对复杂，需要谨慎处理数据结构和优先队列以确保高效性。

3.3.1.4　RRT 算法

RRT（rapidly-exploring random trees）算法是一种用于路径规划的概率性算法，最初由 Steven M. LaValle 和 James J. Kuffner 于 1999 年提出。RRT 算法的主要优点是它适用于高维度的环境和动态环境，并且能够在规划搜索空间中进行随机探索，因此通常能够找到可行路径。RRT 算法的基本思想是在搜索空间中以随机方式扩展树状结构，直到找到目标或达到一定搜索次数。RRT 算法的主要步骤如下：

（1）初始化

① 定义搜索空间：明确定义搜索空间的边界和障碍物布局。

② 创建 RRT 树：开始时，RRT 树只包含一个节点，即起点。

（2）迭代扩展

① 在每次迭代中，都会生成一个随机采样点（通常是均匀随机采样），表示搜索空间内的一个随机位置。这个随机点可以是目标点，也可以是一个随机点，具体取决于问题设置。

② 寻找最近邻节点：从 RRT 树中找到离随机采样点最近的节点，通常通过计算欧氏距离或其他距离度量来实现。

③ 扩展：生成一个新节点，使其从最近邻节点出发朝着随机采样点前进。这可以通过在连线上沿特定方向或角度前进一定距离来实现。新节点的位置取决于最近邻节点和随机采样点之间的距离和方向。

④ 碰撞检测：检查新节点与障碍物之间是否有碰撞。如果有碰撞，新节点将被舍弃，不会被添加到 RRT 树中。否则，它将被添加到 RRT 树中。

⑤ 目标检测：检查新节点是否接近目标点。这通常通过检查新节点与目标点之间的距离是否小于某个阈值来实现。如果满足目标条件，路径被找到，算法结束。

(3) 路径回溯

一旦找到目标点，可以从目标点开始，沿着 RRT 树的链接关系向后回溯，以构建最终路径。

(4) 重复迭代

上述过程将重复进行，直到达到规定的搜索次数或者找到满足目标条件的路径。

(5) 路径平滑（可选）

生成的路径通常会包含许多离散节点，可以应用路径平滑技术来减少路径的锐角和改进路径的可行性。

RRT 算法的优势在于它是一种随机化算法，适用于高维度、复杂的环境，而且能够在不断扩展搜索树的过程中逐渐接近目标[10]。然而，RRT 算法不保证找到最短路径，但可在搜索空间内以概率 1 收敛到可行路径。RRT 算法适用于高维、复杂环境以及需要实时路径规划的应用，需要一些参数调整和启发式函数来获得最佳性能。

3.3.1.5 PRM

PRM（probabilistic roadmap method）是一种用于路径规划的概率性算法，最初由 Lydia Kavraki 等于 1996 年提出。PRM 通过在搜索空间中构建随机采样的节点集合和连接这些节点的边来实现路径规划。与 RRT 算法不同，PRM 构建的图是静态的，不包括路径扩展的过程。PRM 的基本步骤如下：

(1) 初始化

① 定义搜索空间：明确定义搜索空间的边界和障碍物布局。

② 随机采样：在搜索空间内生成随机采样点，这些点通常是均匀分布的。

(2) 连接有效边

① 对于每个随机采样点，检查与其他节点之间的直线路径是否与障碍物相交（不相交则是有效路径）。

② 如果两个节点之间的直线路径有效，将它们连接起来，形成一个边。这些有效边将构成一个图，称为 PRM 图。

(3) 路径搜索

一旦 PRM 图被构建，可以使用标准路径搜索算法（如 Dijkstra 算法或 A^* 算法）在 PRM 图上寻找从起点到目标点的路径。

(4) 路径平滑（可选）

生成的路径可能包含许多离散的节点，可以应用路径平滑技术来减少路径的锐角和改进路径的可行性。

PRM 的主要特点和优点为：PRM 在静态环境中适用，对高维度、复杂的搜索空间具有较好的适应性；通过事先随机采样和有效边的连接，PRM 可以减少路径搜索的时间；PRM 可以用于多次查询，即使在不同的起点和目标点情况下，都可以使用已构建的 PRM 图进行路径规划。

需要注意的是，PRM 的性能和效率取决于随机采样的质量、有效边的生成方法以及路径搜索算法的选择。如果搜索空间非常复杂，可能需要大量的随机采样点和有效边来确保路径规划成功。

3.3.2　常见的局部路径规划算法

局部路径规划算法在自主移动机器人、机器人导航、无人机等领域中扮演着重要的角色。主要目的是：

① 避免碰撞：局部路径规划算法的主要任务是确保机器人在运动过程中避免碰撞障碍物。这对于安全至关重要，尤其在拥挤的环境及多智能体编组中。

② 实时决策：局部路径规划算法需要快速做出决策，以根据传感器数据和机器人的状态动态调整路径。这对于在动态环境中保持安全和高效的导航至关重要。

③ 自主导航：局部路径规划允许机器人在没有人工干预的情况下自主导航。

④ 适应多种环境：局部路径规划算法必须适应各种不同的环境，包括静态和动态环境、室内和室外环境、不同地形等。它们需要在不同情况下灵活应对，确保机器人能够成功导航。

⑤ 路径平滑：除了避免碰撞，局部路径规划算法还可以帮助生成平滑的路径，以确保机器人的运动是连续的，减少不必要的加速和减速。

⑥ 提高能效：局部路径规划算法也可以优化机器人的路径，以减少能源消耗，提高效率。

⑦ 多模态导航：在某些情况下，机器人可能需要采用多种导航模式，局部路径规划算法必须支持不同模态的切换和导航。

局部路径规划算法对于安全、自主导航、适应性、效率和多模态导航等方面都十分重要。它们是实现多移动机器人系统的核心组成部分，对于推动自动化和智能导航技术的发展起着关键作用。常见的局部路径规划算法有人工势场法、动态窗口法、TEB 算法等。

3.3.2.1　人工势场法

人工势场（artificial potential field）法是一种局部路径规划方法，通常用于机器人导航和自主移动体的避障。该方法基于物理学中的势场概念，将机器人视为受力物体，目标点产生吸引力，障碍物产生斥力，机器人根据这些力的作用来规划路径。人工势场法的基本概念如下：

① 吸引力场：目标点产生一个吸引力场，使机器人受到目标的吸引。这个吸引力通常是一个从机器人当前位置指向目标点的向量，其大小与机器人和目标之间的距离成反比。

② 斥力场：障碍物产生一个斥力场，使机器人远离障碍物。这个斥力场通常是一个从机器人当前位置指向障碍物的向量，其大小与机器人和障碍物之间的距离成正比。

③ 总势场：将吸引力场和斥力场组合在一起形成总势场。机器人在总势场中受到合成力的作用，力的方向是总势场的梯度，力的大小表示了在每个点上机器人受到的总势力。

④ 路径规划：机器人根据总势场的梯度方向来规划路径。机器人会朝着总势场下降的方向移动，直到达到目标点。

人工势场法的优点包括简单易懂，易于实现，适用于静态和动态环境，而且能够有效地避开障碍物。其局限性包括：

① 局部最小值问题：人工势场法可能陷入局部最小值，导致路径规划失败。这可以通过引入一些启发式策略来缓解。

② 人工参数设置：需要仔细调整吸引力和斥力的权重参数，以获得良好的性能。参数的选择通常依赖于具体的环境和机器人。

③ 非全局最优：人工势场法不能保证找到全局最优路径，因为它只考虑了局部范围内的信息。

尽管存在这些局限性，人工势场法仍然是一种常用的局部路径规划方法，特别适用于机器人导航、无人机路径规划及避障任务[11]。

3.3.2.2 动态窗口法

动态窗口法（dynamic window approach）[12] 是一种常见的局部路径规划算法，通常用于机器人、自动驾驶车辆和其他自主移动体的避障和路径规划任务。该方法旨在允许机器人在动态环境中进行快速、实时的路径规划，并在不碰撞的情况下达到目标。

(1) 动态窗口法的基本原理和步骤

① 状态空间：机器人的状态空间被划分为速度和方向的二维空间，通常被称为动态窗口。这个空间包含了机器人可能的速度和方向的组合。

② 动态窗口：动态窗口的大小和分辨率是可调的，它通常由机器人的动力学和控制能力来确定。较小的动态窗口可以提供更细致的控制，但也可能限制机器人的速度。

③ 评估窗口：对于每个速度-方向组合，算法会评估机器人在给定窗口内的运动。这个评估通常基于机器人的动力学、传感器数据和避障算法。对于每个速度-方向组合，会计算一个代价值，表示在该窗口内移动的好坏程度。

④ 窗口选择：从所有可行的速度-方向组合中选择代价最低的组合作为机器人的下一步运动。这个组合被认为是最有希望的窗口，机器人会选择在该窗口内执行移动。

⑤ 运动执行：机器人执行选择的速度-方向组合，以实际进行移动。在移动的过程中，算法会不断重复这个过程，以选择新的窗口和运动方向。

(2) 动态窗口法的优点

实时性：它能够在动态环境中快速生成避障路径，因为它只考虑有限的速度和方向组合。

简单性：相对于某些其他局部路径规划算法，动态窗口法具有相对较低的计算复杂性和参数调整需求。

避障能力：该方法通过评估代价来避免碰撞，因此可以在遇到障碍物时做出相应的决策。

(3) 动态窗口法的局限性

局部性：它是一种局部路径规划方法，不保证找到全局最优路径。

离散性：速度和方向的选择通常是离散的，可能无法提供连续和平滑的路径。

动态性：在高度动态的环境中，可能需要更复杂的算法来应对快速变化的情况。

3.3.2.3 TEB算法

TEB（timed elastic band）算法[13] 是一种用于路径规划的方法，特别适用于移动机器人在具有动态障碍物的环境中的路径规划。它是一种基于时间的路径规划算法，可以考虑机器人的运动约束和动态障碍物的位置，以生成可行的路径。

(1) TEB 算法的基本原理和步骤

① 轨迹表示：TEB 算法使用轨迹来表示机器人的路径，而不是简单的路径点。每个轨迹包括一系列位姿（位置和方向）和与之相关的时间信息。

② 时间分配：TEB 算法将时间分配给每个轨迹，以确定机器人在不同部分的路径上花费的时间。这有助于考虑运动约束，例如最大速度和最大加速度。

③ 代价函数：TEB 算法使用代价函数来评估每个轨迹的质量。代价函数包括多个项，例如路径的长度、路径与障碍物的距离、时间的使用效率等。目标是最小化代价函数。

④ 优化：TEB 算法使用优化技术（通常是非线性规划）来寻找最佳轨迹。通过调整轨迹中每个位姿的位置和时间分配，以减小代价函数的值，从而生成最佳路径。

⑤ 路径提取：一旦找到最佳轨迹，TEB 算法可以从中提取最终的路径，以便机器人实际执行。

（2）TEB 算法的优点

能够考虑运动约束：TEB 算法允许考虑机器人的运动约束，如最大速度和最大加速度，以生成合理的路径。

适应动态环境：它可以处理动态障碍物，因为它在路径规划的同时考虑了障碍物的位置和运动。

时间优化：TEB 算法通过时间分配优化，可以生成更有效的路径，从而在规定时间内到达目标。

TEB 算法通常用于多自主移动机器人需要在复杂和动态环境中执行路径规划的情况。TEB 算法允许机器人在实际运动中避开障碍物，同时满足运动约束和时间限制。

3.3.3　多机器人导航技术发展趋势

多机器人导航技术的重要性在于它对各种现代应用和行业具有深远的影响。多机器人导航技术的发展和应用对于提高效率、增加安全性、解决社会问题以及支持新兴领域具有广泛的重要性。这个领域的进步将继续推动技术和社会的发展，并为人类创造更好的生活和工作条件。多机器人导航技术一直处于不断发展和演进中，以适应不断变化的需求和技术趋势。多机器人导航技术的一些发展趋势主要体现在以下几方面。

① 分布式决策和协同控制：未来的多机器人导航将更加强调分布式决策和协同控制。机器人之间需要相互通信和协作，以共同实现任务，而不仅仅是各自遵循预定路径。

② 自主决策和规划：多机器人系统将更加自主，能够在实时感知到的环境信息的基础上自主决策和规划路径，而不仅仅是根据中央控制器的命令行动。

③ 深度学习和机器学习：深度学习和机器学习技术将在多机器人导航中得到广泛应用。这包括使用深度学习来进行目标检测、障碍物识别和路径规划，以及使用强化学习来改进机器人的决策和控制策略。

④ 感知和感知融合：多机器人系统将使用各种传感器，包括激光雷达、相机、毫米波雷达和 GPS 等，以获取丰富的环境信息。感知数据将通过感知融合技术进行整合，以提高环境感知的准确性和可靠性。

⑤ 多模态导航：多机器人系统将能够以多种模式导航，包括水陆空多种形式的移动导航，以适应不同的任务和环境。

⑥ 云计算和分布式计算：多机器人系统将利用云计算和分布式计算来处理大规模的数据和复杂的计算任务。这将使机器人能够更快速地分析环境信息和规划路径。

⑦ 生物启发和自然界模仿：多机器人导航技术将从生物学和自然界中汲取灵感，以改进机器人的运动、协作和自主性。

多机器人导航技术的未来发展将更加强调自主性、协同性和适应性，以适应不断变化的环境和任务需求。这将涉及多领域的交叉应用，包括人工智能、感知技术、机器学习和控制工程等领域的进一步发展。

3.4 基于多线激光雷达的透明障碍物识别与重建方法

光束在以玻璃为主的透明障碍物表面发生的漫反射微弱，难以被激光雷达（LiDAR）接收和识别。由此激光雷达会获得错误的物体位置，激光雷达的点云信息在这些包含玻璃的环境中并不可靠。在这种情况下机器人经常面临地图内容缺失和路径规划失败，导致移动机器人坠落和碰撞等安全问题。针对移动机器人在该环境中面临的上述问题，本节将基于激光雷达数据，设计提取特征识别环境中以玻璃为主的透明障碍物点云，并依据环境信息进行点云重建，为后续处理玻璃导致的各种问题提供基础。

3.4.1 基于反射强度特征和局部结构特征的透明障碍物识别方法

激光雷达发射出的光束路径上若有玻璃，光束在返回起点时包含三束叠加光束。如图 3-3 所示，它们分别是玻璃后面的非透明障碍物产生的漫反射、玻璃镜面反射的非透明障碍物和玻璃本身的漫反射。这三种返回光束具有不同的反射强度：由玻璃漫反射的回波，图 3-3 中表示为蓝色，经过 $2a$ 距离，该回波强度几乎为 0；由玻璃镜面反射的 LiDAR 同侧的物体返回的回波，图中表示为红色，经过 $2(a+b)$ 的距离；由玻璃后物体漫反射的回波，图中表示为绿色，经过的距离为 $2(a+c)$。

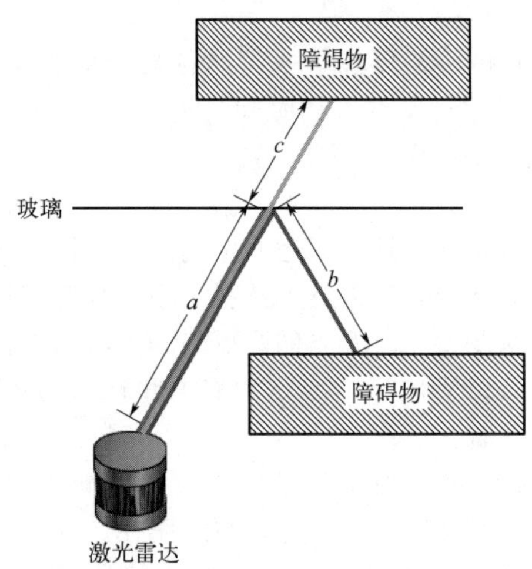

图 3-3 激光雷达接收到的返回光束

通常，激光雷达会选择反射强度最大的光束作为该激光束的结果，即来自玻璃后物体或镜面反射物体的光束。然而当入射角度为 0°左右时，玻璃镜面反射回波的反射强度要远远大于来自物体的反射强度，由此激光雷达就能获得玻璃的点云。本书将从该部分点云的反射强度和局部结构上设计提取特征，识别玻璃点云。当光束沿玻璃平面法线即 0°入射时，激光雷达可接收到极高的反射强度，反射强度会在 0°入射角附近的极小范

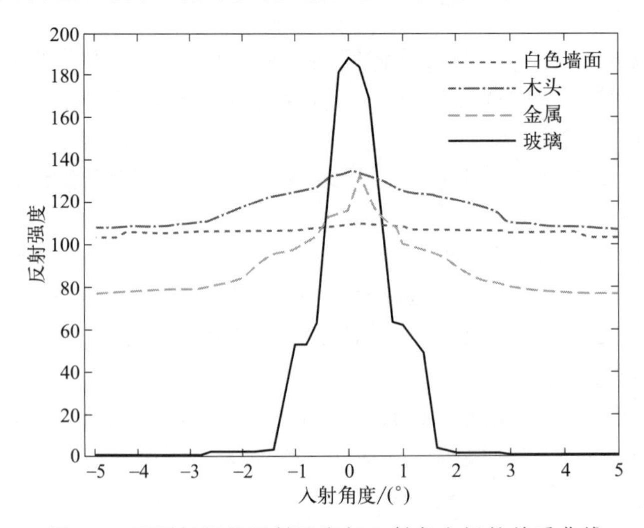

图 3-4 不同材料的反射强度与入射角之间的关系曲线

围内迅速下降。而其他材质如木材或金属的反射曲线下降平缓，反射强度峰值较小。图 3-4 显示了激光雷达在水平方向上不同入射角接收到的反射强度。通常多线激光雷达在水平方向采集的点云比竖直方向采集的点云更加密集，一个 16 线激光雷达的每一环在水平方向上扫描一圈生成 1800 个点，而竖直方向上仅生成 16 个点，即激光雷达在水平方向激光束的发射角间隔小于竖直方向，但这不会影响反射强度的客观分布和采样点云数据的反射强度。根据理论和实际观察，竖直方向上反射强度与入射角之间的关系和水平方向上的关系具有相同的变化特征，如图 3-5 所示。

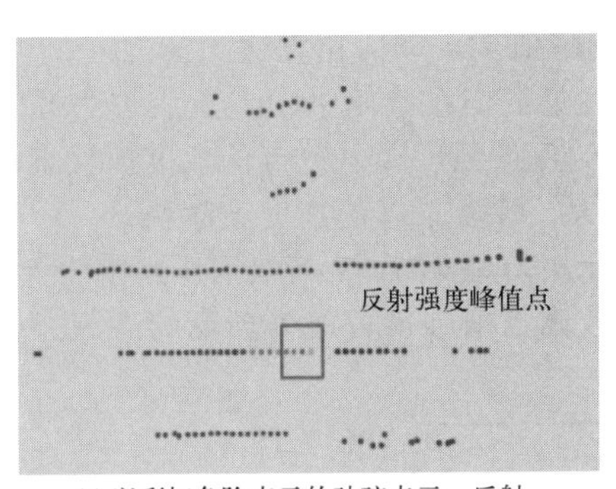

(a) 以彩虹色阶表示的玻璃点云，反射强度从紫色(0)到红色(255)

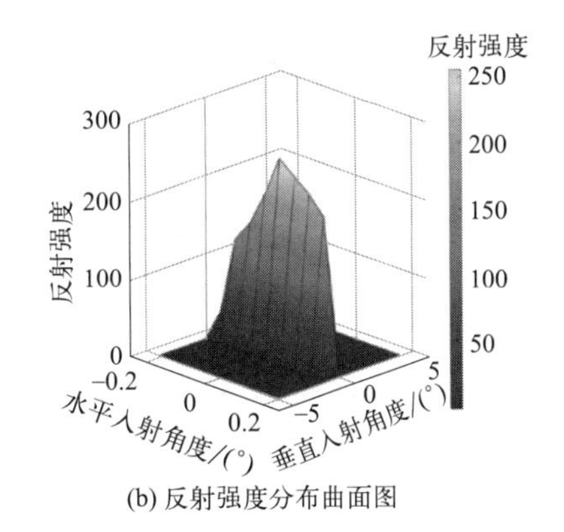

(b) 反射强度分布曲面图

图 3-5　玻璃反射强度可视化

根据玻璃点云的上述反射强度特征，提出了一种算法，以判断激光雷达部分点云的反射强度分布是否与上述强度分布相匹配。该算法以激光雷达视角在单帧点云中过滤筛选符合上述强度分布的点云，定义激光雷达坐标系为笛卡儿坐标系，原点位于激光雷达中心，激光雷达获得的点云分布在此坐标系中。激光雷达朝向方向定义为 X 轴正方向，Y 轴垂直于激光雷达朝向方向并指向左侧，Z 轴垂直于 XOY 平面向上，坐标系如图 3-6 所示。

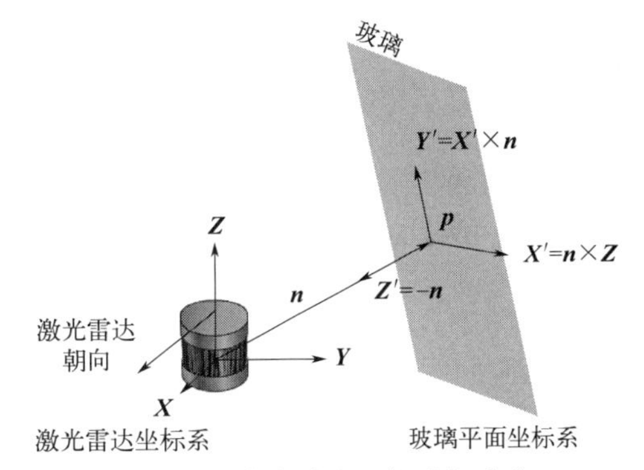

图 3-6　激光雷达坐标系与玻璃平面坐标系的关系

对算法中的数学符号和参数进行说明如下：

① 点：$\boldsymbol{p}=(p_x, p_y, p_z)$ 代表三维空间中的一个点。

② 点集：集合 P 中包含激光雷达一帧点云中获取的全部点。集合 P_q 中包含全部点云中超过反射强度阈值的点，通常为与玻璃平面法线夹角 0°入射一定区域内反射强度最大的点和环境中其他反射强度较大的点。集合 P_u 中包含不满足反射强度阈值的其余点。点集关系为 $P=P_q+P_u$。集合 P_{Subcloud} 中包含每个点（$\boldsymbol{p}\in P_q$）周围一定范围内的点（$\boldsymbol{p}\in P_u$）。

③ 点云集 S：集合 S 是点集 P_{Subcloud} 的集合。

④ 玻璃平面 G：G 代表由式(3-1) 定义的玻璃平面。

$$\begin{cases}\boldsymbol{X}'=\boldsymbol{n}\times\boldsymbol{Z}\\ \boldsymbol{Y}'=\boldsymbol{X}'\times\boldsymbol{n}\\ \boldsymbol{Z}'=-\boldsymbol{n}\end{cases} \tag{3-1}$$

⑤ 反射强度阈值：与环境中其他部分点云的反射强度相比，玻璃镜面反射激光束得到

的反射强度值都有一个下限，以此下限作为阈值，可以将玻璃与大多数非玻璃物体充分区分。阈值表示为 *IntensityThreshold* 。

⑥ 筛选距离：在现实中，玻璃点云的规模与玻璃和激光雷达之间的距离成正比，只有当玻璃距离激光雷达过近，较小的玻璃点云规模才被忽略，对 SLAM 和导航等任务产生影响。设置筛选距离 *DistanceThreshold* 是为了过滤激光雷达远处点云，减少需要处理的点云数量。

⑦ 峰值点删除范围：一般情况下，玻璃镜面反射回波的反射强度大于环境中其他物体的反射强度。两个峰值点（$\mathbf{p}\in P_q$）相邻距离过小的情况下，删除反射强度最大的峰值点 *RangeThreshold* 范围内其他反射强度值较小的峰值点，以简化算法。

⑧ 散度阈值 *DivThreshold*：散度用于描述矢量场在空间给定点上表现为源的程度。玻璃镜面反射处生成的峰值点可视为该局部点云的反射强度源，该点的散度值代表该点周围的梯度下降率。散度值越大，峰值反射强度就越大，梯度下降的速度就越快。

反射强度滤波算法的伪代码如算法 3-1 所示。算法第 1～7 行是对激光雷达全部点云数据 P 的初始化处理，通过反射强度阈值筛选具有较高反射强度可能为玻璃的点云。点$\mathbf{p}\in P_q$ 和激光雷达坐标系原点之间的距离表示为式(3-2)。

$$Norm=\sqrt{p_x^2+p_y^2+p_z^2} \tag{3-2}$$

算法 3-1　反射强度滤波算法

```
1:  for each point p∈P_q do
2:      Norm←Distance from p to the LiDAR;
3:      Intensity←Reflection intensity of p ;
4:      if Norm<DistanceThreshold and Intensity>IntensityThreshold then
5:      end if
6:  end for
7:  Sorting P_q by Intensity;
8:  for each p∈P_q do
9:      Distance←Distance between p and each previous point p_i∈P_q;
10:     if any Distance < RangeTreshold then
11:         Delete p∈P_q;
12:     end if
13: end for
14: for each p∈P_q do
15:     Get T and the parameters of G;
16:     Get P_Subcloud;
17:     Get IntensityMatrix;
18:     Get GradientMatrix,DivMatrix;
19:     Div←The divergence value of the center position of DivMatrix;
20:     S←S∪P_Subcloud;
21:     if Div < DivThreshold then
22:         Delete p∈P_q,P_Subcloud⊂S;
23:     end if
24: end for
```

随后对点 $\mathbf{p}\in P_q$ 以反射强度进行由大至小的排序，按顺序删除 *RangeThreshold* 内反射强度较小的峰值点。算法第 14～24 行是反射强度滤波过程。算法第 15 行中获取变换矩阵

$\boldsymbol{T}$ 和点 $\boldsymbol{p} \in P_q$ 所在平面 G 的平面参数 A、B、C、D。参数 A、B、C、D 为三维平面方程 [式(3-3)] 中的系数，A、B、C 的值分别为平面法向量 $\boldsymbol{n}=[p_x, p_y, p_z]$ 的 p_x、p_y、p_z，D 的值是点 $p \in P_q$ 与激光雷达坐标系原点之间的距离 $Norm$。

$$Ax+By+Cz+D=0 \tag{3-3}$$

由于反射强度最大的点 $\boldsymbol{p} \in P_q$ 是通过沿玻璃平面的法线入射得到的，可以认为点 $\boldsymbol{p} \in P_q$ 与激光雷达之间的连线是玻璃平面 G 的法向量 $\boldsymbol{n}$，定义法向量 $\boldsymbol{n}$ 的方向从激光雷达指向点 $\boldsymbol{p} \in P_q$。玻璃平面 G 的坐标系 $\boldsymbol{X}'$、$\boldsymbol{Y}'$、$\boldsymbol{Z}'$ 与激光雷达坐标系 $\boldsymbol{X}$、$\boldsymbol{Y}$、$\boldsymbol{Z}$ 之间的关系由式(3-1) 给出，如图 3-6 所示。基于上述坐标间的关系，得到转换矩阵 $\boldsymbol{T}$，通过该方法得到的平面与实际玻璃所在的平面一致。定义玻璃平面 G 的基坐标 $\boldsymbol{X}'$、$\boldsymbol{Y}'$、$\boldsymbol{Z}'$ 在激光雷达坐标系中表示为式(3-4)，点 $\boldsymbol{p} \in P_q$ 在激光雷达坐标系中的坐标为 $\boldsymbol{p}=(p_x, p_y, p_z)$，可以获得两个坐标系之间的转换矩阵 $\boldsymbol{T}$ 如式(3-5) 所示。

$$\begin{cases} \boldsymbol{X}'=(x_1, x_2, x_3) \\ \boldsymbol{Y}'=(y_1, y_2, y_3) \\ \boldsymbol{Z}'=(z_1, z_2, z_3) \end{cases} \tag{3-4}$$

$$\boldsymbol{T}=\begin{bmatrix} x_1 & y_1 & z_1 & p_x \\ x_2 & y_2 & z_2 & p_y \\ x_3 & y_3 & z_3 & p_z \\ 0 & 0 & 0 & 1 \end{bmatrix} \tag{3-5}$$

为了进行后续的反射强度特征提取，算法收集每个点（$\boldsymbol{p} \in P_q$）附近的点（$\boldsymbol{p} \in P_u$）形成点云 P_{Subcloud}。如图 3-7 所示，收集范围为圆柱体，上下底面平行于平面 G，图中 $\boldsymbol{p}$ 为圆柱几何中心点，R 为圆柱底面半径，H 为圆柱高。将 P_{Subcloud} 中的点投影到平面 G 上，并提取反射强度特征进行滤波。

离散强度特征由网格 $IntensityMatrix$ 取样，$IntensityMatrix$ 以 $\boldsymbol{p} \in P_q$ 为中心，行和列分别沿 X' 轴和 Y' 轴方向，如图 3-8 所示。将 $\boldsymbol{p} \in P_{\mathrm{Subcloud}}$ 投影到平面 G 上，每个点的反射强度值按位置填充到网格中，当多个反射强度值位于一个单元格时，保留最大强度值。计算 $IntensityMatrix$ 在 X' 轴和 Y' 轴方向上的梯度 $GradientMatrix$，随后计算每个单元格的散度值，从而生成 $DivMatrix$。在 $DivMatrix$ 中，点 $\boldsymbol{p} \in P_q$ 位置即中心位置的散度值代表了该点的反射强度值是否在周围急剧下降，也即该点反射强度表现为源的程度。算法判断该点处散度值是否满足阈值 $DivThreshold$，若不满足，将会删除该点（$\boldsymbol{p} \in P_q$）及其周围的点云簇（$P_{\mathrm{Subcloud}} \subset S$）。

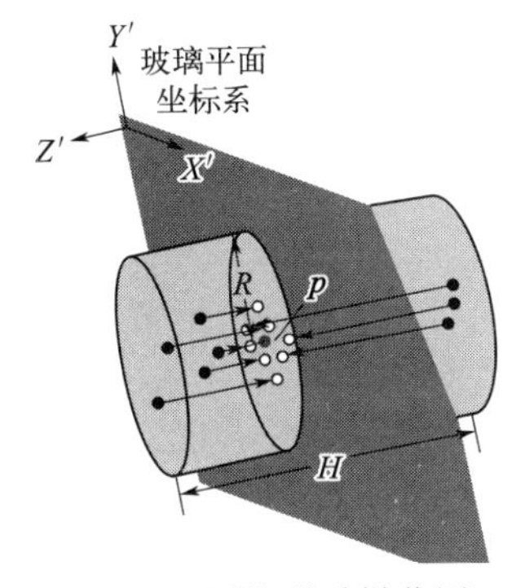

图 3-7　圆柱形采样范围

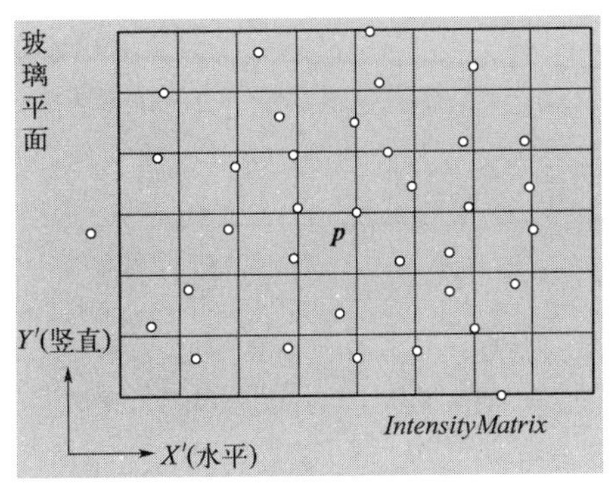

图 3-8　取样网格

经过上述反射强度滤波后，仍会有非透明障碍物被误识别。本书提出的一些局部结构特征，将进一步对点云进行滤波。局部结构特征和相应的结构要求如下：

① 扇区分布：在现实中，每一簇点云 P_{Subcloud} 投影到平面 G 上的点的整体形状，呈现为一个以 $\boldsymbol{p}\in P_q$ 为圆心的圆，或一个长轴位于 X'轴方向的椭圆。图 3-9 显示了以 $\boldsymbol{p}\in P_q$ 为中心按固定角度间隔划分的扇区，全部扇区以 Y'轴为轴划分为左右两侧。由于激光雷达在水平方向采样密集而在竖直方向采样稀疏，含最多点的扇区位于 X'轴方向。

② 离散程度：定义 $\boldsymbol{p}_j$ 表示 P_{Subcloud} 中投影到平面 G 上的点，离散程度是所有 $\boldsymbol{p}_j$ 与 $p\in P_q$ 之间距离的方差。玻璃点云具有相似的结构，所以其方差应在一定范围内。

③ 俯仰角：对于点 $\boldsymbol{p}\in P_q$，寻找其点云簇 P_{Subcloud} 在玻璃平面 G 沿 Y'轴的最上和最下位置的两点，计算激光雷达到两点的连线与玻璃平面法线之间的夹角，可以理解为通常意义上的俯仰角。如图 3-10 所示，λ_1 表示仰角，λ_2 表示俯角。取 λ_1 和 λ_2 的绝对值，用以描述点云簇形状的 Y'轴范围。

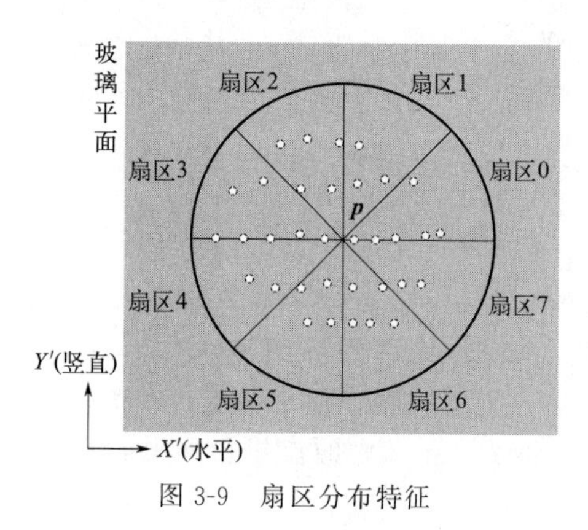

图 3-9 扇区分布特征

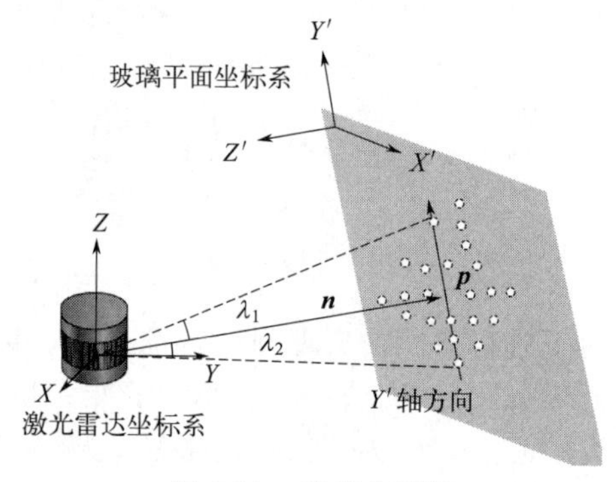

图 3-10 俯仰角特征

④ 点云规模：点云规模是指点云簇 P_{Subcloud} 内的点数，小规模的点云簇通常是噪声点云形成的。

局部结构滤波算法的伪代码如算法 3-2 所示。

算法 3-2 局部结构滤波算法

1： **for** *each* $P_{\text{Subcloud}}\subset S$ **do**
2： *Extracting structural features*；
3： **end for**
4： **for** *each* $\boldsymbol{p}\in P_q$ **do**
5： **if** *Any of the structural features do not meet the structural requirements* **then**
6： *Delete* $\boldsymbol{p}\in P_q, P_{\text{Subcloud}}\subset S$；
7： **end if**
8： **end for**

上述两步滤波算法构成了透明障碍物的识别方法，在室内环境中使用 16 线激光雷达采集数据进行方法验证。

实验场景中的玻璃护栏由玻璃和其四周的金属框架组成（图 3-11），其原始点云如图 3-12 所示，点云反射强度由彩虹色表标识，反射强度值从 0 至 255。紫色点代表反射强度接近 0 的点，红色点代表反射强度接近上限 255 的点。由于玻璃反射产生的点云过于稀疏且规模小，通常在 SLAM 算法构建的环境地图中无法对玻璃进行标识，同时在路径规划算法中，

(a) 玻璃护栏

(b) 玻璃幕墙

图 3-11　识别算法实验环境

路径将从该部分点云周围穿过，使机器人存在潜在危险。

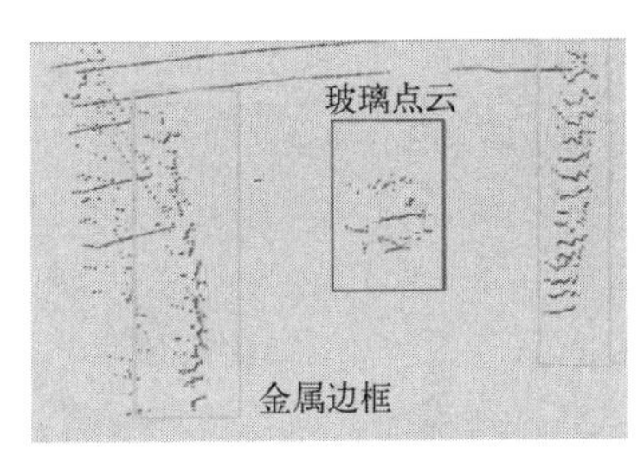

图 3-12　激光雷达原始点云

在反射强度滤波过程中，不同材质的反射强度分布和中心散度值如图 3-13 所示。反射强度滤波过程中，玻璃和金属框架的最大反射强度都超过了反射强度阈值，被反射强度筛选算法识别为玻璃点云。玻璃反射点云的反射强度分布和中心散度值如图 3-13(a) 所示，图 3-13(b) 显示了玻璃四周金属框架点云的反射强度分布和中心散度值。图 3-13(a) 显示了典型的玻璃点云镜面反射的反射强度特征，而金属框架的特征与之非常相似，两者都会被识别为疑似玻璃点云并被标记，后续提取局部结构特征进行进一步的判断。

局部结构特征滤波过程中，玻璃和金属框架的点云将被提取局部结构特征进行识别。玻璃点云和金属框架点云的扇区分布和俯仰角特征如图 3-14 所示，当左、右侧的峰面分别出现在阴影标记的范围内时，扇区分布特征就被认为符合结构要求。阴影范围对应左侧的 16～19 扇区和右侧的 34、35、0、1 扇区。玻璃和金属框架的扇区分布特征明显不同，玻璃的左右两个顶点分别位于水平方向的编号 18 和 35 的扇形区域，而金属框架的峰值位于编号 26 和 8 的扇区中，并不在水平方向上，故金属框架的点云不符合局部结构特征。另外在俯仰角特征上，玻璃点云的俯仰角符合阈值要求且小于金属框架的俯仰角。

通过上述算法的滤波，玻璃点云被识别出来，如图 3-15 所示。图中红色点云为超过反射强度阈值的点云簇，即 P_{Subcloud}，而黄色点云代表被识别为玻璃的点云簇，后续图中出现的坐标系代表激光雷达位置，红色坐标轴代表激光雷达朝向。

为了验证反射强度特征滤波和局部结构特征滤波的必要性，本书开展了消融实验进行验证。在图 3-11(a) 的玻璃护栏场景中，去除反射强度特征滤波后的识别结果如图 3-16(a) 所示，图中代表正确玻璃的点云位于激光雷达旁，而图中近景中的黄色直线点云是一堵白墙，被识别为玻璃点云。这是因为黄色点云与上下两行点云距离过远，符合局部结构特征，这表明去除反射强度特征滤波后，此方法将无法正确识别玻璃点云。为了量化评估方法的性能，本节提出了三个参数，即帧识别率 R_f、玻璃识别率 R_g 和正确率 R_c：

$$R_f=\frac{F_s}{F_t} \tag{3-6}$$

$$R_g=\frac{N_{gs}}{N_{gt}} \tag{3-7}$$

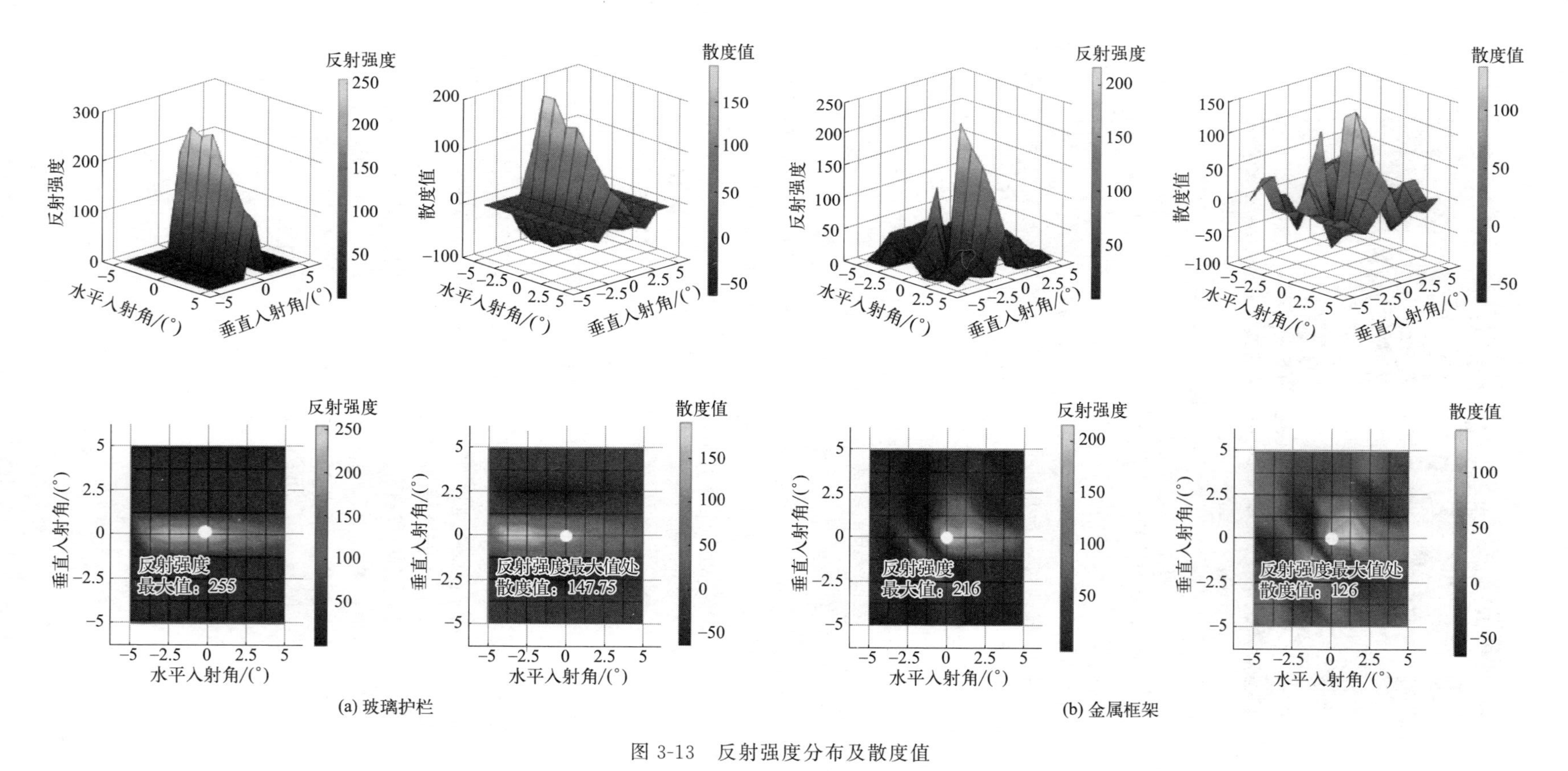

图 3-13 反射强度分布及散度值

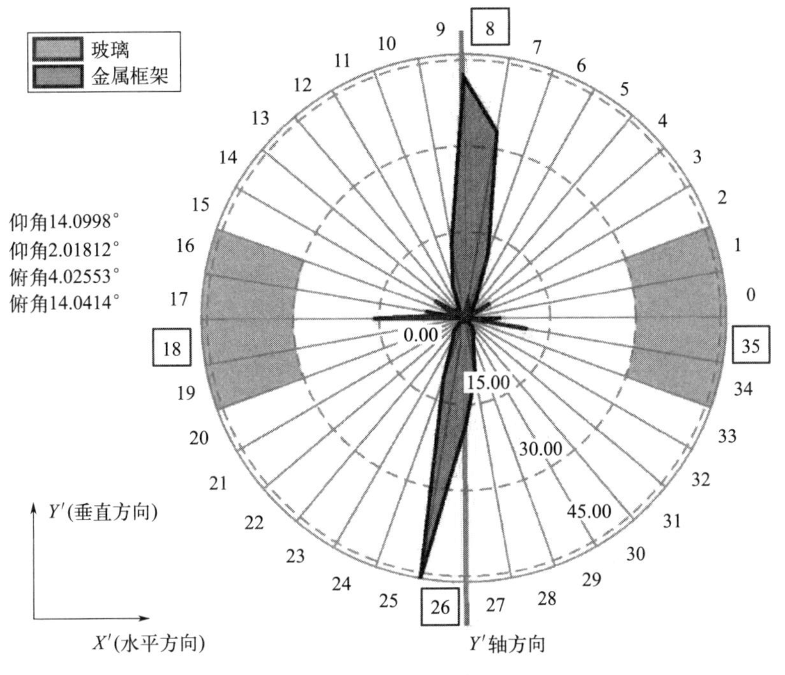

图 3-14　扇区分布及俯仰角特征

$$R_c=\frac{N_c}{N_t} \tag{3-8}$$

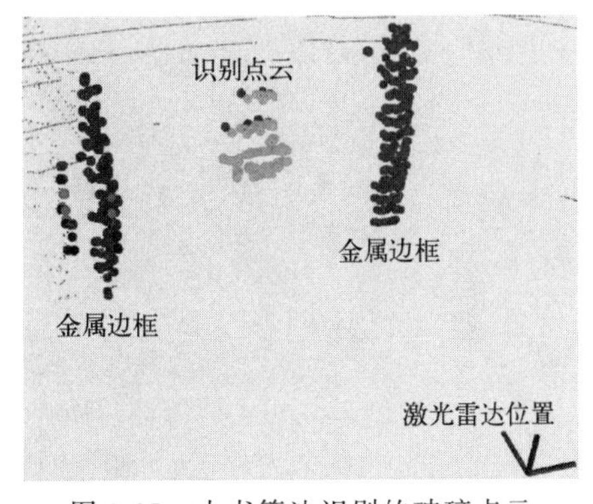

图 3-15　本书算法识别的玻璃点云

上述公式中，F_s 为识别得到玻璃的帧数量；F_t 为实际有玻璃存在的帧总数；N_{gs} 为识别得到玻璃的数量；N_{gt} 为实际有玻璃的总数；N_c 为被正确识别为玻璃的点云簇数量；N_t 为所有被识别为玻璃的点云簇数量。

R_f 和 R_g 分别反映了该方法在单帧和全局层面上遗漏的玻璃比例，低 R_f 和 R_g 表明有大量玻璃被识别为普通物体。R_c 反映了该方法的鲁棒性，低 R_c 表示有很多非玻璃被识别为玻璃。这三个指标共同评价方法的性能，R_f 和 R_g 应尽可能大，同时确保 R_c 的下限。

去除局部结构特征滤波后，本节提出的玻璃点云识别方法对点云识别结果如图 3-16(b) 所示。玻璃两侧的金属框架因镜面反射而产生高反射强度峰值，其反射强度的分布与玻璃相似，即从峰值点向周围扩散，逐渐减弱，被识别为玻璃点云。这表明去除局部结构特征滤波后，提出的玻璃点云识别方法也将无法正确识别玻璃点云。

消融实验的结果如表 3-1 所示，通过对实验结果的分析，可知仅依靠反射强度特征或局部结构特征就能对玻璃达到满意的识别效果，但其中过多的非透明障碍物被识别为玻璃，使整体效果变差，即 R_c 下降。在识别结果上引入另一特征进行识别，可以提高 R_c，同时也降低了算法的 R_f。与对 R_f 的负面影响相比，两种特征的联合应用对整体识别率的提高更为关键。

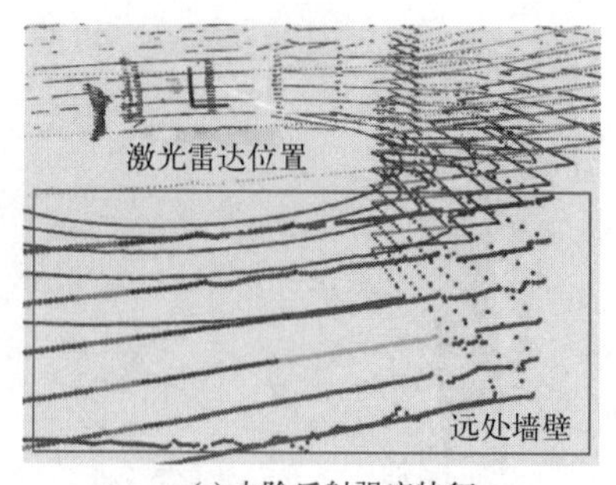

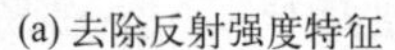
(a) 去除反射强度特征

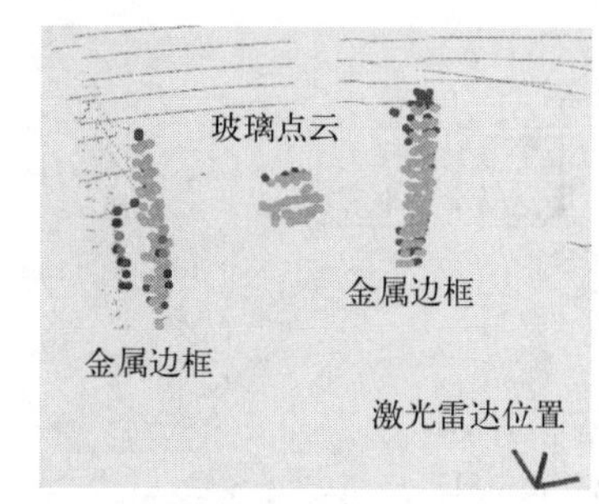

(b) 去除局部结构特征

图 3-16　消融实验结果

表 3-1　消融实验评价指标

条件	R_f	R_g	R_c
去除反射强度特征	81.28%	88.37%	35.06%
去除局部结构特征	80.82%	95.35%	13.06%

同时，考虑到各相关文献的发表时间、技术相关性和代表性，本节以 Cui 等[14] 提出的方法作对比实验。对比方法对于单帧激光雷达点云进行采集，认为一簇悬空点云为疑似玻璃点云，悬空指该簇点云一定范围内不存在其他点云。针对疑似玻璃点云，需要四周一个完整连续的边界框架来确定该位置的点云为玻璃点云，并通过后续帧的点云确定该玻璃的平面。在同一玻璃护栏场景中，本节方法和对比方法的识别结果如图 3-17 所示。

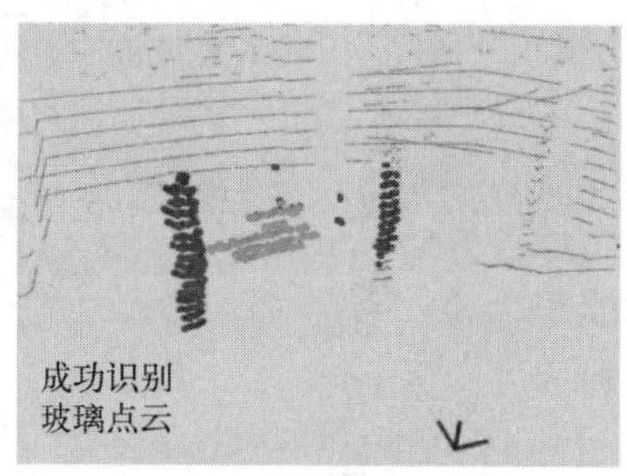

(a) 本节方法识别结果

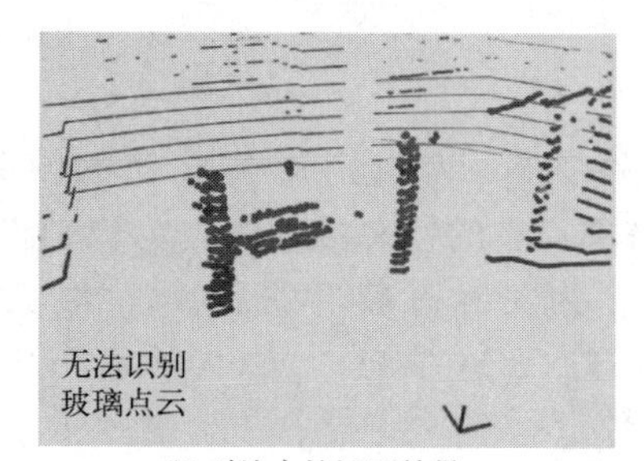

(b) 对比方法识别结果

图 3-17　对比实验同场景识别结果

两种方法的实验效果指标如表 3-2 所示，横表头下前两行是图 3-11 中同一场景中两种方法的结果，特别提出第三行是玻璃边界不完整时的结果，对比方法在玻璃边界缺失场景下无法运行。通过对比实验验证了对于玻璃框架边缘的点云，本节方法可以成功识别为玻璃点云，而对比方法则认为该点云不是玻璃点云，需要后续帧的点云中的玻璃部分来辅助识别玻璃。本节提出的玻璃点云识别方法对环境中的玻璃点云的识别率和正确率，比现阶段同类型算法有较大的提升。

表 3-2　两种方法的评价指标比较

方法	R_f	R_g	R_c
本节方法	82.95%	89.54%	83.87%
对比方法(完整的玻璃框架)	61.43%	81.25%	58.4%
对比方法(不完整的玻璃框架)	0%	0%	0%

3.4.2　基于环境信息的透明障碍物重建方法

经过反射强度特征滤波和局部结构特征滤波后，算法得到的点云是由玻璃反射产生的点云，其平面由式(3-1) 确定。在获得准确的玻璃点云识别结果后，本节将现实中玻璃划分为两类，通过环境框架信息或环境历史信息进行玻璃点云重建。

有框架的平面玻璃是室内常见的玻璃类型。在识别到玻璃点云之后，开始寻找玻璃的框架点云，之后在框架内进行玻璃的点云重建。定义每簇点云 P_{Subcloud} 的结构特征仰角 λ_1 和俯角 λ_2 为该簇玻璃点云的上下限，玻璃点云重建 Y'轴方向将以此上下限作为边界框架的认定标准。以寻找框架的左边界为例，重建算法以该簇点云的点 $\boldsymbol{p} \in P_q$ 为起点，沿平面 G 的 X'轴的负方向找到环境中的连续点云作为左边界，该连续点云满足仰角大于 λ_1、俯角大于 λ_2，随后算法从左边界沿着 Y'轴找到连续点云的上边界和下边界。以同样的规则寻找得到右侧边界，及右侧边界处的上边界和下边界。在这一步中，将得到两条上边界和两条下边界，并取边界的公共部分，如图 3-18 所示，左右边界及公共上下边界包围的范围，将被认定为玻璃的重建范围。

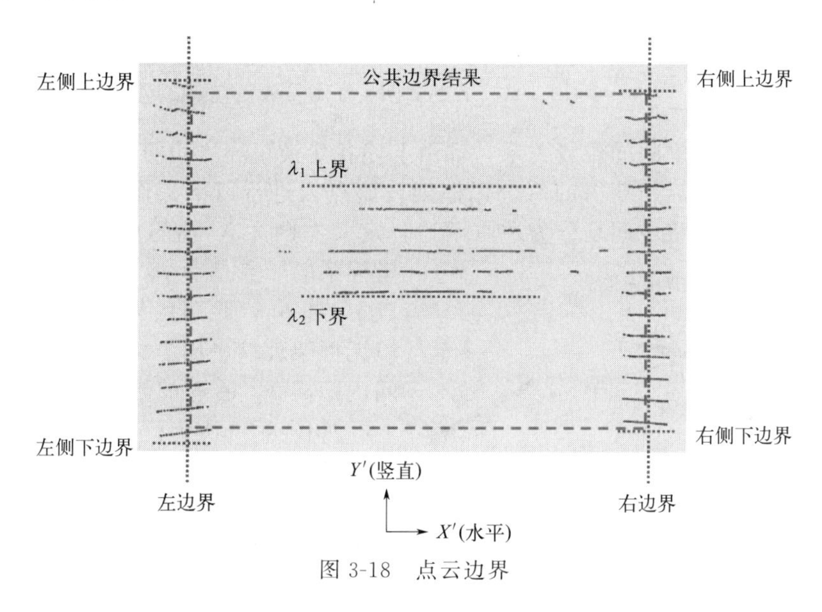

图 3-18　点云边界

重建范围内的激光束结果将被修改，激光束击中点的位置将被修改为平面 G。在此过程中，涉及笛卡儿坐标系和球面坐标系上平面方程的转换。如图 3-19 所示，球面坐标系的原点位于激光雷达的中心。定义点 $\boldsymbol{p}_g=(p_{gx},p_{gy},p_{gz})$ 为玻璃平面上一点在激光雷达坐标系中的表示，向量 $\boldsymbol{v}_{pg}=(p_{gx},p_{gy},p_{gz})$表示从坐标系原点指向点 $\boldsymbol{p}_g$ 的向量，则上述转换如式(3-9) 所示。

$$\rho=-\frac{D}{A\cos\varphi\cos\theta+B\cos\varphi\sin\theta+C\sin\varphi} \tag{3-9}$$

式中，A、B、C、D 来自平面方程 $Ax+By+Cz+D=0$；ρ 是 $\boldsymbol{v}_{pg}$ 的模；θ 是 $\boldsymbol{v}_{pg}$ 在 XOY 平面上的投影与 X 轴正方向的夹角；φ 是 $\boldsymbol{v}_{pg}$ 与 Y 轴正方向夹角的补角。

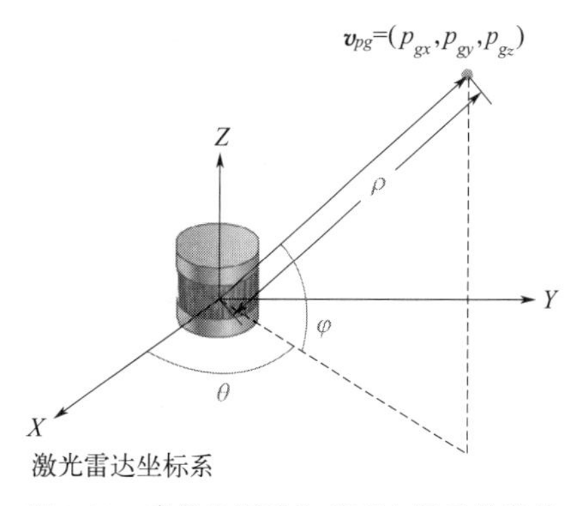

图 3-19　直角坐标系和球面坐标系的转换

环境中还存在曲面玻璃和无框架的玻璃，可统一看作无框架类型玻璃。若算法在玻璃点云的两侧都找不到边界，则使用环境历史位置信息来重建玻璃点云，环境历史位置信息是指当前帧的玻璃点云和激光雷达之间的变换矩阵，即前文提取反射强度特征时的 $\boldsymbol{T}$。将 $\boldsymbol{T}$ 进一步表示为 $\boldsymbol{T}_{(i_g,j_g)}$，$i_g$ 表示当前玻璃点云所在的第 i_g 帧，j_g 指当前帧下第 j_g 个无框架玻璃点云的序号，而定义 $\boldsymbol{T}'_f$ 表示第 $f+1$ 帧和第 f 帧激光雷达点云之间的变换矩阵。以激光雷达第一帧初始姿态为世界坐标系，各帧激光雷达坐标系、玻璃平面坐标系及其位姿关系如图 3-20 所示，图中的视角朝向世界坐标系 Z 轴的负方向。

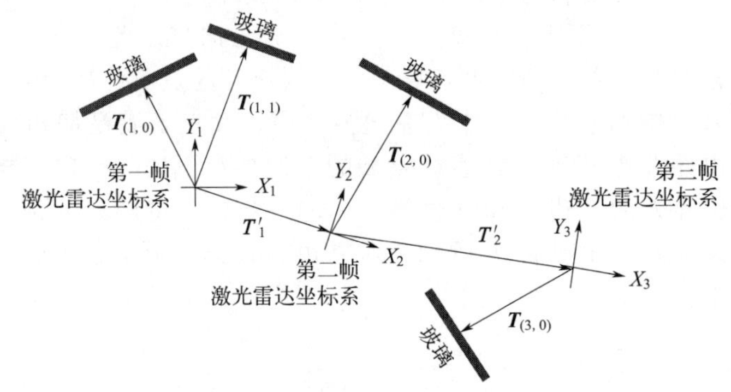

图 3-20　各帧之间坐标系关系

任意两个玻璃平面之间的位置关系，都由上述各变换矩阵之间的关系获得。从第一帧激光雷达点云开始，对此后新获得的每个无框架玻璃点云进行以下操作：以当前玻璃平面 Y' 轴与法线构成的平面，将空间划分为左右两边，定义左侧为 X'轴的负方向。定义玻璃平面坐标系的原点是点 p_o，利用四叉树找到两个点 p_l 和 p_r，此两点为历史帧中已记录的环境无框架玻璃平面坐标系原点。p_l 是左侧空间内距离 p_o 最近的点，两点之间的距离为 d_l，如图 3-21 所示；右侧空间按同样规则进行处理，记距离为 d_r。

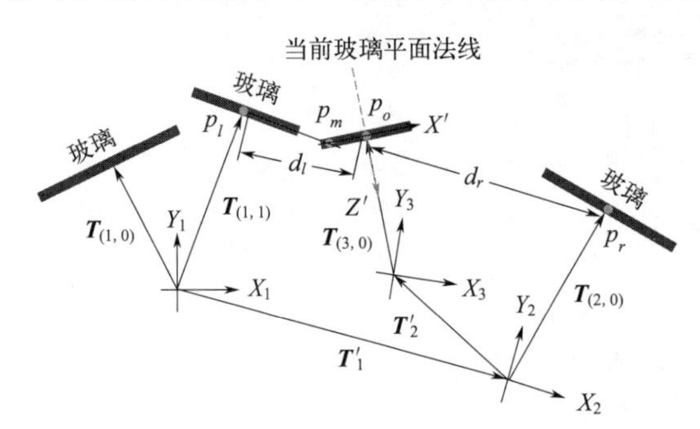

图 3-21　玻璃平面左右两侧最近点

无框架玻璃点云重建以朝向世界坐标系 Z 轴的负方向为视角，重建无框架玻璃在该视角下的形状曲线，各历史点云簇的最大俯仰角作为三维重建上下限范围，随后将在该曲线及上下限构成的闭合范围内重建三维点云。

以当前反射强度峰值点的左侧空间点云重建为例，将点 p_o 和点 p_l 设置为重建点云曲线的两端，定义两个玻璃平面的交点为 p_m。以 p_o、p_l 和 p_m 为顶点绘制的二阶贝塞尔曲线，如式(3-10) 所示。已完成的曲线形状存储于树形结构，树的节点是曲线的端点，树的分支由二阶贝塞尔曲线方程表示。

$$\boldsymbol{p}(t)=(1-t)^2\boldsymbol{p}_l+2t(1-t)\boldsymbol{p}_m+t^2\boldsymbol{p}_o, t\in[0,1] \tag{3-10}$$

进行重建方法的实验验证，利用上述算法流程重建玻璃点云。图 3-11 所示环境中，玻璃点云已被识别且有固定的边界框架，则利用其边界框架信息重建玻璃点云。重建结果如图 3-22 所示，图中绿色标识为算法找到的边界框架位置，这些标记构成一个矩形范围，其左右侧边界为相对激光雷达位置视角的左右。图 3-11(a) 玻璃护栏的点云重建结果如图 3-22(a) 所示，图 3-11(b) 中玻璃幕墙的点云重建结果如图 3-22(b) 所示，所有穿过该范围的激光束的命中位置都将被修改为玻璃所在的平面。

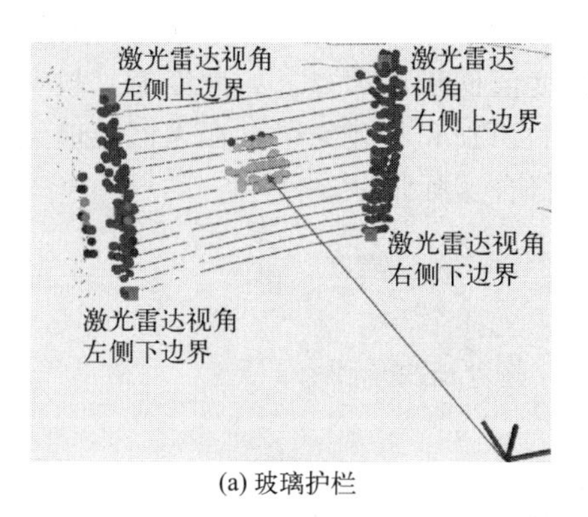

(a) 玻璃护栏

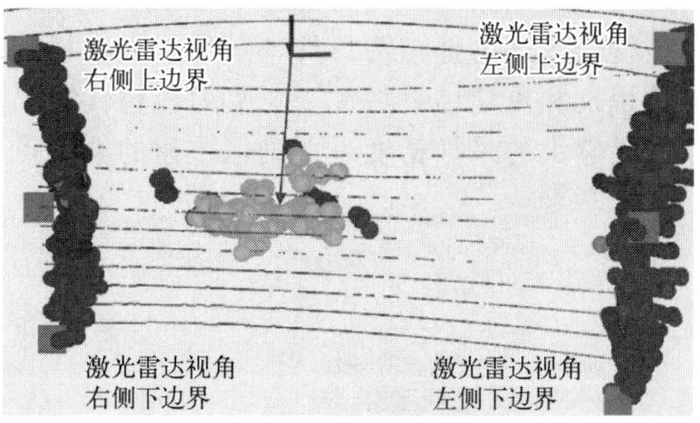

(b) 玻璃幕墙

图 3-22　点云重建结果

对于不同距离下的重建效果，本书增加了不同距离的识别和重建实验以验证透明障碍物的距离对本书方法没有限制。表 3-3 展示了本书方法在不同距离下的各个指标和玻璃点云规模。玻璃点云的规模以点云簇在 Y' 轴方向上的距离表示，点云规模与距离成正比。如图 3-23 所示，在不同的距离上，本书提出的方法可以准确地识别和重建玻璃点云。

表 3-3　不同距离的玻璃点云规模和评价指标

距离/m	点云规模/mm	R_f	R_g	R_c
0.5	27	78.78%	89.65%	85.71%
0.75	93	86.86%	91.34%	84.62%
1.25	150	78.69%	85.19%	81.81%
1.5	213	79.66%	79.31%	75%

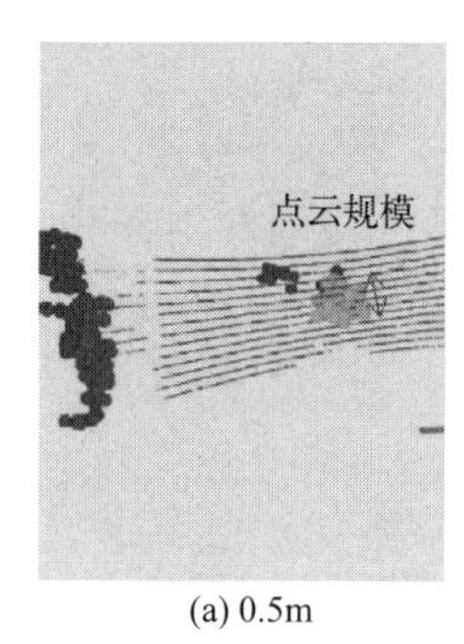

(a) 0.5m

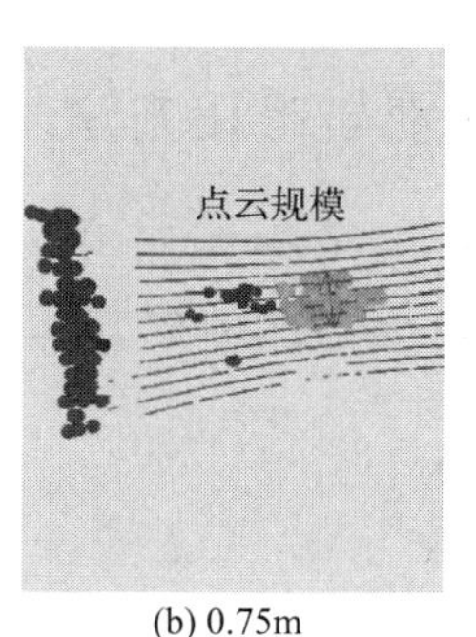

(b) 0.75m

(c) 1.25m

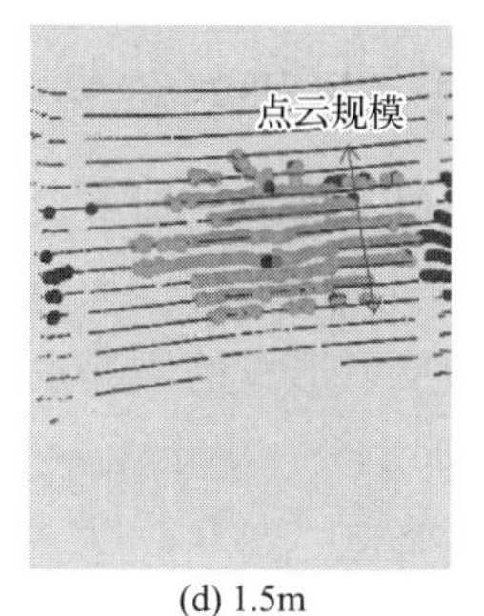

(d) 1.5m

图 3-23　不同距离下的识别与重建结果

对无框架玻璃重建，实验中采用弯曲的亚克力板作为替代，如图 3-24 所示。激光雷达

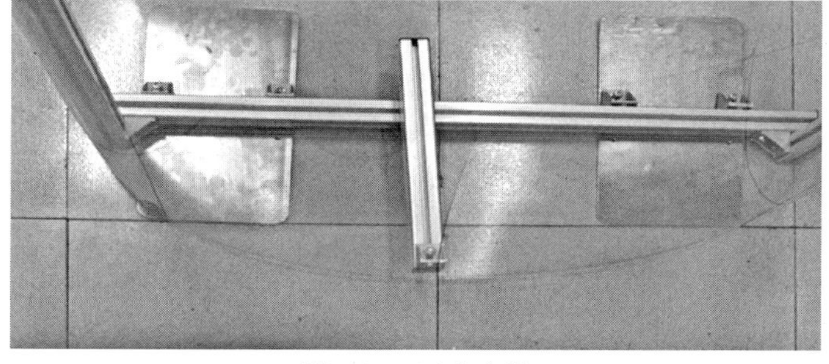

图 3-24　亚克力板

从一端开始采集数据至亚克力板中间位置，重建结果如图 3-25 所示。亚克力板点云的局部结构特征符合上述局部结构特征，其反射强度特征散度值低于玻璃点云的散度值，故实际玻璃场景的识别和重建结果将优于亚克力板替代情况下的识别和重建结果。在无框架玻璃重建过程中，足够大的采样密度可以确保重建的玻璃点云符合实际形状。

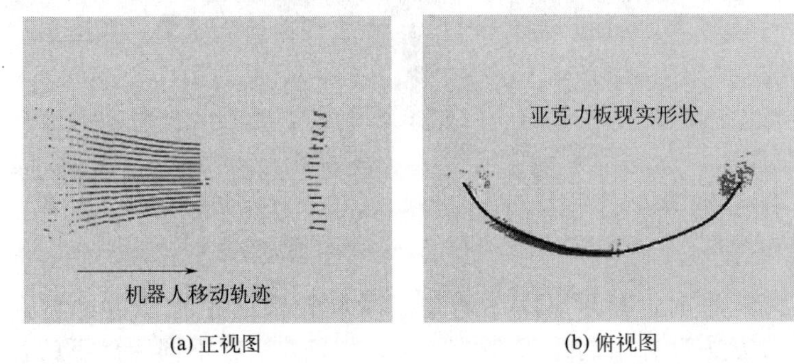

(a) 正视图　　(b) 俯视图

图 3-25　曲面无框架透明障碍物点云重建结果

3.5　透明障碍物环境地图构建方法

在执行各项任务之前，移动机器人必须先获取准确的环境地图。3.4 节介绍了基于多线激光雷达获得三维点云识别并重建玻璃点云的方法，使移动机器人能够正确感知环境。但在此基础上，点云数据仍存在由玻璃镜面反射造成的虚拟错误点云，本书将提出反射错误点识别与修正方法进一步修正点云数据，通过透明障碍物环境中的帧间匹配特征改善匹配结果，构成优化 SLAM 算法以绘制正确的环境地图。

3.5.1　基于对称特征的反射错误点识别与修正方法

类似于玻璃识别率 R_g，定义标识有效率 R_e，表示在 SLAM 算法得到的地图中被安全标识出的玻璃数量，如式(3-11)；定义错误点云规模 S_e，表示在 SLAM 算法得到的地图中由玻璃反射形成的错误点云体积。

$$R_e=\frac{N_{sg}}{N_{tg}} \tag{3-11}$$

式中　N_{sg}——地图中安全标识出的玻璃数量；

N_{tg}——地图中实际存在的玻璃数量。

计算两种算法在相同环境中的标识有效率 R_e 和错误点云规模 S_e，三维点云地图中 S_e 单位为 m^3，而二维栅格地图中 S_e 单位为 m^2，综合考虑算法复杂度和算法框架，本节将在 LOAM 算法的基础上进行优化，以重建玻璃后激光雷达点云为基础，引入新的匹配特征以改进算法在透明障碍物环境中的点云匹配精确度，并通过对称特征识别删除反射错误点云，以解决先前提到的由玻璃带来的问题，实现构建完整且准确的环境地图的目标，为机器人在透明障碍物环境中执行任务提供更可靠的支持。

常规 SLAM 算法存在无法正确构建玻璃、无法消除由反射带来的错误点云的问题。本节将在正确的玻璃重建点云形状及其位置的基础上，着重解决由玻璃反射带来的错误点云问题。针对由镜面反射引起的错误点云问题，直接方法是利用物理原理，通过暴力搜索匹配点云数据中的对称反射错误点，并保留与激光雷达同侧的点云为实际正确点云。然而单帧点云数据的数量可能会高达10^6个点，这导致构建的点云地图数据规模庞大。这种情况下，采用直接的暴力搜索匹配方法将消耗大量时间，无法满足实时建图的要求。本方法以暴力搜索对称匹配为思路，匹配以玻璃所处平面为对称面的对称点云进行优化以降低计算量。本书提出的反射错误点识别修正方法分为两部分：第一部分为对称平面优化，第二部分为对称特征评估。在一个室内环境中，玻璃的数量直观影响着搜索匹配对称点云的计算消耗。以获得的玻璃平面参数为基础，优化合并同一平面的玻璃。玻璃平面合并后，对玻璃平面参数进行校准，优化对称面，降低计算消耗，以提高点云处理的实时性能和准确性。

移动机器人经过一块玻璃或多次重访一块玻璃，会采集不同位置多帧激光雷达点云数据，整合多位置采集的点云信息，能够最大程度地填补玻璃点云的缺失部分，从而获得更为真实且准确的玻璃边界范围。但对同一块玻璃的多次数据采集与重建，会产生多个不同时刻不同位置玻璃平面峰值点及玻璃框架范围，生成多个平面方程。如图 3-26 所示现实环境中对同一块玻璃多次在不同位置采集的点云数据，若不经优化则会被作为多个不同的对称平面进行对称点云搜索匹配，故应合并为同一个玻璃平面。采用识别重建玻璃点云的算法，设对单块玻璃采集并重建得到了 m 帧位姿构型数据，即 m 个平面法向量 $\boldsymbol{n}$ 和位于玻璃平面上的向量起点 $\boldsymbol{p}_n$。将 m 个法向量 $\boldsymbol{n}_i=(x_i,y_i,z_i)$进行平均取值，并将 m 个起点 $\boldsymbol{p}_{ni}=(p_{nxi},p_{nyi},p_{nzi})$取平均值，获得代表该块玻璃 m 次采集数据的最终参数值：

$$\begin{cases}\boldsymbol{p}_{navg}=\dfrac{1}{m}\sum\limits_{i=1}^{m}\boldsymbol{p}_{ni}=\left(\dfrac{1}{m}\sum\limits_{i=1}^{m}p_{nxi},\dfrac{1}{m}\sum\limits_{i=1}^{m}p_{nyi},\dfrac{1}{m}\sum\limits_{i=1}^{m}p_{nzi}\right)\\ \boldsymbol{n}_{avg}=\dfrac{1}{m}\sum\limits_{i=1}^{m}\boldsymbol{n}_i=\left(\dfrac{1}{m}\sum\limits_{i=1}^{m}x_i,\dfrac{1}{m}\sum\limits_{i=1}^{m}y_i,\dfrac{1}{m}\sum\limits_{i=1}^{m}z_i\right)\end{cases}\tag{3-12}$$

最终玻璃点云边界由各次重建边界的并集确定，即取得其最大范围，以此作为对该块玻璃进行最终重建时的范围参考。这种策略能够更好地适应不同采集条件下的玻璃点云数据，确保结果覆盖所有采集数据，并尽可能地表达玻璃的整体形状和结构。定义 U 为玻璃平面的集合，将最终单个玻璃参数纳入其中。在搜索对称点云时，以玻璃平面为对称面进行对称

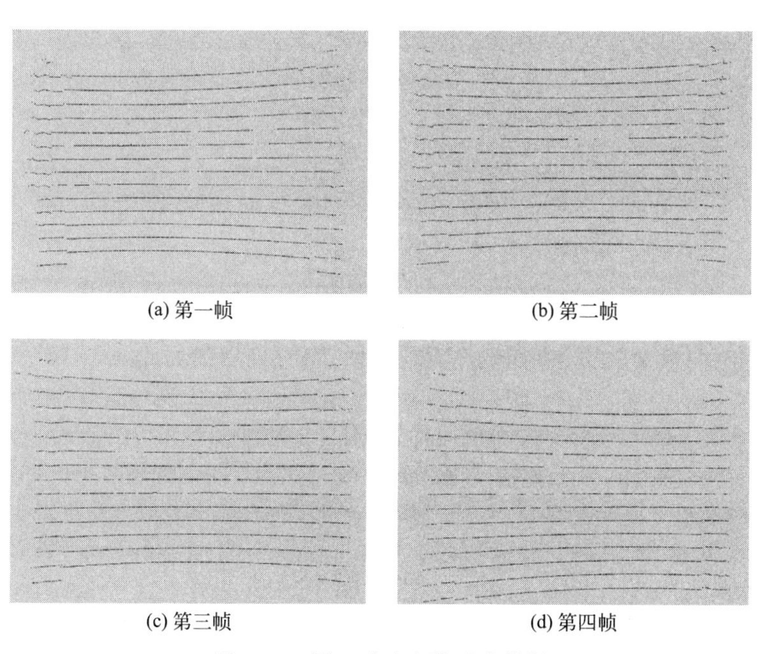

(a) 第一帧　(b) 第二帧　(c) 第三帧　(d) 第四帧

图 3-26　同一玻璃多帧重建数据

点云匹配，首先需要合并同平面的多块玻璃为一个平面。多块玻璃视为一个平面，有助于减少搜索空间，避免在每块玻璃上都进行独立的对称点云搜索，能够加快对称点云匹配速度，提高搜索效率，从而降低大规模点云环境中的匹配计算消耗。定义 U_m 为合并后玻璃的集合，在合并完成后，算法会在 U_m 中移除原有的玻璃，并更新合并后的玻璃参数。下面要考虑的是如何判断两块玻璃可以相接合并为一块玻璃。如图 3-27 所示，图中玻璃可以合并为一个玻璃平面。

图 3-27　多块玻璃位于同一平面

设两个玻璃平面各自的法向量为

$$\begin{cases}\boldsymbol{n}_1=(x_1,y_1,z_1)\\ \boldsymbol{n}_2=(x_2,y_2,z_2)\end{cases} \tag{3-13}$$

设两个法向量在各自平面上的起点为

$$\begin{cases}\boldsymbol{p}_{n1}=(p_{nx1},p_{ny1},p_{nz1})\\ \boldsymbol{p}_{n2}=(p_{nx2},p_{ny2},p_{nz2})\end{cases} \tag{3-14}$$

则其法向量夹角余弦值为

$$C=\frac{\boldsymbol{n}_1\cdot\boldsymbol{n}_2}{\|\boldsymbol{n}_1\|\|\boldsymbol{n}_2\|}=\frac{x_1x_2+y_1y_2+z_1z_2}{\sqrt{x_1^2+z_1^2+z_1^2}\sqrt{x_2^2+z_2^2+z_2^2}} \tag{3-15}$$

式中，两法向量的夹角范围是 0°至 90°，两法向量的平均向量为

$$\boldsymbol{n}_m=\frac{1}{2}(x_1+x_2,y_1+y_2,z_1+z_2) \tag{3-16}$$

以向量 $\boldsymbol{v}_{op}$ 为从 $\boldsymbol{p}_{n1}$ 指向 $\boldsymbol{p}_{n2}$ 的向量：

$$\boldsymbol{v}_{op}=(p_{nx2}-p_{nx1},p_{ny2}-p_{ny1},p_{nz2}-p_{nz1}) \tag{3-17}$$

则在 $\boldsymbol{n}_m$ 方向上，两起点之间的距离为

$$d_p=\mathrm{proj}_{\boldsymbol{n}_m}(\boldsymbol{v}_{op})=\frac{\boldsymbol{v}_{op}\cdot\boldsymbol{n}_m}{\|\boldsymbol{n}_m\|} \tag{3-18}$$

最终给出由法向量及其位于平面上的起点进行得分计算的公式：

$$\sigma_{\mathrm{glassplane}}=C\mathrm{e}^{-\frac{d_p}{k_d}} \tag{3-19}$$

式中，k_d 是调节系数；$\sigma_{\mathrm{glassplane}}$ 的值最大为 1。对于两个玻璃平面，根据 k_d 的设置确定一个阈值，若得分大于阈值且接近 1，则代表两个玻璃位于同一平面。根据上述法向量 $\boldsymbol{n}_m$ 及其起点确定世界坐标系下的平面方程 $\widehat{A}_1x+\widehat{B}_1y+\widehat{C}_1z+\widehat{D}_1=0$。合并中各平面的边界取并集，即最大范围。

最小二乘（least squares，LS）法是一种用于拟合数学模型到一组观测数据的优化方法，其目标是最小化观测数据与模型预测值之间的残差平方和。在平面拟合方面，最小二乘

法可以用于找到最适合一组点云数据的平面，并估计平面的参数。在实际实验中，特别是对于对玻璃进行采样而言，对光线环境敏感的激光雷达可能会引入一些误差。因此，通过最小二乘法拟合的平面可能受到误差的影响，从而对后续对称点云搜索产生不利影响。在边界范围中的玻璃点云进行降采样，形成点云集合 P_{gd}，集合中各点采用总体最小二乘（total least squares，TLS）拟合获得平面参数。定义集合 P_{gd} 中 n 个点 $\boldsymbol{p}_i=(p_{xi},p_{yi},p_{zi})$，$i=1,2,\cdots,n$。

将所要拟合的平面方程一般形式写为

$$z=\hat{A}_2x+\hat{B}_2y+\hat{C}_2 \tag{3-20}$$

式(3-20）添加误差形式为

$$z+\Delta z=\hat{A}_2(x+\Delta x)+\hat{B}_2(y+\Delta y)+\hat{C}_2 \tag{3-21}$$

式中，Δx、Δy、Δz 分别为三维空间三个方向上的误差改正。

将式(3-21）构建为平差（errors in variables，EIV）数学模型：

$$(\boldsymbol{\Lambda}+\boldsymbol{E}_{\boldsymbol{\Lambda}})\boldsymbol{K}=\boldsymbol{Z}+\boldsymbol{E}_{\boldsymbol{Z}} \tag{3-22}$$

式中：

$$\boldsymbol{\Lambda}=\begin{bmatrix} p_{x1} & p_{y1} & 1 \\ p_{x2} & p_{y2} & 1 \\ \vdots & \vdots & \vdots \\ p_{xn} & p_{yn} & 1 \end{bmatrix},\boldsymbol{K}=\begin{bmatrix} \hat{A}_2 \\ \hat{B}_2 \\ \hat{C}_2 \end{bmatrix},\boldsymbol{Z}=\begin{bmatrix} p_{z1} \\ p_{z2} \\ \vdots \\ p_{zn} \end{bmatrix} \tag{3-23}$$

$\boldsymbol{E}_{\boldsymbol{\Lambda}}$ 与 $\boldsymbol{E}_{\boldsymbol{Z}}$ 代表误差矩阵，如下所示：

$$\boldsymbol{E}_{\boldsymbol{\Lambda}}=\begin{bmatrix} \Delta x_1 & \Delta y_1 & 1 \\ \Delta x_2 & \Delta y_2 & 1 \\ \vdots & \vdots & \vdots \\ \Delta x_n & \Delta y_n & 1 \end{bmatrix},\boldsymbol{E}_{\boldsymbol{Z}}=\begin{bmatrix} \Delta z_1 \\ \Delta z_2 \\ \vdots \\ \Delta z_n \end{bmatrix} \tag{3-24}$$

将式(3-24）改写为以下形式：

$$[\boldsymbol{\Lambda}+\boldsymbol{E}_{\boldsymbol{\Lambda}} \quad \boldsymbol{Z}+\boldsymbol{E}_{\boldsymbol{Z}}]\begin{bmatrix} \boldsymbol{K} \\ -\boldsymbol{I} \end{bmatrix}=([\boldsymbol{\Lambda} \quad \boldsymbol{Z}]+[\boldsymbol{E}_{\boldsymbol{\Lambda}} \quad \boldsymbol{E}_{\boldsymbol{Z}}])\begin{bmatrix} \boldsymbol{K} \\ -\boldsymbol{I} \end{bmatrix}=\boldsymbol{0} \tag{3-25}$$

对 $[\boldsymbol{\Lambda} \quad \boldsymbol{Z}]$ 进行奇异值分解：

$$[\boldsymbol{\Lambda} \quad \boldsymbol{Z}]=[\boldsymbol{U}_1 \quad \boldsymbol{U}_2]\begin{bmatrix} \boldsymbol{\Sigma} \\ \boldsymbol{0} \end{bmatrix}\boldsymbol{V}^{\mathrm{T}}=\boldsymbol{U}_1\boldsymbol{\Sigma}\boldsymbol{V}^{\mathrm{T}} \tag{3-26}$$

式中：

$$\boldsymbol{U}_1=[\boldsymbol{U}_{11} \quad \boldsymbol{U}_{12}]_{n\times(e+1)},\boldsymbol{\Sigma}=\begin{bmatrix} \boldsymbol{\Sigma}_1 & \boldsymbol{0} \\ \boldsymbol{0} & \boldsymbol{\Sigma}_2 \end{bmatrix}_{(\varepsilon+1)\times(\varepsilon+1)},\boldsymbol{V}^{\mathrm{T}}=\begin{bmatrix} \boldsymbol{V}_{11} & \boldsymbol{V}_{12} \\ \boldsymbol{V}_{21} & \boldsymbol{V}_{22} \end{bmatrix}_{(\varepsilon+1)\times(\varepsilon+1)} \tag{3-27}$$

则拟合平面参数可由下式估计：

$$\boldsymbol{K}=-\boldsymbol{V}_{12}\boldsymbol{V}_{22}^{-1} \tag{3-28}$$

式中：

$$\boldsymbol{V}_{12}=\begin{bmatrix} v_{1,e+1} \\ v_{2,e+1} \\ \vdots \\ v_{e,e+1} \end{bmatrix},\boldsymbol{V}_{22}=[v_{e+1,e+1}] \tag{3-29}$$

定义均方根误差（RMSE）以判断拟合效果，RMSE 将用于后续参数优化，RMSE 公式为

$$\mathrm{RMSE}=\sqrt{\frac{1}{n}\sum_{i=1}^{n}d_i^2} \tag{3-30}$$

式中，d_i 为点 $\boldsymbol{p}_i$ 到平面的距离：

$$d_i=\frac{|p_{zi}-\widehat{A}_2 p_{xi}-\widehat{B}_2 p_{yi}-\widehat{C}_2|}{\sqrt{\widehat{A}_2^2+\widehat{B}_2^2+1}} \tag{3-31}$$

在获得平面参数后，进行线性组合优化：

$$\begin{bmatrix}\widehat{A}\\ \widehat{B}\\ \widehat{C}\\ \widehat{D}\end{bmatrix}=k_1\begin{bmatrix}\widehat{A}_1\\ \widehat{B}_1\\ \widehat{C}_1\\ \widehat{D}_1\end{bmatrix}+k_2\begin{bmatrix}\widehat{A}_2\\ \widehat{B}_2\\ \widehat{C}_2\\ \widehat{D}_2\end{bmatrix} \tag{3-32}$$

式中，权重系数 k_1 和 k_2 满足 $k_1+k_2=1$。权重系数的值由 RMSE 决定，若 RMSE 较小则 k_2 将获得较大值，其余平面参数同样以此获得。

机器人搭载激光雷达在图 3-27 环境中获得了同一块玻璃不同位置的多次采集点云数据，以及同一平面不同玻璃的点云数据，生成了多个玻璃平面的重建结果。其玻璃重建点云的正视图如图 3-28 所示，黄色框为玻璃金属框架示意范围。

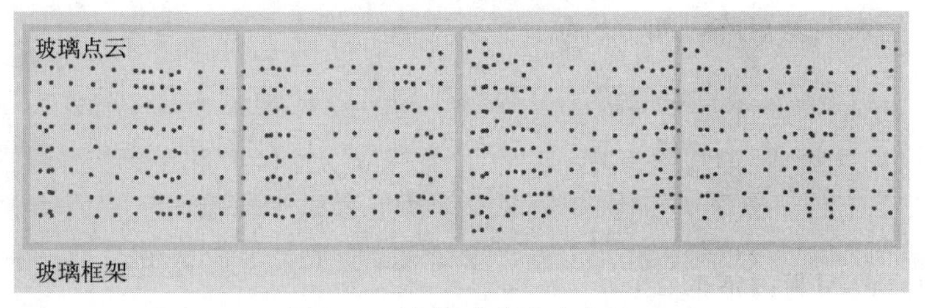

图 3-28　多块玻璃重建点云

如前所述，这些玻璃处于同一平面，若分别作为对称平面逐一进行对称点云匹配，算法将会多次在相同的对称平面进行匹配计算，降低特征的匹配效率。现通过上述优化方法进行合并，优化结果如图 3-29 所示，图中蓝色平面为通过优化方法得到的平面参数生成的平面，图中黑色点为环境中其他障碍物点云。图 3-29(a) 为俯视图，图 3-29(b) 为正视图。合并多块玻璃为一个平面的优化结果代表了原始玻璃平面的整体特征，可以作为对称平面，降低点云匹配搜索的消耗。

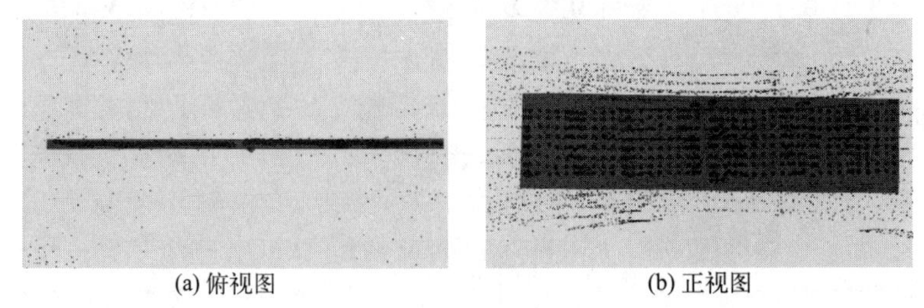

(a) 俯视图　　(b) 正视图

图 3-29　对称平面优化结果

在点云信息处理中，三维点云特征描述与提取被认为是最基础且至关重要的环节。三维

点云特征子描述提取了形状、表面和局部等多个方面。不同类型的点云数据往往呈现出多样性和复杂性，这导致各种不同的特征子在处理不同类型的点云时表现出各异的性能。在处理地形点云和物体点云等不同应用场景时，不同特征子的性能差异可能对于执行任务的准确性产生显著的影响，特征子性能的差异使得在具体应用中选择合适的特征子变得至关重要。

在环境点云中生成一部分对称点云作为实验场景，其中一组对称点的位置及其快速点特征直方图（fast point feature histogram，FPFH）特征如图3-30所示，其中横轴“特征维度”指维度序号，即第 i 个维度（共35个）。在该场景中，FPFH特征的提取效率高，且对称部分点云的FPFH特征相同，能够作为识别依据。另外，对称点云由玻璃反射真实环境某部分而产生，在两侧对称点云边缘的结构不同，会产生不同特征，导致仅能通过搜索反射点云簇内部的FPFH特征进行对称匹配。考虑到计算效率、鲁棒性和对称不变性，认为FPFH特征能够表示点云特征，且具有较高的稳定性，采用FPFH特征进行镜面反射点云的匹配。

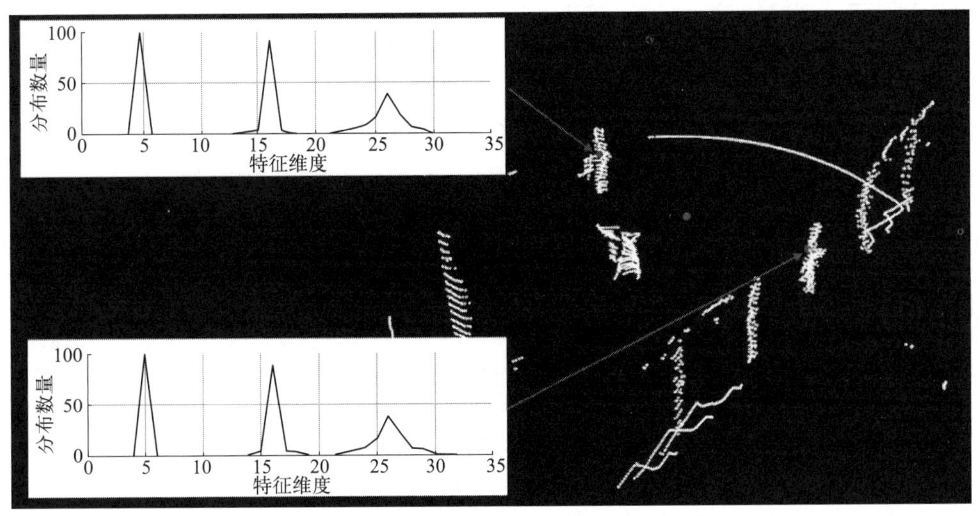

图3-30 实验场景的FPFH特征匹配效果

本书从两个方面评估一对点是否为对称点，分别是几何位置和对称特征。几何位置易于寻找，计算消耗小，可以为特征识别缩小范围、提高效率。在几何位置评估过程中，以玻璃平面划分两侧，以LiDAR所处一侧为 s_1，对侧为 s_2。考虑到错误点云由反射真实物体生成，在 s_1 侧以玻璃平面为起点，于距离玻璃平面 r_d 范围内生成膨胀层，对膨胀层包覆范围内的点云进行下采样并作为对称特征点。

Household矩阵用以寻找关于一个平面对称的一对点，定义矩阵 $\boldsymbol{M}_g$ 为一个玻璃平面给出的Household矩阵，即

$$\boldsymbol{M}_g=\boldsymbol{I}-2\boldsymbol{n}\boldsymbol{n}^{\mathrm{T}}$$

式中，$\boldsymbol{I}$ 为单位矩阵；$\boldsymbol{n}$ 为玻璃平面的法向量。对于三维空间中表示为 $Ax+By+Cz+D=0$ 的平面，其 $\boldsymbol{M}_g$ 如式(3-33)所示。

$$\boldsymbol{M}_g=\begin{bmatrix}1-2A^2 & -2AB & -2AC\\ -2AB & 1-2B^2 & -2BC\\ -2AC & -2BC & 1-2C^2\end{bmatrix} \tag{3-33}$$

则对于玻璃平面 s_1 侧点云的每个对称特征点 $\boldsymbol{p}_{s1}$，通过

$$\boldsymbol{p}_{s2}=\boldsymbol{M}_g\boldsymbol{p}_{s1} \tag{3-34}$$

计算其关于玻璃平面的对称点位置 $\boldsymbol{p}_{s2}$，在找到对称点后，考虑到点云地图的降采样和其他误差，使用 k-d 树找到 s_2 侧与之最近的点 $\boldsymbol{p}'_{s2}$，并计算评估得分：

$$\sigma_{\text{symmetry}}(\boldsymbol{p}_{s1})=\mathrm{e}^{-\frac{\|\boldsymbol{p}_{s2}-\boldsymbol{p}'_{s2}\|}{k_{\alpha1}}} \tag{3-35}$$

式中，$\|\boldsymbol{p}_{s2}-\boldsymbol{p}'_{s2}\|$为两点之间的欧氏距离；$k_{\alpha1}$ 为调节参数。

较高的 σ_{symmetry} 得分能够反映 s_1 侧点 $\boldsymbol{p}_{s1}$ 与 s_2 侧点 $\boldsymbol{p}'_{s2}$有关于玻璃平面的对称关系，$\boldsymbol{p}'_{s2}$可能是由玻璃反射得来，但为了避免几何位置匹配的巧合，如玻璃两侧的不同物体处于对称位置造成的误识别，引入 FPFH 特征进行进一步的评估。

FPFH 特征需要在一定范围内估计点云的表面法线，以及生成点云 k 邻域内几何属性描述的运算，对点云的分布及密度有一定要求。在激光雷达数据中，竖直方向采样密度远小于水平方向采样密度，且采样密度随点云与激光雷达的距离增长而稀疏，这与 FPFH 在物体三维模型上的应用场景有所不同。所以在进行激光雷达点云的 FPFH 特征提取前，需要对激光雷达数据进行处理。首先是在竖直方向进行压缩，同时根据点云距激光雷达的距离进行缩放，最终令点云数据具有空间内较为均匀的分布密度。

定义 $\boldsymbol{p}_{s1}$ 对称的一组点 FPFH 特征评估得分为

$$\sigma_{\text{FPFH}}(\boldsymbol{p}_{s1})=\mathrm{e}^{-\frac{\sqrt{\sum_{dith}[\text{FPFH}_{dith}(\boldsymbol{p}_{s1})-\text{FPFH}_{dith}(\boldsymbol{p}'_{s2})]^2}}{k_{\alpha2}}} \tag{3-36}$$

式中，$\text{FPFH}_{dith}(\boldsymbol{p})$ 为 $\boldsymbol{p}$ 点 FPFH 特征的第 $dith$ 维度上的值；$k_{\alpha2}$ 为调节参数。

通过两组评估得分判定关于点 $\boldsymbol{p}_{s1}$ 对称的一组点是否为玻璃反射产生的错误点，对于点云簇中处于边缘 FPFH 特征差距较大的部分，通过聚类方式纳入点云簇中，最终将 s_2 侧的对称点云簇进行删除。

3.5.2 透明障碍物场景优化 SLAM 方法

以稀疏点云地图作为三维环境的地图表现形式，能够兼顾计算效率、存储消耗和信息丰富度。稀疏点云地图不仅包含了点云地图的丰富信息，而且可以利用多种算法转化为拓扑地图或栅格地图。后续的 SLAM 及自主探索过程中，将把点云地图按高程转化为栅格地图进行路径规划及定位导航，以降低运算消耗、提高算法效率。

SLAM 任务对于 SLAM 算法的实时性能具有较高要求，在三维点云特征提取方面，一些常用特征具有一定的旋转、尺度、光照不变性，但是在弱纹理、动态场景、遮挡等情况下，容易出现特征缺失、误匹配等问题，影响 SLAM 的性能。在特征提取方面，LOAM 算法采用点云的曲率 κ 作为特征对特征提取进行优化，曲率由式(3-37) 进行计算。在三维空间中处于平滑平面上曲率大的几个点为边缘点，而在三维空间中处于尖锐边缘上曲率小的几个点称为平面点。算法将点云中的点均分为几个部分，每个部分提取固定数量的边缘点与平面点。

$$\kappa=\frac{1}{|P_\kappa|\,\|\boldsymbol{p}_{(f,i)}\|}\sum_{j\in P_\kappa,j\neq i}\|\boldsymbol{p}_{(f,i)}-\boldsymbol{p}_{(f,j)}\| \tag{3-37}$$

式中，$\boldsymbol{p}_{(f,i)}$ 为第 f 帧点云数据中的第 i 个点；P_κ 为点 $\boldsymbol{p}_{(f,i)}$ 附近的连续点集合；$|P_\kappa|$为集合 P_κ 中点的数量。

在里程计部分，LOAM 将位姿估计分为两个部分进行。第 f 帧扫描环境点云以 P_f 表示，其边缘点集合为 E_f，平面点集合为 H_f。算法获取特征点之后，使用 scan-to-scan 方法，对边缘点与平面点集进行帧间匹配，以 10Hz 的频率获取低精度 P_f 与 P_{f+1} 之间的关系。在边缘点部分，在 E_f 中找到一条线，在 E_{f+1} 中选取点，将求解姿态转化为点到线之间的最短距离。与边缘点匹配类似，在平面点匹配部分，在 H_f 中找到一个面，在 H_{f+1} 中选取点，将求解姿态转化为点到平面的最短距离。通过上述两个约束，使用非线性优化进行姿态求解，最终获得相邻帧之间的变换关系。在获得数个粗略变换关系后，算法通过大量的特征点和粗略变换关系获得精确的变换关系，并将该位姿变换应用于精确地图的构建，该部分以1Hz的频率进行高精度的建图。在LOAM算法的基础上，针对透明障碍物环境做了如下优化：

① 玻璃点云边界作为第三种特征进行位姿优化，获得更精确的位姿信息；

② 生成增量玻璃点云，独立于SLAM算法获得的地图，与环境地图共同表示正确环境，对后续错误点云识别删除提供支持；

③ 将玻璃点云与环境点云融合，经过修正最终获得能够正确反映实际环境的地图。

LOAM算法中提出的边缘点与平面点能够准确地表述环境特征，并应用于点云帧间匹配。经过特征提取识别、重建的玻璃点云在透明障碍物环境中相较于常规边缘点和平面点具有更好的鲁棒性，能够考虑作为特殊的环境特征以计算帧间位姿。反射强度特征和局部结构特征能够用来识别玻璃点云，但随环境光线和采集位置不同具有不同量化数值，不宜作为单块玻璃范围内的帧间匹配特征，故本节依据被识别出的玻璃点云，提出玻璃点云边界作为匹配特征。

机器人移动速率小于5m/s且激光雷达采集频率足够高，相邻的两帧激光雷达点云数据具有如下特性：对于同一块玻璃，相邻两帧反射强度峰值点皆满足反射强度特征和局部结构特征，即对于同一块玻璃的相邻两帧点云数据都能够被识别为玻璃点云；对于玻璃及其框架的交界处，采集到的相邻两帧点云数据中，一帧识别为玻璃点云，另一帧将作为普通障碍物点云。这说明，同一块玻璃的各相邻两帧数据是存在关联的，在连续采集的数据中，通过对玻璃点云连续性的判断能够确认点云是否归属同一玻璃。若相邻两帧中存在两簇玻璃点云归属现实环境中同一块玻璃，则该块玻璃的边界框架可被作为特征标志，框架的点云可作为相邻两帧点云中具有较高置信度的特征进行帧间位姿求解，为得到精确结果，取激光雷达垂直角0°之上第一帧数据中的边界点云为特征，如图3-31所示。

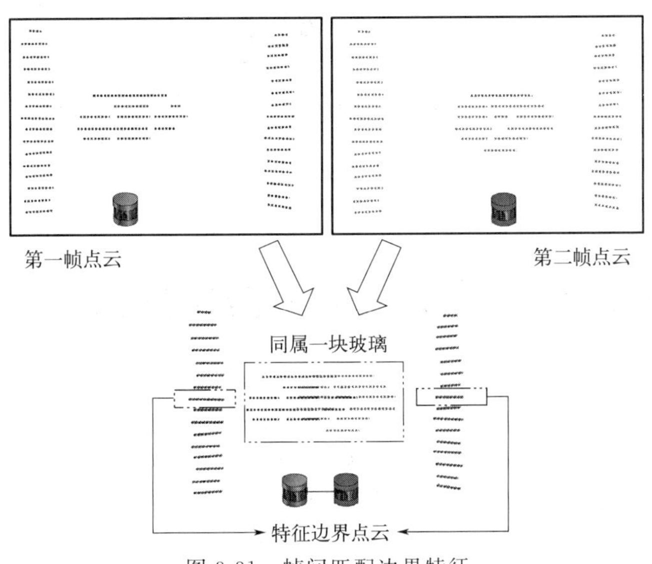

图3-31 帧间匹配边界特征

通过上述优化位姿方法，获得每一帧点云与世界坐标系的位姿关系后，将每一帧重建的玻璃点云依据此位姿关系进行拼接，生成增量维护的玻璃点云。此时的玻璃点云为单纯的单块玻璃重建点云在其位置上的累积叠加，其点云量与采集帧数成正比。玻璃点云应用于表示正确的环境，后续平面优化识别删除错误点云。增量维护的玻璃点云如图 3-32 所示，玻璃点云在环境中正确位置实现了对玻璃的重建。

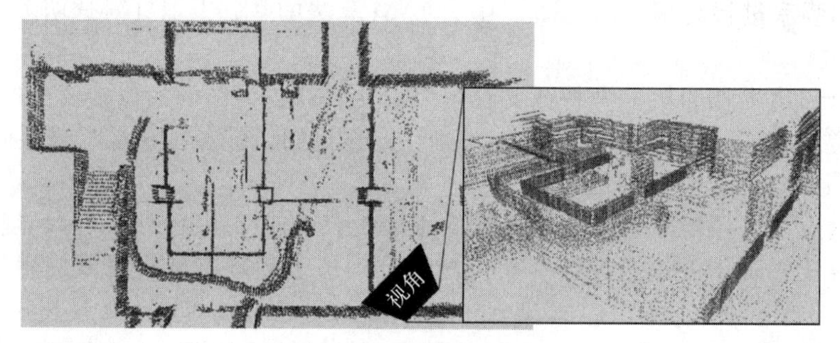

图 3-32　环境玻璃点云

综合上述提出的各项内容，形成优化 SLAM 方法架构，如图 3-33 所示。优化 SLAM 方法中维护更新的玻璃点云与原始环境点云共同构成带有重建玻璃的玻璃地图，玻璃地图相当于在原始环境地图中增加了重建的玻璃部分。通过提出的基于对称特征的反射错误点识别与修正方法识别并删除由玻璃反射形成的错误点云，最终获得真实反映透明障碍物环境的正确地图。

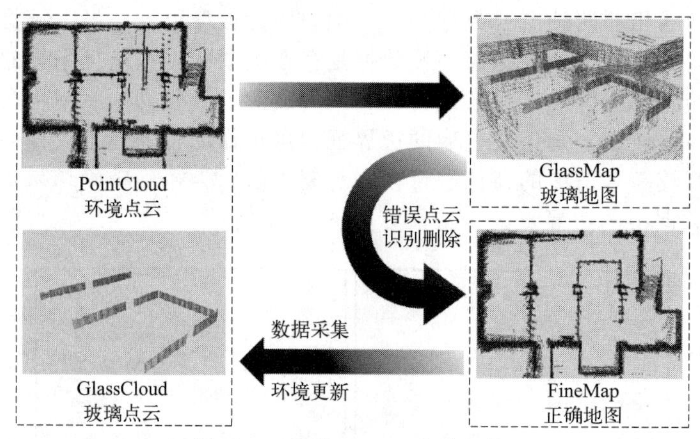

图 3-33　优化 SLAM 方法架构

3.6 透明障碍物环境下机器人自主探索策略

本节的实验环境为含有玻璃的环境，其平面图如图 3-34 所示。

机器人经过玻璃位置前往目标点时，将面临路径规划失效的问题，具体分为两种情况：

① 玻璃点云规模较大。此时自主探索算法将认为存在障碍物，规划的路径将绕过该处玻璃，引导机器人前往目标点。机器人沿路径移动的同时，采集的玻璃点云将跟随机器人移动并与机器人保持相同位姿关系。对自主探索算法而言，即代表存在一处动态障碍物始终处于机器人前往目标点的路径上，需要不断规划路径，而机器人则处于该位置往复移动，如图 3-35 所示。

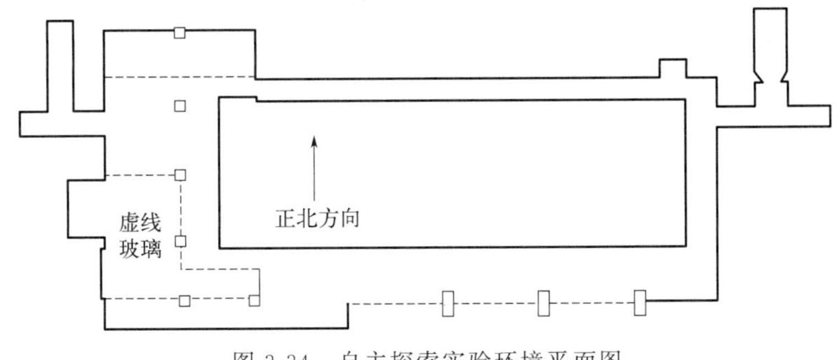

图 3-34　自主探索实验环境平面图

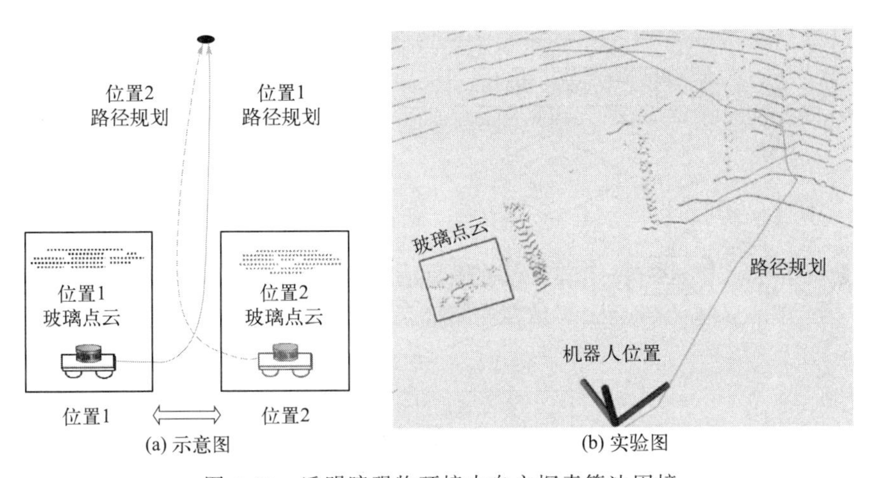

图 3-35　透明障碍物环境中自主探索算法困境

② 玻璃点云规模较小。此时自主探索算法将认为此处点云为传感器噪声，规划路径将径直穿过该处玻璃，引导机器人前往目标点。机器人将与玻璃发生碰撞，造成危险。

在实际运行算法的过程中，各算法在面对玻璃障碍时常因上述两种情况结束探索，常规的机器人自主探索算法面对透明障碍物环境时仍有改进空间。问题的关键在于对玻璃点正确感知并做出合理的探索动作，故针对该问题，结合前文的工作基础对机器人在透明障碍物环境中的自主探索策略进行设计。

3.6.1 基于双 RRT 的局部探索

在一个以栅格地图构建的未知环境中，定义 $\Pi \subset \mathbf{R}^2$ 代表任一栅格，栅格地图以概率形式表示现实环境中的障碍物，得到的地图包含“空闲”“占用”“未知”状态：还未被观测到的“未知”栅格将以初始 0.5 的占用概率表示，后续通过各种传感器的不断观测，将在此基础上更新栅格的占用概率；“空闲”与“占用”是已经探索过的部分，已探索部分栅格以 Π_k 表示，“空闲”栅格的占用概率为 0，而“占用”栅格的占用概率为 1。以 Π_{free} 表示空闲栅格，Π_{occ} 表示占用栅格（即存在障碍物），Π_{unk} 表示未知栅格。定义边界点存在于环境中空闲与未知状态空间之间的交界，即栅格地图中 Π_{unk} 与 Π_{free} 之间的边界，机器人通过可行域前往需要探索的边界获得未知区域的信息，不断探索 Π_{unk} 并将其转化为 Π_k。本节提出的自主探索框架如图 3-36 所示，包含局部探索与全局调整两个层次。在局部探索环节中，主要任务是定义机器人窗口范围，规划边界遍历路径并探索该

窗口内的 Π_{unk}。局部探索环节包括以 RRT 为基础的边界点搜索、目标点评估模型、机器人探索任务池。在全局调整环节中，主要任务是在全局视角下规划机器人的全局遍历顺序以节约探索消耗，更高效地完成探索任务。全局调整环节包括全局节点采集、全局拓扑图构建、全局路径规划。

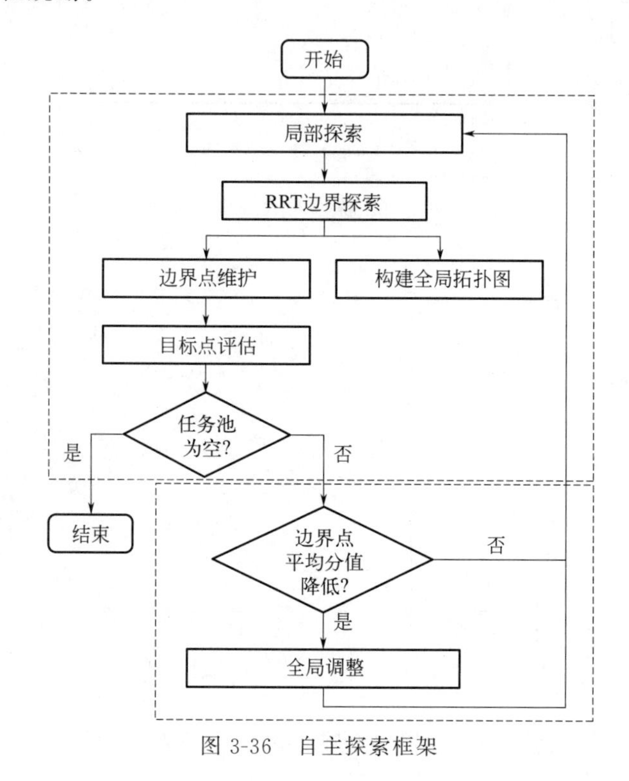

图 3-36　自主探索框架

定义边界点集合为 F，在室内环境中采用 RRT 进行边界点寻找的基本步骤为：

① 定义 RRT 的节点集合 V 及边集合 E；

② 以机器人初始位姿作为起始根节点 ψ_{init}，并加入集合 V 中；

③ 随机生成采样点 ψ_{rand}；

④ 寻找 V 中距离 ψ_{rand} 最近的节点，并标记为 ψ_{nearest}；

⑤ 沿 ψ_{rand} 与 ψ_{nearest} 之间的连线，从 ψ_{nearest} 起以步长 Γ 获得新的节点 ψ_{new}；

⑥ 若 ψ_{new} 与 ψ_{nearest} 之间存在障碍物，则回到步骤③；

⑦ 若 $\psi_{\text{new}} \in \Pi_{\text{unk}}$ 且 $\psi_{\text{nearest}} \in \Pi_{\text{free}}$，则将 ψ_{new} 加入集合 F 中；

⑧ ψ_{new} 与 ψ_{nearest} 之间连线加入 E 中，且将 ψ_{new} 加入集合 V 中；

⑨ 重复步骤③～⑧。

基于 RRT 进行边界点寻找的方法如图 3-37 所示。本方法采用了一种双 RRT 的局部探索方法。针对自主探索的应用特点，该方法对基础 RRT 算法做了一些改进。为了提高边界点的搜索效率和质量，该方法采用了双 RRT 的策略，如图 3-38 所示，分别构建全局 RRT 和局部 RRT。全局 RRT 用于在整个环境中寻找边界点，保证探索覆盖完备度；局部 RRT 用于在机器人当前临近区域中寻找边界点，以快速获得附近的边界点。通过双 RRT 的协同，机器人可以更快地找到合适的边界点作为探索目标。在得到边界点后，该方法还设计了对边界点进行聚类整合和维护的方法，以减少冗余的边界点，提高探索效率。

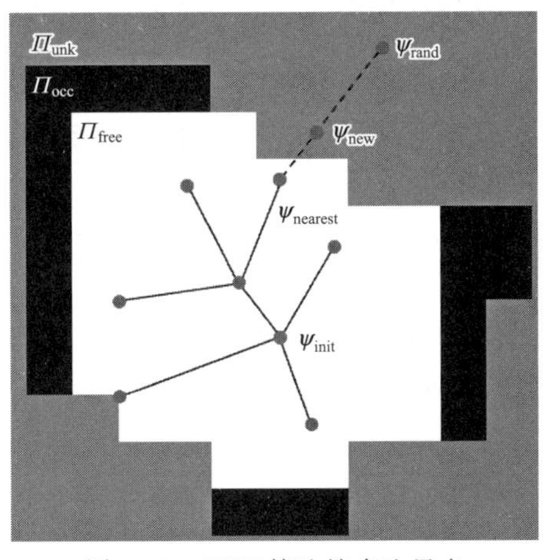

图 3-37　RRT 算法搜索边界点

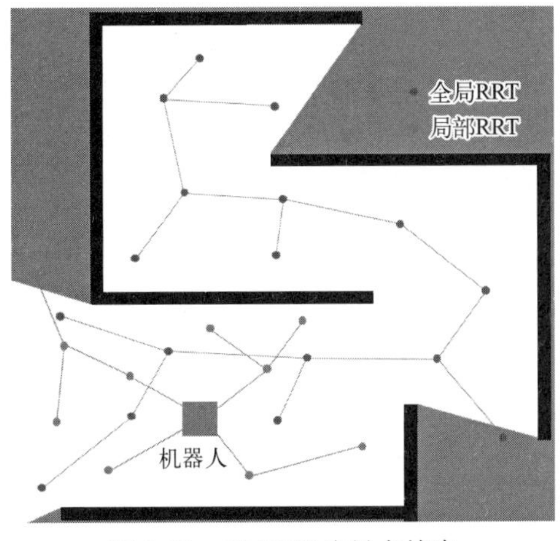

图 3-38　双 RRT 边界点搜索

该方法省略了边的集合 E，只保留节点集合 V，从而简化算法的复杂度和内存占用。全局 RRT 以机器人初始位置作为起始根节点进行生长，其寻找边界点的步骤与上述基础 RRT 步骤相同，不断寻找边界点直至自主探索过程结束。全局 RRT 的策略在整个环境中搜索边界点，不受机器人当前位置的影响，可以在任意位置生成边界点，保证机器人探索能够覆盖整个环境，实现地图探索的完备性。全局 RRT 算法的伪代码如算法 3-3 所示。其中步长 Γ 根据全局 RRT 节点数量动态调整，根据经验设置阈值：当数量少于该阈值时，设置较大步长 Γ 以在大范围内快速进行边界点寻找；而当数量多于该阈值时，设置较小步长 Γ 以细致寻找边界点。

算法 3-3　全局边界点搜索算法

1：**while** *True* **do**
2：　$\psi_{\text{rand}} \leftarrow$ *A random node*；
3：　$\psi_{\text{nearest}} \leftarrow$ *The closest node to* ψ_{rand} *in set* V；
4：　$\psi_{\text{new}} \leftarrow$ *Node obtained with step size* Γ；
5：　**if** *Obstacles between* ψ_{new} *and* ψ_{nearest} **then**
6：　　**Continue**；
7：　**end if**
8：　**if** $\psi_{\text{new}} \in \Pi_{\text{unk}}$ *and* $\psi_{\text{nearest}} \in \Pi_{\text{free}}$ **then**
9：　　$F \leftarrow F \cup \{\psi_{\text{new}}\}$；
10：　**end if**
11：　$V \leftarrow V \cup \{\psi_{\text{new}}\}$；
12：**end while**

局部 RRT 以机器人当前位置作为起始根节点进行生长，即 $\psi_{\text{init}} = \psi_{\text{current}}$，同样以上述步骤进行边界点搜索，但算法生命周期至第一次获得边界点。此时清除所有节点，并以当前机器人位置为新的起始根节点进行新一次的 RRT 算法以寻找边界点。局部 RRT 受机器人当前位置影响较大，能够保证快速获得机器人周围的边界点，提高探索速度和效果。局部 RRT 算法的伪代码如算法 3-4 所示。

集合 F 中包含大量边界点，其中有些边界点的空间距离接近，造成边界点的冗余；有些边界点由于环境信息的更新，已经不再位于边界，造成边界点的失效。为了解决这些问题，该方法对集合 F 中的边界点进行了聚类整合和有效性检测，以去除多余或无效的边界点，减少后续的边界点评估的开销。

本节使用 mean-shift 算法对获得的大量边界点进行聚类。传统的 mean-shift 算法是一个迭代的过程，对于给定二维空间中的 n 个样本点 X_i，以其中某点 X_s 为起点计算其范围内 n_k 个点的平均偏移量：

$$M_h(\boldsymbol{X}_s)=\frac{1}{n_k}\sum_{X_i \in S_h}(\boldsymbol{X}_i-\boldsymbol{X}_s) \tag{3-38}$$

式中，S_h 定义为半径为 h 的圆形范围。以上述偏移量更新 S_h 的位置，均值范围将逐渐指向样本分布最密集的位置，即沿概率密度梯度方向前进。

算法 3-4　局部边界点搜索算法

```
1:  while True do
2:    ψ_rand ← A random node;
3:    ψ_nearest ← The closest node to ψ_rand in set V;
4:    ψ_new ← Node obtained with step size Γ
5:    if Obstacles between ψ_new and ψ_nearest then
6:      Continue;
7:    end if
8:    if ψ_new ∈ Π_unk and ψ_nearest ∈ Π_free then
9:      F ← F ∪ {ψ_new};
10:     break;
11:   end if
12:   V ← V ∪ {ψ_new};
13: end while
```

传统聚类算法未考虑到现实空间位置的情况，使得聚类结果的位置处于障碍物或者不可达位置，导致机器人无法抵达的问题。聚类半径 h 是影响聚类效果的关键因素：h 过大导致聚类结果稀疏化，边界点的意义消失；h 过小导致聚类结果仅在原始边界点附近，不能反映出聚类算法的效果。一个合适的 h 能够确保聚类产生理想的效果。

对于第一个问题，解决方法是建立 k-d 树保存集合 F 中的边界点，在 mean-shift 算法执行完成后，通过 k-d 树寻找与聚类结果最近的边界点作为聚类结果，在所有结果产生后更新集合 F。对于第二个问题，定义半径选择函数 C_h，如式(3-39) 所示，以当前全局 RRT 节点数量及边界点数量为依据评估合适的半径范围，并设置上限以避免过大的半径范围。

$$C_h=\frac{k_c|F|}{|V_{\text{global}}|} \tag{3-39}$$

式中，k_c 为系数，根据经验值设定；$|F|$ 与 $|V_{\text{global}}|$ 分别代表边界点数量和全局 RRT 节点数量。$|F|$ 会直观影响聚类半径，而 $|V_{\text{global}}|$ 增加说明探索进行的时间久，需要减小聚类半径以保留更多边界点给机器人进行细致探索。经过对各个边界点的持续探索，机器人在移动过程中会更新栅格地图，F 中将会存在诸多已不符合边界点条件的部分。在边界点维护过程中，考虑到地图更新和边界点失效发生在机器人对附近环境的探索过后，判断机器人半径范围 r_f 内的边界点有效性。

在仿真环境中对上述基于双 RRT 的边界点搜索算法及边界点维护算法进行验证，机器人进行 SLAM 建图，并将三维点云转化为平面栅格地图进行边界点搜索。在自主探索过程中，其边界点搜索过程如图 3-39 所示，分别为算法运行 1s、5s、15s 时的截图。图中蓝色方形标记为搜索获得的目标点，蓝色线段为全局 RRT，绿色线段为局部 RRT。全局 RRT 以机器人初始位置为根节点位置进行生长，局部 RRT 以当前时刻机器人位置为根节点位置进行生长，由于机器人未发生移动，局部 RRT 每次生长起点与全局 RRT 相同。在算法不断运行的过程中，全局 RRT 先以较大步长 Γ 进行生长，快速扩张覆盖范围以搜索边界点，待生长节点较充足后减小生长步长 Γ，以引导机器人对环境进行细致探索。随着算法运行，得到的边界点也增加，对边界点的评估效率将因边界点数量增加而降低。

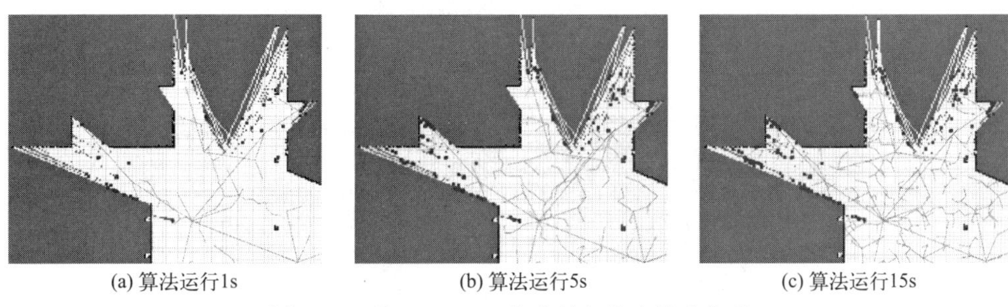

(a) 算法运行1s　(b) 算法运行5s　(c) 算法运行15s

图 3-39　基于双 RRT 的边界点搜索算法仿真

常规的边界点搜索算法中，采用固定半径进行边界点聚类的效果如图 3-40 所示，图中蓝色方形标记为搜索得到的边界点，黄色方形标记为聚类结果。在这种情况中，提前设置的聚类半径不能很好地适应边界点数量和边界点分布范围的变化，会使聚类效果变差。

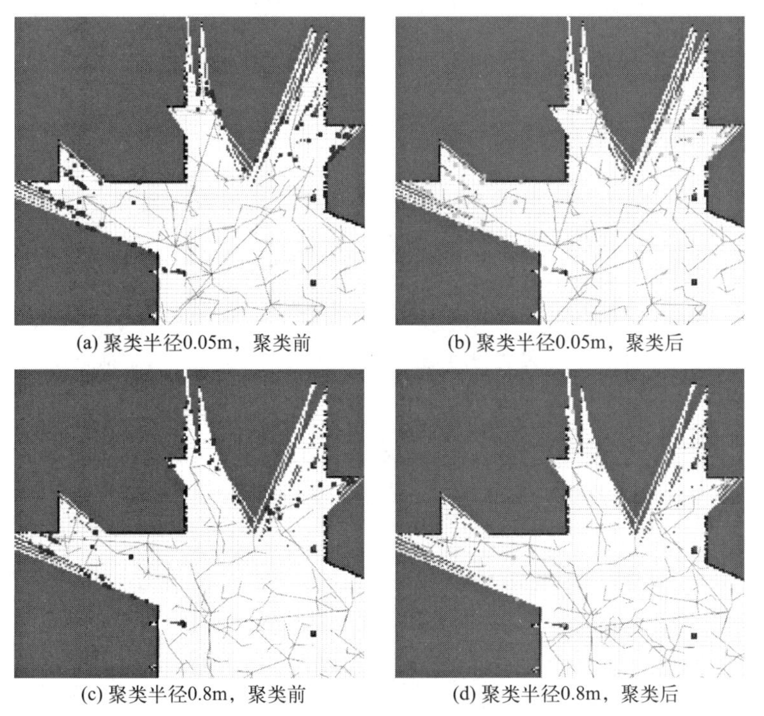

(a) 聚类半径0.05m，聚类前　(b) 聚类半径0.05m，聚类后

(c) 聚类半径0.8m，聚类前　(d) 聚类半径0.8m，聚类后

图 3-40　固定聚类半径仿真结果

通过式(3-39) 提出的聚类半径调整方法，聚类结果图 3-41 所示经过实时调整的聚类半径应用于聚类算法，在算法运行的不同边界点数量下能够很好地解决上述问题。

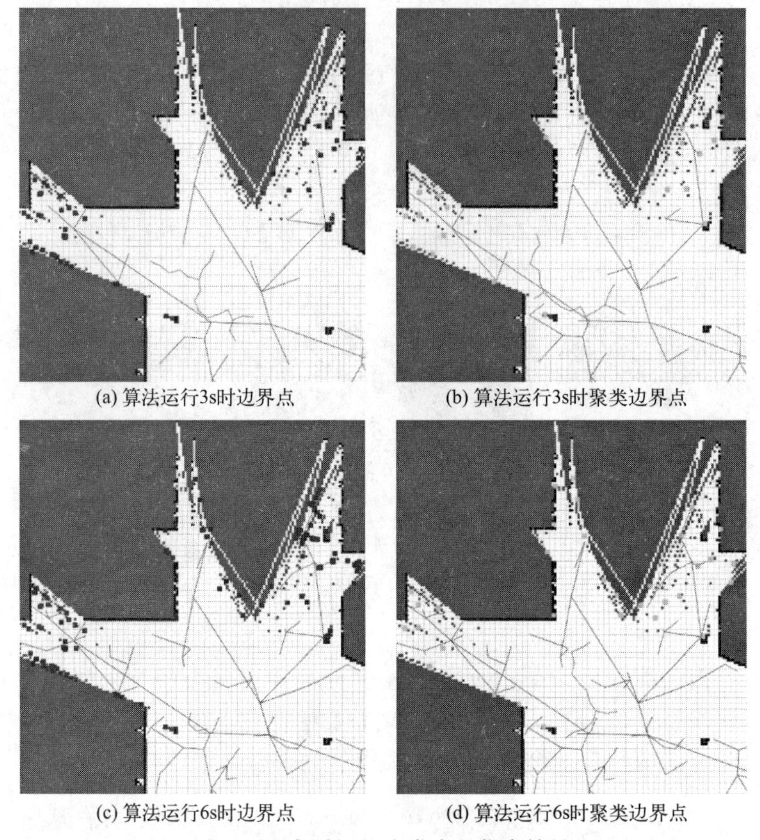

(a) 算法运行3s时边界点　(b) 算法运行3s时聚类边界点

(c) 算法运行6s时边界点　(d) 算法运行6s时聚类边界点

图 3-41　实时调整聚类半径仿真结果

3.6.2 目标点评估模型

在获得一系列边界点后，算法需要对各个边界点的质量进行评估，以在最短时间内尽可能探索更多的空间。定义由边界点选取目标点的评估模型为 $G(I_{\text{gain}}, C_\tau, L_a)$，由信息收益 I_{gain}、路径代价 C_τ 和定位精度 L_a 构成。

信息收益 I_{gain} 由两部分组成：未知空间收益 I_r 与边界环境参考 I_f。设机器人搭载的传感器感知范围为 r_{LiDAR}，I_r 以边界点为圆心，受到半径为 r_{LiDAR} 的圆内所有栅格 Grid_i 中未知栅格的数量的影响，I_r 为

$$I_r = \frac{\sum\limits_{\text{Grid}_i \in \Pi_{\text{unk}}} \text{Grid}_i}{\sum\limits_i \text{Grid}_i} \tag{3-40}$$

设参考半径为 r_{fr}，边界环境参考 I_f 以当前边界点为圆心，受到 r_{fr} 半径内的所有边界点 Frontier_i 影响，I_f 为

$$I_f = \frac{\sum\limits_{r_{fr}} \text{Frontier}_i}{\sum\limits_i \text{Frontier}_i} \tag{3-41}$$

式中，分子部分的求和范围为 r_{rf} 半径内的边界点 Frontier_i。

由上述两部分组成信息收益：

$$I_{\text{gain}}=k_rI_r+k_fI_f=k_r\frac{\sum\limits_{\text{Grid}_i\in\Pi_{\text{unk}}}\text{Grid}_i}{\sum\limits_{i}\text{Grid}_i}+k_f\frac{\sum\limits_{r_{fr}}\text{Frontier}_i}{\sum\limits_{i}\text{Frontier}_i} \tag{3-42}$$

式中，k_r 与 k_f 为正系数，$k_r+k_f=1$，以定义不同收益形式在信息收益中所占比重。

使用 A^* 算法获得机器人与当前边界点的路径 $\boldsymbol{\tau}=\{\tau_{v1},\tau_{v2},\cdots,\tau_{vn}\}$，$\tau_{vi}$ 为路径中各节点。本节定义路径代价 C_τ 由路径长度 length_τ 平滑程度 S_τ 表示。路径长度由各段路径的总和表示，路径越长则代表机器人需要消耗更多时间抵达，影响机器人探索效率。另外，本节采用实际路径长度能够避免欧氏距离引起图 3-42 的情况，导致生成不利于移动机器人在复杂环境中探索的决策。

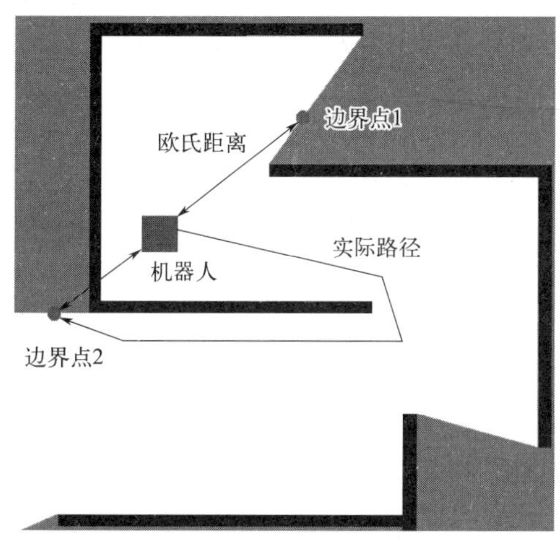

图 3-42 欧氏距离指标

平滑程度 S_τ 为

$$S_\tau=\frac{V_\tau}{\text{length}_\tau} \tag{3-43}$$

式中，V_τ 为路径节点数量。传统平滑程度计算涉及各段路径之间的夹角，因为夹角涉及机器人转向操作，影响机器人移动效率。各段夹角计算复杂，路径段夹角的计算量与路径节点数量呈正相关，过大的计算量将影响算法实时性。本节将以路径中的节点数量抽象代表路径的夹角变化，不去考虑具体路径段之间的实际角度，在效率与精度之间做了较平衡的取舍。最终的路径代价：

$$C_\tau=k_l\,\text{length}_\tau+k_{so}S_\tau=k_l\,\text{length}_\tau+\frac{k_{so}V_\tau}{\text{length}_\tau} \tag{3-44}$$

式中，k_l 与 k_{so} 为正系数，$k_l+k_{so}=1$，以代表不同代价形式在路径代价中所占比重。

为了实现机器人的建图导航等任务，必须利用环境中的特征点来确定机器人的位置和姿态，特征点的数量直接影响建图的质量和精确度。不同的建图算法提取特征点的方法也不相同，但总体上都是通过环境中观测到的障碍物提取特征。本节提出定位精度 L_a，定义以边界点为圆心，半径 r_{LiDAR} 的圆内存在障碍物的栅格数量构成定位精度：

$$L_a=\frac{\sum\limits_{\text{Grid}_i\in\Pi_{\text{occ}}}\text{Grid}_i}{\sum\limits_{i}\text{Grid}_i} \tag{3-45}$$

基于以上三部分组成部分，最终的目标点评估模型为

$$G(I_{\text{gain}}, C_\tau, L_a) = k_{\alpha I} I_{\text{gain}} + k_{\alpha C} e^{-C_\tau} + k_{\alpha L} L_a \tag{3-46}$$

式中，$k_{\alpha I}$、$k_{\alpha C}$、$k_{\alpha L}$ 分别是信息收益、路径代价、定位精度的权值，通过不同的权值调整不同组成的重要性。在一个自主探索任务中，若任务关注探索的效率则增大 $k_{\alpha I}$，尽可能快速探索更大面积的未知环境；若任务关注探索的地图精度则增大 $k_{\alpha L}$，以通过更多易于定位的点生成更高质量的地图。

机器人在未知环境中自主探索时需要不断地移动以获取更多的环境信息，在这一过程中会出现振荡问题，即机器人会多次经过已经探索过的区域，导致探索效率降低。出现这种现象的主要原因是，机器人在选择下一个目标点时，由于可选的边界点数量有限，较远的边界点可能是更优边界，在机器人向目标点移动的过程中，可能会发现更近或更有价值的边界点，从而改变原来的规划，重新选择目标点。这样就会造成机器人的路径不稳定，反复探索同一区域。

为了解决机器人在未知环境中自主探索时上述由于目标边界点的频繁变化而导致的探索路径不稳定和重复探索的问题，本书提出一个任务池的机制，用于存储备选的边界点。定义任务池 P_t，设置 P_t 的容量为 C_p。在边界点评估的过程中，将所有边界点按分值由高到低排序，分值较大的前 C_p 个边界点将加入 P_t。当池中边界点数量不满足其容量即 $|P_t| < C_p$ 时，机器人会停止移动，等待 RRT 算法在环境中生成更多的边界点，并加入任务池中。当 $|P_t| \geqslant C_p$ 时，算法将在池中进行边界点评估，选择目标点供机器人前往探索，直至清空任务池。

3.6.3 基于拓扑路径图的全局调整

当机器人周围局部环境经过充分探索后，大量边界点远离机器人，小部分边界点在机器人周边范围，但其探索收益并不高。此时边界点的评估得分将显著降低，算法进入全局调整阶段，将使得机器人移动至远处的位置进行探索。在全局调整过程中，主要依靠全局拓扑图进行路径规划及导航移动。

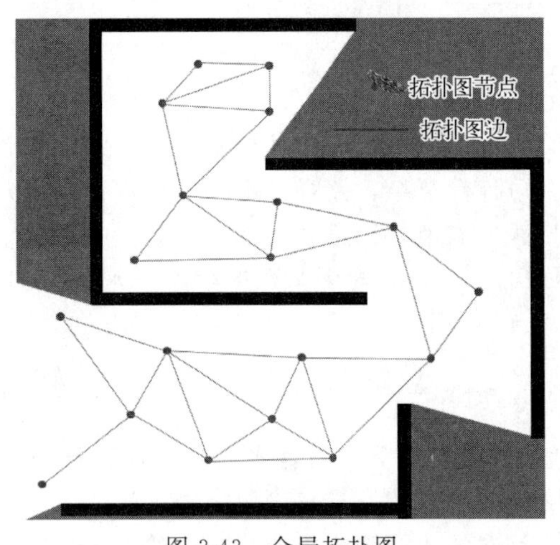

图 3-43 全局拓扑图

全局拓扑图由节点集 V_g 及边集 E_g 构成，节点 $v_{gi} \in \Pi_{\text{free}}$，节点之间的边同样存在于 Π_{free} 区域内。定义搜索半径 r_g，将全局 RRT 的节点作为全局拓扑图的节点，在半径 r_g 内与其他节点建立边，保留不经过障碍物的边，最后获得的全局拓扑图如图 3-43 所示。

在机器人进行全局调整的过程中，将通过全局拓扑图规划路径，路径起始节点为机器人所在位置，终点位于机器人一定范围外的边界目标点。路径规划采用 A* 算法寻找机器人与目标点之间的路径。同时此拓扑图将作为可行域标识应用于探索策略优化部分。

3.6.4 透明障碍物环境探索优化策略

在透明障碍物环境中的自主探索过程，将面临由玻璃分隔的现实世界不可达的问题，而

这将被自主探索算法认定为未探索的区域。

在优化方法中，玻璃将具有两种属性。第一种属性为常规的地图构成要素，即作为一种障碍物，在路径规划中避免与机器人发生碰撞并在三维地图中表示环境构成。第二种属性将作为已知区域有效性的划分依据，即标识在玻璃另一侧无法抵达的已知区域 Π_k，该部分已知区域在自主探索中将被认为是无效的，如图 3-44 所示。

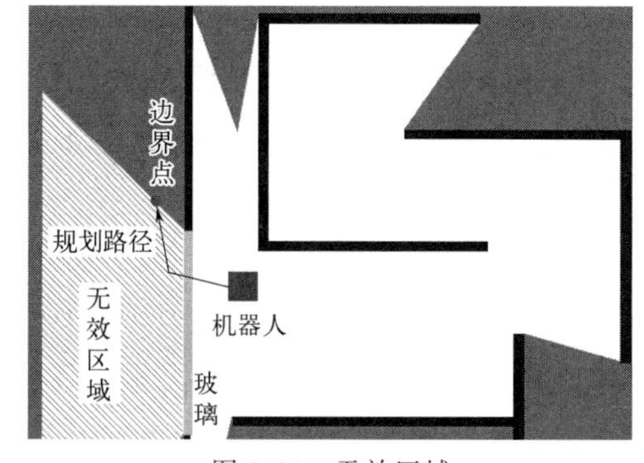

图 3-44　无效区域

在优化自主探索策略中，优化 SLAM 方法获得的玻璃点云将与全局拓扑图结合，以判断已知区域是否有效。在自主探索过程中，算法将实时结合全局 RRT 构建全局拓扑图，该拓扑图能够表明区域的可达性。在探索过程中，玻璃信息作为分割依据添加至全局拓扑图，拓扑图中经过玻璃点云的边将被删除，拓扑图将被分割为多个部分。本节提出的优化策略认为机器人所处区域为有效区域，与该部分图不连通的图及其所处区域为无效区域，无效区域内的边界点将被删除。

3.7　综合实验验证与分析

3.7.1　实验平台

本实验在 FW-01 机器人底盘上搭载工控机、激光雷达组成该实验平台硬件部分。机器人底盘上放置铝合金支架，与底盘结构刚性连接，铝合金具有较好的结构强度，同时重量较轻，保证机器人的动作灵活性。支架顶部放置激光雷达，以使激光雷达获得更好的视野，获取环境信息。支架内部放置工控机、供电电源和各种线束，工控机与底盘采用 CAN 协议通信，支架侧面开孔放置风扇进行降温，支架后侧放置显示屏与外接操作设备。

根据本章提出的各方法对机器人软件部分进行设计，以不同功能包划分功能模块实现各种算法。主要有底层通信控制、传感器信息、地图构建、自主探索策略四部分，每个部分包含多个节点，分别负责订阅、发布不同话题以及信息的处理。软件部分功能组成与节点关系如图 3-45 所示。

底层通信控制模块负责收集机器人底盘的线速度、转向角度等状态，并将上层规划的运动控制指令传输给机器人底盘。

传感器信息模块负责激光雷达数据的接收与处理。激光雷达通信节点负责与激光雷达的连接，获取环境点云的原始信息。点云处理节点负责在原始的点云信息中识别并重建环境中的透明障碍物，形成能够反映真实环境的点云数据并以话题发布，将其中重建玻璃点云单独以另一话题发布。

地图构建模块订阅上述话题，以第一帧激光雷达点云的位姿为世界坐标系原点构建环境的三维点云地图。玻璃环境节点订阅重建的单块玻璃点云，增量生成玻璃点云地图，增量玻璃点云地图将应用于对称平面优化及环境点云构成，并以话题进行发布。在点云修正节点进行对称平面优化及反射错误点云的识别与删除，在环境地图节点采用玻璃边界特征进行优化帧间匹配，生成带有重建玻璃和删除错误点云的正确环境三维点云地图并以话题发布。

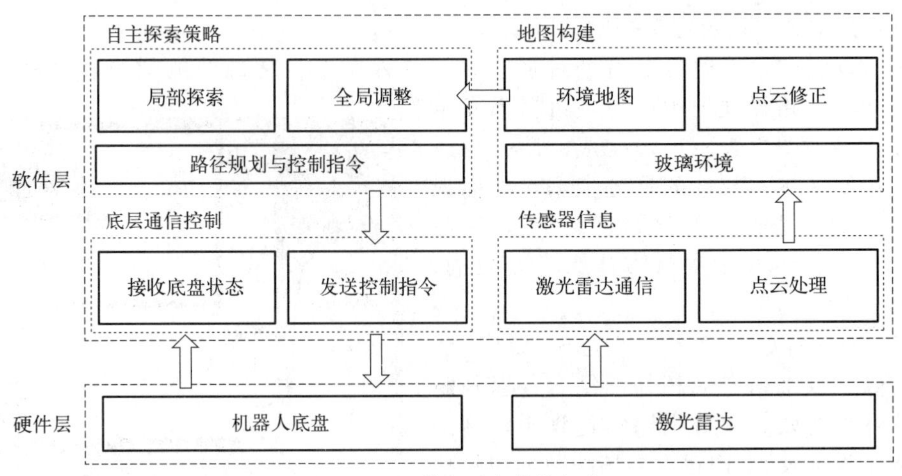

图 3-45 机器人平台软件架构

自主探索策略内包含局部探索、全局调整、路径规划与控制指令三个节点。局部探索节点将订阅上述正确三维点云地图话题，将环境划分为空闲、占用与未知区域，并进行边界点的搜索与维护，评估获得目标点并发布。同时，全局调整节点订阅玻璃点云地图话题，维护全局拓扑图，并以此为依据判断区域是否有效，优化自主探索策略。路径规划与控制指令节点将订阅目标点，依据机器人与目标点的位置生成路径规划，并在行进过程中根据实时环境发布控制指令话题。

3.7.2 实验验证

玻璃幕墙环境中包含玻璃护栏以及玻璃幕墙两种透明障碍物，相比室内小面积连续的玻璃护栏，玻璃幕墙面积较大，其高度与楼层等高，其宽度也较玻璃护栏更宽，重建面积较大；玻璃幕墙外侧为户外环境，传感器噪声较多。玻璃幕墙给透明障碍物的识别重建算法带来更多挑战。在图 3-34 所示环境中不同时刻的自主探索状态如图 3-46 所示，图中红色三角

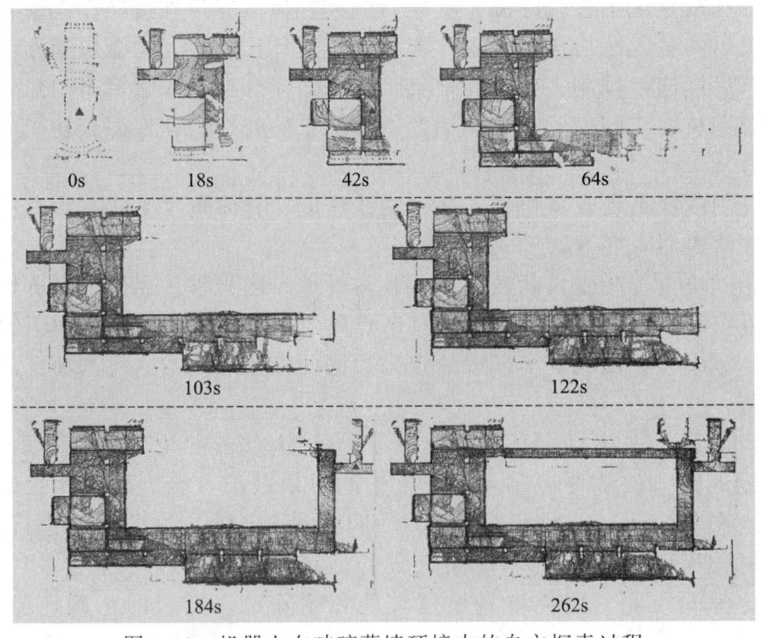

图 3-46 机器人在玻璃幕墙环境中的自主探索过程

形为移动机器人位置。

在玻璃幕墙环境中，机器人从起始点作为根节点生成RRT进行边界搜索，机器人的自主探索轨迹如图3-47所示，其中O_D、O_E、O_F三个位置对应机器人在自主探索第18s、64s、122s时的位置。在这三个位置，机器人经过了一定数量的玻璃护栏、玻璃幕墙，面对识别重建玻璃点云和删除反射错误点云的挑战，在这三个位置对机器人的识别重建及错误点云删除效果进行展示。

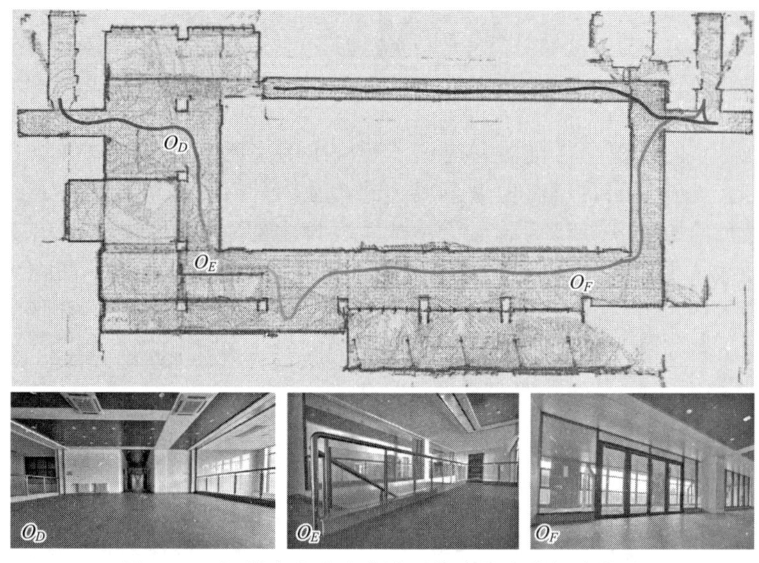

图3-47 机器人在玻璃幕墙环境中的自主探索轨迹

算法生成RRT进行边界点搜索，指引机器人在环境中开始探索。与玻璃护栏环境类似，机器人首先面临南北两侧的玻璃护栏。经过护栏时，算法识别到玻璃点云并进行点云重建，形成玻璃点云地图，并以玻璃平面为对称面进行错误点云识别。由于北侧玻璃护栏作为障碍物存在于地图中，RRT生长较为缓慢，检测边界点较少，且护栏外侧的区域被判定为无效区域，机器人前往南侧区域进行探索。在O_D处，机器人经过了一部分玻璃护栏，其重建效果如图3-48所示。

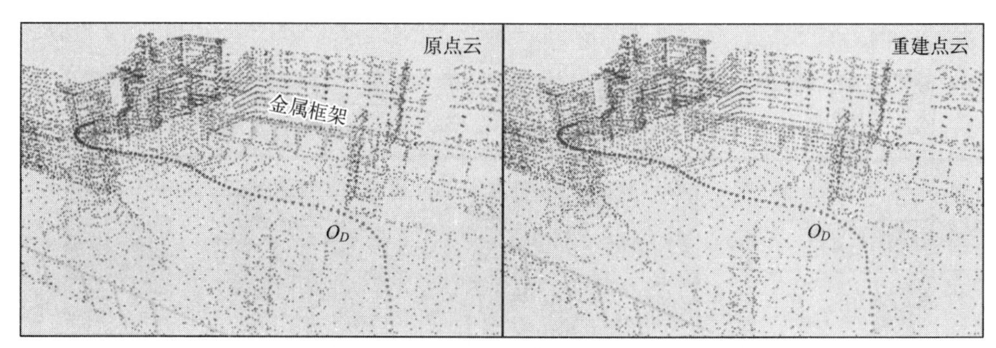

图3-48 O_D处的重建玻璃点云效果

机器人继续探索，在第64s时到达了O_E处。在此处可行区域变得狭窄，机器人距离玻璃护栏较近，反射点云规模较小，同时环境光线产生变化，对玻璃反射激光束强度造成了影响。在O_E处，重建效果如图3-49所示。

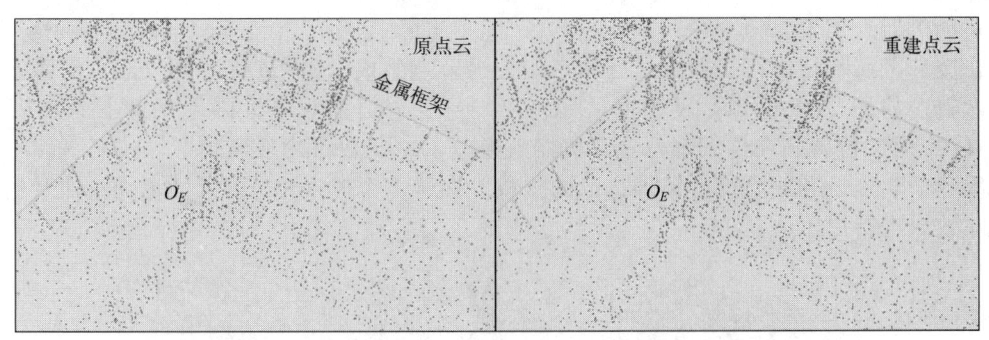

图 3-49 O_E 处的重建玻璃点云效果

从 O_E 前往 O_F 的过程中，机器人遭遇了环境中的玻璃幕墙，玻璃幕墙另一侧为户外露台。直至抵达 O_F 处，算法将所有玻璃幕墙重建，室内外区域由玻璃重建点云实现分隔，二者不再连通，玻璃点云与普通障碍物点云形成了环境中的室内可行区域。在算法层面，全局拓扑图在此处删减，保留机器人侧的室内可行区域部分的全局拓扑图，机器人将不再尝试探索玻璃幕墙另一侧的户外区域。在这一过程中，算法根据激光雷达所能获取的玻璃幕墙边框高度进行玻璃点云的重建，由玻璃反射的错误点云同时被算法识别并删除。O_F 处的地图构建效果如图 3-50 所示。

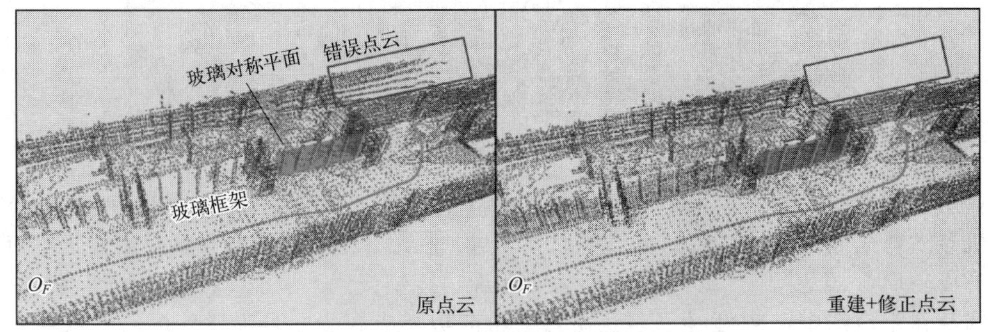

图 3-50 O_F 处的地图构建效果

机器人经过 O_F 处之后，对玻璃幕墙环境剩余部分进行探索，并最终在算法运行的第 262s 时结束了探索任务，获得了玻璃幕墙环境的完整正确地图。全局与局部 RRT 如图 3-51 所示。

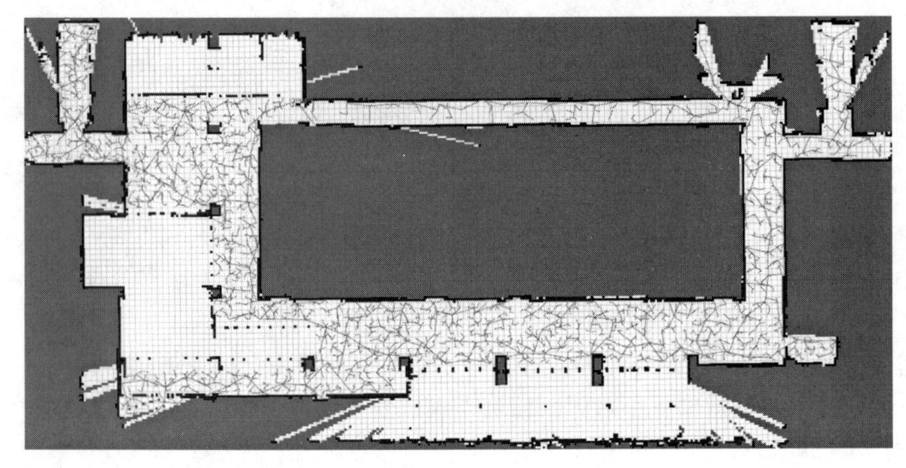

图 3-51 玻璃幕墙环境 RRT 生长情况

3.7.3 结果分析

部署本书提出策略方法的移动机器人在图 3-34 所示的玻璃幕墙环境中，进行三种方法的多次地图构建，评估指标平均值如表 3-4 所示。无法识别玻璃的原因有其他障碍物遮挡、算法识别失败、机器人路径未经过玻璃无法获得玻璃点云。由于部分反射点云如环境中被反射的金属护栏边框分布稀疏，以及反射点云与环境真实点云重叠，导致特征匹配失败，所以有一定规模的反射错误点云存在于环境地图中。相比两种对比 SLAM 算法 LOAM 和 Cartographer 3D，本书的优化 SLAM 算法能够在大部分环境条件下重建环境中玻璃点云，且以此进行反射错误点云的识别与删除，从而获得正确的环境三维点云的地图。

表 3-4　三种算法在玻璃幕墙环境中的 R_e 及 S_e

算法	R_e	S_e
LOAM	0%	67.843
Cartographer 3D	0%	38.584
本书优化 SLAM 方法	86.1%	25.27

对比两种对比自主探索策略 DSVP 和 TARE，部署本书提出策略方法的移动机器人在图 3-34 所示的玻璃幕墙环境中的探索指标如图 3-52 所示。在玻璃幕墙环境中，三种方法达到 90%地图完整性平均用时相差不超过 70s，但最终完成用时却相差约 504s。这是由于自主探索策略指导下的规划不同，两种对比方法在多次实验中对于未知环境的探索规划具有随机性，有一定概率采用时间和路径成本较大的探索规划。得益于目标点评估模型和任务池的设计，本章提出的自主探索策略能够在探索过程中选择更优的探索目标，在相同环境中的探索时间要优于对比方法，且自主探索过程的移动距离也更短。除上述原因导致的探索用时差异，面对透明障碍物，两种对比自主探索方法会不断尝试对玻璃另一侧的位置区域进行探索，增加探索的时间和移动距离。本章提出的机器人自主探索策略在透明障碍物未知环境中能够顺利完成探索任务，通过重建玻璃点云防止机器人与透明障碍物发生碰撞，并避免了机器人陷于在玻璃前往复移动，无法前往无效区域目标点的问题。面对透明障碍物时，对比方法通常会因为停留过久或无法避免碰撞致使自主探索任务失败，最终获得的地图完整性较低。

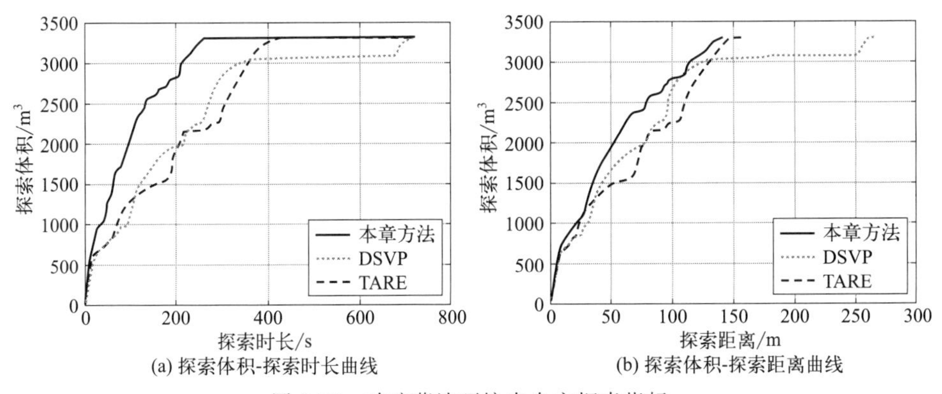

图 3-52　玻璃幕墙环境中自主探索指标

通过分析实验结果及对比实验，本书提出的策略方法能够实现环境三维点云地图的正确构建，且在具有更少路径成本及时间消耗的同时，提升了机器人在透明障碍物未知环境中的稳定性和安全性。

参考文献

[1] H. Wei, X. Li, Y. Shi, et al. Fusing sonars and LRF data to glass detection for robotics navigation [C]. IEEE International Conference on Robotics and Biomimetics (ROBIO), Kuala Lumpur, Malaysia, 2018: 826-831.

[2] A. Diosi, L. Kleeman. Advanced sonar and laser range finder fusion for simultaneous localization and mapping [C]. 2004 IEEE/RSJ International Conference on Intelligent Robots and Systems, 2004, 2: 1854-1859.

[3] M. C. De Simone, Z. B. Rivera, D. J. M. Guida. Obstacle avoidance system for unmanned ground vehicles by using ultrasonic sensors [J]. Machines, 2018, 6 (2): 18.

[4] Y. Yang, D. Tang, D. Wang, et al. Multi-camera visual SLAM for off-road navigation [J]. Robotics and Autonomous Systems, 2019, 128: 103505.

[5] Z. Zheng, H. Gong, R. Duan, et al. Design of multi-robot collaborative navigation and control system based on ROS and laser SLAM [C]. Journal of Physics: Conference Series, 2022: 012008.

[6] J. Zhang, S. Singh. LOAM: Lidar odometry and mapping in real-time [C]. Robotics: Science and systems, 2014: 1-9.

[7] M. L. Lagunes, O. Castillo, J. Soria, et al. Optimization of a fuzzy controller for autonomous robot navigation using a new competitive multi-metaheuristic model [J]. Soft Computing, 2021, 25 (17): 11653-11672.

[8] T. Fan, P. Long, W. Liu, et al. Distributed multi-robot collision avoidance via deep reinforcement learning for navigation in complex scenarios [J]. The International Journal of Robotics Research, 2020, 39 (7): 856-892.

[9] P. Long, T. Fan, X. Liao, et al. Towards optimally decentralized multi-robot collision avoidance via deep reinforcement learning [C]. 2018 IEEE International Conference on Robotics and Automation (ICRA), 2018: 6252-6259.

[10] J. Qi, H. Yang, H. Sun. MOD-RRT*: A sampling-based algorithm for robot path planning in dynamic environment [J]. IEEE Transactions on Industrial Electronics, 2020, 68 (8): 7244-7251.

[11] M. Nazarahari, E. Khanmirza, S. Doostie. Multi-objective multi-robot path planning in continuous environment using an enhanced genetic algorithm [J]. Expert Systems with Applications, 2019, 115: 106-120.

[12] D. Fox, W. Burgard, S. Thrun, et al. The dynamic window approach to collision avoidance [J]. IEEE Robtics & Automation Magazine, 1997, 4 (1): 23-33.

[13] C. Rösmann, W. Feiten, T. Wösch, et al. Trajectory modification considering dynamic constraints of autonomous robots [C]. ROBOTIK 2012 7th German Conference on Robotics, 2012: 1-6.

[14] G. J. Cui, et al. Recognition of indoor glass by 3D lidar [C]. 2021 5th CAA International Conference on Vehicular Control and Intelligence, 2021: 4.

第4章

多机器人编队协同运动控制

4.1 概述

为实现多机器人协同运动控制，应进行运动控制方案的研究工作，包括协同运动控制器研究与设计、基于误差指标完成最优控制参数选取以及基于领航跟随法的协同运动策略研究，并进行仿真验证。

4.2 多机器人协同运动建模

进行多机器人协同运动系统建模之前，首先应确定一种协同方法。领航跟随法分配“领航者”与“跟随者”两种角色，“领航者”进行决策规划等行为，“跟随者”仅需要与之保持一定的协同跟随关系即可，具有建模简单、工程易实现等优点。因此本节将基于领航跟随法进行多机器人协同运动建模。

跟随者机器人与领航者机器人之间保持通信交互，并根据协同运动系统所设定的协同距离 L 和航向角 ϕ 解算理论跟随位姿，实时控制自身运动到达理想跟随者位姿，从而实现基于领航跟随法的协同运动。

为具体描述多机器人协同运动建模，此处以两个机器人组成的协同队形结构进行说明：领航者机器人 R_L 的位姿 $\boldsymbol{q}_L$ 为（x_L,y_L,θ_L），线速度和角速度为（V_L,ω_L）；跟随者机器人 R_F 的位姿 $\boldsymbol{q}_F$ 为（x_F,y_F,θ_F），线速度和角速度为（V_F,ω_F）；理论跟随位姿视为虚拟机器人 R_V 的位姿 $\boldsymbol{q}_V$，为（x_V,y_V,θ_V）。以领航者机器人和虚拟机器人的两轮中心轴线的中心（即几何中心）作为参考，两点之间的距离为 L，偏转的角度为 ϕ，作为领航跟随法的队形参数。领航跟随法的多机器人协同运动学模型如图 4-1 所示。

领航者与理想跟随者之间的位姿关系为

$$x_V=x_L+L\cos(\phi+\theta_L) \tag{4-1}$$

$$y_V=y_L+L\sin(\phi+\theta_L) \tag{4-2}$$

$$\theta_V=\theta_L \tag{4-3}$$

在实际协同运动过程中，跟随者机器人需要通过施加运动控制指令，不断调整自身位姿至理想跟随者位姿。在惯性系 $\Sigma I-OXY$（即图 4-1 中世界坐标系 OXY）下，两者之间的跟随误差如式(4-4)～式(4-7)所示。

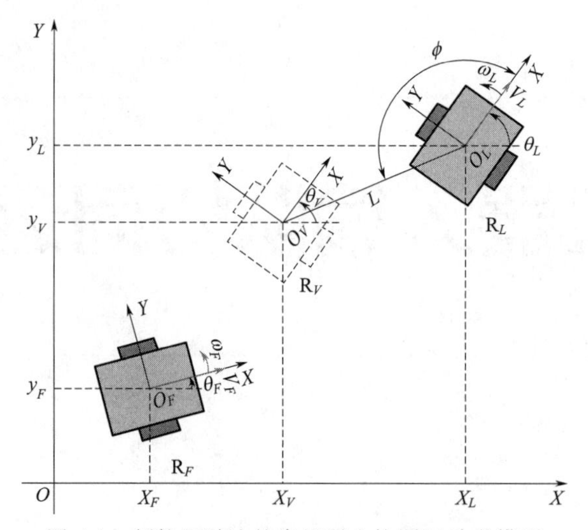

图 4-1 领航跟随法的多机器人协同运动学模型

$$\boldsymbol{e}=\begin{bmatrix}x_e\\y_e\\\theta_e\end{bmatrix} \tag{4-4}$$

$$x_e=x_V-x_F \tag{4-5}$$

$$y_e=y_V-y_F \tag{4-6}$$

$$\theta_e=\theta_V-\theta_F \tag{4-7}$$

将协同跟随误差映射到机体坐标系中：

$$\boldsymbol{E}=\begin{bmatrix}E_x\\E_y\\E_\theta\end{bmatrix}=\boldsymbol{R}(\theta_F)\cdot\boldsymbol{e}=\begin{bmatrix}\cos\theta_F & \sin\theta_F & 0\\-\sin\theta_F & \cos\theta_F & 0\\0 & 0 & 1\end{bmatrix}\begin{bmatrix}x_e\\y_e\\\theta_e\end{bmatrix} \tag{4-8}$$

将各式联立代入公式后可得

$$\boldsymbol{E}=\begin{bmatrix}(\cos\theta_F)[x_L+L\cos(\phi+\theta_L)-x_F]+(\sin\theta_F)[y_L+L\sin(\phi+\theta_L)-y_F]\\(\cos\theta_F)[x_L+L\sin(\phi+\theta_L)-x_F]-(\sin\theta_F)[y_L+L\cos(\phi+\theta_L)-y_F]\\\theta_L-\theta_F\end{bmatrix} \tag{4-9}$$

则完成多机器人协同运动过程中领航者机器人、理想跟随者与跟随者机器人之间的建模分析，并作为后续控制器设计的基础工作。

4.3 协同跟随控制器

基于 4.2 节建模分析，得到理想跟随者与实际跟随者机器人之间的误差表达式。本书将基于该结果进行控制器设计。设计方法如变结构控制方法[1]、反步法[2] 和 PID[3] 等。

Li 等提出了一种基于反步法的控制器设计方法，通过设计移动机器人的运动控制指令如式(4-10) 所示，构造 Lyapunov 函数并证明当 $t\to\infty$时，$x_e\to 0$、$y_e\to 0$、$\theta_e\to 0$，则验证式(4-11) 成立，实现机器人实际位姿和期望位姿的差值 $\boldsymbol{q}_e$ 趋于 $\mathbf{0}$[4]。

$$\begin{bmatrix}V\\\omega\end{bmatrix}=\begin{bmatrix}V_r\cos\theta_e+k_1x_e\\\omega_r+k_2Vy_e+k_3V\sin\theta_e\end{bmatrix} \tag{4-10}$$

$$\lim_{t\to\infty}\|\boldsymbol{q}_e\|=0 \tag{4-11}$$

式中，V、ω 分别代表移动机器人施加的线速度和角速度；V_r、ω_r 则分别代表期望给定的线速度、角速度指令；$\boldsymbol{q}_e=[x_e\quad y_e\quad \theta_e]^{\mathrm{T}}$ 则代表移动机器人理论位姿与实际位姿的偏差；k_1、k_2、k_3 则表示控制比例系数。

Qiao 等人分析协同跟随误差 $\boldsymbol{q}_e$，将横向和纵向的耦合误差作用于线速度控制，航向误差作用于角速度，并采用 PID 的反馈控制方式得到输出，实现移动机器人从实际位姿到期望位姿的收敛控制[5]。横向距离误差 x_e 和纵向距离误差 y_e 通过式(4-12) 耦合为距离误差 $(xy)_e$，最终误差量可表示为式(4-13) 所示的二维形式。

$$(xy)_e=\sqrt{{x_e}^2+{y_e}^2} \tag{4-12}$$

$$e=\begin{bmatrix}(xy)_e\\ \theta_e\end{bmatrix} \tag{4-13}$$

分析 PID 的比例控制，以横向和纵向耦合的误差量 $(xy)_e$ 作用于线速度，以航向误差量 θ_e 作用于角速度，分别得到如式(4-14)、式(4-15) 所示的控制器：

$$V=k_1\times(xy)_e \tag{4-14}$$

$$\omega=k_2\theta_e \tag{4-15}$$

式中，V、ω 分别代表移动机器人施加的线速度和角速度；k_1、k_2 为速度控制参数。所设计的控制器最终实现了跟随机器人对理论位姿的实时跟踪。

参考各类控制器设计方法，对多机器人基于领航跟随的协同运动过程进行分析，通过设计合理的控制器使跟随者机器人与理想跟随位姿的位置误差和航向偏差不断减小直至为零。本书提出一种协同跟随控制器来实现多机器人协同跟随运动。前面已对误差表达式进行建模，并通过旋转矩阵映射到跟随机器人坐标系，其结构如图 4-2 所示，映射后表达式如式(4-16)～式(4-19) 所示。

$$\boldsymbol{E}=\begin{bmatrix}E_x\\ E_y\\ E_\theta\end{bmatrix} \tag{4-16}$$

$$E_x=\cos\theta_F[x_L+L\cos(\phi+\theta_L)-x_F]+\sin\theta_F[y_L+L\sin(\phi+\theta_L)-y_F] \tag{4-17}$$

$$E_y=\cos\theta_F[x_L+L\sin(\phi+\theta_L)-x_F]-\sin\theta_F[y_L+L\cos(\phi+\theta_L-y_F] \tag{4-18}$$

$$E_\theta=\theta_L-\theta_F \tag{4-19}$$

如图 4-2 所示，对跟随者机器人 R_F 运动进行分析：

① 与理想跟随者 R_V 的位姿误差仅考虑 x 轴正方向，则 y 轴正方向和航向角 θ 偏差视为 0，此时跟随者 R_F 以线速度前进即可到达理想跟随位姿；机器人线速度可以由比例控制器输出，x 轴正方向偏差 E_x 作为线速度控制器的输入：

$$\Delta V=k_xE_x \tag{4-20}$$

② 若位置误差不考虑 x 轴正方向，则该方向偏差视为 0，此时跟随者机器人 R_F 需以一定的角速度进行偏转来达到理想偏航角。此时角速度控

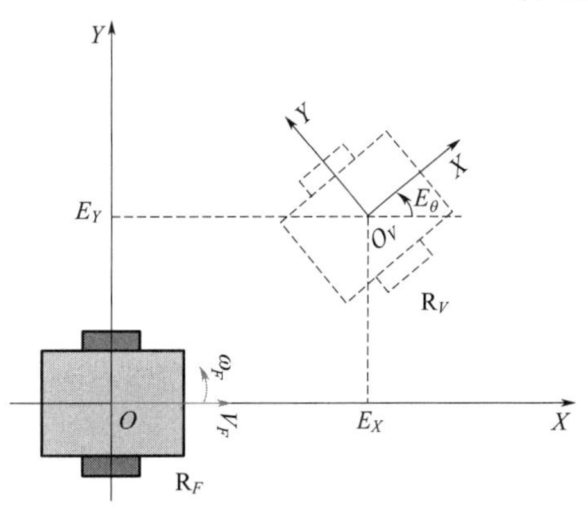

图 4-2　跟随者机器人坐标系下与理论跟随位姿的映射关系

制器的输入与 y 方向偏差和航向角 θ 有关。

$$\Delta\omega = \begin{bmatrix} k_y & k_\theta \end{bmatrix} \begin{bmatrix} E_y \\ E_\theta \end{bmatrix} \tag{4-21}$$

$$\boldsymbol{K} = \begin{bmatrix} k_x & k_y & k_\theta \end{bmatrix}^{\mathrm{T}} \tag{4-22}$$

最终，跟随者机器人 R_F 的速度输入如式(4-23) 所示。

$$\begin{bmatrix} V_{\mathrm{set}} \\ \omega_{\mathrm{set}} \end{bmatrix} = \begin{bmatrix} V_r + \Delta V \\ \omega_r + \Delta\omega \end{bmatrix} \begin{bmatrix} V_r \\ \omega_r \end{bmatrix} + \begin{bmatrix} E_x & 0 & 0 \\ 0 & E_y & E_\theta \end{bmatrix} \begin{bmatrix} k_x \\ k_y \\ k_\theta \end{bmatrix} \tag{4-23}$$

式中，$[V_{\mathrm{set}} \quad \omega_{\mathrm{set}}]^{\mathrm{T}}$ 为跟随者机器人设定的速度；$[V_r \quad \omega_r]^{\mathrm{T}}$ 为期望给定的速度指令；$[\Delta V \quad \Delta\omega]^{\mathrm{T}}$ 为控制输出的速度增量；参数 $[k_x \quad k_y \quad k_\theta]^{\mathrm{T}}$ 为控制器增益系数。控制逻辑图如图 4-3 所示。

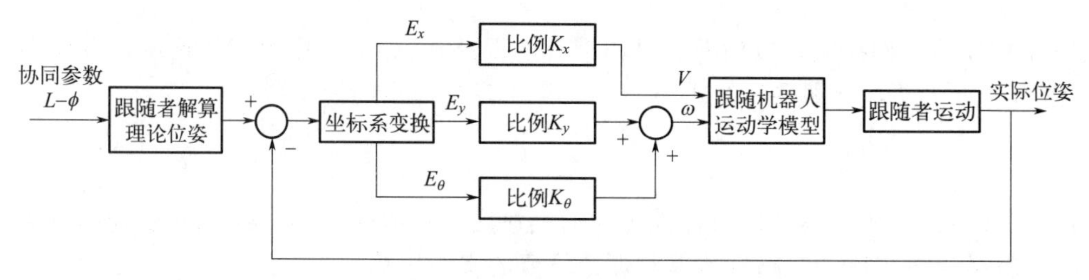

图 4-3　控制器设计逻辑框图

通过调节比例系数 $\boldsymbol{K}$ 得到运动控制指令，基于移动机器人运动学模型施加控制，最终完成跟随者理论位姿与实际位姿的跟踪。

4.4　最优控制参数选取

在实验过程中，控制参数 $\boldsymbol{K}$ 的选取需要凭借人工经验法进行调试，难以在较短时间内得到较为合理的参数值，导致实验过程出现较大的不确定性[6]。为了解决控制参数选取问题，提高实验效率，本节提出一种基于改进遗传算法的参数选取方法，通过设计误差最小化的适应度函数值作为指标，在改进后的遗传算法中迭代求解最优子代群体，省去仿真实验中控制参数调节的时间，提高协同跟随效率。

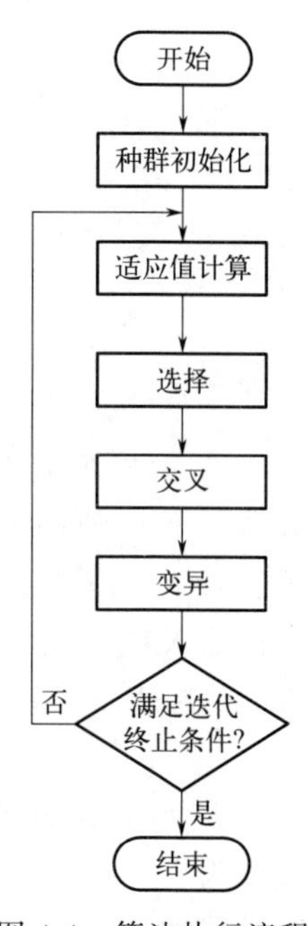

图 4-4　算法执行流程

4.4.1　遗传算法

上一节所设计的控制器如式(4-23) 所示，其中控制参数 $\boldsymbol{K} = [k_x \quad k_y \quad k_\theta]^{\mathrm{T}}$ 的选取具有随机性和耦合性，调节难度大[7]。遗传算法优化算法流程如图 4-4 所示。

4.4.2　种群初始化

优化算法每次迭代对象为种群中的控制参数个体。考虑到控制参数 $[k_x \quad k_y \quad k_\theta]$ 具有三个值，采用二进制编码的方式，将每一个控制参数映射为“染色体”的一段基因表达。同一组控制参数耦合为一个完整的“染色体 Ch_i”，作为种群 **Pop** 中的个体参与遗传优化过程。

$$\mathrm{Ch}_i=\underbrace{a_1a_2\cdots a_m}_{k_x}\underbrace{b_1b_2\cdots b_m}_{k_y}\underbrace{c_1c_2\cdots c_m}_{k_\theta} \tag{4-24}$$

$$\mathbf{Pop}=\begin{bmatrix}\mathrm{Ch}_1\\ \mathrm{Ch}_2\\ \vdots\\ \mathrm{Ch}_n\end{bmatrix} \tag{4-25}$$

式中，m 的取值越大，编码的精度越高，效率越低；n 的取值代表种群规模，n 越小则搜索速度越快，但种群的多样性越低[8]。控制参数 Ch_i 作为种群中的个体，每次循环迭代时进行随机初始化，遗传操作中的每一个解都是控制参数的编码。若控制参数定义的选取范围过大，会导致种群难以产生好的个体，增加搜索时间。因此在调节控制参数之前，需要采用人工经验调试，确定参数 $[k_x \quad k_y \quad k_\theta]$ 的选取上限和下限，提高搜索效率。个体初始化选择如式(4-26) 所示。

$$k_i=\mathrm{Par}_{i,\min}+\mathrm{rand}\times(\mathrm{Par}_{i,\max}-\mathrm{Par}_{i,\min}) \tag{4-26}$$

式中，i 表示参数 $[k_x \quad k_y \quad k_\theta]$ 的次序 $i\in\{x,y,\theta\}$；$\mathrm{Par}_{i,\min}$、$\mathrm{Par}_{i,\max}$ 分别表示参数范围的上限值和下限值；rand 表示范围 0 到 1 内的随机数。

4.4.3　适应度函数

适应度函数是用来判断群体中的个体的优劣程度的指标，根据所求问题的目标函数来进行评估。针对跟随者机器人考虑协同跟随过程中，从初始位置到跟随完成中所选取的控制参数不同，最终误差累积值也不同。在遗传过程中，迭代的种群中的每一个个体解码后，作为跟随者机器人的控制参数并进行实时跟随过程的误差累积。个体的误差累积值最小则表示其在当前种群中适应度指标最优。适应度函数设计如下，其中 J 为适应度函数累积值，误差表达 $\boldsymbol{E}$ 基于式(4-16)～式(4-19)。

$$J=\int\|\boldsymbol{E}\|_2^2\mathrm{d}t=\int(E_x^2+E_y^2+E_\theta^2)\mathrm{d}t \tag{4-27}$$

4.4.4　精英选择

种群中适应度函数指标最优的个体在遗传操作中可能未被选择遗传或由于交叉、变异等因素导致指标优秀的编码被破坏，进而降低种群的平均适应度指标，对运算效率和收敛性都产生较差影响[9]。精英选择策略的思想是对种群所有个体进行适应度函数计算后，令指标最优的个体直接进入下一代种群中，使种群保留指标优秀的个体，提高遗传搜索效率。

进行精英保留操作后，去除最优个体的种群进行“优胜劣汰”的选择操作则基于轮盘赌法：对当前种群中个体适应度指标进行累计，并计算每个个体对应的累积概率[10]。基于选择概率得到选择操作的迭代次数。在种群中迭代选择个体时，以随机概率值和轮盘赌个体累积概率值的对比结果作为选择保留的依据。累积值 F_{sum} 计算如式(4-28) 所示。

$$F_{\mathrm{sum}}=\sum_{i=1}^{n}J_i \tag{4-28}$$

式中，J_i 表示当前第 i 个个体基于式(4-27) 得到的误差累积值；n 表示种群大小。通过式(4-29) 计算个体误差累积值在 F_{sum} 中的占比 Q_i。

$$Q_i=\frac{J_i}{F_{\mathrm{sum}}} \tag{4-29}$$

累积概率值计算如式(4-30)所示，其中 P_f 表示 f 个个体对应的累积概率值。

$$P_f=\sum_{i=1}^{f}Q_i \tag{4-30}$$

对种群进行的选择操作的迭代次数 n_{time} 的计算如式(4-31)所示，其中 P_{select} 为选择概率，n_{sum} 为种群大小。

$$n_{\text{time}}=P_{\text{select}}n_{\text{sum}} \tag{4-31}$$

4.4.5 交叉和突变

针对交叉操作，采用随机阈值判定的方式决定是否需要交叉；同时设定如下交叉概率自适应规则，使交叉概率随着遗传代数的增加而减小，可以使遗传过程前期更注重全局搜索能力[11]。

$$P_{\text{c}}=P_{v1}\cos\left(\frac{T}{S}\times\frac{\pi}{2}\right)+P_{v2} \tag{4-32}$$

式中，P_{c} 是交叉概率；T 是当前迭代次数；S 是总迭代次数；P_{v2} 表示后期交叉概率；P_{v1} 表示概率变化幅值。

考虑变异概率随着遗传代数的增加而增加，使遗传过程后期更注重局部搜索能力[12]，如式(4-33)所示。

$$P_{\text{m}}=P_{v3}\sin\left(\frac{T}{S}\times\frac{\pi}{2}\right)+P_{v4} \tag{4-33}$$

式中，P_{m} 是变异概率；T 是当前迭代次数；S 是总迭代次数；P_{v4} 表示初始变异概率；P_{v3} 表示概率变化幅值。

基于上述改进措施优化后的流程如图 4-5 所示。

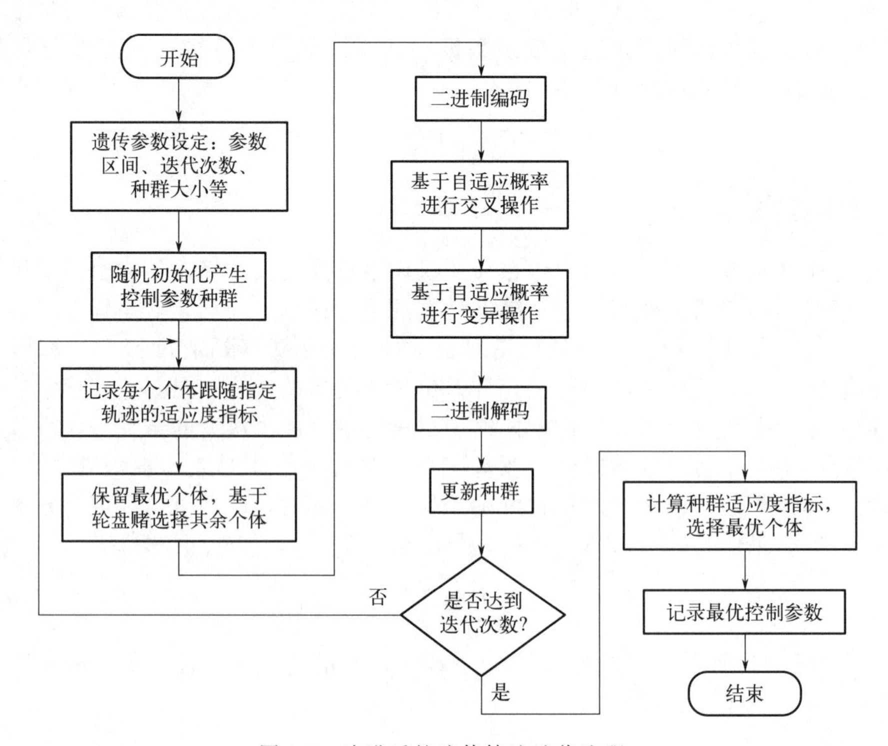

图 4-5 改进后的遗传算法迭代流程

4.5 多机器人编队协同运动策略

4.5.1 编队控制相关方法

(1) 虚拟结构法

虚拟结构法是一种用于多机器人编队控制的方法，最早由 Kar-Han Tan 提出，该方法将编队的所有成员视作一个整体进行处理。首先确定虚拟结构的运动学和动力学特性，然后推导出虚拟结构上虚拟目标点的相应特性，最后通过设计适当控制律使机器人跟踪对应虚拟目标点，实现编队控制[13]。虚拟结构法将机器人的编队看作一种刚性的虚拟结构。每一个机器人可以看作在这个虚拟结构中一个固定的点。编队中的机器人个体直接跟踪保持虚拟结构上的固定坐标点，就可以完成设定好的编队飞行巡检路线。以虚拟结构为框架，在编队控制算法中加入队形反馈，邻近的分布编队控制器之间进行通信和信息传输，使得编队控制器既能控制编队的速度，又能很好地保持队形。该方法的实现是将编队中所有的智能体形成的队形作为一个统一的假象刚体结构进行控制：多个智能体形成刚体结构，在运动的时候可以将它们视作一个整体，即便在世界坐标系下它们的位置发生了变化，但是它们之间的相对位置是维持不变的。虚拟结构法能够将多个智能体组成固定的几何形状并维持结构的稳定。

虚拟结构法的优点包括它的分布式性质、机器人之间的相对独立性，以及对队形变化的适应性。然而，它也需要精确的相对位置测量和有效的通信机制来保持队形的稳定性。此外，虚拟结构法通常适用于静态或准静态环境，因为动态障碍物和高度动态的任务可能对它们具有挑战性。虚拟结构法的一些关键概念有：

虚拟结构：虚拟结构是一种抽象的表示，通常是一个几何形状，例如线条、菱形、圆形等。这个结构定义了每个机器人的位置和角色，以及它们之间的相对关系。

局部通信：机器人之间通过局部通信交换信息，以更新虚拟结构和协调运动。通信可以是无线通信、红外线、蓝牙或其他形式的短距离通信。

相对位置测量：机器人需要测量它们与邻近机器人之间的相对位置。这可以通过激光雷达、超声波传感器、相机或其他定位技术来实现。

位置控制：每个机器人根据虚拟结构和相对位置信息来调整自身的位置和方向，以使其与虚拟结构保持一致。

协同运动：机器人之间协同运动，以达到或维持所需的编队队形。它们可以调整速度、方向或姿态来实现这一目标。

容错性：虚拟结构法通常具有一定的容错性，因为即使其中一些机器人失效或离线，其余机器人仍然可以根据虚拟结构进行协调运动。

队形适应性：虚拟结构法具有一定的适应性，因为虚拟结构可以根据任务需求和环境条件进行调整。这意味着机器人可以自动适应不同的队形要求。

虚拟结构法的主要优点是通过将编队队形视作一个刚性结构，系统有明显的队形反馈，便于编队行为的确定和队形的保持。而缺点是由于编队队形需要一直保持同一个刚性结构，缺乏灵活性和适应性，尤其是在躲避障碍物过程中存在一定的局限性。不同的机器人会受到不同环境因素影响，严格的队形约束会诱发频繁控制指令，增加能耗，甚至出现执行器饱和现象。这些缺点导致虚拟结构法在多机器人编队控制中的应用相对较少。虚拟结构法主要应用在多个轮式机器人进行固定队形编队上，其方法主要是通过研究轮式机器人的动力学，并设计想要的队形的几何结构及其整个编队的总体运动轨迹，再设计每一个轮式机器人的轨迹跟踪控制器。由于该方法需要每一个轮式机器人的轨迹信息，因此具有反馈机制，并且具有较高的控制精度。但是在实现过程中，反馈的实时性和物理层面的高度控制是实现的难点。

（2）领导-跟随者法（领航跟随法）

领导-跟随者的概念最早由 Jaydev P. Desai 提出，并且由 Wang 等将其成功应用于移动机器人的编队控制中，是目前最为常用的一种编队控制方法。领导-跟随者法分配“领导者”与“跟随者”两种角色：“领导者”进行决策规划等行为，“跟随者”仅仅需要与之保持一定的协同跟随关系即可。所有编队成员被指定为领导者或跟随者这两种角色，领导者通过沿着预定或者临时设定的路径航行，掌控整个编队的运动趋势，跟随者依据相对于领导者的距离及方位信息跟随领导者实现编队控制，具有建模简单、工程易实现等优点。领导-跟随者方法是多机器人编队控制的一种策略，其中一个或多个机器人被指定为领导者，而其他机器人则跟随领导者。这种方法常用于控制机器人编队，使它们能够完成协同任务，同时保持特定的队形或协作模式[14]。领导-跟随者方法的一些关键概念有：

领导者角色：一个或多个机器人被选择或指定为领导者。领导者通常具有更高的智能、感知或决策能力，以能够有效地引导编队执行任务。

跟随者角色：其他机器人被指定为跟随者。它们的任务是跟随领导者并执行与领导者协调的动作。跟随者通常具有相对较低的自主性，它们的运动受领导者的控制。

领导者路径规划：领导者负责规划路径和决策，以完成任务或达到目标。它可以使用各种路径规划算法来制定最佳路径。

跟随者运动控制：跟随者根据领导者的位置和运动指令来调整自己的运动，以保持队形或执行协同动作。运动控制可以包括速度和方向的调整。

通信和数据传输：领导者和跟随者之间需要进行通信，以便领导者能够向跟随者传递运动指令或任务信息。通信可以通过 Wi-Fi、蓝牙、射频等方式实现。

队形保持：领导者通常会考虑队形的要求，并确保跟随者相对于领导者的位置在合理的范围内，以保持编队的稳定性。

任务协作：领导者和跟随者之间的任务通常是协作的，领导者的决策应与跟随者的动作相协调，以完成整体任务。

容错性：领导-跟随者法通常具有一定的容错性，即使领导者失效，系统仍然可以继续工作，尽管可能会受到一些限制。

领导-跟随者法适用于多种应用，如自动驾驶车队、无人飞行器编队、物流机器人协同工作等。它可以提供一种相对简单和可实现的多机器人编队控制策略，同时具有较好的扩展性。然而，需要仔细考虑领导者的选择和领导者与跟随者之间的通信机制，以确保编队的效率和稳定性[15]。领导-跟随者编队控制方法不需要太复杂的数学模型，主要优点是编队控制结构简单、易于实现，编队中只需要设定领导者的期望路径或其他行为，然后跟随者以预定的位置偏移跟随领导者即可实现编队控制。但是其缺点就是跟随者过度依赖领导者，如果领导者出故障，需要额外更换领导者，而且其编队控制算法缺少反馈机制。但总体而言，该方法在工程实现中可被广泛应用[16]。

通过 4.2 节所做分析完成多移动机器人协同运动过程中领导者机器人、理想跟随者与跟随者机器人之间的建模分析，可作为后续控制器设计的基础工作。此外，关于领导-跟随者法还通常进行多机器人协同运动策略的研究，包含以下几个方面。

在多移动机器人协同运动过程中，假设各机器人通过通信网络能够实现信息交流，则根据某一规则来协调多移动机器人协同运动系统的空间位置关系[17]。分析系统体系结构，依据选取的参考点的不同，其队形体系结构可大致分为三种：以相邻机器人为参考、以空间某几何点为参考以及以某个机器人为参考，如图 4-6 所示。

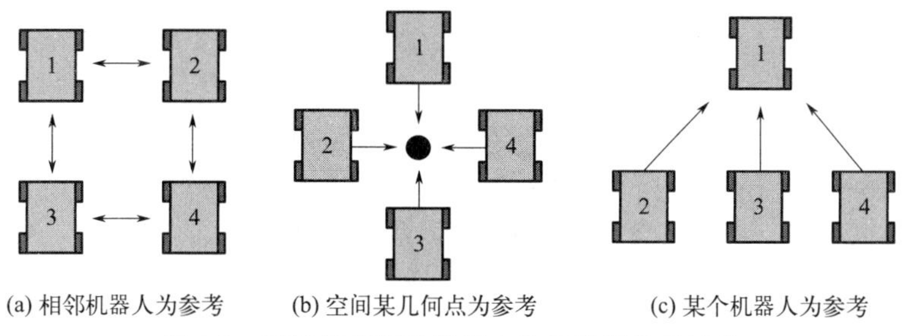

(a) 相邻机器人为参考　(b) 空间某几何点为参考　(c) 某个机器人为参考

图 4-6　不同的多移动机器人协同队形体系结构

图 4-6(c) 所示的协同运动体系结构适合基于领导-跟随者法的研究与实现，因此选择此种参考方式进行研究。多移动机器人根据不同的需求，组建针对性的协同队形，大大提高系统完成复杂任务的效率。设计的队形如图 4-7、图 4-8 所示，分别是：①水平队形；②纵向队形；③矩形队形；④三角形队形等。

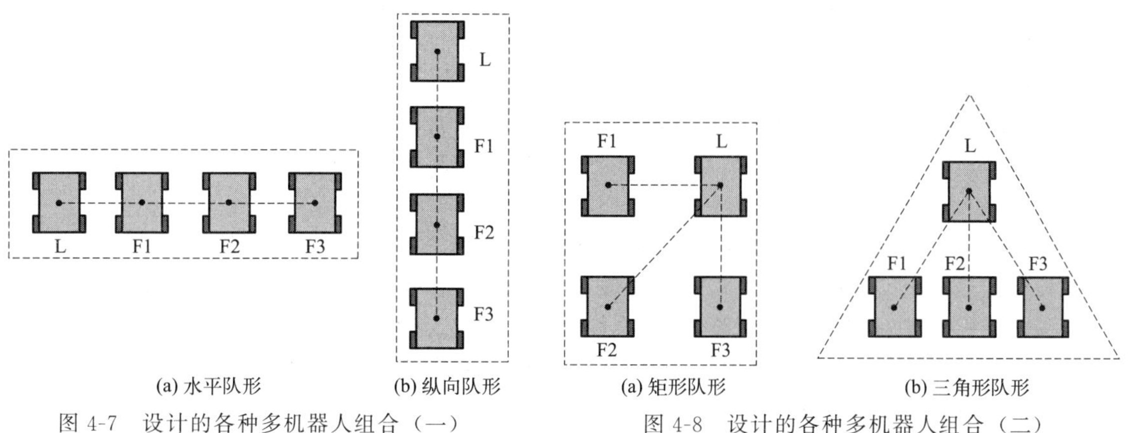

(a) 水平队形　(b) 纵向队形

图 4-7　设计的各种多机器人组合（一）

(a) 矩形队形　(b) 三角形队形

图 4-8　设计的各种多机器人组合（二）

当执行围捕或进行火力压制任务时，常采用三角形或矩形等多边形队形，以实现多点打击和火力范围覆盖；当多移动机器人在以某种队形侦察时，路遇狭窄路段，可以“首尾连接”的纵向队形逐一通过路障等。

(3) 中心映射法

机器人编队中心映射法是一种用于多机器人协同控制和编队的策略。这种方法通常是将每个机器人的位置信息映射到一个虚拟的中心点上，然后通过对这个中心点的控制来实现对整个机器人编队的控制。在具体实现上，机器人编队中心映射法通常包括以下步骤：

首先，定义一个虚拟的中心点，这个中心点可以是编队中的某个特定位置，也可以是编队的几何中心。

然后，计算每个机器人到虚拟中心的距离。这可以通过各种方式来完成，例如使用欧几里得距离公式。

随后，根据每个机器人到中心的距离，产生相应的控制信号。这些信号通常是为了使机器人向中心移动或保持在与中心的一定距离上。

最后，每个机器人执行收到的控制信号，从而实现对整个编队的控制。

这种方法的主要优点在于其简单性和可扩展性。由于控制是基于一个中心点来进行的，因此可以很容易地增加或减少机器人数量，而不需要对整个控制系统进行大的修改。然而，这种方法也有一些局限性，例如可能难以处理复杂的编队形状或应对突发情况。中心映射法具有以下优点：

简单：中心映射法将复杂的物体群体控制问题简化为对一个中心点的控制，从而降低了问题的复杂性。

可扩展：由于控制是基于一个中心点来进行的，因此可以很容易地增加或减少物体数量，而不需要对整个控制系统进行大的修改。

灵活：中心映射法可以适应不同形状的物体群体和不同的应用场景，例如巡逻、搜索、救援等。

实时：中心映射法可以通过实时计算物体到中心的距离来产生控制信号，从而实现实时控制和反馈。

然而，中心映射法也存在以下缺点：

用途局限性问题：中心映射法在处理复杂的物体群体形状或应对突发情况时可能会遇到困难。例如，对于非球形或非对称的物体群体，可能需要更复杂的控制算法和策略来实现更好的控制效果。

精度问题：由于中心映射法是将所有物体的位置信息映射到一个虚拟的中心点上，因此可能会导致一些精度上的损失。例如，对于大规模物体群体或需要高精度控制的场景，可能需要更精细的控制策略。

协调问题：中心映射法假设所有物体都能够按照控制信号进行移动，但在实际应用中，可能存在一些协调问题。例如，物体之间可能存在碰撞或干扰，需要设计相应的冲突解决算法来解决这些问题。

通信问题：中心映射法需要物体之间的通信来实现控制信号的传递和执行。但在实际应用中，可能存在通信延迟或故障等问题，需要设计相应的容错机制来处理这些问题。

总之，中心映射法是一种简单有效的多物体协同控制和优化策略，具有广泛的应用前景。但在实际应用中需要根据具体场景和需求进行灵活调整和优化，以实现更好的控制效果。

（4）基于图论法

基于图论法的多机器人编队控制通常需要深入的数学理解和算法设计，但它们提供了一种强大的工具，可以解决复杂的多机器人协同和路径规划问题。这些方法可以适用于多种多机器人应用，包括无人飞行器、自动驾驶车辆、物流和制造系统等。基于图论法是一种利用图论对机器人系统进行建模和控制的策略。在这种策略中，机器人和它们之间的关系被视为图的节点和边，然后通过图论算法对系统进行控制和优化[18]。

基于图论的方法研究多机器人编队，需要将队形信息转换成各种图，依靠图论知识及李雅普诺夫方法分析编队的稳定性，得出队形的控制策略。该方法中机器人编队队形是依据图论理论中图的节点与边的关系来描述。节点即表示机器人的运动学特性，即是对运动方式的描述，而边则表示机器人之间的关系，是对运动的约束，利用相应的图论知识与控制理论知识研究编队队形控制输出具有一致性。基于图论法的优点在于图的形状可以任意，队形描述也相对简单，编队中改变队形较容易，并且图论的相关理论研究比较成熟，但不足之处在于物理实现比较复杂，通常只能适用于仿真环境的理论研究[19]。具体来说，基于图论法的多机器人控制通常包括以下步骤：

系统建模：将机器人系统建模为一个图，其中每个机器人被视为一个节点，机器人之间的关系被视为边。这个图可以是无向图或有向图，具体取决于机器人之间的关系是否为双向的。

图论算法设计：根据任务需求和系统特性，设计合适的图论算法。这些算法可以包括最短路径算法、最小生成树算法、网络流算法等，用于实现机器人之间的路径规划、资源分配、任务调度等。

分布式控制：基于图论法的多机器人控制通常采用分布式控制策略，即每个机器人根据局部信息和与邻居节点的通信来执行控制算法。这种控制策略可以确保系统的鲁棒性和可扩展性，同时减少中央控制器的负担。

冲突解决：在机器人执行任务的过程中，可能会出现冲突和碰撞的情况。基于图论法的多机器人控制可以通过设计相应的冲突解决算法，例如基于规则的方法、博弈论方法等，来解决这些问题。

任务评估与反馈：对整个任务进行评估和反馈，根据执行结果对控制算法和策略进行调整和优化。这可以通过人工评估或自动化算法实现。

基于图论法进行多机器人控制，优点在于可以利用图论的丰富理论和算法工具对系统进行建模和控制，从而实现更高效的协同控制和优化。此外，该策略还可以应对复杂的机器人系统和动态的环境变化。然而，基于图论法的多机器人控制也存在一些挑战和难点。例如，需要设计合适的图论算法来解决特定的问题；需要解决分布式控制中的通信和协同问题；需要解决冲突和碰撞的避免问题。因此，在实际应用中需要综合考虑系统性能和复杂性要求，选择合适的控制模式和控制策略。

基于图论法在多机器人编队控制和路径规划领域中非常重要。它们使用图论的概念和算法来建模和解决多机器人之间的关系、路径、连接和协同工作问题。基于图论法的关键概念和应用有：

图模型：在多机器人编队中，通常使用图来建模机器人之间的关系。图由节点（表示机器人）和边（表示机器人之间的连接或关系）组成。这种图称为机器人编队图或通信拓扑图。

路径规划：图论方法可用于路径规划问题，其中图表示机器人在环境中的可行路径和连接。机器人可以使用图搜索算法（如 Dijkstra 或 A^* 算法）来找到从起点到终点的路径。

最短路径问题：图论方法可以用于解决机器人之间的最短路径问题。这在多机器人的路径规划中非常有用，以避免冲突和碰撞。

最小生成树：最小生成树是一个连接所有节点（机器人）的树，使得总边权重最小。在多机器人编队中，最小生成树可以用于构建通信拓扑或建立机器人之间的最小通信路径。

任务分配：图论方法也可用于任务分配问题。每个任务可以表示为图中的节点，机器人可以表示为执行任务的路径。任务分配算法可以基于图来决定哪个机器人执行哪个任务。

拓扑排序：拓扑排序是一种图论方法，用于确定机器人之间的顺序或序列。它在处理一些任务的执行顺序中非常有用。

网络流问题：图论中的网络流问题也与多机器人控制相关。这些问题可以用于优化资源分配、通信带宽和能量消耗等。

分布式控制：图论方法通常具有分布式特性，允许机器人根据局部信息来决策和协作。这有助于减少集中式控制的复杂性。

容错性：图论方法可以用于增强多机器人系统的容错性，通过在通信拓扑中引入冗余路径或备用节点来提高系统的稳定性。

（5）人工势场法

人工势场法（APF）是一种用于多机器人路径规划和避障的控制方法，它基于机器人在虚拟势场中的运动来实现任务。该方法将机器人看作在虚拟势场中移动的粒子，势场由两部分组成：吸引势和斥力势。人工势场法是一种分布式的、反应性的路径规划方法，它不需要全局地图或中央控制系统，适用于动态环境和避障任务。然而，它也有一些限制，例如可能存在局部最小值问题，以及需要适当的参数调整来平衡吸引力和斥力。在实际应用中，人工势场法通常与其他路径规划和避障方法结合使用，以获得更好的性能和稳定性[20]。人工势场法的一些关键概念有：

吸引势（attractive potential）：吸引势是一个机器人与任务目标点之间的引力场。机器人会受到吸引势的作用，朝着目标点移动。吸引势的强度通常与机器人到目标点的距离成反比，距离越近，吸引势越强。

斥力势（repulsive potential）：斥力势是一个机器人与障碍物之间的斥力场。当机器人靠近障碍物时，斥力势会增强，使机器人受到斥力的作用，从而远离障碍物。这有助于避免碰撞。

合成势场（combined potential field）：人工势场方法将吸引势和斥力势合成为一个总势场。机器人根据总势场的梯度来计算运动指令，从而实现自主的路径规划和避障。

势场平衡：机器人会不断计算总势场中的梯度，并根据梯度方向和大小来调整自身速度和方向。这使得机器人可以平衡吸引力和斥力，以沿着安全路径向目标移动。

局部最小值问题：人工势场方法可能会受到局部最小值问题的影响，即机器人可能被困在局部最小值的势场中，无法到达全局目标。为了解决这个问题，通常需要引入一些技巧，如随机扰动或全局路径规划。

人工势场的概念由 Khatib 提出并成功应用于移动机器人避障控制中。将研究对象的工作空间设定为人工势场，并为研究对象设定人工势函数，以此构造工作空间中机器人、目标点，以及障碍物等的势场力，通过最小化个体势场达到编队控制的目的。其主要优点是：

设计的算法能够较好地解决避碰避障问题，实时性强，仅仅需要计算下一时刻的智能体的信息即可，不需要全局信息，因此其实时性强，在线计算能力强。

突防突发威胁能力强：针对突发威胁，当威胁所在的位置在智能体的可视范围内时，智能体将模拟出突发威胁对智能体本身的斥力，使之有能力避开此威胁障碍物。在突发威胁不在智能体的可视范围内，则智能体忽略此障碍物威胁。对突发威胁的突防能力也可称为动态避障规划能力。

局部处理能力强：不论障碍物是否属于突发威胁障碍物，人工势能场法使用的都是局部信息，而非全局的信息，因此无须全局长时间地进行搜索和优化路径。

然而这样处理也存在一些缺点，尤其是在复杂环境或多障碍物场景下：

首先，当地图中的障碍物较多时，智能体受多个势场的影响，可能会陷入小范围的往复运动。这种往复不仅影响路径规划的有效性，还会导致能耗增加。这种局部振荡通常是由于智能体在不同势场之间受到反复的引力和斥力作用所致。

其次，在设置势函数时可能会产生“零势场点”，导致智能体陷入局部最优解。例如，在二维平面中如果仅有三个点状的障碍物，且它们形成等边三角形，智能体位于此三角形的中心位置时，它会受到来自三个障碍物的等量反作用力。此时合力为零，导致智能体的势能也为零，智能体因此无法更新其运动状态，陷入静止状态。这种现象是由势场局部最优点造成的，即使目标点在前方，智能体也无法通过障碍物区域。为了解决这些缺点，通常需要引入随机扰动或额外的外力场。随机扰动可以使智能体从局部最优点中跳出，而外力场则可以通过在全局范围内施加引导力，帮助智能体朝向目标前进。

在多智能体编队任务中，除了需要躲避障碍物，还需要保持队形稳定。这时，除了外部环境施加的势场外，智能体之间还需要引入引力和斥力相互作用，以保持适当的队形距离和角度，确保整个队伍在执行任务过程中既能有效避障，又能保持编队稳定性。

人工势场包括引力场和斥力场。其中，目标点对物体产生引力，引导物体朝向其运动。障碍物对物体产生斥力，避免物体与之发生碰撞。物体在路径上每一点所受的合力等于这一点所有斥力和引力的和。这里的关键问题是如何构建引力场和斥力场。下面分别讨论：

引力场中常用的引力函数：

$$U_{\mathrm{att}}(\boldsymbol{q})=\frac{1}{2}\varepsilon\rho^{2}(\boldsymbol{q},\boldsymbol{q}_{\mathrm{goal}}) \tag{4-34}$$

式中，ε 是尺度因子；$\rho^{2}(\boldsymbol{q},\boldsymbol{q}_{\mathrm{goal}})$ 表示物体当前状态与目标的距离。引力就是引力场对距离的导数。

斥力场：

$$U_{\mathrm{rep}}(\boldsymbol{q})=\begin{cases}\dfrac{1}{2}\eta\left[\dfrac{1}{\rho(\boldsymbol{q},\boldsymbol{q}_{\mathrm{obs}})}-\dfrac{1}{\rho_{0}}\right]^{2}, & \rho(\boldsymbol{q},\boldsymbol{q}_{\mathrm{obs}})\leqslant\rho_{0}\\ 0, & \rho(\boldsymbol{q},\boldsymbol{q}_{\mathrm{obs}})>\rho_{0}\end{cases} \tag{4-35}$$

式中，η 是斥力尺度因子；$\rho(\boldsymbol{q},\boldsymbol{q}_{\mathrm{obs}})$ 代表物体和障碍物之间的距离；ρ_{0} 代表每个障碍物的影响半径。上式是传统的斥力场公式。换言之，离开一定的距离，障碍物就对物体没有斥力影响。

斥力就是斥力场的梯度：

$$F_{\mathrm{rep}}(\boldsymbol{q})=-\nabla U_{\mathrm{rep}}(\boldsymbol{q})=\begin{cases}\eta\left[\dfrac{1}{\rho(\boldsymbol{q},\boldsymbol{q}_{\mathrm{obs}})}-\dfrac{1}{\rho_{0}}\right]\dfrac{1}{\rho^{2}(\boldsymbol{q},\boldsymbol{q}_{\mathrm{obs}})}\nabla\rho(\boldsymbol{q},\boldsymbol{q}_{\mathrm{obs}}), & \rho(\boldsymbol{q},\boldsymbol{q}_{\mathrm{obs}})\leqslant\rho_{0}\\ 0, & \rho(\boldsymbol{q},\boldsymbol{q}_{\mathrm{obs}})>\rho_{0}\end{cases} \tag{4-36}$$

总的场就是斥力场和引力场的叠加，也就是 $U(\boldsymbol{q})=U_{\mathrm{att}}(\boldsymbol{q})+U_{\mathrm{rep}}(\boldsymbol{q})$，总的力也是对应的分力的叠加，即 $F(\boldsymbol{q})=-\nabla U(\boldsymbol{q})$。

4.5.2　基于行为法

基于行为的控制概念最早由 Rodney Brooks 提出，为多机器人协同采样任务设计了基于行为的控制体系结构。基于行为的编队控制基本思想即：将编队控制任务分解成驶向路径点、躲避障碍物、编队保持等基本行为，并通过行为融合实现多机器人的编队控制[21]。

基于行为法的分布式控制思想是：根据对机器人系统实施控制作用后所期望产生的整体行为模式，事先对每个机器人的个体行为规则和局部控制方案进行设计，这是一种先果后因的运动控制方法。通常每个机器人的行为模式类似于“库函数”一样存储于编队控制器中，在系统运行时，根据环境信息和控制指令的变化执行相应的行为方式，如避障、队形组成、队形切换、方向运动等。例如，在进行避障时，编队机器人在移动过程中要避免与障碍物和其他相邻机器人的碰撞，那么，当机器人通过传感器系统感知外界环境变换时，整个系统就会根据系统输入选取行为模式，达到期望的行为，进而作出系统响应并输出。该方法与领导-跟随者法的不同之处在于，该方法中的协作作用是通过机器人之间的位置、状态输入值等信息的共享来实现的。每架机器人只需知道相邻机器人的信息就可以，减少了信息的获取，同时减少了计算量，系统实现较为简单。缺点在于很难描述群体的动态特性，难以进行精确控制，队形保持的稳定性不易控制[22]。

基于行为法的基本思想是将多机器人编队控制任务分为简单的基本行为，如避障避碰、驶向目标和保持队形等，将这些基本行为融合到一起，当传感器接收到环境变换或刺激时，做出不同反应，输出系统下一步的运动反应，实现运动控制。基本行为融合的方式有三种：

第一种是加权平均法。各基本行为根据一定的权重加权平均得到输出向量，权值的大小对应基本行为的重要性。

第二种是行为抑制法。对各个基本行为按一定的原则设定优先级，在同等条件下，优先级高的基本行为作为机器人的当前的行为。

第三种是模糊逻辑法。根据模糊规则综合各基本行为的输出，以得到机器人的输出。

基于行为法鲁棒性高、实时性好、队形反馈明确，但行为的融合复杂，很难设计指定队形的局部基本行为，难以保证编队控制的稳定性。该方法最开始用于研究动物群体活动，后来延展至多机器人的编队控制领域。基于选择法主要是通过对智能体基本行动以及局部控制规则的设计使得智能体群体产生所需的整体行动。其采用基于行为的控制策略来实现避障、避碰和保持队形等导航目标。普遍而言，基于行为法通常与势场方法相结合，这种控制策略使单独智能体或轮式机器人能够通过它们的传感器接收到输入信息，并对其采取相应的行动。因此，编队中的所有智能体都能根据从其周围区域获得的信息做出预期的反应，并确保编队的感知完全覆盖。此方法可以应用在搜索和救援行动中的安全巡逻方面。

基于行为法的协同运动策略本质是通过轮式机器人的机载传感器获取环境信息，在一些特定情况如避障、编队任务中，设计一些基本动作以完成任务。因此基于行为法的队形形成是具有信息反馈的。同时，任务的不同可能会造成多个轮式机器人行为方面的多任务分配需要具有优先级选择机制。该方法是分布式控制策略，可以对多轮式机器人的数量进行调整，但由于行为难以通过数学进行评估，因此比较难实现[23]。

基于行为法中每个机器人的控制结构为基于行为式结构。基于行为法首先根据队形的几何形状等要求设计基本行为，再根据机器人环境感知及通信交互信息融合计算，规划决策出各基本行为的输出，最后利用行为选择模块得出最终输出，以达到控制队形的目的。

基于行为法通常包括行为设计和行为选择。行为设计是指机器人本地预先定义好了一些基本的行为，由多个“感知-动作”构成。行为选择是指机器人按照规则或选择依据决定最终行为的输出，通常需要共享机器人之间的状态信息等知识来规划自身的行为。基于行为法的行为选择机制通常有以下三种。

① 加权平均法：每一个行为向量都会有一个权重，它们相加得出的矢量和标准化后作为机器人最终的行为；

② 基于优先级方法：各个行为都有一定的优先级，在执行低优先级的有些行为时，由于环境等变化需要选择高优先级行为来输出，原行为则被抑制；

③ 模糊逻辑法：按照一定的模糊规则来选择当前状态机器人需要输出的最终行为。

基于行为法的优点是呈现较好的分布性，能够并发进行，而且体现出一定的智能性；缺点是行为设计较难覆盖应对所有的情况，相关的数学依据不足，且不能明确机器人群体的最终行为，对编队的稳定性难以保证。基于行为法作为一种多机器人编队控制的策略，它强调机器人的行为和动作，而不依赖于全局路径规划或中央控制系统。每个机器人都被赋予一组行为或规则，这些行为定义了机器人在特定情况下应该采取的动作。基于行为法通常更加自主，适用于机器人之间的协作和协调。基于行为法的关键特点和工作原理有：

① 行为定义：每个机器人都具有一组预定义的行为，这些行为描述了机器人在不同情境下应该如何行动。行为可以包括避障、跟随、领导、聚集、分布等。

② 感知和决策：机器人通过感知其周围环境来选择适当的行为。感知信息可以来自传感器，如激光雷达、相机、超声波传感器等。机器人根据感知信息和当前状态来做出决策。

③ 局部规则和互动：行为方法强调局部规则和互动，即机器人只考虑周围机器人的状

态和行为。它们根据与其他机器人的互动来自主地调整自己的行为。

④ 冲突解决：如果多个机器人在执行行为时发生冲突，它们可以根据定义的冲突解决规则来协调。例如，避免碰撞是一种常见的冲突解决行为。

⑤ 自适应性：基于行为的方法通常具有自适应性，机器人可以根据环境变化和任务需求来选择不同的行为。

⑥ 分布式性质：这种方法是分布式的，因为每个机器人都根据自身的感知和决策来执行行为，而不需要集中式控制系统。

⑦ 任务协同：多个机器人可以通过协同执行不同的行为来实现共同的任务目标。协同可以通过行为互动和通信来实现。

基于行为法的优点包括具有较好的分布性、自适应性和扩展性。容易实现分布式控制，系统应变能力较强，能够较好地应对避碰避障问题，编队也能通过成员相互之间的感知达到队形反馈的目的。机器人可以根据局部信息和任务需求自主地做出决策，这使得这种方法适用于动态环境和多机器人编队控制。然而，需要仔细设计和调整机器人的行为以确保它们协同工作，并且需要解决冲突和通信问题，而且无法明确定义编队系统的整体行为，不利于系统的稳定性分析。

4.5.3 系列优化方法

系列优化方法是一类用于解决连续优化问题的算法，它们通过逐步迭代改进候选解决方案来逼近最优解。这些方法通常用于非凸、高维度或具有复杂结构的优化问题。以下是一些常见的系列优化方法。

(1) 梯度下降法

梯度下降（gradient descent）是一种基本的优化方法，用于最小化损失函数或成本函数。它通过计算损失函数的梯度并沿着梯度的反方向调整参数来更新解决方案。

梯度下降法的基本步骤如下：

① 初始化：选择一个初始点，通常是一个随机点或一个猜测的点。

② 计算梯度：在初始点上计算函数的梯度，即函数变化最快的方向。

③ 更新：从当前点沿着梯度的反方向（即函数减少最快的方向）移动一小段距离。这个距离通常被称为步长。

④ 重复：重复步骤②和步骤③，直到满足某个停止条件，例如达到预设的最大迭代次数，或者梯度变得非常小（意味着已经接近局部极小值点）。

需要注意的是，虽然梯度下降法通常可以找到局部最小值，但并不能保证找到全局最小值。此外，如果函数的梯度变化非常小，或者存在多个局部最小值点，梯度下降法可能会陷入局部最小值，而无法找到全局最小值。在机器学习和深度学习中，梯度下降法被广泛用于优化神经网络和其他机器学习模型的参数，以最小化损失函数。在这种情况下，梯度下降法通常会与一些更复杂的优化算法（如 Adam 或 RMSProp）结合使用，以获得更好的性能和结果。

(2) 随机梯度下降法

随机梯度下降（stochastic gradient descent，SGD）法是一种常用的优化算法，主要应用于机器学习中的模型训练过程中。它是一种基于梯度下降算法的变种，能够在大规模数据集上高效地进行模型训练。与传统的梯度下降法不同，随机梯度下降法在每次迭代时只使用一个样本的梯度来更新模型参数，而不是计算所有样本的梯度。由于只使用一个样本的梯度，因此随机梯度下降法在大规模数据集上具有高效性，可以快速地训练模型。

随机梯度下降法的优点包括：

① 高效性：由于每次迭代只使用一个样本，因此随机梯度下降法在大规模数据集上具有高效性。

② 可并行化：由于每次迭代只使用一个样本，因此随机梯度下降法很容易并行化处理。

③ 可适应性：随机梯度下降法每次迭代都会根据当前样本的梯度来更新模型参数，因此它可以很好地适应数据的变化。

④ 可用于在线学习：由于随机梯度下降法每次迭代只使用一个样本，因此它可以很好地应用于在线学习。

随机梯度下降法的缺点包括：

① 不稳定性：由于随机梯度下降法每次迭代都只使用一个样本，因此它存在一定的噪声，这可能会导致模型参数的不稳定性。

② 学习率的选择：随机梯度下降法的学习率需要仔细选择，否则可能会导致算法无法收敛或收敛速度过慢。

③ 局部最优解：由于随机梯度下降法存在一定的噪声，因此它可能会陷入局部最优解，而无法达到全局最优解。

SGD既可以用于分类计算，也可以用于回归计算。对于分类问题，通常会使用交叉熵损失函数；对于回归问题，通常会使用均方误差损失函数。

随机梯度下降法的变种包括：

① Mini-batch SGD：每次迭代时使用一小批样本的梯度来更新模型参数，可以平衡随机梯度下降法的噪声和全局梯度下降的效果。

② Momentum SGD：在更新模型参数时，加入动量项，可以加速算法的收敛速度。

总的来说，随机梯度下降法在机器学习领域中是一种非常重要的优化算法，特别适用于大规模数据集上的模型训练。

(3) 共轭梯度法

共轭梯度（conjugate gradient）法用于求解对称正定线性系统的优化问题，例如二次规划问题。它通过一系列迭代步骤来找到最优解。共轭梯度法的基本思想是在每一步迭代中，保持一个与当前搜索方向相反的向量，这个向量被称为“共轭方向”。这个共轭方向的选择是为了使在这个方向上的函数值下降最快。具体来说，假设我们有一个函数 $f(x)$ 需要最小化，并且已经得到一个初始点 x_0。在每一步迭代中，我们首先计算函数在当前点的梯度 $\boldsymbol{g}(x)$，然后计算一个新的方向 $\boldsymbol{d}$。这个新方向 $\boldsymbol{d}$ 是当前搜索方向（也就是负梯度方向）和上一步的搜索方向的组合。具体来说，如果上一步的搜索方向是 $\boldsymbol{p}$，那么新的搜索方向就是 $\boldsymbol{g}(x)+\alpha\boldsymbol{p}$，其中 α 是一个根据具体情况选择的系数。然后，在这个新方向 $\boldsymbol{d}$ 上进行线性搜索，找到一个步长 t，使 $f(x+t_d)$ 比 $f(x)$ 更小。最后，更新 x 为 $x+t_d$，进入下一轮迭代。

共轭梯度法在每一步迭代中都保持了上一步的搜索方向和当前搜索方向的共轭性，这也是它被称为“共轭梯度法”的原因。这种共轭性使算法能够更快地收敛，尤其是在处理大规模问题时。需要注意的是，虽然共轭梯度法在许多情况下都能表现出优秀的性能，但是它也有一些局限性。例如，如果函数 $f(x)$ 的黑塞矩阵（也译作海森矩阵、海塞矩阵）在某些点上不是正定的，那么共轭梯度法可能无法收敛到最优解。此外，如果函数 $f(x)$ 的梯度接近于零，或者函数 $f(x)$ 有多个局部最小值，那么共轭梯度法可能也会陷入局部最小值。

(4) 拟牛顿法

拟牛顿法（quasi-Newton methods）是求解非线性优化问题最有效的方法之一，于20

世纪 50 年代由美国 Argonne 国家实验室的物理学家 W. C. Davidon 所提出。Davidon 设计的这种算法在当时看来是非线性优化领域最具创造性的发明之一。拟牛顿法和最速下降法一样只要求每一步迭代时知道目标函数的梯度。通过测量梯度的变化，构造一个目标函数的模型，使之足以产生超线性收敛性。这类方法大大优于最速下降法，尤其对于困难的问题。拟牛顿法是用于无约束连续优化的方法，它通过估计目标函数的黑塞矩阵或其逆矩阵来逼近最优解。BFGS 和 L-BFGS 是拟牛顿法的著名变体。

拟牛顿法的具体实现可以按照以下步骤进行：

① 初始化迭代矩阵 $\boldsymbol{B}$，通常可以随机生成或者使用单位矩阵进行初始化。

② 计算函数在当前点的梯度 $\boldsymbol{g}(x)$ 和黑塞矩阵 $\boldsymbol{H}(x)$。

③ 根据拟牛顿条件，构造一个足够好的近似于黑塞矩阵的逆矩阵 $\boldsymbol{B}$，使得 $\boldsymbol{BB}' \approx \boldsymbol{H}'(x)$，其中 $\boldsymbol{H}'(x)$ 是黑塞矩阵 $\boldsymbol{H}(x)$ 的逆矩阵。常见的拟牛顿方法有 DFP 和 BFGS 等。

④ 计算搜索方向 $\boldsymbol{d}=-\boldsymbol{g}(x)$，这个方向是当前点的负梯度方向。

⑤ 根据线搜索方法确定一个步长 α，使得函数值在更新后变得更小。具体来说，可以采取一些策略如黄金分割法、线性搜索等。

⑥ 更新迭代点 x 为 $x+\alpha_d$。

⑦ 判断是否满足收敛条件：如果满足则停止迭代，输出当前点 x 作为最优解；否则，返回步骤②继续迭代。

需要注意的是，拟牛顿法虽然能够加快收敛速度，但也需要计算和存储梯度和黑塞矩阵，因此在处理大规模问题时可能会受到一定的限制。同时，拟牛顿法也存在一些问题，如构造拟牛顿矩阵 $\boldsymbol{B}$ 的过程可能比较复杂，需要进行线搜索来确定步长等。因此，选择适合自己问题的拟牛顿方法并进行合理的实现是非常重要的。

(5) 坐标下降法

坐标下降（coordinate descent）法依次固定优化问题中的每个参数，然后在其余参数上进行最优化。这对于高维优化问题和稀疏优化问题特别有用。

坐标下降法是一种非梯度优化算法，它是在每次迭代中，在当前点处沿一个坐标方向进行一维搜索以求得一个函数的局部极小值。具体步骤如下：

① 选择一个初始点，并确定一个初始的猜测值；

② 在当前点处，沿一个坐标方向进行一维搜索，以找到该方向上的局部最小值点；

③ 更新当前点为其最小值点。

重复步骤②和步骤③，直到满足停止条件，得到函数的最小值点。

坐标下降法的基本思想是通过每次只针对一个坐标方向优化，将多变量函数的优化问题分解成多个单变量函数的优化问题，从而降低了问题的复杂度。与梯度下降法不同，坐标下降法并不需要计算梯度，因此对于不可拆分的函数而言，它可能无法在较小的迭代步数中求得最优解。为了加速收敛，可以选取适当的坐标系，例如通过主成分分析获得一个坐标间尽可能不相互关联的新坐标系。坐标下降法在每一步迭代中，选择一个坐标方向进行优化，可以看作在这个坐标方向上逼近函数的最小值点。因此，选择好的坐标方向将会直接影响到算法的收敛速度和结果的好坏。在实际应用中，可以选择不同的坐标方向，例如：在多元回归问题中，可以选择一个自变量作为坐标方向；在多目标优化问题中，可以选择其中一个目标函数作为坐标方向。

此外，也可以利用一些启发式方法来选取坐标方向，例如最小遗憾原则、贪心算法等。需要注意的是，坐标下降法虽然具有简单易行、计算量小等优点，但是在处理复杂的多变量优化问题时，往往会出现“局部最小值”的问题，即算法在迭代过程中陷入了一个局部最小值点，而无法找到全局最小值点。为了解决这个问题，可以采取一些策略，例如使用多个初始点、改变坐标方向、引入随机性等。

总的来说，坐标下降法是一种非常实用的优化算法，可以应用于各种不同的领域和问题中。但是，在使用时需要注意其局限性和特点，并根据具体问题选择合适的算法和参数设置。

（6）逐步回归

逐步回归（stepwise regression）是一种用于特征选择和模型选择的系列优化方法。它通过逐步添加或删除特征来改进模型性能。

逐步回归的分析过程包括以下几个步骤：

① 初始化：选择一个或多个变量作为模型的基础，这些变量可以是基于领域知识的经验选择的，也可以是初步分析数据得到的。

② 检验变量：利用统计显著性检验（例如 F 检验或 t 检验），对每个待选变量进行检验。如果一个变量的检验结果不显著（即该变量对模型的贡献不大），那么就将其从模型中剔除。

③ 添加变量：对剩余的待选变量进行检验，找到对模型贡献最大的变量，将其添加到模型中。

④ 重复：重复上述步骤，直到所有待选变量的贡献都小于预设的阈值，或者所有待选变量都被添加到模型中。

⑤ 输出结果：最后得到的模型就是逐步回归的结果，输出这个模型以及每个变量的系数和显著性检验结果。

对于逐步回归方法，在应用中需要注意以下几个问题：

① 数据的预处理：在进行逐步回归之前，需要对数据进行预处理，包括缺失值的填充、异常值的处理、变量的转换等。

② 变量的选择：逐步回归的结果受到待选变量的影响，因此需要慎重选择待选变量。可以基于领域知识和经验选择一些重要的变量，也可以利用主成分分析等方法进行选择。

③ 模型的适用性：逐步回归方法适用于多元线性回归分析，但对于非线性关系、多重共线等问题可能不够有效。因此需要结合具体问题来考虑模型的适用性。

④ 结果的解释：逐步回归结果包括每个变量的系数和显著性检验结果，需要对结果进行解释，以便更好地理解模型的含义和应用。

（7）模拟退火算法

模拟退火（simulated annealing）是一种启发式优化算法，受到固体物体退火过程的启发。它通过接受概率性变化来探索解空间，并逐渐减小接受概率以收敛到最优解。

模拟退火算法可以细分为以下几步：

① 初始降温：起始时将系统（初始解）加热到一个较高温度。这个温度可以根据具体问题设定，通常为一个足够大的值。

② 迭代更新：在一定的温度范围内，通过随机选择相邻解来产生新解。这里的相邻解可以是问题中的邻近解，也可以是解空间中的任意解。接受新解需要比较目标函数值：如果新解的目标函数值更小，则接受新解；否则以一定概率接受新解。这个概率随着温度下降而逐渐减小。

③ 温度更新：在每次迭代更新后，根据一定的降温策略降低当前温度。降温策略可以是线性的，也可以是指数型的。这个温度更新过程可以理解为逐步收敛到最优解的过程。

④ 终止条件：当满足一定的终止条件时，算法停止迭代并输出当前解作为最优解。这

个终止条件可以是达到一定的迭代次数，或者是在一定时间内温度下降的幅度小于一个设定的小值。

模拟退火算法的原理是，通过模拟固体退火的过程，使算法能够在全局搜索和局部搜索之间达到平衡。在高温阶段，算法会更加倾向于搜索全局区域内的解；而在低温阶段，算法则更加倾向于在局部区域内进行精细搜索。这种平衡搜索的方式，使模拟退火算法在求解复杂优化问题时具有较强的鲁棒性和有效性。需要注意的是，模拟退火算法是一种概率型算法，其结果会受到初始解和参数选择的影响。因此，在使用模拟退火算法时，需要对初始解和参数进行合理设置，并根据具体问题选择适当的优化策略。

(8) 粒子群优化

粒子群优化（particle swarm optimization，PSO）是一种演化计算技术，来源于对一个简化社会模型的模拟。在 PSO 中，“群”来源于微粒群匹配，而“粒子”是一个折中的选择，既需要将群体中的成员描述为没有质量、没有体积，同时也需要描述它的速度和加速状态。PSO 算法的核心思想是利用群体智能的 5 个基本原则，通过模拟鸟群、鱼群等动物群体的社会行为来寻找问题的最优解。PSO 算法的基本流程是：初始化一组随机解（粒子），通过不断迭代更新每个粒子的位置和速度，使得每个粒子的目标函数值不断接近最优解。在每次迭代过程中，每个粒子都会记录自己的最优解（pbest）和整个群体中的最优解（gbest）。每个粒子的速度和位置更新取决于其个体最优解和群体最优解，即粒子会向个体最优解和群体最优解的方向移动。

粒子群优化算法可以分为以下步骤：

① 初始化：在问题的解空间内随机初始化一组粒子，每个粒子都有一个位置和速度。每个粒子都记录下了自己的个体最优解和全局最优解。

② 更新速度和位置：在每次迭代中，根据当前的位置和速度更新每个粒子的位置和速度。更新的规则是粒子会向个体最优解和全局最优解的方向移动。这个规则是基于模拟鸟群、鱼群等动物群体的社会行为得出的。

③ 更新个体最优解和全局最优解：如果粒子的新位置比个体最优解的位置更好，那么更新个体最优解；如果粒子的新位置比全局最优解的位置更好，那么更新全局最优解。

④ 终止条件：迭代过程会持续进行，直到满足终止条件，如达到预设的最大迭代次数，或者全局最优解的位置在连续若干次迭代中没有改善。

粒子群优化算法是一种启发式算法，具有易于实现、并行性强的优点，同时对于非凸、非线性问题以及多峰问题具有较强的求解能力，被广泛应用于各种优化问题中，如函数优化、神经网络训练、图像处理、机器学习等领域。在实际应用中，粒子群优化算法可以与其他优化算法结合使用，以提升求解效率和精度。此外，粒子群优化算法也可以用于动态优化问题、多目标优化问题等领域。需要注意的是，粒子群优化算法的性能和效果受到参数设置、初始化方式以及问题特性的影响，因此在实际应用中需要进行适当的调整和优化。

(9) 差分进化算法

差分进化（differential evolution）是一种用于全局优化的演化算法，它通过生成和演化一组候选解决方案来寻找最优解。差分进化是一种高效的全局优化算法，本质是一种多目标（连续变量）优化算法（MOEAs），用于求解多维空间中的整体最优解。它于 1997 年由 Rainer Storn 和 Kenneth Price 在遗传算法等进化思想的基础上提出，主要思想来源于早期提出的遗传算法，但具体的操作和遗传算法有所不同。差分进化算法的基本原理是从一个随机生成的初始种群开始，通过反复迭代，保存适应环境的个体。它的进化流程与遗传算法相似，包括变异、杂交和选择操作，但具体定义和遗传算法有所不同。在差分进化算法中，变异向量由父代差分向量生成，并与父代个体向量交叉生成新个体向量，然后直接与其父代个体进行选择。具体而言，差分进化算法的过程可以描述如下：

① 初始化种群：随机产生一组初始种群，每个个体都代表一个可能的解。

② 终止条件不满足时，执行以下步骤：

a. 变异：从父代种群中随机选择两个不同的个体向量相减产生差分向量，将差分向量赋予权值后与第三个随机选择的个体向量相加，产生变异向量。

b. 交叉：将变异向量与预先确定的父代个体向量按一定的规则交叉产生试验向量。

c. 选择：若试验向量的适应度值优于父代个体的向量的适应度值，则选用试验的向量进入下一代，否则保留父代个体向量。

③ 通过不断进化，保留优胜的个体，引导搜索过程向最优解逼近。

差分进化算法具有以下优点：

① 差分进化算法具有较高的全局搜索能力和并行性，可以有效地避免陷入局部最优解，适用于求解多维、非凸、非线性的优化问题。

② 差分进化算法在处理高维度的优化问题时，可以保持较低的计算复杂度，从而提高算法的效率。

③ 差分进化算法采用实数编码方式，可以有效地处理连续变量优化问题，同时也容易和其他优化算法相结合。

④ 差分进化算法具有很强的鲁棒性，对于初始种群和参数的选择不太敏感，可以适应不同的环境和问题。

差分进化算法也有一些局限性：

① 差分进化算法在处理大规模问题时，可能会因为种群数量的增加而使计算时间和空间复杂度增加。因此，需要采取一些措施来减小种群数量或者采用分布式计算等方法来提高算法的效率。

② 差分进化算法在处理一些特殊的优化问题时，可能需要对算法进行一些改进或者引入其他技术来提高算法的效率和精度。例如，针对约束优化问题，需要引入约束处理技术，保证解满足问题的约束条件。

③ 差分进化算法的参数（例如变异因子、交叉率和种群大小等）选择对算法的性能影响比较大。因此，需要采取一些措施来确定合适的参数值或者自适应地调整参数值，以提高算法的性能。

④ 差分进化算法在处理多目标优化问题时，需要采用多目标优化版本的差分进化算法，以同时处理多个目标函数，并保证解的鲁棒性和多样性。

总的来说，差分进化算法是一种模拟生物进化的随机模型，通过反复迭代和遗传操作，不断优化搜索过程，以达到寻找整体最优解的目的。它是一种自适应的搜索算法，可以自动调整搜索方向和搜索步长，以寻找最优解。

（10）遗传算法

遗传算法（genetic algorithms）模拟自然选择和遗传机制，用于解决复杂的优化问题。它通过生成、交叉和变异一组候选解来搜索最优解。

遗传算法是一种搜索算法，它借鉴了生物进化过程中的自然选择和遗传机制。在解决优化问题时，遗传算法将问题的解编码为“染色体”，并通过对这些“染色体”进行选择、交叉和变异等操作来搜索最优解。

遗传算法的主要步骤包括：

① 初始化：随机生成一组解（称为种群），每个解被称为一个染色体。

② 适应度评估：为每个染色体计算一个适应度值，该值表示该解的优良程度。

③ 选择：根据适应度值选择部分染色体进入下一代。选择操作模仿了生物界中的“适者生存”原则。

④ 交叉（重组）：将选中的染色体进行组合，生成新的染色体。这个过程模仿了生物的基因重组过程。

⑤ 变异：对某些染色体上的基因进行随机改变。这个过程模仿了生物的基因突变过程。

⑥ 重复步骤②～⑤，直到满足终止条件（例如达到预设的迭代次数或找到足够好的解）。

遗传算法在处理复杂优化问题，特别是非线性、高维度、多峰值、离散或连续、约束或无约束的优化问题时，具有很大的优势。它已经被广泛应用于许多领域，包括组合优化、机器学习、信号处理等。

除了基本遗传算法外，遗传算法还有许多变种和改进版本，这些算法有的在处理特定问题时表现得更好，有的则可以应用于更广泛的领域。以下是遗传算法的一些主要的变种和改进版本：

① 自然选择遗传算法（nature-inspired genetic algorithm，NIGA）：该算法通过引入自然选择机制来优化遗传算法的性能。在每一代中，根据适应度值的大小来选择哪些染色体将参与下一代。这种方法在处理多峰值、非线性优化问题时表现良好。

② 演化策略（evolution strategies，ESs）：这是一种基于梯度下降的优化算法，使用随机搜索过程来寻找最优解。与遗传算法相比，演化策略通常需要更少的参数，且在求解复杂的非线性优化问题时具有更高的效率和精度。

③ 差分进化（differential evolution，DE）算法：这是一种强大的全局优化算法，用于解决连续空间中的多峰值优化问题。差分进化算法通过比较群体中个体之间的差异来生成新的解，并使用贪婪选择策略来选择哪些解将参与下一代。

④ 遗传编程（genetic programming，GP）：该算法通过模拟自然进化中的基因重组和突变过程来寻找一个问题的解决方案。在遗传编程中，染色体不再仅包含一个解，而是包含一段程序代码，该代码可以产生一个解。

⑤ 进化策略（evolutionary strategies，ES）：这是一种人工智能优化算法，用于解决连续空间中的全局优化问题。进化策略基于统计优化理论，使用随机搜索过程来寻找最优解。

需要注意的是，尽管遗传算法具有许多优点，但它们并不是万能的。在某些情况下，遗传算法可能无法找到最优解，或者需要花费很长时间才能找到最优解。因此，在选择使用遗传算法解决问题时，需要根据问题的具体情况评估其可行性和性能。同时，为了提高遗传算法的性能，还需要仔细选择参数，例如种群大小、交叉率和变异率等。

这些优化方法在多领域都有广泛的应用，包括机器学习、人工智能、工程优化、金融建模等。选择何种优化方法通常取决于问题的性质、约束条件、目标函数的形式以及计算资源的可用性。通常需要对不同的优化方法进行实验比较，以找到最适合特定问题的方法。

4.5.4　图论概念

本书引入图的理论知识来描述多移动机器人协同运动系统队形结构[24]。图论用来描述某些事物（顶点）的某种特殊关联（边）。基于图论，对多移动机器人协同运动系统进行定义：

① 顶点 v：用来描述的某种事物对象。将各个移动机器人视为顶点，将多移动机器人协同运动系统视为顶点集 V。

② 边 e：用来描述某些事物之间的关联，分为无向边和有向边。将各机器人之间的协同关系视为边，考虑到两个机器人之间为双向通信，采用无向边的表示方法。协同逻辑关联的集合为 E。

③ 图 G：本书采用二元组的定义方式，基于①和②中的描述，$G(V,E)$ 表示图。

④ 权 w：与图的边相关联的数称为权。基于领航跟随法的多移动机器人之间协同运动保持协同距离和协同航向角一致，因此可将协同数据组成的矩阵视为边集对应关联的数矩阵。

⑤ 邻接矩阵 A_M：用来存储顶点的各移动机器人信息和机器人之间的关联信息。各机器人相互关联的邻接矩阵定义为式(4-37) 和式(4-38)。$a_{i,j}$ 表示第 i 个机器人与第 j 个机器人之间的协同关系。

$$\boldsymbol{A}_M=(a_{i,j})_{n\times n} \tag{4-37}$$

$$a_{i,j}=\begin{cases}1, & (v_i,v_j)\in E \\ 0, & \text{其他}\end{cases} \tag{4-38}$$

4.5.5 队形结构描述

基于以上理论知识，对多移动机器人协同运动系统进行了初步描述，接下来将基于图论和领航跟随法对队形结构进行描述。多移动机器人系统用一维集合 $V=\{V_{\mathrm{L}},V_{\mathrm{F1}},V_{\mathrm{F2}},V_{\mathrm{F3}}\}$ 表示，V_{L} 表示领航者机器人，$\{V_{\mathrm{F1}},V_{\mathrm{F2}},V_{\mathrm{F3}}\}$ 为跟随者机器人集合，V 表示多移动机器人系统集合。无向边集合 $E=\{(V_{\mathrm{L}},V_{\mathrm{F1}}),(V_{\mathrm{L}},V_{\mathrm{F2}}),(V_{\mathrm{L}},V_{\mathrm{F3}})\}$。基于式(4-37) 和式(4-38) 的定义，多移动机器人协同关联用二维集合表示为

$$\boldsymbol{A}_M=\begin{bmatrix}0 & 0 & 0 & 0\\ 1 & 0 & 0 & 0\\ 1 & 0 & 0 & 0\\ 1 & 0 & 0 & 0\end{bmatrix} \tag{4-39}$$

式中，横向元素代表领航者机器人，从左到右依次对应 V_{L}、V_{F1}、V_{F2}、V_{F3}；纵向元素代表跟随者机器人，从上到下依次对应 V_{L}、V_{F1}、V_{F2}、V_{F3}。各元素值为 V_i 机器人与 V_j 机器人之间的协同关系，如 $a_{V_{\mathrm{L}},V_{\mathrm{F2}}}$ 对应元素值为 1，表示存在领航跟随的协同关系 $V_{\mathrm{L}}\rightarrow V_{\mathrm{F2}}$，其中 V_{L} 为领航者机器人，V_{F2} 为跟随者机器人。

在图论中，权可用作各顶点之间的边的数，用来表示距离或价值等概念，可以采用迪杰斯特拉算法、费罗伊德算法解决最优路径或最优价值相关问题[25]。考虑到多移动机器人协同运动系统中各机器人之间存在协同距离和协同航向角信息，仅仅采用权的概念无法表示，可考虑引入队形矩阵 $\boldsymbol{H}_M$，即

$$\boldsymbol{H}_M=\begin{bmatrix}L_0 & \phi_0 & \theta_0 & x_0 & y_0\\ L_1 & \phi_1 & \theta_1 & x_1 & y_1\\ L_2 & \phi_1 & \theta_2 & x_2 & y_2\\ L_3 & \phi_3 & \theta_3 & x_3 & y_3\end{bmatrix} \tag{4-40}$$

式中，横向元素代表协同距离、协同航向角和当前机器人位姿信息，从左到右依次为 L、ϕ、θ、x、y；纵向元素代表各机器人，从上到下依次对应 V_{L}、V_{F1}、V_{F2}、V_{F3}。

通过以上定义，多移动机器人在当前运动状态下的队形结构能够进行描述。若协同距离为 l_0，协同航向角为 ϕ_0，领航者机器人在惯性坐标系下位姿为 $\boldsymbol{q}_0=[x_0,y_0,\theta_0]^{\mathrm{T}}$，其余跟随者机器人的位姿分别为 $\boldsymbol{q}_1=[x_1,y_1,\theta_1]^{\mathrm{T}}$，$\boldsymbol{q}_2=[x_2,y_2,\theta_2]^{\mathrm{T}}$，$\boldsymbol{q}_3=[x_3,y_3,\theta_3]^{\mathrm{T}}$，则

队形结构可以表示为

$$
\boldsymbol{A}_M=\begin{bmatrix}0&0&0&0\\1&0&0&0\\1&0&0&0\\1&0&0&0\end{bmatrix},\boldsymbol{H}_M=\begin{bmatrix}0&0&\theta_0&x_0&y_0\\l_0&\phi_0&\theta_1&x_1&y_1\\2l_0&\phi_0&\theta_2&x_2&y_2\\3l_0&\phi_0&\theta_3&x_3&y_3\end{bmatrix} \tag{4-41}
$$

多移动机器人协同运动过程中，领航者机器人与跟随者机器人之间存在双向通信，领航者机器人将自身位姿以及协同参数信息通报给各跟随者机器人，各跟随者机器人也将自身位姿等信息通报给领航者机器人。基于理想通信情况，每个移动机器人获取邻接矩阵 $\boldsymbol{A}_M$ 和队形矩阵 $\boldsymbol{H}_M$ 信息。

4.5.6　聚合靠拢

聚合靠拢是指协同运动过程中，各个机器人由初始位置开始，经过编组队形选取、计算虚拟跟随位置并不断施加运动控制指令，最终到达理想的聚合对接处，且精度满足视觉引导的范围需求，从而实现多移动机器人协同运动。聚合靠拢队形设计如图 4-8(a) 所示，跟随者机器人 R1 和 R3 在到达指定位姿后，领航者机器人能够基于视觉引导在左侧和后方实现机械臂对接，从而重构成更多的构型，提高完成任务的执行效率。以三个机器人的运动进行分析，假设机器人相互之间存在通信网络且处于无延迟的理想状态，其运动过程如图 4-9 所示。

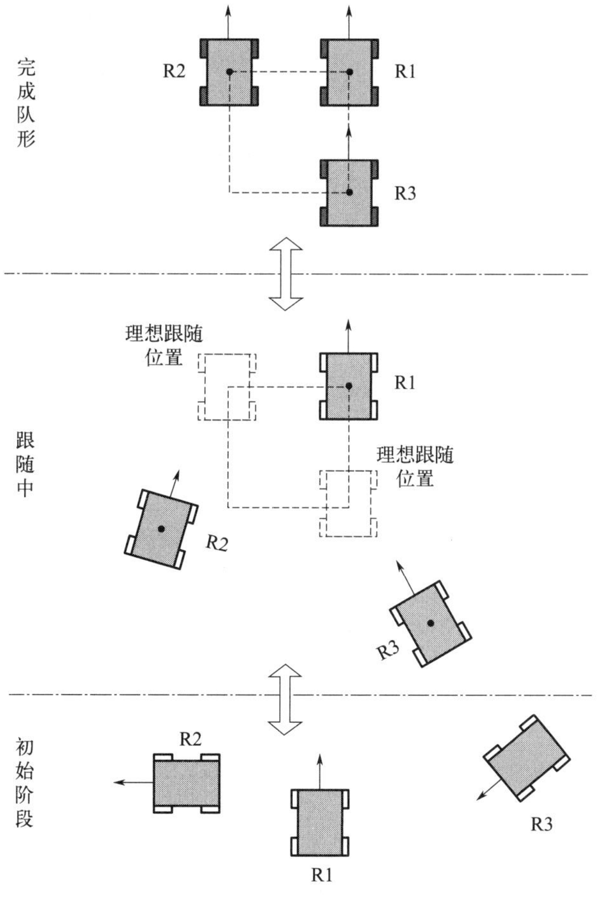

图 4-9　编组过程

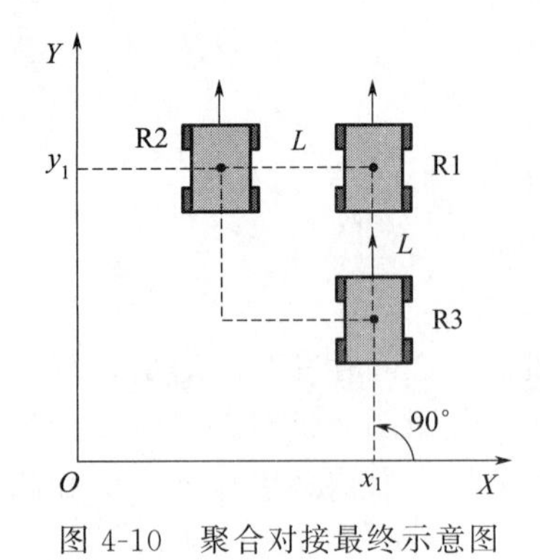

图 4-10 聚合对接最终示意图

在初始阶段，各个机器人的位置和姿态信息已知，存在于已知坐标系下。基于领航跟随方法，选取机器人 R1 作为领航者机器人，此时另外两个机器人的理论跟随位姿可通过参数 $[L,\phi]$、领航者机器人位姿以及队形的几何关系计算得到。跟随者机器人选择相应的绝对距离代价最小的理想跟随位姿。同时，对跟随者机器人施加运动控制指令，以使其运动到解算出来的理想跟随的位置和姿态。对跟随者机器人施加适当的运动控制指令，从而逐步稳定、准确地到达理论位姿，完成聚合靠拢，如图 4-10 所示，且队形结构可表示为式(4-42)。

$$\boldsymbol{A}_M=\begin{bmatrix}0 & 0 & 0\\ 1 & 0 & 0\\ 1 & 0 & 0\end{bmatrix},\boldsymbol{H}_M=\begin{bmatrix}0 & 0 & \frac{\pi}{2} & x_1 & y_1\\ L & \frac{\pi}{2} & \frac{\pi}{2} & x_1-L & y_1\\ L & \pi & \frac{\pi}{2} & x_1 & y_1-L\end{bmatrix} \tag{4-42}$$

4.5.7 分散队形变换

队形切换是指在多移动机器人协同运动过程中，因任务需求或遇到障碍物阻拦时，将当前队形转换为另一种队形的行为。基于领航跟随法的队形控制体系的核心在于各机器人的空间逻辑关联，可以用参数 $[L\ \phi]$ 来表达，分别代表跟随者机器人与领航者机器人的几何中心距离和航向偏差角。当协同运动的队形进行转换时，对邻接矩阵 $\boldsymbol{A}_M$ 和队形矩阵 $\boldsymbol{H}_M$ 中的信息进行修改即可。对于领航跟随关系不变的转换过程，仅修改队形矩阵中的元素即可实现队形的变换。如图 4-11～图 4-13 所示为遇到狭窄路段时队形切换的整个过程。

在初始阶段，多移动机器人以三角队形前进，领航者机器人 R1 获取前方狭窄路况之后，改变协同运动参数 $[L\ \phi]$，修改队形矩阵 $\boldsymbol{H}_M$。跟随者机器人 R2、R3 通信获取队形结构矩阵，得到调整后的距离信息和方向偏航角参数，并实时计算出绝对距离代价最小的理论跟随者机器人位姿（此时进入切换阶段），通过运动控制不断调整自身位姿，并在进入路障前完成纵向队形的变换。

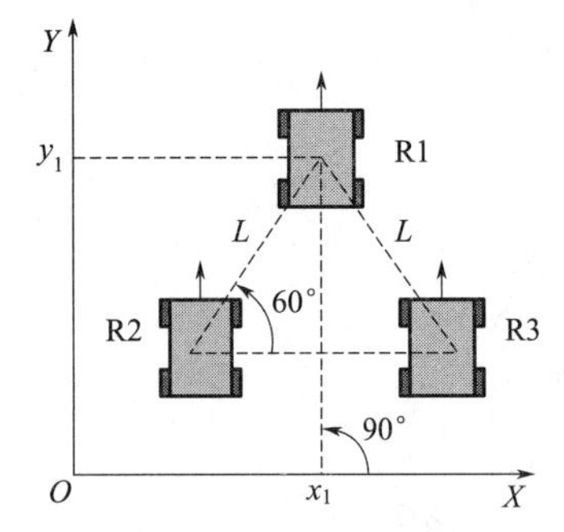

图 4-11 初始阶段机器人队形结构示意图

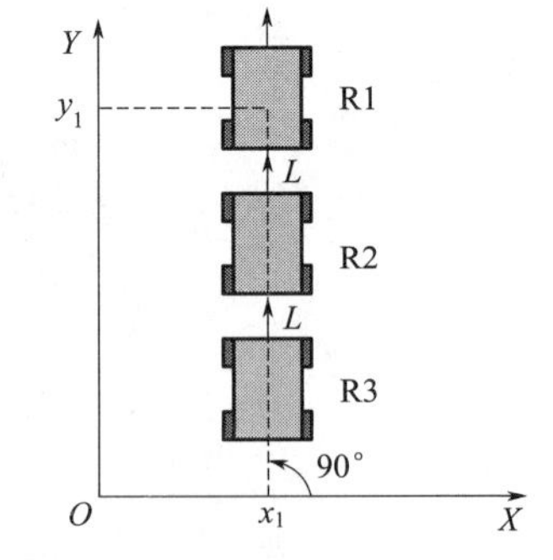

图 4-12 切换阶段机器人队形结构示意图

多移动机器人以纵向队形平稳通过狭窄通道后，以同样的方式，领航者机器人改变协同参数 $[L\ \phi]$，对队形矩阵 $\boldsymbol{H}_M$ 做出修改，跟随机器人获取改动信息、实时解算理论位姿并跟踪，最终协同运动可切换回原三角队形，并继续执行巡检、侦察等任务。由图 4-11 和

图 4-12 分析可得到多移动机器人初始阶段队形结构表示为式(4-43)，切换阶段队形结构表示为式(4-44)。变换过程如图 4-13 所示。

$$
\boldsymbol{A}_M=\begin{bmatrix}0&0&0\\1&0&0\\1&0&0\end{bmatrix},\boldsymbol{H}_M=\begin{bmatrix}0&0&\dfrac{\pi}{2}&x_1&y_1\\L&\dfrac{5\pi}{6}&\dfrac{\pi}{2}&x_1-\dfrac{L}{2}&y_1-\dfrac{\sqrt{3}L}{2}\\L&\dfrac{7\pi}{6}&\dfrac{\pi}{2}&x_1+\dfrac{L}{2}&y_1-\dfrac{\sqrt{3}L}{2}\end{bmatrix}\tag{4-43}
$$

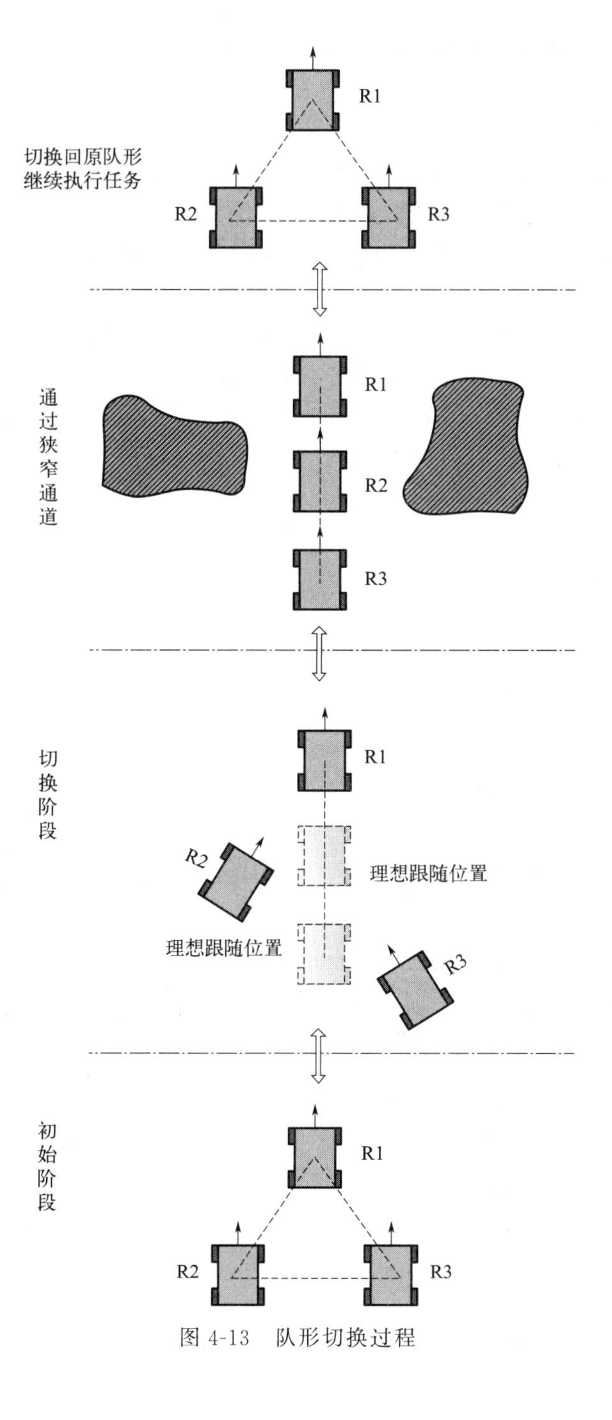

图 4-13　队形切换过程

$$\boldsymbol{A}_M=\begin{bmatrix}0 & 0 & 0\\1 & 0 & 0\\1 & 0 & 0\end{bmatrix},\boldsymbol{H}_M=\begin{bmatrix}0 & 0 & \frac{\pi}{2} & x_1 & y_1\\L & \pi & \frac{\pi}{2} & x_1 & y_1-L\\2L & \pi & \frac{\pi}{2} & x_1 & y_1-2L\end{bmatrix} \tag{4-44}$$

4.5.8 协同队形控制流程

多移动机器人系统选取领航跟随法作为协同策略后，各机器人开始向某一目标点协同运动。本书提出的基于领航跟随法的协同运动控制策略的实现步骤如①～⑥所示。

① 各机器人初始化，能够获取自身位置和姿态数据，并且领航者机器人与跟随者机器人之间通信畅通无延迟。

② 领航者机器人与跟随者机器人之间将自身位姿数据、协同距离 L 和方位偏航角 ϕ 等数据信息通过通信网络进行共享，各机器人获取邻接矩阵 $\boldsymbol{A}_M$ 和队形矩阵 $\boldsymbol{H}_M$ 信息。

③ 各跟随者机器人处理队形矩阵 $\boldsymbol{H}_M$ 并实时解算理想跟随位姿，并通过运动不断调整自身位姿以达到所规定的队形的参数 $[L\ \ \phi]$。

④ 当遇到狭窄路段或障碍物时，由领航者机器人决策得出新的队形，并将改变后的协同参数等信息通报给跟随者机器人，生成新的邻接矩阵 $\boldsymbol{A}_M$ 和队形矩阵 $\boldsymbol{H}_M$ 信息。跟随者机器人重新计算理想跟随位姿并实时跟踪，调整至新队形以通过路段或障碍物；之后根据任务需要，切换回原队形继续向目标点前进。

⑤ 重复③、④直至达到目标处。

⑥ 协同运动策略结束。

协同运动流程如图 4-14 所示。

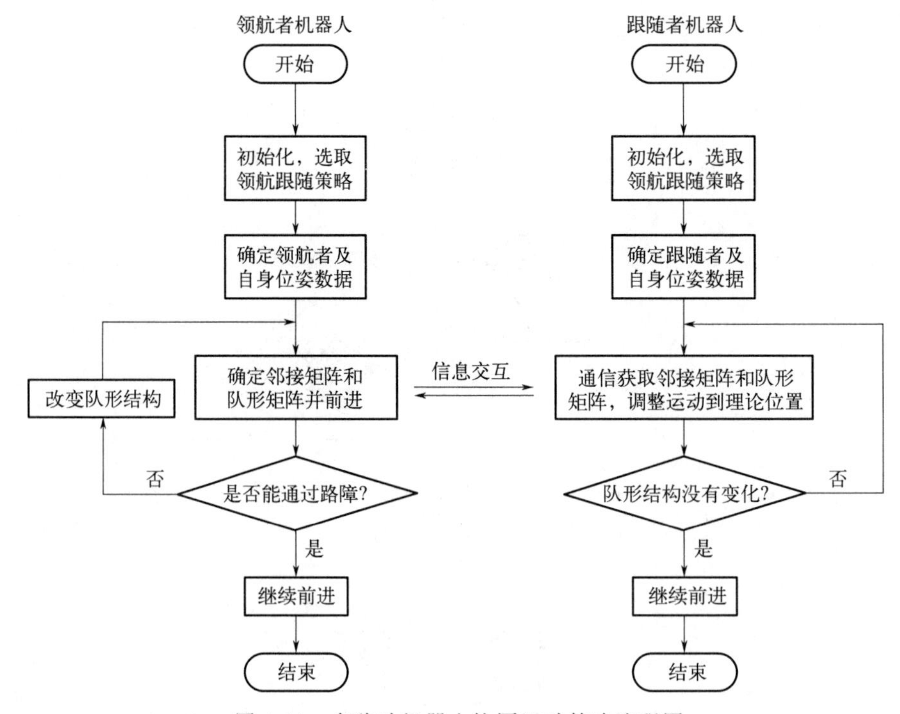

图 4-14 多移动机器人协同运动策略流程图

4.6 分布式多机器人编队控制策略

4.6.1 多机器人系统图论及编队模型

多机器人编队控制主要是指多机器人通过相互通信构建并保持预定的队形直至达到目标位置。在多机器人系统中，可以利用拓扑结构的编队图来定义系统的期望队形。本节通过机器人之间的相对位姿估计信息构造编队图，并基于拓扑结构编队图设计编队控制器，确保机器人能够根据彼此的位置和速度信息来调整自己的行为，从而实现多机器人系统的编队控制。

将多机器人系统中的每个机器人看作一个节点，机器人成员之间的相对位姿估计看作边，将编队图定义为

$$G^f=(V^f,E) \tag{4-45}$$

式中，$V^f=\{R_0,R_1,\cdots,R_{N-1}\}$为顶点的集合，代表机器人编队集合；$E\subset V^f\times V^f$，为边的集合。从机器人 $i\in V^f$ 到机器人 $j\in V^f$ 的有向边代表机器人 j 在机器人 i 坐标系下的相对位姿估计，在这种情况下，机器人 j 被称为机器人 i 的邻机器人（3.2.2 节）。则机器人 i 的邻机器人集合可记为

$$\mathrm{Neighbor}_i=\{j\in V^f \mid (i,j)\in E\} \tag{4-46}$$

在得到编队图后可以用拉普拉斯矩阵描述图的特性，每个顶点连接边的个数记为度 $d_{\mathrm{de}}(i)$，度矩阵 $\boldsymbol{D}\in\mathbf{R}^{N\times N}$ 是一个对角阵，可以表示为

$$\boldsymbol{D}=\begin{bmatrix} d_{\mathrm{de1}} & 0 & \cdots & 0 \\ 0 & d_{\mathrm{de2}} & \cdots & 0 \\ \vdots & \vdots & \ddots & \vdots \\ 0 & 0 & \cdots & d_{\mathrm{deN}} \end{bmatrix} \tag{4-47}$$

邻接矩阵 $\mathbf{A}\in\mathbf{R}^{N\times N}$ 表示图中的边。对于无向图，如果节点 i 和节点 j 之间有边，则 $A_{ij}=A_{ji}=1$；否则 $A_{ij}=A_{ji}=0$。邻接矩阵可以表示为

$$\mathbf{A}=\begin{bmatrix} 0 & A_{12} & \cdots & A_{1N} \\ A_{21} & 0 & \cdots & A_{2N} \\ \vdots & \vdots & \ddots & \vdots \\ A_{N1} & A_{N2} & \cdots & 0 \end{bmatrix} \tag{4-48}$$

则图 $G^f=(V^f,E)$的拉普拉斯矩阵 $\boldsymbol{L}\in\mathbf{R}^{N\times N}$ 可以定义为

$$\boldsymbol{L}=\boldsymbol{D}-\mathbf{A}=\begin{bmatrix} d_{\mathrm{de1}} & -A_{12} & \cdots & -A_{1N} \\ -A_{21} & d_{\mathrm{de2}} & \cdots & -A_{2N} \\ \vdots & \vdots & \ddots & \vdots \\ -A_{N1} & -A_{N2} & \cdots & d_{\mathrm{de}N} \end{bmatrix} \tag{4-49}$$

在多机器人编队系统中，使用 d_{ij}^f 表示机器人 i 和机器人 j 之间的欧几里得距离，使用

$d_{ij}^{f^*}$ 表示机器人 i 和机器人 j 的期望距离。如果机器人 i 连接机器人 j 和机器人 k，使用 ψ_{jik}^{f} 表示 $\angle jik$，使用 $\psi_{jik}^{f^*}$ 表示期望角度。如果机器人 i、机器人 j 和机器人 k 的距离和角度都与期望值相同，同时保持相同的值，就实现了多机器人编队控制。即对所有 $i \in V^f, j, k \in \text{Neighbor}_i$，$G^f = (V^f, E)$ 满足

$$\begin{cases} d_{ij}^{f} = d_{ij}^{f^*} \\ \psi_{ijk}^{f} = \psi_{ijk}^{f^*} \end{cases} \tag{4-50}$$

当机器人的实际朝向与其在编队中预设的角度一致，并且编队内各成员间的相对距离维持在期望的比例范围内时，即可认为编队队形已经形成。将本书使用的移动机器人看作二阶系统，即每个机器人的运动学方程可表示如下：

$$\begin{cases} \dot{\boldsymbol{x}}_i = \boldsymbol{v}_i & i = 0, 1, \cdots, N-1 \\ \dot{\boldsymbol{v}}_i = \boldsymbol{u}_i & i = 0, 1, \cdots, N-1 \end{cases} \tag{4-51}$$

式中，$\boldsymbol{x}_i$ 为机器人 i 的位置和航向角；$\boldsymbol{u}_i$ 表示机器人 i 的控制输入；$\boldsymbol{v}_i$ 代表机器人 i 的速度。当二阶系统满足

$$\begin{cases} \lim\limits_{t \to \infty} \| \boldsymbol{x}_i(t) - \boldsymbol{x}_j(t) \| = 0 & i, j = 0, 1, \cdots, N-1 \\ \lim\limits_{t \to \infty} \| \boldsymbol{v}_i(t) - \boldsymbol{v}_j(t) \| = 0 & i, j = 0, 1, \cdots, N-1 \end{cases} \tag{4-52}$$

时多机器人系统达到一致，系统中的所有机器人能够协同工作，最终达到一种稳定的状态。

4.6.2 领航者机器人路径生成

本节根据建立的栅格地图为领航者规划合理路线，并根据目标位置输出领航者的一组航路点。

RRT 算法计算复杂度较低，是一种基于随机采样的路径规划方法。其核心思想是以起点为根节点构建一组树状路径，从最近邻节点向随机生成的目标点生长一条路径，并检测新插入的节点与障碍物之间是否存在碰撞。如果路径是可行的，则将新节点添加到树中，并将该节点作为生长的新起点，通过节点扩展的方式生成一棵扩展随机树，利用子父节点回溯法找到一条从根节点到目标节点的无碰撞可行路径。

RRT 算法虽然能够生成可行路径，但不保证这些路径是最优的。为了解决这一问题，RRT* 算法在 RRT 的基础上进行了改进。RRT* 引入了路径优化机制，包括节点的重新选择和随机树的重布线两个关键步骤。通过增加父节点的重选迭代次数，RRT* 能够逐步优化路径，从而更接近最优解。首先，在给定的状态空间中随机生成一个节点 $\boldsymbol{q}_{\text{rand}}$；遍历随机树 T_{tree} 中的所有顶点，找到离随机节点最近的节点 $\boldsymbol{q}_{\text{nearest}}$；$\boldsymbol{q}_{\text{nearest}}$ 向 $\boldsymbol{q}_{\text{rand}}$ 方向延伸一个步长（step）后得到新节点 $\boldsymbol{q}_{\text{new}}$。RRT* 节点更新过程如图 4-15 所示。其中 q_{near} 为以 $\boldsymbol{q}_{\text{new}}$ 节点为圆心，r_{near} 为半径的邻域。

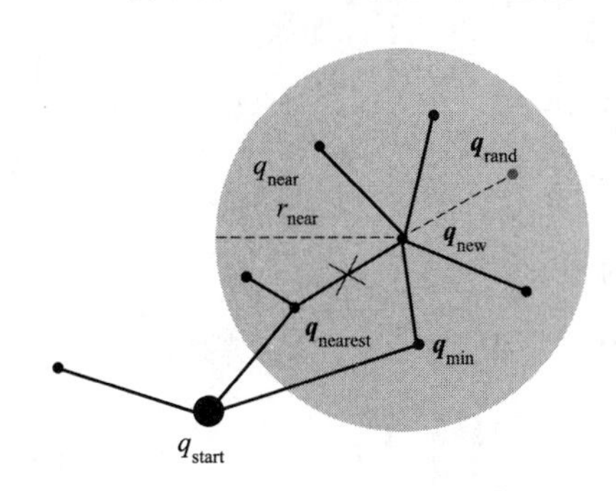

图 4-15　RRT* 节点更新

RRT* 性能较好，但在未知环境下，RRT* 的路径优化可能需要频繁更新，从而增加计算负担，算法规划效率与实时性低。针对以上的问题，提出 Fast-RRT* 算法，即在生成 $\boldsymbol{q}_{\text{rand}}$ 的过程中，不通过全图随机生成，而是采用懒惰采样的方法减少无效的采样点。在采样阶段每次在

插入 $\boldsymbol{q}_{\text{new}}$ 前计算插入点到根节点 $\boldsymbol{q}_{\text{start}}$ 的长度，并与之前 $\boldsymbol{q}_{\text{last}}$ 的最优长度比较，如果小于最优长度则保留插入点。比较当前采样点 $\boldsymbol{q}_{\text{next-rand}}$ 和上一次采样点 $\boldsymbol{q}_{\text{rand}}$ 与目标的距离，如果更近，则保留采样点，采样成功。不满足则继续采样直到满足上述约束。约束表达为式(4-53)。

$$\begin{cases} \|\boldsymbol{q}_{\text{rand}}-\boldsymbol{q}_{\text{goal}}\|<\|\boldsymbol{q}_{\text{next-rand}}-\boldsymbol{q}_{\text{goal}}\| \\ \|\boldsymbol{q}_{\text{new}}-\boldsymbol{q}_{\text{start}}\|<\|\boldsymbol{q}_{\text{last}}-\boldsymbol{q}_{\text{start}}\| \end{cases} \tag{4-53}$$

通过两个约束可以筛选掉没有用的采样点，也避免了对这些采样点的优化和碰撞检测，减少了整体随机搜索树的生长范围，可以提高算法收敛速度，实时性高。

在 Matlab 中对三种算法进行仿真验证，图 4-16 展示了在同一个地图下不同算法的规划结果。图中蓝色点为采样点，蓝色线为步长（设置为 2m），黑色区域为障碍物，橘黄色线代表最终生成的路径。由图可知，三种算法中 Fast-RRT* 的采样点最少且生成路径短于 RRT 算法。

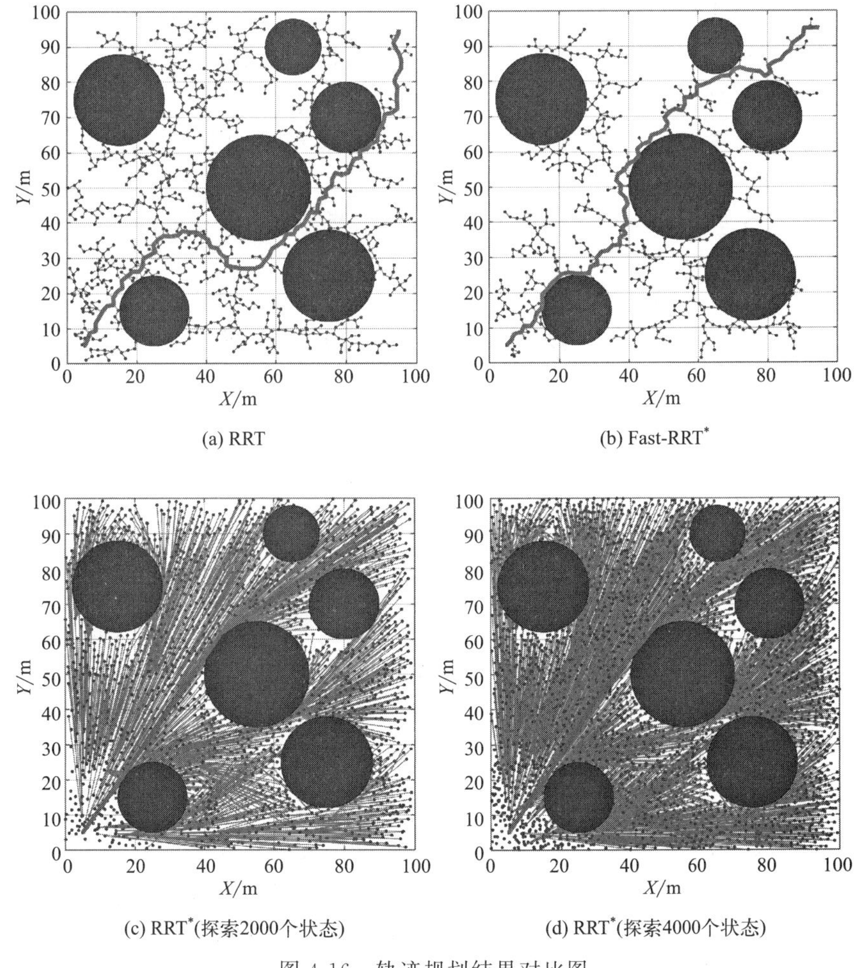

图 4-16　轨迹规划结果对比图

选取 20 次实验作为样本进行分析，图 4-17 展示了三种算法的性能对比。RRT 的平均规划时间为 0.18s；RRT* 采样点为 2000 个时的平均规划时间为 9.82s；Fast-RRT* 的平均规划时间为 0.08s。由此可得本书所提出的算法在缩短规划时间的同时还可以规划出较优的路径。

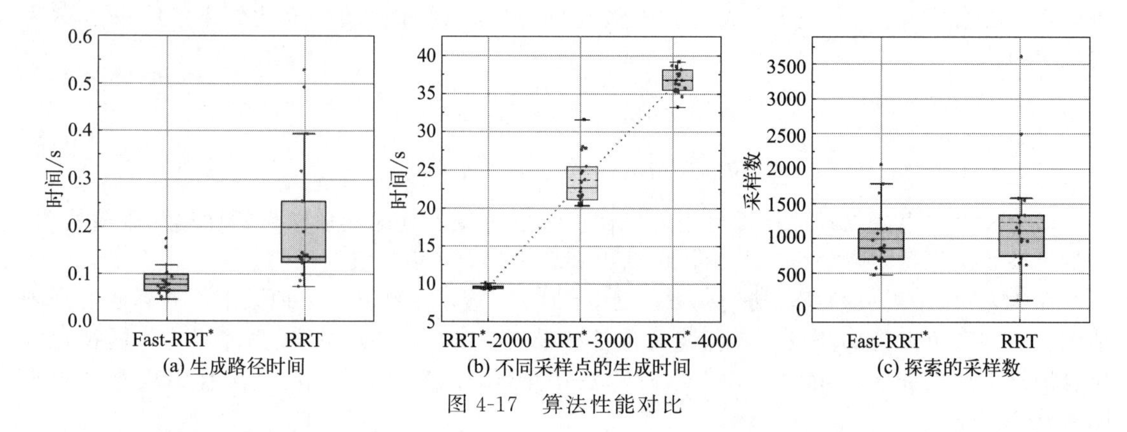

图 4-17 算法性能对比

4.6.3 编队控制律分析

多机器人编队控制关键在于保持机器人间的相对位置和角度，目前主要有三种方法，分别是领航参考点法、邻居参考点法和中心参考点法。

领航参考点法通过领航者规划路线和速度，跟随者根据领航者的位置和速度来调整自己，以维持编队。

邻居参考点法为每个机器人通过感知周围邻近的机器人，根据邻近的机器人的位置和速度信息来调整自己的位置和速度。

中心参考点法为多机器人编队时，所有机器人依据彼此所交换的状态信息和传感器感知环境，设定一个虚拟结构，将整个虚拟结构作为编队的参考点来调节自己的位置和速度，如图 4-18 所示。

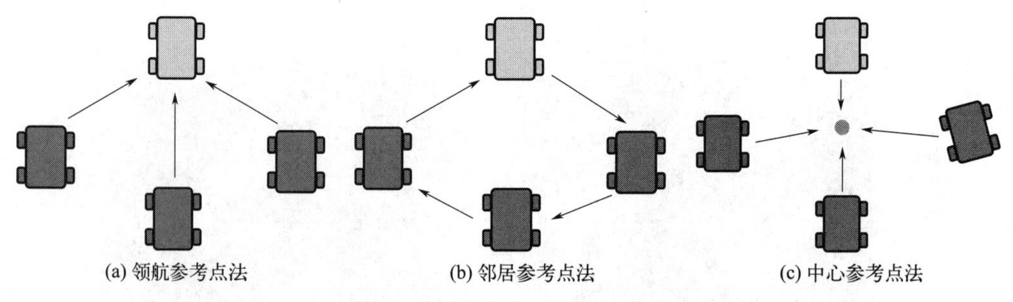

图 4-18 机器人位置保持示意图

机器人可定义为领航者机器人与跟随者机器人，其中领航者机器人在编队时只需要按照预先规划好的路径运动，负责带领整个编队完成任务。参照邻居参考点法，其余的每个机器人仅利用相对于其邻居的局部位姿信息来维持编队，在所设计编队控制策略下调整自身位置和运动状态。不使用全局位置信息，而是依赖于机器人之间的相对位置和速度。

每个跟随机器人都会计算与领航者机器人以及邻机器人之间的距离误差 e_d 和角度误差 e_ψ，并根据这些误差来调整自己的线速度 v 和角速度 ω。机器人 $i \in V^f$ 和 j，$k \in \mathrm{Neighbor}_i$，距离误差和角度误差定义如下：

$$
\begin{cases}
e_{d_{ij}^f} = d_{ij}^f - d_{ij}^{f^*} \\
e_{d_{ik}^f} = d_{ik}^f - d_{ik}^{f^*} \\
e_{\psi_{jik}^f} = \psi_{jik}^f - \psi_{jik}^{f^*}
\end{cases}
\tag{4-54}
$$

式中，$d_{ij}^{f^*}$、$d_{ik}^{f^*}$ 是期望距离；$\psi_{jik}^{f^*}$ 是期望角度；d_{ij}^f、d_{ik}^f 是实际距离；ψ_{jik}^f 是实际角度，夹角的正方向定义为机器人的前进方向。

则多机器人系统的控制律可以表示为

$$
\begin{cases}
\boldsymbol{u}_{v_i} = \sum\limits_{j \in \mathrm{Neighbor}_i} k_{d_{ij}^f} e_{d_{ij}^f} \boldsymbol{n}_{ij} + \sum\limits_{\substack{j,k \in \mathrm{Neighbor}_i \\ j \neq k}} k_{\psi_{ijk}^f} e_{\psi_{ijk}^f} v_{ij} \boldsymbol{n}_{ij} \\
u_{\omega_i} = k_{\psi_{ijk}^f} \sum\limits_{\substack{j,k \in \mathrm{Neighbor}_i \\ j \neq k}} e_{\psi_{ijk}^f}
\end{cases}
\tag{4-55}
$$

式中，$k_{d_{ij}^f}$ 和 $k_{\psi_{ijk}^f}$ 是控制增益；v_{ij} 是机器人 j 相对于机器人 i 的速度，用来调整机器人 i 的速度，以便它能够与机器人 j 保持期望的相对速度；$\boldsymbol{u}_{v_i}$、u_{ω_i} 为控制输入，分别为线速度和角速度；$\boldsymbol{n}_{ij}$ 是从机器人 i 指向机器人 j 的单位向量，决定了如何根据位置和速度来调整机器人的运动，即

$$
\boldsymbol{n}_{ij} = \frac{1}{d_{ij}}(x_j, y_j)
\tag{4-56}
$$

为了防止速度饱和导致速度超出上限，更好地面向实际应用，定义速度限度，如式(4-57)所示。

$$
\begin{cases}
v_{\min} \leqslant \| \boldsymbol{u}_v \|_2 \leqslant v_{\max} \\
\omega_{\min} \leqslant u_\omega \leqslant \omega_{\max}
\end{cases}
\tag{4-57}
$$

式中，$v_{\max}$、$v_{\min}$、$\omega_{\max}$、$\omega_{\min}$ 分别为线速度和角速度的最大值和最小值。

本书的编队控制律建立在机器人拓扑结构不会改变的基础上，只考虑队形的形成与保持。后续需进一步考虑避障和队形切换，并将其叠加到分布式编队控制器上。每个机器人只依赖于相对位姿估计的局部信息和简单的控制规则，能够实现整个多机器人编队系统全局的一致性和稳定性。这种方法不需要全局信息，所有测量和控制信号都是在每个机器人的局部坐标系中开发的，利用局部相对位置测量实现了对期望平面队形的全局渐进收敛，每个机器人根据相对位姿来独立计算自己的控制输入，实现了分布式编队控制。

4.6.4　编队形成仿真实验

为了验证算法的有效性与稳定性，选用 5 个机器人组成多机器人系统，在 Matlab 中进行编队控制仿真验证。

假设机器人在二维平面运动，多机器人系统的期望编队为菱形和三角形，将 5 个机器人（Bot 0～Bot 4）分别设为领航者和跟随者，验证多机器人系统的稳定性以及形成与保持期望队形的能力。具体的仿真结果如图 4-19 所示，分别为多机器人系统组成菱形和三角形的编队形成轨迹图以及菱形队形编队过程中 X、Y 轴方向上的误差。以图 4-19(a) 为例可得多机器人系统的邻接矩阵为

$$\mathbf{A}=\begin{bmatrix}0 & 1 & 0 & 1 & 1\\ 1 & 0 & 1 & 0 & 1\\ 0 & 1 & 0 & 1 & 1\\ 1 & 0 & 1 & 0 & 1\\ 1 & 1 & 1 & 1 & 0\end{bmatrix} \tag{4-58}$$

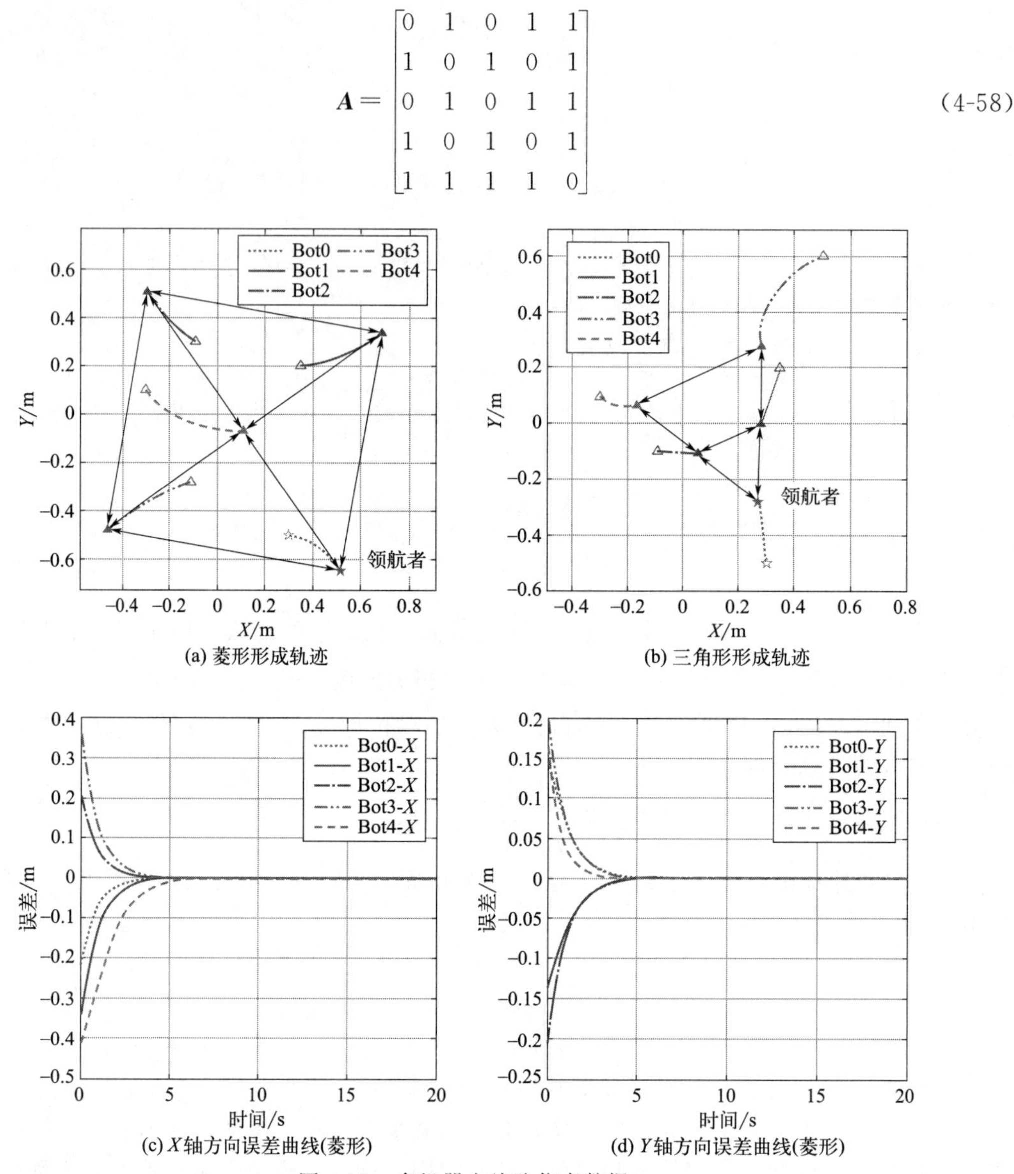

图 4-19　多机器人编队仿真数据

各个机器人的轨迹以及菱形编队误差曲线如图 4-19 所示。图中三角形定义为跟随者即 Bot 1～Bot 4，星形为领航者即 Bot 0，轨迹展示了多机器人系统从初始点到完成编队队形的过程。图中箭头表示邻接矩阵的连接关系，即相对位姿信息。以图 4-19(a) 为例，各机器人初始位置为 (0.3,−0.5)、(0.35,0.2)、(−0.09,0.3)、(−0.11,−0.28)、(−0.3,0.1)。由图 4-19 可知，7.5s 后所有机器人之间的相对位置和速度趋于相同，编队相对距离与角度保持不变，即所有机器人达到稳定，多机器人系统可以保持预设的编队队形，验证了控制律的有效性、准确性和收敛性。

4.7 基于改进 APF 的多机器人系统分布式避障算法

避障行为是指机器人通过雷达探测实时环境信息，一旦检测到障碍物，会旋转一定的角

度避开障碍物前进。局部最小值以及目标不可达两个问题可以定义为

$$\sum_{g=1}^{n_{\text{obstacles}}} \boldsymbol{F}_{\text{rep},i}(\boldsymbol{q}) \geqslant -\boldsymbol{F}_{\text{att},i} \tag{4-59}$$

为解决此问题，重新设计传统人工势场（APF）法中的斥力势场函数，对传统的斥力系数进行动态化处理，引入机器人与目标点的距离作为动态影响因子 ξ。为机器人增加一个在目标点方向与原总斥力方向相反的新斥力，使机器人受力不平衡。通过此方法可以解决局部最小值问题，使得机器人可以继续向目标点运动。将斥力势场函数修改为

$$U_{\text{rep},i}(\boldsymbol{q})=\begin{cases}\dfrac{1}{2}k_{\text{obs}}\times\left(\dfrac{1}{\|\boldsymbol{q}_i-\boldsymbol{q}_{\text{obs}}\|}-\dfrac{1}{\mu}\right)^2\|\boldsymbol{q}_i-\boldsymbol{q}_g\|^{\xi}, & \|\boldsymbol{q}_i-\boldsymbol{q}_{\text{obs}}\|\leqslant\mu\\ 0, & \|\boldsymbol{q}_i-\boldsymbol{q}_{\text{obs}}\|>\mu\end{cases} \tag{4-60}$$

式中，动态影响因子 ξ 根据机器人与障碍物的距离划分为不同值，代表新斥力对系统的影响程度，表达式为

$$\xi=\begin{cases}\dfrac{1}{2}, & \|\boldsymbol{q}_i-\boldsymbol{q}_{\text{obs}}\|\leqslant\dfrac{\mu}{2}\\ \dfrac{1}{2}\cos\left[\dfrac{2\left(\|\boldsymbol{q}_i-\boldsymbol{q}_{\text{obs}}\|-\dfrac{\mu}{2}\right)}{R}\pi\right]+1, & \dfrac{\mu}{2}\leqslant\|\boldsymbol{q}_i-\boldsymbol{q}_{\text{obs}}\|\leqslant\mu\end{cases} \tag{4-61}$$

添加距离动态影响因子后机器人具体受力分析如图 4-20 所示。

多机器人系统执行编队任务过程中，每个机器人可能会存在与其他机器人路径交叉从而导致内部碰撞的风险。为了确保整个系统的安全运行，机器人在规避外部障碍物的同时，必须采取有效措施来避免内部碰撞。即当机器人互相靠近时，产生一种相互排斥的速度，以防止发生碰撞。

当机器人之间的距离缩小到一个预设的安全阈值时，机器人将立即停止运动，以保障编队的安全和稳定。图 4-21 展示了机器人 i（记为 R_i）和机器人 j（记为 R_j）之间的碰撞范围，其中 d_{safe} 是安全距离，$r_{\text{collision}}$ 为碰撞距离。

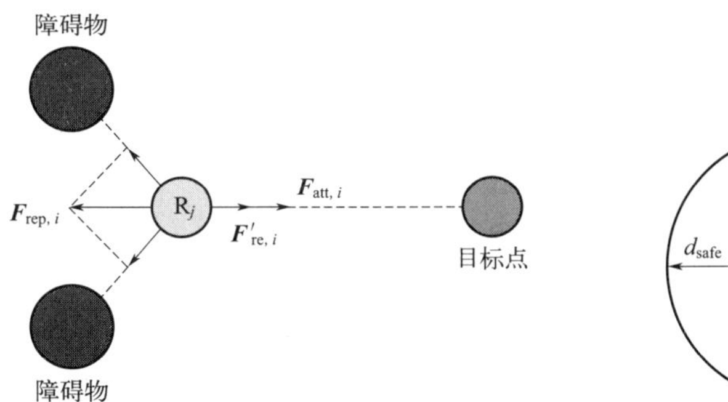

图 4-20　添加影响因子后的受力分析图

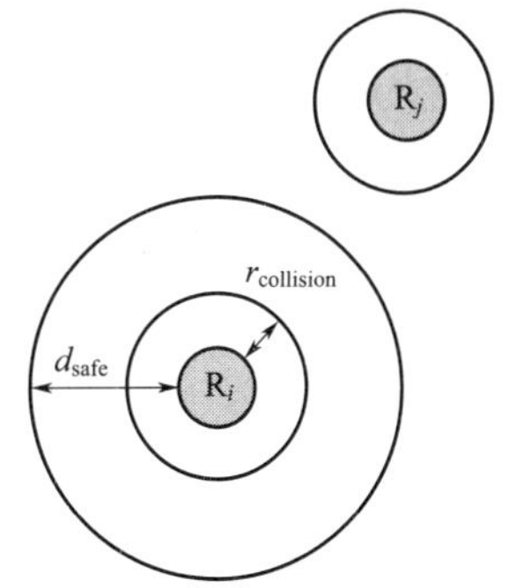

图 4-21　机器人 i 碰撞范围示意图

为每一个机器人定义一个以碰撞距离 $r_{\text{collision}}$ 为半径的圆，设置为机器人的碰撞范围。当其他机器人或障碍物进入此范围时，视为发生了潜在碰撞，需要采取相应的避障策略。本书借鉴传统人工势场法的思想，提出一种新的势能函数，该函数以机器人自身坐标系为中心，围绕机器人构建一个虚拟的势场，编队中的每个机器人周围都存在一个虚拟势场，即机器人 i 的坐标系原点就是机器人 i 的位置，而机器人 j 的位置是相对于机器人 i 的坐标系来确定的。

在编队控制中，为了精确地模拟和调节机器人间的相互作用，引入了两种基本的虚拟力：机间斥力和机间引力。机间斥力会使相邻机器人相互远离，达到机间避免碰撞的作用；机间引力使相邻机器人靠近，避免编队解散。这两种力可以根据期望的机器人间距离来调整势能函数。机器人 i 与一个邻居 j 的势函数可以定义为

$$
\begin{aligned}
U_j^i(\mathrm{R}_i)=&\alpha_1\left[\ln(\|\boldsymbol{x}_{ij}\|-r_{\text{collision}})-\frac{\|\boldsymbol{x}_{ij}\|}{d_{\text{safe}}-r_{\text{collision}}}\right]+\alpha_2\left(d_{\text{safe}}\|\boldsymbol{x}_{ij}\|-\frac{\|\boldsymbol{x}_{ij}\|^2}{2}\right)\\
&+\alpha_3(\|\boldsymbol{x}_{ij}\|^2-d_{ij}^2),r_{\text{collision}}<\|\boldsymbol{x}_{ij}\|<d_{\text{safe}}
\end{aligned}
\tag{4-62}
$$

机器人 j 对机器人 i 的力为势函数的负梯度，即

$$
\boldsymbol{F}_j^i=-\boldsymbol{\nabla}U_j^i(\mathrm{R}_i) \tag{4-63}
$$

$$
F_j^i=\begin{cases}-\dfrac{\alpha_1\boldsymbol{x}_{ij}}{\|\boldsymbol{x}_{ij}\|}\left[\left(\dfrac{1}{\|\boldsymbol{x}_{ij}\|}-\dfrac{1}{r_{\text{collision}}}\right)-\left(\dfrac{1}{d_{\text{safe}}}-\dfrac{1}{r_{\text{collision}}}\right)\right]-\dfrac{\alpha_2\boldsymbol{x}_{ij}}{\|x_{ij}\|}(d_{\text{safe}}-\|\boldsymbol{x}_{ij}\|)\\ -2\alpha_3(\|\boldsymbol{x}_{ij}\|-d_{ij})\dfrac{\boldsymbol{x}_{ij}}{\|\boldsymbol{x}_{ij}\|},r_{\text{collision}}<\|\boldsymbol{x}_{ij}\|<d_{\text{safe}}\\ 0,\|\boldsymbol{x}_{ij}\|\geqslant d_{\text{safe}}\end{cases} \tag{4-64}
$$

式中，d_{safe} 为安全距离；$\boldsymbol{x}_{ij}$ 为机器人 j 在机器人 i 坐标系下的相对位姿估计结果；α_1、α_2、α_3 为比例系数。

上式考虑了机器人 i 与单个机器人的势函数，对于多机器人系统，考虑编队图与邻居集合，总体的势能为

$$
F_i=\sum_{j\in \text{Neighbor}_i}F_j^i \tag{4-65}
$$

根据相对位姿关系，如果距离小于阈值 d_{safe}，提供一个避障势能，使机器人 i 避免与机器人 j 发生碰撞。确保机器人 i 在保持安全距离的同时，也尽量保持与机器人 j 的期望距离。此方法计算量小、实时性好、结构简单，机器人之间在保持编队形态的同时还可以避免相互碰撞。

4.8 多机器人行为决策设计

4.8.1 行为加权融合方法

在多机器人编队控制框架中，将复杂任务细化为多个简单子任务，有助于更高效地完成整个作业流程。每个子任务都负责生成一个运动命令，并且根据任务的重要程度分配了相应的优先级。其中优先级较低的任务被投影到优先级较高的任务的空间，保证它们不会与优先级较高的任务相矛盾。采用加权平均法对机器人的基本行为进行融合，确定机器人的最终行为。在这种方法中，每个子任务生成的指令向量都会根据其对应的权重进行加权。累加所有加权后的向量，形成一个整体的行为响应向量 $\boldsymbol{V}$。为了确保行为的一致性和有效性，累加的结果还需要进行归一化处理，以保证最终行为响应向量符合实际运动的物理限制。

多机器人编队由目标导航模式 $\boldsymbol{V}_{\text{goal}}$、机器人避障模式 $\boldsymbol{V}_{\text{obs}}$ 以及队形维持模式 $\boldsymbol{V}_{\text{form}}$ 组成。目标导航运动行为是指机器人根据任务目标点控制机器人向目标移动，一般会在多机器人系统已经形成期望的集合队形，需要编队前往目标点的情况下触发该行为。规划出机器人的路径后，将路径目标点发送给机器人，领航者机器人需要根据这些路径点来计算机器人目

标线速度和角速度。

机器人避障模式除了考虑机器人避障与队内避障，还考虑机器人通过队形变化进行避障。如果没有检测到障碍物，则多机器人系统将形成并保持预定义的编队。当机器人遇到障碍物时，领航者机器人和跟随者机器人均会基于上文中的方法进行机器人避障，跟随者机器人则利用传统的 PID 控制算法对预定义的编队进行重构。为了能让机器人在避障过程中更好地保持队形，提出基于环境变化的队形切换方法，对多机器人队形进行重构，更好地通过当前环境。当道路收窄时，即地形变为走廊类型时，如果领航者机器人或至少一半的跟随者检测到走廊，则该阵型将切换到线形队形；当通过走廊后，由线形恢复到开始时的队形，如图 4-22 所示。

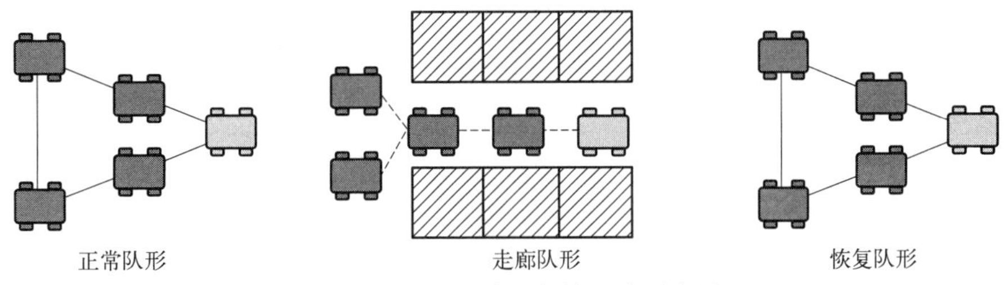

图 4-22　机器人编队切换避障示意图

根据经验调整每个运动模式的比例系数，并设置多机器人系统避障的优先级高于编队维护，得到机器人 R_i 的总行为，如式(4-66) 所示。

$$\begin{cases}\boldsymbol{V}_{\mathrm{l}}=g_{\mathrm{g}}\boldsymbol{V}_{\mathrm{goal}}+g_{\mathrm{o}}\boldsymbol{V}_{\mathrm{obs}}, & i=0\\ \boldsymbol{V}_{\mathrm{f}}=g_{\mathrm{f}}\boldsymbol{V}_{\mathrm{form}}+g_{\mathrm{o}}\boldsymbol{V}_{\mathrm{obs}}, & i=1,2,\cdots,N-1\end{cases} \tag{4-66}$$

式中，$\boldsymbol{V}_{\mathrm{l}}$ 为领航者的行为决策量；$\boldsymbol{V}_{\mathrm{f}}$ 为跟随者的行为决策量；g_{g}、g_{o}、g_{f} 分别为目标导航、机器人避障以及编队维持的比例系数。

4.8.2　避障与队形切换仿真实验

本书实验选用 5 个机器人（Bot 0～Bot 4）组成多机器人系统，在 Matlab 中进行编队避障仿真验证。其中多机器人系统经过的障碍物坐标为（3,4）、（6,2）、（7,5）、（8,0），领航者机器人起始坐标为（0,0）、目标点坐标为（25,15）。障碍物最大影响距离 μ 为 1m，设置 11 个障碍物，轨迹图如图 4-23 所示。

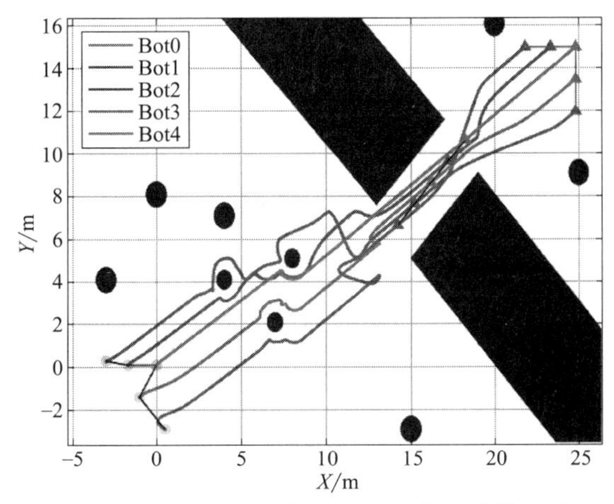

图 4-23　多机器人系统编队维持与避障轨迹图

图 4-23 标明了初始队形、队形形成、机器人避障、队形变换、到达目标点的全过程。由图可得多机器人系统具备在较短时间内进行编队的能力，并且在编队过程中各机器人之间能够有效避碰，确保了编队的稳定性，在后续运动中可以有效保持队形。此外，系统在遇到障碍物时能够及时切换至避障模式，当机器人检测到走廊空间时，多机器人系统变换为一字纵向队形适应环境变化；当通过走廊后，再恢复到三角队形，继续协同编队。

多机器人系统中其余机器人成员在编队过程中相对于 Bot0 的速度和位置误差如图 4-24 所示，分别为机器人相对于 Bot0 在 X 和 Y 方向上的位置误差以及线速度和角速度的变化量。当仿真时间进行到 3s 时，机器人之间的速度趋于相同，多机器人系统构成设定编队队形（三角形）；当在仿真时间 6s 时，机器人扫描到障碍物，机器人之间的相对位置与相对速度开始改变以避开障碍物；当在仿真时间 15s 时，进行队形变化，相对距离变化较大；27s 之后，编队队形形成并到达终点。在这个过程中，机器人没有相互碰撞，表明机器人编队在躲避障碍物时，可以避免自身碰撞并维持队形。

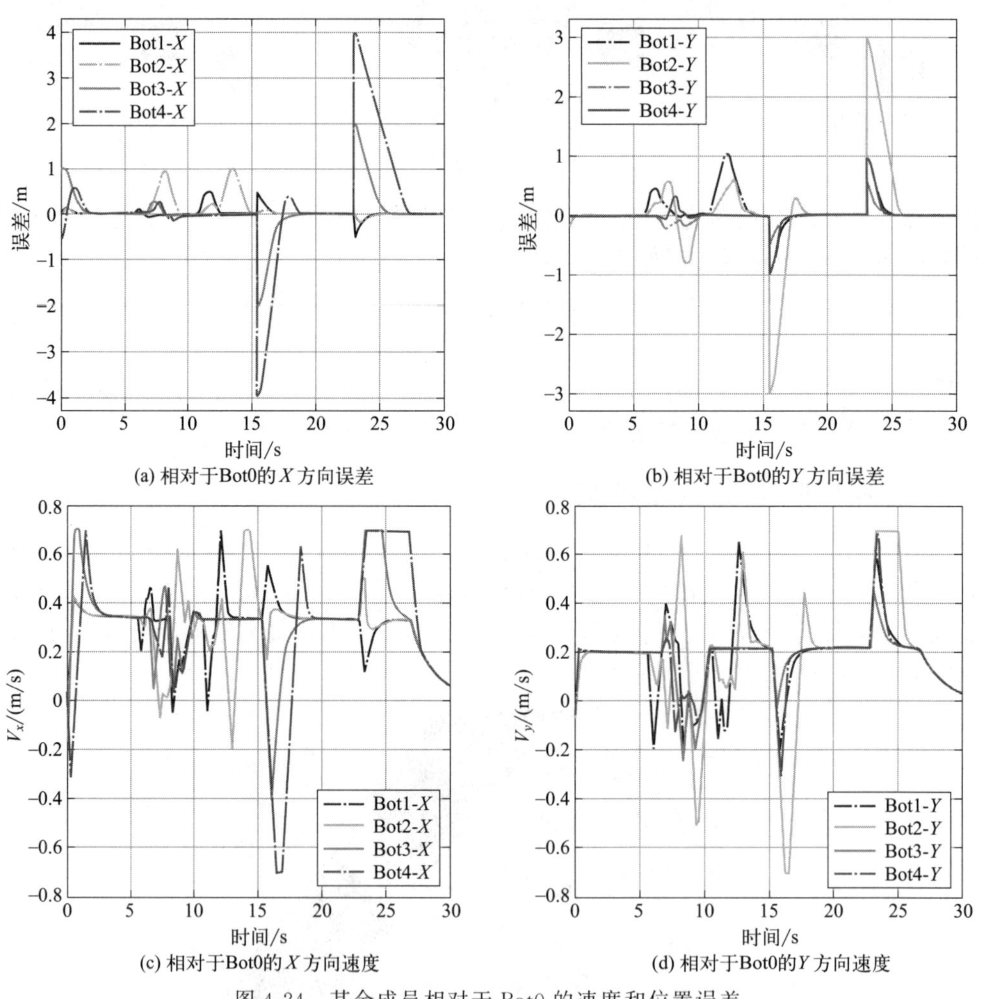

图 4-24 其余成员相对于 Bot0 的速度和位置误差

参考文献

[1] J. Liao, Z. Chen, B. Yao. Performance-oriented coordinated adaptive robust control for four-wheel independently driven skid steer mobile robot [J]. IEEE Access, 2017, 5: 19048-19057.

[2] D. Chwa. Tracking control of differential-drive wheeled mobile robots using a backstepping-like feedback linear-ization [J]. IEEE Transactions on Systems Man and Cybernetics Part a—Systems and Humans, 2010, 40 (6): 1285-1295.

[3] H. H Ammar, A. T. Azar. Robust path tracking of mobile robot using fractional order PID controller [C]. The International Conference on Advanced Machine Learning Technologies and Applications (AMLTA2019) 4. Berlin: Springer International Publishing, 2020: 370-381.

[4] 李卫兵，吴琼．基于反步法的轮式移动机器人轨迹跟踪控制算法 [J]. 电子测量技术，2018，41 (19): 54-58.

[5] 李一春，乔毅．四轮机器人路径跟踪控制器设计与仿真 [J]. 电子测量技术，2019，42 (13): 11-16.

[6] 马浩兴，王东红，罗文龙．基于多种群遗传算法的液压系统 PID 参数寻优 [J]. 包装工程，2020，41 (23): 204-210.

[7] A. Alouache, Q. Wu. Genetic algorithms for trajectory tracking of mobile robot based on PID controller [C]. 14th IEEE International Conference on Intelligent Computer Communication and Processing (ICCP), Cluj Napoca, Romania, 2018: 237-241.

[8] 曹道友．基于改进遗传算法的应用研究 [D]. 合肥：安徽大学，2010.

[9] 陶维青，肖松庆，李林，等．基于双精英蚁群算法的配电网故障区段定位 [J]. 合肥工业大学学报（自然科学版），2020，43 (12): 1626-1632.

[10] 罗志远，丰硕，刘小峰，等．一种基于分步遗传算法的多无人清洁车区域覆盖路径规划方法 [J]. 电子测量与仪器学报，2020，34 (08): 43-50.

[11] 张青雷，党文君，段建国．基于自适应遗传算法的大型关重件车间布局优化 [J]. 机械设计与制造，2021 (01): 236-239.

[12] 牛艳秋．基于遗传算法的多无人机农药喷洒任务分配问题研究 [D]. 合肥：合肥工业大学，2018.

[13] P. Li, J. Cao, D. Liang. UAV-BS formation control method based on loose coupling structure [J]. IEEE Access, 2022, 10: 88330-88339.

[14] A. Loria, J. Dasdemir, N. A. Jarquin. Leader-follower formation and tracking control of mobile robots along straight paths [J]. IEEE Transactions on Control Systems Technology, 2016, 24 (2): 727-732.

[15] M. A. Maghenem, A. Loria, E. Panteley. Cascades-based leader-follower formation tracking and stabilization of multiple nonholonomic vehicles [J]. IEEE Transactions on Automatic Control, 2020, 65 (8): 3639-3646.

[16] A. Roza, M. Maggiore, L. Scardovi. A smooth distributed feedback for formation control of unicycles [J]. IEEE Transactions on Automatic Control, 2019, 64 (12): 4998-5011.

[17] C. A. Kitts, I. Mas. Cluster space specification and control of mobile multirobot systems [J]. IEEE/ASME Transactions on Mechatronics, 2009, 14 (2): 207-218.

[18] Y. Zou, Z. Zhou, X. Dong, et al. Distributed formation control for multiple vertical takeoff and landing UAVs with switching topologies [J]. IEEE/ASME Transactions on Mechatronics, 2018, 23 (4): 1750-1761.

[19] C. Unsalan, B. Sirmacek. Road network detection using probabilistic and graph theoretical methods [J]. IEEE Transactions on Geoscience and Remote Sensing, 2012, 50 (11): 4441-4453.

[20] R. R. Nair, L. Behera, V. Kumar, et al. Multisatellite formation control for remote sensing applications using artificial potential field and adaptive fuzzy sliding mode control [J]. IEEE Systems Journal, 2015, 9 (2): 508-518.

[21] M. B. Emile, O. M. Shehata, A. A. El-Badawy. A decentralized control of multiple unmanned aerial vehicles formation flight considering obstacle avoidance [C]. 2020 8th International Conference on Control, Mechatronics and Automation (ICCMA), 2020: 68-73.

[22] T. Balch, R. C. Arkin. Behavior-based formation control for multirobot teams [J]. IEEE Transactions on Robotics and Automation, 1998, 14 (6): 926-939.

[23] Z. Zhang, R. Zhang, X. Liu. Multi-robot formation control based on behavior [C]. 2008 International Conference on Computer Science and Software Engineering, 2008: 1045-1048.

[24] M. M. Zavlanos, M. B. Egerstedt, G. J. Pappas. Graph-theoretic connectivity control of mobile robot networks [J]. Proceedings of the IEEE, 2011, 99 (9): 1525-1540.

[25] H. Yongxing, B. Laxton, S. K. Agrawal, et al. Planning and control of UGV formations in a dynamic environment: A practical framework with experiments [C]. 2003 IEEE International Conference on Robotics and Automation (Cat. No. 03CH37422), 2003, 1: 1209-1214.

第5章

机器人户外复杂环境感知与地图构建

5.1 概述

随着科技的迅猛发展和人类社会的不断进步，机器人在工业、医疗、农业等各个领域都扮演着越来越重要的角色。尤其是在户外环境中，机器人的应用更是多种多样，涉及勘察探索、物流运输、环境监测等诸多任务。而要使机器人能够在户外环境中高效地完成这些任务，就必须赋予它们足够的感知和规划能力。

在户外环境中，机器人需要借助各种感知设备来获取周围环境的信息。激光雷达能够精确地探测周围的障碍物和地形变化，摄像头则可以提供视觉信息，帮助机器人识别各种目标和地物。此外，全球定位系统（GPS）等定位技术能够为机器人提供准确的位置信息，使其能够在地图上准确标定自己的位置。这些感知技术的综合运用，为机器人提供了全面的环境感知能力，为接下来的路径规划和导航奠定了基础。

一旦机器人获取了周围环境的感知信息，接下来就需要对这些信息进行分析和处理，从而制定出最优的行动策略。路径规划是其中至关重要的一环，它涉及如何选择最短、最安全、最经济的路径来到达目的地。基于图搜索的算法，例如 A^* 算法和 Dijkstra 算法，被广泛应用于路径规划中，能够在不同地形和障碍物条件下找到最优路径。而近年来，随着深度学习技术的发展，越来越多的机器人路径规划算法开始借助神经网络来实现智能化的决策，使机器人能够更灵活、更智能地应对各种复杂环境。

传统的感知与规划方法在面对户外环境时存在外部环境干扰传感器、地形复杂影响通过性等限制。本章针对户外条件下移动机器人遇到的问题，介绍应用于户外环境的机器人定位导航方法。将多个传感器的状态信息进行融合，构建多因子图优化定位优化系统，并结合神经网络滤除环境中的动态对象，建立全局静态地图，最终实现复杂环境移动机器人路径规划与轨迹跟踪控制。

目前机器人在户外环境中的自主导航能力还比较薄弱[1]，户外条件下光线、复杂地形等环境影响对机器人感知与运动规划能力提出了新的要求。机器人定位方法主要基于全球导航卫星系统（global navigation satellite system，GNSS）、激光雷达、双目相机、彩色深度相机（RGBD camera）和惯性测量元件（inertial measurement unit，IMU）等传感器[2]。传感器在野外环境中会受到天气和环境影响，例如受到树木、灌木等障碍物的遮挡，单一传感器定位精度和可靠性不能满足作业要求。多传感器融合定位优化方法可以提高系统的定位精度和感知能力，具体应如何优化是在户外环境中作业必须克服的技术难题。

在户外环境中，机器人准确地对周围地形进行可通过性感知是机器人进行后续运动规划和控制的前提。在大多数室内场景中，移动机器人都配有结构化环境的地图，该地图将环境分为可通过和不可通过的单元[3]，其中包含墙壁等障碍物的单元格为不可通过区域，而没有障碍的单元格标记为可通过区域，机器人在空间中的简单移动不需要考虑地形属性。

随着移动机器人各方面性能的快速发展，机器人在户外环境中对于环境障碍物的分类已经不局限于单纯可通行和不可通行区域[4]。如今机器人运动性能的发展可以使得机器人通过一些不规则复杂障碍物。与单一的结构化环境不同，复杂地形下机器人通过不同区域所需要的代价也不一样。平面范围的自主移动方法不能适用于非结构地形的机器人自主移动过程，在户外环境下以往的路径规划等算法计算出来的路径已经不是最优路径，因此失去了在移动机器人执行任务时具有的效率最高、能耗最小的优点，在三维空间下的导航方法逐渐成为机器人应对复杂地形挑战的关键。机器人户外环境应用场景如图 5-1 所示。

(a) 电力巡检机器人

(b) 月球车“玉兔号”

(c) 农业监测机器人

(d) 消防救援机器人

图 5-1　机器人户外环境应用场景

5. 1. 1　感知定位与建图方法

本节针对移动机器人感知系统中的定位与建图方法展开介绍。在定位方法中，通过引入因子图模型将机器人状态、多传感器测量和环境地图等因素以节点和因子的形式进行建模。设计主因子图和副因子图联合优化，研究多因子图融合优化的复杂环境定位方法，以实现在户外环境中的高精度机器人定位。在建图方法中，将定位的里程计信息和双目视觉图像作为动态环境建图方法的输入，设计基于 SegNet 的动态环境建图方法来滤除动态图像，在动态场景中构建出准确的静态点云地图。通过成本函数将这些点云数据投影生成 2. 5 维（2. 5D）高程代价地图，为机器人在感知规划中提供了轻量化的环境模型。

5. 1. 2　基于因子图优化的状态估计方法

因子图的核心思想是将全局函数分解为多个局部因子，表示各变量之间的依赖关系。因子图分解的局部因子通常是二分图，包含两种类型的节点：变量节点和因子节点。

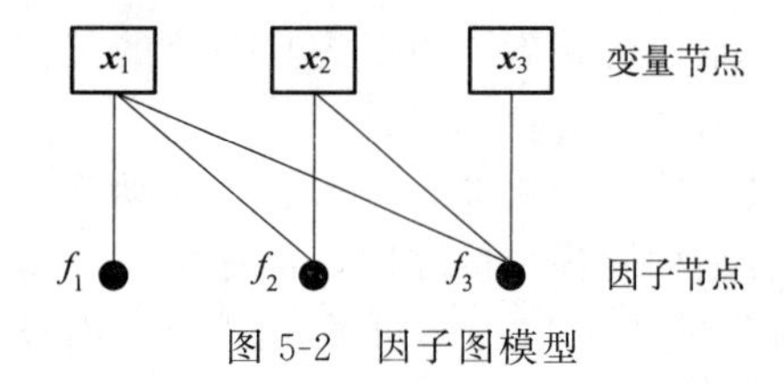

图 5-2　因子图模型

由图 5-2 可分析得到因子图主要由两种节点与一种边构成。其中，变量节点表示模型中需要优化的状态变量，是模型根据初始值和观测量要推断的未知状态，每个变量节点对应于模型中的一个状态变量；因子节点代表因式分解后的一个局部函数；边用于连接变量节点与包含该变量节点的因子节点。

通过图 5-2 所示的因子图模型，构建因式分解，将联合概率分布分解为多个局部概率分布的乘积，复杂的联合概率分布可以表示为一系列相对简单的局部概率分布之积：

$$\mathcal{P}(\boldsymbol{x}_1,\boldsymbol{x}_2,\boldsymbol{x}_3)=f_1(\boldsymbol{x}_1)f_2(\boldsymbol{x}_1,\boldsymbol{x}_2)f_3(\boldsymbol{x}_1,\boldsymbol{x}_2,\boldsymbol{x}_3) \tag{5-1}$$

式中，$f_1(\boldsymbol{x}_1)$ 表示关于 $\boldsymbol{x}_1$ 的局部概率分布，即第一个因子，捕捉了系统状态的一部分信息，可能包括先验知识或内部约束；$f_2(\boldsymbol{x}_1,\boldsymbol{x}_2)$ 是关于 $\boldsymbol{x}_1$ 和 $\boldsymbol{x}_2$ 的局部概率分布，即第二个因子，描述了 $\boldsymbol{x}_1$ 和 $\boldsymbol{x}_2$ 之间的条件依赖关系，反映了系统的动态性质；$f_3(\boldsymbol{x}_1,\boldsymbol{x}_2,\boldsymbol{x}_3)$ 表示关于 $\boldsymbol{x}_1$、$\boldsymbol{x}_2$、$\boldsymbol{x}_3$ 的局部概率分布，即第三个因子，涵盖了多个变量之间的复杂关系。

通过将联合概率分布分解为这些局部因子的乘积，能够有效地建模和处理复杂的系统状态。这种因子分解的形式为概率图模型提供了一种直观的表示方式，特别是在求解大规模状态空间时，因子图优化是简化计算的有效方法。

得到局部因子之后，引入与参数相关的先验概率，根据观测到的数据，构建似然函数，使用最大后验估计（maximum a posteriori estimation，MAP）[5] 进行求解。通过构建观测数据和先验概率之间的联系，寻找使后验概率最大的参数值。最大后验估计可以表示为

$$\Theta_{\mathrm{MAP}}=\operatorname{argmax}_{\Theta}P(\Theta|D) \tag{5-2}$$

式中，Θ_{MAP} 是使 $P(\Theta|D)$ 最大化的参数值；Θ 是要估计的参数；D 是观测到的数据；$P(\Theta|D)$ 是后验概率，表示在观测到数据 D 的条件下参数 Θ 的概率。

在因子图优化中，最大后验估计常用于对局部因子的参数进行优化，该方法考虑了观测数据和先验概率对参数进行估计，能够提高对系统状态的估计精度。

接下来主要介绍对因子图模型进行的创新改进，利用因子图方法解决复杂的传感器信息联合优化问题。通过引入因子图，将整个系统的复杂全局函数分解为多个直观的局部因子，简化了系统状态估计的问题。设计主因子图和副因子图联合优化，这种因子图的设计有效地分散了系统中各个变量之间的依赖关系，增加定位系统的抗干扰能力，并通过最大后验估计对局部因子的参数进行联合优化。通过设计多因子图优化方法，来应对传感器信息融合中的复杂性和不确定性。

5.1.3　传感器因子节点构建方法

本节介绍双目视觉观测因子、RGBD 观测因子和 IMU 预积分因子的构建方法，这些因子节点涵盖了系统中不同传感器的信息。通过设计因子节点，系统可以进一步处理传感器提供的观测数据，并结合系统的运动学特性，实现对系统状态的精准估计。下面将详细介绍各个因子节点的设计原理和关键考虑因素。

定义在整个系统过程中移动机器人的位置状态为

$$\boldsymbol{x}_i=[{}_{WI}\boldsymbol{x}_i\ \boldsymbol{T}_{iWO}\ {}_{OB}\boldsymbol{x}_i] \tag{5-3}$$

式中，${}_{WI}\boldsymbol{x}_i$ 是 IMU 相对于全局坐标系 W 的状态：

$${}_{WI}\boldsymbol{x}_i=[\boldsymbol{R}_{WI}\ {}_{W}\boldsymbol{p}_{WI}\ {}_{W}\boldsymbol{v}_{WI}\ b^g\ {}_{I}b^a]\in \mathrm{SO}(3)\times\mathbf{R}^{12} \tag{5-4}$$

$\boldsymbol{T}_{iWO}\in \mathrm{SE}(3)$ 是 $O\rightarrow W$ 的变换：

$$_{OB}\boldsymbol{x}_i=[\boldsymbol{R}_{OB}\ {}_{O}\boldsymbol{p}_{OBO}\ \boldsymbol{v}_{OB}]\in \mathrm{SO}(3)\times\mathbf{R}^6 \tag{5-5}$$

其中，$_{OB}\boldsymbol{x}_i$ 表示机器人基础坐标系 B 相对于里程计坐标系 O 的状态；$\boldsymbol{R}_*\in\mathrm{SO}(3)$，代表旋转矩阵，$*\in\{\mathrm{WI},\mathrm{OB}\}$，$\boldsymbol{p}_*\in\mathbf{R}^3$，代表平移向量；$\boldsymbol{v}_*\in\mathbf{R}^3$，代表线速度；$\boldsymbol{b}^g\in\mathbf{R}^3$，$\boldsymbol{b}^a\in\mathbf{R}^3$，均为 IMU 偏差。在全局坐标系 W 中，在 t_k 时刻积累的 IMU 状态的合集表示为

$$^I\mathcal{X}_k\doteq\{^I\boldsymbol{x}_i\}_{i\in{}_I\mathcal{K}_k} \tag{5-6}$$

t_k 时刻的基础坐标系和 IMU 坐标系下的 IMU 观测量分别记为$_B\mathcal{I}_k$ 和$_I\mathcal{I}_k$，包括线加速度$_I\tilde{\boldsymbol{a}}$ 和角加速度$\tilde{\boldsymbol{\omega}}_{WI}$，RGBD 里程计测量值在相机坐标系下为$_R\mathcal{C}_k$，双目视觉里程计测量值在相机坐标系下为$_S C_k$。因此，直到 t_k 时刻测量值的集合可以表示为

$$\mathcal{Z}_k\triangleq\{_I\mathcal{Z}_k,{}_B\mathcal{Z}_k\}$$

式中：

$$_I\mathcal{Z}_k=\{_I\mathcal{I}_i,{}_R\mathcal{C}_j,{}_S\mathcal{C}_m\}_{i\in{}_I\mathcal{K},j\in{}_S\mathcal{K},m\in{}_R\mathcal{K}} \tag{5-7}$$

$$_B\mathcal{Z}_k=\{_B\mathcal{I}_i,\mathcal{K}_i\}_{i\in{}_B\mathcal{K}} \tag{5-8}$$

从初始时刻开始到 t_k 时刻，所有 IMU、双目相机和 RGBD 相机测量值的集合分别表示为$_I\mathcal{K}_k$、$_R\mathcal{K}_k$ 和$_S\mathcal{K}_k$，此外 $\mathcal{K}_i$ 表示测量的机器人位置。

对于双目视觉观测因子，考虑了左右相机之间的视差信息和相机到地图上特定点的观测量，通过双目视觉测量模型将其与图像坐标的观测量联系起来。通过点特征提取，追踪并求解相机位姿，得到双目视觉里程计信息，作为双目视觉观测因子。

首先，对左右相机采集到的图像进行灰度处理，然后使用 FAST（features from accelerated segment test）算法检测关键点，并对检测到的点进行亚像素级的定位。FAST 作为一种高效的角点检测算法[6]，其主要优势在于其出色的检测速度。FAST 通过检测局部像素灰度的快速变化来确定可能的角点位置。其核心思想是如果一个像素与其邻域的像素存在较大的灰度差异（过亮或过暗），则该像素点会被认为是图像中的角点。相较于其他角点检测算法，FAST 算法只需要比较像素亮度的大小，使得该算法在计算上更为迅速。但 FAST 特征点数量还是很大且不具有方向信息，因此在此基础上应用灰度质心法为特征点赋予方向属性[7]。

在灰度质心法中，首先随机一个小的图像块 A_0 中，定义图像块的矩（moment）为

$$m_{pq}=\sum_{\mu,v\in A_0}\mu^p v^q G(\mu,v),p,q\in\{0,1\} \tag{5-9}$$

式中，μ、v 表示像素坐标；$G(\mu,v)$ 表示此像素坐标的灰度值，通过该矩阵可以找到图像块的质心 C，坐标为

$$\boldsymbol{C}=\left(\frac{m_{10}}{m_{00}},\frac{m_{01}}{m_{00}}\right) \tag{5-10}$$

通过连接图像块的几何中心 O 与质心 C，形成方向向量 $\overrightarrow{OC}$，于是特征点的方向可以定义为

$$\vartheta=\arctan\left(\frac{m_{01}}{m_{10}}\right) \tag{5-11}$$

由灰度质心法使得 FAST 角点有了方向特征，带有方向的 FAST 角点提取出来后，接下来需要为每个角点计算相应的 BRIEF（binary robust independent elementary features）描述子。BRIEF 是一种二进制描述子，用于表示图像中的关键点。

对于每个角点，选择一个与角点相关的图像块，然后在该图像块内选择一组由预定义的二值测试构成的点对。这些二值测试通过比较图像块中两个像素的灰度值来生成二进制码，

如果第一个像素的灰度大于第二个像素，则对应的比特为 1，否则为 0。将每个测试的结果编码成二进制序列，形成 BRIEF 描述子。BRIEF 描述子使用紧凑的二进制码表示图像中的局部特征，具有计算速度快、存储开销小的特点。

在视觉里程计中，高质量的特征匹配环节有助于后续的位姿估计。针对特征匹配，常见的两种方法是暴力匹配（brute-force matcher）和快速近似最近邻（fast library for approximate nearest neighbors，FLANN）。暴力匹配相对简单，即对前一帧图像中每一个特征点 x_t^m 与下一帧图像所有的 x_{t+1}^n 测量描述子的距离进行排序，取距离最近的一个作为匹配点。但随着特征点数量的增加，运行时间可能会显著延长。而 FLANN 适用于对实时性有要求的情况，但仅以 FLANN 为基准可能导致一定程度的误匹配。

下面通过 ICP（iterative closest point）算法[8] 进行特征匹配并进行后续的位姿估计。ICP 作为一种迭代优化算法，将两组点云或者特征点集进行配准，得到两组点之间的相对姿态变换。ICP 的基本工作原理是通过迭代的方式不断优化一个初始的变换矩阵，使两组特征点集之间的距离最小化。图 5-3 为基于本书方法得到的左右目相机特征匹配结果图。

图 5-3 双目视觉里程计特征匹配

根据前面的标定结果，在左右相机捕获的特征点集中建立对应关系，并筛除误匹配点，最终获得了连续两个时刻左右相机中匹配的特征点集合：

$$P_{\mathrm{LR}}=\{\boldsymbol{p}_1,\boldsymbol{p}_2,\cdots,\boldsymbol{p}_n\},\quad P'_{\mathrm{LR}}=\{\boldsymbol{p}'_1,\boldsymbol{p}'_2,\cdots,\boldsymbol{p}'_n\} \tag{5-12}$$

设相机在这两个时刻之间的运动位姿为 $\boldsymbol{R}_{\mathrm{LR}}$、$\boldsymbol{t}_{\mathrm{LR}}$，使得

$$\forall i,\boldsymbol{p}_i=\boldsymbol{R}_{\mathrm{LR}}\boldsymbol{p}'_i+\boldsymbol{t}_{\mathrm{LR}} \tag{5-13}$$

通过 ICP 算法，先定义第 i 对点的误差项：

$$\boldsymbol{e}_i^R=\boldsymbol{p}_i-(\boldsymbol{R}_{\mathrm{LR}}\boldsymbol{p}'_i+\boldsymbol{t}_{\mathrm{LR}}) \tag{5-14}$$

构建最小二乘问题，求使误差平方和达到极小的 $\boldsymbol{R}_{\mathrm{LR}}$、$\boldsymbol{t}_{\mathrm{LR}}$：

$$\min_{R,t} J=\frac{1}{2}\sum_{i=1}^{n}\|\boldsymbol{p}_i-(\boldsymbol{R}_{\mathrm{LR}}\boldsymbol{p}'_i+\boldsymbol{t}_{\mathrm{LR}})\|_2^2 \tag{5-15}$$

由此将运动位姿 $\boldsymbol{R}_{\mathrm{LR}}$、$\boldsymbol{t}_{\mathrm{LR}}$ 和位置残差 J 作为双目视觉测量因子。针对不同的应用情况，双目视觉测量值由两类因子表示：

① 双目视觉观测因子：在全局优化框架中，双目视觉观测因子作为普通的观测因子，直接作为六自由度测量因子添加到主因子图中；里程计预测的相对变换和测量模型之间的差异 $\boldsymbol{e}_i^R$ 在副因子图上进行评估。当 RGBD 观测因子可靠运行时，需要整合双目视觉观测因子和 RGBD 观测因子，来获得全局位置的观测数据，并与相邻的因子实现连接。

② 双目姿态一元因子：在 RGBD 观测因子不可用的情况下，双目视觉里程计观测值被转录为伪全局值，表示为一元姿态因子；为了优化双目姿态一元因子与 IMU 因子的数据融合效果，基于对可观测性的分析，为双目视觉里程计的姿态估计分配了更高的协方差权重。

与双目视觉观测因子类似，$\boldsymbol{e}_i^R$ 误差都是在副因子图上进行评估。

在 RGBD 视觉测量因子中，系统利用了 RGBD 相机采集的彩色图像和深度图像的信息。RGBD 相机中的每个像素点不仅提供了图像平面内的二维坐标，而且通过深度数据直接反映了像素到摄影机的空间距离。因此，RGBD 视觉测量因子在构建时，将深度信息与图像坐标结合，形成综合的观测模型。

相对于双目视觉测量因子的构建过程，RGBD 相机的深度信息直接提供几何约束。这种直接可用的深度信息使特征匹配和三角化等过程更为直观和准确。此外，RGBD 相机的工作原理使其能够在一帧图像中同时获取彩色和深度信息，提供全面的场景感知。

通过所述的特征点提取与匹配方法，对相机输入的特征点视觉信息进行处理，构建点特征测量模型[9]，使用从投影点到观测点的距离差值，即通过重投影误差来构建点特征误差模型。根据点特征测量模型，给定相机帧 c_j 中的第 k 点特征测量为 $\boldsymbol{z}_{fk}^{c_j}=[u_{fk}^{c_k}\quad v_{fk}^{c_j}\quad 1]^{\mathrm{T}}$，则将重投影误差定义为

$$\boldsymbol{r}_f(\boldsymbol{z}_{fk}^{c_j},X)=\begin{bmatrix}\dfrac{x^{c_j}}{z^{c_j}}-u_{fk}^{c_j}\\[2ex]\dfrac{y^{c_j}}{z^{c_j}}-v_{fk}^{c_j}\end{bmatrix}\tag{5-16}$$

式中，$\boldsymbol{z}_{fk}^{c_i}=[u_{fk}^{c_i}\quad v_{fk}^{c_i}\quad 1]^{\mathrm{T}}$，是相机帧 c_i 中特征的第一次观察，下角 fk 表示点特征的界标点，并且特征的逆深度 λ_k 也在相机帧 c_i 内定义；$(x^{c_j},y^{c_j},z^{c_j})$ 表示变换到相机帧 c_j 中的点。由这个公式得到重投影误差即位置残差，作为相机模型因子的一部分构建 RGBD 观测因子。

RGBD 观测因子方法为基于特征点测量模型，使用 RTAB-Map 方法计算得到里程计信息，当 RGBD 里程计运行可靠时，作为全局位置估计，该信息作为 RGBD 观测因子的形式集成到优化中，其中包括位置残差：

$$\sum_i(\|\boldsymbol{r}_{R\mathcal{R}_i}\|\sum\nolimits_{I\mathcal{I}_i}^2)\tag{5-17}$$

式中，$\boldsymbol{r}_{R\mathcal{R}_i}={}_W\boldsymbol{p}_{WI}-{}_W\tilde{\boldsymbol{p}}_{WI}+\boldsymbol{r}_f$，${}_W\boldsymbol{p}_{WI}$ 表示观测量，${}_W\tilde{\boldsymbol{p}}_{WI}$ 表示实际量，$\boldsymbol{r}_f$ 为式(5-16)中所求重投影误差。式(5-17) 表示点特征模型构建的观测量与实际量的差值。

IMU 测量的是传感器相对于惯性系的旋转速率和加速度，测量值为 ${}_I\tilde{\boldsymbol{a}}(t)$ 和 ${}_I\tilde{\boldsymbol{\omega}}_{WI}$，在测量过程中会受到白噪声误差 $\boldsymbol{\eta}$ 和缓慢变化的传感器偏置 $\boldsymbol{b}$ 的影响，所以当接收到 IMU 的测量值时，首先需要进行 IMU 偏置校正。IMU 偏置是因为传感器制造过程中的误差、温度变化或长时间使用而导致的系统内在偏移，这种偏移可能会对姿态和位置估计产生影响，因此需要在使用 IMU 数据进行导航或其他应用之前进行校正[10]。根据前文对 IMU 的分析，本系统 IMU 数据的采集公式如下：

$${}_I\tilde{\boldsymbol{\omega}}_{WI}(t)={}_I\boldsymbol{\omega}_{WI}(t)+\boldsymbol{b}_\omega(t)+\boldsymbol{\eta}_\omega(t)\tag{5-18}$$

$${}_I\tilde{\boldsymbol{a}}(t)=\boldsymbol{R}_{WI}^{\mathrm{T}}[{}_W\boldsymbol{a}(t)-{}_W\boldsymbol{g}]+\boldsymbol{b}_a(t)+\boldsymbol{\eta}_a(t)\tag{5-19}$$

向量 ${}_I\boldsymbol{\omega}_{WI}(t)\in\mathbf{R}^3$，是表示在参考坐标系 I 中 I 相对于 W 的瞬时角速度；${}_W\boldsymbol{a}(t)$ 是传感器的加速度；${}_W\boldsymbol{g}$ 是世界坐标系中的重力向量。在本书的记法中，前缀 I 表示相应的量在参考坐标系 I 中表示。IMU 的姿态变换通过 $\{\boldsymbol{R}_{WI},W\boldsymbol{p}\}$ 来描述，该变换将一个点从坐标系 I 映射到世界坐标系 W。该系统忽略了地球自转的影响，假设 W 是一个惯性系。为了从 IMU 测量值中准确推断系统的运动，引入以下运动学模型：

$$\dot{\boldsymbol{R}}_{WI}=\boldsymbol{R}_{WI}\,,\boldsymbol{\omega}_{WI}\,,_{W}\dot{\boldsymbol{v}}={}_{W}\boldsymbol{a}\,,{}_{W}\dot{\boldsymbol{p}}={}_{W}\boldsymbol{v} \tag{5-20}$$

上述运动学模型描述了坐标系 I 的姿态和速度的演变。根据此前的分析，在 $t+\Delta t$ 时刻的 IMU 状态是通过对上式进行积分得到的，应用欧拉积分，假设在区间 $[t,t+\Delta t]$ 内，${}_{W}\boldsymbol{a}$ 和${}_{I}\boldsymbol{\omega}_{WI}$ 保持不变，得到

$$\begin{cases}\boldsymbol{R}_{WB}(t+\Delta t)=\boldsymbol{R}_{WB}(t)\exp\left({}_{B}\boldsymbol{\omega}_{WB}(t)\Delta t\right)\\ {}_{W}\boldsymbol{v}(t+\Delta t)={}_{W}\boldsymbol{v}(t)+{}_{W}\boldsymbol{a}(t)\Delta t\\ {}_{W}\boldsymbol{p}(t+\Delta t)={}_{W}\boldsymbol{p}(t)+{}_{W}\boldsymbol{v}(t)\Delta t+\dfrac{1}{2}{}_{W}\boldsymbol{a}(t)(\Delta t)^{2}\end{cases} \tag{5-21}$$

利用式(5-18) 和式(5-19)，可以根据 IMU 测量值计算${}_{W}\boldsymbol{a}$ 和${}_{B}\boldsymbol{\omega}_{WB}$，因此

$$\begin{cases}\boldsymbol{R}(t+\Delta t)=\boldsymbol{R}(t)\exp\left([\widetilde{\boldsymbol{\omega}}(t)-\boldsymbol{b}^{g}(t)-\boldsymbol{\eta}^{gd}(t)]\Delta t\right)\\ \boldsymbol{v}(t+\Delta t)=\boldsymbol{v}(t)+\boldsymbol{g}\Delta t+\boldsymbol{R}(t)[\widetilde{\boldsymbol{a}}(t)-\boldsymbol{b}^{a}(t)-\boldsymbol{\eta}^{ad}(t)]\Delta t\\ \boldsymbol{p}(t+\Delta t)=\boldsymbol{p}(t)+\boldsymbol{v}(t)\Delta t+\dfrac{1}{2}\boldsymbol{g}(t)(\Delta t)^{2}+\dfrac{1}{2}\boldsymbol{R}(t)[\widetilde{\boldsymbol{a}}(t)-\boldsymbol{b}^{a}(t)-\boldsymbol{\eta}^{ad}(t)](\Delta t)^{2}\end{cases} \tag{5-22}$$

鉴于从式(5-22) 起，相关符号已明确定义，在后续讨论中将省略坐标系的下标注释。尽管式(5-22) 可以看作因子图中的概率约束，但在因子图中频繁引入状态会导致较高的计算负担。面对这一问题，本节提出了一个新的方法，将 $k=i$ 和 $k=j$ 时刻的两个图像关键帧之间的所有 IMU 测量集合为一个单一的复合测量，即预积分 IMU 测量，这种复合测量能够有效地约束相邻关键帧之间的运动状态。

预积分 IMU 测量原理如图 5-4 所示，假设 IMU 与相机采集过程同步，并在采集时间内可以一直测量到稳定值。这一预积分概念最初是在文献 [11] 中使用欧拉角提出的，并在此基础上进行扩展，通过在流形上扩展预积分理论，该方法使系统能够灵活地处理非线性运动，同时减少了在因子图中引入状态的频率，提高整体计算效率。

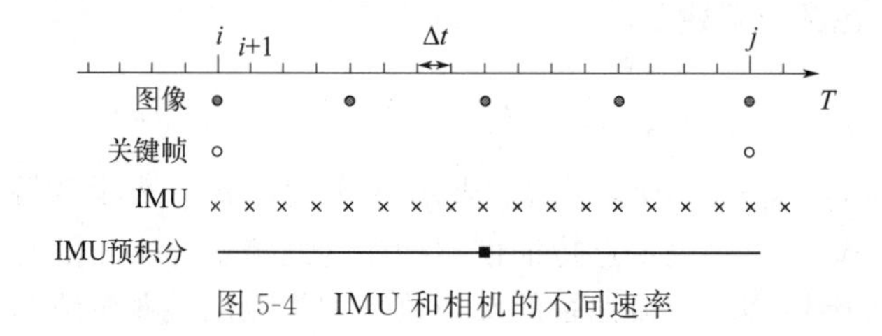

图 5-4　IMU 和相机的不同速率

对在时刻 $k=i$ 和 $k=j$ 之间的所有 Δt 区间的 IMU 积分 [式(5-22)] 进行迭代：

$$\begin{cases}\boldsymbol{R}_{j}=\boldsymbol{R}_{i}\prod\limits_{k=i}^{j-1}\exp\left((\widetilde{\boldsymbol{\omega}}_{k}-\boldsymbol{b}_{k}^{g}-\boldsymbol{\eta}_{k}^{gd})\Delta t\right)\\ \boldsymbol{v}_{j}=\boldsymbol{v}_{i}+\boldsymbol{g}\Delta t_{ij}+\sum\limits_{k=i}^{j-1}\boldsymbol{R}_{k}(\widetilde{\boldsymbol{a}}_{k}-\boldsymbol{b}_{k}^{a}-\boldsymbol{\eta}_{k}^{ad})\Delta t\\ \boldsymbol{p}_{j}=\boldsymbol{p}_{i}+\sum\limits_{k=i}^{j-1}\boldsymbol{v}_{k}\Delta t+\dfrac{1}{2}\boldsymbol{g}(t)(\Delta t_{ij})^{2}+\dfrac{1}{2}\sum\limits_{k=i}^{j-1}\boldsymbol{R}_{k}(\widetilde{\boldsymbol{a}}_{t}-\boldsymbol{b}_{k}^{a}-\boldsymbol{\eta}_{k}^{ad})(\Delta t)^{2}\end{cases} \tag{5-23}$$

式中，引入了缩写符号 $\Delta t_{ij}\doteq\sum\limits_{k=i}^{j}\Delta t$ 。虽然式(5-23) 为时间 t_i 和 t_j 之间的运动提供了姿态估计，但每当时间 t_i 的采样点发生变化时，该方法就必须重新进行式(5-23) 中的积分。由于旋转矩阵 $\boldsymbol{R}_i$ 的变化会影响所有未来旋转矩阵 $\boldsymbol{R}_k$ ($k=i,i+1,\cdots,j-1$)，因此需要

重新评估式(5-23)中的计算过程，这种重复计算的需求会增加计算复杂性，降低系统的效率。

本书设计的预积分方法就是为了避免式(5-23)中的重复集成计算，为此定义了以下相对运动增量，这些增量与 t_i 时的姿态和速度无关：

$$\begin{cases} \Delta \boldsymbol{R}_{ij} \doteq \boldsymbol{R}_i^{\mathrm{T}} \boldsymbol{R}_j = \prod_{k=i}^{j-1} \exp((\widetilde{\boldsymbol{\omega}}_k - \boldsymbol{b}_k^g - \boldsymbol{\eta}_k^{gd}) \Delta t) \\ \Delta \boldsymbol{v}_{ij} \doteq \boldsymbol{R}_i^{\mathrm{T}} (\boldsymbol{v}_j - \boldsymbol{v}_i - \boldsymbol{g} \Delta t_{ij}) = \sum_{k=i}^{j-1} \boldsymbol{R}_{ik} (\widetilde{\boldsymbol{a}}_k - \boldsymbol{b}_k^a - \boldsymbol{\eta}_k^{ad}) \Delta t \\ \Delta \boldsymbol{p}_{ij} \doteq \boldsymbol{R}_i^{\mathrm{T}} (\boldsymbol{p}_j - \boldsymbol{p}_i - \boldsymbol{v}_i \Delta t_{ij} - \frac{1}{2} \boldsymbol{g} (\Delta t_{ij})^2) \\ \quad = \sum_{k=i}^{j-1} \left[\Delta \boldsymbol{v}_{ik} \Delta t + \frac{1}{2} \Delta \boldsymbol{R}_{ik} (\widetilde{\boldsymbol{a}}_t - \boldsymbol{b}_k^{at} - \boldsymbol{\eta}_k^{ad}) (\Delta t)^2 \right] \\ \quad = \sum_{k=i}^{j-1} \left[\frac{3}{2} \Delta \boldsymbol{R}_{ik} (\widetilde{\boldsymbol{a}}_k - \boldsymbol{b}_k^a - \boldsymbol{\eta}_k^{ad}) (\Delta t)^2 \right] \end{cases} \tag{5-24}$$

式中，定义了 $\Delta \boldsymbol{v}_{ik} \doteq \boldsymbol{v}_k - \boldsymbol{v}_i$。但是，式(5-24)中的计算结果仍然与起始偏差有关。为了解决这个问题，结合 IMU 传感器高频的采样频率，假设每两个关键帧之间的偏差保持不变[12]：

$$\boldsymbol{b}_i^g = \boldsymbol{b}_{i+1}^g = \cdots = \boldsymbol{b}_{j-1}^g, \quad \boldsymbol{b}_i^a = \boldsymbol{b}_{i+1}^a = \cdots = \boldsymbol{b}_{j-1}^a \tag{5-25}$$

基于偏差不变假设，对式(5-24)中的 $\Delta \boldsymbol{R}_{ij}$、$\Delta \boldsymbol{v}_{ij}$、$\Delta \boldsymbol{p}_{ij}$ 进行化简，将偏差进行分离。假设在时间 t_i 时的初始偏差（标定偏差）是已知的。首先从旋转增量 $\Delta \boldsymbol{R}_{ij}$ 开始，使用一阶近似[12]，并通过重新排列项将噪声移动到末尾：

$$\begin{aligned} \Delta \boldsymbol{R}_{ij} &\simeq \prod_{k=i}^{j-1} [\exp((\widetilde{\boldsymbol{\omega}}_k - \boldsymbol{b}_i^g) \Delta t) \exp(- J_r^k \boldsymbol{\eta}_k^{gd} \Delta t)] \\ &= \Delta \widetilde{\boldsymbol{R}}_{ij} \prod_{k=i}^{j-1} \exp(- \Delta \widetilde{\boldsymbol{R}}_{k+ij}^{\mathrm{T}} J_r^k \boldsymbol{\eta}_k^{gd} \Delta t) \\ &\doteq \Delta \widetilde{\boldsymbol{R}}_{ij} \exp(- \delta \boldsymbol{\phi}_{ij}) \end{aligned} \tag{5-26}$$

式中，$J_r^k \doteq J_r^k (\widetilde{\boldsymbol{\omega}}_k - \boldsymbol{b}_i^g)$，并且在式(5-26)中定义了预积分旋转测量值 $\Delta \widetilde{\boldsymbol{R}}_{ij} \doteq \prod_{k=i}^{j-1} \exp((\widetilde{\boldsymbol{\omega}}_k - \boldsymbol{b}_i^g) \Delta t)$ 和噪声 $\delta \boldsymbol{\phi}_{ij}$。

将式(5-26)代入式(5-24)中 $\Delta \boldsymbol{v}_{ij}$ 的表达式，使用一阶近似并去掉高阶项，可以得到

$$\begin{aligned} \Delta \boldsymbol{v}_{ij} &\simeq \sum_{k=i}^{j-1} [\Delta \widetilde{\boldsymbol{R}}_{ik} (\boldsymbol{I} - \delta \boldsymbol{\phi}_{ik}^{\wedge}) (\widetilde{\boldsymbol{a}}_k - \boldsymbol{b}_i^a) \Delta t - \Delta \widetilde{\boldsymbol{R}}_{ik} \boldsymbol{\eta}_k^{ad} \Delta t] \\ &= \Delta \widetilde{\boldsymbol{v}}_{ij} + \sum_{k=i}^{j-1} [\Delta \widetilde{\boldsymbol{R}}_{ik} (\widetilde{\boldsymbol{a}}_k - \boldsymbol{b}_i^a) \delta \boldsymbol{\phi}_{ik}^{\wedge} \Delta t - \Delta \widetilde{\boldsymbol{R}}_{ik} \boldsymbol{\eta}_k^{ad} \Delta t] \\ &\doteq \Delta \widetilde{\boldsymbol{v}}_{ij} - \delta \boldsymbol{v}_{ij} \end{aligned} \tag{5-27}$$

式中，构建了预积分速度测量值 $\Delta \widetilde{\boldsymbol{v}}_{ij} \doteq \sum_{k=i}^{j-1} [\Delta \widetilde{\boldsymbol{R}}_{ik} (\widetilde{\boldsymbol{a}}_k - \boldsymbol{b}_i^a) \Delta t]$，及其噪声 $\delta \boldsymbol{v}_{ij}$。

同样，将式(5-26)代入式(5-24)中 $\Delta \boldsymbol{p}_{ij}$ 的表达式，可以得到

$$
\begin{aligned}
\Delta \boldsymbol{p}_{ij} &\simeq \frac{3}{2}\sum_{k=i}^{j-1} \Delta\widetilde{\boldsymbol{R}}_{ik}(\boldsymbol{I}-\delta\phi_{ik}^{\wedge})(\widetilde{\boldsymbol{a}}_t-\boldsymbol{b}_k^a)(\Delta t)^2-\frac{3}{2}\sum_{k=i}^{i-1}\Delta\widetilde{\boldsymbol{R}}_{ik}\boldsymbol{\eta}_k^{ad}(\Delta t)^2 \\
&=\Delta\widetilde{\boldsymbol{p}}_{ij}+\frac{3}{2}\sum_{k=i}^{j-1}[\Delta\widetilde{\boldsymbol{R}}_{ik}(\widetilde{\boldsymbol{a}}_t-\boldsymbol{b}_k^a)\delta\phi_{ik}^{\wedge}(\Delta t)^2-\Delta\widetilde{\boldsymbol{R}}_{ik}\boldsymbol{\eta}_k^{ad}(\Delta t)^2] \\
&\doteq \Delta\widetilde{\boldsymbol{p}}_{ij}-\delta\boldsymbol{p}_{ij}
\end{aligned}
\tag{5-28}
$$

式中，定义了预积分位置测量值 $\Delta\widetilde{\boldsymbol{p}}_{ij}$，及其噪声 $\delta\boldsymbol{p}_{ij}$。

基于式(5-26)～式(5-28)，可以得到预积分的三个测量值及对应的噪声误差项，再以这些数据构建 IMU 因子。IMU 因子的构建采用改进的流形预积分将连续 IMU 测量值离散化，以获得离散 IMU 状态量，并在因子图中创建状态变量节点。由于 IMU 采集数据的频率远高于视觉传感器，因此将 IMU 因子作为中间节点，与其他各个节点进行串联，构建完整的因子图。

5.1.4 多因子图优化设计

本节将探讨多传感器融合优化架构设计与分析、多因子图的设计策略，以及因子图求解与预测更新循环等关键问题[13]。在传感器结构退化时，系统将切换到副因子图以确保传感器融合的连续性。通过多因子图优化设计，系统能够应对传感器结构的异常情况，为复杂环境的感知任务提供可靠的解决方案。

本书阐述的多传感器融合定位系统是在因子图优化算法的基础上所做的改进，在视觉部分将 RGBD 相机和双目相机根据其物理结构和特性分别构建观测量，同时在全局优化中引入 IMU 数据与两个视觉里程计相互约束，减少移动过程的累积误差。该定位系统融合了 RGBD 相机、双目相机和 IMU 的多源数据，分为两个关键的子系统：一是视觉里程计系统，二是 IMU 惯性测量预积分系统。图 5-5 为该传感器融合定位系统框架图。

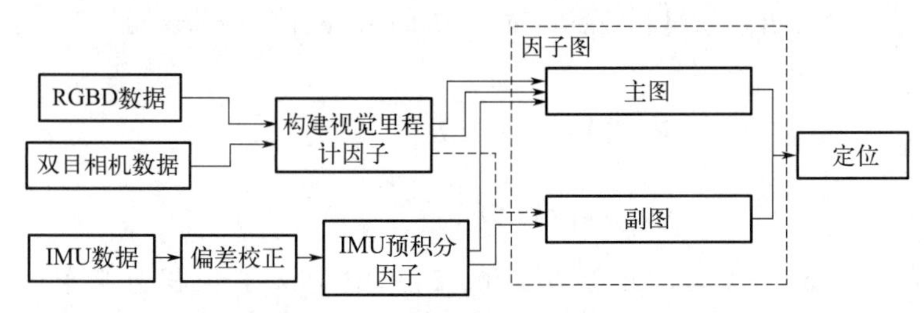

图 5-5 传感器融合定位系统框架图

在视觉数据处理方面，RGBD 相机提供了彩色图像和深度图像，而双目相机捕捉场景的立体信息进而计算得到深度信息。这两者的融合使系统能够从不同角度全面地理解周围环境。在全局优化的过程中，引入了 IMU 数据，并通过将其与两个视觉里程计相互约束降低轨迹的累积误差。定位系统通过这些数据构建各个观测因子，设计多因子图优化算法应对机器人在户外场景下的光线影响，最后通过最大后验估计进行状态求解。

设计并行工作的主因子图与副因子图，在传感器正常运行且没有异常值的前提下，系统通过主因子图进行因子图优化，实现所有测量因子的整合。因为 IMU 数据的引入，系统要求高频率的状态估计。因为滤波方法具有轻量化的特性，常用于处理实时性要求不高、系统简单且测量较为线性的情况。但基于滤波的方法在面对具有显著延迟和非线性测量的情境时，难以处理复杂的非线性关系，所以存在一定的局限性。相对而言，基于优化的方法更适用于处理延迟和异步测量。基于优化的方法通过全面考虑所有测量因子，进行全局非线性优化，有助于更准确地估计系统的状态，但在高实时性要求下，必须在系统的稳定运行和估计精度之间寻求平衡，所以快速解决非线性优化问题仍然是一项具有挑战性的任务，这对计算效率和估计精度提出了更高层次的要求。

为了应对上述问题，设计了一种新的因子图预测更新循环机制。利用多线程 CPU 的处理能力，通过多线程的方式接收各个因子消息，每个观测量都在独立的线程中进行处理，并随后添加到全局优化中。同时优化线程一直在后台运行，等待 RGBD 观测因子或双目视觉观测因子的回调以激活不同的因子图优化。这一设计的核心思想在于通过并行计算提升系统的并行处理能力，实现对各个观测量和因子的高效处理。基于此设计，系统能够灵活地响应不同传感器的数据输入，减少了处理过程中的等待时间。同时，通过持续运行的优化线程，系统可以在需要时快速进行全局优化，保证状态估计的精度。

当 IMU 测量值进行预积分之后，IMU 预积分因子传入因子图时，仅传播 $\boldsymbol{R}_{WI}$、${}_W\boldsymbol{p}_{WI}$ 和 ${}_W\boldsymbol{v}_{WI}$，并将 IMU 预积分之后的测量值添加到因子图中，并不先触发优化。在运行优化过程之前，新到来的因子被复制到图优化流程中，一旦优化完成，使用获得的 IMU 偏差将最后的优化状态传播到最新的 IMU 状态。这一设计的关键在于延迟优化的触发，以确保新的 IMU 测量值能够在优化过程中纳入计算过程，提高状态估计的精度。通过在优化完成后将 IMU 偏差应用到最新的 IMU 状态，系统能够捕捉传感器数据之间的时序关系，进而改善整体的状态估计效果。

为了解决当传感器结构退化时信息采集丢失而导致定位失灵的情况，例如光照条件导致 RGBD 相机数据丢失而使得定位失灵，本方法采用了两个并行的因子图设计，结构图如图 5-6 所示。

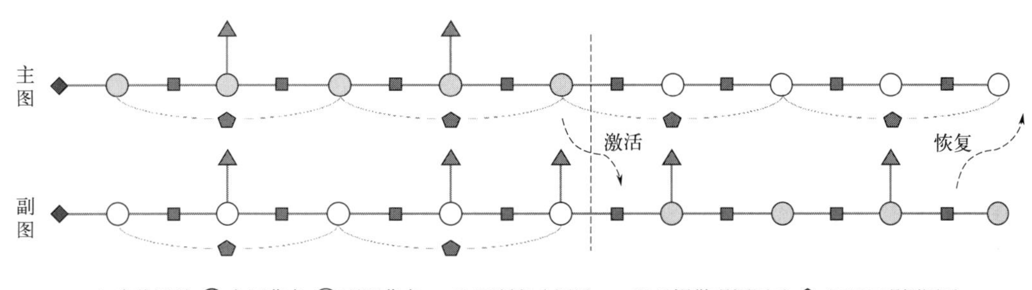

图 5-6　多因子图优化结构设计

机器人在户外环境中运行时，假设只存在 RGBD 相机退化的情况，其他传感器可以做相同分析。在外部影响较小，RGBD 里程计可靠运行时，主因子图正常运行，双目视觉观测因子作为相对里程计因子进行优化。此时，RGBD 观测因子作为全局估计因子用于定位，其余因子在此基础上进行优化。当外部条件影响导致 RGBD 观测因子丢失时，系统切换到备用图。此时，双目视觉观测因子作为伪全局因子代替 RGBD 观测因子的作用，以保持与机载定位和映射解决方案的一致性。在备用图运行的过程中，虽然主因子图有因子构建，但不用于状态估计或定位。这一设计是为了在传感器结构退化的情况下，通过主图和副图的灵活切换，保证系统在不同情况下的鲁棒性和抗干扰能力。多因子图优化流程伪代码如图 5-7 所示。

在 RGBD 观测因子成功恢复后，系统切换回主因子图。此时，RGBD 观测因子需要在副因子图定位的基础上进行恢复。为了尽可能避免由于双目视觉观测因子和 IMU 预积分因子的累积漂移而导致的位置偏差，系统根据 RGBD 相机中断的时间，估计丢失期间全局坐标系和里程计坐标系之间的相对漂移。通过对中断期间的双目视觉观测因子和 IMU 预积分因子数据进行分析，系统可以推断在这段时间内可能发生的相对运动。然后根据估计的相对运动，更新 $\boldsymbol{T}_{WO}$（机体到世界坐标系的变换）：

$$\boldsymbol{T}_{WO}=\boldsymbol{T}'_{WO}\Delta\boldsymbol{T}_{WO} \tag{5-29}$$

式中，$\boldsymbol{T}'_{WO}$是 RGBD 相机中断前的位姿；$\Delta\boldsymbol{T}_{WO}$ 是系统估计的相对位姿变换。基于该更新机制，系统可以尽可能地校正在 RGBD 相机中断期间可能发生的位姿漂移，以提高整体的定位精度。

Algorithm 1 Switching and Recovery Strategy

1：**procedure** *SWITCHA_{ND}RECOVER(RGBD_Pose, Stereo_Pose, IMU_Data)*
2： *Initialize MainGraph, BackupGraph,* $\boldsymbol{T}_{WO}$
3： **while** *RGBD Odometry is reliably running* **do**
4：   *Run MainGraph Optimization using RGBD factors*
5：   *Update global pose using optimized RGBD factors*
6：   *Run Stereo Odometry as relative factor optimization in MainGraph*
7：   **if** *External conditions degrade RGBD Odometry reliability* **then**
8：   *Switch to BackupGraph*
9：   *Run BackupGraph Optimization using Stereo factors*
10：   *Update global pose using optimized Stereo factors(pseudo-global)*
11：   **end if**
12： **end while**
13： **if** *RGBD Odometry successfully recovers* **then**
14：   *Switch back to MainGraph*
15：   *Run MainGraph Optimization using RGBD factors*
16：   *Update global pose using optimized RGBD factors*
17：   *Estimate relative drift between global and odometry coordinate systems during interruption*
18：   *Update* $\boldsymbol{T}_{WO}$ *based on estimated relative drift*
19： **end if**
20：**end procedure**

图 5-7　多因子图优化流程伪代码

在所提出的多因子图优化方法中，状态估计发生在 IMU 帧中。为了获取当前时间 t_k 的最佳状态估计，通过最大后验估计求解机器人在里程计参考系中的状态估计以进行定位，从给定的测量值中，对所有过去 IMU 状态的最大后验估计[5]：

$$_L\chi_i^*=\operatorname{argmax}p({}_I\chi_i\mid{}_I\mathcal{Z}_i)\propto p({}_I\chi_0)p({}_I\mathcal{Z}_i\mid{}_I\chi_i) \tag{5-30}$$

式中，${}_I\chi_i$ 表示状态量；${}_I\mathcal{Z}_i$ 表示观测量；${}_I\chi_i^*$ 为最大后验估计计算出的当前状态量。通过维护 $\boldsymbol{T}_{WO}$ 变换，确定机器人在里程计参考系中状态的准确且局部一致的估计以进行定位。

t_k 时刻的最优状态估计${}_I\chi_i$ 转变为求解系统最大后验估计，使用贝叶斯法则求解最大后验估计：给定测量值，求解状态 χ 的概率并估计模型，即给定系统观测量，求解系统状态量，使这个条件概率最大。

根据中心极限定理，本方法使用的传感器的误差与一般的非线性测量函数 $h({}_I\chi_i)$ 符合高斯分布${}_Iz_i\propto{}_I\mathcal{Z}_k\sim\mathcal{N}(h({}_I\chi_i),\sigma_k^2)$。该系统将后验分布分解为先验项 $p({}_I\chi_0)$ 和似然项，将前一帧的最优后验概率作为先验项、由外部传感器模型给出的测量值作为似然项。因子图是一种根据贝叶斯公式，在输入和观测是相互独立、状态和观测符合多维高斯分布的假设下，对状态进行最大后验估计的方法。因子图求解所有因子乘积最大化、误差函数的误差最小化。

在因子图优化中，误差函数的设计是为了量化系统状态估计的准确性，并通过调整状态变量使这些误差最小化，实现对系统状态的优化。

误差函数通常表示为残差的平方和，即观测值与预测值之间的差异的平方。设 ${}_I\mathcal{Z}_i$ 是观测值，$h({}_I\chi_i)$ 是通过状态变量 ${}_I\chi_i$ 预测的值，则误差函数 e_i^c 可以表示为

$$e_i^c = {}_I\mathcal{Z}_i - h({}_I\chi_i) \tag{5-31}$$

通过最小化误差函数，就可以找到使观测值和预测值之间的差异最小的状态变量值，实现对系统状态的优化。在该因子图优化中，误差函数由多个因子组成，每个因子对应于一个观测。通过最小化所有因子的误差函数，可以获得使整个系统的状态估计最优的状态变量值。优化算法将调整状态变量，逐步减小误差函数，直至收敛到一个局部最小值，这时系统状态的估计值即为最优解。最后将问题转化为非线性最小二乘问题求解[14]。

5.1.5　基于 SegNet 的动态环境建图方法

建图模块使用稳定性更强的双目视觉技术，将来自双目相机的深度估计作为距离测量值，获得稳定的视觉信息。本部分描述的过程如图 5-8 所示，其中开发了三个主要任务：特征提取、光流和对极几何。首先对这三个核心任务进行初步介绍。

描述建图框架的流程如图 5-8 所示。图像信息处理的第一步是从双目相机获取左目与右目图像，进而计算得到深度帧。其中在时刻 t 的输入是双目图像对、深度图像和在 $t-1$ 时刻捕获的左图像（也称为先前的左图像）。第二步，从双目图像和先前的左图像中提取 ORB 特征，但没有立刻进行下一步的建图，而是同时通过 SegNet 在左图像中进行语义分割提取潜在的动态对象，将 t 时刻的左目图像中潜在动态对象上的特征点单独提取，与 $t-1$ 时刻的左目图像潜在动态特征点进行匹配。第三步，通过动态目标滤除方法，通过对极几何约束判断潜在动态目标是否移动：如果移动，将该动态对象上的所有特征点抹去，不参与后续建图，达到滤除动态对象的目的；如果未移动，则不进行删除操作。如图 5-8 中删除动态特征点部分所示，左目图像中人体的特征点已被删除，但右目图像上的点保持不变，此项操作的原因是删除右侧图像中的点会增加计算成本，所以只对左目图像进行操作。最后，根据分割图像、定位里程计、当前左帧和深度图像来进行三维点云地图重建。

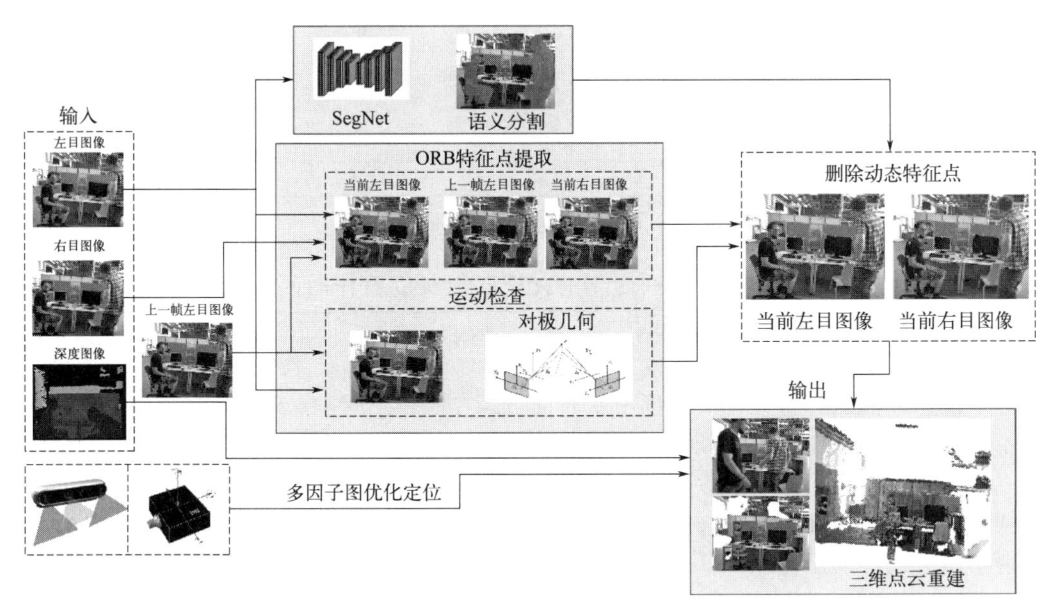

图 5-8　语义动态建图方法

综合上述三个任务，本方法的核心步骤是消除动态对象上的 ORB 特性点。为了解决这

个问题，需要在场景中的所有对象中辨别自然动态对象。因此，引入了神经网络进行动态对象的识别分割，在该神经网络中，以左图像作为输入，以自然动态对象作为输出的分割图像。该建图方法使用了一种称为 SegNet[15] 的神经网络，该神经网络是一个逐像素分类和分割框架，是一种基于 VGG-16 模型[16] 的编码器-解码器网络。该神经网络架构的编码器具有 13 个具有批量归一化的卷积层，ReLU 非线性划分为五个编码器，以及位于每个编码器末端的五个不重叠的最大池化和子采样层。由于每个编码器都连接到相应的解码器，因此解码器架构具有与编码器架构相同数量的层，并且每个解码器首先具有上采样层，该神经网络最后一层是 Softmax 分类器，其作用是将神经网络的输出转换为预测每个类别的概率分布。SegNet 使用基于 PASCAL VOC 数据集[17] 的模型对像素进行分类，该数据集由 20 个类组成。像素可以分为以下类别：飞机、自行车、鸟、船、瓶子、汽车、猫、牛、狗、马、摩托车、人、绵羊、树、草地和火车等。

双目视觉图像处理的主要任务涉及三个方面：特征提取、光流和对极几何。这一过程与定位方法中计算双目里程计的最大区别是这一部分不是为了估计相机运动，而是为了计算极线来判断特征点的位置关系，求得应该滤除的特征点。在双目视觉系统中，左右帧可能由于相机视角差异或遮挡等因素，并不总是能够获得全部匹配的特征点。因此，在实际应用中 SegNet 仅对左侧输入图像进行处理，对左帧图像中的对象进行语义分割和分类，而不是在左右两帧都进行。为了简化计算成本，这一过程的输入是当前时刻双目图像和先前的左目图像，$t-1$ 时刻的右目图像不参与建图。

首先，在双目图像和先前的左目图像中应用局部特征检测器，检测 ORB 特征点。因为此前已经得到里程计信息，该建图方法中为了快速建图，仅使用前一时刻和当前时刻的左目图像来计算光流。

光流描述了 ORB 特征点在左目图像中的移动，描述了在前后两帧中同一特征点在左目图像中的运动，如图 5-9 所示。

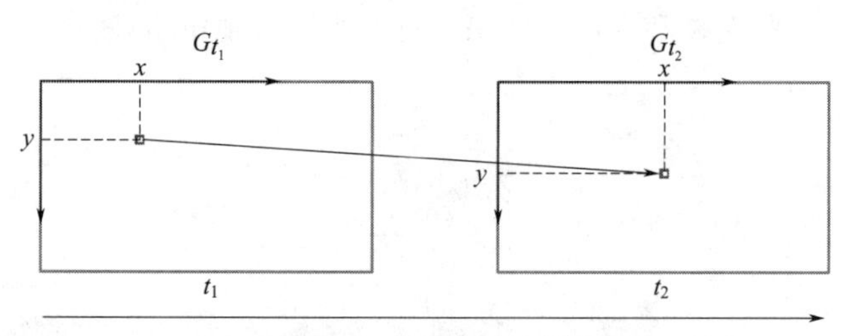

图 5-9　光流法示意图

在运动过程中相机图像是随时间变化的，把图像灰度看作时间的函数 $G(t)$，在 t 时刻位于 (x,y) 处的特征点，它的灰度为

$$G(x,y,t) \tag{5-32}$$

为了使用光流法，首先定义灰度不变假设，即在同一空间中点的灰度值在各个图像中是固定不变的。在图像中的表述如图 5-9 所示，灰度不变假设公式为

$$G(x_1,y_1,t_1)=G(x_2,y_2,t_2) \tag{5-33}$$

式中，(x_1,y_1) 和 (x_2,y_2) 分别表示两个图像中相同点的空间坐标；而 t_1 和 t_2 分别表示两个图像的时间坐标。

对于 t 时刻位于 (x,y) 处的特征点，在 $t+\mathrm{d}t$ 时刻时有

$$G(x+\mathrm{d}x,y+\mathrm{d}y,t+\mathrm{d}t)=G(x,y,t) \tag{5-34}$$

对式(5-34) 左侧进行泰勒展开，保留一阶项得

$$G(x+\mathrm{d}x,y+\mathrm{d}y,t+\mathrm{d}t)\approx G(x,y,t)+\frac{\partial G}{\partial x}\mathrm{d}x+\frac{\partial G}{\partial y}\mathrm{d}y+\frac{\partial G}{\partial t}\mathrm{d}t \tag{5-35}$$

$$\frac{\partial G}{\partial x}\mathrm{d}x+\frac{\partial G}{\partial y}\mathrm{d}y+\frac{\partial G}{\partial t}\mathrm{d}t=0 \tag{5-36}$$

$$\frac{\partial G}{\partial x}\times\frac{\mathrm{d}x}{\mathrm{d}t}+\frac{\partial G}{\partial y}\times\frac{\mathrm{d}y}{\mathrm{d}t}=-\frac{\partial G}{\partial t} \tag{5-37}$$

式中，$\mathrm{d}x/\mathrm{d}t$ 为像素在 x 轴上运动速度，$\mathrm{d}y/\mathrm{d}t$ 为 y 轴上运动速度，把它们记为 $\hbar$、$\bar{\lambda}$；$\partial G/\partial x$ 表示图像在该点处 x 方向的灰度梯度，$\partial G/\partial y$ 为图像中该点在 y 方向的灰度梯度，记为 G_x、G_y。图像灰度的变化率记为 G_t，将上式写成矩阵形式，有

$$\begin{bmatrix} G_x & G_y \end{bmatrix}\begin{bmatrix} \hbar \\ \bar{\lambda} \end{bmatrix}=-G_t \tag{5-38}$$

为了减少误差和便于计算，将一个完整图像分解，分解成大小为 $m\times m$ 的窗口，其中含有 n 个特征点。因为存在移动物体，某个图像内的特征点不具有相同的运动，但考虑视野范围比较小的 $m\times m$ 的窗口，可以近似认为窗口内特征点具有相同的运动，移动的特征点通过后续的极线约束进行删除。

由 n 个特征点，得到 n 个方程：

$$\begin{bmatrix} G_x & G_y \end{bmatrix}_k\begin{bmatrix} \hbar \\ \bar{\lambda} \end{bmatrix}=-G_{tk},\quad k=1,2,\cdots,n \tag{5-39}$$

联立 n 个方程，通过最小二乘法可求得特征点在图像间的运动速度 $\hbar$、$\bar{\lambda}$，进而跟踪特征点得到位置关系，进行特征点匹配。匹配好特征点之后，为了删除动态的特征点，在对极几何约束的基础上求得异常特征点，对极几何约束原理如图 5-10 所示。

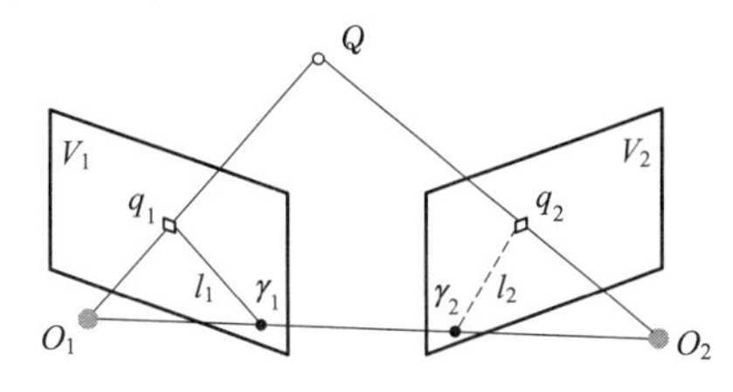

图 5-10 对极几何约束

任意两帧之间的运动 $\boldsymbol{R}_l$、$\boldsymbol{t}_l$ 在前文视觉里程计中计算得到。两个图像的相机中心为 O_1、O_2。空间中一点 Q，在 V_1 中对应的为特征点 q_1，经过特征匹配在 V_2 中对应着特征点 q_2，如图 5-10 所示。其中，O_1、O_2 和 q_1 三个点一定在一个平面上，这个平面称为极平面；O_1 与 O_2 的连线与像平面 V_1 的交点为 γ_1，q_1 与 γ_1 的连线称为极线，也为极平面与像平面的交线。

通过前文里程计求解得到的 $\boldsymbol{R}_l$、$\boldsymbol{t}_l$ 与相机内参 $\boldsymbol{K}_c$ 可以得到基础矩阵 $\boldsymbol{F}_c$，通过在 V_1 中的极线 l_1 和基础矩阵 $\boldsymbol{F}_c$，可以在 V_2 中计算 l_1 对应的 l_2 的位置，通过在 V_2 中 q_2 与 l_2 的位置关系，判断 q_2 的状态。

对极几何约束是确定了相邻两帧中两个匹配的特征点之后求得相机的位姿变换，本方法是通过几何约束，根据相邻两帧的位姿变换关系，判断相邻两帧中匹配的特征点是否符合几何约束，如果不符合对极几何约束，则删除该特征点。通过判断特征点是否满足对极几何约束，系统可以筛选出在相邻两帧中因动态物体与环境之间的相对移动而产生的动态特征点。

对极约束为

$$\boldsymbol{q}_2^{\mathrm{T}}\boldsymbol{F}_c\boldsymbol{q}_1=0 \tag{5-40}$$

对极几何约束是指在计算机视觉中，由两个相机构成的双目视觉系统中，图像中的特征点之间存在的一种几何关系。只有满足对极几何约束，即式(5-40) 成立，才表明两个匹配的特征点的运动关系是正确的。其中，根据针孔相机模型和 Q 在图像帧 V_1 和 V_2 下的坐标 $\boldsymbol{Q}_1$ 和 $\boldsymbol{Q}_2$，可以求出两个像素点 q_1、q_2 的像素位置，采用齐次坐标形式为

$$\boldsymbol{q}_1=\boldsymbol{K}_c\boldsymbol{Q}_1,\quad \boldsymbol{q}_2=\boldsymbol{K}_c(\boldsymbol{R}_l\boldsymbol{Q}_1+\boldsymbol{t}_l) \tag{5-41}$$

$\boldsymbol{F}_{\mathrm{c}}$ 为基础矩阵：

$$\boldsymbol{F}_{\mathrm{c}}=\boldsymbol{K}_{\mathrm{c}}^{-\mathrm{T}}\boldsymbol{t}_{l}^{\wedge}\boldsymbol{R}_{l}\boldsymbol{K}_{\mathrm{c}}^{-\mathrm{T}} \tag{5-42}$$

式中，$\boldsymbol{K}_{\mathrm{c}}$ 为相机内参矩阵；$\boldsymbol{R}_{l}$、$\boldsymbol{t}_{l}$ 为两帧的运动关系。

由此得到对极几何约束，这种关系限制了这些特征点在三维空间中的位置，如果特征点超过了可能存在的位置范围，则将该特征点作为运动物体中的特征点进行删除。完成上述推导后，选取一个阈值来确定特征点是内点还是外点，通过式(5-43) 计算点 q_2 和极线 l_2 之间的距离：

$$\mathcal{D}(\boldsymbol{X}_{\mathrm{c}}',l')=\frac{\boldsymbol{X}_{\mathrm{c}}'^{\mathrm{T}}\boldsymbol{F}_{\mathrm{c}}\boldsymbol{X}_{\mathrm{c}}}{\sqrt{(\boldsymbol{F}_{\mathrm{c}}\boldsymbol{X}_{\mathrm{c}})_1^2+(\boldsymbol{F}_{\mathrm{c}}\boldsymbol{X}_{\mathrm{c}})_2^2}} \tag{5-43}$$

式中，$(\boldsymbol{F}_{\mathrm{c}}\boldsymbol{X}_{\mathrm{c}})_1$ 和 $(\boldsymbol{F}_{\mathrm{c}}\boldsymbol{X}_{\mathrm{c}})_2$ 表示极线的元素；$\boldsymbol{X}_{\mathrm{c}}$ 和 $\boldsymbol{X}_{\mathrm{c}}'$分别表示 q_1 和 q_1'的齐次坐标；$\boldsymbol{F}_{\mathrm{c}}$ 是基本矩阵，并且 $l_1'=(\boldsymbol{F}_{\mathrm{c}}\boldsymbol{X}_{\mathrm{c}})_1$、$l_2'=(\boldsymbol{F}_{\mathrm{c}}\boldsymbol{X}_{\mathrm{c}})_2$、$l_3'=(\boldsymbol{F}_{\mathrm{c}}\boldsymbol{X}_{\mathrm{c}})_3$ 是对应的极线。如果距离大于阈值，则将特征点视为异常值，即动态对象。特征映射滤除动态点示意图如图 5-11 所示。

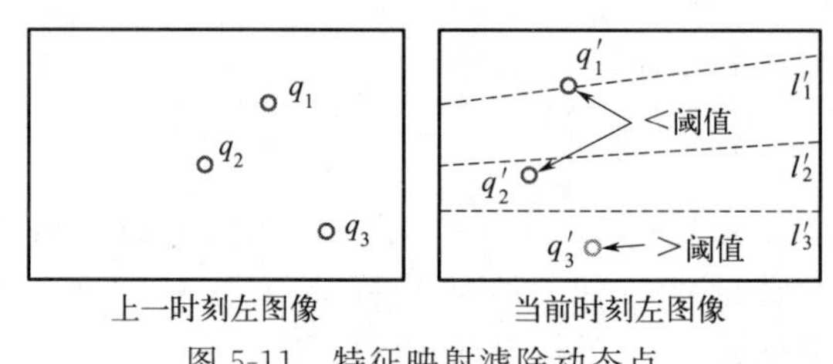

图 5-11 特征映射滤除动态点

在图 5-11 中，描述了映射特征的三种情况，q_1、q_2、q_3 表示上一时刻左图像的 ORB 特征，q_1'、q_2'、q_3'是来自当前左图像的相应特征。第一种和第二种情况是在阈值内，q_1'在极线 l_1'上，q_2'与极线 l_2'之间的距离小于阈值，q_3'与极线 l_3'的距离大于阈值，因此将动态特征点 q_3'删除，不进行后续建图操作。

为了有效地滤除动态对象，首先要在场景中准确识别自然动态对象，需要引入语义分割神经网络。本书将深入分析 SegNet 模型的应用，探讨其在图像分割任务中的关键特点和优势。SegNet 是一个用于图像分割的深度学习模型。它的主要目标是将输入的图像分割成不同的语义区域，通常用于实现语义分割任务，比如将图像中的每个像素标记为属于特定类别。其架构基于卷积神经网络（CNN），它包含一个编码器（encoder）和一个解码器（decoder）部分。编码器用于提取图像的特征，而解码器则通过上采样将这些特征映射回原始图像的尺寸，然后是最终的逐像素分类层，该神经网络是一个逐像素分类和分割框架。编码器网络由 13 个卷积层组成，这些卷积层对应于为对象分类设计的 VGG16 网络中的前 13 个卷积层。因此，初始化系统可以根据在大型数据集上为分类而训练的权重来初始化训练过程。在实际应用中可以选择丢弃完全连接的层，以在最深的编码器输出处保留高分辨率的特征图。每个编码器层具有相应的解码器层，因此解码器网络具有 13 层。最终将解码器输出馈送到多类 Soft-Max 分类器，以独立地产生每个像素的类概率。

通过 SegNet 体系结构（图 5-12），可以分析得出 SegNet 没有完全连接的层，是一个纯粹基于卷积的神经网络。编码器对图像进行分析，获得图像局域特征，检测某一区域是什么物体，获取图像中存在的所有物体的信息与大致的位置信息，解码器将检测到的每个物体对应到具体的像素点上。在解码部分，SegNet 使用从对应编码器传递下来的池化索引进行上采样输入特征图，生成稀疏的特征表示。这种结构在保留语义信息的同时减少计算成本，使

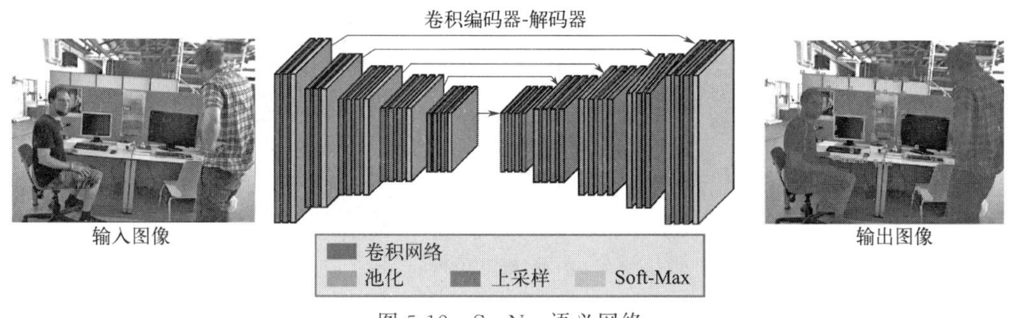

图 5-12　SegNet 语义网络

得 SegNet 在语义分割任务中具有良好的性能表现。因此可以分析得到 SegNet 的结构设计使其在语义分割任务中具有良好的性能，并具有较低的计算成本。

编码器处理过程如图 5-13 所示，输入的数据经过一系列卷积层，每个卷积层通过使用卷积核进行卷积操作，提取出图像中的局部特征。在卷积操作后，应用非线性激活函数 ReLU 引入非线性特性。为了减小特征图的空间尺寸，提高计算效率并保留重要特征，在卷积层之间插入最大池化层，将局部区域的最大值作为输出。经过一系列卷积、激活、池化等操作后，编码器输出的特征图包含了输入图像的抽象表示，其中每个通道对应一种高级特征。

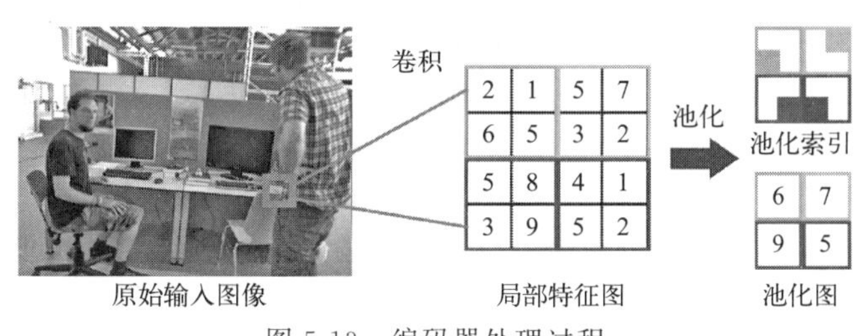

图 5-13　编码器处理过程

在这个过程中，本方法引入最大池化索引来维护特征图的空间信息，使网络能够准确地还原输入图像的细节和结构。最大池化索引指的是在最大池化操作中记录每个池化区域内最大元素的位置索引。最大池化是一种下采样操作，通常用于减小特征图的空间尺寸，同时保留主要特征。在进行最大池化时，对于每个池化区域，最大池化索引就是最大元素在该区域中的位置。这个索引通常以二维坐标（行和列）的形式表示。

解码器负责将编码器输出的低分辨率特征图映射回原始图像的分辨率。解码器的输入通常是编码器输出的特征图，其中包含了输入图像的抽象表示。这些特征通过上采样操作，增加特征图的空间尺寸，以便在解码器中恢复输入数据的细节和结构。在进行上采样的同时，解码器利用最大池化索引精确地将池化区域中的最大值放置回原始特征图的正确位置。这项操作不仅有助于保持输入图像的结构，而且还强调了输入数据中最显著的特征，确保准确还原图像细节。因此，解码器在图像分割任务中的作用不仅是还原分辨率，还通过结合抽象语义信息和准确的上采样操作，为网络提供了更强大的还原和分类能力，形成了最终的语义分割结果。解码器处理过程如图 5-14 所示。

解码器的最终一层通常采用 Softmax 激活函数，将每个像素分配到不同的语义类别。这一关键步骤使 SegNet 能够通过像素级别的分类为输入图像生成最终的语义分割结果。Softmax 激活函数将每个像素的输出规范化为表示各个类别的概率，赋予每个像素最可能的

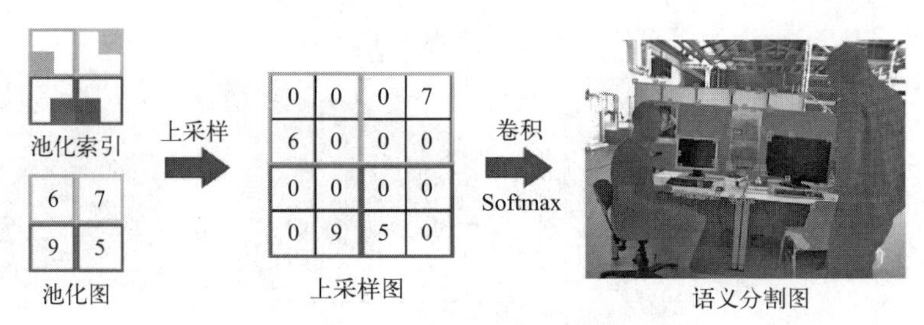

图 5-14 解码器处理过程

语义标签。通过这个像素级别的分类，SegNet 能够实现对图像中每个位置的语义信息推断，形成语义分割图。

编码器-解码器结构的设计使得 SegNet 能够在学习过程中从输入图像中提取丰富的语义信息，这种结构允许模型进行端到端的训练，即在输入和输出之间进行联合优化。通过这种方式，模型可以全面地理解输入图像的语义信息，提高在特定任务上的性能。这种端到端的训练策略使得编码器-解码器结构能够更好地适应复杂的语义分割任务，从而生成准确、精细的语义分割结果。

基于本书的分析可知，SegNet 具有较低的计算成本，适用于实时处理大规模的户外场景图像数据。此外，SegNet 通过联合优化输入和输出之间的关系，能够适应复杂的户外场景，包括光照变化、天气变化、遮挡等因素，使得机器人可以在户外环境下稳定建图。所以本户外动态环境建图方法选取 SegNet 作为语义分割网络。

本建图方法利用相机位姿数据、深度图像数据与滤除动态对象的双目图像数据进行三维重新建图。这一过程仅在当前系统位姿下构建局部点云，以确保建图效率。随后，通过 OctoMap 方法将局部点云集成并更新为完整的点云，构建全局范围的三维重建地图。

接着将构建的三维点云地图转变为具有高程代价信息的二维栅格地图，实现了 2.5D 地图的构建。本 2.5D 建图方法在全局坐标系下建图，以机器人的基础坐标系（B）作为障碍物高度参考，判断地形高度代价，可以使机器人根据自身的通过性判断障碍物类型。系统通过对三维点云进行处理，将其映射到基础坐标系（B）中的平面上，并赋予每个栅格高程代价信息。这样的二维栅格地图不仅保留了地图的几何结构，还提供了关于地面高程的额外信息，使地图保留完整信息量。这种 2.5D 地图的构建方法有助于全面地理解环境，为导航和定位提供了轻量化的信息支持。传统的 OctoMap 生成三维八叉树地图和二维栅格地图[18]，本方法将二者结合，既保留了三维信息，又兼顾了二维地图的轻量化。

此方法与传统的建图方式相比还创新性地增加了负障碍物，即将凹陷到水平面以下的地形作为负障碍物，通过地形凹陷深度和坡度来判断地形是否可通过，进而控制机器人在复杂地形下移动。

设环境由 n 个点组成的点云表示，将此点云集合称为原始点集 Q_O，将三维点云地图进行体素滤波变成三维八叉树地图，以体素大小 R_S 执行均匀采样以离散化该点云集合，生成采样点云集合 Q_S。从采样点集 Q_S 中提取局部地形特征，如粗糙度、倾斜度以及与相邻点集之间的几何关系，把这些作为代价以一定的权重得出结果并投影到相对应的二维栅格地图中，这些特征用于推导地图的可穿越性度量。对于采样点集 Q_S 中的第 i 个体素单元，选择几个评价因素来确定此体素单元的成本值：

① 体素内点云的 Z 轴平均值 μ_Z，用于表示障碍物的高度，并判断障碍物类型（正/负障碍物）。

② 体素内所有点云的 Z 轴方差 D_Z，用于确定地形的粗糙度。

③ 对体素内点云进行表面重建，计算表面 Z 轴法线角度 N_Z，计算表面坡度。

④ 以第 i 个体素单元为中心，以 5 个单位长度为半径，计算此区域内所有体素单元 Z 轴平均值 μ 的方差 σ_Z，确定地形复杂度。

此时局部点云坐标为在机器人基础坐标系下的坐标，然后对每个评价因素进行线性加权，得到成本函数：

$$J_c=(w_\mu \mu_Z+w_D D_Z+w_N N_Z+w_\sigma \sigma_Z)\times\frac{\mu_Z}{|\mu_Z|} \tag{5-44}$$

式中，w_μ、w_D、w_N、w_σ 是可调节的参数，根据所需的行为来衡量每个评价因素。在默认设置中，每个权重的值都是 0.25。在实际应用中，这几个因素中影响最大的是 μ_Z，如果 μ_Z 大于移动机器人的离地间隙，直接判定为不可通过区域。通过 $\mu_Z/|\mu_Z|$ 还能判定此障碍物的属性：如果 μ_Z 为正，代表凸起障碍物，此时 J_c 为正值；如果 μ_Z 为负，$\mu_Z/|\mu_Z|$ 的值为−1，代表凹陷障碍物，此时 J_c 为负值。对于不同属性的障碍物，另外三个评价因素对机器人移动的影响是有区别的，通过不同障碍物的不同代价来控制机器人的移动。将每个体素单元的成本用不同颜色深度的值（0～100）来投影到栅格地图（portable gray map）中形成 2.5D 代价地图。

对于每个体素单元的成本 J_{C_i}，映射到地图中的具体实施公式如下：

$$\text{Data}_i=\frac{J_{C_i}}{J_M}\times 100 \tag{5-45}$$

式中，J_M 表示最大成本阈值，填入地图的 $\text{Data}_i\in[-100,100]$。

最后进行地图更新，将来自距离传感器的新测量值添加到全局地图中，并映射到高程图。

图 5-15 为 2.5D 建图方法仿真结果。将三维点云地图根据成本代价函数求得 2.5D 代价地图，在 2.5D 代价地图中 X、Y 轴方向的值与 3D 点云地图的 X、Y 轴方向的值相同，Z 轴方向根据本方法求得地形代价值，经过成本映射到相应的栅格内。在此 2.5D 代价地图中，颜色最深和最浅的地形分别代表凸起障碍物和凹陷障碍物代价最大，零成本地形的颜色介于中间。

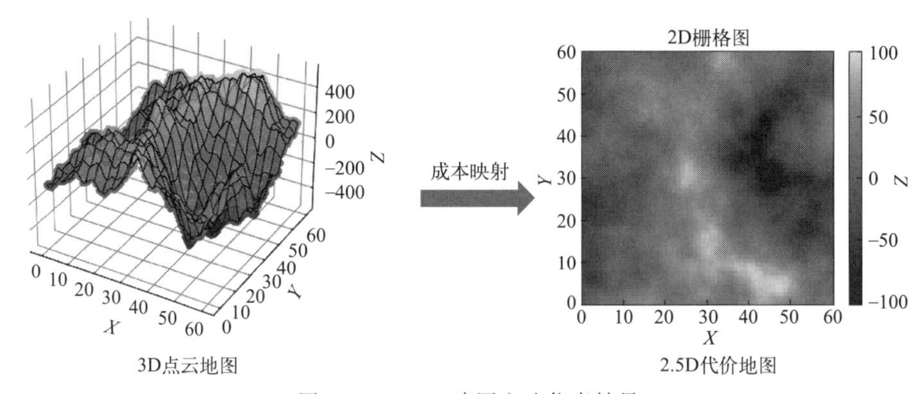

图 5-15 2.5D 建图方法仿真结果

5.2 机器人户外环境感知与规划方法实验分析

前面讨论了机器人感知与导航规划方法的设计，为了进一步验证这些理论的实际应用，本节将分析系统硬件的选型设计、仿真平台的搭建与方法验证，以及样机平台的搭建与实验验证。最终通过在真实户外场景中进行实物样机平台实验，验证并分析所提方法在户外环境中的实际应用性。

5.2.1 系统硬件选型设计

系统硬件选型设计是保证移动机器人可靠执行任务的基石。本节将论证分析硬件选型的三个部分：控制器选型、传感器选型以及机器人硬件系统集成。首先进行控制器的选择，控制器的性能决定了机器人整体的计算和决策能力。然后分析在机器人户外环境感知和规划中扮演重要角色的传感器选型，确保系统具备准确的感知能力。最后，本书关注机器人硬件系统的集成，将所选控制器和传感器有效融合。

控制器作为机器人户外环境感知与规划控制的核心硬件，其主要任务之一是实时收集、处理和分析来自各类传感器的大量数据，以获取对周围环境的全面感知。通过高效的数据处理和集成，构建多因子图优化模型进行全局优化定位，使机器人能够在户外场景中准确定位。在视觉信息感知方面，控制器通过处理和解读视觉传感器获取的图像数据，进行图像的语义分割，实现对环境中动态物体的识别与提取，构建全局静态点云地图并进行 2.5D 代价地图的构建，为机器人提供轻量级的空间认知。此外，控制器还负责规划和执行机器人的运动路径，确保机器人能够在不断变化的环境中做出智能决策。因此，控制器的性能直接影响机器人在复杂环境中的感知和规划能力，控制器的高效运行能力为机器人在实际应用中实现高效、安全运行提供了稳固的硬件支持。

基于上述分析，本实验选取工控机作为控制器。工控机以其强大的计算能力和稳定性为基础，能够高效处理复杂的控制算法和大量传感器数据。工控机采用先进的处理器架构为机器人系统提供了高效的运行能力，确保感知与规划方法的实时性要求在各种应用场景下能够得到满足。此外，工控机具备丰富的 I/O 接口和通信能力，能够轻松地集成各类传感器和执行器，为机器人系统提供集成与扩展支持。由于工控机通常采用可靠的工业级标准，其稳定性和耐用性使其成为复杂环境中长时间运行的理想选择。基于上述分析，本书选取凌华科技公司型号为 ROS cube Pico TGL，RQP-T35 的工控机作为控制器，相关参数如表 5-1 所示。

表 5-1　ROS cube Pico TGL 系列工控机详细参数

参数类型	参数
处理器	Intel® Core™ i5-1145G7E 28W
PCH	Integrated in 8th Gen Intel CoreTM/Celeron processor
串口(Serial)	1 个 RS-232 接口
USB 接口	4 个 USB Type-A 接口，2 个 USB Type-C 接口
工作温度	0～50℃
使用电压	12～19V
操作系统	Linux

该工控机可以满足机器人控制系统的多方面需求，采用了 11 代 Intel® Core™ i5 处理器和 Intel® Iris® Xe 图形芯片，能够高效运行复杂的机器学习算法和视觉处理任务，为机器人在复杂环境中的感知和规划提供强大支持。其次，该工控机包括各类数字和模拟接口，以及通信接口如 Ethernet 和 USB 等，能够轻松与各类传感器（如激光雷达、相机等）和执

行器（如电机、执行臂等）进行连接，实现对多样化硬件的灵活配置和集成。此外，工控机采用可靠的工业级设计，具备抗振动、抗冲击和高温工作等特性，能够在恶劣的工业环境中稳定运行，确保机器人系统长时间稳定工作。支持实时操作系统的工控机，还能够满足对机器人系统实时性要求的场景，例如在自主导航中及时响应环境变化。因此选取 ROS cube Pico TGL，RQP-T35 工控机作为机器人控制器，不仅能够提供强大的计算和连接能力，还具备工业级的稳定运行能力，为机器人在各种应用场景中作业提供了可靠的硬件基础。

传感器作为机器人感知系统的关键组成部分，需要满足机器人对外部环境中各种环境信息的感知需求，如视觉传感器用于图像识别和场景理解，激光雷达用于距离测量和地图构建，惯性传感器用于姿态感知等。传感器选型直接影响机器人在不同环境中的感知能力和任务执行效果。

在传感器选型中，需综合考虑不同传感器的特性，包括感知范围、精度、响应速度以及耐用性等方面，以满足机器人在具体任务中的要求。例如，在需要高精度地图构建的场景中，选择具有较高分辨率和测距精度的激光雷达；而在需要实时障碍物识别和避障的任务中，使用快速响应且适应性强的视觉传感器。此外，传感器的互补能力也是选型过程中的重要考虑因素。不同类型传感器的结合可以提供更全面、准确的环境信息，增强机器人对复杂场景的感知能力。

为了满足机器人感知系统的要求，选择 Intel RealSense D455 相机作为视觉感知模块。Intel RealSense D455 相机包括双目相机和 RGBD 相机，可以轻量化搭建样机平台。相机的实物展示如图 5-16 所示。选择该相机的主要原因在于其出色的性能特点。相比于 D415 或 D435 相机，Intel RealSense D455 能够实现更远距离的视觉感知。机器人需要具备更远、更准确的视觉感知能力，避免潜在的碰撞风险。RealSense D455 在 4m 工作范围内具有较低的 Z 轴误差。在室内或室外环境中，该相机能够提供可靠的深度信息，为机器人提供准确的感知数据，有助于机器人做出智能、及时的决策来进行移动规划控制。

图 5-16　Intel RealSense D455 相机

在机器人定位和导航系统中，IMU 可以提供姿态估计，通过测量角速度和角加速度，实时估算物体的方向，为机器人在空间中的定位和导航提供基础数据。其次，IMU 可以用于运动跟踪，通过测量线性加速度，实时监测物体的速度和位置，支持机器人的路径规划和运动控制。IMU 还在姿态控制方面为精确姿态控制提供实时反馈。IMU 中的磁力计可用于环境感知，测量周围磁场的强度和方向。

在多因子图优化定位方法中，将 IMU 作为辅助姿态校正工具，以协助系统对机器人的运动状态进行估计。

经过对比调查，为了提升定位系统对机器人运动状态的准确估计，本实验选取 MTI-300 IMU 作为关键的辅助姿态校正工具，该 IMU 实物如图 5-17 所示。MTI-300 IMU 以其高性能的加速度计、陀螺仪和磁力计传感器，为系统提供了可靠的惯性测量数据。

移动平台的选用需考虑其硬件性能、操控能力以及适用环境等因素。在感知规划的实验中，移动平台需要能够有效地执行各种运动指令，并快速响应指令信息，能够实现在复杂环境中稳健地导航。同时，移动平台应当提供足够的计算和通信能力，以支持感知模块和规划算法的实时运行和协同工作。

为了满足机器人感知规划系统的要求，选取煜禾森 FW-001 作为研究的平台。煜禾森 FW-001 是一款满足室内外融合应用的四转四驱的全向运动机器人平台，如图 5-18 所示。该平台具备全向运动控制、双阿克曼、横移、斜移等多种灵活运动模式。其内置高精度硬件执行器，转向误差小于 1°，保证精准的导航和运动控制。该底盘采用四驱独立悬挂设计，使其适用于室内各种复杂路况，具备良好的越障性能。此外，煜禾森 FW-001 采用 CAN 通信接口，实现高效稳定的通信；同时该平台具有一体式模块化设计，可以灵活地实现功能扩展。

图 5-17　Xsens 公司 MTI-300 IMU

图 5-18　煜禾森 FW-001 模块化机器人

在煜禾森 FW-001 模块化机器人平台上进行感知规划硬件系统搭建，在移动机器人平台上分别完成工控机的设置，RealSense D455、IMU 传感器以及 CAN 总线的通信连接，并完成数据传输模块的搭建。图 5-19 所示为通过 CAN 总线实现工控机与机器人底盘的通信连接。

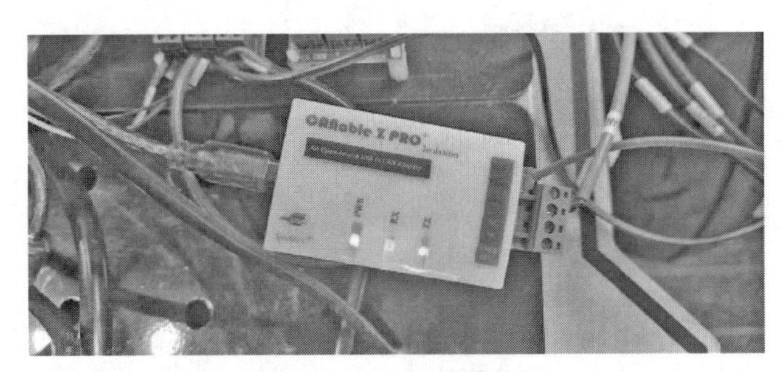

图 5-19　CAN 总线控制

5.2.2　仿真平台搭建

本仿真实验验证感知系统中多因子图优化定位方法、2.5D 高程代价地图构建方法与 2.5D 路径规划和轨迹跟踪控制方法。

首先在 Ubuntu 系统中通过 Gazebo 进行仿真环境的搭建，并进行模型的构建和运动数据分析。通过 Gazebo 仿真，能够模拟真实环境中的各个场景，为机器人的导航与控制提供了一个仿真测试平台。在物理模型搭建完成后，通过 Rviz 软件建立了 Gazebo 与 ROS 之间的可视化关系。Rviz 使系统能够实时监测和分析机器人在仿真环境中的运动状态、传感器参数等信息，为后续的控制方法验证提供了可视化的支持。在此基础上针对书中提出的方法进行验证，主要关注机器人对障碍物的精细化处理，包括对不同地形的分析处理、路径规划策略和轨迹跟踪控制等方面，通过在仿真中模拟不同的目标导航点来验证机器人在面对这些复杂情景时的表现。

在 Gazebo 仿真环境中，搭建带有不同高程障碍物的环境地图，验证机器人感知过程中环境信息的采集和 2.5D 高程地图的构建方法，并在此基础上进行基于 2.5D 地图的改进 A^* 路径规划和轨迹跟踪方法的验证。

由于 Gazebo 仿真无法建立大范围复杂地形等局限性，因此选择在 Matlab 中设计大范围复杂地形图，并利用该地形图进一步分析本书中导航控制方法的结果数据以进行验证。在 Matlab 环境中，系统能够模拟出复杂和广阔的地形，使机器人在不同环境中进行导航规划和控制的能力得到全面的检验。

该仿真实验的目标是验证本书提出的方法在虚拟环境中的可行性，为在实际机器人系统中的应用奠定基础。通过综合分析仿真结果，能够评估控制方法在处理障碍物时的性能，并根据需要进行调整和优化。

通过 Gazebo 和 Rviz 仿真平台，成功搭建了一个四轮移动机器人的虚拟模型，在仿真机器人模型中搭建所需要的传感器，并设计障碍地形验证导航规划方法对移动机器人平台的控制。

首先，使用文本编辑器创建机器人的 URDF 文件，定义机器人的几何结构、传感器和轮子的属性，使用 continuous 类型的<joint>标签设置轮子和主体平台之间的连接运动学与动力学属性。对于传感器仿真，引入 RealSense D435 相机模型，其外观呈现如图 5-20 所示；IMU 模型采用 Gazebo 自带的模型，用立方体表示，设置每个传感器与主体平台之间的<link>标签以完成相机和 IMU 在移动机器人平台模型上的固定，通过 fixed 类型的<joint>标签将传感器坐标与主体平台的 base_link 建立联系，完成平台物理模型与传感器模型的基本构建。

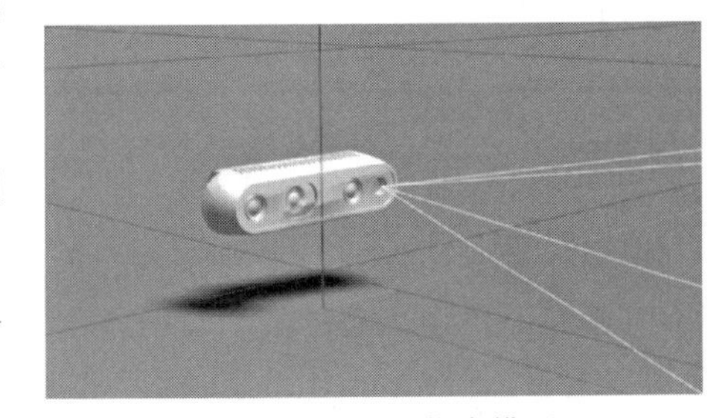

图 5-20　D435 仿真模型

Rviz 是 ROS 中的可视化工具，专为机器人的开发和调试而设计。它提供了一个直观的用户界面，允许用户实时查看机器人的模型、传感器数据、地图和导航路径。通过 Rviz，用户能够加载并显示机器人的 3D 模型，了解其结构和外观，同时实时监测各种传感器的输出，包括相机和 IMU 等。Rviz 还支持地图和路径的可视化，使用户能够在三维场景中可视化机器人的位置和规划路径。本方法通过 Rviz 建立 Gazebo 与 ROS 之间的可视化关系，通过在 Rviz 中的分析来验证仿真实验结果，在 Gazebo 和 Rviz 环境中搭建的机器人模型如图 5-21 所示。

在硬件方面，整合 Intel RealSense D435 相机，在仿真层面 D435 与 D455 性能相差不大，都包含双目相机和 RGBD 相机，不影响实验分析，D435 相机在 Gazebo 中的仿真模型如图 5-21 所示。该相机通过硬件接口集成到四轮移动机器人模型中，与外接 IMU 同时为仿真系统提供了实时的视觉图像和 IMU 数据。为了在仿真实验中更贴近真实环境，在传感器配置阶段引入了高斯误差，以模拟真实环境中存在的不确定性。在获取视觉感知信息后，根据相对距离的递增，采用二次高斯误差插值方法，逐渐增加高斯误差的强度。因为在实际应用中，随着物体距离的增加，感知误差也会逐渐扩大，这样的设计能够更准确地反映视觉感

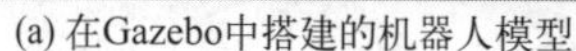

(a) 在Gazebo中搭建的机器人模型

(b) 在Rviz中搭建的可视化机器人模型

图 5-21 在 Gazebo 和 Rviz 环境中搭建的机器人模型

知的真实状态。

在软件层面，基于 ROS Navigation 模块，将机器人模型与 ROS 导航系统集成，机器人模型的整体结构如图 5-22 所示。ROS Navigation 系统基于 D435 相机提供的视觉信息和 IMU 数据，实现了同步定位与地图构建和路径规划功能，使机器人能够实时感知环境、构建地图并规划行进路径。最终，通过运行 ROS launch 文件成功启动了 Gazebo 仿真，并通过 ROS 工具 Rviz 进行可视化验证和运动测试。该虚拟模型的搭建为机器人系统的开发和测试提供了有效的工具。

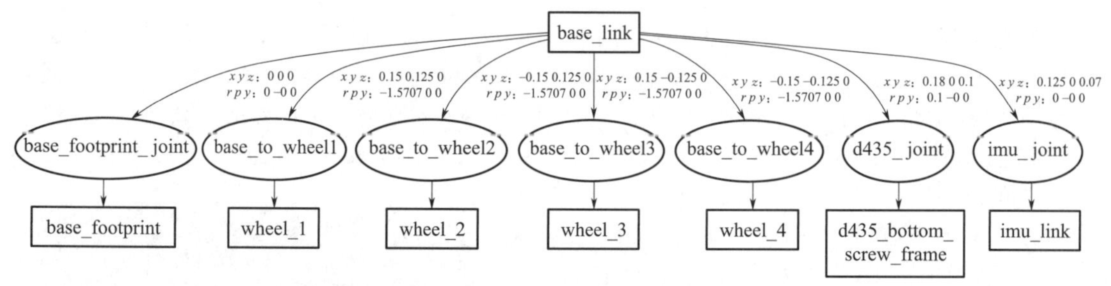

图 5-22 机器人模型整体结构

仿真环境搭建方面，搭建不同类型障碍物，将其划分为三类：平整地形、可通过障碍物和不可通过障碍物。这样的划分有助于对机器人在不同场景下的导航规划和控制性能进行全面的验证。通过调试和分析，成功配置了仿真地形环境。经过调试设计，仿真机器人可以跨越 0.35m 高的地形，这个参数的设置是为了模拟真实世界中机器人可能面对的各种地形和障碍物情况。如图 5-23 所示，浅紫色区域为平整地形，在平整地形中长方形代表不同的障碍物，其中障碍物颜色越深代表可通过性越差。机器人的跨越和避障能力是导航规划与控制方法可行的重要指标之一。这种仿真环境的搭建使系统能够在虚拟场景中评估机器人系统对于不同地形和障碍物的应对能力。

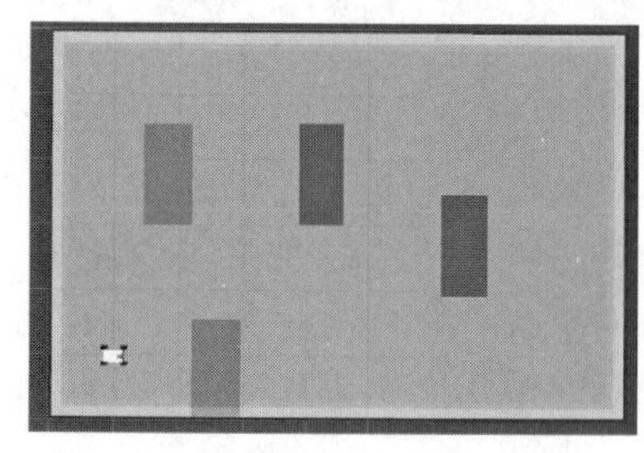

图 5-23 仿真环境 2.5D 高程地图

5.2.3 仿真实验

在本节中主要验证总体的导航框架的应用方法。首先，将 Gazebo 与 ROS 建立通信，之后在 Rviz 中显示可视化界面。初始化完成后，机器人利用视觉传感器与 IMU 数据融合，构建了多因子图优化定位，确定机器人移动过程中的位姿。这一步是导航框架的核心，通过多传感器数据的融合，提高了机器人在仿真环境中的准确定位。在仿真中，本方法设计的环境地图包括一个尺寸（长×宽×高）为 3m×1.5m×0.3m 的长方体障碍物，位于机器人的正前方，满足机器人最大通过能力。通过设定不同的目标点位置，机器人可以规划出多条路径，以适应不同的导航需求。值得注意的是，本书设计的导航算法在路径选择时注重考虑路径代价，确保机器人选择代价最小的路径。

对于仿真中的视觉感知融合模块，在多因子图融合定位过程中不会因为外部环境而使得传感器结构退化，因此在定位仿真实验中主要分析的是正常定位下的定位精度的提升。通过对视觉感知融合模块的仿真实验，验证在多因子图融合定位过程中，系统能够有效地提高机器人系统的定位精度。

整个验证过程的目标是验证导航框架的可行性和鲁棒性，尤其是在存在不同障碍物的复杂环境中。通过不同目标点和障碍物布局的仿真实验，可以对比评估系统对于不同场景的适应能力，以及在面对复杂环境时系统是否能够稳健地执行导航任务，为实际应用场景提供可靠的参考和指导。由图 5-24(a) 和 (b) 可以对比得到，在机器人处于同一起点时，指定不同终点会规划出不同的移动路径。在图 5-24(a) 中，机器人会根据起点和终点间的综合代价，选取最小代价路径，此时机器人选择跨越高程障碍物移动而不是绕过障碍物，移动过程如图 5-24(c) 所示。在图 5-24(b) 中，起点和终点的位置使机器人选择绕过而不是跨越高程障碍物移动。当机器人选择绕过障碍物而不是直接通过时，实验结果与传统导航方法在导航路径的选择上是相同的。基于上述对比实验分析，可以得到 2.5D 路径规划方法可以在仿真实验中稳定运行，针对不同目标点展示出不同的规划路径。

(a) 规划跨越障碍地形路径

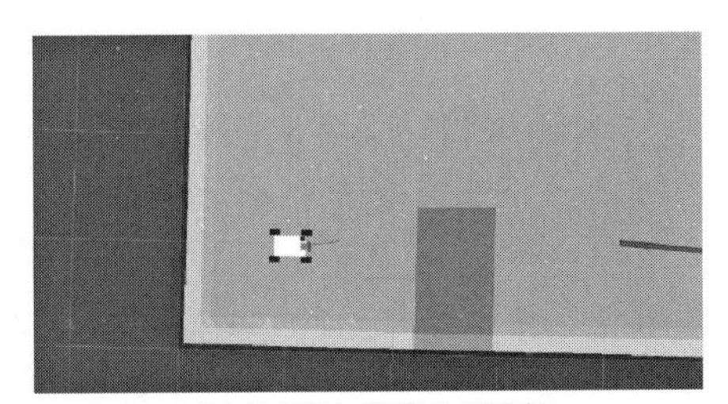
(b) 规划绕过障碍地形路径

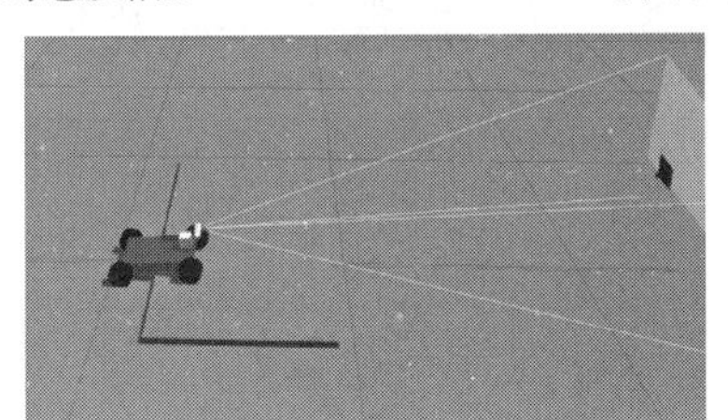
(c) 在Gazebo仿真中验证跨越高程障碍物

图 5-24　仿真实验过程结果图

在定位方法的验证方面，加入了对 Z 方向定位精度的分析，所以对机器人跨越障碍物的情况进行深入分析，即对图 5-24(a) 的移动过程进行分析。将感知定位数据、仿真环境中实际运动数据与 RTAB-Map 定位数据进行对比，具体定位对比数据如图 5-25 所示，这些数据已经全部求解到机器人基础坐标系下。关注全局范围内 X、Y、Z 三个方向的定位精度，相较于其他经典的 SLAM 方法，RTAB-Map 的定位精度较高[19]，所以将实验结果与 RTAB-Map 中的定位精度和仿真环境中机器人位姿数据进行对比，可以明显看到在本书的导航框架下，机器人的定位精度得到了提升。这种定位精度的提升主要是因为感知定位模块的多因子图融合定位方法，该方法有效地整合了多种传感器信息，提高了机器人在环境中的定位精度。通过对比数据，能够详细地分析导航框架在解决障碍物情况下的性能表现。根据结果分析，其中定位精度的提升主要是提升了在垂直高度方向上的定位精度。实验结果对于机器人在实际环境中的导航任务具有指导意义，尤其是在需要跨越障碍物的情景下，确保移动机器人具备更高的定位精度。

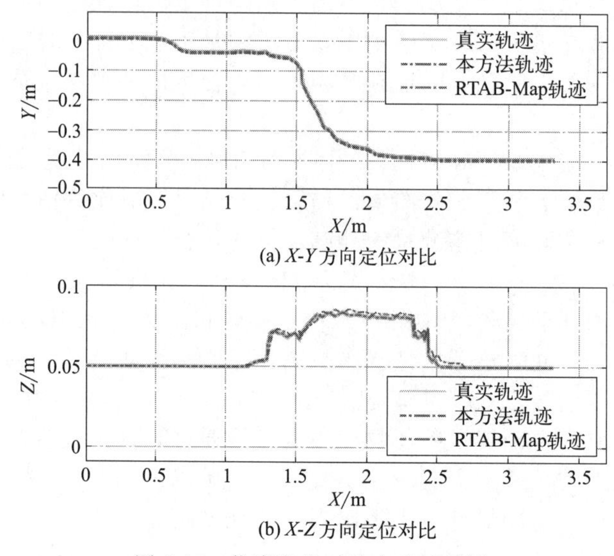

图 5-25　仿真定位对比实验结果图

在 NMPC 轨迹跟踪控制方法的验证方面，通过分析速度与时间的关系，可以得到：在跨越障碍物时，机器人的速度是显著降低的，如图 5-26 所示。在第 8s 和第 18s 时机器人速度达到参考速度，第 11s、15s 时，机器人跨越高度差地形，在 NMPC 轨迹跟踪控制器的控制下，控制机器人速度降低来使机器人在跨越障碍地形时以更稳定的姿态移动。这一结果表明，在 NMPC 轨迹跟踪控制方法中，机器人跨越障碍物时采用了地图速度约束的控制策略。这种策略确保机器人能够平稳地通过不平整的地形，避免因速度过快而失控的情况发生。

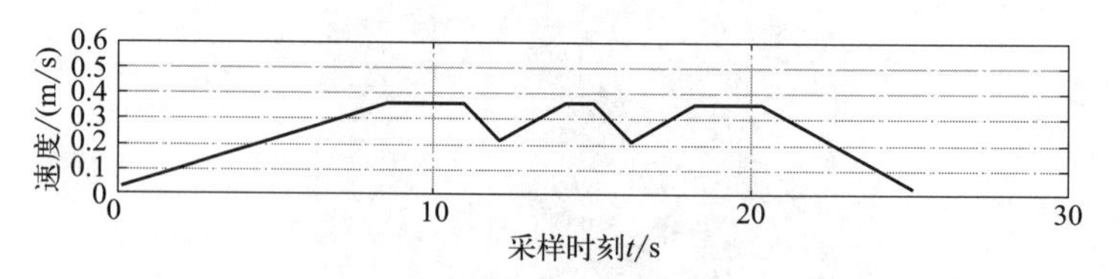

图 5-26　控制器输出的控制速度图

前面通过仿真实验展示了在较小空间中，本书方法控制移动机器人对于小规模障碍物的精细化处理，可以验证本书感知与规划方法的可行性。由于 Gazebo 在大范围地形仿真方面存在一定的限制，选择在 Matlab 仿真环境中进行了大范围 NMPC 轨迹跟踪控制实验。通过设计 200m×200m 范围内的三维点集，模拟三维空间下的崎岖地形，如图 5-27(a) 所示，展示了一个山体侧面起伏样貌。图 5-27(a) 为模拟的仿真地形和改进的 A^* 路径规划生成的最优参考路径。

在此仿真地形的基础上，本实验采用基于高程成本的改进 A^* 算法来寻找起点和终点之间的最小加权路径。前面设定机器人的越障高度为 0.35m，所以在该路径规划时将两点高度差为 0.3m 以下的地形作为可通过地形来规划，因此可以不考虑机器人本体对于障碍物的细化处理。在此前提下机器人本身的物理尺寸与本模拟实验的地形尺寸相比较时，机器人本体可以作为一个质点来分析。这样的简化有助于降低计算复杂度，使路径规划更为高效。同时，通过规定越障高度和高度差阈值，系统能够有针对性地规划机器人的路径，确保机器人能够稳妥地跨越起伏地形，而不会受到高度差较大的障碍物的干扰，得到最小代价的移动路径为图 5-27(a) 中的参考轨迹。

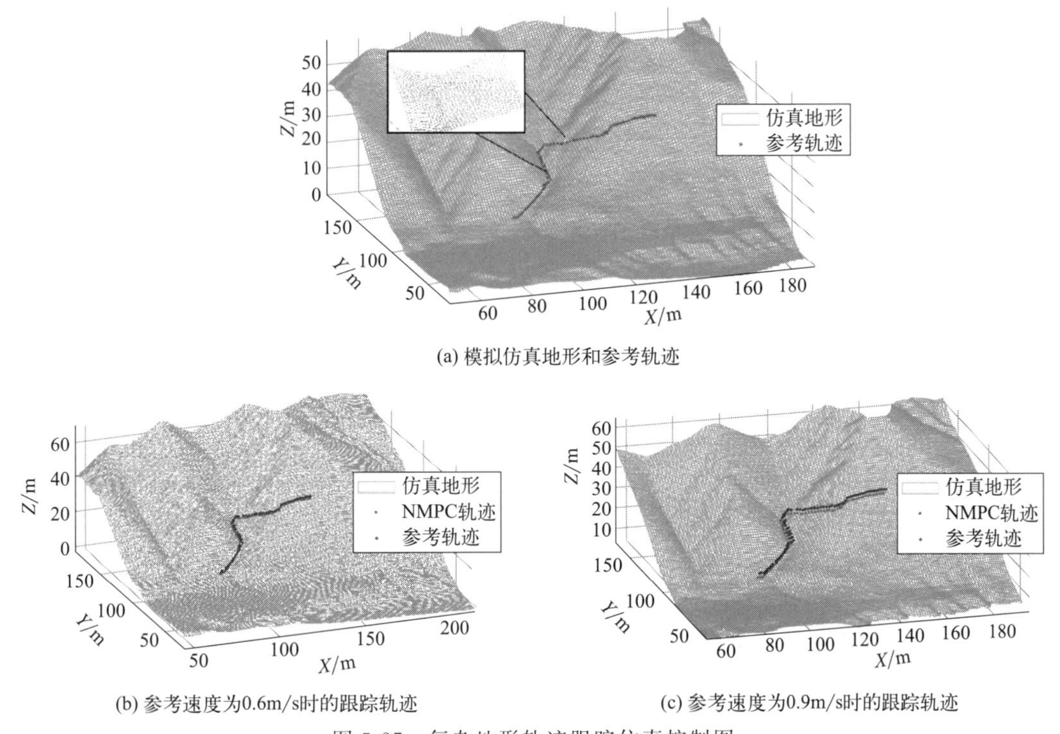

(a) 模拟仿真地形和参考轨迹

(b) 参考速度为0.6m/s时的跟踪轨迹

(c) 参考速度为0.9m/s时的跟踪轨迹

图 5-27　复杂地形轨迹跟踪仿真控制图

地形对机器人运动的影响将通过总距离误差和 X、Y、Z 三个方向上的速度值来体现，以验证该方法适合移动机器人在崎岖地形下的自主运行。在仿真实验中，系统对横向距离误差和仰角速度的融合误差部分给予了较高的权重，这种权重的设定是为了强调机器人在横向运动和仰角变化中的准确性。为了验证机器人的稳定运行，仿真实验要求机器人在移动过程中总距离误差必须小于 0.3m。这个指标确保机器人能够在可接受的误差范围内进行导航，保证机器人在复杂地形中的稳定移动。

图 5-27(b) 和 (c) 分别给出了目标速度为 0.6m/s 和 0.9m/s 时理想路径与实际路径的对比。由这两个仿真结果图可以推断出：当目标速度增大时，跟踪的可靠性下降；当目标速度过大时，跟踪失败。下面对于仿真实验结果数据进行定量分析。

图 5-28 所示为目标速度为 0.6m/s、0.9m/s、1.5m/s 时的总距离误差和速度变化。从图 5-28 上可以进行直观的对比，比较表明了约束条件和该方法的有效性。

当目标参考速度为 1.5m/s 时，可以观察到总距离误差远远大于系统要求的 0.3m，超出了系统的约束能力，无法满足系统要求，此时对于移动机器人的速度分析没有意义。

对于目标参考速度为 0.6m/s 和 0.9m/s 时的两个对比实验，实验结果表明该轨迹跟踪方法可以在一定速度内控制机器人在复杂地形下跟随路径，表现出良好的鲁棒性。从图 5-28(a) 和 (b) 可以看出，距离误差在可控范围内，在跨越崎岖地形时，机器人会将自身速度与地图高程数据相结合，地形高度差增大时控制移动机器人的速度减小作为地形和速度约束，移动机器人的速度对地形反馈明显。同时可以看到，当 Z 轴速度分量增加时，X、

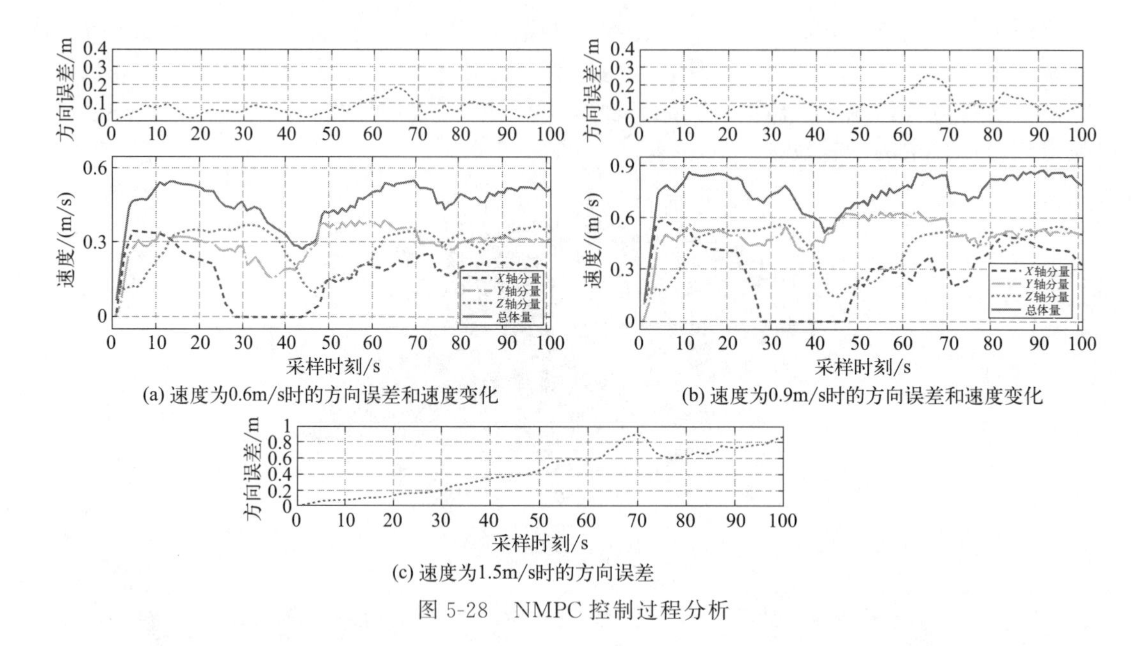

(a) 速度为0.6m/s时的方向误差和速度变化

(b) 速度为0.9m/s时的方向误差和速度变化

(c) 速度为1.5m/s时的方向误差

图 5-28　NMPC 控制过程分析

Y 轴速度分量是减少的，即机器人通过高度差地形时，系统控制机器人 X、Y 方向的速度减小。这表明本书设计的控制方法能够控制机器人在崎岖地形中稳定移动，并且能够满足系统的要求。通过将速度与地形信息结合，控制系统能够应对复杂地形，确保机器人在不同环境中能够实现稳定移动。

通过进一步比较，还可以得到目标速度与距离误差之间的正反馈关系，即速度越大，移动过程中距离误差越大，这是因为高速移动时，机器人在相邻时刻的位置变化较大，导致在执行轨迹跟踪时对实时性要求增加，引起距离误差的扩大。此外，较大的目标速度可能导致控制系统在快速变化的环境中难以及时做出调整，使机器人更容易受到地形不规则性的影响，进而增大距离误差。因此，为了保持较好的轨迹跟踪性能，需要在选择目标速度时进行权衡，考虑系统的动态响应能力以及复杂环境，确保机器人在高速移动时能够保持稳定的路径跟随行为。

5.2.4　样机实验分析

前面的仿真实验完成了对复杂环境下移动机器人感知规划算法的验证。首先，验证了多因子图传感器融合定位方法的定位精度和可行性。通过对机器人在仿真环境中的运动进行监测和分析，验证了该方法在感知和定位方面的可靠运行能力，确保了机器人在环境中准确获取自身位置信息。其次，验证了带有高程代价地形的移动机器人导航与轨迹跟踪方法。通过在仿真中模拟地形和障碍物，验证了机器人规划路径、跨越障碍物方法的有效性。

但是在仿真实验中，无法完全模拟现实场景中机器人的感知规划能力。虽然为各个传感器设置了高斯噪声、相机畸变等仿真参数，但仍与实物实验效果存在较大差距。本书将搭建轮式移动机器人平台，并进行实物实验，以验证复杂环境感知规划算法在实际应用中的可行性。在实际的物理环境中进行实验，能更全面地考虑到各种现实因素，例如光照变化、真实传感器噪声、机械运动误差等对机器人性能的影响。

在移动机器人平台上设置相应的传感器，针对户外条件下光照引起的传感器结构退化的情况，验证多因子图传感器融合优化定位算法的实际定位效果；分析室外环境下感知方法中动态环境的建图能力，验证动态建图方法；在户外环境下设计导航实验，验证总体感知规划算法。

动态环境建图实验验证本书提出的建图方法在室外动态环境中的可行性。在该建图实验中，选取建图中最常见的动态对象——人，作为动态干扰对象参与建图。

该对比实验将本书动态建图方法和 RTAB-Map 方法生成的点云进行对比分析。该建图实验是在户外进行的，其中包含行走的两个人。因为 RTAB-Map 同样能生成场景点云地图，所以选择将其与本书的建图方法进行比较。为了进行 3D 重建，系统提供了双目图像、深度图像、相机信息以及里程计作为本书动态建图方法的输入。图 5-29 展示了两种方法的 3D 点云建图的结果，在图 5-29(a) 中，本书的建图方法最终建立的点云地图滤除了动态对象。相反，在图 5-29(b) 中，RTAB-Map 在场景的不同帧中绘制了动态对象，而且在 RTAB-Map 地图中的动态对象是沿轨迹映射的，当相机与动态对象同一方向移动时，会在不同帧中出现同一动态对象，即同一动态对象多次参与建图，这会导致建立的环境地图不正确。

(a) 本书动态建图方法

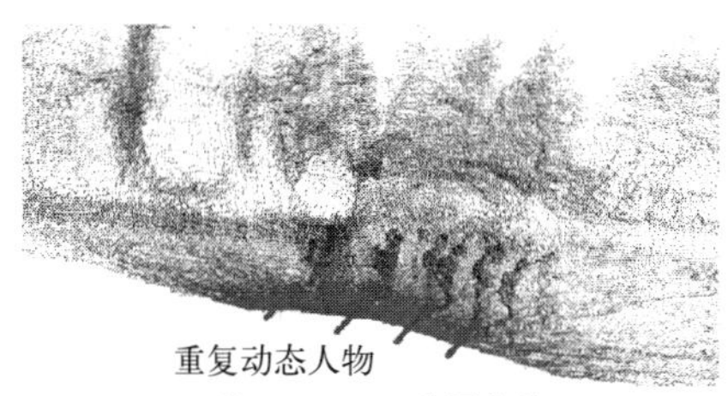

(b) RTAB-Map建图方法

图 5-29 动态建图对照实验图

此外，还对比分析了该建图方法的处理时间，如表 5-2 所示。在表中显示了该方法处理不同的图像时建图的处理时间，将两大常用的数据集 KITTI 和 EurocMav 作为彩色和灰色图像输入进行建图处理，并在 ROS 中使用实时采集的相机图像来进行建图。根据表格数据分析，该方法对灰色图像的处理时间最短，ROS 实时处理时间最长。这是因为分析数据集时不需要处理深度信息，而在 ROS 中处理实时图像时，需要将实时采集的双目图像解算为深度图像，所以在 ROS 中的建图处理过程会更长。经过上述对比分析，该动态建图方法可以滤除动态对象建立静态点云地图。

表 5-2 处理时间

建图类型	彩色图像	灰色图像	ROS
分辨率/像素	1240×360	750×480	1280×720
时间/s	0.1864795	0.10234622	0.267644135

本实验针对机器人在户外环境中作业时受到外部环境影响，导致传感器失灵的情况，来验证多因子图传感器融合优化定位算法的实际定位效果。主要实验方法是晴朗天气在一处起伏地形中，控制机器人进行穿越复杂地形移动，在移动过程中强光线照射等外部干扰会造成 RGBD 相机短暂失灵，导致 RGBD 数据误差较大甚至丢失。在此情况下，单纯基于 RGBD 数据的定位方法会定位失败。设计对比实验来验证本书中多因子图传感器融合优化定位方法的抗干扰能力和定位精度。机器人户外定位移动过程如图 5-30 所示。

以往的实验方法主要关注机器人平面移动定位精度，在此基础上，本实验增加了高程方向定位精度的实验验证，将机器人的轨迹与实际地面条件、RTAB-Map 和 ORB-SLAM3 进行对比。实际地面运动轨迹由 GNSS 传感器测量，与上述三种方法相比，在无顶端遮挡的情况下 GNSS 精度更高，可以得到近似的实际运动状态。图 5-31(a) 和图 5-31(b) 分别展

(a) (b) (c) (d) (e) (f)

图 5-30　机器人户外定位移动过程

示了机器人在 X、Y、Z 三个方向的运动定位情况，并对 X-Y 和 X-Z 方向的定位结果做了详细研究。因为地形的限制，机器人在 X 轴和 Y 轴方向移动的距离远大于机器人在 Z 轴方向移动的距离。当在 X 方向移动 18～35m 时，由于光线干扰对相机的影响，RGBD 特征点匹配不足，RGBD 相机定位丢失。

由定位结果图 5-31 可以分析得到，采用 RGBD 视觉信息作为输入的 RTAB-Map，在 RGBD 视觉信息可用时表现良好，但受外部条件影响太大，很容易丢失定位信息。基于双目视觉的 ORB-SLAM3 受外界影响较小，但由于长期运行过程中传感器误差的累积影响，会出现漂移。经过对比方向，本方法结合了两方法的优点，既具有高精度的高程定位能力，又在局部遮挡或视觉信息不足的情况下能够保持相对较好的稳定性，提高了机器人在复杂环境下定位的抗干扰能力。

将图 5-31 中三个方法的定位数据与真实地形对比计算得到三个方向的平均位置误差和总平均误差如图 5-32 所示，由图 5-32 可以进一步直观地得到三种定位方法的不同实验表现。从图 5-32 中可以分析得到，三种方法得到的定位结果中 X、Y 方向的定位误差均小于

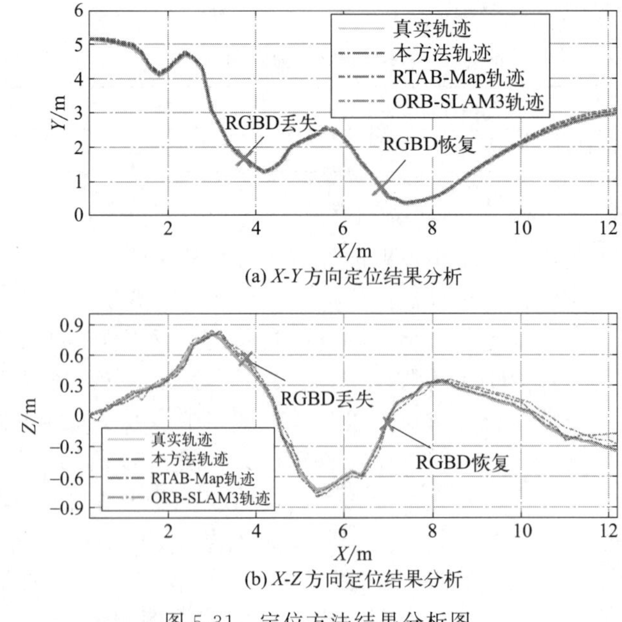

(a) X-Y方向定位结果分析

(b) X-Z方向定位结果分析

图 5-31　定位方法结果分析图

Z 方向的定位误差。ORB-SLAM3 方法得到的定位结果与实际轨迹相差最大，本方法得到的定位结果最接近实际运动轨迹。本书提出的方法可以减少三个方向的定位误差，满足崎岖地形的任务要求。此外，图中每个三角形的面积与总距离误差近似线性相关。蓝色实线包围的三角形的面积比黄色虚线三角形的面积小约 15%，比红色虚线三角形的面积小约 10%。由此分析可知本书提出的方法在定位准确性方面优于现有的常规经典方法。

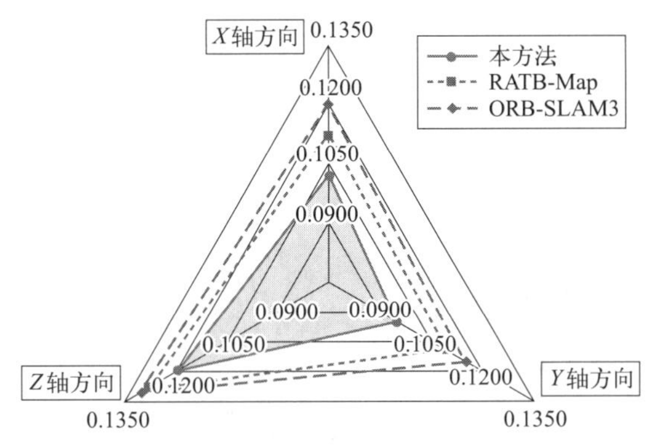

图 5-32 全局定位误差（单位：m）

最后，对全局定位运动过程进行建图方法分析，在多因子图优化定位的同时，相机传感器实时建立全局大范围地图。图 5-33 为全局定位移动轨迹和点云地图，图 5-34 为根据三维点云地图得到的彩色 2.5D 代价地图。

图 5-33 定位移动轨迹和点云地图

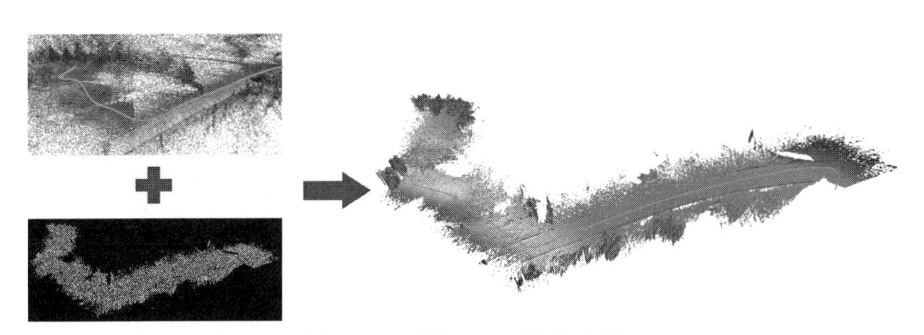

图 5-34 彩色 2.5D 代价地图

图 5-32 中的移动轨迹是多因子图优化定位方法将多传感器信息融合优化得到的位姿数据，点云地图则是将环境中的动态对象滤除后的全局静态点云地图。这些点云数据可以提供

关于环境结构和物体位置的详细信息，有助于准确定位和导航，由图 5-32 可以分析得到本书中的定位与建图方法可以在户外环境中稳定运行。三维点云地图根据地形代价投影到二维平面，构建图 5-34 所示的 2.5D 代价地图。彩色 2.5D 代价地图中由蓝色过渡为红色，表示地形代价的增大。通过 2.5D 代价地图，系统可以轻量化地理解环境中的障碍物、通行性等信息，从而做出智能的路径规划和导航决策。由此分析，可知本书中的感知方法在实际应用中可以有效地获取环境数据、进行定位与构建 2.5D 高程地图。

最后一项实验是在户外进行总体感知与规划，该实验将本书所述的感知与规划方法相结合，应用于整体机器人导航系统框架。通过将感知与规划方法集成到机器人导航框架中，实验将验证系统在真实环境中的路径规划、全局建图等方法。图 5-35 为移动机器人越障实验中的场景图。

图 5-35　移动机器人路牙石越障

为了验证该方法的普遍适用性，本实验选择了铺装或半铺装路面进行实验验证，而不是过于复杂的地形。这样选择是为了评估本书所提出的感知与规划方法在相对平坦和常见路况下的性能表现，以确保其广泛适用于各种实际应用场景。

导航规划实验过程如图 5-36 所示，实验场地为山东大学千佛山校区中某一马路与人行道。其中，人行道与马路用高约 20cm 的路牙石隔开，人行道里侧为高约 1.2m 的冬青绿化带。该实验是为了测试机器人在不同实验条件下如何选择路径进行移动。图 5-36 所示为机器人导航规划实验的两次移动过程。第一次实验的起点和终点均为平整马路，但中间有一段凸起的人行道区域。如果按照传统的路径规划导航算法，机器人会选择移动路径最短的规划去移动，由图 5-36(a) 可以观察得到在该方法的实验中移动机器人会选择绕过该凸起的人行道区域，牺牲最短路径来避免通过具有高度代价地形，获得最优的移动路径。第二次实验的起点为平整马路，终点为有高度代价的人行道，最终移动到带有高度代价的人行道区域。通过第二次的实验可知，移动机器人没有将人行道区域作为不可通过区域，而是作为具有高度代价的可通过区域。通过这两次对比实验，可以分析得知本书中的导航方法可以针对不同任务目标进行最优规划。

导航结果如图 5-37 所示，其为 3D 点云地图，蓝色曲线是实际机器人移动轨迹，红色线是最短距离的移动轨迹。图 5-37 为两次实验中建立的三维点云地图与移动路径。首先分析两幅图片，可知本书中的方法可以建立全局静态三维点云地图，并进行轨迹生成。从图 5-37(a) 中可以观察到，机器人的起始点位于平整的马路上，终点则是人行道另一侧的平整马路。在该实验中，机器人选择绕过凸起的人行道进行移动，而没有选择红色最短路径的移动轨迹。这是因为选择最短路径时需要穿越凸起的人行道，导致红色移动轨迹的代价大于蓝色移动轨迹的代价。在图 5-37(b) 中，起始点同样位于平整马路，但终点是路牙石之上的人行道区域，此时，机器人同样没有选择红色最短路径，而是选择在平整地形多移动

(a) 第一次移动过程

(b) 第二次移动过程

图 5-36　感知规划实验移动过程图

一段距离，然后垂直穿越带有高度代价的路牙石区域，因为这样规划可以使得机器人垂直穿越代价区域，得到最少的移动代价。因此，可以通过该对照实验分析得出该导航方法在特定情境下的精细化路径导航能力。

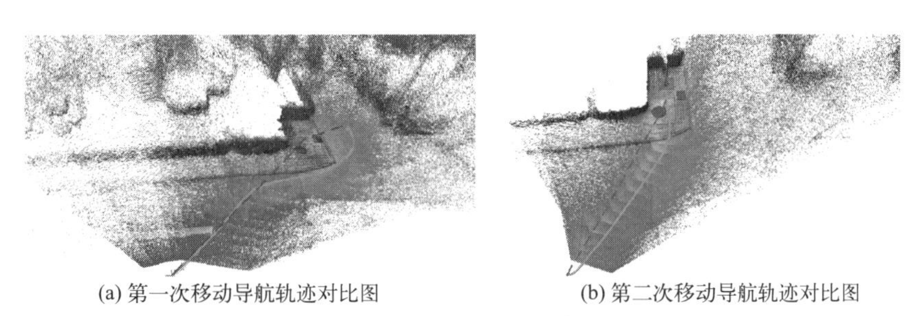

(a) 第一次移动导航轨迹对比图　　(b) 第二次移动导航轨迹对比图

图 5-37　全局规划与建图

在 Rviz 中可视化的栅格地图如图 5-38 所示，图 5-38 中展示了图 5-37(a) 中的导航方法在 ROS 中的处理过程。在该图中，墨绿色区域表示未知区域，白色区域表示可通过的区域，

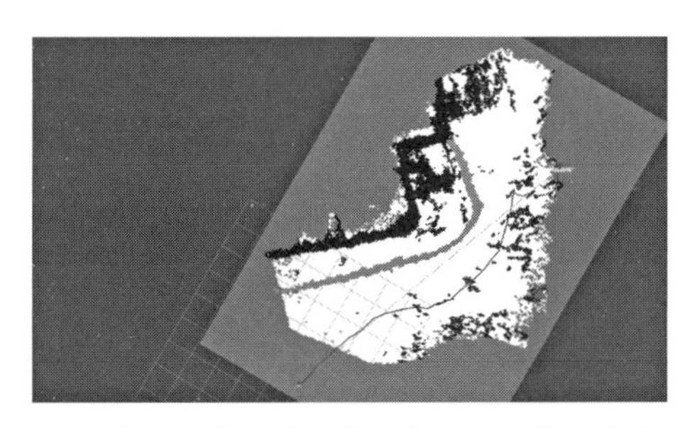

图 5-38　第一次移动建立的全局 2.5D 栅格代价地图

灰色区域表示可通过的区域，但具有高程代价，而黑色区域表示不可通过的区域。在实际中，白色区域代表平整路面，灰色区域代表可通过的、具有高程代价的路牙石，而黑色部分代表不可通过的冬青绿化带区域。通过图 5-38 所示栅格代价地图，可以清晰地分析机器人在环境中的可通行性和地形特征。图中蓝色曲线为机器人的规划与实际运动轨迹。通过本书的实物实验的论证分析，证明了该感知与规划方法可以在机器人户外环境中实际应用。

参考文献

[1] M. B. Alatise，G. P. Hancke. A review on challenges of autonomous mobile robot and sensor fusion methods [J]. IEEE Access，2020，8：39830-39846.

[2] 张冲．传感器在机器人领域的应用研究 [J]．机器人技术与应用，2023，(06)：49-52.

[3] 朱博，高翔，赵燕喃．机器人室内语义建图中的场所感知方法综述 [J]．自动化学报，2017，43 (04)：493-508.

[4] H. -M. Zhang，M. -L. Li，L. Yang. Safe path planning of mobile robot based on improved A* algorithm in complex terrains [J]. Algorithms，2018，11 (4)：44.

[5] C. E. Garcia，D. M. Prett，M. Morari. Model predictive control：Theory and practice—A survey [J]. Automatica，1989，25 (3)：335-348.

[6] D. G. Viswanathan. Features from accelerated segment test (fast) [C]. Proceedings of the 10th Workshop on Image Analysis for Multimedia Interactive Services，London，UK，2009：6-8.

[7] E. Rublee，V. Rabaud，K. Konolige，et al. ORB：An efficient alternative to SIFT or SURF [C]. 2011 International Conference on Computer Vision，2011：2564-2571.

[8] D. Chetverikov，D. Svirko，D. Stepanov，et al. The trimmed iterative closest point algorithm [C]. 2002 International Conference on Pattern Recognition，2002：545-548.

[9] G. Y. Xu，L. P. Chen，F. Gao. Study on binocular stereo camera calibration method [C]. 2011 International Conference on Image Analysis and Signal Processing，2011：133-137.

[10] C. Forster，L. Carlone，F. Dellaert，et al. IMU preintegration on manifold for efficient visual-inertial maximum-a-posteriori estimation [C]. 11th Conference on Robotics - Science and Systems，Sapienza Univ Rome，Rome，Italy，2015.

[11] T. Lupton，S. Sukkarieh. Visual-inertial-aided navigation for high-dynamic motion in built environments without initial conditions [J]. IEEE Transactions on Robotics，2011，28 (1)：61-76.

[12] C. Forster，L. Carlone，F. Dellaert，et al. IMU preintegration on manifold for efficient visual-inertial maximum-a-posteriori estimation [C]. Robotics：Science and Systems XI，2015.

[13] J. Nubert，S. Khattak，M. Hutter. Graph-based multi-sensor fusion for consistent localization of autonomous construction robots [C]. 2022 International Conference on Robotics and Automation (ICRA)，2022：10048-10054.

[14] P. E. Gill，W. Murray. Algorithms for the solution of the nonlinear least-squares problem [J]. SIAM Journal on Numerical Analysis，1978，15 (5)：977-992.

[15] V. Badrinarayanan，A. Handa，R. Cipolla. Segnet：A deep convolutional encoder-decoder architecture for robust semantic pixel-wise labelling [J]. arXiv preprint arXiv：1505.07293，2015.

[16] K. Simonyan，A. Zisserman. Very deep convolutional networks for large-scale image recognition [J]. arXiv preprint arXiv：1409.1556，2014.

[17] M. Everingham，L. Van Gool，C. K. Williams，et al. The Pascal Visual Object Classes (VOC) challenge [J]. International Journal of Computer Vision，2010，88：303-338.

[18] K. M. Wurm，A. Hornung，M. Bennewitz，et al. OctoMap：A probabilistic，flexible，and compact 3D map representation for robotic systems [C]. Proceedings of the ICRA 2010 Workshop on Best Practice in 3D Perception and Modeling for Mobile Manipulation，2010：3.

[19] M. Labbé，F. Michaud. RTAB-Map as an open-source lidar and visual simultaneous localization and mapping library for large-scale and long-term online operation [J]. Journal of Field Robotics，2019，36 (2)：416-446.

第6章

机器人起伏地形轨迹规划与跟踪控制

6.1 概述

近年来，随着移动机器人技术的发展，特种运输、复杂地形作业等领域对轮式移动平台有了更高的要求，而轮式移动机器人凭借其强大的驱动、负载能力以及灵活控制特性，为复杂环境多样性任务提供了更多的解决方案。本章以轮式移动机器人为研究对象，对机器人起伏地形环境轨迹跟踪控制方法和分布式协同控制策略进行了研究。

首先，本章介绍了在起伏复杂地形中环境机器人轨迹跟踪方法。针对 RRT* 算法收敛速度和复杂环境最优轨迹生成等方面的问题，设计了一种有效采样规划优化的改进 RRT* 进行轨迹规划。为应对机器人在起伏地形下的轨迹跟踪问题，提出了一种基于预测控制与反馈控制的控制方法，以模型预测控制（model predictive control，MPC）算法为基础对规划的参考轨迹进行跟踪，并分析起伏地形下机器人姿态角改变对运动的影响，采用双层比例-积分-微分（proportional integral derivative，PID）反馈控制设计速度与转向角动态补偿反馈，抑制地形引起的跟踪误差，解决了实际应用中机器人在复杂地形中运动的问题。

其次，本章介绍了机器人轨迹跟踪过程局部区域避障轨迹重规划方法。针对机器人运动中障碍物阻挡机器人跟踪参考轨迹的问题，提出了一种基于非线性优化原理的局部区域轨迹重规划方法，结合障碍物位置构建避障约束区域，以综合代价最小为目标求解避障轨迹，并将初始避障轨迹中冗余点滤除后进行多项式拟合处理，生成最终避障轨迹。

然后，本章介绍了基于分布式原理的机器人多轮协同控制策略。结合机器人独立驱动、独立转向的特点，将分布式模型预测控制（distributed model predictive control，DMPC）算法应用到多轮机器人中，为单轮设计预测控制目标函数，各轮间设置参考轨迹与同步化约束保证运动匹配性，使机器人可以多轮协调运动。考虑到环境中路面打滑、崎岖地形等未知扰动影响，设计了基于误差模型的扩张状态观测器（extended state observer，ESO）算法作为前馈控制器对未知扰动进行估计，并结合估计值生成控制量增益矩阵以提高机器人环境适应性，使控制策略可以满足机器人在实际环境中的控制需求。

最后，基于机器人操作系统（robot operating system）的通信框架，构建了分布式通信网络架构。搭建仿真与样机平台，设计了起伏地形轨迹跟踪与分布式协同控制实验验证所提方法的有效性。

机器人轨迹规划是运动控制的首要环节，通常是在部分环境信息已知情况下以轨迹长度、运行时间和轨迹平滑性能为要求生成一条无碰撞的可行性轨迹。常见的轨迹规划方法分为：以系统为整体、整合多自由度空间的耦合式方法，如人工势场法（APF）、快速搜索随机树（RRT）等；对单独模块进行规划并由总体控制中心进行协同的解耦式方法，如 A^* 算法、基于冲突的搜索算法等。RRT^* 算法是基于传统 RRT 采样算法的改进，主要核心是重新选择父节点和重布线两个过程。RRT^* 算法减小了冗余通路和规划代价，但同时也需要更多的优化资源，存在收敛速度较慢等问题。本节在 RRT^* 算法基础上提出一种改进 RRT^* 算法，分离规划中的扩展和优化过程，提高轨迹规划性能。

6.1.1 规划问题描述与 RRT^* 算法

（1）规划问题描述

为清晰表达轨迹规划问题，将工作环境抽象为配置空间进行描述。在机器人轨迹规划问题中，设定机器人运动任务区域为 $R_g \subseteq \mathbf{R}^2$。在 R_g 中，$\boldsymbol{R}_{\text{init}}$，$\boldsymbol{R}_{\text{goal}} \in R_g$，分别为机器人轨迹运动起始点与目标点，$R_p$ 为机器人运动可行区域，R_u 为障碍物区域，则轨迹规划问题的解即为从起始点至目标点的在可行区域中所有轨迹点的轨迹。用数学表达描述是 $\Upsilon \rightarrow R_p$，$\Upsilon \in [0,1]$ 为机器人在可行区域内的所有坐标点。Z_R 为由起始点至目标点所有轨迹点集合，若 $Z_R \neq \varnothing$，轨迹规划问题存在可行解。为求解最优轨迹，定义轨迹评估函数 $f_O(\Upsilon)$ 评价轨迹的最优性程度[1]，约束条件为 $Z_R \rightarrow \mathbf{R}^2$，最优轨迹评价 Υ^* 表达式为

$$\Upsilon^* = \underset{\Upsilon \in \mathbf{Z}}{\arg\min}\{f_R(\Upsilon) \mid \Upsilon(n) \in R_p\}$$
$$\text{s.t.} \begin{cases} n \in [0,1] \\ \Upsilon(0) = \boldsymbol{R}_{\text{init}}, \Upsilon(1) = \boldsymbol{R}_{\text{goal}} \end{cases} \tag{6-1}$$

式中，Υ^* 主要通过评估可行域内轨迹点的代价值进行判断，并保证在获取最优化轨迹后轨迹能够满足机器人运动学约束条件。

（2）RRT^* 算法

RRT^* 算法是对传统 RRT 算法的新改进，增加重选父节点与重布线步骤后提高了轨迹规划效率，改善了规划轨迹的质量和距离，具有效率高、搜索速度快和易实现等特点[2]。RRT^* 算法通过随机采样和扩展来探索地图，并且适合复杂环境与高维空间。

RRT^* 算法的基本原理为：$\boldsymbol{O}_{\text{init}}$ 为随机树规划轨迹的起始点，$\boldsymbol{O}_{\text{goal}}$ 为规划轨迹的目标点，$\boldsymbol{x}_{\text{new}}$ 为新生成节点，$\boldsymbol{x}_{\text{nearest}}$ 为距离 $\boldsymbol{x}_{\text{new}}$ 最近节点，$\boldsymbol{x}_{\text{rand}}$ 为随机采样点。随机树从起始点出发进行采样，采样生成节点 $\boldsymbol{x}_{\text{new}}$ 后，以 $\boldsymbol{x}_{\text{new}}$ 为圆心、以设定半径 R 画圆，得到距离 $\boldsymbol{x}_{\text{new}}$ 最近的节点 $\boldsymbol{x}_{\text{nearest1}}$、$\boldsymbol{x}_{\text{nearest2}}$、$\boldsymbol{x}_{\text{nearest3}}$，选取这三个节点作为 $\boldsymbol{x}_{\text{new}}$ 的父节点。得到父节点后分别计算起始点 $\boldsymbol{O}_{\text{init}}$ 至 $\boldsymbol{x}_{\text{new}}$ 的轨迹代价，选取代价值最小节点作为 $\boldsymbol{x}_{\text{new}}$ 的新父节点，然后进一步扩展，如图 6-1 所示。

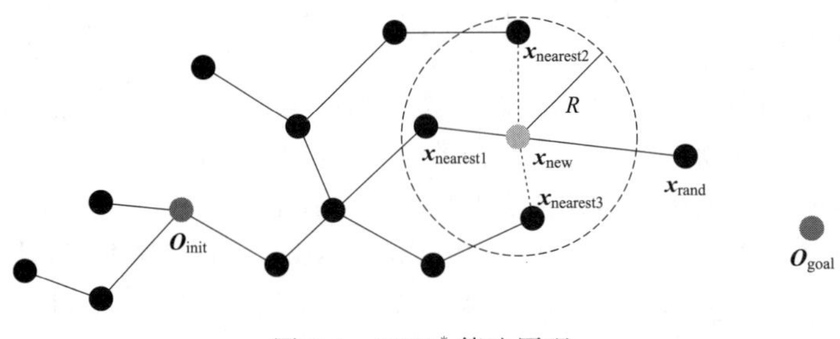

图 6-1　RRT^* 算法原理

RRT* 算法运算流程为：

① 初始化：定义起始点与目标点，对搜索半径、环境信息和迭代次数等初始化，建立搜索树；

② 扩展：对环境空间进行随机撒点，确定 $\boldsymbol{x}_{\text{rand}}$，寻找树中与 $\boldsymbol{x}_{\text{rand}}$ 相距最近节点 $\boldsymbol{x}_{\text{nearest}}$，并以 $\boldsymbol{x}_{\text{nearest}}$ 为起点在一定方向进行生长得到节点；

③ 检测：若节点 $\boldsymbol{x}_{\text{nearest}}$ 至节点 $\boldsymbol{x}_{\text{new}}$ 之间生成的轨迹碰撞障碍物，则重新执行步骤②进行迭代；

④ 寻优：若没有发生碰撞，则在树中寻找距 $\boldsymbol{x}_{\text{new}}$ 最近节点，并计算代价值；

⑤ 重新连接：对于 $\boldsymbol{x}_{\text{new}}$ 一定距离 R 内树中的节点 $\boldsymbol{x}_{\text{near}}$ 进行筛选，计算代价值，选择代价值最小连接；

⑥ 更新：更新搜索树中的代价值信息与节点关系信息；

⑦ 优化：以 $\boldsymbol{O}_{\text{goal}}$ 为目标对树中的节点进行优化，提高轨迹质量；

⑧ 结束：重复步骤②～⑦，至迭代完成。完成终止条件为：若新节点 $\boldsymbol{x}_{\text{new}}$ 距离 $\boldsymbol{O}_{\text{goal}}$ 代价值更小，则为可行轨迹。

RRT* 算法在增加重选父节点步骤后可以寻找质量更优父节点，重布线步骤也使规划得到的轨迹进一步优化，从而可以逐步接近最优轨迹。但 RRT* 算法在收敛速度和狭窄环境中生成最优轨迹方面还存在一些问题，6.1.2 节将对 RRT* 算法进行一定改进以使其能够快速收敛到高质量轨迹。

6.1.2　RRT* 算法改进

由于 RRT* 算法收敛速度和复杂环境最优轨迹生成等方面的问题，结合双树 RRT（DT_RRT）与改进 RRT* 算法（MOD_RRT*），设计了一种基于 DM_RRT* 的高效采样规划优化算法[2]，其原理伪代码如算法 6-1 所示。

算法 6-1　DM_RRT* 原理伪代码

```
1:  DT_RRT.V ← O_init, Maxiter;
2:  for eachiter ∈ [1, Maxiter] do
3:      DT_RRT ← RRT;
4:      RefPath ← NewPath(DT_RRT);
5:      Cost ← Path(DT_RRT);
6:      Update(RefPath, Cost);
7:      MOD_RRT*(RefPath, Cost);
8:      FinalSolution(Path);
9:  end for
```

DM_RRT* 算法是一种双层结构。第一层由传统 RRT 算法生成，仅考虑环境中障碍物条件约束原始轨迹，根据轨迹节点进行分段线连接。在不断迭代过程中 RRT 算法探索出由起始点至目标点的初始折线式轨迹（算法 6-1 第 3 行），删除部分冗余节点后在剩余节点应用 DT_RRT 生成初步处理可行轨迹，且由于 RRT 算法不具有渐进最优性，因此需要通过更新生成更多非齐次轨迹（算法 6-1 第 6 行）。第二层是由 MOD_RRT* 算法对初步处理后的轨迹进行进一步优化和平滑（算法 6-1 第 7 行），生成符合条件的最终轨迹。传统 DT_RRT 算法与 DM_RRT* 算法相比虽然在一定程度上可以扩展各步骤效率，但由于是从起始点与目标点开始探索采样，中间连接过程也会受此影响，并且 DT_RRT 更适合约束较少的两轮机器人，对于多轮机器人来说由于约束更多，生成的轨迹会存在诸多不可行性问题，因此需要通过与其他优化算法相结合以生成符合要求的可行轨迹。

对于 MOD_RRT* 算法，对初步处理的可行轨迹进一步平滑和优化，采用这样一种优化思路[2]：

首先，通过采样过程将第一层结构 DT_RRT 算法与第二层结构 MOD_RRT* 算法连接，从第一层结构生成的初步可行参考轨迹中选择一个随机点（$x_r^{(k)}, y_r^{(k)}$），通过下式生成采样点（x_m, y_m）：

$$\begin{bmatrix} x_m \\ y_m \end{bmatrix} = \begin{bmatrix} x_r^{(k)} \\ y_r^{(k)} \end{bmatrix} + d_r \begin{bmatrix} \cos\alpha_r \\ \sin\alpha_r \end{bmatrix} \tag{6-2}$$

式中，d_r 与 α_r 分别为设定的初始采样点距离与角度。

其次，在采样后，根据 $\boldsymbol{x}_{\text{rand}}$ 到 $\boldsymbol{x}_{\text{near}}$ 的距离对树中的节点进行排序，以选择最近的可行父节点（算法 6-2 第 5 行）。在轨迹优化过程中涉及两点边界的最优控制问题，由于欧氏距离在此无法满足微分约束条件，而 Clothoid 轨迹不仅可以满足约束条件，还可以通过曲率约束要求过滤部分潜在父节点集合，因此考虑采用 Clothoid 轨迹进行距离度量。经典 RRT* 算法中重布线步骤为：若轨迹代价值可以减小，则对父节点进行更改。但是该步骤在实际运算过程中存在一定复杂性。MOD_RRT* 算法在此基础上进行修改，具体做法是对树内可行父节点进行索引，索引后根据索引父节点与 $\boldsymbol{x}_{\text{new}}$ 节点的代价值，进行重新搜索父节点步骤（算法 6-2 第 22～31 行）。重新搜索父节点可以极大减少剩余冗余节点，在优化轨迹的同时可以使曲率不连续的节点进一步减少，最后以此来完成对参考轨迹的最终优化。MOD_RRT* 伪代码如算法 6-2 所示。

算法 6-2　MOD_RRT* 伪代码

```
1:   T.V←O_init, Maxiter;
2:   Symbol_Flag_fp=False;
3:   for eachiter∈[1,Maxiter] do
4:     x_rand←Sample
5:     X_rand←Ordered(T.V, x_rand);
6:     for x_near∈X_near do
7:          (x_new, U, CollisionFree)←SolveOptimalProblem(x_new, x_rand);
8:          if Symbol_Flag_fp==False and CollisionFree==False then
9:              x_reparent←x_new;
10:             Cost_p←C(x_reparent)+C(x_new);
11:             Symbol_Flag_fp=True;
12:          end if
13:          if CollisionFlag==False and Symbol_Flag_fp==True then
14:             Cost_n←C(x_new)+C(x_near);
15:             if Cost_n<Cost_p then
16:                 Cost_p←Cost_n;
17:                 x_reparent←x_near;
```

续表

18：　　　　　**end if**

19：　　　　**end if**

20：　　**end for**

21：　　$N\_ind \leftarrow Re\_search(\boldsymbol{x}_{\text{reparent}})$；

22：　　**while** $N\_ind > 1$ **do**

23：　　　　$Update(\boldsymbol{x}_{\text{rand}})$；

24：　　　　$N\_ind \leftarrow GetParent(N\_ind)$；

25：　　　　$(\boldsymbol{x}_{\text{new}}, \boldsymbol{U}) \leftarrow SolveOptimalProblem(T.V(N\_ind), \boldsymbol{x}_{\text{rand}})$；

26：　　　　$Cost\_n \leftarrow C(T.V(N\_ind) + C(\boldsymbol{x}_{\text{new}})$；

27：　　　　**if** $CollisionFlag == False$ *and* $Cost\_n < Cost\_p$ **then**

28：　　　　　$\boldsymbol{x}_{\text{reparent}} \leftarrow T.V(N\_ind)$；

29：　　　　　$Cost\_p \leftarrow Cost\_n$；

30：　　　　**end if**

31：　　**end while**

32：　　**for** $\boldsymbol{x}_{\text{temp}} \in \boldsymbol{U}$ **do**

33：　　　　$T.V.add(\boldsymbol{x}_{\text{temp}}, \boldsymbol{x}_{\text{reparent}})$；

34：　　**end for**

35：　**end for**

重新搜索父节点与重布线对比如图 6-2 所示（图中为两种步骤简单示意对比，未加入轨迹平滑因素）。图 6-2(a) 所示过程中橘色节点代表重选父节点后部分 $\boldsymbol{x}_{\text{near}}$ 节点，绿色节点代表采样节点 $\boldsymbol{x}_{\text{s}}$，采样结束后节点 $\boldsymbol{x}_{\text{s}}$ 变为 $\boldsymbol{x}_{\text{new}}$。搜索过程中找寻到更优父节点［图 6-2(a) 过程第三个图像左侧黄色节点］后，图 6-2(b) 所示过程代表重新搜索父节点与重布线区别。

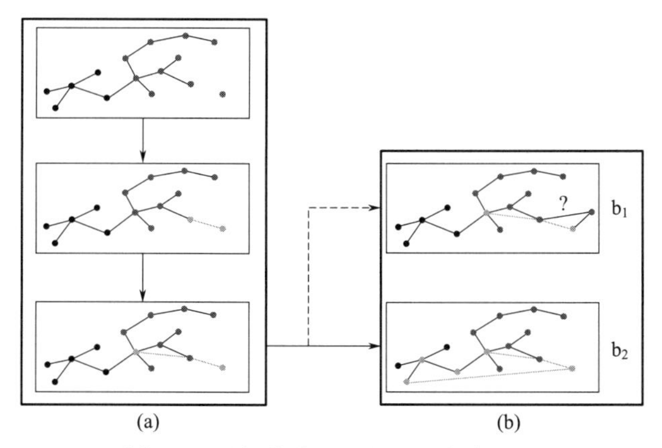

图 6-2　重新搜索父节点与重布线对比

在重选父节点［图 6-2(a) 所示过程］后，通过重新搜索父节点［图 6-2(b) 中 b_2 过程］代替重布线［图 6-2(b) 中 b_1 过程］，从图中可以看出重布线沿基方向优化［图 6-2(b) 中 b_1 最右橘色节点］，重新搜索父节点通过沿深度方向搜索寻找更好父节点［图 6-2(b) 中 b_2 左下角黄色节点］，相比之下重新搜索父节点可以获得更优轨迹。

DM_RRT* 优化轨迹如图 6-3 所示，其中左上角绿色节点为起始点，右下角红色节点为目标点，黑色区域为障碍物。图（a）过程为 RRT 探索地图空间生成随机探索树，图（b）过程为将图（a）过程中冗余节点删除后生成的初始轨迹，图（c）过程为通过改进 RRT* 算法优化后生成可行性轨迹。

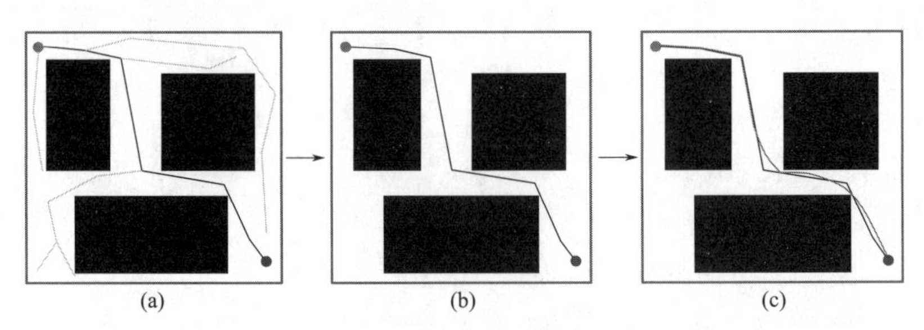

图 6-3　DM_RRT* 优化轨迹示意图

针对所提出的轨迹规划算法进行算法仿真。轨迹规划设置中，起始点位置为（5,95），目标点位置为（95,5），图 6-4 为不同采样次数所规划轨迹效果对比。其中，采样次数较多轨迹［图 6-4(b)］经过改进算法优化后生成树 3946，寻找到可行轨迹 37 条，粗实线轨迹为其中最优轨迹。通过优化 RRT* 算法在已知地图环境信息后进行轨迹规划可得到机器人轨迹跟踪的参考轨迹，包括离散时域内的轨迹坐标点与航向角信息，由${}^{R}\boldsymbol{q}_r = [x_r \quad y_r \quad \varphi_r]^{\mathrm{T}}$ 表示。

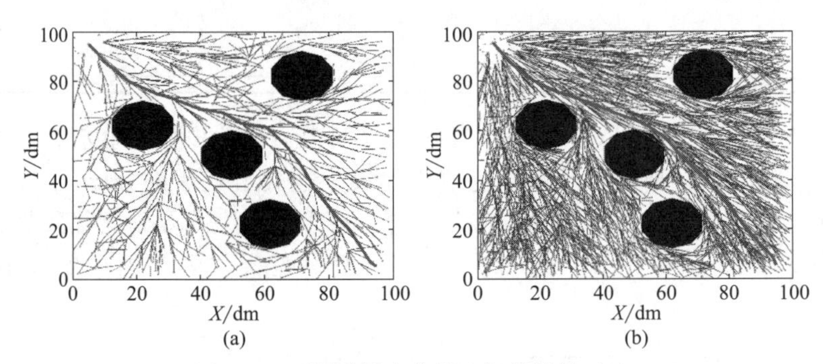

图 6-4　不同采样次数轨迹规划效果对比

6.2　面向崎岖地形的路径规划方法

为了使机器人能够灵活地通过崎岖地形，需要研究适用于此类环境的路径规划与轨迹跟踪控制方法。本节将介绍一种在崎岖地形中具有广泛适应性的路径规划与轨迹跟踪控制方法，以提升机器人在复杂地貌中的导航性能：首先，设计一种基于 A* 算法的 2.5D 路径规划方法，该方法增加地图代价作为移动成本，为机器人规划一条带有高程代价的最优路径。其次，探讨基于模型预测控制算法的 2.5D 轨迹跟踪控制方法，实现机器人在实时变化的地形条件下精准、稳定的轨迹跟踪。最后，对整个导航系统进行总体架构设计，确保感知与运动规划方法的协同工作。

6.2.1　基于 A* 算法的 2.5D 路径规划方法

A* 算法的计算公式为

$$\mathcal{F}(n)=\mathcal{G}(n)+\mathcal{H}(n) \tag{6-3}$$

式中，n 为规划过程中的状态，即节点；$\mathcal{F}(n)$ 作为评估函数，评估每个节点到目标点的代价；$\mathcal{G}(n)$ 是从初始状态移动到状态节点 n 的移动代价，即在平面中由初始节点按照已确定的节点移动 n 个单位距离需要的代价；$\mathcal{H}(n)$ 是从状态节点 n 到目标状态的最佳路径的估计代价，也就是 A^* 算法的启发式函数。A^* 算法从初始节点开始搜索到 8 个邻近节点，并进行等概率依次扩展，如图 6-5 所示。

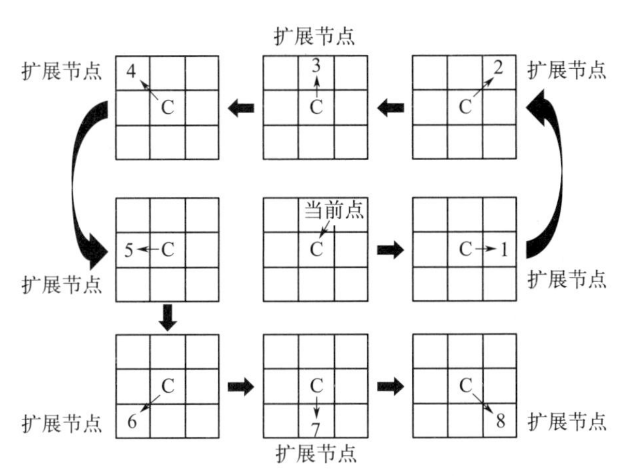

图 6-5　等概率扩展邻近节点

对于启发式函数，如果网格形式的地图只允许朝上下左右四个方向移动，则可以使用曼哈顿距离；如果网格形式的地图中允许朝八个方向移动，则可以使用对角距离；如果网格形式的地图中允许朝任何方向移动，可以使用欧氏距离。本方法采用欧氏距离作为启发式函数距离，表示两节点之间的线性距离。

根据传入的 2.5D 高程地图，给定全局目标和位姿，通过多因子图优化定位方法获取当前移动机器人的位姿。初始化两个空表 Open_set 和 Close_set，算法首先将起始点周围的所有可通过的节点加入 Open_set 中。将起点的代价设置为 0，判断 Open_set 是否为空：如果为空，那么路径规划失败，结束操作；如果不为空，从 Open_set 中选取当前所处节点周围所有可通过节点中代价最小点 n。接着判断 n 是否为终点：如果是终点，则反向搜索前序节点，生成最优路径，路径规划成功；如果不是终点，将节点 n 从 Open_set 中删除，加入 Close_set，然后遍历节点 n 周围的所有可通行的节点。如果节点 n 周围的可通行节点 m 不在 Close_set 中，设置 m 的父节点为 n，用上述公式计算 m 点的代价，将 m 点加入 Open_set 中执行上述判断，进行循环操作直到找到终点。在每次搜索中，算法总是选择当前 Open_set 中总代价 $\mathcal{F}(n)$ 最小的点进行展开，并重复此过程，直到生成代价最小的节点序列，即最优的路径规划。

将点云地图垂直映射到平面得到 2.5D 高程地图后，设计改进后的 A^* 算法，加入高程代价 $C(n)$ 进行最优路径规划，改进的 A^* 算法计算公式为

$$\mathcal{F}(n)=\mathcal{G}(n)+\mathcal{H}(n)+\mathcal{C}(n) \tag{6-4}$$

为了利用高程信息进行路径规划，本方法引入了地形代价 $\mathcal{C}(n)$ 的概念。这个地形代价是基于 2.5D 地图中每个节点所代表的地形可通过性信息的大小计算得出的，定义 $\mathcal{C}(n)$ 为

$$\mathcal{C}(n)=\varpi\left|\mathrm{Data}_n\right| \tag{6-5}$$

式中，ϖ 是一个权重系数，用于平衡地形代价在整体代价中的影响；地形代价信息 $\left|\mathrm{Data}_n\right|$ 反映了节点所在地形的可通过性，本方法可以根据实际情况将地形代价信息映射到一个标准化的范围，以便与 ϖ 进行相乘。

$C(n)$ 表示从初始状态移动到状态 n 的地形代价，2.5D 地图中的每个栅格中有代表通过此地形代价的信息，将地形代价信息加入路径规划中，机器人会根据 $C(n)$ 的大小来选择路径。如果 $|Data_n|$ 较小，说明地形较平坦，机器人倾向于直接通过崎岖路面。如果 $|Data_n|$ 较大，机器人倾向于绕过崎岖路面，基于路径代价会选择路径相对较长但地形相对平坦的路径。这一改进使路径规划算法贴近实际机器人的物理能力和环境特征，提高了路径规划的实用性。

图 6-6 为改进 A* 路径规划算法的示意图，可以进一步详细分析不同区域的特点以及改进的 A* 算法在路径选择中的决策过程。黑色区域代表无法通过的障碍物，可能包括墙壁、大型物体或其他不可逾越的结构，原始的 A* 算法同样会避开这些区域，寻找其他路径。浅灰色区域表示具有一定可通过性的地形，但存在地形代价，这类区域可能包括小型坎坷、凸起地形或其他有一定复杂性的地形。白色区域代表平整且无地形代价的区域。改进的 A* 算法在路径规划中综合考虑各个地形的整体代价来选择一条最优路径。

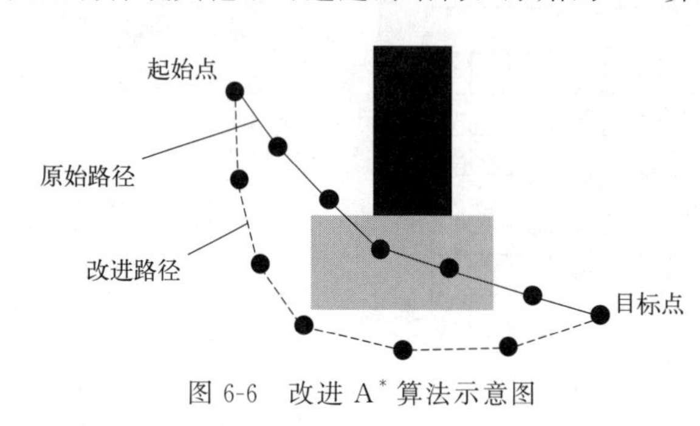

图 6-6　改进 A* 算法示意图

在改进的 A* 算法中，对于地形代价信息 $C(n)$ 的考虑使机器人能够智能地选择路径。机器人根据总体代价来判断绕过或通过图中的灰色区域进行导航，这种路径选择策略符合机器人的实际运动能力。

图 6-7 所示为改进的 A* 算法的仿真结果，验证了所设计的 A* 路径规划方法在 2.5D 代价地图下的成功应用。

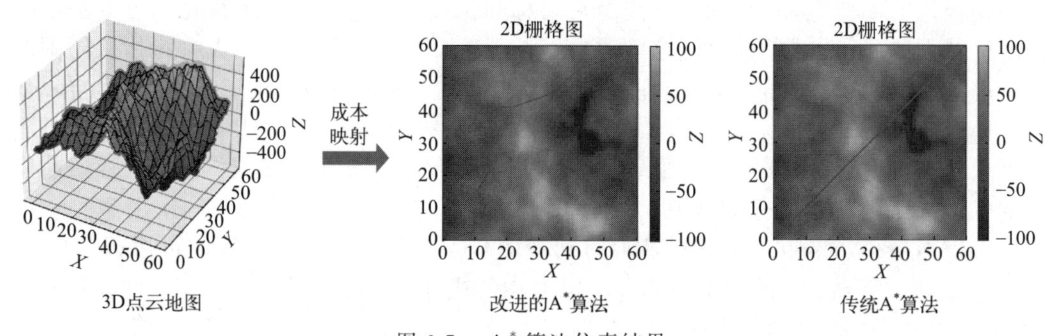

图 6-7　A* 算法仿真结果

在仿真过程中，首先将三维点云地图成本映射得到 2.5D 代价地图，指定相对的两个角为路径规划的起点和终点。在图 6-7 中，最右图为传统 A* 方法，指定相对的两个角为路径规划的起点和终点后，传统 A* 方法的移动轨迹为从左下角与右上角的直线。改进的 A* 算法得到一条区别于传统 A* 算法的规划路径。通过分析表 6-1 中移动代价的对比，可以进一步说明改进的 A* 算法可以在 2.5D 代价地图中进行最小代价路径规划，该仿真实验可以验证该路径规划方法的可行性。

表 6-1　移动代价仿真结果对比

路径规划算法	传统 A* 算法	改进的 A* 算法
移动代价	4852	1562

6.2.2 基于非线性模型预测控制算法的 2.5D 轨迹跟踪控制方法

为了使移动机器人在非平面地形中稳定地移动，本节介绍一种基于非线性模型预测控制（NMPC）的 2.5D 轨迹跟踪控制方法，该轨迹跟踪控制方法使机器人根据 2.5D 高程地图中的高程代价，控制机器人平稳地进行轨迹跟踪。

非线性模型预测控制是一种在控制系统中使用数学模型进行预测的方法。本方法设计的基于 NMPC 的轨迹跟踪控制方法结构如图 6-8 所示，NMPC 控制器包括预测模型、滚动优化和反馈校正三部分。

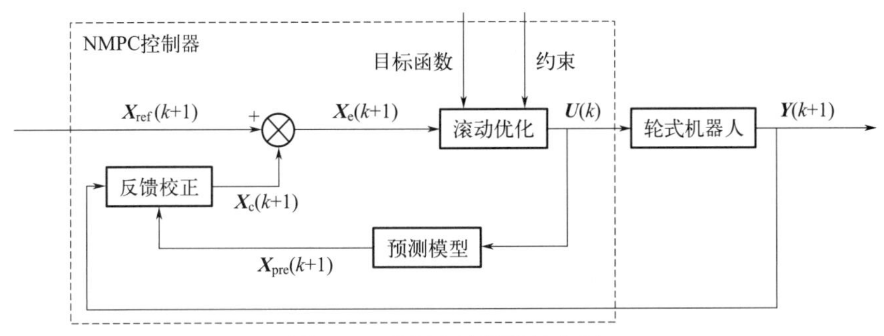

图 6-8 NMPC 控制器结构图

首先，设定预测时域为 P_N，控制时域为 C_W。这表示在当前时刻 k，NMPC 控制器将考虑未来 P_N 个时刻内的系统行为进行预测，并选择 C_W 个时刻内的控制输入进行优化。在当前时刻 k，NMPC 控制器利用系统的预测模型、目标函数和约束条件进行开环最优化求解。这一步的目标是找到使得系统在接下来的 P_N 个时刻内最优的控制输入序列：$\boldsymbol{U}(k)$，$\boldsymbol{U}(k+1),\cdots,\boldsymbol{U}(k+C_W-1)$。从开环最优化求解得到的控制输入序列中，选择第一个控制量 $\boldsymbol{U}(k)$ 作为移动机器人的当前时刻的控制输入。将移动机器人的输出 $\boldsymbol{Y}(k+1)$ 传递到反馈校正模块，实现闭环控制。反馈校正模块比较预测模型输出的预测值$\boldsymbol{X}_{pre}(k+1)$ 和实际输出 $\boldsymbol{Y}(k+1)$，并生成校正值$\boldsymbol{X}_c(k+1)$。在下一个采样时刻 $k+1$，将校正值$\boldsymbol{X}_c(k+1)$ 与期望轨迹$\boldsymbol{X}_{ref}(k+1)$ 做差，得到新的状态量$\boldsymbol{X}_e(k+1)$。这表示实际系统当前状态与期望轨迹之间的偏差。在滚动优化中，使用新的状态量$\boldsymbol{X}_e(k+1)$ 重新求解最优化问题。这一步的目的是在更新后的信息下，再次选择 C_W 个时刻内的最优控制输入序列。迭代以上步骤，形成完整的模型预测控制过程。在每个采样时刻，NMPC 控制器都会重新计算最优控制输入，实现闭环控制。这一循环的过程充分利用了系统的实时信息，不断调整控制输入，使移动机器人能够在复杂环境中精准地跟踪期望轨迹。NMPC 轨迹跟踪示意图如图 6-9 所示。

NMPC 算法的步骤是：

① 获取当前机器人的状态和路径规划算法给出的参考路径，首先要进行坐标系变换，把地图坐标系转换为机器人坐标系，以机器人初始位置作为原点。

② 根据当前状态和路径，预测轨迹，将轨迹划分成 N_c 个控制点，间隔时间为 Δt，总时间为 $T_c=N_c\Delta t$。

③ 控制驱动器输入第一个控制点的数据。

④ 第一个控制点完成之后，回到第一步再递归进行。

预测模型用于描述被控制系统的动态行为，这个模型用于预测未来一系列时刻系统状态的演变，其中包括控制输入对系统的影响。通过预测模型控制器可以预测未来的系统响应，制定最优的控制策略。为了将非线性模型预测控制表示为有限维的优化问题，需要对其进行

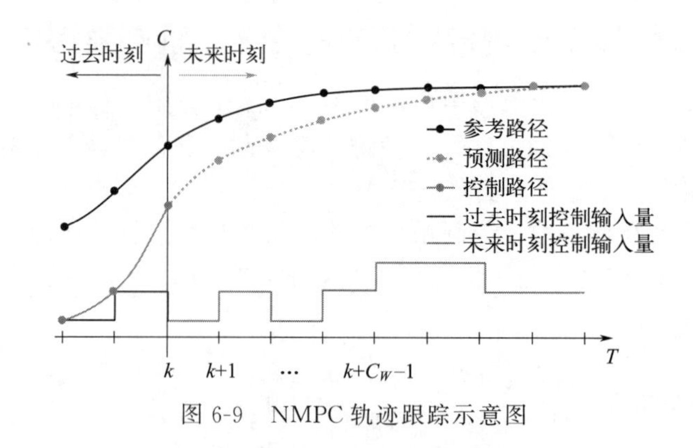

图 6-9　NMPC 轨迹跟踪示意图

参数化，并将控制问题形式化为一个在有限维状态空间中进行优化的数学问题。根据上一时刻的机器人状态，预测下一时刻的状态以实现模型的建立，离散后的模型为

$$\begin{cases}\boldsymbol{X}(k+1)=f_c(\boldsymbol{X}(k),\boldsymbol{U}(k)) \\ \boldsymbol{Y}(k)=\boldsymbol{X}(k)\end{cases} \tag{6-6}$$

式中，$\boldsymbol{X}(k+1)$ 是下一时刻的机器人状态；f_c 是状态更新函数；$\boldsymbol{X}(k)$ 是当前时刻的机器人状态；而 $\boldsymbol{U}(k)$ 是当前时刻的控制输入。这个方程反映了机器人状态在离散时间内的演变，它依赖于当前状态和控制输入。通过适当选择状态更新函数 f_c，该系统能够建立一个准确反映机器人运动特性的模型，为路径规划、运动控制等任务提供基础。这个离散模型的建立为实现精准的状态预测和控制提供了关键支持。

除了基本的位置 x_B、y_B，方向角 θ_B 和速度 v_B 这四个元素之外，该模型还引入了额外的状态变量，包括横向轨迹误差 d_B、方向误差 η_B 以及地图信息融合量 c_B。这些附加变量考虑了机器人路径跟踪和环境交互相关因素，使得机器人的状态表示更为丰富。

使用状态变量 $\boldsymbol{X}(k)=[x_B \quad y_B \quad \theta_B \quad v_B \quad d_B \quad \eta_B \quad c_B]^{\mathrm{T}}$ 建模，离散系统的机器人运动模型 $\boldsymbol{X}(k+1)=f(\boldsymbol{X}(k),\boldsymbol{U}(k))$的非线性方程如下：

$$x_B(k+1)=x_B(k)+v_B(k)\cos(\theta_B(k))\Delta t \tag{6-7}$$

$$y_B(k+1)=y_B(k)+v_B(k)\sin(\theta_B(k))\Delta t \tag{6-8}$$

$$\theta_B(k+1)=\theta_B(k)+\omega_B(k)\Delta t \tag{6-9}$$

$$v_B(k+1)=v_B(k)+a_B(k)\Delta t \tag{6-10}$$

$$d_B(k+1)=g(x_B(k))-y_B(k)+v_B(k)\sin(\eta_B(k))\Delta t \tag{6-11}$$

$$\eta_B(k+1)=\theta_B(k)-\theta_B^*(k)+\omega_B(k)\Delta t \tag{6-12}$$

$$c_B(k+1)=|\Delta\mathrm{data}[x_B(k+1),y_B(k+1)]\times v_B(k+1)| \tag{6-13}$$

式中，Δt 是用于离散化的时间间隔；$g(x_B(k))$ 是一个以 $x_B(k)$ 为输入的多项式曲线拟合函数；$\theta_B^*(k)$ 表示曲线拟合函数 $g(x_B(k))$ 的斜率；$d_B(k)$ 表示机器人当前位置与跟踪路径位置的横向位置偏差，即机器人离路径的横向距离；$\eta_B(k)$ 表示机器人当前朝向与路径切线的夹角，即机器人的方向偏离路径方向的程度；$\Delta\mathrm{data}[\,]$是当前状态和前一状态地图信息差值的绝对值；$c_B(k)$ 反映了地图信息和机器人速度的融合程度，通过对当前状态在地图上的位置信息进行差值，结合机器人的速度，得到融合量。

$d_B(k)$ 的变化反映了机器人在路径上的横向偏移情况。轨迹跟踪控制可以通过调整控制输入，使 $d_B(k)$ 保持在合适的范围内，以确保机器人沿着预定路径移动。$\eta_B(k)$ 的变化描述了机器人当前朝向相对于路径的对齐情况。当 $\eta_B(k)$ 为零时，机器人的朝向与路径切线方向一致。轨迹跟踪控制可以通过调整控制输入，使 $\eta_B(k)$ 趋近于零，以确保机器人按照期望方向前进。$d_B(k)$ 和 $\eta_B(k)$ 表示机器人位置到预测路径的距离误差和机器人方向与预测路径切线的方向误差。

滚动优化是 NMPC 中的一种优化方法，能够周期性地针对系统实时状态的变化重新计算和更新控制输入。为了确保移动机器人能够快速、稳定地跟踪期望轨迹，采用二次型函数计算预测状态与期望状态之间的距离误差，并以最小化误差为目标构建代价函数：

$$\begin{aligned}\min_{X,U}\Bigg\{&\sum_{i=0}^{N}\left[W_v\|\boldsymbol{v}_B(i)-\boldsymbol{v}_B^{\mathrm{ref}}(i)\|^2+W_d\|\boldsymbol{d}_B(i)\|^2+W_{\eta_B}\|\boldsymbol{\eta}_B(i)\|^2\right]\\&+\sum_{n=1}^{N-1}\left[W_c\|\boldsymbol{c}_B(n)\|^2\right]+\sum_{j=1}^{N-1}\left[W_\omega\|\boldsymbol{\omega}_B(j)\|^2+W_a\|\boldsymbol{a}_B(j)\|^2\right]\\&+\sum_{m=2}^{N}\left[W_{\dot\omega}\|\boldsymbol{\omega}_B(m)-\boldsymbol{\omega}_B(m-1)\|^2+W_{\dot a}\|\boldsymbol{a}_B(m)-\boldsymbol{a}_B(m-1)\|^2\right]\Bigg\}\end{aligned}\tag{6-14}$$

代价函数［式(6-14)］的目标是最小化这些二次型误差，即通过调整机器人的控制输入，使机器人的实际状态尽可能地接近期望状态。这种方式可以控制机器人按照期望轨迹运动，以实现对轨迹的高效、精确跟踪。代价函数包含了多个项，每个项都对系统的不同方面进行了度量和约束。其中，速度偏差项 $\|\boldsymbol{v}_B(i)-\boldsymbol{v}_i^{\mathrm{ref}}(i)\|^2$ 通过控制速度来减小速度偏差，使实际速度接近期望速度；横向轨迹误差项 $\|\boldsymbol{d}_B(i)\|^2$ 通过减小横向轨迹误差，控制机器人在规划路径上运动；方向误差项 $\|\boldsymbol{\eta}_B(i)\|^2$ 通过减少方向误差，使机器人的方向与规划路径的切线方向一致；角速度项 $\|\boldsymbol{\omega}_B(j)\|^2$ 和加速度项 $\|\boldsymbol{a}_B(j)\|^2$ 是通过抑制角度变化与速度变化来避免产生过大的角速度和加速度，控制机器人稳定移动；角速度变化项 $\|\boldsymbol{\omega}_B(m)-\boldsymbol{\omega}_B(m-1)\|^2$ 和加速度变化项 $\|\boldsymbol{a}_B(m)-\boldsymbol{a}_B(m-1)\|^2$ 的作用是平滑控制机器人的运动，抑制速度跳变；最后，地图信息融合项 $\|\boldsymbol{c}_B(n)\|^2$ 是通过地形来控制机器人的移动速度，使得机器人在通过起伏地形时尽量平稳运动。

约束条件如下：

$$\boldsymbol{X}(k+1)=f(\boldsymbol{X}(k),\boldsymbol{U}(k)),\quad \forall k\in[1,2,\cdots,N-1]\tag{6-15}$$

$$\boldsymbol{X}_m\leqslant\boldsymbol{X}(k)\leqslant\boldsymbol{X}_M,\quad \forall k\in[1,2,\cdots,N-1]\tag{6-16}$$

$$\boldsymbol{U}_m\leqslant\boldsymbol{U}(k)\leqslant\boldsymbol{U}_M,\quad \forall k\in[1,2,\cdots,N-1]\tag{6-17}$$

式(6-15)表示机器人在移动区间遵循运动方程，式(6-16)表示机器人状态量的约束条件，式(6-17)表示机器人控制量的约束条件。

NMPC 的优化权重如表 6-2 所示。优先考虑机器人路径跟随性能，体现在横向轨迹误差和方向误差权重上。实现机器人的快速移动，体现在正向速度误差权重上。防止机器人运动过程中的姿态突然变化，体现在偏航加速度和阻尼的加权。最后考虑地图对移动机器人的影响，这体现在地图速度融合误差权重上。权重设置反映了在优化问题中对不同性能指标的关注程度。通过调整这些权重，可以在路径跟踪、速度控制和地图信息融合等方面进行权衡，满足具体的控制需求和运动环境。

表 6-2 NMPC 优化权重

权重	符号
正向速度误差的权重	W_v
横向轨迹误差的权重	W_d
方向误差的权重	W_η
偏航速率误差的权重	W_ω

续表

权重	符号
加速度误差的权重	W_a
角速度变化误差的权重	$W_{\dot{\omega}}$
加速度变化误差的权重	$W_{\dot{a}}$
地图速度融合误差的权重	W_c

基于上述分析，传统的 NMPC 算法通常在二维地图平面上进行轨迹跟踪，忽略了地面的起伏和需要跨越障碍物的情况，导致在实际应用中无法确保机器人能够平稳并准确地遵循路径移动。为了解决这一问题，本方法在传统 NMPC 的基础上进行了改进，引入了地图信息变化量与速度相融合的代价。

在代价函数［式(6-14)］的设计中，考虑机器人通过高度变化的地形时地图信息变化量会显著增加，因此在代价函数中抑制地图信息与速度信息融合量的变化，当机器人移动经过地形高度变化较大的区域时，地图信息变化量的增大将导致速度降低。这种设计使机器人能够平稳地通过高度变化的路面，通过调整速度来缓冲地图信息的变化量，确保机器人平稳进行路径跟踪。

在轮式机器人动态系统控制的实际应用中，会受到机械干扰的影响，导致预测模型输出的预测值与实际值之间存在一定的差异。仅依赖预测模型和最优控制求解得到的控制输入，难以确保轮式机器人能够紧密地跟随期望轨迹。如果不及时反馈实际测量信息，预测模型产生的预测值可能会偏离实际情况。为解决这一问题，本方法引入了实时反馈进行校正，通过计算当前时刻的实际测量值 $\boldsymbol{X}(k)$ 与预测值 $\boldsymbol{X}_{\text{pre}}(k)$ 之间的差异，将这个差异设定为误差 $\boldsymbol{e}_t^c$，即

$$\boldsymbol{e}_t^c=\boldsymbol{X}(k)-\boldsymbol{X}_{\text{pre}}(k) \tag{6-18}$$

这个差异反映了控制系统在执行任务时模型预测与实际执行之间的偏差。

选取反馈权重系数矩阵 $\boldsymbol{K}_f=[0.12\ 0.28\ 0.2\ 0.1\ 0.1\ 0.1\ 0.1]^{\mathrm{T}}$，使用权重对预测误差进行加权，以准确地修正模型预测值，进而得到更为精确的预测输出。权重的选择通常基于系统的特性和性能要求，不同的权重分配可以在不同的情境下实现不同的校正效果。这种加权方法使校正后的预测输出能够反映实际系统的动态变化。通过加权方法预测未来的误差，可以得到校正后的预测输出公式为

$$\boldsymbol{X}_c(k+1)=\boldsymbol{X}_{\text{pre}}(k)+\boldsymbol{K}_f\boldsymbol{e}_k^c \tag{6-19}$$

在 $k+1$ 时刻，校正后的预测输出 $\boldsymbol{X}_c(k+1)$ 通过反馈校正作为初始预测值对移动机器人重新进行控制，如此循环往复进行。这个过程中，$\boldsymbol{K}_f$ 是一个权重矩阵，用于调整误差 $\boldsymbol{e}_k^c$ 的影响。这种校正的方法可以使系统在运行时适应实际系统的动态变化。

本 NMPC 方法的仿真结果如图 6-10 所示，验证了所设计的非线性模型预测控制器可以通过地形来控制移动机器人的速度变化。

图 6-10 中，黑色圆形障碍物代表不可通过区域，该控制器可以控制移动机器人进行躲避障碍物移动；灰色区域代表具有高度代价的可通过区域。为了更好地显示本方法的效果，在该对比实验中灰色区域占据了通道中的可通过区域，所以移动机器人不得不跨越灰色区域，当跨越灰色区域时，当前位置和下一时刻位置的地图代价会产生差值，这一差值与移动机器人的速度融合，进而进行减速。因此，该轨迹跟踪控制器会降低移动机器人的速度而使移动机器人在越障时保持姿态稳定。这一仿真结果表明，所设计的 2.5D 轨迹跟踪控制方法在面对复杂地形时能够灵活调整机器人的运动策略，实现了对于地形变化的自适应控制。

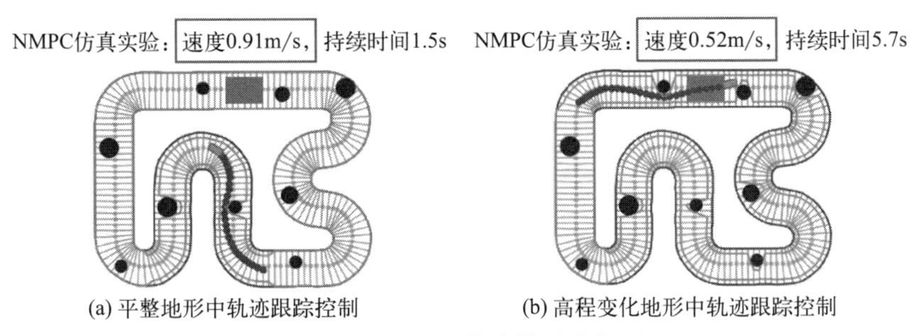

图6-10　NMPC仿真结果分析图

导航系统由感知定位与规划控制两部分组成，感知定位部分由多因子图定位和语义地图的构建两部分组成，规划控制部分由适用于2.5D地图的A* 路径规划与NMPC轨迹跟踪控制两部分组成。具体的导航系统总体架构设计如图6-11所示。

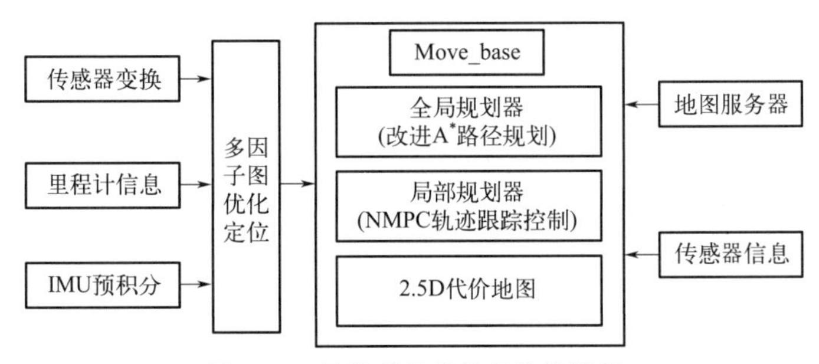

图6-11　导航系统总体架构设计图

本导航系统基于ROS平台，状态估计和多因子图设计采用GTSAM框架[3] 在C++中实现，整个导航系统使用ROS提供的Navigation Stack模块进行配置。为了使用NMPC实现路径跟随，局部规划器部分作为NMPC路径跟随器，全局规划器使用改进的A* 算法将路径映射到目标点。

首先，将Navigation Stack中默认的自适应蒙特卡罗定位（adaptive Monte Carlo localization，AMCL）模块替换为感知模块中的多因子图优化融合定位方法，通过引入多种传感器信息，如IMU、视觉传感器等，多因子图定位方法在处理光线等户外干扰时具有抗干扰能力，实现准确和可靠的定位过程。

地图服务器采用感知模块中的语义建图方法，在全局环境中实现动态对象的识别和滤除，最终形成全局三维点云地图。通过全局环境建模，系统能够滤除动态对象，建立全局静态地图，为机器人提供准确的环境信息。系统将三维点云地图根据成本函数投影到二维平面，生成2.5D代价地图。这样的代价地图将地形和障碍物的信息结合在一起，为路径规划提供了精准全面的数据支持。

Move Base是ROS中的一个高级导航控制器，本方法使用Move Base来整合全局路径规划器、局部路径规划器、定位系统以及底层运动控制，使机器人能够实现在环境中的自主导航。

在路径跟随的实现中，NMPC作为路径跟随的控制策略。为了协同全局和局部规划，将局部规划器作为NMPC路径跟随器的一部分。Move Base将全局路径传递给局部规划器，生成机器人在当前位置到目标点之间的局部路径。局部路径规划考虑机器人的局部感知和避障需求。本节中的局部规划器，未涉及对环境中障碍物的识别和避障处理。因此全局规划器采用了改进的 A* 算法。该算法能够将机器人的全局路径映射到目标点，并考虑环境中的障碍物信息，确保生成的路径在避开障碍物的同时是代价最小的路径。这种综合利用全局规划和 NMPC 的方法使得机器人在路径跟随过程中更具有实用性。

6.3 起伏地形轨迹跟踪算法研究与方法设计

本节主要对起伏地形环境轮式机器人轨迹跟踪控制方法进行研究，设计了基于模型预测控制算法和双层比例-积分-微分反馈补偿控制算法的轨迹跟踪控制器。控制器的设计充分利用模型预测控制算法擅长处理多输入多输出系统的特点，并结合其可以考虑多因素进行多变量交互优势，将该算法作为机器人轨迹跟踪的主要算法以保证控制策略的合理性；同时以实时整定比例-积分-微分算法作为补偿控制算法，提高机器人在复杂地形中运动的系统鲁棒性与控制精度，使控制器能以高精度、低误差完成跟踪任务。控制器设计结构思路如图 6-12 所示。

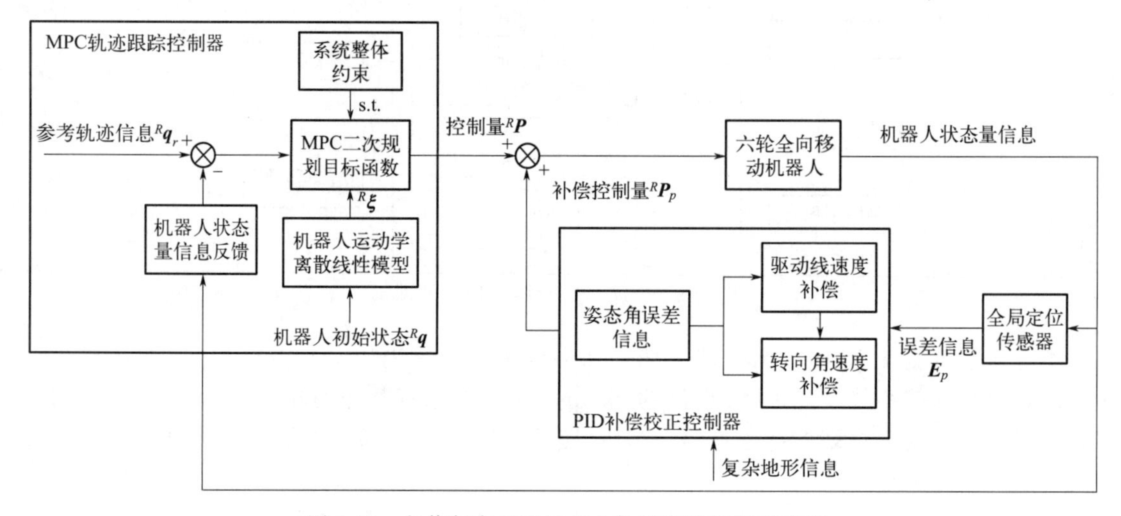

图 6-12　起伏复杂地形机器人轨迹跟踪控制结构图

6.3.1 起伏地形机器人姿态误差补偿控制问题分析

(1) 起伏地形误差来源分析

随着轮式机器人的应用场景日益广泛，机器人经常会面对起伏凹凸路面、各类复杂斜坡等地形，如图 6-13 所示。

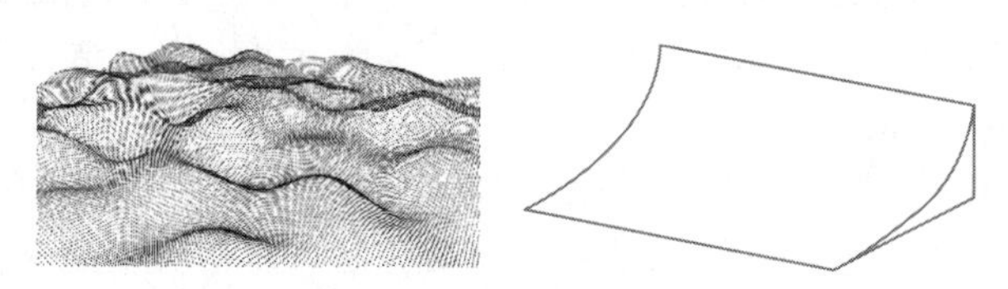

图 6-13　复杂起伏地形

MPC 算法中模型建立基于机器人在平坦地形环境运动，但是在起伏复杂地形环境中机器人所处位置的倾斜角度 α_c 不固定且无法测量。机器人在起伏复杂地形轨迹跟踪运动时采样时刻 k 接收到 MPC 算法的控制输入，当机器人运动在 k 时刻与 $k+1$ 时刻的时间间隔内时，地形环境的改变可能会使 k 时刻控制输入不适应当前地形，导致机器人运动误差出现，无法到达参考位置，如图 6-14 所示，并且无法基于起伏路面建立准确的数学模型进行分析，导致运动过程中偏离误差的产生。

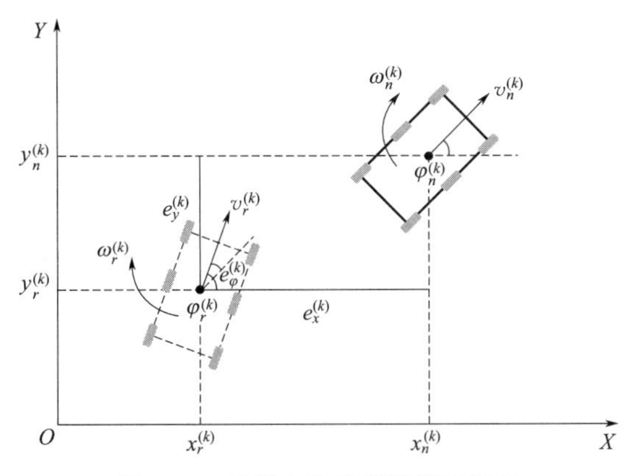

图 6-14　机器人轨迹跟踪运动误差

以凹形斜坡为例，假设机器人在斜坡与平坦地形的转向理论线速度与转向半径相同，但转向时斜坡与平坦地形向心力的组成发生变化，如图 6-15 所示。向心力变化导致实际线速度与角速度的组成与平坦地形不同，平坦地形与斜坡地形机器人线速度与角速度如式(6-20)、式(6-21)，使机器人实际控制输入 $^R\boldsymbol{p}$ 无法达到理想控制输入 $^R\boldsymbol{p}_r$，导致实际状态量与理想状态量累积误差 $\sum\|^R\dot{\boldsymbol{q}}_r-{}^R\dot{\boldsymbol{q}}\|$ 增大，因此起伏复杂地形会使机器人跟踪不准确。

$$\begin{cases} v_{\text{flat}}=\sqrt{\dfrac{F_f R_T}{m}} \\ \omega_{\text{flat}}=\sqrt{\dfrac{F_f}{m R_T}} \end{cases} \tag{6-20}$$

$$\begin{cases} v_{\text{complex}}=\sqrt{\dfrac{(G\sin\alpha_c \pm F_f)R_T}{m}} \\ \omega_{\text{complex}}=\sqrt{\dfrac{G\sin\alpha_c \pm F_f}{m R_T}} \end{cases} \tag{6-21}$$

式中，G 为机器人重力；F_f 为机器人所受摩擦力之和；R_T 为转向半径。

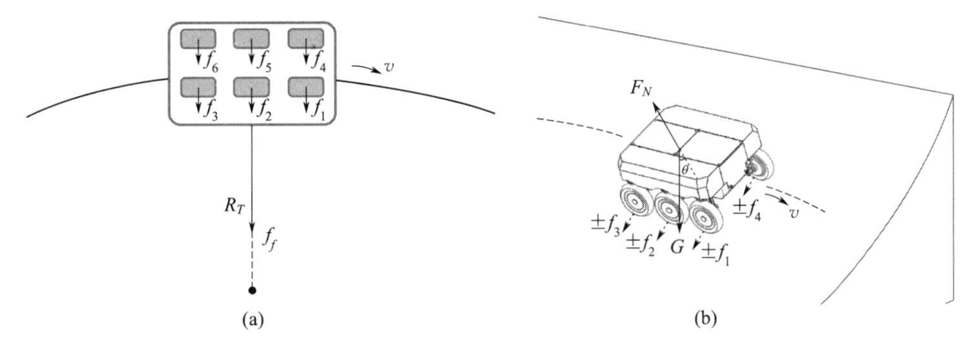

图 6-15　机器人平坦地形与斜坡地形转向分析

(2) 起伏地形姿态角误差解决方法

机器人在起伏复杂地形受到地形扰动影响的本质是机器人运动过程中姿态角的改变，如图 6-16 所示。平坦地形中机器人车身俯仰角与翻滚角都为 0°，车身姿态通过航向角表示，控制器可以直接通过线速度与角速度调节。由于起伏复杂地形中车身俯仰角与翻滚角未知，MPC 控制器反馈校正能力有限，导致机器人在起伏地形下轨迹跟踪不准确，因此本书设计了平坦地形下基于 MPC 算法的轨迹跟踪控制器，起伏地形导致姿态角误差影响则通过设计双层 PID 控制器进行动态补偿。这种设计方法可以将起伏地形机器人运动模型转换为平坦地形模型进行分析，而起伏地形产生的误差影响利用结构简单的 PID 控制器进行补偿，在优化控制器结构的同时还简化了机器人模型。

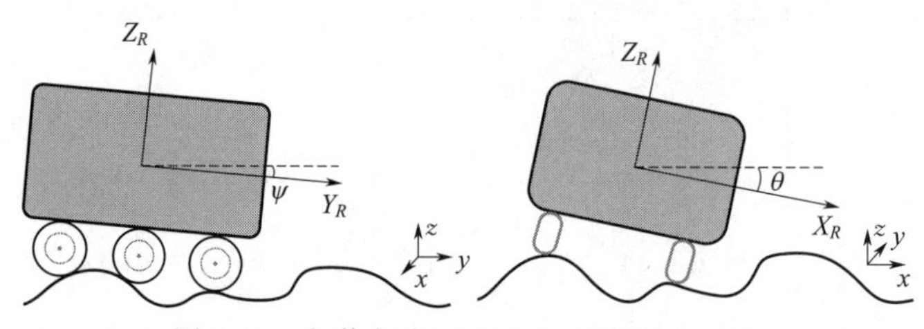

图 6-16 起伏复杂地形机器人姿态角改变

6.3.2 基于模型预测控制的机器人轨迹跟踪方法

机器人轨迹规划生成的可行性轨迹通常是系列轨迹坐标点与航向角的集合，轨迹跟踪控制是在完成规划后，通过结合机器人自身运动学约束信息，以合适的控制算法将轨迹坐标点与航向角集合计算为机器人离散时刻的运动控制指令（本书主要指机器人控制量），以完成由轨迹起始点至目标点运动，如图 6-17 所示。

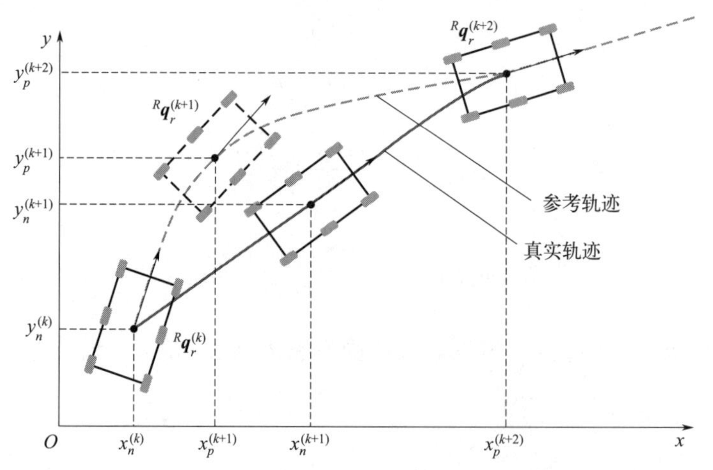

图 6-17 机器人轨迹跟踪与预测控制示意图

MPC 算法是一种最早应用于工业领域的计算机优化算法，通常由预测模型、滚动优化、反馈校正构成。预测模型可以准确预测未来时域内的系统输出，滚动优化通过计算一段时间内的最优控制提高系统的鲁棒性，反馈校正则增强了系统抗干扰能力，提高了系统鲁棒性。在图 6-17 中，机器人在 k 时刻实际位置为（$x_n^{(k)}$，$y_n^{(k)}$），通过 MPC 算法预测未来一段时域内位置为（$x_p^{(k+1)}, y_p^{(k+1)}$）、（$x_p^{(k+2)}, y_p^{(k+2)}$）等，若机器人在 $k+1$ 时刻由于误差导致没有运动到目标位置，利用算法反馈校正功能可以在运动过程中减小误差，使机器人在 $k+2$ 时刻到达目标位置。

机器人运动状态量定义为 ${}^R\boldsymbol{q}=[x \quad y \quad \varphi]^{\mathrm{T}}$，运动控制量定义为 ${}^R\boldsymbol{p}=[v \quad \omega]^{\mathrm{T}}$。机器人系统是以控制量与状态量为输入的控制系统，因此可得出机器人运动学模型状态空间方程为式(6-20)。机器人轨迹规划的参考轨迹是坐标与航向角信息集合，与机器人状态量具有模型上的一致性，同时满足状态空间模型的一般形式，因此将参考状态定义为

$$
{}^R\dot{\boldsymbol{q}}=\begin{bmatrix}\dot{x}\\ \dot{y}\\ \dot{\varphi}\end{bmatrix}=\begin{bmatrix}\cos\varphi & 0\\ \sin\varphi & 0\\ 0 & 1\end{bmatrix}\begin{bmatrix}v\\ \omega\end{bmatrix}=f({}^R\boldsymbol{q},{}^R\boldsymbol{p}) \tag{6-22}
$$

$$
{}^R\dot{\boldsymbol{q}}_r=\begin{bmatrix}\dot{x}_r\\ \dot{y}_r\\ \dot{\varphi}_r\end{bmatrix}=f({}^R\boldsymbol{q}_r,{}^R\boldsymbol{p}_r) \tag{6-23}
$$

得到机器人状态空间方程后，为便于分析，利用泰勒一阶展开法对上式进行线性化处理。由于在机器人轨迹跟踪过程中，期望状态即为达到参考状态，因此在参考状态处对机器人状态空间进行展开，同时在忽略高阶项，只保留一阶项后得到表达式为

$$
{}^R\dot{\boldsymbol{q}}=f({}^R\boldsymbol{q}_r,{}^R\boldsymbol{p}_r)+\frac{\partial f}{\partial^R\boldsymbol{q}}({}^R\boldsymbol{q}-{}^R\boldsymbol{q}_r)+\frac{\partial f}{\partial^R\boldsymbol{p}}({}^R\boldsymbol{p}-{}^R\boldsymbol{p}_r) \tag{6-24}
$$

式中，$f(\cdot)$ 为以 $\cdot$ 为变量的状态转移函数；$\partial f/\partial^R\boldsymbol{q}$、$\partial f/\partial^R\boldsymbol{p}$ 分别为函数 f 对机器人状态量和控制量的偏导数。

上式与参考状态的状态空间模型作差后可得到线性化处理后的误差模型，表达式为

$$
{}^R\dot{\tilde{\boldsymbol{q}}}={}^R\dot{\boldsymbol{q}}-{}^R\dot{\boldsymbol{q}}_r\approx\frac{\partial f}{\partial^R\boldsymbol{q}}({}^R\boldsymbol{q}-{}^R\boldsymbol{q}_r)+\frac{\partial f}{\partial^R\boldsymbol{p}}({}^R\boldsymbol{p}-{}^R\boldsymbol{p}_r) \tag{6-25}
$$

式中，${}^R\dot{\tilde{\boldsymbol{q}}}$ 为线性误差模型，${}^R\dot{\tilde{\boldsymbol{q}}}=[\dot{x}-\dot{x}_r \quad \dot{y}-\dot{y}_r \quad \dot{\varphi}-\dot{\varphi}_r]^{\mathrm{T}}$，整理后可写为式(6-26)。

$$
{}^R\dot{\tilde{\boldsymbol{q}}}=\frac{\partial f}{\partial^R\boldsymbol{q}}{}^R\tilde{\boldsymbol{q}}+\frac{\partial f}{\partial^R\boldsymbol{p}}{}^R\tilde{\boldsymbol{p}}=\boldsymbol{A}\,{}^R\tilde{\boldsymbol{q}}+\boldsymbol{B}\,{}^R\tilde{\boldsymbol{p}} \tag{6-26}
$$

式中，${}^R\tilde{\boldsymbol{q}}$、${}^R\tilde{\boldsymbol{p}}$ 分别为机器人状态量与参考状态量误差、控制量与参考控制量误差，${}^R\tilde{\boldsymbol{q}}={}^R\boldsymbol{q}-{}^R\boldsymbol{q}_r$，${}^R\tilde{\boldsymbol{p}}={}^R\boldsymbol{p}-{}^R\boldsymbol{p}_r$；$\boldsymbol{A}$、$\boldsymbol{B}$ 为误差模型的雅可比矩阵，分别为

$$
\boldsymbol{A}=\begin{bmatrix}0 & 0 & -v_r\sin\varphi_r\\ 0 & 0 & v_r\cos\varphi_r\\ 0 & 0 & 0\end{bmatrix} \tag{6-27}
$$

$$
\boldsymbol{B}=\begin{bmatrix}\cos\varphi_r & 0\\ \sin\varphi_r & 0\\ 0 & 1\end{bmatrix} \tag{6-28}
$$

MPC 控制器计算过程中，对机器人的控制是在一定采样周期 T 进行离散化控制，因此为了将误差模型用于控制器的设计，通过前向欧拉法，可得到离散时域内误差模型为

$$
{}^R\dot{\tilde{\boldsymbol{q}}}=\frac{{}^R\tilde{\boldsymbol{q}}^{(k+1)}-{}^R\tilde{\boldsymbol{q}}^{(k)}}{T}=\boldsymbol{A}\,{}^R\tilde{\boldsymbol{q}}+\boldsymbol{B}\,{}^R\tilde{\boldsymbol{p}} \tag{6-29}
$$

对上式进行拆分处理后，可得到在 $k+1$ 时刻的离散误差模型为

$$^R\tilde{\boldsymbol{q}}^{(k+1)}=(\boldsymbol{I}_3+T\boldsymbol{A})\,^R\tilde{\boldsymbol{q}}^{(k)}+T\boldsymbol{B}\,^R\tilde{\boldsymbol{p}}^{(k)}=\boldsymbol{A}_{at}\,^R\tilde{\boldsymbol{q}}^{(k)}+\boldsymbol{B}_{at}\,^R\tilde{\boldsymbol{p}}^{(k)} \tag{6-30}$$

式中，$\boldsymbol{A}_{at}=\boldsymbol{I}_3+T\boldsymbol{A}$；$\boldsymbol{B}_{at}=T\boldsymbol{B}$；$\boldsymbol{I}_3$ 为 3 阶单位矩阵；T 为采样周期。式(6-30) 为线性化与离散化处理后得到的误差模型。

对前面定义的系统输入（状态量偏差与控制量偏差）进行整合，定义新的状态量设计预测方程，进而方便对未来预测系统状态进行分析，对式(6-30) 处理后得到下式：

$$^R\tilde{\boldsymbol{\xi}}^{(k+1)}=\begin{bmatrix}^R\tilde{\boldsymbol{q}}^{(k+1)}\\ ^R\tilde{\boldsymbol{p}}^{(k)}\end{bmatrix}=\begin{bmatrix}\boldsymbol{A}_{at}\,^R\tilde{\boldsymbol{q}}^{(k)}+\boldsymbol{B}_{at}\,^R\tilde{\boldsymbol{p}}^{(k)}\\ ^R\tilde{\boldsymbol{p}}^{(k-1)}-{}^R\hat{\tilde{\boldsymbol{p}}}^{(k)}\end{bmatrix}=\hat{\boldsymbol{A}}\begin{bmatrix}^R\tilde{\boldsymbol{q}}^{(k)}\\ ^R\tilde{\boldsymbol{p}}^{(k-1)}\end{bmatrix}+\hat{\boldsymbol{B}}\,^R\hat{\tilde{\boldsymbol{p}}}^{(k)}=\hat{\boldsymbol{A}}\,^R\tilde{\boldsymbol{\xi}}^{(k)}+\hat{\boldsymbol{B}}\,^R\hat{\tilde{\boldsymbol{p}}}^{(k)} \tag{6-31}$$

式中，$\hat{\boldsymbol{A}}$、$\hat{\boldsymbol{B}}$ 为重定义的状态量模型雅可比矩阵，也可以认为是系统输入方程的系数矩阵，$\hat{\boldsymbol{A}}=\begin{bmatrix}\boldsymbol{A}_{at} & \boldsymbol{B}_{at}\\ \boldsymbol{0}_{2\times3} & I_2\end{bmatrix}$，$\hat{\boldsymbol{B}}=\begin{bmatrix}\boldsymbol{B}_{at}\\ \boldsymbol{I}_2\end{bmatrix}$，其中 $\boldsymbol{I}_2$ 为二阶单位矩阵；$^R\hat{\tilde{\boldsymbol{p}}}^{(k)}$ 为 $k-1$ 时刻与 k 时刻控制量误差的差值，$^R\hat{\tilde{\boldsymbol{p}}}^{(k)}={}^R\tilde{\boldsymbol{p}}^{(k)}-{}^R\tilde{\boldsymbol{p}}^{(k-1)}$。

整理后得到的系统输入输出方程为

$$\begin{cases}^R\tilde{\boldsymbol{\xi}}^{(k+1)}=\hat{\boldsymbol{A}}\,^R\tilde{\boldsymbol{\xi}}^{(k)}+\hat{\boldsymbol{B}}\,^R\hat{\tilde{\boldsymbol{p}}}^{(k)}\\ \boldsymbol{\eta}^{(k)}=\boldsymbol{C}\,^R\tilde{\boldsymbol{\xi}}^{(k)}\end{cases} \tag{6-32}$$

式中，$^R\tilde{\boldsymbol{\xi}}^{(k+1)}$ 为系统输入；$\boldsymbol{\eta}^{(k)}$ 为系统输出；$\boldsymbol{C}$ 为输出方程的系数矩阵，$\boldsymbol{C}=[\boldsymbol{I}_3 \quad \boldsymbol{0}_{3\times2}]$，其中 $\boldsymbol{I}_3$ 为 3 阶单位矩阵。

由上式，在 k 时刻取预测步长为 N_p，控制步长为 N_c，则 k 时刻至 $k+N_p$ 时刻系统的状态输入迭代方程为

$$\begin{bmatrix}^R\tilde{\boldsymbol{\xi}}^{(k+1)}\\ ^R\tilde{\boldsymbol{\xi}}^{(k+2)}\\ \vdots\\ ^R\tilde{\boldsymbol{\xi}}^{(k+N_c)}\\ \vdots\\ ^R\tilde{\boldsymbol{\xi}}^{(k+N_p)}\end{bmatrix}=\begin{bmatrix}\hat{\boldsymbol{A}}\\ \hat{\boldsymbol{A}}^2\\ \vdots\\ \hat{\boldsymbol{A}}^{N_c}\\ \vdots\\ \hat{\boldsymbol{A}}^{N_p}\end{bmatrix}{}^R\tilde{\boldsymbol{\xi}}^{(k)}+\begin{bmatrix}\hat{\boldsymbol{B}} & \boldsymbol{0}_{5\times2} & \boldsymbol{0}_{5\times2} & \cdots & \boldsymbol{0}_{5\times2}\\ \hat{\boldsymbol{A}}\hat{\boldsymbol{B}} & \hat{\boldsymbol{B}} & \boldsymbol{0}_{5\times2} & \cdots & \boldsymbol{0}_{5\times2}\\ \vdots & \vdots & & & \vdots\\ \hat{\boldsymbol{A}}^{N_c-1}\hat{\boldsymbol{B}} & \hat{\boldsymbol{A}}^{N_c-2}\hat{\boldsymbol{B}} & & & \boldsymbol{0}_{5\times2}\\ \vdots & \vdots & & & \vdots\\ \hat{\boldsymbol{A}}^{N_p-1}\hat{\boldsymbol{B}} & \hat{\boldsymbol{A}}^{N_p-1}\hat{\boldsymbol{B}} & \cdots & \cdots & \hat{\boldsymbol{B}}\end{bmatrix}\begin{bmatrix}^R\hat{\tilde{\boldsymbol{p}}}^{(k)}\\ ^R\hat{\tilde{\boldsymbol{p}}}^{(k+1)}\\ \vdots\\ ^R\hat{\tilde{\boldsymbol{p}}}^{(k+N_c-1)}\\ \vdots\\ ^R\hat{\tilde{\boldsymbol{p}}}^{(k+N_p-1)}\end{bmatrix} \tag{6-33}$$

同理，系统输出的迭代序列为

$$\begin{bmatrix}\boldsymbol{\eta}^{(k+1)}\\ \boldsymbol{\eta}^{(k+2)}\\ \vdots\\ \boldsymbol{\eta}^{(k+N_c)}\\ \vdots\\ \boldsymbol{\eta}^{(k+N_p)}\end{bmatrix}=\begin{bmatrix}\boldsymbol{C}\hat{\boldsymbol{A}}\\ \boldsymbol{C}\hat{\boldsymbol{A}}^2\\ \vdots\\ \boldsymbol{C}\hat{\boldsymbol{A}}^{N_c}\\ \vdots\\ \boldsymbol{C}\hat{\boldsymbol{A}}^{N_p}\end{bmatrix}{}^R\tilde{\boldsymbol{\xi}}^{(k)}+\begin{bmatrix}\boldsymbol{C}\hat{\boldsymbol{B}} & \boldsymbol{0}_{3\times2} & \boldsymbol{0}_{3\times2} & \cdots & \boldsymbol{0}_{3\times2}\\ \boldsymbol{C}\hat{\boldsymbol{A}}\hat{\boldsymbol{B}} & \boldsymbol{C}\hat{\boldsymbol{B}} & \boldsymbol{0}_{3\times2} & \vdots & \boldsymbol{0}_{3\times2}\\ \vdots & \vdots & & & \vdots\\ \boldsymbol{C}\hat{\boldsymbol{A}}^{N_c-1}\hat{\boldsymbol{B}} & \boldsymbol{C}\hat{\boldsymbol{A}}^{N_c-2}\hat{\boldsymbol{B}} & & & \boldsymbol{0}_{3\times2}\\ \vdots & \vdots & & & \vdots\\ \boldsymbol{C}\hat{\boldsymbol{A}}^{N_p-1}\hat{\boldsymbol{B}} & \boldsymbol{C}\hat{\boldsymbol{A}}^{N_p-2}\hat{\boldsymbol{B}} & \cdots & \cdots & \boldsymbol{C}\hat{\boldsymbol{B}}\end{bmatrix}\begin{bmatrix}^R\hat{\tilde{\boldsymbol{p}}}^{(k)}\\ ^R\hat{\tilde{\boldsymbol{p}}}^{(k+1)}\\ \vdots\\ ^R\hat{\tilde{\boldsymbol{p}}}^{(k+N_c-1)}\\ \vdots\\ ^R\hat{\tilde{\boldsymbol{p}}}^{(k+N_p-1)}\end{bmatrix} \tag{6-34}$$

由式(6-33) 和式(6-34) 推导的输出模型，整理为矩阵形式：

$$^R\boldsymbol{\Omega}^{(k)}=\boldsymbol{\Psi}\,^R\tilde{\boldsymbol{\xi}}^{(k+1)}+\boldsymbol{\Theta}\,^R\hat{P}^{(k)} \tag{6-35}$$

式中，各项分别为

$$
{}^{R}\boldsymbol{\Omega}^{(k)}=\begin{bmatrix}\boldsymbol{\eta}^{(k+1)}\\ \boldsymbol{\eta}^{(k+2)}\\ \vdots\\ \boldsymbol{\eta}^{(k+N_c)}\\ \vdots\\ \boldsymbol{\eta}^{(k+N_p)}\end{bmatrix},\boldsymbol{\Psi}=\begin{bmatrix}\boldsymbol{C}\widehat{\boldsymbol{A}}\\ \boldsymbol{C}\widehat{\boldsymbol{A}}^{2}\\ \vdots\\ \boldsymbol{C}\widehat{\boldsymbol{A}}^{N_c}\\ \vdots\\ \boldsymbol{C}\widehat{\boldsymbol{A}}^{N_p}\end{bmatrix},
$$

$$
{}^{R}\widehat{\boldsymbol{P}}^{(k)}=\begin{bmatrix}{}^{R}\widehat{\widetilde{\boldsymbol{p}}}^{(k)}\\ {}^{R}\widehat{\widetilde{\boldsymbol{p}}}^{(k+1)}\\ \vdots\\ {}^{R}\widehat{\widetilde{\boldsymbol{p}}}^{(k+N_c-1)}\\ \vdots\\ {}^{R}\widehat{\widetilde{\boldsymbol{p}}}^{(k+N_p-1)}\end{bmatrix},\boldsymbol{\Theta}=\begin{bmatrix}\boldsymbol{C}\widehat{\boldsymbol{B}} & \boldsymbol{0} & \boldsymbol{0} & \cdots & \boldsymbol{0}\\ \boldsymbol{C}\widehat{\boldsymbol{A}}\widehat{\boldsymbol{B}} & \boldsymbol{C}\widehat{\boldsymbol{B}} & \boldsymbol{0} & \cdots & \boldsymbol{0}\\ \vdots & \vdots & & & \vdots\\ \boldsymbol{C}\widehat{\boldsymbol{A}}^{N_c-1}\widehat{\boldsymbol{B}} & \boldsymbol{C}\widehat{\boldsymbol{A}}^{N_c-2}\widehat{\boldsymbol{B}} & & & \boldsymbol{0}\\ \vdots & \vdots & & & \vdots\\ \boldsymbol{C}\widehat{\boldsymbol{A}}^{N_p-1}\widehat{\boldsymbol{B}} & \boldsymbol{C}\widehat{\boldsymbol{A}}^{N_p-2}\widehat{\boldsymbol{B}} & \cdots & \cdots & \boldsymbol{C}\widehat{\boldsymbol{B}}\end{bmatrix} \tag{6-36}
$$

模型预测控制算法的主要优化目标是在控制输入增量${}^{R}\widehat{\boldsymbol{P}}^{(k)}$尽可能小的情况下，使系统的输出$\boldsymbol{\eta}^{(k)}$尽快收敛到期望参考状态$\boldsymbol{\eta}_r^{(k)}$。通过系统控制输入与输出的优化目标，结合前面推导的输出模型，在预测时域N_p内设计系统的优化目标函数为

$$
J=\underbrace{\sum_{n}^{N_p}\|\boldsymbol{\eta}^{(k+n)}-\boldsymbol{\eta}_r^{(k+n)}\|_{\boldsymbol{H}}^2}_{\text{系统输出偏差}}+\underbrace{\sum_{n=1}^{N_c-1}\|{}^{R}\widehat{\boldsymbol{P}}^{(k+n)}\|_{\boldsymbol{R}}^2}_{\text{控制输入增量优化}}+\underbrace{s_{lax}\zeta^2}_{\text{松弛因子}} \tag{6-37}
$$

式中，系数矩阵$\boldsymbol{H}$和$\boldsymbol{R}$分别为系统输出偏差与控制输入增量的权重矩阵，系统输出偏差代表了控制器对轨迹的跟踪控制能力，控制输入增量代表了系统运动稳定性；ζ为松弛因子，可改善收敛状况；s_{lax}为松弛系数。

在系统控制中，最终目标是得到机器人运动控制指令，此处控制指令即为${}^{R}\widehat{\boldsymbol{P}}$。因此，令${}^{R}\boldsymbol{\Omega}_r=[\boldsymbol{\eta}_r^{(k+1)},\cdots,\boldsymbol{\eta}_r^{(k+N_p)}]^{\mathrm{T}}$，$\boldsymbol{E}=\boldsymbol{\Psi}{}^{R}\widetilde{\boldsymbol{\xi}}^{(k)}$，对式(6-37)展开后发现项$\boldsymbol{E}^{\mathrm{T}}\boldsymbol{H}\boldsymbol{E}-\boldsymbol{E}^{\mathrm{T}}\boldsymbol{H}\boldsymbol{\eta}_r^{(k+n)}-\boldsymbol{\eta}_r^{(k+1)\mathrm{T}}\boldsymbol{H}\boldsymbol{E}+\boldsymbol{\eta}_r^{(k+1)\mathrm{T}}\boldsymbol{H}\boldsymbol{\eta}_r^{(k+n)}$与${}^{R}\widehat{\boldsymbol{P}}$无关，不加入优化。因此将目标函数简化后对$(\boldsymbol{E}^{\mathrm{T}}\boldsymbol{H}\boldsymbol{\Theta}-\boldsymbol{\eta}_r^{(k+1)\mathrm{T}}\boldsymbol{H}\boldsymbol{\Theta}){}^{R}\widehat{\boldsymbol{P}}$和${}^{R}\widehat{\boldsymbol{P}}^{\mathrm{T}}(\boldsymbol{\Theta}^{\mathrm{T}}\boldsymbol{Q}\boldsymbol{E}-\boldsymbol{\Theta}^{\mathrm{T}}\boldsymbol{Q}\boldsymbol{\eta}_r^{(k+1)})$合并，得到性能评价函数：

$$
\min_{\widehat{\boldsymbol{P}}}J=\min[{}^{R}\widehat{\boldsymbol{P}}^{\mathrm{T}}(\boldsymbol{\Theta}^{\mathrm{T}}\boldsymbol{H}\boldsymbol{E}){}^{R}\widehat{\boldsymbol{P}}+2(\boldsymbol{E}^{\mathrm{T}}\boldsymbol{H}\boldsymbol{\Theta}-{}^{R}\boldsymbol{\Omega}_r^{\mathrm{T}}\boldsymbol{H}\boldsymbol{\Theta}){}^{R}\widehat{\boldsymbol{P}}+s_{lax}\zeta^2] \tag{6-38}
$$

性能评价函数可通过二次型优化函数得到所求控制量结果。轨迹跟踪控制实际运动过程中，受物理约束影响，机器人驱动线速度、转向角大小和驱动线速度增量、转向角增量均受到约束限制，建立以下基于上下限的控制量和控制增量不等式约束：

$$
\begin{cases}{}^{R}\widetilde{\boldsymbol{p}}_{\min}\leqslant{}^{R}\widetilde{\boldsymbol{p}}\leqslant{}^{R}\widetilde{\boldsymbol{p}}_{\max}\\ {}^{R}\widehat{\widetilde{\boldsymbol{p}}}_{\min}\leqslant{}^{R}\widehat{\widetilde{\boldsymbol{p}}}\leqslant{}^{R}\widehat{\widetilde{\boldsymbol{p}}}_{\max}\end{cases} \tag{6-39}
$$

在控制时域内将上式合并，得到

$$
{}^{R}\boldsymbol{P}=\begin{bmatrix}{}^{R}\widetilde{\boldsymbol{p}}^{(k)}\\ {}^{R}\widetilde{\boldsymbol{p}}^{(k+1)}\\ \cdots\\ {}^{R}\widetilde{\boldsymbol{p}}^{(k+N_c-1)}\end{bmatrix}={}^{R}\boldsymbol{P}_t+\boldsymbol{A}_I{}^{R}\widehat{\boldsymbol{P}} \tag{6-40}
$$

式中，${}^{R}\boldsymbol{P}_t=[{}^{R}\widetilde{\boldsymbol{p}}^{(k-1)}\quad {}^{R}\widetilde{\boldsymbol{p}}^{(k-1)}\quad \cdots\quad {}^{R}\widetilde{\boldsymbol{p}}^{(k-1)}]^{\mathrm{T}}$；${}^{R}\widehat{\boldsymbol{P}}=[{}^{R}\widehat{\widetilde{\boldsymbol{p}}}^{(k)}\quad {}^{R}\widehat{\widetilde{\boldsymbol{p}}}^{(k+1)}\quad \cdots$

${}^{R}\widehat{\widetilde{\boldsymbol{p}}}^{(k+N_c-1)}]^{\mathrm{T}}$；$\boldsymbol{A}_I$ 为

$$\boldsymbol{A}_I=\begin{bmatrix}1 & 0 & \cdots & \cdots & 0\\ 1 & 1 & 0 & \cdots & 0\\ 1 & 1 & 1 & \cdots & 0\\ \vdots & \vdots & \vdots & & \vdots\\ 1 & 1 & 1 & \cdots & 1\end{bmatrix}_{2N_c\times 2N_c}\otimes\boldsymbol{I}_2 \tag{6-41}$$

其中，$\otimes$为克罗内克积。

对式(6-39) 中控制量约束${}^{R}\widetilde{\boldsymbol{p}}_{\min}\leqslant{}^{R}\widetilde{\boldsymbol{p}}\leqslant{}^{R}\widetilde{\boldsymbol{p}}_{\max}$ 进行累加，得到控制器的上下限约束：

$${}^{R}\boldsymbol{P}_{\min}\leqslant{}^{R}\boldsymbol{P}\leqslant{}^{R}\boldsymbol{P}_{\max} \tag{6-42}$$

将${}^{R}\boldsymbol{P}_t+\boldsymbol{A}_I{}^{R}\widehat{\boldsymbol{P}}$ 代入上式，整理后模型预测控制器的约束为

$$\begin{cases}\boldsymbol{A}_I{}^{R}\widehat{\boldsymbol{P}}\leqslant{}^{R}\boldsymbol{P}_{\max}-{}^{R}\boldsymbol{P}_t\\ -\boldsymbol{A}_I{}^{R}\widehat{\boldsymbol{P}}\leqslant{}^{R}\boldsymbol{P}_{\min}+{}^{R}\boldsymbol{P}_t\\ {}^{R}\boldsymbol{P}_{\min}\leqslant{}^{R}\widehat{\boldsymbol{P}}\leqslant{}^{R}\boldsymbol{P}_{\max}\\ \varepsilon_{\min}\leqslant\varepsilon\leqslant\varepsilon_{\max}\end{cases} \tag{6-43}$$

模型预测控制算法应用在机器人轨迹跟踪控制方法研究中，性能指标的评价值主要是控制器所预测的机器人行为与未来理想行为的差异值，差异值越小，控制器性能越好。模型预测控制算法所搭建的轨迹跟踪控制器在每一个采样时刻都会产生最优控制序列，并将序列第一个计算控制量应用于实际系统。在下一个采样时刻继续重复此过程，正是通过每一个采样时刻的迭代优化才实现机器人的整个轨迹跟踪控制过程。

针对前面提出基于模型预测控制的轨迹跟踪算法，算法仿真与偏离误差如图 6-18 所示。为验证算法有效性，设计参考轨迹为 $y=-[\sin(x/10)]\times x/8$，算法中模拟了一个双轮差速移动机器人，其初始位姿为 $[0\quad 0\quad 0]^{\mathrm{T}}$，模型预测控制算法预测步长为 60，控制步长为 30。从图中可以看出，机器人跟踪轨迹与参考轨迹误差绝对值小于 0.03m，符合轨迹跟踪精度要求。

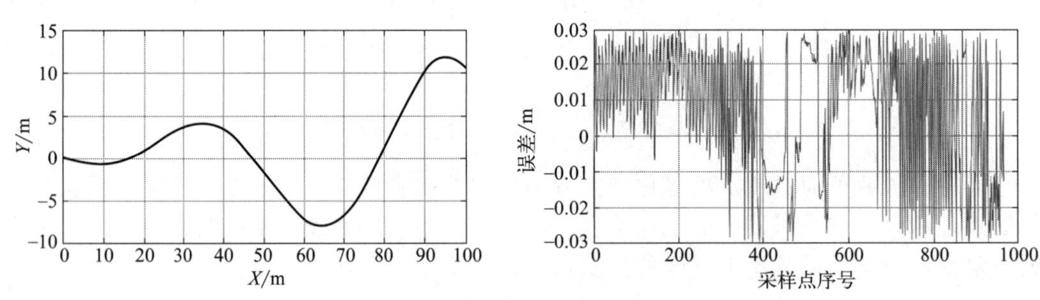

图 6-18　基于模型预测控制的轨迹跟踪算法仿真与偏离误差

6.3.3　基于反馈控制的机器人姿态角误差动态补偿方法

在上文中将机器人的位姿定义为${}^{R}\boldsymbol{q}=[x\quad y\quad \varphi]^{\mathrm{T}}$，参考轨迹的目标位姿为${}^{R}\boldsymbol{q}_r=[x_r\quad y_r\quad \varphi_r]^{\mathrm{T}}$，可得位姿误差表达式为${}^{R}\boldsymbol{q}-{}^{R}\boldsymbol{q}_r$。轨迹跟踪控制器的设计目标是通过设计合适的控制律使位姿误差有界，即满足

$$\lim_{t\to\infty}{}^{R}\widetilde{\boldsymbol{q}}=\lim_{t\to\infty}({}^{R}\boldsymbol{q}-{}^{R}\boldsymbol{q}_r)=\boldsymbol{0} \tag{6-44}$$

根据上节分析，起伏复杂地形环境中机器人姿态角的改变以及模型预测控制器的不足，

易导致离散时刻跟踪精度降低，在时域内运行时累积误差增大。考虑到预测控制算法存在的上述问题，设计基于反馈控制的机器人动态补偿控制器进行补偿校正。由于比例-积分-微分控制器原理简单且调节速度快，控制周期短，因此动态补偿控制器主要设计方法采用比例-积分-微分控制器，以姿态角误差作为控制输入进行补偿校正。动态补偿控制器补偿校正原理如图 6-19 所示，在模型预测控制器采样时间间隔内进行补偿控制，当机器人由于受姿态角误差影响控制输入改变时，动态补偿控制器通过机器人车身姿态角度的变化计算补偿控制量增量，在下一采样时刻与原来模型预测控制器控制输入叠加，生成新的控制量作用于机器人，提高跟踪准确性。

动态补偿控制器的设计思路是将地形扰动的影响转变为机器人车身姿态角变化对轨迹跟踪产生的影响，因此仅当机器人单轮速度与质心位置坐标累积偏差超出设定阈值后加入动态补偿控制，提高控制器调节力度；而平坦地形环境与模型预测控制器调节范围内的误差影响则不加入补偿控制，降低系统冗余代价。

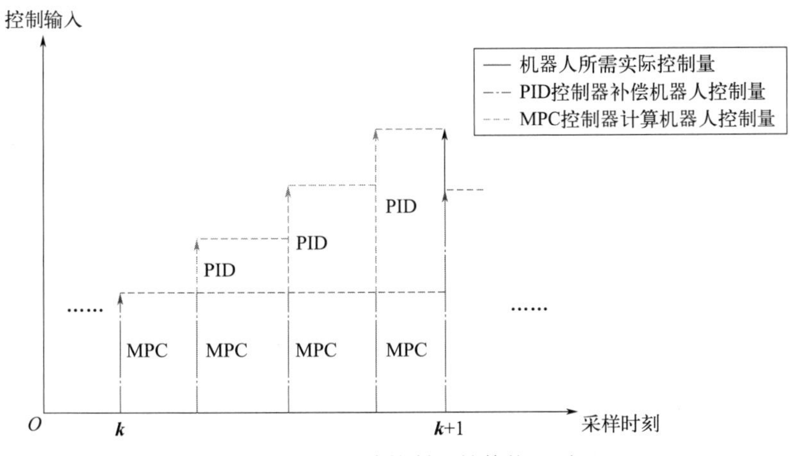

图 6-19　动态补偿控制器补偿校正原理

首先，定义控制偏差函数 $\boldsymbol{E}_p$，包括单轮速度与质心位置误差：

$$\boldsymbol{E}_p=\begin{bmatrix} p_{k1} & 0 \\ 0 & p_{k2} \end{bmatrix}\begin{bmatrix} e_{p1}^{(k)} \\ e_{p2}^{(k)} \end{bmatrix} \tag{6-45}$$

式中，p_{k1}、p_{k2} 为偏差权重系数，且 $p_{k1}+p_{k2}=1$，主要用于调节系统在不同环境中不同偏差的权重比例，以设计合适的偏差函数阈值；$e_{p1}^{(k)}$、$e_{p2}^{(k)}$ 为离散时域内单轮速度偏差与位置偏差，其大小由式（6-46）给出。

$$\begin{cases} e_{p1}^{(k)}=\sum\limits_{n=1}^{6}\|\boldsymbol{v}_{n,r}^{(k)}-\boldsymbol{v}_{n}^{(k)}\| \\ e_{p2}^{(k)}=\sum\limits_{n=1}^{6}\sqrt{(x_{n,r}^{(k)}-x_{n}^{(k)})^2+(y_{n,r}^{(k)}-y_{n}^{(k)})^2} \end{cases} \tag{6-46}$$

式中，$\boldsymbol{v}_{n,r}^{(k)}$、$\boldsymbol{v}_{n}^{(k)}$ 分别为 k 时刻 n 轮期望线速度与实际线速度；($x_{n,r}^{(k)}$，$y_{n,r}^{(k)}$)、($x_{n}^{(k)}$，$y_{n}^{(k)}$) 分别为 k 时刻 n 轮期望位置坐标与实际位置坐标。上式反映了 k 时刻机器人系统偏差情况。

其次，根据补偿控制器的补偿校正原则，当偏差函数超出设定阈值后进行校正：

$$\boldsymbol{E}_p \geqslant \boldsymbol{E}_e \tag{6-47}$$

式中，$\boldsymbol{E}_e$ 为偏离阈值矩阵。

在以左手笛卡儿坐标系表示时，φ 为围绕 Z 轴旋转角（航向角），θ 为围绕 Y 轴旋转角（横滚角），ψ 为围绕 X 轴旋转角（俯仰角）。

基于反馈控制的动态补偿控制器通过联合 PID 算法进行设计，采用分层结构[4]，第一层主要作用是简化姿态角偏差结构，提高优化速度。对第一层的误差输入进行分别设计，横滚角与俯仰角在机器人正常轨迹跟踪控制中视为扰动存在，将其作为主要误差输入进行消除，因此第一层误差输入设计为

$$\boldsymbol{e}^{(k)} = \begin{bmatrix} e_\theta^{(k)} \\ e_\psi^{(k)} \\ e_\varphi^{(k)} \end{bmatrix} = \begin{bmatrix} \|\hat{\boldsymbol{\theta}} - \boldsymbol{\theta}^{(k)}\| \\ \|\hat{\boldsymbol{\psi}} - \boldsymbol{\psi}^{(k)}\| \\ \varphi^{(k)} - \varphi_r^{(k)} \end{bmatrix} \tag{6-48}$$

式中，由于机器人自身机械机构设计使其可以在横滚角与俯仰角不为零的情况下正常运动，$\hat{\theta}$、$\hat{\psi}$ 为机器人正常运动可以承受的最大横滚角与最大俯仰角常量；$e_\varphi^{(k)}$ 作为航向角状态量误差，模型预测控制器反馈校正调节步骤中包含对航向角的调节校正，因此该误差主要由模型预测控制器调节。

结合第一层误差输入，第一层 PID 算法控制器设计为

$$e_{i,a}^{(k)} = \begin{bmatrix} w_{\mathrm{p},1}^{(k)} & w_{\mathrm{p},2}^{(k)} \end{bmatrix} \begin{bmatrix} e_\theta^{(k)} \\ e_\psi^{(k)} \end{bmatrix} + \begin{bmatrix} w_{\mathrm{i},1}^{(k)} & w_{\mathrm{i},2}^{(k)} \end{bmatrix} \begin{bmatrix} \sum\limits_{n=0}^{k} e_\theta^{(n)} \\ \sum\limits_{n=0}^{k} e_\psi^{(n)} \end{bmatrix} + \begin{bmatrix} w_{\mathrm{d},1}^{(k)} & w_{\mathrm{d},2}^{(k)} \end{bmatrix} \begin{bmatrix} e_\theta^{(k)} - e_\theta^{(k-1)} \\ e_\psi^{(k)} - e_\psi^{(k-1)} \end{bmatrix} \tag{6-49}$$

式中，$[w_{\mathrm{p},1}^{(k)} \quad w_{\mathrm{p},2}^{(k)}]$、$[w_{\mathrm{i},1}^{(k)} \quad w_{\mathrm{i},2}^{(k)}]$、$[w_{\mathrm{d},1}^{(k)} \quad w_{\mathrm{d},2}^{(k)}]$ 分别为比例项、积分项与微分项系数矩阵，令权重矩阵 $\boldsymbol{L} = [l_1, l_2, l_3]^{\mathrm{T}}$，则系数矩阵定义为

$$\boldsymbol{W}^{(k)} = \begin{bmatrix} w_{\mathrm{p},1}^{(k)} & w_{\mathrm{p},2}^{(k)} \\ w_{\mathrm{i},1}^{(k)} & w_{\mathrm{i},2}^{(k)} \\ w_{\mathrm{d},1}^{(k)} & w_{\mathrm{d},2}^{(k)} \end{bmatrix} = \begin{bmatrix} e_\varphi^{(k)} l_1 p_{k1} e_{\mathrm{p1}}^{(k)} & e_\varphi^{(k)} l_1 p_{k2} e_{\mathrm{p2}}^{(k)} \\ e_\varphi^{(k)} l_2 p_{k1} e_{\mathrm{p1}}^{(k)} & e_\varphi^{(k)} l_2 p_{k2} e_{\mathrm{p2}}^{(k)} \\ e_\varphi^{(k)} l_3 p_{k1} e_{\mathrm{p1}}^{(k)} & e_\varphi^{(k)} l_3 p_{k2} e_{\mathrm{p2}}^{(k)} \end{bmatrix} = e_\varphi^{(k)} \boldsymbol{L} \boldsymbol{E}_{\mathrm{p}}^{\mathrm{T}} \tag{6-50}$$

动态补偿控制器的主要控制目标为扰动所产生的位置偏离误差，因此第二层的误差输入为期望位置与实际位置偏差 $e_{\mathrm{p2}}^{(k)}$，第二层控制器主要作用是直接进行控制输入增量的调节，用于调高系统跟踪精度。通过姿态角偏差作为控制系数组成，结合第一层控制器，以实时整定系数的方法设计第二层 PID 控制器为

$${}^{R}p_{i,a}^{(k)} = {}^{R}p^{(k)} + K_{\mathrm{p}}^{(k)} e_{\mathrm{p2}}^{(k)} + K_{\mathrm{i}}^{(k)} \sum_{n=0}^{k} e_{\mathrm{p2}}^{(n)} + K_{\mathrm{d}}^{(k)} (e_{\mathrm{p2}}^{(k)} - e_{\mathrm{p2}}^{(k-1)}) \tag{6-51}$$

式中，${}^{R}p^{(k)}$ 为模型预测控制器通过优化函数迭代计算的 k 时刻控制输入；${}^{R}p_{i,a}^{(k)}$ 为动态补偿控制器求解控制输入增量与模型预测控制器控制输入叠加的组合控制量；$K_{\mathrm{p}}^{(k)}$、$K_{\mathrm{i}}^{(k)}$、$K_{\mathrm{d}}^{(k)}$ 分别为控制器比例项、积分项与微分项系数，其大小由式(6-52) 获得。

$$\begin{cases} K_{\mathrm{p}}^{(k)} = k_{\mathrm{p}} + \|\boldsymbol{e}_{i,a}^{(k)}\| \lambda_1 \\ K_{\mathrm{i}}^{(k)} = k_{\mathrm{i}} + \|\boldsymbol{e}_{i,a}^{(k)}\| \lambda_2 \\ K_{\mathrm{d}}^{(k)} = k_{\mathrm{d}} + \|\boldsymbol{e}_{i,a}^{(k)}\| \lambda_3 \end{cases} \tag{6-52}$$

式中，k_p、k_i、k_d 为常数项系数，保证控制器的基础调节能力；λ_1、λ_2、λ_3 为增益项系数，通过不同时刻姿态角误差的大小动态增加调节能力。

基于反馈控制的补偿控制器结构简单，可以在起伏复杂地形环境中迅速反应从而对控制量进行调节；同时双层控制的设计保证了控制结构的合理性，能将姿态角误差特性与位置偏差反馈至控制器中，增强了控制器的动态补偿能力。动态补偿控制器流程如图 6-20 所示。在控制器调节过程中常规反馈控制算法系数的设计通常不会根据系统情况进行时域内动态调整，本书基于反馈控制的动态补偿控制器主要控制目标是当机器人在起伏复杂地形运动中出现模型预测控制器无法调节的误差时动态补偿，因此补偿控制器需要根据机器人车身姿态角的变化以及误差的大小进行动态调整。本书设计的补偿控制器采用双层结构且控制器系数在线实时整定的方法可以在控制器作用期间动态调节控制力度，根据系统的反馈与响应情况进行调整。通过模型预测控制算法自身的校正能力与基于反馈控制的控制量动态补偿，使本书设计的轨迹跟踪控制方法具有较高鲁棒性与克服系统不稳定能力。控制器既可以通过系统的真实输出对预测状态进行修正，还可以使反馈控制不仅基于模型预测控制算法的滚动优化，同时利用比例-积分-微分控制器的动态补偿，增强了闭环优化控制的调节力度，也提高了机器人轨迹跟踪准确性。

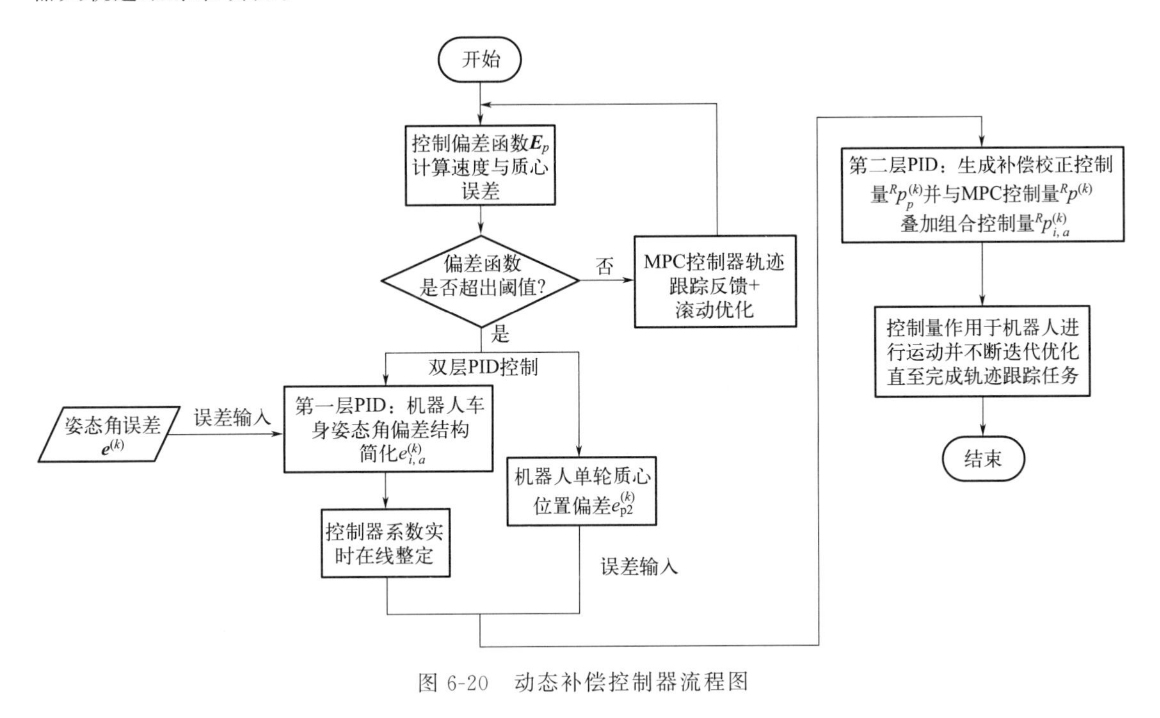

图 6-20　动态补偿控制器流程图

6.3.4　避障规划算法研究与方法设计

本节对机器人局部区域避障重规划方法进行研究，分析了轨迹跟踪控制过程中机器人避障重规划问题，研究基于非线性优化控制的机器人避障轨迹规划方法，结合避障代价函数与惩罚函数生成障碍物区域最优轨迹；通过多项式拟合方法平滑避障轨迹，使运动过程符合机器人约束并减小机器人控制增量，提高了规划轨迹的合理性。本节所介绍避障规划方法是结合前面轨迹跟踪控制器进行机器人控制，与参考轨迹的规划共同属于轨迹跟踪控制的轨迹规划层。控制结构如图 6-21 所示。

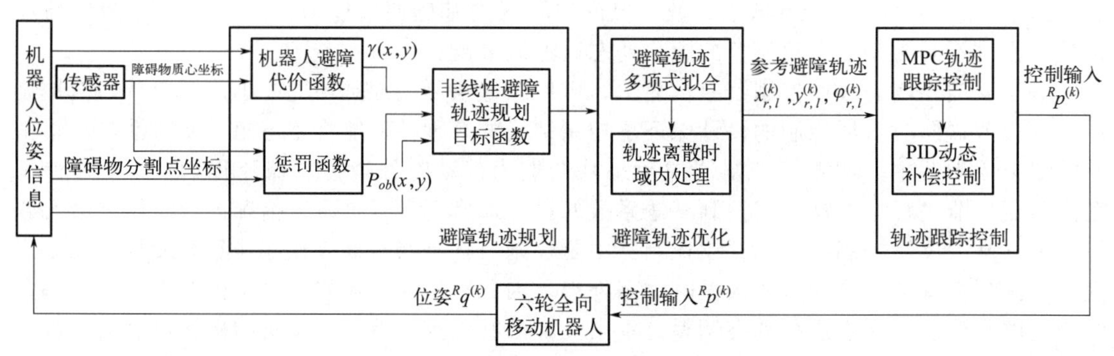

图 6-21　结合避障重规划轨迹跟踪控制结构图

6.3.4.1　结合跟踪控制的避障重规划问题分析

从机器人运动控制的角度分析，避障问题可以看作当机器人决策层检测到障碍物信息后进行局部区域轨迹重规划和跟踪控制的问题组合。整体设计思路是在机器人跟踪轨迹过程中遇到障碍物时通过对障碍物局部区域进行快速轨迹规划进行躲避，结束后再回归到原有参考轨迹进行跟踪[5]。

机器人避障重规划的主要控制目标是预测计算危险碰撞区域，快速规划局部最优避障轨迹。避障轨迹是在障碍物局部区域进行规划，与原有参考轨迹相比轨迹点数量少、轨迹长度短，因此通过轨迹跟踪控制器进行避障轨迹跟踪时可减少时域内预测步长与控制步长，降低计算要求，提高避障轨迹跟踪的控制效率。同时，对于动态障碍物可以利用模型预测控制算法根据时域内机器人状态估计进行碰撞预测，解决局部跟踪精度与全局收敛速度间的矛盾。机器人通过避障规划方法求解避障轨迹的流程是当接收到障碍物位姿与运动信息后，利用轨迹重规划的三个条件筛选可求解区域的最佳轨迹点，进行折线式连接后再通过轨迹平滑与多项式拟合得到可行轨迹，最后将其在时域内离散化后输出。

在避障轨迹规划过程中，为保证轨迹规划的结果符合实际环境并具有可行性，需要对机器人车身及障碍物进行膨胀处理，机器人车身膨胀处理结果加入障碍物膨胀区域中。本书以机器人运动质心作为圆心对机器人的外接圆进行膨胀处理，对障碍物进行等边距扩张膨胀，如图 6-22 所示。若障碍物尺寸过大，可能会出现机器人从障碍物中间穿越的情况，如图 6-22(a) 所示，因此还需要机器人对障碍物进行分割处理，将膨胀后的障碍物轮廓各边进行等距划分，如图 6-22(b) 所示，分割情况由式(6-53) 表示。

$$\begin{cases} p_{\text{obs}}(n_{\text{obs}}) = \{(x_1, y_1), (x_2, y_2), \cdots\} \\ A_{\text{obs}} = \{1, 2, 3, \cdots, N\} \end{cases} \tag{6-53}$$

式中，$\{n_{\text{obs}} \in A_{\text{obs}} \mid p_{\text{obs}}(n_{\text{obs}})\}$；$N$ 为分割点个数。

需要说明的是，障碍物信息是通过机器人所安装的相机、雷达及全局视觉传感器所得到的环境点云信息采用聚类的方法进行归类处理后得到的。利用点云信息可以分析障碍物位姿状态、运动情况等，介绍在获取障碍物信息后所进行的避障规划控制；对于传感器点云信息收集与分析，暂不做相关介绍。

6.3.4.2　基于非线性优化控制的机器人避障重规划方法

在机器人轨迹跟踪运动过程中，机器人根据传感器检测到的环境信息实时更新地图内容，对自己的位姿信息进行实时同步，并利用步长的设置对未来时域内参考轨迹方向结构进行预测，确保机器人的边与顶点不会与新检测到的障碍物发生碰撞。

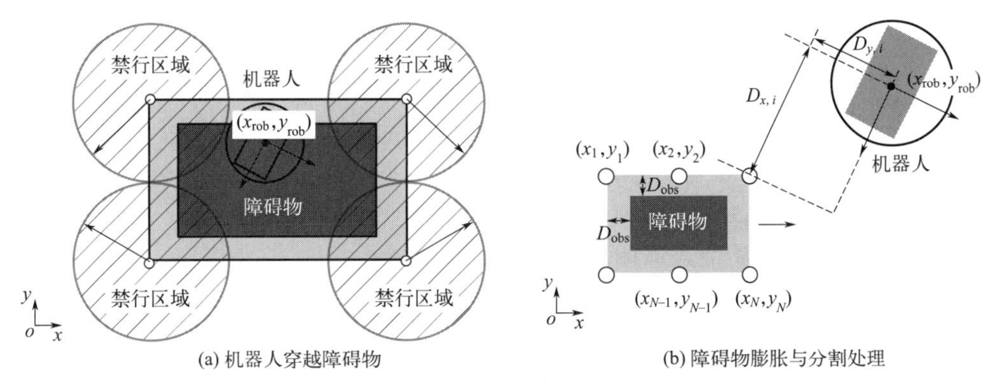

图 6-22　障碍物情况分析

存在障碍物情况的局部区域轨迹重规划如图 6-23 所示，与障碍物碰撞的轨迹节点将被覆盖，覆盖后轨迹节点的始端与尾端作为重规划轨迹的起点与终点。避障重规划方法会根据障碍物区域信息生成多条避障轨迹，再通过轨迹距离代价与机器人控制增量大小代价进行优化，选择合理避障轨迹。

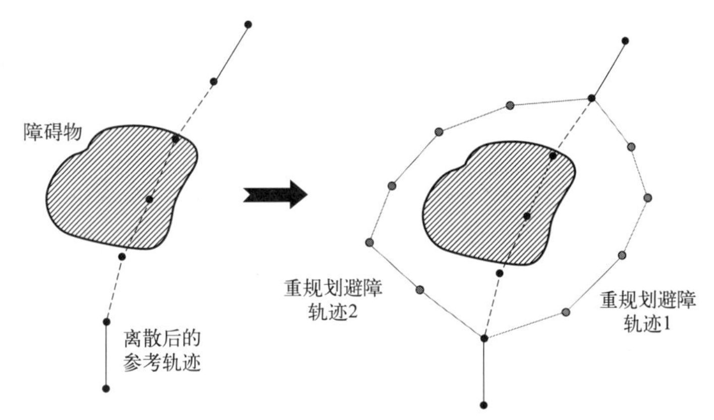

图 6-23　存在障碍物时局部区域轨迹重规划

当机器人检测到环境中障碍物信息进行轨迹重规划时，首先需要选择备选区域（图 6-24 蓝色区域，即机器人检测范围内预期障碍物一侧）中重规划初始节点，选定初始节点后再沿初始节点方向进行轨迹规划延伸，躲避障碍物。

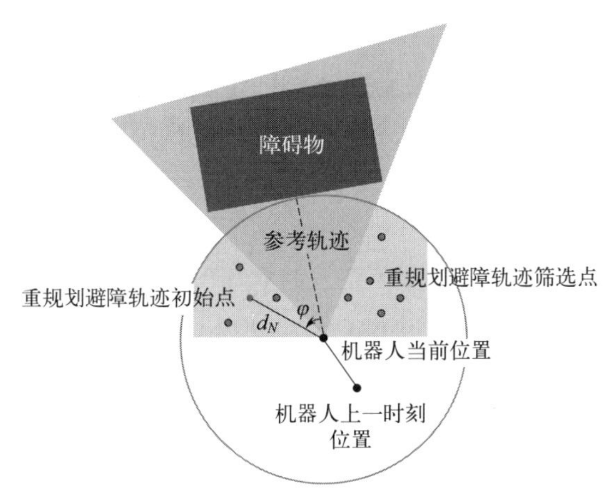

图 6-24　重规划轨迹初始轨迹点选择

考虑通过距离代价与控制增量代价两个指标评估候选重规划初始轨迹点，表示为

$$\begin{cases} \mathrm{cost}^{(n)} = d_{\mathrm{cost}}^{(n)} + \mathrm{cost}_{\tilde{p}}^{(n)} \\ A_{\mathrm{cost}} = \{1,2,3,\cdots\} \end{cases} \tag{6-54}$$

式中，$\mathrm{cost}^{(n)}$ 为节点 n 总代价值；$d_{\mathrm{cost}}^{(n)}$ 为节点 n 距离代价；$\mathrm{cost}_{\tilde{p}}^{(n)}$ 为节点 n 控制增量代价；A_{cost} 为节点 n 取值集合。

由上式可得，轨迹初始节点选择方法表示为

$$I^{(n)} = \min(\mathrm{cost}^{(n)}), n \in A_{\mathrm{cost}} \tag{6-55}$$

式中，$I^{(n)}$ 为初始节点选择函数。

轨迹初始节点选择完成后需要设计用于求解避障轨迹的非线性优化函数：

首先，设计避障惩罚函数[5]，主要用于优化函数的求解与控制约束。惩罚函数的基本原理是利用机器人质心坐标与障碍物膨胀区域分割点的距离偏差来调节函数值大小，距离越近，惩罚函数值越大。惩罚函数为

$$P_{\mathrm{ob}}(x,y) = \frac{\rho_{\mathrm{ob}}}{\sum_{n_{\mathrm{obs}}=1}^{N} (\|\boldsymbol{x} - \boldsymbol{x}^{(n_{\mathrm{obs}})}\|_2^2 + \|\boldsymbol{y} - \boldsymbol{y}^{(n_{\mathrm{obs}})}\|_2^2) + \zeta_{\mathrm{ob}}} \tag{6-56}$$

式中，ρ_{ob} 为惩罚函数权重系数，用于控制其在规划器优化函数中影响；（$\boldsymbol{x}^{(n_{\mathrm{obs}})}$，$\boldsymbol{y}^{(n_{\mathrm{obs}})}$）为障碍物分割点坐标，结合式(6-53)，$\{n_{\mathrm{obs}} \in A_{\mathrm{obs}} | p_{\mathrm{obs}}(n_{\mathrm{obs}})\}$；$\zeta_{\mathrm{ob}}$ 为极小的正数，防止出现分母为零的情况。

给定参数后，惩罚函数代价值随机器人距离障碍物远近的变化规律如图 6-25 所示。图 6-25 中，d_x 与 d_y 分别为机器人质心横、纵坐标与障碍物分割点横、纵坐标距离值。

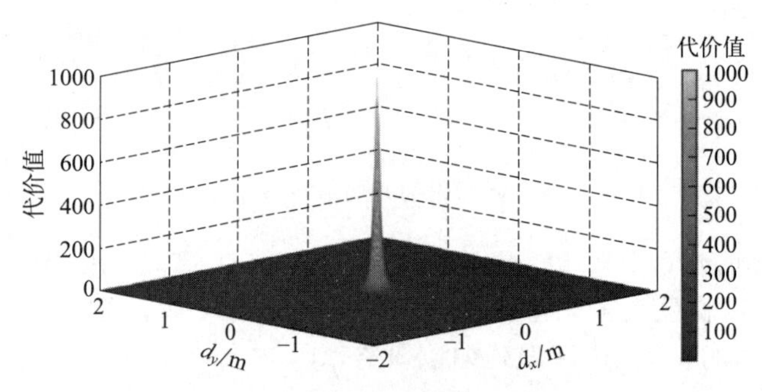

图 6-25　避障惩罚函数代价值示意

其次，需要通过设计区域约束函数限制非线性优化函数的求解域。约束函数所设定求解域围绕障碍物，函数主要通过定义机器人偏离参考轨迹代价进行约束，约束函数定义为

$$\gamma(\boldsymbol{x},\boldsymbol{y}) = \sum(\|\boldsymbol{x} - \boldsymbol{x}_{\mathrm{r}}^{(m)}\|_2 + \|\boldsymbol{y} - \boldsymbol{y}_{\mathrm{r}}^{(m)}\|_2) \tag{6-57}$$

式中，（$\boldsymbol{x}_{\mathrm{r}}^{(m)}$，$\boldsymbol{y}_{\mathrm{r}}^{(m)}$）为障碍物区域附近参考轨迹的系列坐标。对区域约束函数变量的定义域也需要进行约束限制，上式的取值约束条件为

$$\begin{cases} x_{\mathrm{ob}} - d_{v1} - v_{\mathrm{ob}} k_{v1} \leqslant x \leqslant x_{\mathrm{ob}} + d_{v1} + v_{\mathrm{ob}} k_{v1} \\ y_{\mathrm{ob}} - d_{v2} - v_{\mathrm{ob}} k_{v2} \leqslant y \leqslant y_{\mathrm{ob}} + d_{v2} + v_{\mathrm{ob}} k_{v2} \end{cases} \tag{6-58}$$

式中，$(x_{\mathrm{ob}}, y_{\mathrm{ob}})$ 为障碍物质心的初始位置坐标；v_{ob}、k_{v1}、k_{v2}、d_{v1}、d_{v2} 分别为障碍物移动速率（对于静态障碍物认为速度为零）、x 方向速度比例系数、y 方向速度比例系数、x 方向固定安全代价距离和 y 方向固定安全代价距离。

为避免机器人在动态障碍物躲避过程中与突然出现的障碍物距离过近，设计以机器人车身坐标系中障碍物与机器人距离作为软约束。软约束表达式为

$$ {}^{B}\boldsymbol{D}_{\mathrm{ob}}(\boldsymbol{\zeta})={}_{O}^{B}\boldsymbol{T}\,{}^{O}\boldsymbol{D}_{\mathrm{ob}}(\boldsymbol{\xi}) \tag{6-59} $$

式中，${}^{B}\boldsymbol{D}_{\mathrm{ob}}(\boldsymbol{\zeta})$、${}^{O}\boldsymbol{D}_{\mathrm{ob}}(\boldsymbol{\zeta})$ 分别为障碍物与机器人质心距离函数在机器人车身坐标系和世界坐标系的矢量表示；${}_{O}^{B}\boldsymbol{T}$ 为两个坐标系的转换矩阵。${}^{O}\boldsymbol{D}_{\mathrm{ob}}(\boldsymbol{\xi})$ 的大小为

$$ {}^{O}\boldsymbol{D}_{\mathrm{ob}}(\boldsymbol{\zeta})=k_{\mathrm{ob}}\left(1-\frac{d_{\mathrm{dis}}(\boldsymbol{\zeta})}{d_{\mathrm{s}}}\right) \tag{6-60} $$

式中，$\boldsymbol{\zeta}$ 为机器人重规划避障轨迹的质心坐标，$\boldsymbol{\zeta}=(x_{t,n},y_{t,n})$；$k_{\mathrm{ob}}$ 为距离系数；$d_{\mathrm{dis}}(\boldsymbol{\zeta})$ 为世界坐标系障碍物与机器人欧氏距离；d_{s} 为安全距离值。

避障重规划求解的值为最优轨迹点坐标，即为上文定义的 $\boldsymbol{\zeta}$。结合惩罚函数、约束函数和软约束表达式，基于非线性优化的避障轨迹重规划目标函数为

$$ M=\sum_{n=1}^{N_k}\|\hat{\boldsymbol{\zeta}}^{(k+n)}\|_{\boldsymbol{L}}^{2}+P_{\mathrm{ob}}(\boldsymbol{\zeta})+\|{}^{B}\boldsymbol{D}_{\mathrm{ob}}(\boldsymbol{\zeta})\|_{K}^{2}+{}^{R}P \tag{6-61} $$

约束条件为

$$ \begin{cases} {}^{R}P_{\min}\leqslant {}^{R}P\leqslant {}^{R}P_{\max} \\ P_{\mathrm{ob}_{\min}}\leqslant P_{\mathrm{ob}}(\boldsymbol{\zeta}) \\ \gamma(\boldsymbol{\zeta})\leqslant\gamma_{\max} \\ \boldsymbol{\zeta}_{\min}\leqslant\boldsymbol{\zeta}\leqslant\boldsymbol{\zeta}_{\max} \end{cases} \tag{6-62} $$

式(6-61) 中，$\hat{\boldsymbol{\zeta}}^{(k+n)}=\boldsymbol{\zeta}^{(k+n)}-\boldsymbol{\zeta}_{\mathrm{r}}^{(k+n)}$；$\boldsymbol{L}$ 为权重矩阵；K 为极大的正整数；n 为步长；N_k 为目标函数预测步长。约束条件［式(6-62)］中，${}^{R}P_{\max}$、${}^{R}P_{\min}$ 为控制量上下限；$P_{\mathrm{ob}_{\min}}$ 为惩罚函数下限约束；$\gamma_{\max}$ 为区域约束函数上限值；$\boldsymbol{\zeta}_{\max}$、$\boldsymbol{\zeta}_{\min}$ 为所求解值的地图区域范围上下限。

避障重规划算法的采样周期与上文基于模型预测控制的轨迹跟踪控制方法采样周期相同。在完成轨迹重规划后进行避障轨迹跟踪时动态调整模型预测算法预测步长，由于避障轨迹长度较短，且仅在地图局部区域进行跟踪，因此采用短步长的控制策略，在保证控制器精度的同时还能满足机器人实时性的控制需求。基于式(6-61) 构建的轨迹重规划目标函数，需要进一步简化以满足求解器的规范形式，将目标函数转换为求解如下式的非线性规划最小值问题：

$$ \begin{gathered} \min F(\boldsymbol{\zeta})=\min_{\hat{\boldsymbol{\zeta}}^{(k)}}\left(\sum_{n=1}^{N_k}\|\hat{\boldsymbol{\zeta}}^{(k+n)}\|_{\boldsymbol{L}}^{2}+P_{\mathrm{ob}}(\boldsymbol{\zeta})\right) \\ \text{s. t.}\begin{cases} g(\boldsymbol{\zeta})\leqslant 0 \\ \boldsymbol{\zeta}_{\min}\leqslant\boldsymbol{\zeta}\leqslant\boldsymbol{\zeta}_{\max} \end{cases} \end{gathered} \tag{6-63} $$

式中，约束条件 g_1、g_2、g_3 的表达式为

$$ \begin{cases} g_1=\|{}^{B}\boldsymbol{D}_{\mathrm{ob}}(\boldsymbol{\zeta})\|_{K}^{2}-g_1^{\mathrm{U}} \\ g_2=g_2^{\mathrm{L}}-P_{\mathrm{ob}}(\boldsymbol{\zeta}) \\ g_3=\gamma(\boldsymbol{\zeta})-g_3^{\mathrm{U}} \end{cases} \tag{6-64} $$

其中，三个公式分别为式(6-61) 和式(6-62) 部分条件转换后的约束矩阵方程；g_1^{U}、g_2^{L}、g_3^{U} 分别为的 g_1 的上限、g_2 的下限和 g_3 的上限。得到式(6-63) 的非线性规划问题后通过 IPOPT(interior point optimizer) 求解器利用内点法进行求解，求解器通过计算约束函

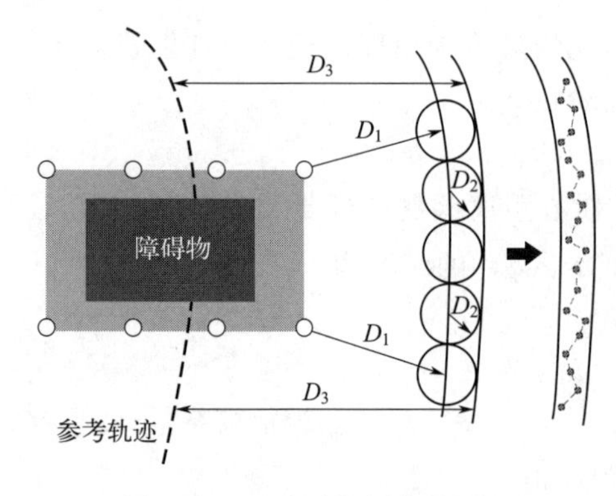

图 6-26 避障重规划方法原理

数的雅可比矩阵对非线性规划问题进行迭代优化，将结果收敛到局部最优解[5]。

本书所研究避障重规划方法，本质原理是通过在障碍物区域距离约束与参考轨迹偏差约束的相互"迫近"，组成重规划轨迹点求解区域，如图 6-26 所示。在轨迹点求解区域中再通过控制增量约束（控制输入改变量大小）、距离约束（轨迹点间欧氏距离）和预测状态之间约束规划一系列可行折线式轨迹；为了生成更符合机器人运动约束的平滑轨迹；还需要对上述折线式轨迹进行优化处理，下一小节将介绍轨迹优化方法。

6.3.4.3 基于三角规则和多项式拟合的避障轨迹优化

避障轨迹重规划方法通过非线性优化函数所求得最优解的序列是有限时域内满足约束条件与参考轨迹偏差最小轨迹点集合，并且避障轨迹以离散轨迹点形式给出。随着参考轨迹与障碍物情况的变化，重规划的局部避障轨迹可能会存在部分冗余节点，增加轨迹跟踪控制器运算负担，且折线式的轨迹难以满足机器人运动学约束。因此需要对重规划轨迹进行冗余节点处理与折线轨迹平滑优化，以实现规划轨迹与控制器的对接并满足运动学约束，如图 6-27 所示。

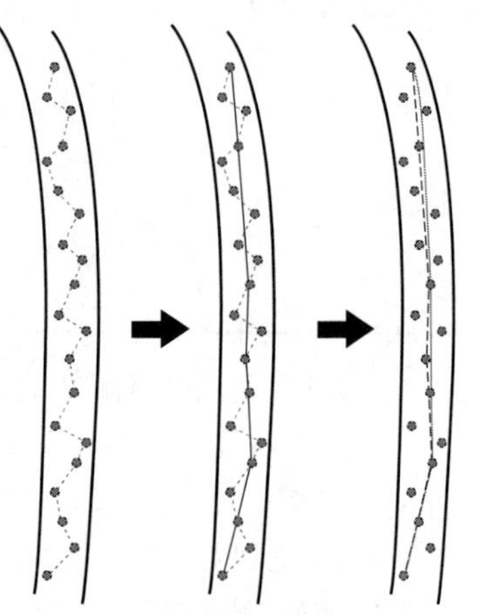

图 6-27 重规划部分轨迹优化
（去除冗余节点与多项式拟合）

(1) 基于三角规则的冗余节点去除

去除重规划轨迹冗余节点的优化方法主要基于三角规则，冗余节点分布情况如图 6-28 所示。图 6-28(a) 中，节点构造 $R^{(i)}$ $R^{(i+1)}$ $R^{(i+2)}$ 的三角形各边均不穿过约束区域（障碍物约束和几何约束），因此可以直接通过该三角形将原本轨迹 $R^{(i)}$ $R^{(i+1)}$、$R^{(i+1)}$ $R^{(i+2)}$ 优化为 $R^{(i)}$ $R^{(i+2)}$，将原有冗余节点 $R^{(i+1)}$ 去除后 $R^{(i+2)}$ 变为新 $R^{(i+1)}$ 节点。这种优化方法相对简单，可以解决大部分重规划轨迹中冗余节点问题，但还存在如图 6-28(b) 所示情况，需要将三角形规则结合等比例或等距离优化策略去除冗余节点。

三角规则结合等比例或等距离优化方法的主要步骤是：依次选择轨迹所有中间节点与相邻边构造三角形，如图 6-28(b) 所示，对于任意中间节点 $R^{(i+1)}$，取前后相邻节点构建 $R^{(i)}$ $R^{(i+1)}$ $R^{(i+2)}$ 三角形。在等距离方法中，需要定义长度 e_R，从 $R^{(i+1)}$ 到 $R^{(i)}$ 在间隔 e_R 取一点 ${}^dR^{(i)}$，然后从 $R^{(i+1)}$ 到 $R^{(i+2)}$ 在间隔 e_R 取一点 ${}^dR^{(i+2)}$，建立新的三角形 ${}^dR^{(i)}$ $R^{(i+1)}$ ${}^dR^{(i+2)}$。${}^dR^{(i)}$ ${}^dR^{(i+2)}$ 的位置坐标信息为

$$\begin{cases} {}^dR_x^{(i)} = R_x^{(i+1)} + e_R \cos\beta_1 \\ {}^dR_y^{(i)} = R_y^{(i+1)} + e_R \sin\beta_1 \end{cases} \tag{6-65}$$

$$\begin{cases} {}^dR_x^{(i+2)} = R_x^{(i+1)} + e_R \cos\beta_2 \\ {}^dR_y^{(i+2)} = R_y^{(i+1)} + e_R \sin\beta_2 \end{cases} \tag{6-66}$$

式中，$\beta_1 = \arctan(R^{(i+1)}/R^{(i)})$；$\beta_2 = \arctan(R^{(i+1)}/R^{(i+2)})$。

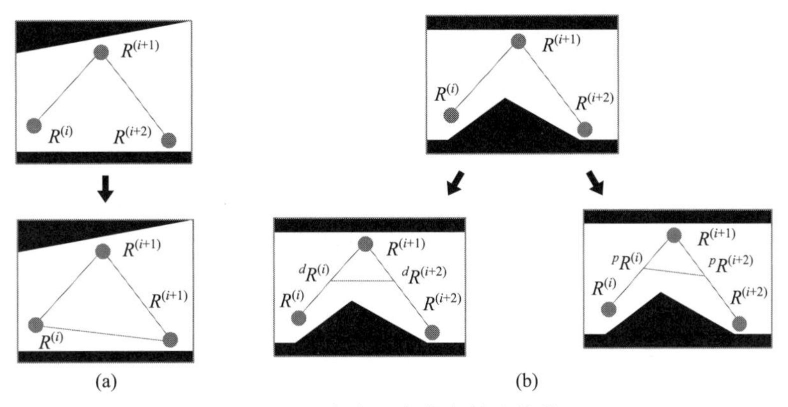

图 6-28　去除冗余节点轨迹优化

在等比例方法中，需要定义比例 $p_{\mathrm{d}}(0<p_{\mathrm{d}}<1)$，从 $R^{(i+1)}$ 到 $R^{(i)}$ 在间隔 $\|\overrightarrow{R^{(i)}R^{(i+1)}}\|\times p_{\mathrm{d}}$ 处取点 ${}^pR^{(i)}$，在间隔 $\|R^{(i)}R^{(i+1)}\|\times p_{\mathrm{d}}$ 处取点 ${}^pR^{(i+2)}$，建立新的三角形 ${}^pR^{(i)}R^{(i+1)}{}^pR^{(i+2)}$。${}^pR^{(i)}$、${}^pR^{(i+2)}$ 的位置坐标信息为

$$\begin{cases}{}^pR_x^{(i)}=R_x^{(i+1)}+D_1p_{\mathrm{d}}\cos\beta_1\\{}^pR_y^{(i)}=R_y^{(i+1)}+D_1p_{\mathrm{d}}\sin\beta_1\end{cases}\tag{6-67}$$

$$\begin{cases}{}^pR_x^{(i+2)}=R_x^{(i+1)}+D_2p_{\mathrm{d}}\cos\beta_2\\{}^pR_y^{(i+2)}=R_y^{(i+1)}+D_2p_{\mathrm{d}}\sin\beta_2\end{cases}\tag{6-68}$$

式中，$\beta_1=\arctan(R^{(i+1)}/R^{(i)})$；$\beta_2=\arctan(R^{(i+1)}/R^{(i+2)})$；$D_1=\left\|\overrightarrow{R^{(i)}R^{(i+1)}}\right\|$；$D_2=\left\|\overrightarrow{R^{(i+1)}R^{(i+2)}}\right\|$。

两种方法构建三角形后需要对新边 ${}^dR^{(i)}{}^dR^{(i+2)}$ 和 ${}^pR^{(i)}{}^pR^{(i+2)}$ 进行碰撞检测，以防止新边穿过约束条件[6]。通过三角形规则结合等比例或等距离优化后剩余轨迹点中冗余节点通过多次迭代循环可以基本去除。实验结果证明，两种方法在筛选冗余轨迹节点经过多项式拟合平滑优化后轨迹基本相同，为简化计算，后续实验环节中本书均采取等距离优化方法进行冗余节点去除。

(2) 基于多项式拟合的轨迹优化

在去除轨迹中冗余节点后，考虑机器人自身存在运动学约束、位置曲线连续等，选取多项式拟合作为拟合算法，利用插值法，基于最小二乘法原理进行拟合。最小二乘法是数学领域应用性较高的一种优化方法，通过寻找最小平方误差和确定一个函数使所求数值与原始值误差平方和最小，具体通过给定一系列数据集合 $\{(x_n,y_n)\mid n=0,1,2,\cdots\}$，在集合中利用最小二乘法的原理求得 x_n 与 y_n 的函数关系 $y_n=f(x_n,\boldsymbol{A}_N)$，函数 $f(x_n,\boldsymbol{A}_N)$ 需要符合集合中 x_n 与 y_n 的变化特性。$f(x_n,\boldsymbol{A}_N)$ 即为拟合函数，$\boldsymbol{A}_N$ 为系数矩阵。在无限多 $\boldsymbol{A}_N$ 中，通过误差平方和来量衡原始值与拟合值的偏差，偏差代表了拟合函数与理想函数的误差值，再从中找出一组系数矩阵使通过拟合函数求出的 y_n 值与真实 y_n 值误差平方和最小，将所有候选函数中差值最小的作为最终拟合函数[7]。拟合函数形式如下：

$$\sum_{n=0}^{m}\Phi(x_n)[f'(x_n)-y_n]=\min\sum_{n=0}^{m}\Phi(x_n)[f(x_n)-y_n]^2\tag{6-69}$$

式中，函数 $\Phi(x_n)$ 为期望拟合函数。

结合最小二乘法原理，本书选取如式(6-70) 形式作为多项式进行拟合：

$$Y=a_0+a_1x+a_2x^2+\cdots+a_kx^k \tag{6-70}$$

式中，拟合式系数矩阵 $\boldsymbol{A}_N=[a_0 \quad a_1 \quad a_2 \quad \cdots \quad a_k]$ 也由最小二乘法确定，如下：

$$R_s=\sum_{n=0}^{m}(a_0+a_1x_n+a_2x_n^2+\cdots+a_kx_n^k-y_n) \tag{6-71}$$

其中，残差的平方和 R_s 可视为以系数（$a_0,a_1,a_2,\cdots,a_k$）为变量的函数$\boldsymbol{\varpi}$（$a_0,a_1,a_2,\cdots,a_k$）。对函数$\boldsymbol{\varpi}$的变量求偏导后令其等于零可得到

$$\frac{\partial \boldsymbol{\varpi}}{\partial a_j}=2\sum_{n=0}^{m}x_n^j(a_0+a_1x_n+a_2x_n^2+\cdots+a_kx_n^k-y_n)=0 \quad j=0,1,2,\cdots,k \tag{6-72}$$

通过式(6-72) 可得到以下矩阵方程：

$$\begin{bmatrix} m+1 & \sum_{n=0}^{m}x_n & \cdots & \sum_{n=0}^{m}x_n^k \\ \sum_{n=0}^{m}x_n^{k+1} & \sum_{n=0}^{m}x_n^2 & \cdots & \sum_{n=0}^{m}x_n^{k+1} \\ \vdots & \vdots & \ddots & \vdots \\ \sum_{n=0}^{m}x_n^k & \sum_{n=0}^{m}x_n^{k+1} & \cdots & \sum_{n=0}^{m}x_n^{2k} \end{bmatrix} \begin{bmatrix} a_0 \\ a_1 \\ \vdots \\ a_k \end{bmatrix} = \begin{bmatrix} \sum_{n=0}^{m}y_n \\ \sum_{n=0}^{m}x_ny_n \\ \vdots \\ \sum_{n=0}^{m}x_n^ky_n \end{bmatrix} \tag{6-73}$$

将上式简化为 $\boldsymbol{X}_N\boldsymbol{A}_N=\boldsymbol{Y}_N$ 后，可得到系数矩阵 $\boldsymbol{A}_N$ 的值为 $\boldsymbol{A}_N=\boldsymbol{X}_N^{-1}\boldsymbol{Y}_N$。根据最小二乘法，求得误差平方和最小的组合即可作为多项式拟合式参数。本书中拟合阶数为 4，通过拟合方法，可得到如图 6-29 所示的部分轨迹点拟合曲线。

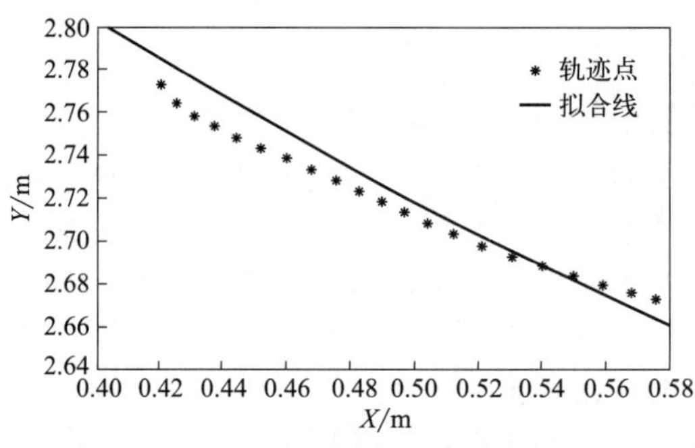

图 6-29 部分轨迹点拟合结果

6.4 多轮移动机器人多轮分布式协同控制方法

6.4.1 分布式协同控制算法研究与方法设计

本书研究了多个线性轮的分布式协同控制问题，分析了多轮在分布式控制方法下的协同策略：通过单轮在每个时间步长同步进行优化的方式，设计一个兼容性同步化约束来确保每个轮的实际运行与其参考计划之间的一致性，并在各轮之间建立通信网络共享状态信息。结合分布式协同策略，研究了多轮协同运动的控制方法，引入参考输入轨迹和实际状态轨迹，以分布式方式获取可计算处理的目标优化问题，通过利用系统模型的特定形式和分布式目标优化问题制定目标函数，将各个目标函数总结为性能函数。通过在性能函数的二次优化问题

中包含兼容性同步化约束和硬连接约束作为耦合项，使用分布式模型预测控制方法为单轮设计分布式控制器，利用计算优化问题的微分矩阵和约束项的迭代优化，将目标问题收敛到最优解，并通过设计的单轮分布式控制器，分布式优化问题解集中的任何状态都满足协调约束和障碍物避免约束。基于上述以多轮协同运动作为控制目标的分布式算法在轨迹跟踪和避障功能的应用场景下进行协同控制方法的验证，分布式协同控制算法设计结构如图6-30所示。

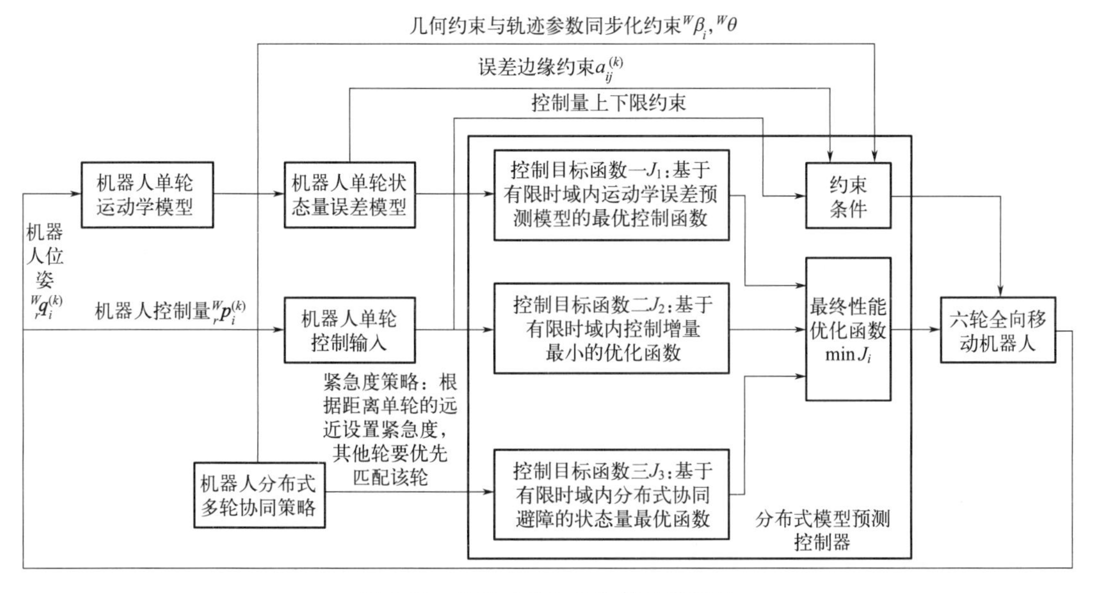

图6-30 分布式协同控制算法结构图

6.4.1.1 机器人多轮分布式协同控制约束

多轮机器人进行分布式协同控制是指机器人在进行运动控制任务时相互合作，进行实时的协调行动，需要设计合适的协同控制策略提高整体任务执行的效率和灵活性。机器人分布式协同控制策略设计过程中存在的关键挑战包括通信网络协同、分布式决策协同和系统协同约束，其中，通信网络协同问题主要通过基于机器人操作系统（robot operating system，ROS）的共享分布式通信网络解决。下面就系统协同约束问题分析多轮的协同策略，主要包括系统几何约束（参考轨迹约束）与轨迹参数同步化约束（轨迹参数协调）。

以多轮移动机器人为例，机器人质心的参考轨迹状态为$^R\boldsymbol{q}_r=[x_r \quad y_r \quad \varphi_r]^{\mathrm{T}}$，轮$i$分布式参考轨迹状态为$^W_r\boldsymbol{q}_{r,i}=[x_{r,i} \quad y_{r,i} \quad \varphi_{r,i}]^{\mathrm{T}}$。各轮的分布式运动学模型基于机器人整机连接框架，因此各轮在运动过程中基于机器人质心参考轨迹生成其参考轨迹进行跟踪，通过物理约束推导出以下单轮的运动参考轨迹。左前轮与右前轮（左前轮 wh=1，右前轮 wh=2）在离散时域k时刻的参考轨迹状态为

$$\begin{cases} x_{r,i}^{(k)}=x_r^{(k)}+L\cos\varphi_r^{(k)}+(-1)^{\mathrm{wh}}D\cos\left(\dfrac{\pi}{2}-\varphi_r^{(k)}\right) \\ y_{r,i}^{(k)}=y_r^{(k)}+L\sin\varphi_r^{(k)}+(-1)^{\mathrm{wh}+1}D\sin\left(\dfrac{\pi}{2}-\varphi_r^{(k)}\right) \end{cases} \tag{6-74}$$

左中轮与右中轮（左中轮 wh=1，右中轮 wh=2）在离散时域k时刻的参考轨迹状态为

$$\begin{cases} x_{r,i}^{(k)}=x_r^{(k)}+(-1)^{\text{wh}}D\cos(\dfrac{\pi}{2}-\varphi_r^{(k)}) \\ y_{r,i}^{(k)}=y_r^{(k)}+(-1)^{\text{wh}+1}D\sin(\dfrac{\pi}{2}-\varphi_r^{(k)}) \end{cases} \tag{6-75}$$

左后轮与右后轮（左后轮 wh＝1，右后轮 wh＝2）在离散时域 k 时刻的参考轨迹状态为

$$\begin{cases} x_{r,i}^{(k)}=x_r^{(k)}-L\cos\varphi_r^{(k)}+(-1)^{\text{wh}}D\cos\left(\dfrac{\pi}{2}-\varphi_r^{(k)}\right) \\ y_{r,i}^{(k)}=y_r^{(k)}-L\sin\varphi_r^{(k)}+(-1)^{\text{wh}+1}D\sin\left(\dfrac{\pi}{2}-\varphi_r^{(k)}\right) \end{cases} \tag{6-76}$$

式中，各轮参考航向角均为 $\varphi_{r,i}^{(k)}=\varphi_r^{(k)}$。

除了多轮协同匹配过程中几何约束问题，还需要考虑时域内参数协调问题，本书采用同步控制方法实现多轮的参数协调。在同步控制方法中，每个轮参考轨迹变量都是通过 ${}^W\beta$ 参数在时域内进行推进。定义轮 i 参考轨迹变量为

$$\boldsymbol{\Gamma}_i({}^W\beta_i)=\left[x_{r,i}({}^W\beta_i)\quad y_{r,i}({}^W\beta_i)\quad \varphi_{r,i}({}^W\beta_i)\right]^{\mathrm{T}} \tag{6-77}$$

轨迹变量的迭代更新如下：

$${}^W\beta_i=\begin{cases} {}^W\beta_i+1, {}^W\theta^{(k)}<{}^W\theta_n^{(k)} \\ {}^W\beta_i, \text{其他情况} \end{cases},\quad {}^W\beta_i=1,2,3,\cdots,N \tag{6-78}$$

$${}^W\theta^{(k)}={}^W\theta_1\|\boldsymbol{x}^{(k)}-\boldsymbol{x}_r^{(k)}\|+{}^W\theta_2\sum_{i=1}^{6}\|\boldsymbol{x}_i^{(k)}-\boldsymbol{x}_{r,i}^{(k)}\| \tag{6-79}$$

式中，${}^W\theta^{(k)}$ 是机器人和各轮轨迹误差的相关函数，作为 ${}^W\beta_i$ 迭代更新的判断条件；${}^W\theta_1$ 和 ${}^W\theta_2$ 是相关函数的权重系数；${}^W\theta_n^{(k)}$ 是第 n 个轨迹点的相关函数阈值。通过对同步控制方法的分析可以得出，在迭代更新规则的控制下，每个轮 i 的参考轨迹变量 $\boldsymbol{\Gamma}_i$ 沿着相同迭代时间步长进行更新，并且不同的轮轨迹参数都是同步的，即 ${}^W\beta_i-{}^W\beta_j=0$，$i\neq j$，每个轮和机器人的质心将处于参考位置并保持所需姿态。

多轮协同控制类似于固定连接的组元混编集群运动协调控制，机器人整体类似于组元集群，各轮类似于组元中模块，主要思路是自然界中典型的以个体行动实现集群行为涌现的例子，受集群行为涌现启发，概括组元协调运动过程中模块的 3 个行为准则为：

① 轨迹跟踪：每个轮均跟随自身参考轨迹运动，轮的轨迹由组元中心轨迹、轮相对于组元中心的编队相对位姿计算得到；

② 碰撞避免：每个轮与障碍物之间的间距大于安全距离；

③ 运动匹配：单轮运动状态倾向于与避险紧急度高的单轮运动状态相匹配。

综合上述分析，解决各轮的系统约束问题后需要解决系统的分布式决策问题。本书的主要目的是为各轮设计一个分布式复合控制器，以确保闭环系统输入状态的稳定性，并同步所有轨迹参数。复合控制器由 DMPC 控制器和局部补偿控制器组成，基于无外部扰动的标称系统，采用 DMPC 方法设计了轨迹跟踪控制器；通过扩张状态观测器原理设计了基于未知扰动局部补偿控制器，采用控制量补偿来减弱对系统的影响。此外，还通过单轮与障碍物的距离定义紧急度策略，利用共享通信网络由紧急度高的轮向组元内的其他轮发送自身的紧急度，各轮对比其他轮紧急度与自身紧急度后，在各轮的预测控制器模型中增加匹配约束，使自身运动与最高紧急度轮的运动相匹配，求解高维非线性问题，实现各轮的协调控制与协同运动。

6.4.1.2　基于分布式模型预测控制的机器人协同控制方法

多轮控制问题涉及每个轮的轨迹跟踪和各轮的协同匹配与协调，最重要的是确保每个轮跟踪其参考轨迹，并根据给定的轨迹和姿态前进；其次通过确保轨迹迭代更新参数${}^{W}\beta_i$的同步保证每个轮的参考轨迹一致性，才能实现多轮的协同匹配，如图6-31所示。本书将多轮系统约束以轨迹跟踪、碰撞避免和运动匹配为控制目标设计基于DMPC的分布式协同控制器。

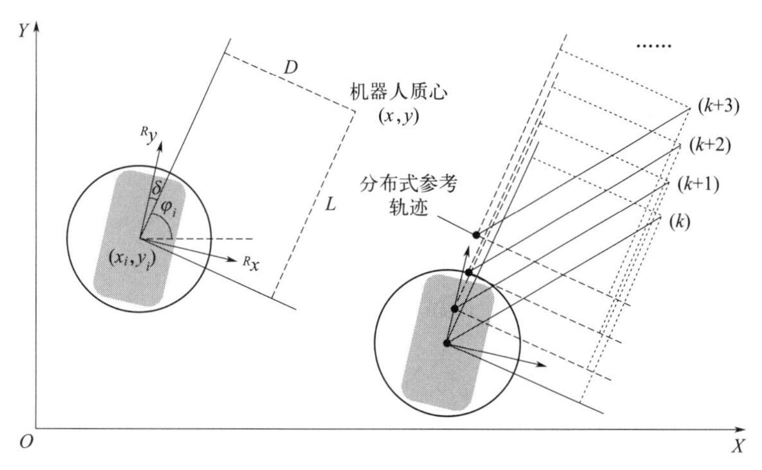

图6-31　单轮分布式运动控制框架

设计$(\cdot)^{(k|\tau)}$以表示在τ时刻$\tau+k$的时间步长。以图6-31为例，在没有外部干扰的情况下，推导单轮i在$k\in\{1,2,3,\cdots,N\}$中离散时域内未来状态的预测控制模型为

$$ {}_{r}^{W}\boldsymbol{q}_{i}^{(k|\tau)}={}_{r}^{W}\boldsymbol{q}_{i}^{(k-1|\tau)}+\tau\ {}_{r}^{W}\boldsymbol{p}_{i}^{(k-1|\tau)} \tag{6-80} $$

式中，τ是离散时域内k时刻至$k+1$时刻持续时间，${}_{r}^{W}\boldsymbol{q}_{i}^{(\tau|\tau)}={}_{r}^{W}\boldsymbol{q}_{i}^{(\tau)}$。在机器人转向模型中$\omega_i=v_i\tan\delta_i/L$，那么式(6-80)可以写为

$$ {}_{r}^{W}\boldsymbol{q}_{i}^{(k|\tau)}={}_{r}^{W}\boldsymbol{q}_{i}^{(k-1|\tau)}+\tau v_i\begin{bmatrix}\cos(\varphi_i-\delta_i)\\ \sin(\varphi_i-\delta_i)\\ (1/L)\tan\delta_i\end{bmatrix} \tag{6-81} $$

受自身机械结构的影响，单轮i驱动线速度与转向角速度受到约束，因此将其表示为控制量的上下限约束条件，在预测时域k中单轮i的控制量约束为

$$ {}_{r}^{W}\boldsymbol{p}_{\min}\leqslant{}_{r}^{W}\boldsymbol{p}_{i}^{(k|\tau)}\leqslant{}_{r}^{W}\boldsymbol{p}_{\max} \tag{6-82} $$

建立各轮间预测状态的硬约束，用于描述各轮之间的硬连接关系。基于同步化控制方法，在每个时间步长内同步优化所有单轮控制器，并在每个轮控制器之间交换未来k个时间步的预测状态信息。定义$a_{ij}^{(k)}$表示在预测时域k中轮i和其他轮之间的状态量的差异，并将距离约束放宽至$\varepsilon_d>0$。因此，各轮之间的协调匹配表达式为

$$ \boldsymbol{a}_{ij}^{(k)}={}_{r}^{W}\boldsymbol{q}_{i}^{(k|\tau)}-{}_{r}^{W}\boldsymbol{q}_{j}^{(k|\tau)},\quad i,j=1,2,3,4,5,6\text{ 且 }i\neq j \tag{6-83} $$

$$ S_{ij}-\varepsilon_d\leqslant\|\boldsymbol{a}_{ij}^{(k)}\|_2\leqslant S_{ij}+\varepsilon_d \tag{6-84} $$

式中，S_{ij}表示单轮i与单轮j之间的物理约束距离；ε_d是极小的正数。

单轮i的总目标函数形式设计如下：

$$ J_i(k,{}_{r}^{W}\boldsymbol{p}_i,{}_{r}^{W}\boldsymbol{q}_i,{}_{r}^{W}\boldsymbol{p}_{r,i})=b_{1i}J_{1i}+b_{2i}J_{2i}+b_{3i}J_{3i} \tag{6-85} $$

目标函数中J_{1i}项表示轮i在预测时域内状态轨迹的误差项，即最小化轮的轨迹跟踪项

中与参考轨迹偏差。定义在预测时域范围内轮 i 的跟踪误差为

$$ {}_r^W\boldsymbol{Q}_i^{(k|\tau)}=\begin{bmatrix}\cos(\varphi_i-\delta_i) & \sin(\varphi_i-\delta_i) & 0\\ -\sin(\varphi_i-\delta_i) & \cos(\varphi_i-\delta_i) & 0\\ 0 & 0 & 1\end{bmatrix}({}_r^W\boldsymbol{q}_i^{(k|\tau)}-{}_r^W\boldsymbol{q}_{r,i}^{(k|\tau)}) \tag{6-86}$$

因此，$k\in\{0,1,2,3,\cdots,N-1\}$ 时刻系统跟踪偏差目标函数为

$$J_{1i}=\sum_{k=0}^{N-1}\|{}_r^W\boldsymbol{Q}_i^{(k|\tau)}\|_2 \tag{6-87}$$

为满足减小系统能耗要求，系统的控制目标是在时域中离散时刻控制量尽可能小的情况下达到参考状态。基于此，多轮分布式协同控制控制量目标函数为

$$J_{2i}=\sum_{k=0}^{N-2}[({}_r^W\boldsymbol{p}_i^{(k+1|\tau)})^{\mathrm{T}}\ {}_r^W\boldsymbol{p}_i^{(k+1|\tau)}] \tag{6-88}$$

同样，系统优化函数需要设置松弛因子以平滑系统的优化目标，提高收敛速度。$k\in\{0,1,2,3,\cdots,N-1\}$ 时刻松弛因子的惩罚函数为

$$J_{3i}=\sum_{k=0}^{N-1}(\zeta_d^{(k|\tau)})^2 \tag{6-89}$$

可得到轮 i 的总目标函数为

$$\begin{aligned}J_i(k,{}_r^W\boldsymbol{p}_i,{}_r^W\boldsymbol{q}_i,{}_r^W\boldsymbol{p}_{r,i})=&b_{1i}\sum_{k=0}^{N-1}\|{}_r^W\boldsymbol{Q}_i^{(k|\tau)}\|_2+b_{2i}\sum_{k=0}^{N-2}[({}_r^W\boldsymbol{p}_i^{(k+1|\tau)})^{\mathrm{T}}\,{}_r^W\boldsymbol{p}_i^{(k+1|\tau)}]\\&+b_{3i}\sum_{k=0}^{N-1}(\zeta_d^{(k|\tau)})^2\end{aligned} \tag{6-90}$$

式中，b_{1i}、b_{2i}、b_{3i} 为每个目标函数的权重系数，系统可以通过调整权重系数的大小来调节各目标函数对系统运动的影响。一般情况下，松弛因子取值为极大的正整数，而其权重系数 b_{3i} 取值较小，仅满足系统收敛速度需求；如有障碍物，其权重系数 b_{3i} 动态调整，优先满足避障要求。下面就各轮避障与系数调整进行分析。

正常情况下各轮的参考轨迹是通过机器人整机质心参考轨迹进行分布式测算得出，如图 6-32 正常情况所示。但当单轮通过障碍物检测发现障碍物与某轮距离小于安全阈值需进行避障时，系统需要优先计算避障轮控制输入，而其他轮需要进行运动约束匹配来解决协调问题。

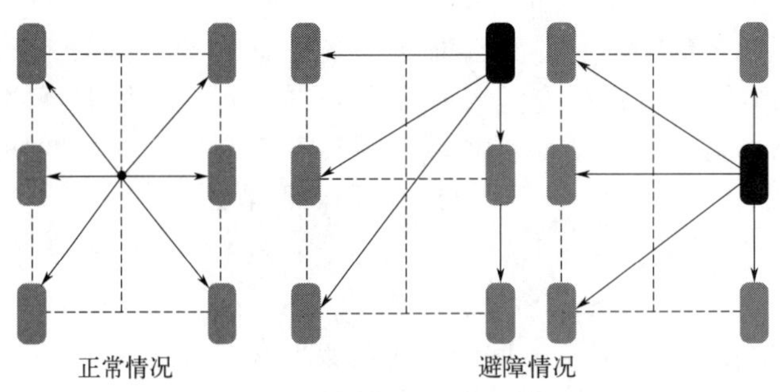

图 6-32　不同情况下轮运动匹配

为了解决运动约束匹配问题，设计轮防撞约束函数 E_i 表示轮与障碍物时域内相撞可能

性。以${}^{W}_{r}\boldsymbol{q}_{o}^{(k\mid\tau)}$表示障碍物状态量，单轮防撞约束函数$E_i$为

$$E_i=\sum_{k=0}^{N-1}\frac{1}{\|{}^{W}_{r}\boldsymbol{q}_{i}^{(k\mid\tau)}-{}^{W}_{r}\boldsymbol{q}_{o}^{(k\mid\tau)}\|_2} \tag{6-91}$$

基于防撞函数建立紧急度指标U_{rg}以避免发生碰撞行为，紧急度计算为

$$U_{\mathrm{rg}}=\min\left(\frac{1}{E_i}\right),i=1,2,3,4,5,6 \tag{6-92}$$

各轮通过共享通信网络进行紧急度比较，以紧急度最高的轮为目标，其他轮进行运动匹配。

在避障情况下运动匹配参考位置需根据紧急度最高轮参考轨迹计算，如图6-32所示避障情况。以机器人左后轮参考轨迹测算为例，正常情况下该轮参考轨迹与右前轮紧急度最高进行避障时该轮参考轨迹变化如式(6-93) 所示。

$$\begin{cases}x_{r,5}^{(k)}=x_{r}^{(k)}-L\cos\varphi_{r}^{(k)}-D\cos\left(\frac{\pi}{2}-\varphi_{r}^{(k)}\right)\\ y_{r,5}^{(k)}=y_{r}^{(k)}-L\sin\varphi_{r}^{(k)}+D\sin\left(\frac{\pi}{2}-\varphi_{r}^{(k)}\right)\end{cases}\Rightarrow\begin{cases}x_{r,5}^{(k)}=x_{r,2}^{(k)}-2L\cos\varphi_{r,2}^{(k)}-2D\cos\left(\frac{\pi}{2}-\varphi_{r,2}^{(k)}\right)\\ y_{r,5}^{(k)}=y_{r,2}^{(k)}-2L\sin\varphi_{r,2}^{(k)}+2D\sin\left(\frac{\pi}{2}-\varphi_{r,2}^{(k)}\right)\end{cases} \tag{6-93}$$

因此可以通过映射集合表示避障情况下各轮参考轨迹，令$\mu_U=f_U$（L，D，φ，δ）表示相对位置参数函数，则轮i相对于参考的轨迹映射关系可表示为

$$\{W:({}^{W}_{r}\boldsymbol{q}_{r,U},\mu_U)\}\rightarrow{}^{W}_{r}\boldsymbol{q}_{r,i} \tag{6-94}$$

式中，${}^{W}_{r}\boldsymbol{q}_{r,U}$为紧急度最高轮的预测状态序列。在进行运动匹配协调时，各轮局部参考轨迹由${}^{W}_{r}\boldsymbol{q}_{r,i}$集合$\{W:({}^{W}_{r}\boldsymbol{q}_{r,U},\ \mu_U)\}$获得。

建立映射关系集合后，各轮通过通信网络比较紧急度大小。若当前轮紧急度不是最高，则其需要与紧急度最高轮进行运动匹配，设计避障关系因子ζ_k代替ζ_d，并将其加入优化函数约束集[8]：

$$\zeta_k\rightarrow W:({}^{W}_{r}\boldsymbol{q}_{r,U},\mu_U) \tag{6-95}$$

因此，设计$k\in\{0,1,2,3,\cdots,N-1\}$时刻避障松弛因子的惩罚函数为

$$J_{4i}=\sum_{k=0}^{N-1}(\zeta_{k}^{(k\mid\tau)})^2 \tag{6-96}$$

当系统需要进行避障任务时，其他轮的运动与紧急度最高轮的运动匹配是当前系统最重要的优化目标，此时应赋予避障因子最高权重。同时为了降低系统复杂度，在运动匹配过程中令控制收敛速度项松弛因子为零，只保留松弛因子目标函数项，避免系统优化函数出现所求可行解与障碍物相撞。因此，得到分布式协调控制器单轮的优化函数为[8]

$$\begin{aligned}J_i(k,{}^{W}_{r}\boldsymbol{p}_i,{}^{W}_{r}\boldsymbol{q}_i,{}^{W}_{r}\boldsymbol{p}_{r,i})=&B_{1i}\sum_{k=0}^{N-1}\|{}^{W}_{r}\boldsymbol{Q}_{i}^{(k\mid\tau)}\|_2+B_{2i}\sum_{k=0}^{N-2}[({}^{W}_{r}\boldsymbol{p}_{i}^{(k+1\mid\tau)})^{\mathrm{T}}{}^{W}_{r}\boldsymbol{p}_{i}^{(k+1\mid\tau)}]\\&+B_{3i}\sum_{k=0}^{N-1}(\zeta_{d}^{(k\mid\tau)})^2+B_{4i}\sum_{k=0}^{N-1}(\zeta_{k}^{(k\mid\tau)})^2\end{aligned} \tag{6-97}$$

根据前面分析，上述优化函数的约束条件是

$$\begin{cases} {}_r^W\boldsymbol{p}_{\min} \leqslant {}_r^W\boldsymbol{p}_i^{(k|\tau)} \leqslant {}_r^W\boldsymbol{p}_{\max} \\ S_{ij} - \varepsilon_d \leqslant \|\boldsymbol{a}_{ij}^{(k)}\|_2 \leqslant S_{ij} + \varepsilon_d \\ k \in \{0,1,2,3,\cdots,N-1\} \\ {}_r^W\boldsymbol{q}_i^{(\tau|\tau)} = {}_r^W\boldsymbol{q}_i^{(\tau)} \\ \lambda_b = 0, W:({}_r^W\boldsymbol{q}_{r,U}, \mu_U) \rightarrow {}_r^W\boldsymbol{q}_{r,i}, \text{若 } U_{\mathrm{rg}} = U_{\mathrm{rg\,max}} \\ \lambda_b = 1, \Gamma_i({}^W\beta_i) \rightarrow {}_r^W\boldsymbol{q}_{r,i}, \text{其他} \end{cases} \tag{6-98}$$

式中，各控制目标函数系数为

$$\begin{cases} B_{1i} = \lambda_b b_1 \\ B_{2i} = b_{2i} \\ B_{3i} = \lambda_b b_{3i} \\ B_{4i} = (1-\lambda_b) b_{4i} \end{cases} \tag{6-99}$$

综上所述，系统最终优化目标 J_i^* 是

$$J_i^*(k, {}_r^W\boldsymbol{p}_i, {}_r^W\boldsymbol{q}_i, {}_r^W\boldsymbol{p}_{r,i}) = \min_{{}_r^W\boldsymbol{q}_i^{(k|\tau)}} J_i(k, {}_r^W\boldsymbol{p}_i, {}_r^W\boldsymbol{q}_i, {}_r^W\boldsymbol{p}_{r,i}) \tag{6-100}$$

此外，通过分布式协同控制可以使机器人在运动过程中出现偏差时进行车身修正以及在单轮故障时保证机器人正常进行运动控制任务，如图 6-33 所示。

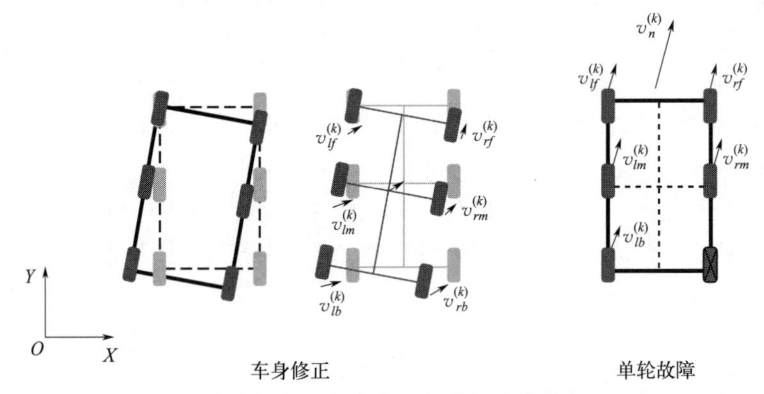

图 6-33　基于分布式控制的车身修正与单轮故障状态下机器人运动

6.4.1.3　分布式控制算法稳定性分析

本书设计的分布式协同控制器是基于机器人运动学规律设计的，通过采用终端约束条件使系统回归至平衡点以保证系统稳定，本节将根据 Lyapunov 稳定性理论证明所设计控制器的稳定性。

若各轮的可行解在初始时刻 $\tau=0$ 时存在，则所有后续 $\tau+k$ 时刻优化问题均有解且系统是可行的。本书根据紧急度 U_{rg} 的比较结果使优化函数的约束在两种类型之间切换，在每种类型中都具有时间不变性，若优化函数有解，且系统优化函数单调递减，则可以证明分布式模型预测控制器系统是渐进稳定的。假设优化问题在未来 $\tau+k$ 时间步长内存在一个可行解，因此设可行解存在于 k 时刻，根据约束，可行解为 ${}_r^W\tilde{\boldsymbol{q}}_i$。同样在满足系统约束的情况下，最优解写作 ${}_r^W\boldsymbol{q}_i^*$。

将所有轮的最终优化目标函数在 τ 时刻至 $\tau+N-1$ 时刻累加，得到式(6-101)。

$$J_{\Sigma}^{(k|\tau)}=\sum_{i\in N_r}J_i(k,{}_r^W\boldsymbol{p}_i,{}_r^W\boldsymbol{q}_i,{}_r^W\boldsymbol{p}_{r,i})=\sum_{i\in N_r}\left[\sum_{k=0}^{N-1}L_i^{(k|\tau)}(k,{}_r^W\boldsymbol{p}_i,{}_r^W\boldsymbol{q}_i,{}_r^W\boldsymbol{p}_{r,i})\right]\quad(6\text{-}101)$$

式中，$L_i=[B_{1i}\quad B_{2i}\quad B_{3i}\quad B_{4i}]\left[\|{}_r^W\boldsymbol{Q}_i\|_2\quad {}_r^W\widehat{\boldsymbol{p}}_i^{\mathrm{T}}{}_r^W\widehat{\boldsymbol{p}}_i\quad(\zeta_d)^2\quad(\zeta_k)^2\right]^{\mathrm{T}}$。

系统中所有轮的最优解优化目标函数在τ至$\tau+k$时间步长内累加之和为

$$J_{\Sigma}^{*(k|\tau)}=\sum_{i\in N_r}J_i^*(k,{}_r^W\boldsymbol{p}_i^*,{}_r^W\boldsymbol{q}_i^*,{}_r^W\boldsymbol{p}_{r,i})\quad(6\text{-}102)$$

将上式作为系统的Lyapunov函数。然后，将系统所有轮的可行解优化目标函数在$\tau+1$时刻至$\tau+k$时刻步长内累加，得到式(6-103)[9]。

$$\widetilde{J}_{\Sigma}^{(k|\tau+1)}=\sum_{i\in N_r}J_i(k,{}_r^W\widetilde{\boldsymbol{p}}_i,{}_r^W\widetilde{\boldsymbol{q}}_i,{}_r^W\boldsymbol{p}_{r,i})\quad(6\text{-}103)$$

对连续时间步长的可行解优化目标函数和与最优解优化目标函数做差可得到式(6-104)。

$$\begin{aligned}\widetilde{J}_{\Sigma}^{(k|\tau+1)}-J_{\Sigma}^{*(k|\tau)}&=\sum_{i\in N_r}\{J_i(k,{}_r^W\widetilde{\boldsymbol{p}}_i,{}_r^W\widetilde{\boldsymbol{q}}_i,{}_r^W\boldsymbol{p}_{r,i})-J_i^*(k,{}_r^W\boldsymbol{p}_i^*,{}_r^W\boldsymbol{q}_i^*,{}_r^W\boldsymbol{p}_{r,i})\}\\&=\sum_{i\in N_r}\left\{\sum_{k=0}^{N-1}[L_i^{(k|\tau+1)}(k,{}_r^W\widetilde{\boldsymbol{p}}_i,{}_r^W\widetilde{\boldsymbol{q}}_i,{}_r^W\boldsymbol{p}_{r,i})-L_i^{(k|\tau)}(k,{}_r^W\boldsymbol{p}_i^*,{}_r^W\boldsymbol{q}_i^*,{}_r^W\boldsymbol{p}_{r,i})]\right\}\\&=\sum_{i\in N_r}\left\{\begin{aligned}&\sum_{k=1}^{N-1}[L_i^{(k|\tau)}(k,{}_r^W\widetilde{\boldsymbol{p}}_i,{}_r^W\widetilde{\boldsymbol{q}}_i,{}_r^W\boldsymbol{p}_{r,i})-L_i^{(k|\tau)}(k,{}_r^W\boldsymbol{p}_i^*,{}_r^W\boldsymbol{q}_i^*,{}_r^W\boldsymbol{p}_{r,i})]\\&-L_i^{(0|\tau)}(k,{}_r^W\boldsymbol{p}_i^*,{}_r^W\boldsymbol{q}_i^*,{}_r^W\boldsymbol{p}_{r,i})+L_i^{(N-1|\tau+1)}(k,{}_r^W\widetilde{\boldsymbol{p}}_i,{}_r^W\widetilde{\boldsymbol{q}}_i,{}_r^W\boldsymbol{p}_{r,i})\end{aligned}\right\}\end{aligned}\quad(6\text{-}104)$$

式中，根据目标函数定义在时域内可知τ至$\tau+k$时间步长内可行解$L_i^{(k|\tau)}(k,{}_r^W\widetilde{\boldsymbol{p}}_i,{}_r^W\widetilde{\boldsymbol{q}}_i,{}_r^W\boldsymbol{p}_{r,i})$与最优解$L_i^{(k|\tau)}(k,{}_r^W\boldsymbol{p}_i^*,{}_r^W\boldsymbol{q}_i^*,{}_r^W\boldsymbol{p}_{r,i})$之差为各轮间协调约束，而各轮视作刚性连接，因此可得式(6-105)。

$$L_i^{(k|\tau)}(k,{}_r^W\widetilde{\boldsymbol{p}}_i,{}_r^W\widetilde{\boldsymbol{q}}_i,{}_r^W\boldsymbol{p}_{r,i})-L_i^{(k|\tau)}(k,{}_r^W\boldsymbol{p}_i^*,{}_r^W\boldsymbol{q}_i^*,{}_r^W\boldsymbol{p}_{r,i})=\|\widetilde{a}_{ij}^{(k)}\|_2-\|a_{ij}^{(k)*}\|_2=0\quad(6\text{-}105)$$

整理后得到式(6-106)。

$$\begin{aligned}\widetilde{J}_{\Sigma}^{(k|\tau+1)}-J_{\Sigma}^{*(k|\tau)}&=\sum_{i\in N_r}[-L_i^{(0|\tau)}(k,{}_r^W\boldsymbol{p}_i^*,{}_r^W\boldsymbol{q}_i^*,{}_r^W\boldsymbol{p}_{r,i})+L_i^{(N-1|\tau+1)}(k,{}_r^W\widetilde{\boldsymbol{p}}_i,{}_r^W\widetilde{\boldsymbol{q}}_i,{}_r^W\boldsymbol{p}_{r,i})]\\&=\sum_{i\in N_r}\Big\{B_{1i}(\|{}_r^W\boldsymbol{Q}_i^{(N-1|\tau+1)}\|_2-\|{}_r^W\boldsymbol{Q}_i^{(0|\tau)}\|_2)\\&\quad+B_{2i}[({}_r^W\boldsymbol{p}_i^{(N-1|\tau+1)})^{\mathrm{T}}{}_r^W\boldsymbol{p}_i^{(N-1|\tau+1)}-({}_r^W\boldsymbol{p}_i^{(0|\tau)})^{\mathrm{T}}{}_r^W\boldsymbol{p}_i^{(0|\tau)}]\\&\quad+B_{3i}[(\zeta_d^{(N-1|\tau+1)})^2-(\zeta_d^{(0|\tau)})^2]+B_{4i}[(\zeta_k^{(N-1|\tau+1)})^2-(\zeta_k^{(0|\tau)})^2]\Big\}\end{aligned}\quad(6\text{-}106)$$

在终端约束与惩罚函数约束下系统的松弛因子$\zeta_d^{(N-1|\tau+1)}$、$\zeta_d^{(0|\tau)}$、$\zeta_k^{(N-1|\tau+1)}$、$\zeta_k^{(0|\tau)}$项为零，结合系统的轨迹跟踪零误差约束[8]，代入式(6-106)为

$$\widetilde{J}_{\Sigma}^{(k|\tau+1)} - J_{\Sigma}^{*(k|\tau)} = \sum_{i \in N_r} B_{1i}(-\|{}_r^W\boldsymbol{Q}_i^{(0|\tau)}\|_2) = -\sum_{i \in N_r} B_{1i}\|{}_r^W\boldsymbol{Q}_i^{(0|\tau)}\|_2 \leqslant 0 \tag{6-107}$$

由 Lyapunov 稳定性定理可知本书所提出的系统分布式控制算法渐进稳定。

6.4.2 基于扩张状态观测器的未知扰动补偿控制方法

机器人运动过程中未知扰动通常会对运动系统的控制性能产生不利的影响。在实际环境中，打滑或地形起伏等难以直接测量的扰动会使机器人在理想环境中建立的模型受到干扰。扩张状态观测器（extended state observer，ESO）是一种用于估计动态系统状态的算法，它在传统的状态观测器基础上进行了扩展以处理更复杂的系统模型。

本书采用通过极点配置方法设计的 ESO 观测器提出一种用于估计未知扰动的前馈补偿控制器，以保证闭环系统的输入状态稳定性，并结合同步所有轨迹参数，解决了机器人受未知扰动影响产生的补偿控制问题，控制结构如图 6-34 所示。

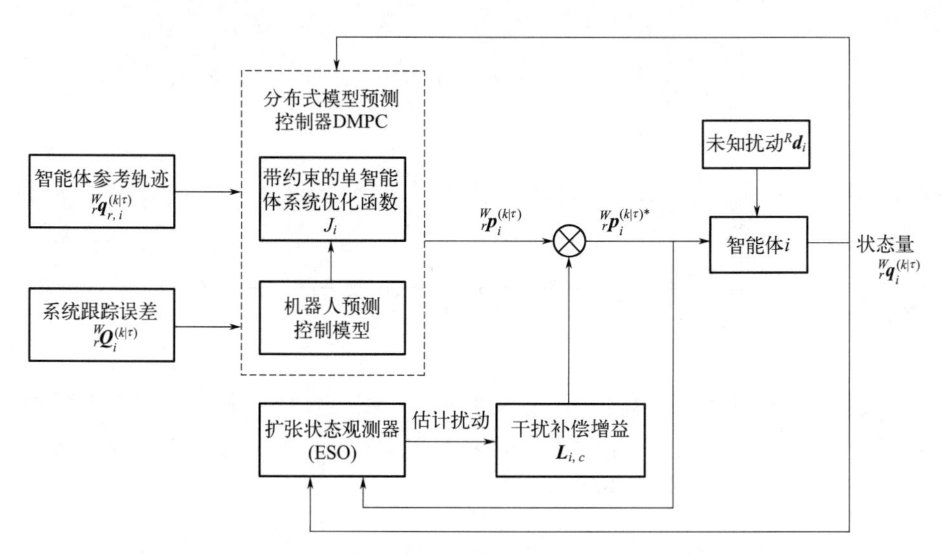

图 6-34 结合基于 ESO 前馈控制器的分布式系统控制框图

6.4.2.1 未知扰动估计与基于扰动补偿的前馈控制器设计

本节提出一种基于扩张状态观测器的控制策略来解决多轮协同控制过程中的未知扰动问题[10]。基于协同控制的框架，将参考轨迹点附近的系统控制模型线性化后，轮的离散误差模型${}_r^W\boldsymbol{Q}_i^{(k|\tau)}$可以描述如下：

$${}_r^W\boldsymbol{Q}_i^{(k|\tau)} = \boldsymbol{A}_{Qi}\,{}_r^W\boldsymbol{Q}_i^{(k-1|\tau)} + \boldsymbol{B}_{Qi}\,{}_r^W\boldsymbol{p}_i^{(k-1|\tau)} \tag{6-108}$$

式中，${}_r^W\boldsymbol{p}_i^{(k-1|\tau)}$ 是轮在 $\tau+k-1$ 时刻的控制输入；$\boldsymbol{A}_{Qi}$、$\boldsymbol{B}_{Qi}$ 是误差模型的雅可比矩阵，分别为

$$\boldsymbol{A}_{Qi} = \begin{bmatrix} 0 & \omega_{ri} & 0 \\ -\omega_{ri} & 0 & v_{ri} \\ 0 & 0 & 0 \end{bmatrix} \tag{6-109}$$

$$\boldsymbol{B}_{Qi} = \begin{bmatrix} 1 & 0 \\ 0 & 0 \\ 0 & 1 \end{bmatrix} \tag{6-110}$$

在多轮系统分布式协同控制过程中，未知干扰总是存在且会对系统控制性能产生不利影响，如轮胎滑动、地形扰动等。考虑未知扰动对轮运动的影响，这些扰动可以被视为输入加性扰动。假设外部未知扰动${}^{R}\boldsymbol{d}_{i}^{(k\mid\tau)}$满足以下增量方程：

$$ {}^{R}\boldsymbol{d}_{i}^{(k|\tau)} = {}^{R}\boldsymbol{d}_{i}^{(k-1|\tau)} + {}^{R}\Delta\boldsymbol{d}_{i}^{(k|\tau)} \tag{6-111} $$

式中，${}^{R}\boldsymbol{d}_{i}^{(k\mid\tau)}$ 为 3×1 阶的矩阵；${}^{R}\Delta\boldsymbol{d}_{i}^{(k\mid\tau)}$ 是外部未知扰动在时间上的增量。由于${}^{R}\boldsymbol{d}_{i}^{(k\mid\tau)}$ 在所有时间都是有界的，因此${}^{R}\Delta\boldsymbol{d}_{i}^{(k\mid\tau)}$ 也是有界的，即满足式（6-112）。

$$ \|{}^{R}\boldsymbol{d}_{i}^{(k|\tau)}\| \leqslant M_{d}, \forall\tau \geqslant 0 \tag{6-112} $$

式中，M_{d} 为扰动边界。

结合式(6-111)，多轮系统的离散误差模型可得到如下的扩展状态方程：

$$ {}_{r}^{W}\overline{\boldsymbol{Q}}_{i}^{(k|\tau)} = \overline{\boldsymbol{A}}_{Qi}\,{}_{r}^{W}\overline{\boldsymbol{Q}}_{i}^{(k-1|\tau)} + \overline{\boldsymbol{B}}_{Qi}\,{}_{r}^{W}\boldsymbol{p}_{i}^{(k-1|\tau)} + \overline{\boldsymbol{D}}_{Qi}\,{}^{R}\Delta\boldsymbol{d}_{i}^{(k|\tau)} \tag{6-113} $$

式中，${}_{r}^{W}\overline{\boldsymbol{Q}}_{i}^{(k\mid\tau)} = \begin{bmatrix} {}_{r}^{W}\boldsymbol{Q}_{i}^{(k\mid\tau)} \\ {}^{R}\boldsymbol{d}_{i}^{(k\mid\tau)} \end{bmatrix}$，$\overline{\boldsymbol{A}}_{Qi} = \begin{bmatrix} \boldsymbol{A}_{Qi} & \boldsymbol{0}_{3\times3} \\ \boldsymbol{0}_{3\times3} & \boldsymbol{I}_{6} \end{bmatrix}$，$\overline{\boldsymbol{B}}_{Qi} = \begin{bmatrix} \boldsymbol{B}_{Qi} \\ \boldsymbol{0}_{3\times2} \end{bmatrix}$，为系统雅可比矩阵；$\overline{\boldsymbol{D}}_{Qi} = \begin{bmatrix} \boldsymbol{0}_{3\times3} \\ \boldsymbol{I}_{3} \end{bmatrix}$，为未知扰动的系数矩阵。

单轮的误差状态模型${}_{r}^{W}\boldsymbol{Q}_{i}^{(k-1\mid\tau)}$ 视为扩张状态观测器系统的输出测量，在所提出的扩张状态观测器系统中，设计以下观测器形式：

$$ {}_{r}^{W}\widetilde{\overline{\boldsymbol{Q}}}_{i}^{(k|\tau)} = \overline{\boldsymbol{A}}_{Qi}\,{}_{r}^{W}\widetilde{\overline{\boldsymbol{Q}}}_{i}^{(k-1|\tau)} + \overline{\boldsymbol{B}}_{Qi}\,{}_{r}^{W}\boldsymbol{p}_{i}^{(k-1|\tau)} + \boldsymbol{L}_{Qi}\left({}_{r}^{W}\boldsymbol{Q}_{i}^{(k-1|\tau)} - \boldsymbol{C}_{Qi}\,{}_{r}^{W}\widetilde{\overline{\boldsymbol{Q}}}_{i}^{(k-1|\tau)}\right) \tag{6-114} $$

式中，${}_{r}^{W}\widetilde{\overline{\boldsymbol{Q}}}_{i}^{(k\mid\tau)} = \left[{}_{r}^{W}\widetilde{\boldsymbol{Q}}_{i}^{(k\mid\tau)} \quad {}^{R}\widehat{\boldsymbol{d}}_{i}^{(k\mid\tau)}\right]^{\mathrm{T}}$，${}_{r}^{W}\widetilde{\boldsymbol{Q}}_{i}^{(k\mid\tau)}$ 和${}^{R}\widehat{\boldsymbol{d}}_{i}^{(k\mid\tau)}$ 分别为${}_{r}^{W}\boldsymbol{Q}_{i}^{(k\mid\tau)}$ 和${}^{R}\boldsymbol{d}_{i}^{(k\mid\tau)}$ 的观测值；$\boldsymbol{C}_{Qi} = [\boldsymbol{I}_{3} \quad \boldsymbol{0}_{3\times3}]$；$\boldsymbol{L}_{Qi}$ 是观测器的增益矩阵。

扩张状态观测器是一种有效的扰动估计方法，当控制系统中存在未知扰动时，可以通过观测器的估计值以前馈控制的方式来补偿控制输入，减少扰动对系统的影响。因此，复合补偿控制器设计如下：

$$ {}_{r}^{W}\boldsymbol{p}_{i}^{(k-1|\tau)*} = {}_{r}^{W}\boldsymbol{p}_{i}^{(k-1|\tau)} + \boldsymbol{L}_{i,e}\,{}^{R}\widehat{\boldsymbol{d}}_{i}^{(k-1|\tau)} \tag{6-115} $$

式中，${}_{r}^{W}\boldsymbol{p}_{i}^{(k-1\mid\tau)*}$ 是扩张状态观测器补偿的控制输入总序列；${}_{r}^{W}\boldsymbol{p}_{i}^{(k-1\mid\tau)}$ 是由 DMPC 控制器计算的控制序列；$\boldsymbol{L}_{i,e}$ 是 2×3 阶的扰动补偿增益矩阵。基于 DMPC 控制器的特性，只有${}_{r}^{W}\boldsymbol{p}_{i}^{(k-1\mid\tau)*}$ 控制序列中第一个控制输入用于单轮的运动控制。随着时域内时刻的递增，控制器不断进行估计补偿以减小未知扰动对系统运动的影响。

通过使用式(6-113)、式(6-114) 所设计的扩张状态观测器控制系统，可以推导以下闭环系统：

$$ {}_{r}^{W}\boldsymbol{Q}_{i}^{(k|\tau)} = \boldsymbol{A}_{Qi}\,{}_{r}^{W}\boldsymbol{Q}_{i}^{(k-1|\tau)} + \boldsymbol{B}_{Qi}\left({}_{r}^{W}\boldsymbol{p}_{i}^{(k-1|\tau)*} + \boldsymbol{L}_{i,e}\,{}^{R}\widehat{\boldsymbol{d}}_{i}^{(k-1|\tau)}\right) + {}^{R}\boldsymbol{d}_{i}^{(k-1|\tau)} \tag{6-116} $$

令

$$ {}^{R}\boldsymbol{E}_{i}^{(k-1|\tau)} = \begin{bmatrix} {}^{R}\boldsymbol{e}_{i,x}^{(k-1|\tau)} \\ {}^{R}\boldsymbol{e}_{i,d}^{(k-1|\tau)} \end{bmatrix} = \begin{bmatrix} {}^{R}\widetilde{\boldsymbol{Q}}_{i}^{(k-1|\tau)} - {}^{R}\boldsymbol{Q}_{i}^{(k-1|\tau)} \\ {}^{R}\widehat{\boldsymbol{d}}_{i}^{(k-1|\tau)} - {}^{R}\boldsymbol{d}_{i}^{(k-1|\tau)} \end{bmatrix} \tag{6-117} $$

$$ {}^{R}\boldsymbol{E}_{i}^{(k|\tau)}=\boldsymbol{A}_{Qi,e}\,{}^{R}\boldsymbol{E}_{i}^{(k-1|\tau)}-\overline{\boldsymbol{D}}_{Qi}\,{}^{R}\hat{\boldsymbol{d}}_{i}^{(k|\tau)} \tag{6-118} $$

式中，$\boldsymbol{A}_{Qi,e}=\overline{\boldsymbol{A}}_{Qi}-\boldsymbol{L}_{Qi}\boldsymbol{C}_{Qi}$。由于${}^{R}\Delta\boldsymbol{d}_{i}^{(k|\tau)}$有界，因此通过选择合适的观测器增益矩阵$\boldsymbol{L}_{Qi}$可使$\boldsymbol{A}_{Qi,e}$的谱半径小于1，使观测器误差${}^{R}\boldsymbol{E}_{i}^{(k|\tau)}$有界。通过式(6-117)、式(6-118)可得式(6-119)。

$$ {}_{r}^{W}\boldsymbol{Q}_{i}^{(k|\tau)}=\boldsymbol{A}_{Qi}\,{}_{r}^{W}\boldsymbol{Q}_{i}^{(k-1|\tau)}+\boldsymbol{B}_{Qi}\,{}_{r}^{W}\boldsymbol{p}_{i}^{(k-1|\tau)*}+\boldsymbol{B}_{Qi}\boldsymbol{L}_{i,e}\,{}^{R}\boldsymbol{e}_{i,d}^{(k-1|\tau)}+(\boldsymbol{B}_{Qi}\boldsymbol{L}_{i,e}+\boldsymbol{I}_{3})\,{}^{R}\boldsymbol{d}_{i}^{(k-1|\tau)} \tag{6-119} $$

由于${}^{R}\Delta\boldsymbol{d}_{i}^{(k|\tau)}$有界，若$\lim\limits_{\zeta\to\infty}{}^{R}\Delta\boldsymbol{d}_{i}^{(k|\tau)}=\boldsymbol{0}$，则多轮系统是渐进稳定的。因此，可以通过设置干扰补偿增益衰减干扰，令

$$ \boldsymbol{B}_{Qi}\boldsymbol{L}_{i,e}+\boldsymbol{I}_{3}=\boldsymbol{0}_{3\times 3} \tag{6-120} $$

可得

$$ \boldsymbol{L}_{i,e}=-(\boldsymbol{B}_{Qi}^{\mathrm{T}}\boldsymbol{B}_{Qi})^{-1}\boldsymbol{B}_{Qi}^{\mathrm{T}} \tag{6-121} $$

通过将式(6-121) 代入式(6-119)，可以导出以下系统误差模型的状态方程：

$$ {}_{r}^{W}\boldsymbol{Q}_{i}^{(k|\tau)}=\boldsymbol{A}_{Qi}\,{}_{r}^{W}\boldsymbol{Q}_{i}^{(k-1|\tau)}+\boldsymbol{B}_{Qi}\,{}_{r}^{W}\boldsymbol{p}_{i}^{(k-1|\tau)*}+\boldsymbol{B}_{Qi}\boldsymbol{L}_{i,e}\,{}^{R}\boldsymbol{e}_{i,d}^{(k-1|\tau)} \tag{6-122} $$

扩张状态观测器结合DMPC的复合控制器所计算各轮的控制输入在式(6-115) 中设计，该方程包括DMPC的控制量和状态观测器的补偿控制量。基于状态观测器的分布式模型预测控制算法主要用于解决多轮机器人在未知扰动下的轨迹跟踪问题，并通过迭代循环控制输入来寻找机器人的最优控制量，基于扩张状态观测器的前馈控制器与分布式控制算法运算步骤如下：

① 各轮信息初始化：给定单轮i的初始状态${}_{r}^{W}\boldsymbol{q}_{i}^{(0|\tau)}$与参考轨迹参数信息${}_{r}^{W}\boldsymbol{q}_{r,i}^{(k|\tau)}$，设计各轮之间的约束匹配$\boldsymbol{a}_{ij}^{(k)}$；给定最终优化目标函数系数矩阵$[B_{1i}\quad B_{2i}\quad B_{3i}\quad B_{4i}]$，以及轨迹偏差阈值；初始化各轮的控制输入${}_{r}^{W}\boldsymbol{p}_{i}^{(0|\tau)}$，给定迭代次数$N_{\text{iter}}=0$与最大迭代次数$N_{\text{iter max}}$；为单轮$i$确定合适观测器增益矩阵$\boldsymbol{L}_{Qi}$，并通过式(6-121) 设计合适扰动补偿增益$\boldsymbol{L}_{i,e}$。

② 信息同步：单轮i通过ROS系统共享通信网络，与其他轮交换控制输入${}_{r}^{W}\boldsymbol{p}_{i}^{(k-1|\tau)}$与轨迹参数信息${}_{r}^{W}\boldsymbol{q}_{r,i}^{(k|\tau)}$。

③ 迭代优化：当$N_{\text{iter}}\leqslant N_{\text{iter max}}$时，轮$i$通过目标函数求解优化问题，并计算控制序列。若所有轮运动偏差均小于轨迹偏差阈值，则结束迭代，${}_{r}^{W}\boldsymbol{p}_{i}^{(k|\tau)*}={}_{r}^{W}\boldsymbol{p}_{i}^{(k|\tau)}$，转到步骤⑤；否则令$N_{\text{iter}}\leftarrow N_{\text{iter}}+1$，转回步骤②。

④ 未知扰动观测：通过所设计的扩张状态观测器估计轮i的扰动${}^{R}\hat{\boldsymbol{d}}_{i}^{(k|\tau)}$。

⑤ 结合ESO的单轮运动控制：通过为单轮i应用复合补偿控制器，结合DMPC控制输入${}_{r}^{W}\boldsymbol{p}_{i}^{(k-1|\tau)}$与增益后的补偿控制输入${}^{R}\hat{\boldsymbol{d}}_{i}^{(k-1|\tau)}$生成复合控制量作用于单轮；设置${}_{r}^{W}\boldsymbol{p}_{i}^{(k|\tau)*}={}_{r}^{W}\boldsymbol{p}_{i}^{(k-1|\tau)}$作为单轮$i$下一时刻的初始控制输入；设置$N_{\text{iter}}=0$，$k\leftarrow k+1$，转回步骤②。

6.4.2.2 扩张状态观测器稳定性分析

为证明复合控制器的稳定性，对优化函数进行如下处理：

$$ J_{i}^{*}(\tau,{}_{r}^{W}\boldsymbol{p}_{i},{}_{r}^{W}\boldsymbol{q}_{i},{}_{r}^{W}\boldsymbol{p}_{r,i})=\|\boldsymbol{F}_{Qi}\,{}_{r}^{W}\hat{\boldsymbol{Q}}_{i}^{(\tau)}+\boldsymbol{G}_{Qi}\,{}_{r}^{W}\hat{\boldsymbol{p}}_{i}^{(\tau)}\|_{\hat{\boldsymbol{B}}_{1i}}^{2}+\|{}_{r}^{W}\hat{\boldsymbol{p}}_{i}^{(\tau)}\|_{\hat{\boldsymbol{B}}_{2i}}^{2}+\|\hat{\boldsymbol{\zeta}}_{d}^{(\tau)}\|_{\hat{\boldsymbol{B}}_{3i}}^{2}+\|\hat{\boldsymbol{\zeta}}_{k}^{(\tau)}\|_{\hat{\boldsymbol{B}}_{4i}}^{2} \tag{6-123} $$

式中，各项分别为

$$\begin{cases}\hat{\boldsymbol{B}}_{1i}=\mathrm{diag}(\underbrace{B_{1i}\quad B_{1i}\quad \cdots\quad B_{1i}}_{N})\\ \hat{\boldsymbol{B}}_{2i}=\mathrm{diag}(\underbrace{B_{2i}\quad B_{2i}\quad \cdots\quad B_{2i}}_{N})\\ \hat{\boldsymbol{B}}_{3i}=\mathrm{diag}(\underbrace{B_{3i}\quad B_{3i}\quad \cdots\quad B_{3i}}_{N})\\ \hat{\boldsymbol{B}}_{4i}=\mathrm{diag}(\underbrace{B_{4i}\quad B_{4i}\quad \cdots\quad B_{4i}}_{N})\end{cases} \tag{6-124}$$

$$\begin{cases}{}_{r}^{W}\hat{\boldsymbol{Q}}_{i}^{(\tau)}=[{}_{r}^{W}\boldsymbol{Q}_{i}^{(\tau|\tau)\mathrm{T}}\quad {}_{r}^{W}\boldsymbol{Q}_{i}^{(\tau+1|\tau)\mathrm{T}}\quad \cdots\quad {}_{r}^{W}\boldsymbol{Q}_{i}^{(\tau+N-1|\tau)\mathrm{T}}]^{\mathrm{T}}\\ {}_{r}^{W}\hat{\boldsymbol{p}}_{i}^{(\tau)}=[{}_{r}^{W}\boldsymbol{p}_{i}^{(\tau|\tau)\mathrm{T}}\quad {}_{r}^{W}\boldsymbol{p}_{i}^{(\tau+1|\tau)\mathrm{T}}\quad \cdots\quad {}_{r}^{W}\boldsymbol{p}_{i}^{(\tau+N-1|\tau)\mathrm{T}}]^{\mathrm{T}}\end{cases} \tag{6-125}$$

$$\begin{cases}\boldsymbol{F}_{Qi}=[\boldsymbol{A}_{Qi}\quad \boldsymbol{A}_{Qi}^{2}\quad \cdots\quad \boldsymbol{A}_{Qi}^{N-1}]^{\mathrm{T}}\\ \boldsymbol{G}_{Qi}=\begin{bmatrix}\boldsymbol{B}_{Qi} & \boldsymbol{0}_{3\times 2} & \cdots & \boldsymbol{0}_{3\times 2}\\ \boldsymbol{A}_{Qi}\boldsymbol{B}_{Qi} & \boldsymbol{B}_{Qi} & \cdots & \boldsymbol{0}_{3\times 2}\\ \cdots & \cdots & \cdots & \cdots\\ \boldsymbol{A}_{Qi}^{N-2}\boldsymbol{B}_{Qi} & \cdots & \boldsymbol{A}_{Qi}\boldsymbol{B}_{Qi} & \boldsymbol{B}_{Qi}\end{bmatrix}\end{cases} \tag{6-126}$$

$$\begin{cases}\hat{\zeta}_{d}^{(\tau)}=[\zeta_{d}^{(\tau|\tau)}\quad \zeta_{d}^{(\tau+1|\tau)}\quad \cdots\quad \zeta_{d}^{(\tau+N-1|\tau)}]^{\mathrm{T}}\\ \hat{\zeta}_{k}^{(\tau)}=[\zeta_{k}^{(\tau|\tau)}\quad \zeta_{k}^{(\tau+1|\tau)}\quad \cdots\quad \zeta_{k}^{(\tau+N-1|\tau)}]^{\mathrm{T}}\end{cases} \tag{6-127}$$

Karush-Kuhn-Tucker（KKT）条件是非线性规划领域中用于确定局部最优解的必要条件，该条件是对拉格朗日乘数法在处理等式约束优化问题时的推广，适用于包含不等式约束的优化问题。KKT 条件提供了一种在满足一定正则性条件下，非线性规划问题取得最优解的一阶必要条件。因此，根据一阶 KKT 条件，可以得到 DMPC 控制器的解（控制量）为[10]

$${}_{r}^{W}\boldsymbol{p}_{i}^{(\tau)}=-(\boldsymbol{G}_{Qi}^{\mathrm{T}}\hat{\boldsymbol{B}}_{1i}\boldsymbol{G}_{Qi}+\hat{\boldsymbol{B}}_{2i})^{-1}(\boldsymbol{G}_{Qi}^{\mathrm{T}}\hat{\boldsymbol{B}}_{1i}\boldsymbol{F}_{Qi}{}_{r}^{W}\hat{\boldsymbol{Q}}_{i}^{(\tau)}) \tag{6-128}$$

令 $\boldsymbol{Z}_{Qi}=\boldsymbol{G}_{Qi}^{\mathrm{T}}\hat{\boldsymbol{B}}_{1i}\boldsymbol{G}_{Qi}+\hat{\boldsymbol{B}}_{2i}$，$\boldsymbol{\Pi}_{Qi}=\boldsymbol{G}_{Qi}^{\mathrm{T}}\hat{\boldsymbol{B}}_{1i}\boldsymbol{F}_{Qi}$。由上文证明了本书所提出 DMPC 算法的稳定性，因此针对整个系统可以导出以下最优控制输入：

$${}_{r}^{W}\boldsymbol{p}^{(\tau)}=-\boldsymbol{Z}_{Q}{}^{-1}\boldsymbol{\Pi}_{Q}\hat{\boldsymbol{Q}}^{(\tau)} \tag{6-129}$$

令 $\boldsymbol{K}_{Qi}=[\boldsymbol{0}_{2\times 1}\quad \cdots\quad \boldsymbol{I}_{2}\quad \cdots\quad \boldsymbol{0}_{2\times 1}]$，单轮 i 的局部 DMPC 控制输入与系统控制输入关系可表示为

$${}_{r}^{W}\boldsymbol{p}_{i}^{(\tau)}=\boldsymbol{K}_{Qi}{}_{r}^{W}\boldsymbol{p}^{(\tau)} \tag{6-130}$$

得到系统与局部控制输入表达式后，将误差方程与状态方程结合后可得式（6-131）。

$$\begin{bmatrix}{}_{r}^{W}\boldsymbol{Q}_{i}^{(k|\tau)}\\ {}^{R}\boldsymbol{E}_{i}^{(k|\tau)}\end{bmatrix}=\begin{bmatrix}\overline{\boldsymbol{A}}_{Qi}-\overline{\boldsymbol{B}}_{Qi}\boldsymbol{R}_{i,Q}\boldsymbol{\Pi} & \overline{\boldsymbol{B}}_{Qi}\overline{\boldsymbol{L}}_{i,e}\\ \boldsymbol{0}_{1\times 3} & \boldsymbol{A}_{Qi,e}\end{bmatrix}\begin{bmatrix}{}_{r}^{W}\boldsymbol{Q}_{i}^{(k-1|\tau)}\\ {}^{R}\boldsymbol{E}_{i}^{(k-1|\tau)}\end{bmatrix}-\begin{bmatrix}-\overline{\boldsymbol{B}}_{Qi}\boldsymbol{R}_{i,Q}\\ {}^{R}\hat{\boldsymbol{d}}_{i}^{(k-1|\tau)}\end{bmatrix} \tag{6-131}$$

式中，$\boldsymbol{R}_{i,Q}=\boldsymbol{K}_{Qi}\boldsymbol{Z}_{Q}^{-1}$；$\overline{\boldsymbol{L}}_{i,e}=[\boldsymbol{0}_{2\times3}\quad \boldsymbol{L}_{i,e}]$。

由稳定性理论可知，通过合适增益矩阵的选择可使 $\overline{\boldsymbol{A}}_{Qi}-\overline{\boldsymbol{B}}-{}_{Qi}\boldsymbol{R}_{i,Q}\boldsymbol{\Pi}$ 的谱半径小于 1，即式(6-131) 所表达的系统具有输入状态稳定性（input-to-state stability，ISS）。为方便分析，将式(6-131) 整合成矩阵形式：

$$\breve{\boldsymbol{Q}}_{i}^{(k|\tau)}=\breve{\boldsymbol{A}}_{i}\breve{\boldsymbol{Q}}_{i}^{(k-1|\tau)}+\breve{\boldsymbol{B}}_{i}^{(k-1|\tau)} \tag{6-132}$$

式中，$\breve{\boldsymbol{Q}}_{i}^{(k\mid\tau)}=\begin{bmatrix}{}^{W}_{r}\boldsymbol{Q}_{i}^{(k\mid\tau)}\\ {}^{R}\boldsymbol{E}_{i}^{(k\mid\tau)}\end{bmatrix}$；$\breve{\boldsymbol{A}}_{i}=\begin{bmatrix}\overline{\boldsymbol{A}}_{Qi}-\overline{\boldsymbol{B}}_{Qi}\boldsymbol{R}_{i,Q}\boldsymbol{\Pi} & \overline{\boldsymbol{B}}_{Qi}\overline{\boldsymbol{L}}_{i,e}\\ \boldsymbol{0}_{1\times3} & \boldsymbol{A}_{Qi,e}\end{bmatrix}$；$\breve{\boldsymbol{B}}_{i}^{(k-1\mid\tau)}=\begin{bmatrix}\overline{\boldsymbol{B}}_{Qi}\boldsymbol{R}_{i,Q}\\ -{}^{R}\hat{\boldsymbol{d}}_{i}^{(k-1\mid\tau)}\end{bmatrix}$。

由上文可知，$\overline{\boldsymbol{B}}_{Qi}\boldsymbol{R}_{i,Q}$ 是常数值，所以 $\breve{\boldsymbol{B}}_{i}^{(k-1\mid\tau)}$ 受扰动${}^{R}\hat{\boldsymbol{d}}_{i}^{(k-1\mid\tau)}$ 的有界约束。若 $\boldsymbol{A}_{Qi,e}$ 和 $\overline{\boldsymbol{A}}_{Qi}-\overline{\boldsymbol{B}}_{Qi}\boldsymbol{R}_{i,Q}\boldsymbol{\Pi}$ 的谱半径小于 1，则可以通过选择合适的增益矩阵 $\boldsymbol{L}_{Qi}$ 使 $\hat{\boldsymbol{A}}$ 的谱半径也小于 1，因此存在对称矩阵 $\boldsymbol{M}_{Qi}>0$ 使得下式成立[10]：

$$\hat{\boldsymbol{A}}_{i}^{T}\boldsymbol{M}_{Qi}\hat{\boldsymbol{A}}_{i}-\boldsymbol{M}_{Qi}=-\boldsymbol{h}_{i,Q} \tag{6-133}$$

式中，$\boldsymbol{h}_{i,Q}$ 是一个给定的对称正定矩阵。令 $V_{i}^{(k\mid\tau)}=\hat{\boldsymbol{Q}}_{i}^{(k\mid\tau)\mathrm{T}}\boldsymbol{M}_{Qi}\hat{\boldsymbol{Q}}_{i}^{(k\mid\tau)}$ 为式(6-133) 的 Lyapunov 函数，下面将证明 $V_{i}^{(k\mid\tau)}$ 是同样是式(6-132) 的 ISS-Lyapunov 函数。

令 $\sigma_{1i}(\cdot)=\lambda_{\min}(\boldsymbol{M}_{Qi})\|\cdot\|^{2},\sigma_{2i}(\cdot)=\lambda_{\max}(\boldsymbol{M}_{Qi})\|\cdot\|^{2}$。其中，$\sigma_{1i}$、$\sigma_{2i}$ 是 K_{∞}类函数，则可得式(6-134)。

$$\sigma_{1i}(\|\hat{\boldsymbol{Q}}_{i}^{(k|\tau)}\|)\leqslant V_{i}(\hat{\boldsymbol{Q}}_{i}^{(k|\tau)})\leqslant\sigma_{2i}(\|\hat{\boldsymbol{Q}}_{i}^{(k|\tau)}\|) \tag{6-134}$$

同样，令 $\sigma_{3i}(\cdot)=\dfrac{\lambda_{\min}(\boldsymbol{h}_{i,Q})\|\cdot\|^{2}}{2},\mu_{Qi}(\cdot)=\left(\dfrac{2\|\hat{\boldsymbol{A}}_{i}^{\mathrm{T}}\boldsymbol{M}_{Qi}\|^{2}}{\lambda_{\min}(\boldsymbol{h}_{i,Q})}\right)\|\cdot\|^{2}$，其中，$\sigma_{3i}$、$\mu_{Qi}$ 分别为 K_{∞}类函数和 K 类函数。通过文献［10］中的方法，可得式(6-135)。

$$V_{i}(\hat{\boldsymbol{Q}}_{i}^{(k|\tau)})-V_{i}(\hat{\boldsymbol{Q}}_{i}^{(k-1|\tau)})\leqslant-\sigma_{3i}(\|\hat{\boldsymbol{Q}}_{i}^{(k|\tau)}\|)+\mu_{Qi}(\|\hat{\boldsymbol{B}}_{i}^{(k-1|\tau)}\|)\leqslant0 \tag{6-135}$$

由上式可得 $V_{i}^{(k\mid\tau)}$ 是式(6-132) 的 ISS-Lyapunov 函数，且可以证明复合控制器系统具有稳定性。

6.5 轮式移动机器人运动控制系统实验验证

6.5.1 仿真实验

仿真实验的主要目的是验证起伏地形环境中机器人轨迹跟踪控制与避障方法和基于分布式控制的机器人多轮协同控制方法的有效性，验证指标包括机器人轨迹跟踪与避障效果、轨迹跟踪精度和机器人多轮协同控制表现与运动匹配性等。本仿真实验在两个平台中完成，其中轨迹跟踪实验通过 Matlab 平台进行算法设计，在 V-rep 中搭建机器人模型，并通过联合通信进行效果验证与数据分析；分布式控制在 ROS 操作系统通过 Webots 平台进行仿真验证与分析。搭建仿真实验环境，并配置机器人机械结构、驱动器与相应传感器，仿真模型机器人参数与样机机器人参数完全一致。将仿真软件中运动数据通过 Matlab 进行反馈，完成仿真过程中数据可视化。

6.5.1.1 仿真模型与仿真环境搭建

轮式移动机器人起伏地形轨迹跟踪控制仿真通过 V-rep 实现。首先在仿真平台中搭建机器人轨迹跟踪运动的环境，以模拟实际运动中可能出现的复杂情况以及算法对不同轨迹的跟踪效果。仿真环境中设置了凹形斜坡并设置一定障碍物，这样可以验证机器人在直线行驶和转向时轨迹跟踪效果，同时凹形与凸形斜坡可以验证补偿控制器对姿态角变化产生误差的效果；此外，设置了静止障碍物与另一移动机器人作为移动障碍物对避障算法的有效性进行验证。

机器人模型通过 SolidWorks 中的样机模型导入 V-rep 平台，并针对物理引擎进行参数配置。在机器人模型中，机器人质心处安装定位传感器与欧拉角传感器，用以获取机器人位置信息与姿态信息。机器人模型由车身、六个转向电机与六个驱动电机组成，车身设置为 base_link，转向电机设置为（1～6）Empty_link，通过旋转关节与车身相连，驱动电机为（11～66）Empty_link，同样通过旋转关节与前进电机相连，车身与转向电机、转向电机与驱动电机分别构成 parent 关系以保证机器人正常运动，样机模型驱动电机、转向电机、车轮与车身连接关系如图 6-35 所示。机器人模型如图 6-36(a) 所示。

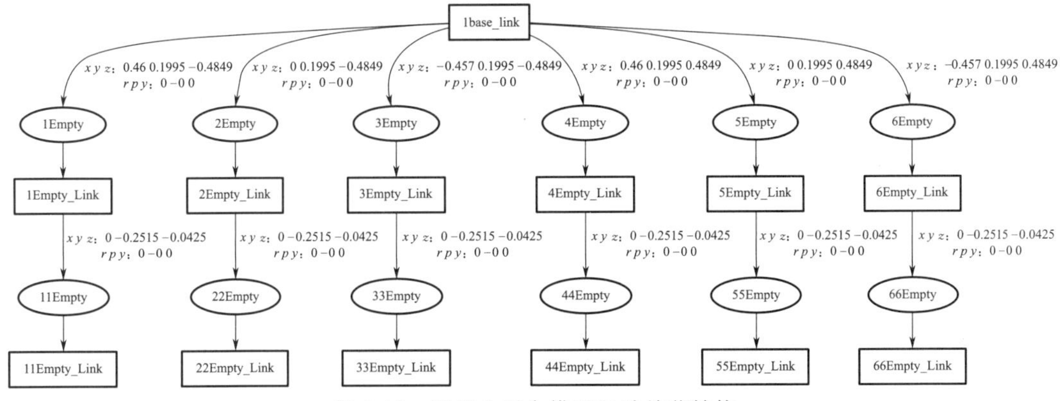

图 6-35　机器人平台模型运动关节结构

仿真环境中地面尺寸设置为 20m×20m，静态障碍物尺寸设置为 0.3m×0.3m×0.5m，初始质心坐标为（0.8，3.2），动态障碍物初始质心坐标为（5.4，3.2）。机器人模型导入仿真环境后如图 6-36(b) 所示。

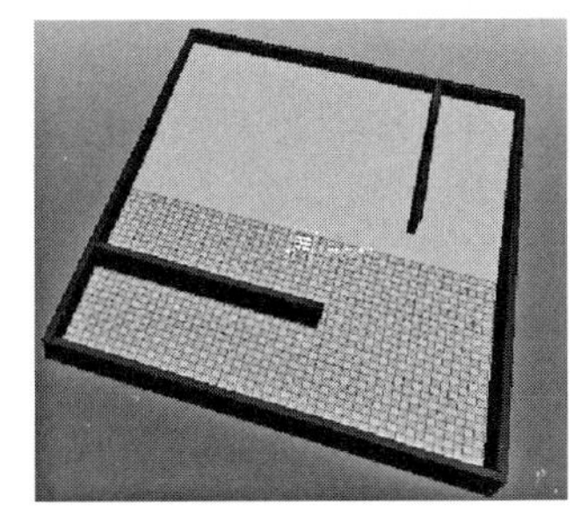

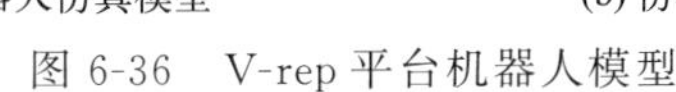

(a) 机器人仿真模型　　(b) 仿真环境中机器人模型

图 6-36　V-rep 平台机器人模型

V-rep 平台与 Matlab 通过 RemoteAPI 接口函数进行连接，利用唯一 Client ID 编号使平台区分控制器程序，Matlab 通过 API 接口中 simxGetObjectPosition()、simxGetObjectOrientation()、simxGetObjectVelocity() 等函数获取机器人句柄的位置、欧拉角和速度信息，通过 simxSetJointTargetVelocity() 函数对机器人电机转速进行控制。

机器人多轮分布式协同控制仿真通过 Webots 实现。首先，在仿真平台搭建沙质起伏崎岖地形模拟无法直接测量的未知扰动；其次，将机器人模型导入后设置相关物理参数，在机器人质心处与各轮质心处安装 GPS 以获取分布式定位信息，机器人质心处安装 InertiaUnit 以获取姿态角信息。与 V-rep 软件中控制模型相同，机器人模型由车身、六个转向电机与六个驱动电机组成，车身设置为控制主体 Robot，转向电机设置为（A～F）Empty_Link，通过 HingeJoint 与车身相连，驱动电机为（AA～FF）Empty_Link，同样通过关节与前进电机相连。机器人平台模型运动关节结构与图 6-35 相同，机器人仿真模型如图 6-37(a) 所示。仿真环境地面尺寸设置为 20m×20m，模型导入仿真环境后如图 6-37(b) 所示。Webots 平台通过 ROS 系统中“服务”通信方式与 ROS 节点进行通信，利用 ServiceClient timeStepClient、ServiceClient set_velocity_client 等函数设置时钟信号、电机数据信息，通过 ServiceClient gps_Client、ServiceClient set_inertial_unit_client 等函数获取机器人位姿信息。

(a) 机器人仿真模型

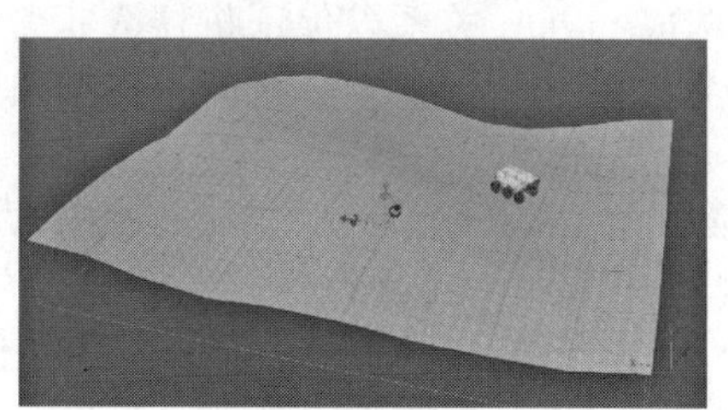
(b) 仿真环境中机器人模型

图 6-37　Webots 平台机器人模型

6.5.1.2　机器人凹凸形斜坡轨迹跟踪控制仿真验证

本书的实验目标是在仿真平台中对机器人在凹形、凸形斜坡下的轨迹跟踪情况进行分析，验证模型预测控制算法与 PID 补偿算法在非平坦地面环境中对机器人运动控制的可行性。具体实验过程为：机器人采用集中式控制方法，将机器人作为质点分析控制量，再通过转向模型计算单轮控制量，记录机器人运动轨迹，与参考轨迹对比计算偏离误差，验证算法准确性。

（1）凹形斜坡轨迹跟踪控制

本节对比了仅通过 MPC 控制器对机器人轨迹跟踪进行控制和通过与本书控制器共同作用对机器人进行控制。其中 PID 补偿控制器计算简单，采样周期较短，设置为 10ms，凹形斜坡机器人控制器参数数值如表 6-3 所示。

表 6-3　凹形斜坡实验参数

控制器类型	参数	数值
MPC 控制器	MPC 采样周期/ms	50
	MPC 控制周期/步	30
	MPC 预测周期/步	60
PID 补偿控制器	PID 采样周期/ms	10
	PID 常数项比例系数	$k_p=0.25;k_i=0.05;k_d=0.01$
	PID 增益项比例系数	$\lambda_1=5;\lambda_2=1.5;\lambda_3=1$

凹形斜坡特点是随着高度变化，倾斜角也会变化，可以体现姿态角误差对机器人的影响。凹形斜坡坐标变化表示如图 6-38(a) 所示。机器人凹形斜坡运动轨迹如图 6-38(b) 所示。

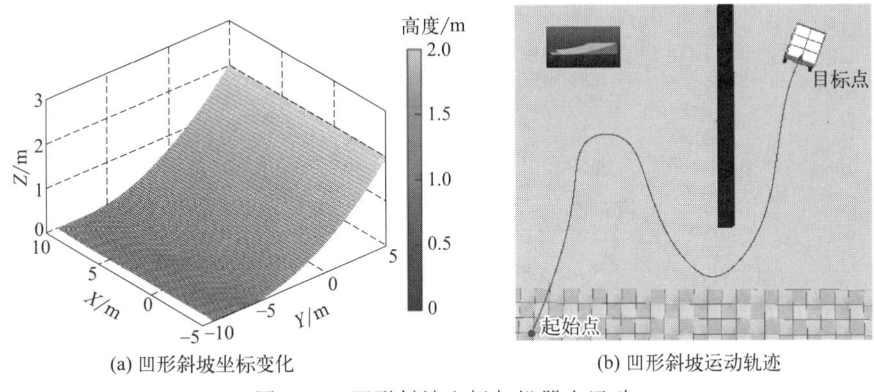

(a) 凹形斜坡坐标变化　　(b) 凹形斜坡运动轨迹

图 6-38　凹形斜坡坐标与机器人运动

机器人凹形斜坡轨迹跟踪控制仿真实验过程如图 6-39 所示。其中，图 6-39(a) 展示了仿真过程中机器人的起始状态，此时机器人位于参考轨迹起点；图 6-39(b) 展示了在凹形斜坡运动中上坡状态，此时机器人运动轨迹为类直线，主要验证直线行驶时机器人轨迹跟踪情况；图 6-39(c) 展示了机器人在坡上转向情况，转向时控制量变化较大，主要验证算法的可行性与鲁棒性；图 6-39(d) 展示了机器人下坡状态，同样为类直线轨迹；图 6-39(e) 展示了机器人在斜坡与地面交界处转向，由于两侧轮分别接触斜坡与平坦地面，易使机器人运动出现误差，同样为验证算法的可靠性；图 6-39(f) 为终止状态。仿真过程记录了机器人跟踪过程中模型的实际运动状态与定位状态信息。

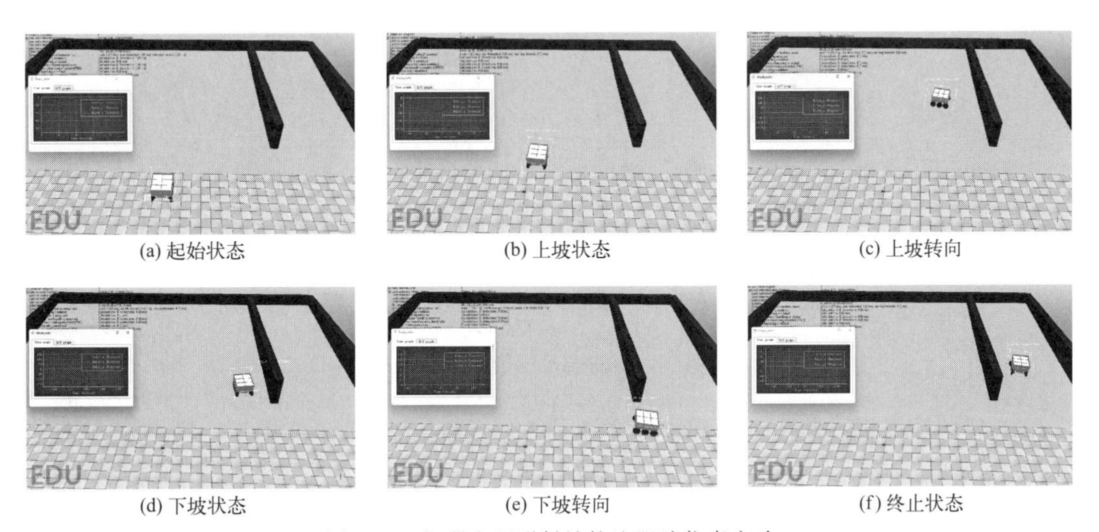

(a) 起始状态　　(b) 上坡状态　　(c) 上坡转向

(d) 下坡状态　　(e) 下坡转向　　(f) 终止状态

图 6-39　机器人凹形斜坡轨迹跟踪仿真实验

机器人初始状态为 $[-5 \quad -9 \quad \pi/3]^{T}$，轨迹跟踪允许误差为小于或等于 0.13m（车长的 10%），通过仿真平台获取机器人实际运动状态数据与参考轨迹对比如图 6-40 所示，其中深蓝色线为参考轨迹，绿色线为 MPC 控制器作用下机器人轨迹，粉色线为本书控制器作用下机器人运动轨迹。

由图 6-40 可见，凹形斜坡环境两种控制方法作用于机器人时，在类直线轨迹行驶区域（x 坐标区间为 $[-5,-3]$，$[-1,1]$，$[3,6]$）两种方法下机器人运动时基本符合参考轨迹情况，转向处 MPC 控制器出现较大偏差。结合图 6-41 跟踪误差对比可见，类直线轨迹行驶时机器人跟踪误差较小，均在 0.05m 左右，最大偏离误差不超过 0.1m，符合轨迹跟踪误差

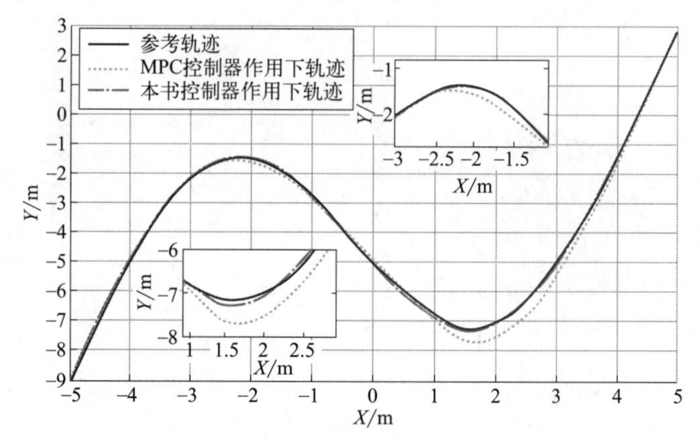

图 6-40 凹形斜坡控制器跟踪轨迹对比

要求。但在两次转向处 MPC 控制器误差较大，分别为采样点 53 处 0.1612m 和采样点 89 处 0.3087m，分别超出允许误差 61.2%和 208.7%，在图 6-41 中也可看出明显偏离；而本书控制器机器人跟踪误差始终较为恒定，最大误差为 0.057m，其余误差均小于 0.05m，符合允许误差要求，也表明此控制器鲁棒性与可靠性较高，对不同类型轨迹与机器人运动需求有很强适应性，可以根据不同地形环境对控制量进行调节。

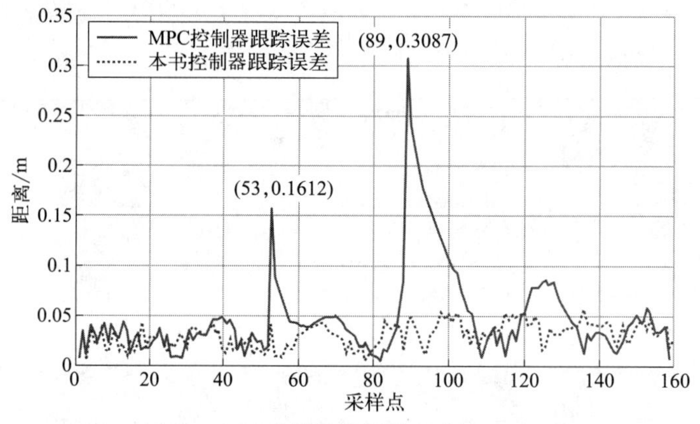

图 6-41 凹形斜坡控制器跟踪误差对比

凹形斜坡环境机器人转向角变化对比如图 6-42 所示。由图 6-42 可见，机器人在类直线

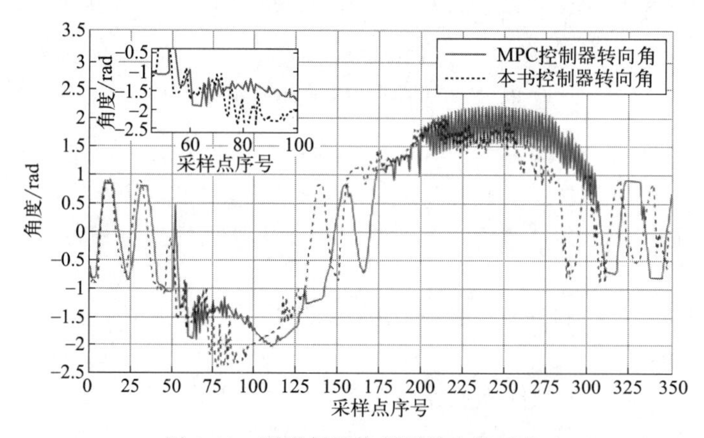

图 6-42 凹形斜坡控制器转向角对比

轨迹跟踪（采样点0～50，125～175，275～300）转向角变化基本相同，说明MPC控制器起主要控制作用；在第一次转向（采样点50～125）时本书控制器通过PID补偿控制器调节转向角增加0.8～1rad，转向角幅度明显增加；第二次转向（采样点175～275）时本书控制器完成转向后转向角及时收敛，图6-40中表现为机器人实际轨迹趋近于参考轨迹。

（2）凸形斜坡轨迹跟踪控制

凸形斜坡实验对比了MPC控制器与本书控制器两种控制器的仿真效果，MPC控制器参数与凹形斜坡相同，PID补偿控制器参数如表6-4所示。

表6-4 凸形斜坡实验参数

控制器类型	参数	数值
PID补偿控制器	PID采样周期/ms	10
	PID常数项比例系数	$k_p=0.30$；$k_i=0.10$；$k_d=0.01$
	PID增益项比例系数	$\lambda_1=5.5$；$\lambda_2=1.5$；$\lambda_3=1.2$

凸形斜坡与凹形相比，角度变化更为明显，其坐标变化如图6-43(a)所示。机器人凸形斜坡运动轨迹与斜坡侧图如图6-43(b)所示，运动轨迹为类正弦曲线。

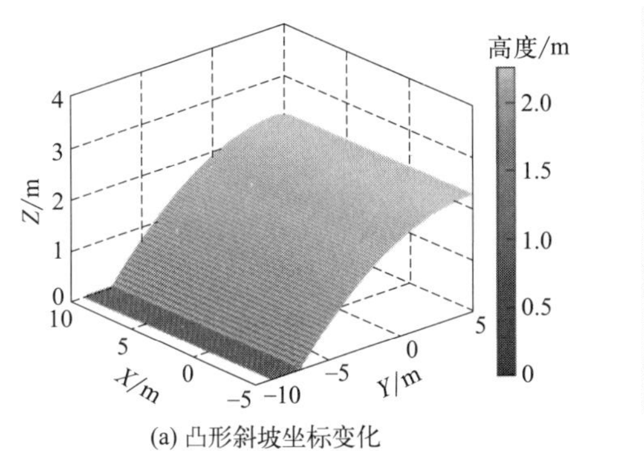

(a) 凸形斜坡坐标变化

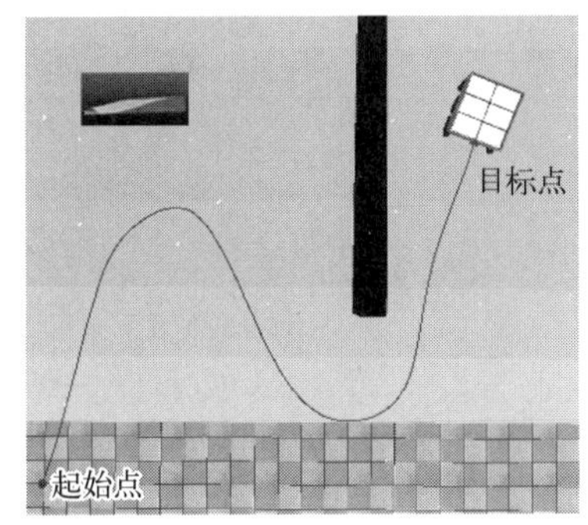

(b) 凸形斜坡运动轨迹与斜坡侧图

图6-43 凸形斜坡坐标与机器人运动

机器人凸形斜坡轨迹跟踪控制仿真实验如图6-44所示，展示了机器人运动的起始状态、上坡过程以及上坡转向、下坡过程和斜坡与平坦地面交界处转向以及终止状态。凸形斜坡运动轨迹与凹形斜坡相同，为类正弦曲线轨迹，上坡过程中由于坡度角变化较大，在上坡转向处与斜坡和平坦路面交界转向处易出现偏离误差，验证了本控制算法在坡度变化较大时的鲁棒性与跟踪准确性。

凸形斜坡轨迹跟踪控制机器人初始状态为 $[-5\quad -9\quad \pi/3]^T$，图6-45为机器人凸形斜坡跟踪轨迹与参考轨迹对比。从图中可以看出在第一次转向时MPC控制器出现了滞后现象，使机器人偏离参考轨迹，并在后续调节过程中由于控制量较大而出现一定超调现象，经过第二次转向后逐渐减小误差，靠近参考轨迹；本书所提出的控制器在类直线轨迹跟踪过程与两次转向过程中均未出现较大偏离，整体轨迹跟踪收敛于参考轨迹。

图6-46所示为凸形斜坡机器人跟踪误差对比，由图可见，机器人在两种控制器作用下在类直线轨迹跟踪时误差均小于0.1m，符合误差允许范围要求。但在第一次转向处MPC控制器（采样点70～85）出现较大偏离误差，最大偏离误差为0.4231m，超出误差允许范围323.1%，且滞后现象导致控制器进行调节时调节力度过大而出现超调，超调最大误差为0.2378m，在图6-45中表现为 x 坐标区间为［−2,1.5］处偏离较大。本书控制器在整体跟

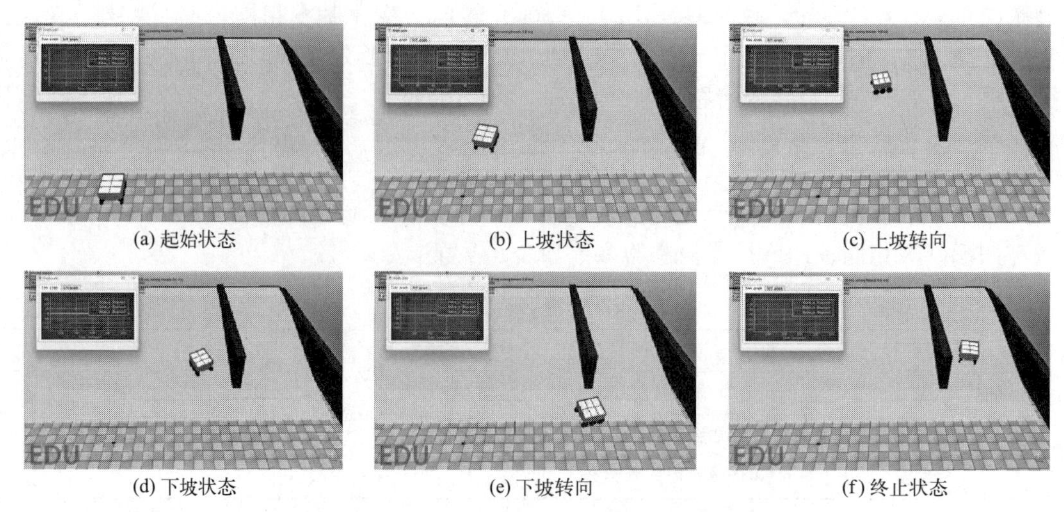

(a) 起始状态 (b) 上坡状态 (c) 上坡转向
(d) 下坡状态 (e) 下坡转向 (f) 终止状态

图 6-44 机器人凸形斜坡轨迹跟踪仿真实验

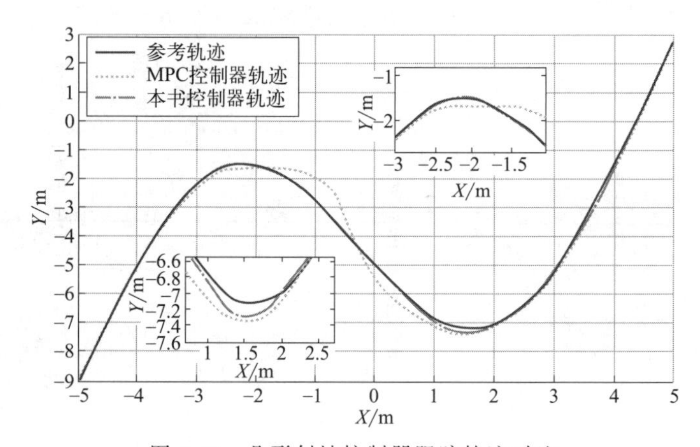

图 6-45 凸形斜坡控制器跟踪轨迹对比

踪过程中最大误差为 0.061m，始终保持在正常范围以内，说明控制器可以有效应对地形扰动导致机器人姿态角变化所产生的对控制精度的影响，验证了算法的稳定性。

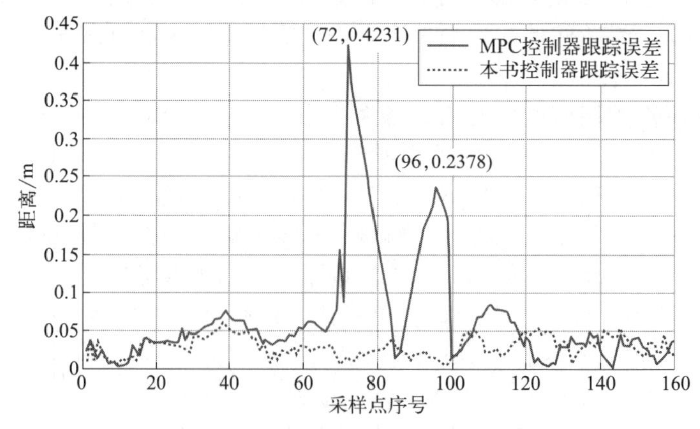

图 6-46 凸形斜坡控制器跟踪误差对比

两种控制器作用下机器人转向角对比如图 6-47 所示。采样点 0～50 等阶段为起始阶段与终止阶段，MPC 控制器起主要作用，机器人转向角变化基本一致；但在转向阶段，在本书控制器调节作用下机器人航向角增加 0.5～1rad，持续调节 50～60 个周期，使机器人偏离误差较小，能够准确跟踪参考轨迹。图中一些采样点处可见 MPC 控制器调节作用有明显的滞后性，在图 6-45 中表现为转向滞后，而本书控制器通过转向角的动态补偿机制完善了 MPC 控制器的调节作用和滞后现象。

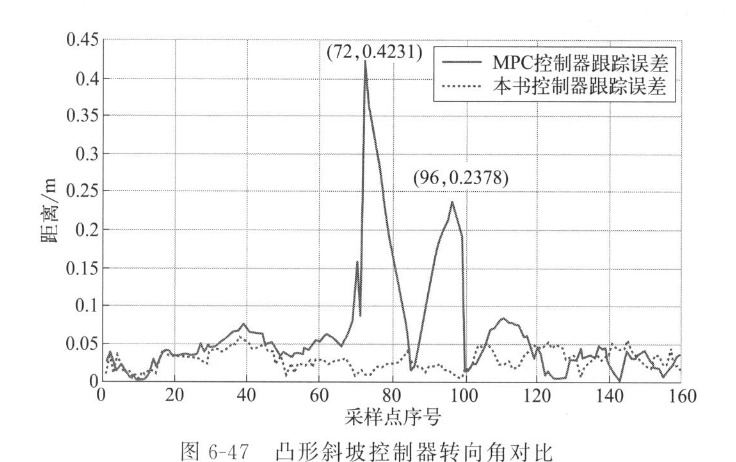

图 6-47　凸形斜坡控制器转向角对比

6.5.1.3　机器人静态和动态障碍物避障仿真验证

实验目标是在仿真平台中针对凹形斜坡地形，设置静态与动态障碍物验证基于非线性优化控制的避障方法有效性。具体过程为机器人首先根据 MPC 算法跟踪参考轨迹，当控制器检测到环境中障碍物信息时根据避障轨迹进行局部避障；避障完成后再回归到原有参考轨迹继续进行轨迹跟踪任务。此处设置了静态障碍物与动态障碍物。轨迹跟踪 MPC 控制器采样周期设置为 50ms，预测步长为 60，控制步长为 30；局部避障轨迹跟踪控制器采样周期设置为 50ms，预测步长为 20，控制步长为 10。机器人与障碍物安全裕度要求为大于或等于 0.3m。具体的障碍物信息如表 6-5 所示。

表 6-5　障碍物信息

参数	静态障碍物(A 障碍物)	动态障碍物(B 障碍物)
质心初始坐标	(0.8,3.2)	(5.4,3.2)
尺寸(长×宽×高)/m^3	0.3×0.3×0.5	0.65×0.4×0.5
移动速度/(m/s)	0	0.14～0.15

机器人凹形斜坡静态和动态障碍物避障仿真过程如图 6-48 所示，其中左侧障碍物为静态障碍物，右侧绿色移动机器人为动态障碍物。图 6-48(a) 与 (d) 分别为机器人控制器接收到障碍物信息后开始调节控制量进行避障；图 6-48(b) 与 (e) 为根据障碍物信息生成局部避障轨迹，并跟踪新的局部轨迹进行避障的过程，此过程为避障算法计算主要环节，要求避障轨迹既要符合安全裕度要求，还需要使偏离原有参考轨迹的距离尽可能小，验证算法有效性；图 6-48(c) 与 (f) 为完成避障后继续进行原有参考轨迹的跟踪。

机器人初始状态为 $[0\quad 0\quad \pi/3]^T$，为验证本书所提出避障方法的效果，引入动态窗口法（dynamic window approaches，DWA）与本书避障方法进行对比，通过仿真平台获取机

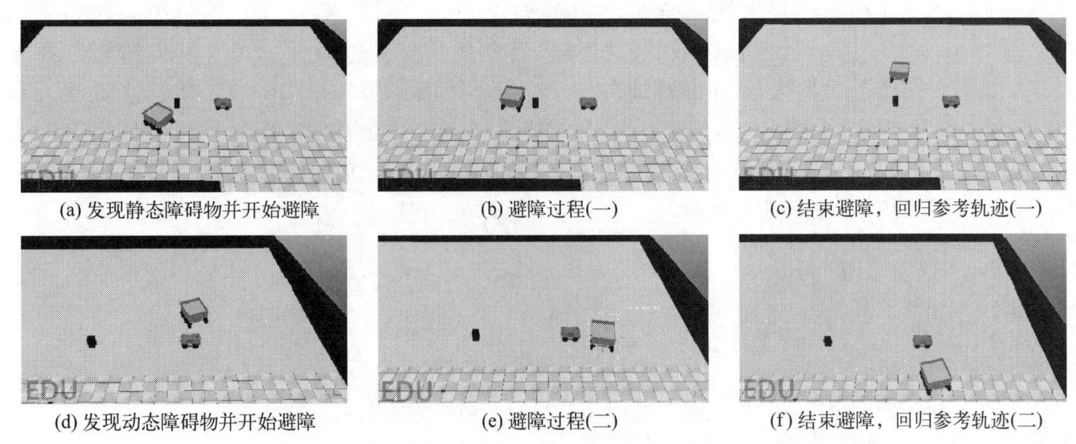

EDU
(a) 发现静态障碍物并开始避障
(b) 避障过程(一)
(c) 结束避障，回归参考轨迹(一)
(d) 发现动态障碍物并开始避障
(e) 避障过程(二)
(f) 结束避障，回归参考轨迹(二)

图 6-48　机器人凹形斜坡静态和动态障碍物避障仿真实验

器人实际避障轨迹对比如图 6-49 所示，其中点线为动态窗口法避障轨迹，虚线为本书避障方法机器人避障轨迹。由图可见，动态窗口法避障半径较大且整体避障轨迹较长，机器人存在冗余避障动作；本书避障方法根据优化函数的避障约束检测到障碍物后生成局部轨迹进行避障，根据障碍物位置与机器人位置实时生成避障轨迹，根据障碍物的情况通过避障轨迹完成避让动作。

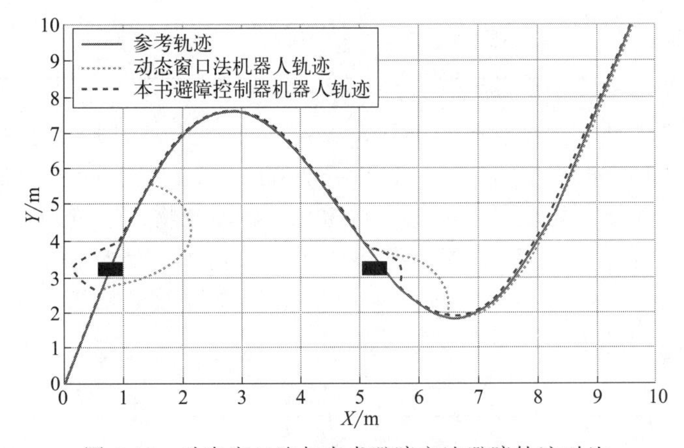

图 6-49　动态窗口法与本书避障方法避障轨迹对比

图 6-50 给出了动态窗口法与本书避障方法机器人与参考轨迹的距离偏差对比。根据图 6-50 可见动态窗口法避障轨迹较长，在图 6-50 中表现为避障控制器作用时间明显增加，并且偏离参考轨迹距离远大于本书避障方法。动态窗口法在避让静态障碍物时距离参考轨迹最大偏差为 1.109m，避让动态障碍物时距离参考轨迹最大偏差为 0.762m，存在避障行为过度问题。

本书避障方法在静态障碍物避障时距离参考轨迹最大偏差为 0.602m，且完成避障后及时回归到原有轨迹进行跟踪，偏离误差逐渐收敛；避让动态障碍物时距离参考轨迹最大偏差为 0.331m，且由于障碍物持续运动，控制器不断迭代更新局部避障轨迹，因此偏离误差持续时间较长。从图 6-50 中可以看出机器人在正常跟踪参考轨迹时误差均保持在允许范围内，且避障轨迹较为平滑，验证了避障控制器具有较好的规划性能和稳定性。

动态窗口法与本书避障方法机器人质心与障碍物质心距离如图 6-51 所示。动态窗口法

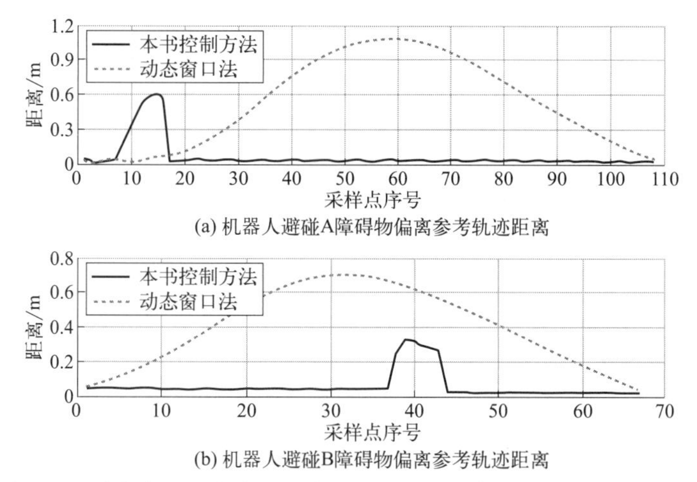

图 6-50 动态窗口法与本书避障方法机器人与参考轨迹距离偏差对比

中机器人质心与障碍物 A、B 质心最小距离分别约为 0.443m 和 0.495m，分别为障碍物宽度的 147.63%和 165%；本书避障方法中机器人质心与障碍物 A、B 质心最小距离分别约为 0.589m 和 0.493m，分别为障碍物宽度 196.17%和 164.20%。两种方法均符合安全裕度要求，同时也证明本书避障方法使机器人具备良好的避障能力。

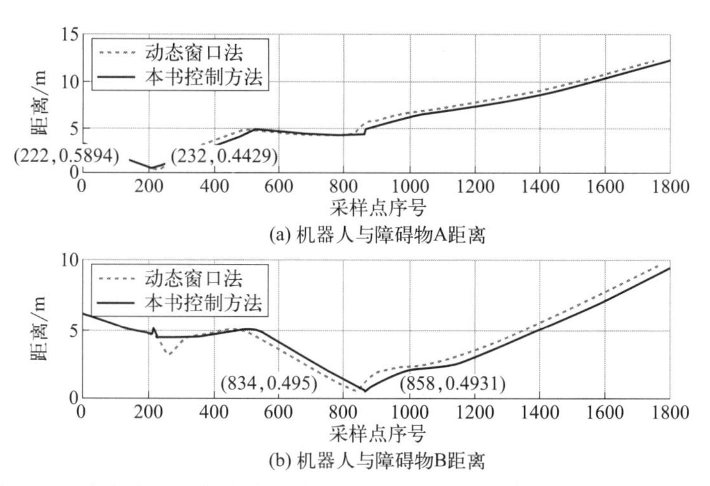

图 6-51 动态窗口法与本书避障方法机器人质心与障碍物质心距离对比

通过上述数据分析可以看出，动态窗口法可以在满足安全裕度情况下进行避障，但存在避障半径和避障轨迹较长问题。而本书方法规划的避障轨迹均在合理范围内，表明算法具有较高的稳定性和准确性，且对静态障碍物与动态障碍物避障均有较好控制效果，验证了算法的可靠性。

6.5.1.4 机器人多轮分布式协同控制仿真验证

本书的实验目标是在 Webots 仿真平台中对机器人曲线轨迹协同跟踪控制实验、90°自转折线轨迹协同跟踪控制实验进行分析，验证分布式模型预测控制与扩张状态观测器算法在崎岖沙质路面对机器人运动控制的鲁棒性与可靠性。主要采用分布式控制算法，以单轮作为控制对象，分析验证机器人运动的协同情况与机器人的特殊转向模式。

(1) 曲线轨迹协同控制

曲线轨迹机器人多轮协同控制主要验证在基于倍频程数为3的柏林噪声所生成崎岖地形环境中连续曲线轨迹跟踪算法的准确性与机器人各轮控制量的匹配情况。曲线轨迹机器人协同运动仿真实验如图6-52所示。其中，图6-52(a)表示机器人运动的起始状态，由图6-53(a)可以看出机器人跟踪轨迹的起始状态航向角为锐角，因此在开始运动的起始状态，机器人首先需要进行原地转向至参考航向角后进行跟踪运动；图6-52(b)所示为曲线跟踪过程的中间状态，机器人各轮控制器根据自身参考点与控制目标约束进行运动，主要验证各轮运动的匹配情况，验证算法的准确性；图6-52(c)所示是机器人曲线运动的终止状态。仿真过程记录了机器人跟踪过程中模型的实际运动状态与定位状态信息。

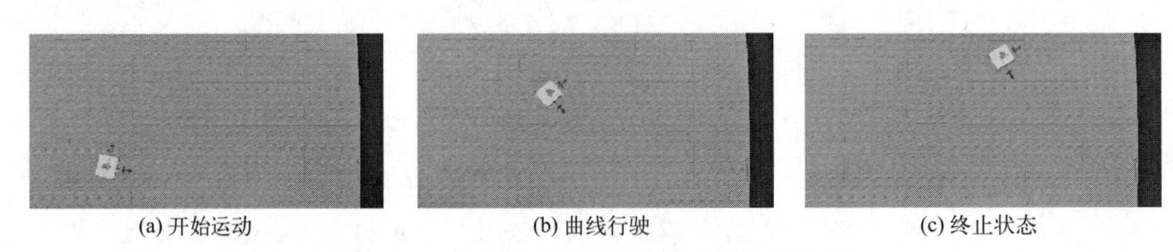

图6-52　曲线轨迹机器人协同运动仿真实验

机器人初始状态质心状态量为 $[0\quad 0\quad \pi/2]^{T}$，跟踪误差要求为小于或等于0.13m（车长的10%）。通过仿真平台得到机器人曲线轨迹协同跟踪控制质心运动轨迹如图6-53所示。图6-53(a)所示为质心轨迹与参考轨迹对比，图6-53(b)所示为机器人质心偏离误差，从图中可以看出在初始时刻机器人通过自转调整位置时出现0.029m偏差，在图6-53(a)小图中表现为偏离参考轨迹一定距离。但在分布式协同控制整体过程中最大偏差在0.007m左右(采样点26)，运动过程中较多时刻偏差均小于0.005m，符合误差要求，验证了算法在循迹跟踪方面的准确性与可靠性。

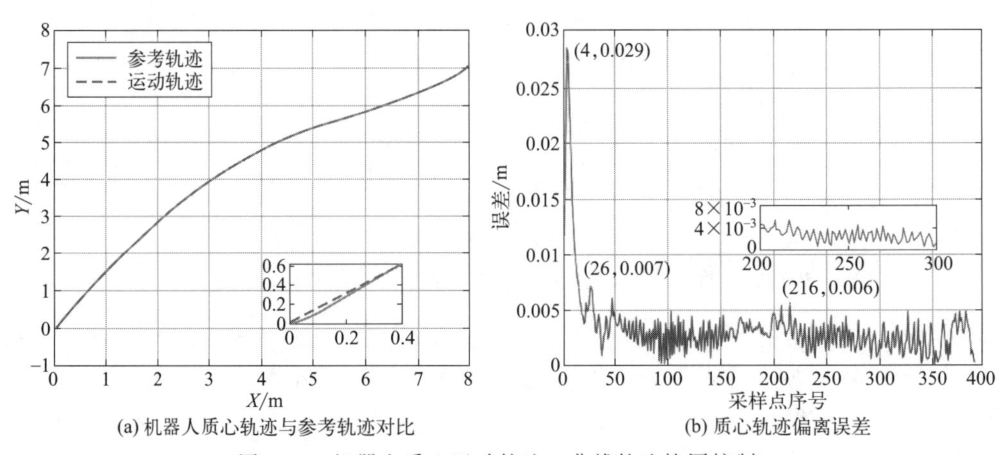

图6-53　机器人质心运动轨迹（曲线轨迹协同控制）

图6-54展示了协同控制过程中单轮运动轨迹情况，从图中可以看出：仅在初始状态阶段机器人根据参考航向角与自身航向角差值自转时各轮轨迹存在差异；但在进入正常运动控制阶段后6轮运动轨迹具有较高一致性，且在沙质路面与连续曲线轨迹转向过程中各轮运动匹配情况较好，机器人运动过程未出现明显误差，在图6-54中表现为机器人质心误差小于0.005m，证明了算法分布式控制的协同性与鲁棒性。

机器人单轮控制量输出如图6-55所示［图6-55(a)中正负表示线速度前后驱动方向；

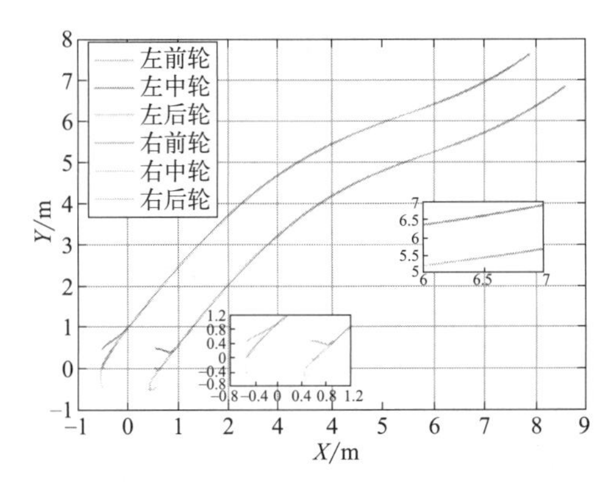

图 6-54 机器人单轮运动轨迹（曲线轨迹协同控制）

图 6-55(b) 中正负表示左右转向方向]，运动过程中主要控制指标为单轮驱动线速度与单轮转向角。图 6-55(a) 为单轮驱动线速度输出，从图中可以看出初始阶段机器人各轮通过不同方向速度输出进行自转，图 6-55(b) 中表现为初始阶段各轮转向角较大（60°左右）；进入曲线循迹阶段后受地面环境影响，机器人速度较小，但各轮线速度逐渐稳定在 0.5m/s 左右进行运动，各轮转向角也基本稳定，根据轨迹弯曲情况自适应调节，同时以 0°为对称轴对称，反映了运动过程中各轮的协同性与稳定性较高。图 6-55 主要验证了在机器人循迹运动过程中各轮运动匹配情况、控制量的协同性和机器人整机稳定性。

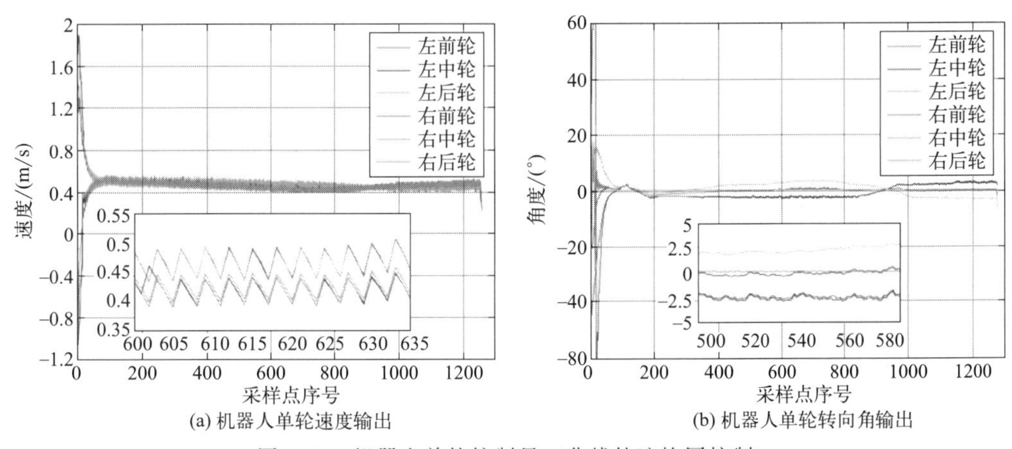

图 6-55 机器人单轮控制量（曲线轨迹协同控制）

(2) 折线轨迹协同控制（90°自转）

机器人集中式控制方法和基于阿克曼转向的常规转向模型等无法实现根据参考轨迹信息进行原地自转控制，折线轨迹主要模拟机器人在狭窄环境中 0 半径转向情况。折线轨迹机器人多轮协同控制主要验证在崎岖地形环境中机器人在 90°弯转向算法的可靠性与机器人各轮控制量的匹配性。折线轨迹机器人协同运动仿真实验如图 6-56 所示，图 6-56(a) 与 (b) 为初始阶段，机器人开始运动并按照直线轨迹进行跟踪；图 6-56(c) 与 (d) 为到达自转位置后进行 0 半径逆时针转向，此时机器人的航向角由 $\pi/4$ 变为 $3\pi/4$，主要验证算法根据参考航向角与参考轨迹进行具备协同一致性的控制量输出；图 6-56(e) 与 (f) 为转向完成后继续按照直线轨迹进行跟踪。

机器人初始状态质心状态量为 $[0 \quad 0 \quad \pi/2]^T$，跟踪误差要求为小于或等于 0.1m。利

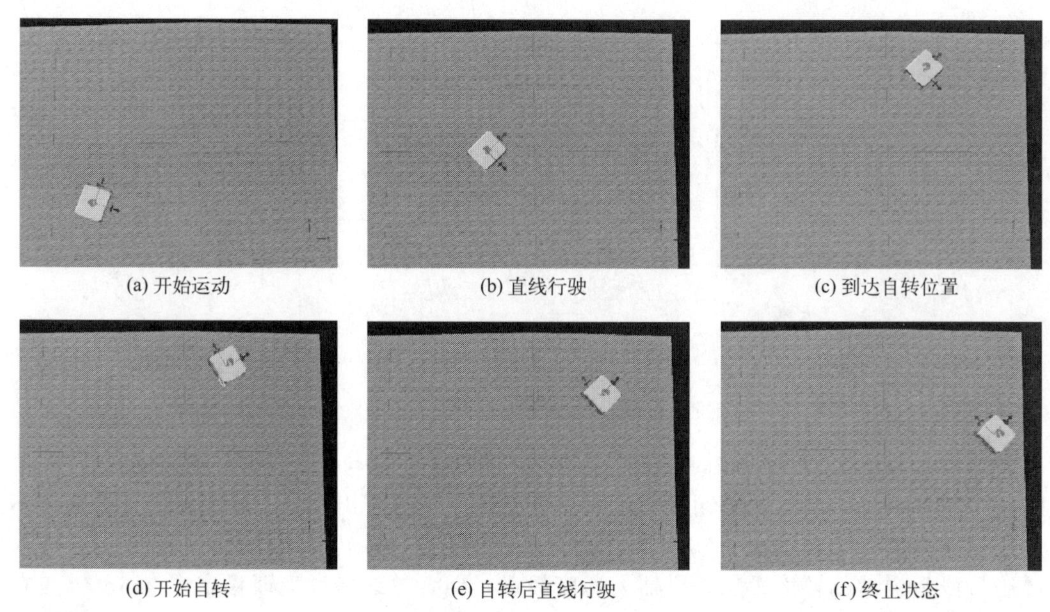
(a) 开始运动　(b) 直线行驶　(c) 到达自转位置
(d) 开始自转　(e) 自转后直线行驶　(f) 终止状态

图 6-56　折线轨迹机器人协同运动仿真实验

用仿真平台得到机器人折线轨迹协同跟踪控制质心运动轨迹如图 6-57 所示。图 6-57(a) 为质心运动轨迹与参考轨迹对比，从中可以看出机器人在初始阶段根据参考航向角转向时存在一定偏离误差，从图 6-57(b) 中可以看出偏离误差为 0.024m 左右；在 0 半径转向阶段（x 坐标为 6，y 坐标为 6)，由于崎岖复杂地形和沙质路面的影响，机器人自转过程中出现较大偏离误差，分别为 0.05m（采样点 198）和 0.074m（采样点 204)，但通过分布式预测控制算法和扩张状态观测器的控制量增益补偿，自转过程误差小于或等于 0.1m，符合误差要求；在其他直线运动阶段误差也均小于 0.01m，验证了算法在模拟狭窄环境中机器人的特殊运动模式的控制能力和存在未知地形扰动的复杂环境中的鲁棒性与精准性。

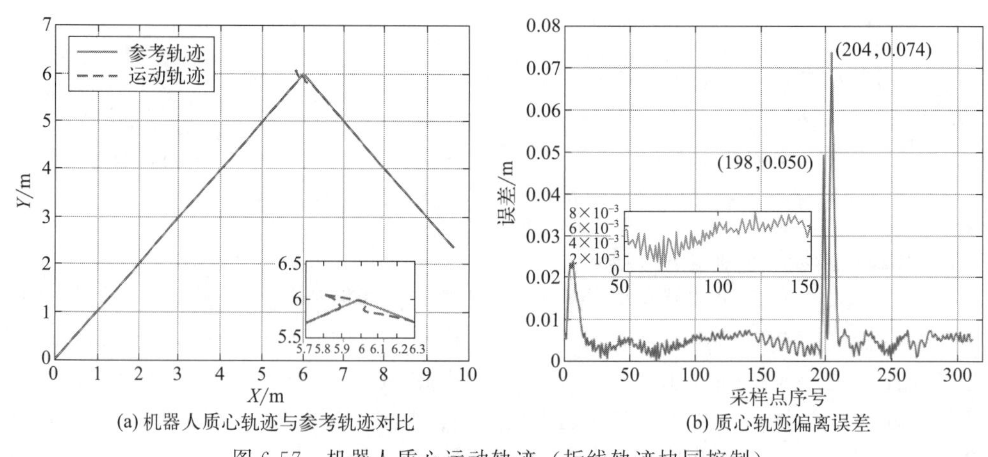

(a) 机器人质心轨迹与参考轨迹对比　(b) 质心轨迹偏离误差

图 6-57　机器人质心运动轨迹（折线轨迹协同控制）

图 6-58 为折线轨迹协同控制过程单轮运动轨迹情况，从图中可以看出：由于未知扰动的影响，机器人在初始阶段跟踪参考航向角和 0 半径转向阶段各轮轨迹存在差异，在图 6-57 中表现为出现 0.025～0.074m 质心偏离误差；在直线轨迹跟踪时各轮运动轨迹一致，未出现较大偏差，从图 6-57 中也可以看出总体误差始终位于误差允许范围内，验证了算法可以

根据参考航向角与参考轨迹要求自适应实现机器人特殊模式运动，且可以满足误差要求，验证了算法在复杂地形和特殊转向模式下的机器人运动稳定性和准确性。

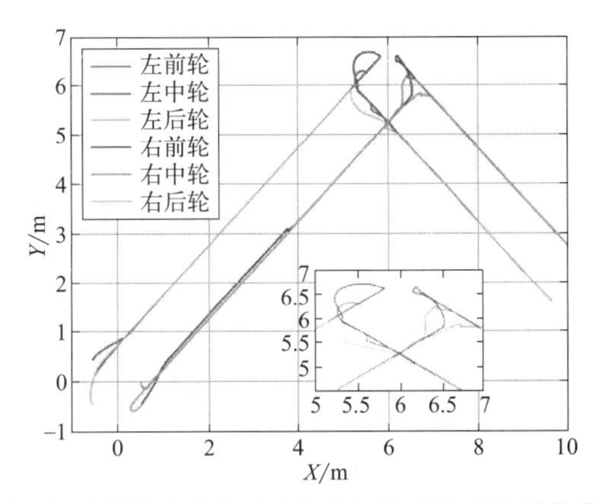

图 6-58　机器人单轮运动轨迹（折线轨迹协同控制）

机器人单轮控制量输出如图 6-59 所示，从图中可以看出：机器人在直线跟踪阶段（采样点 50～875）速度稳定在 0.5m/s 左右，单轮转向角也维持在 0°左右；经过逆时针 90°转向后参考航向角为 135°，因此机器人以－0.5m/s 速度进行第二段直线轨迹跟踪，转向角同样维持在 0°左右。从图 6-59 可以看出机器人受地面扰动影响较小，各轮始终保持稳定速度运动，且转向角保持一致，证明了算法在协同控制方面的稳定性和一致性。

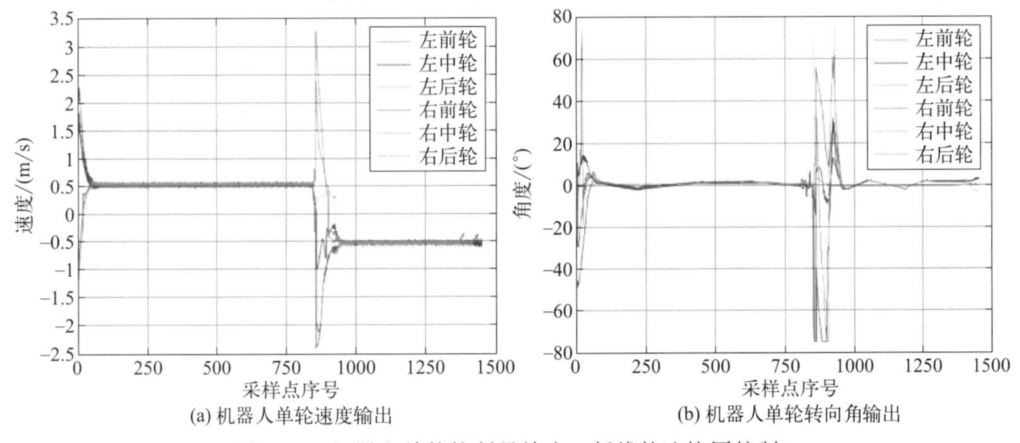

(a) 机器人单轮速度输出　(b) 机器人单轮转向角输出

图 6-59　机器人单轮控制量输出（折线轨迹协同控制）

通过上述分析可以看出分布式控制算法可以实现机器人多轮协同运动控制，循迹过程中机器人始终稳定运行，证明算法具有较高的鲁棒性与稳定性；扩张状态观测器通过对控制量的增益补偿使机器人可以应对未知扰动的影响，以稳定的速度持续运动，验证了算法的有效性和可靠性。

6.5.2　样机实验

在上一节仿真实验中，完成了在不同类型起伏斜坡地形下机器人起伏复杂地形轨迹跟踪控制、静态和动态障碍物避障以及不同轨迹分布式协同控制方法仿真，验证了本书所提出控制方法的鲁棒性与有效性。但在仿真环境中各实验条件均为理想情况，真实情况中机器人自身机械结构导致的运动误差、传感器抖动对感知精度的影响与仿真实验还有一定差距。本书将以轮式机器人平台搭载传感器进行样机实验，以验证轨迹跟踪控制与分布式协同算法的可行性，具体实验内容包括：

① 在样机平台搭载定位与姿态角感知传感器，验证传感器感知能力；

② 对机器人的运动情况进行误差分析；

③ 针对起伏斜坡地形，验证在复杂地形中轨迹跟踪控制算法的精度与机器人运动效果；

④ 通过设置障碍物验证避障算法的有效性；

⑤ 验证机器人在崎岖复杂地形环境中多轮分布式协同控制的运动效果与特殊模式转向效果。

为保证机器人平台的实验效果，首先对传感器感知效果与精度进行验证，确保传感器信息的准确性，以保证轨迹跟踪控制与分布式控制算法的可靠性。传感器感知情况如图 6-60 所示，其中图 6-60(a) 为定位传感器 RTK 定位效果，图 6-60(b) 为姿态角感知传感器 IMU 感知效果，验证后均符合精度要求。


```
---
Header: "GNGGA"
GPSTime: "060726.00"
V1: "3635.96311156"
Lattitude: "N"
V2: "11702.89900179"
Longitude: "E"
V3: "4"
V4: "36"
Altitude: "0.5"
Ve: "183.4746"
Vn: "M"
Vu: "0.0000"
Baseline: "M"
NSV1: "02"
NSV2: "355*77\r\n\0"
Status: ''
Cs: ''
CrLf: ''
X: -2336939.0001
Y: 4580769.79115
Z: 3767948.43258
---
```


(a) RTK定位效果

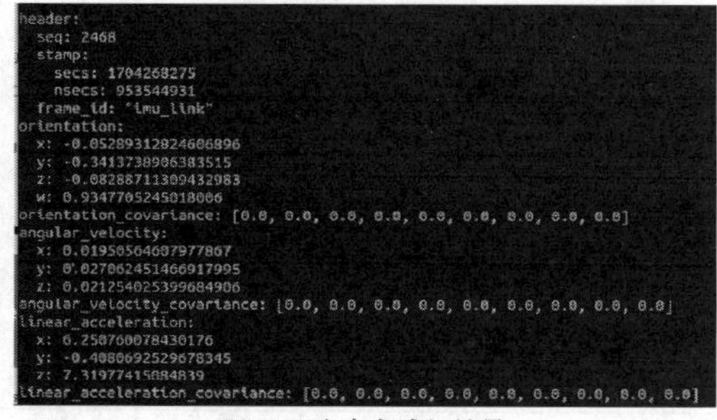

(b) IMU姿态角感知效果

图 6-60 样机平台传感器感知效果

在样机平台中搭建 RTK 作为位置感知传感器，分别在机器人前部与尾部搭载 IMU 进行姿态角感知与修正，以 RS485 作为串口通信标准进行数据传输。

6.5.2.1 起伏复杂地形机器人轨迹跟踪实验

实验目标是对机器人样机平台在起伏复杂地形中轨迹跟踪控制的运动情况进行分析，验证模型预测算法在样机平台中的轨迹跟踪精度、误差校正能力和反馈控制器在起伏地形中存在姿态角误差情况的补偿控制情况，主要实验方法是：控制器接收参考轨迹后，RTK 记录机器人实际位置轨迹与高度变化，IMU 记录机器人运动航向角，通过计算当前位置与参考轨迹对应位置欧氏距离计算误差值。

机器人轨迹跟踪控制样机实验如图 6-61 所示，实验环境为存在不规则地面的斜坡环境。图 6-61(a) 所示为机器人运动的起始状态，此时机器人航线角与参考航向角一致；图 6-61(b) 所示为机器人的上坡过程，其中放大图展示了机器人上坡过程中根据 IMU 提供的自身姿态角与参考航向角误差通过六轮主动转向调整位姿；图 6-61(c) 所示是机器人在斜坡转向过程，放大图展示了机器人此时以四轮主动转向方式进行转向；图 6-61(d) 所示为转向完成后下坡过程；图 6-61(e) 所示为下坡转向过程，由于转向角度较大，因此同样是以四轮主动转向为主；图 6-61(f) 所示是机器人轨迹跟踪运动终止状态。

机器人轨迹跟踪情况与偏差如图 6-62 所示。机器人的初始位姿为 $[0 \quad 0 \quad \pi/3]^{\mathrm{T}}$，轨迹跟踪允许误差为小于或等于 0.13m（车长的 10%）。由于 RTK 基站与移动站定位信息来源于卫星信号，存在 0.02～0.03m 系统误差，但从图中可以看出机器人可以基本完成对参考轨迹跟踪，最大误差处为 0.129m，机器人运动过程平均误差小于 0.1m，均在误差允许范围内。斜坡环境中起伏坑洼地形较多，从图中可以看出本书所提出的方法可以有效抑制地形环境对机器人运动的影响，验证了算法的可靠性与稳定性。

(a) 起始状态　(b) 上坡状态　(c) 斜坡转向

(d) 下坡状态　(e) 下坡转向　(f) 终止状态

图 6-61　机器人起伏地形轨迹跟踪控制实验

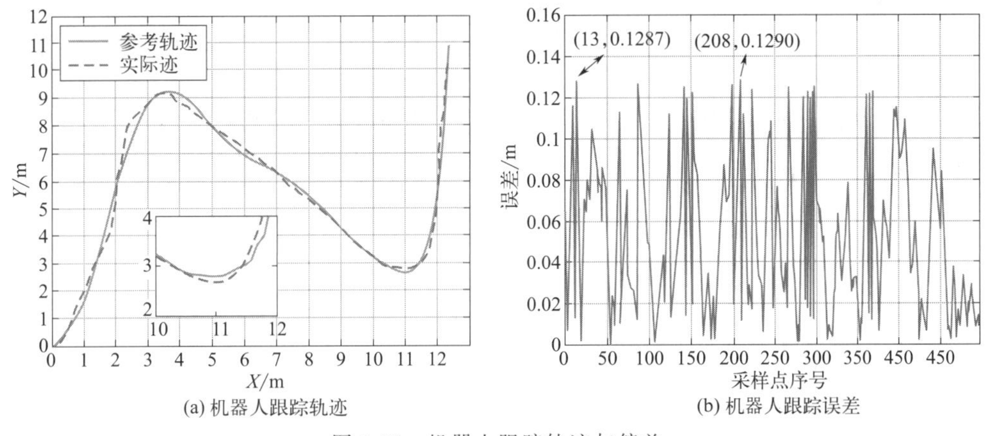

(a) 机器人跟踪轨迹　(b) 机器人跟踪误差

图 6-62　机器人跟踪轨迹与偏差

机器人质心高度与航向角变化如图 6-63 所示。其中，图 6-63(a) 反映了机器人运动过程中质心高度变化，RTK 传感器放置于机器人表面，质心高度变化图已减去 RTK 与质心间距。虽然 RTK 感知质心高度变化过程中存在噪声误差干扰，但从图中可看出运动过程中起伏高度变化无规律，机器人完全通过本书方法进行跟踪与偏差校正。图 6-63(b) 所示为机器人航向角变化情况，除去转弯处，其他轨迹航向角变化较小，因此只存在 IMU 累积误差，从图中可以看出上坡过程中机器人航向角均值稳定在 1.25rad 左右，下坡过程中稳定在 −0.85rad 左右，在图 6-63(a) 中反映为上下坡跟踪偏差较小，机器人运动稳定。

6.5.2.2　静态和动态障碍物机器人避障实验

完成机器人起伏地形轨迹跟踪控制等前置实验后，进一步对机器人避障控制方法进行样机实验，验证提出的局部轨迹重规划方法。首先，在环境中随机设置静态障碍物与动态障碍

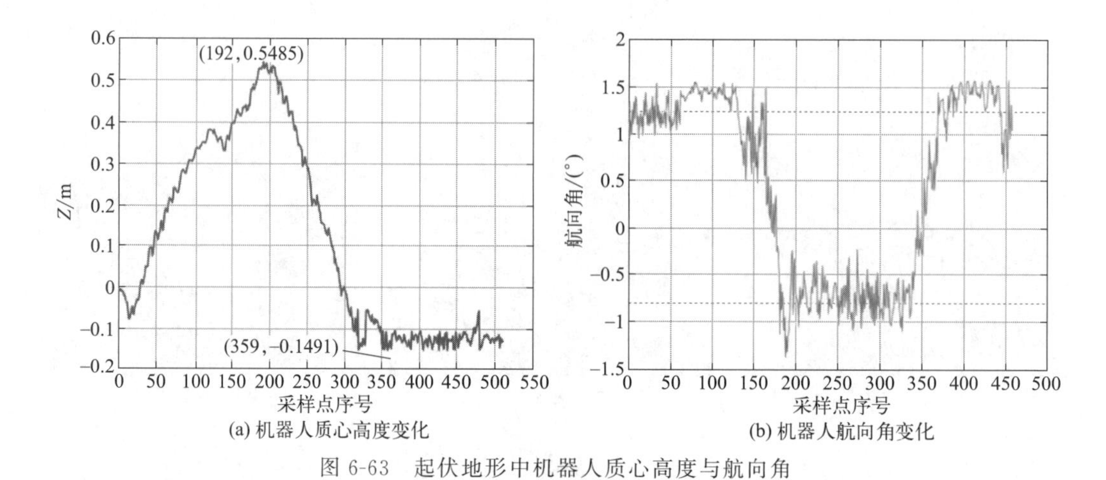

(a) 机器人质心高度变化　(b) 机器人航向角变化

图 6-63　起伏地形中机器人质心高度与航向角

物，同样以 RTK 定位方式获取其位置信息，机器人通过 ROS 通信网络将障碍物位置约束纳入避障控制优化函数中求解避障轨迹。机器人静态障碍物与动态障碍物避障实验如图 6-64 所示。需要对障碍物膨胀处理：静态障碍物尺寸为 0.5m×0.5m，膨胀后为 1m×1m；动态障碍物尺寸为 0.75m×0.75m，膨胀后为 1.5m×1.5m。障碍物定位信息通过

(a) 接收静态障碍物信息　(b) 开始避障(一)　(c) 避障过程　(d) 结束避障(一)　(e) 接收动态障碍物信息　(f) 开始避障(二)　(g) 结束避障(二)

图 6-64　机器人避障控制实验

RTK获取后发送至机器人通信网络。图6-64中，图（a）～（d）所示为静态障碍物避障，图中展示了机器人接收到静态障碍物信息后首先进行局部轨迹重规划，根据避障轨迹绕开障碍物后再回归到原有参考轨迹；图（e）～（g）所示为动态障碍物避障，避障过程与静态障碍物避障相同，图（f）与小图展示了机器人在避障过程中始终与障碍物保持足够安全距离。

机器人避障轨迹与偏离参考轨迹偏差如图6-65所示，机器人的初始位姿为$[0 \quad 0 \quad 0]^T$。其中，图6-65(a)为机器人质心运动轨迹，图中展现了机器人可以较好地完成避障并能在非避障阶段跟踪参考轨迹；由图6-65(b)可知，在对静态与动态障碍物避障时机器人偏离参考轨迹最大偏差分别为1.246m和1.909m，其他时刻平均跟踪误差为0.13m左右，在保证与障碍物安全距离情况下机器人偏离参考轨迹较小。

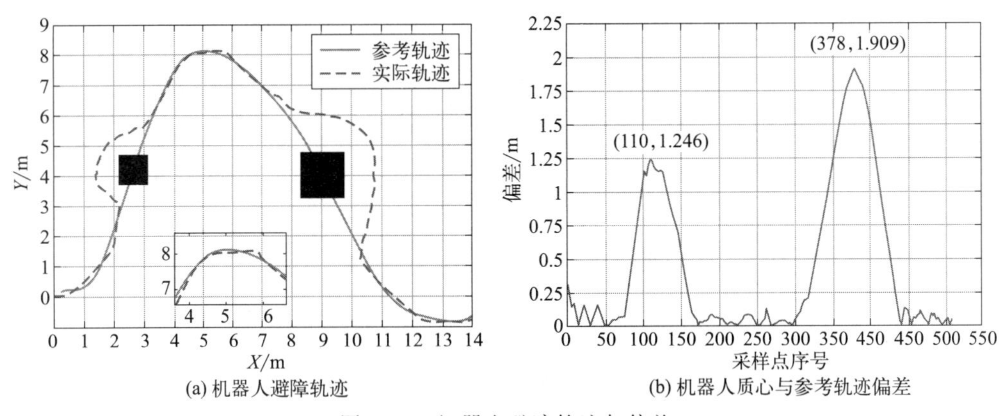

(a) 机器人避障轨迹　(b) 机器人质心与参考轨迹偏差

图6-65 机器人避障轨迹与偏差

机器人质心与障碍物质心距离如图6-66所示。机器人质心与静态和动态障碍物质心距离最小值分别为1.1556m与1.712m，且去除机器人与障碍物尺寸后最小距离分别为0.306m与0.737m，说明机器人与障碍物保持足够安全距离，验证了本书所提出的避障方法在合理规划避障轨迹的同时可以满足机器人多种情况避障要求。

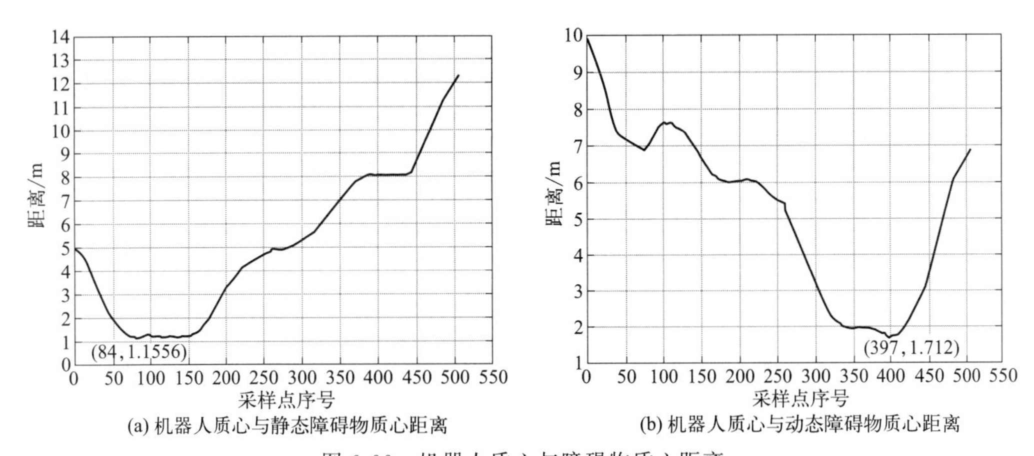

(a) 机器人质心与静态障碍物质心距离　(b) 机器人质心与动态障碍物质心距离

图6-66 机器人质心与障碍物质心距离

6.5.2.3 机器人多轮分布式协同控制实验

上节对机器人避障控制进行了实验验证，本节将对基于分布式原理的机器人多轮协同控制方法进行实验设计。选取了坡度较大的崎岖地形作为实验场地，且崎岖地形存在坑洼、石子等可能对机器人运动产生影响的扰动。在机器人控制器中运行分布式控制算法，根据机器人运动效果及轨迹信息、控制量信息等数据进行算法效果分析。

机器人多轮分布式协同控制实验如图 6-67 所示。由于机器人初始航向角与参考航向角不一致，因此在起始状态后机器人通过自转寻找初始参考航向角，如图 6-67(b) 所示；崎岖地形上坡过程中由分布式模型预测控制算法进行协同控制，保证各轮控制量输出匹配，扩张状态观测器则根据传感器信息对未知扰动进行估计，再根据增益矩阵进行控制量补偿；随后机器人到达指定位置后根据参考位姿进行顺时针 90°自转，转向完成后下坡，如图 6-67(d)、(e) 所示，主要验证分布式控制下机器人特殊模式转向情况，在转向时机器人跟踪精度会出现波动，但跟踪误差在可接受范围内；最后完成转向后下坡到达终止位置。

(a) 起始状态

(b) 自转以寻找初始参考航向角

(c) 崎岖地形上坡

(d)开始90°自转

(e) 自转结束，准备下坡

(f) 崎岖地形下坡

图 6-67　机器人分布式协同控制实验

机器人分布式协同控制实验运动轨迹与偏差如图 6-68 所示。机器人的初始位姿为 $[0\quad 0\quad \pi/2]^{\mathrm{T}}$，从图 6-68(a) 中可以看出在转向处机器人偏离参考轨迹一定距离，图 6-68(b) 中显示此位置机器人偏离误差在 0.059～0.091m 之间，虽与其他偏离误差相比较大，但始终在允许范围内；其他位置始终与参考轨迹基本一致，偏离误差基本小于 0.03m，整体协同控制效果较好，能够验证算法的稳定性与可靠性。

机器人多轮协同控制实验中单轮控制量输出如图 6-69 所示，分别给出了机器人单轮速度与转向角变化情况。从图 (a) 中可以看出机器人在起始状态寻找初始参考航向角与 90°自

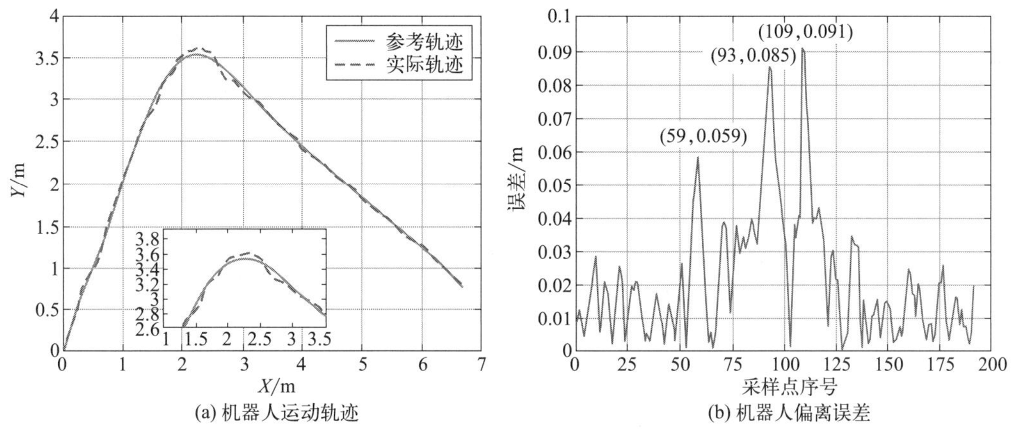

(a) 机器人运动轨迹　　(b) 机器人偏离误差

图 6-68　机器人运动轨迹与偏差

转时速度较大，单侧轮速度变化趋势一致，其他情况下各轮速度输出保持稳定；从图（b）中可以看出机器人在上坡阶段各轮转向角不断调节以校正偏差，自转阶段前轮与后轮瞬时转向角度均为78°左右，其他情况下左右侧轮转向角基本稳定。速度与转向角输出证明机器人协同过程中各轮运动情况基本协调一致，没有出现拮抗现象。

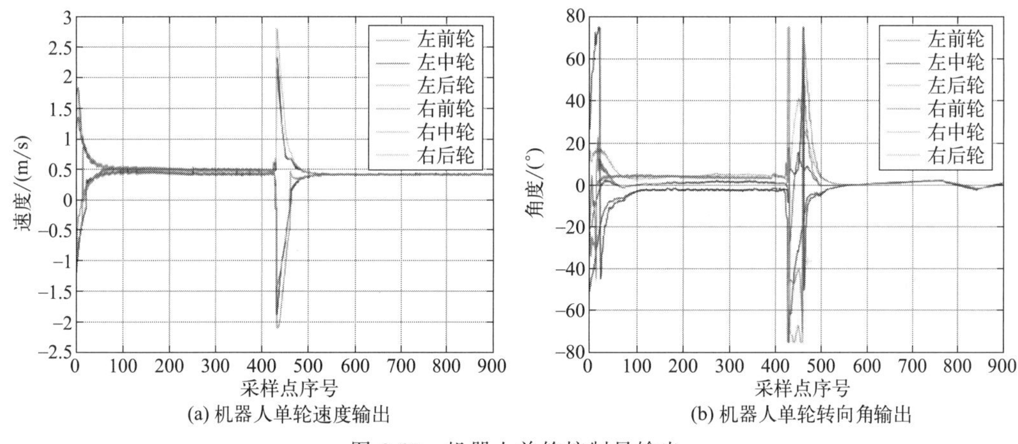

(a) 机器人单轮速度输出　　(b) 机器人单轮转向角输出

图 6-69　机器人单轮控制量输出

经过机器人运动控制实验效果与数据分析，证明了所提出的方法在机器人起伏地形轨迹跟踪与避障控制及多轮协同控制方面的有效性。

参考文献

[1] J. Qi，H. Yang，H. Sun. MOD-RRT*：A sampling-based algorithm for robot path planning in dynamic environment [J]. IEEE Transactions on Industrial Electronics，2020，68（8）：7244-7251.

[2] L. Chen，Y. Shan，W. Tian，et al. A fast and efficient double-tree RRT*-like sampling-based planner applying on mobile robotic systems [J]. IEEE/ASME transactions on mechatronics，2018，23（6）：2568-2578.

[3] F. Dellaert. Factor graphs and GTSAM：A hands-on introduction [J]. Georgia Institute of Technology，Tech. Rep，2012，2：4.

[4] R. Xiong，L. Li，C. Zhang，et al. Path tracking of a four-wheel independently driven skid steer robotic vehicle through a cascaded NTSM-PID control method [J]. IEEE Transactions on Instrumentation Measurement，2022，71：1-11.

[5] 刘江涛，周乐来，李贻斌. 复杂地形六轮独立驱动与转向机器人轨迹跟踪与避障控制 [J]. 兵工学报，2024，45（01）：166-183.

[6] B. Wang, D. Ju, F. Xu, et al. CAF-RRT*: A 2D path planning algorithm based on circular arc fillet method [J]. IEEE Access, 2022, 10: 127168-127181.

[7] 陈光，任志良，孙海柱．最小二乘曲线拟合及 Matlab 实现 [J]. 兵工自动化，2005 (03): 107-108.

[8] C. Zhang, L. Zhou, Y. Li. Pareto optimal reconfiguration planning and distributed parallel motion control of mobile modular robots [J]. IEEE Transactions on Industrial Electronics, 2023: 1-10.

[9] L. Dai, Q. Cao, Y. Xia, et al. Distributed MPC for formation of multi-agent systems with collision avoidance and obstacle avoidance [J]. Journal of the Franklin Institute, 2017, 354 (4): 2068-2085.

[10] A. Liu, W. A. Zhang, L. Yu, et al. Formation control of multiple mobile robots incorporating an extended state observer and distributed model predictive approach [J]. IEEE Transactions on Systems, Man, Cybernetics: Systems, 2018, 50 (11): 4587-4597.

第7章

组合体越障规划与构型分析

7.1 概述

我国山地辽阔，地形复杂，障碍地形类型众多，人类探索并跨越的难度较大，现有的崎岖地形运输主要以载重车辆、运输直升机、运输索道、人畜驮运等形式开展，但存在运载量受限、成本高、效率低等难题，借助可移动机器人平台可以大大提高野外任务成功率与作业效率，完成探测、作战、运输等任务要求，实现野外山地环境下的无人自主作业。

模块化机器人在确定穿越崎岖地形的路径之后，需要根据路径沿途的地形特征，规划最优越障构型，完成从起点到终点的运动。构型规划过程中，地形通过性、越障耗能和越障耗时是需要考虑的三个重要的目标。模块化机器人在沿着规划路径跨越整个崎岖地形区过程中，其构型需跨越路径沿线所有的地形，不出现卡塞、倾覆、坠落或与障碍地形发生碰撞等情况，因此地形通过性是模块化机器人构型分析规划过程中的重要约束条件；机器人在野外地形中经常兼具搬运负载任务，不同构型能负载形状、尺寸、重量不同的货物，实现单一模块化机器人不能完成的负载物资任务，因此负载约束性是模块化机器人构型分析过程中的另一重要约束条件。越障耗能体现了机器人构型跨越障碍的效率，在面对同类型地形的前提下，优先选择跨越该地形耗费能量最低的构型为更优解。越障耗时是越障过程需要优化的又一个重要因素，模块化机器人在障碍区停留的时间越短，产生卡塞、倾覆、坠落等越障失败的风险越低，越障的效率越高。因此越障耗能和越障耗时是构型规划过程中两个重要的优化目标。

目前针对崎岖地形下的路径规划问题，Hussein A 等提出了一种用于立体视觉和激光测距仪户外障碍物检测的融合系统，并将其应用于自主越野导航，在避开障碍物然后返回原始路径时做出更好的决定[1]。KATIYAR S 提出了一种适用于动态三维崎岖地形的机器人路径规划算法，基于 CG 空间的修改 RRT* 对随机空间树结构进行采样，通过动态重规划的方法，实时处理随机移动的障碍物和目标终点[2]。WANG H 等针对基于铰接结构和漂移环境条件的地下智能车辆路径规划问题，提出了一种基于改进的 RRT* 算法的路径规划方法，使智能车具有较短的路径长度、较低的节点数和 100%的转向角效率[3]。田洪清等提出了一种基于风险评估的势场搜索树车辆路径规划（PFT *）算法。利用势场模型描述环境运动风险，使用随机搜索树方法生成车辆的运动轨迹，之后采用动态重构法动态优化轨迹规划。该算法能够利用环境势场模型，在越野环境下生成符合车辆运动学特性的安全运动轨迹[4]。宋晓博等针对传统蚁群算法易陷入停滞、找到的路径并非最优路径的弊端，提出了一种针对越野车辆的、考虑通过性的自适应蚁群算法，对信息素分配规则进行了改进，同时通过自适应来调整信息素挥发系数，使算法能够有效适应复杂环境下的路径规划问题[5]。陈占龙等对大规模越野环境中规划路径效率低下的问题，提出了一种面向越野路径规划的多层次六角格网通行模型，并针对该模型设计了考虑坡度和地表覆盖要素的启发式函数，进一步对 A^* 路径规划算法进行了优化[6]。

针对模块化机器人构型优化技术，目前模块化机器人构型优化相关工作主要集中于轻量移动机器人、机械臂关节机器人以及蛇形机器人的变构规划。模块机器人的运动学正解通常采用 D-H 法和指数积公式两种方法得到[7]，首先建立运动学方程，将关节构型编码为关联矩阵，建立关节入口与出口间的位姿变换，最终实现构型的优化。

构型优化过程采用遗传算法求解模块化机器人的逆运动学，通过 NSGA-Ⅱ搜索得到满足任务要求的帕累托最优解，任务要求主要集中在完成室内环境、固定环境下的相关协同控制任务；针对模块化机械臂面对的任务建立模型，建立包含装配评估、自由度标准、末端可达性、速度传递性、能耗标准等指标的优化函数，通过遗传算法求解多目标优化问题[8]。研究者提出了基于改进的混合编码方法的单杠杆遗传算法（GA）[9]，解决模块化机械臂的软硬性构型需求。

中科院研究团队针对关节型模块化机器人，对模块的类型、数量、模块间装配顺序进行编码，以自由度最少为目标，采用遗传算法进行构型优化[10]。其中自由度最少的构型，其负载能力和成本低，自由度成为关节型模块化机器人构型优化的重要指标。通过建立新的构型描述方法 CCM，遗传模拟退火算法被用于模块配置的多目标优化，以生成最优构型[11]。而在面向野外山地条件下的搬运、探测、救灾、军事等任务时，尚未出现针对野外地形越障任务的移动式模块化机器人构型优化和决策的相关研究。

7.2 崎岖地形建模与越障路径规划

7.2.1 基于可变构模块化机器人越障特征的几何通过性与地形

7.2.1.1 可变构模块化机器人越障的几何通过性

可变构模块化机器人是由多个轮式模块组成的组合体，其越障特征符合轮式机器人在野外环境下的越障特点。在车辆学中，几何通过性是指在一定负载重量下，汽车以某平均速度克服各种障碍的能力，是衡量车辆在复杂环境中越野、爬坡、通过障碍物等的能力，影响车辆通过性的要素主要包括接近角、离去角、离地间隙、最大涉水深度、最大侧倾角、最大爬坡角等[12]。常用的车辆几何通过性指标包括：

① 接近角（approach angle）：车辆前部进入陡坡或障碍物时，前保险杠与地面之间的最小夹角。较大的接近角表示车辆能够更好地通过陡坡或障碍物。

② 离去角（departure angle）：车辆后部离开陡坡或障碍物时，后保险杠与地面之间的最小夹角。较大的离去角表示车辆能够更好地通过陡坡或障碍物。

③ 斜坡角（ramp breakover angle）：车辆通过两个轮胎之间的最大凸起物时，车身底部与地面之间的最小夹角。较大的斜坡角表示车辆能够更好地通过凸起物。

④ 最小离地间隙（minimum ground clearance）：车辆底盘最低点与地面之间的垂直距离。较大的最小离地间隙表示车辆能够更好地通过不平坦的地面。

⑤ 轴距（wheelbase）：车辆前后轮轴之间的距离。较长的轴距有助于提高车辆在爬坡

和越野时的通过性。

⑥ 轮胎尺寸和胎面花纹：大尺寸的轮胎和具有良好抓地力的胎面花纹可以提供更好的牵引力和通过能力。

本节参考轮式车辆越障过程中的几何通过性评估要素，对四轮单模块车辆的横纵坡通过能力、两模块横纵对接组合体（组合体连接最小单元）的圆弧地形通过能力进行建模分析。

(1) 四轮单模块纵坡通过性分析

单模块通过纵坡的受力分析如图 7-1 所示。图中 L 为前后轴距，G 为单模块重力，o 为单模块质心几何位置，h_o 为水平状态下单模块质心高度，l_f 为前轴到质心的距离，φ_u 为上坡角度，φ_a 为单模块接近角，φ_d 为单模块离去角。当纵坡长度大于车体轴距 L 时，单模块稳定通过纵坡的坡度上限为

$$\varphi_u = \min(\varphi_a, \varphi_o, \varphi_g) \tag{7-1}$$

式中，φ_o 为单模块在纵坡上不发生倾覆的最大坡度角；φ_g 为单模块平台沿斜坡下滑的最大坡度角。当质心在水平面投影超出后轮轴线支撑边缘时，单模块将发生侧翻，因此 φ_o 的表达式为

$$\varphi_o = \arctan\frac{L - l_f}{h_o} \tag{7-2}$$

当地面与轮胎的静摩擦因数为 μ_s，车辆在纵坡的重力沿坡面切线方向的下滑分量与最大静摩擦力相同时，车辆处于下滑的临界状态，即

$$G\sin\varphi_g = G\mu_s\cos\varphi_g \tag{7-3}$$

因此 φ_g 的表达式为

$$\varphi_g = \arctan\mu_s \tag{7-4}$$

由式(7-2) 可知，单模块稳定通过纵坡的坡度上限为接近角、最大倾覆角和最大下滑角之间的最小值。纵坡长度小于车体轴距 L 时，由于前后轮不同时位于纵坡上，当位于纵坡的车轮打滑时，不在纵坡上的车轮将提供主要牵引力；同时针对倾覆问题，不在纵坡上的车轮使单模块俯仰角小于纵坡坡度，此时单模块通过纵坡的最大坡度值将更高。

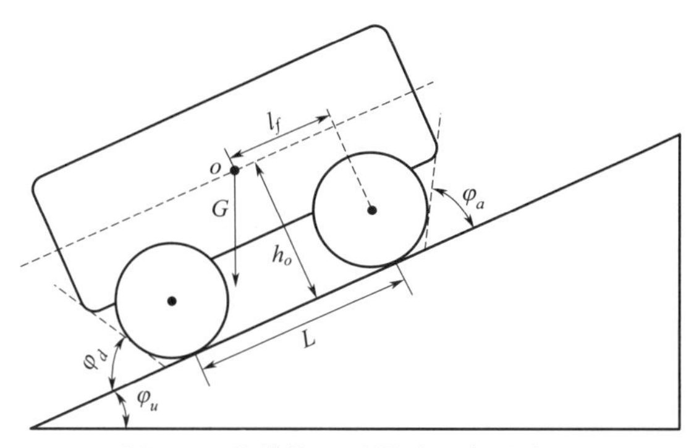

图 7-1　单模块通过纵坡几何示意图

(2) 四轮单模块横坡通过性分析

单模块通过横坡的受力分析如图 7-2 所示。图中 W 为左右轮距，G 为单模块重力，o 为单模块质心几何位置，h_o 为水平状态下单模块质心高度，b 为轮胎接地宽度，φ_h 为横坡角度。当横坡长度大于车体左右轮距 W 时，单模块稳定通过横坡的坡度上限为

$$\varphi_h = \min(\varphi_{oh}, \varphi_{gh}) \tag{7-5}$$

式中，φ_{oh} 为单模块在横坡上不发生倾覆的最大坡度角；φ_{gh} 为单模块平台沿斜坡下滑

的最大坡度角。当质心在水平面投影超出左侧轮支撑边缘时，单模块将发生侧翻，因此 φ_{oh} 的表达式为

$$\varphi_{oh}=\arctan\frac{W+2b}{2h_o} \tag{7-6}$$

当地面与轮胎的静摩擦因数为 μ_s 时，φ_{gh} 的表达式为

$$\varphi_{gh}=\arctan\mu_s \tag{7-7}$$

由式(7-5) 可知，单模块稳定通过横坡的坡度上限为横坡最大倾覆角和最大下滑角之间的最小值。横坡长度小于车体左右轮距 W 时，由于左右轮不同时位于横坡上，此时单模块通过横坡的最大坡度值将更高。

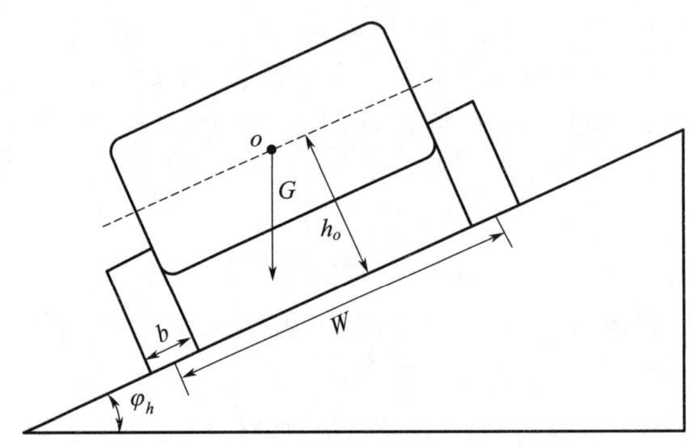

图 7-2 单模块通过横坡几何示意图

(3) 四轮双模块组合体凹陷地形通过性

四轮双模块组合体通过凹陷地形的受力分析如图 7-3 和图 7-4 所示。图中 W 为左右轮距，L 为前后轴距，o 为单模块质心几何位置，φ_a 为单模块接近角，φ_d 为单模块离去角，φ_{lf} 和 φ_{lh} 分别为前向和横向对接机构的俯仰角极限，φ_h 为地形凹陷角度。双模块首尾连接纵向通过地形凹陷时，地形凹陷角度的最大值为

$$\varphi_h=\min(\varphi_a,\varphi_d,\varphi_{lf}) \tag{7-8}$$

上式表明地形凹陷角度的最大值是模块的接近角、离去角和前后对接机构俯仰角度的最小值。当地形凹陷角度小于最大值时，前后连接的双模块组合体所有车轮均着地，能够提供有效驱动力；当地形凹陷角度大于最大值时，车辆卡死或部分车轮离地，此时组合体仍保持一定的运动能力，但其驱动效率将大幅降低。

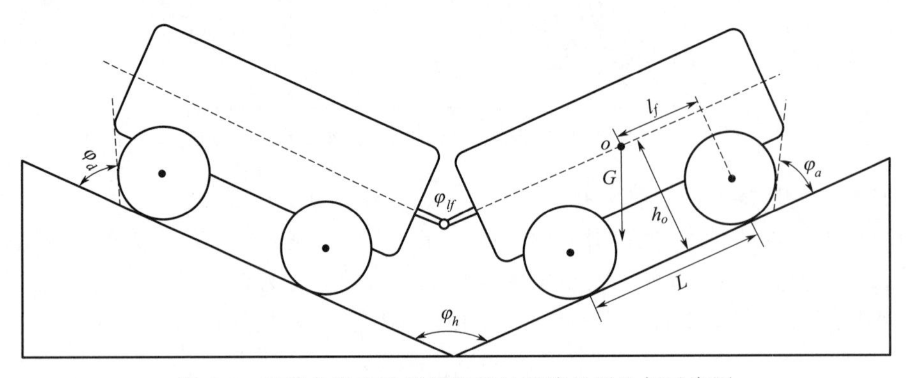

图 7-3 双模块纵向连接纵向通过凹陷地形几何示意图

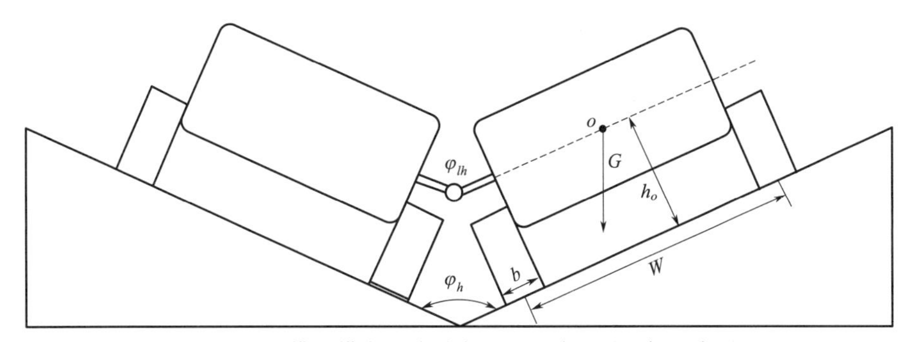

图 7-4　双模块横向连接纵向通过凹陷地形几何示意图

双模块左右连接纵向通过凹陷地形时，地形凹陷角度的最大值为

$$\varphi_h=\varphi_{lh} \tag{7-9}$$

(4) 四轮双模块组合体凸起地形通过性

四轮双模块组合体通过凸起地形的受力分析如图 7-5 和图 7-6 所示。图中 W 为左右轮距，L 为前后轴距，o 为单模块质心几何位置，h_o 为水平状态下单模块质心高度，h_b 为单模块质心到底盘下缘的高度，φ_{lf} 和 φ_{lh} 分别为前向和横向对接机构的俯仰角极限，φ_t 为地形凸起角度。双模块首尾连接纵向通过凸起地形时，地形凸起角度的最大值为

$$\varphi_t=\min(\varphi_{bh},\varphi_{lh}) \tag{7-10}$$

式中，φ_{bh} 为单模块通过凸起地形时地形尖部不与模块底盘碰撞的最小角度，当地形凸起角度大于该值时，模块将在由上坡到下坡转换的过程中卡塞底盘。φ_{bh} 表达式如下：

$$\varphi_{bh}=2\arctan\frac{L}{2(h_o-h_b)} \tag{7-11}$$

上式表明，地形凸起角度的最大值是模块与凸起地形尖部无底盘碰撞的最小角度和对接机构俯仰角度的最小值。在凸起地形的尖部与底盘无碰撞的条件下，若地形凸起角度大于极限，将会导致组合体两端的车轮离地，中间部分的车轮承受车辆的大部分重量，在此情况下组合体处于不稳定状态，将可能在上下坡过渡部位卡塞。

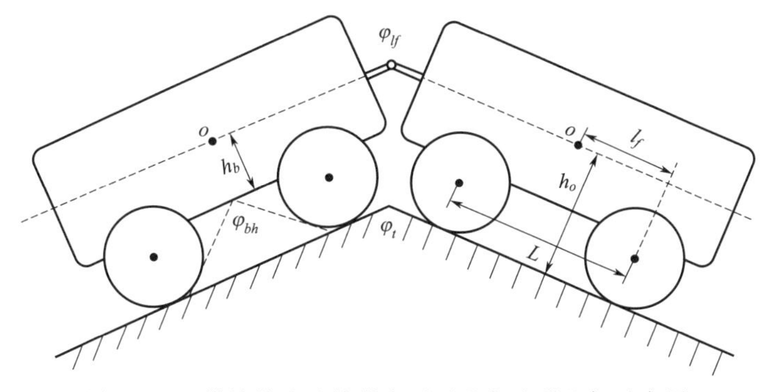

图 7-5　双模块纵向连接纵向通过凸起地形几何示意图

双模块左右连接纵向通过凸起地形时，地形凸起角度的最大值为

$$\varphi_t=\min(\varphi_{bf},\varphi_{lh}) \tag{7-12}$$

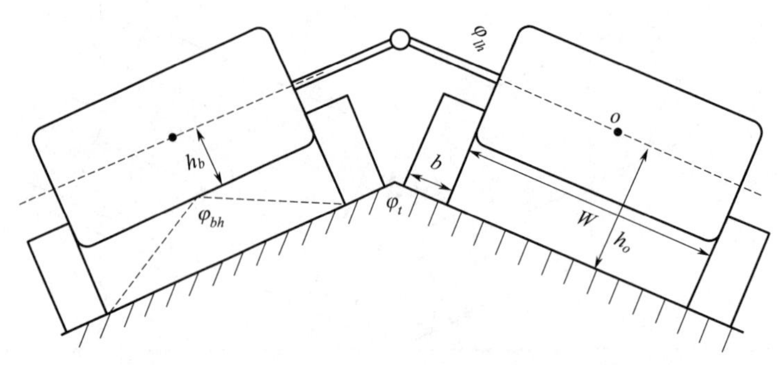

图 7-6 双模块横向连接纵向通过凸起地形几何示意图

式中，φ_{bf} 为单模块通过凸起地形时地形尖部不与模块底盘碰撞的最小角度，表达式如下：

$$\varphi_{bf}=2\arctan\frac{W}{2(h_o-h_b)} \tag{7-13}$$

在凸起地形的尖部与底盘无碰撞的条件下，若地形凸起角度大于极限，将会导致组合体左右两侧的车轮离地，在此情况下组合体处于不稳定状态，将可能从两侧滑落。

7.2.1.2 越障特征下的地形

针对越障场景而言，部分地形属性具备无向性，即无论车辆行进方向如何，地形属性不发生变化，而部分地形属性具备有向性，例如沟壑和峡谷。如果轮式模块化机器人从上方高程区域跨越，则机器人面临的地形是沟壑；若模块化机器人从下方狭窄区域穿行，则其面临的地形是峡谷。因此在同一地点，由于机器人运动路线的选择不同，地形也归为不同类型。因此本小节将越障特征下的地形划分为无向性地形和有向性地形。

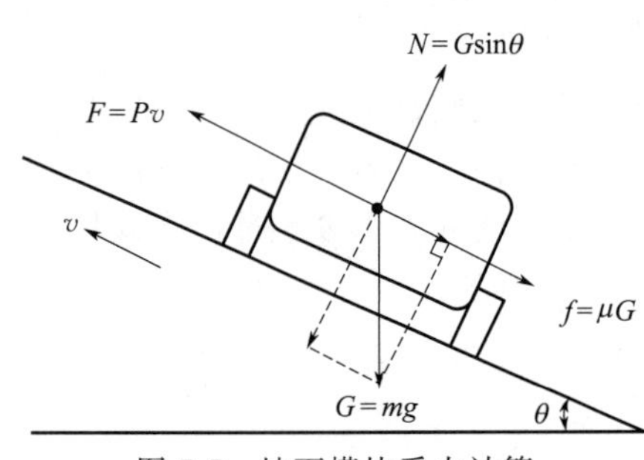

图 7-7 坡面模块受力计算

无向性地形主要包括依据梯度划分的地形。轮式模块化机器人在野外地形下越障，地形坡度是影响越障的关键指标。单模块机器人作为轮式车辆，符合车辆越障特性。

当轮胎的最大静摩擦力大于车辆重力沿斜坡方向的下滑分力且车轮全部牵引力高于下滑分力与摩擦阻力之和时，车辆可通过该斜坡。经过计算，单模块橡胶轮胎在沥青表面、沙土表面、岩石表面的最大爬坡坡度如表 7-1 所示。当坡度高于该值时，单模块将无法通过自身的驱动力完成斜坡跨越，需要以机器人组合体形式完成越障，且坡度越大，越障难度越高。坡面模块受力计算示意图如图 7-7 所示。

表 7-1 橡胶轮胎在不同材质表面的摩擦系数和对应最大爬坡坡度

表面类型	沥青表面	沙土表面	岩石表面
摩擦系数	0.5～0.8	0.3～0.5	0.2～0.3
最大爬坡角度	26.6°～38.6°	16.7°～26.6°	11.3°～16.7°

此外，山地环境的山脊、山谷是地形单元分割的重要边界。山脊是一种条形脊状高凸的地形，是由山地两侧梯度方向相背的坡面相遇形成的地形凸起的交线，两侧地形高程逐渐降

低；山谷是两山之间低凹的狭窄地形，山谷线由两侧梯度方向相向的坡面相遇而成，两侧地形高程逐渐升高。山脊线和山谷线是坡面的坡度和方向大幅度变化的分界线，是具备相似特征的坡面的天然分割线，也是模块化机器人翻越崎岖地形的良好路径。本小节依据模块化机器人翻越地形的越野特性，对地形进行语义分割，利用山脊山谷线划分地形单元，以地形坡度区分越障区域的难度，在借鉴地形学对于地形的分类基础上，将一个地形区域内的地形语义建模如下。

① 山脊：两侧坡度方向相反的坡面相遇形成的交线；

② 山谷：两侧坡度方向相对的坡面相遇形成的交线；

③ 缓坡（包含平地）：地形坡度小于25°，在12.5m分辨率地图内对应地形点位梯度小于8.2432；

④ 陡坡：坡度大于25°且小于70°，在12.5m分辨率地图上对应地形点位梯度范围为[8.2432,48.5690]；

⑤ 断崖：坡度大于70°，在12.5m分辨率地图上对应地形点位梯度大于48.5690。

由于山谷山脊线的划分方式采用山岭和盆地的边界关系划定，且山谷山脊线具备二元特征，其所在地形本身具备梯度信息，因此对地形语义进一步细化为十种：缓坡、陡坡、断崖、缓坡山脊、陡坡山脊、断崖山脊、缓坡山谷、陡坡山谷、断崖山谷和沟壑。

有向性地形类型主要包括峡谷、沟壑和高台。由于有向性地形类型与越障路线方向选取有关，需要沿越障路径进行针对稠密高程地图的路径搜索，从而完成地形类别的准确判断。其分类方式如下：

面对路线地形，坐标点 $A_1(x_1,y_1,z_1)$ 与两侧坐标点 $B_1(x_2,y_2,z_2)$ 坡度倾角 θ 若满足 $10°<\theta<90°$，则判定该处为峡谷。即

$$10°<\theta=\arctan\frac{z_2-z_1}{\sqrt{(x_2-x_1)^2+(y_2-y_1)^2}}<90° \tag{7-14}$$

沟壑地形的特征为山谷线从中间穿过，且两侧存在断崖的地形。面对路线地形，当前位置 $A_1(x_1,y_1,z_1)$ 与下一位置 $B_1(x_2,y_2,z_2)$ 坡度 $\phi>70°$，且当前位置 A_1 高度高于下一位置 B_1，B_1 位置高度等于 $C_1(x_3,y_3,z_3)$ 位置高度，直至某点 $Z_1(x_n,y_n,z_n)$ 高度再次与 A_1 高度持平，且起终点间水平距离小于所有模块机器人的总长度之和，则判定该处为沟壑。设单个机器人模块的长度为 e_1，机器人个数为 n 个，则沟壑判定条件为

$$\phi=\arctan\frac{z_1-z_2}{\sqrt{(x_1-x_2)^2+(y_1-y_2)^2}}>70° \tag{7-15}$$

$$z_2=z_3=\cdots=z_n \tag{7-16}$$

$$x_1+x_2+\cdots+x_n<ne_1 \tag{7-17}$$

面对路线地形，当下一位置 $B_1(x_2,y_2,z_2)$ 与当前位置 $A_1(x_1,y_1,z_1)$ 的纵向坡度 $\partial>10°$，且该坡度连续存在，则判定该处为纵向斜坡；当前位置 $A_1(x_1,y_1,z_1)$ 与两侧位置 $B(x_2,y_2,z_2)$ 的横向坡度 $\partial>10°$ 且连续横向坡度不变、左右坡度差保持同一正负符号，则判定该处为横向斜坡。表达式如下：

$$\partial=\arctan\frac{z_2-z_1}{\sqrt{(x_2-x_1)^2+(y_2-y_1)^2}}>10° \tag{7-18}$$

$$\partial'=\arctan\frac{z_3-z_2}{\sqrt{(x_3-x_2)^2+(y_3-y_2)^2}}>10° \tag{7-19}$$

面对路线地形，当下一位置 $B_1(x_2, y_2, z_2)$ 与当前位置 $A_1(x_1, y_1, z_1)$ 的坡度值 $\xi>70°$，且与接下来 $C_1(x_3, y_3, z_3)$ 至 $Z_1(x_n, y_n, z_n)$ 的纵向高度不变，则认为当前所处地形为高台。表达式如下：

$$\xi=\arctan\frac{z_2-z_1}{\sqrt{(x_2-x_1)^2+(y_2-y_1)^2}}>70° \tag{7-20}$$

$$z_2=z_3=\cdots=z_n \tag{7-21}$$

7.2.2 地形语义分割

7.2.2.1 基于Sobel算子的地图梯度计算

高程地图的数据格式为二维矩阵，矩阵元素数值对应于矩阵相应位置处地形的海拔高度。计算地形的坡度，本质上是计算二维矩阵的一阶梯度。在计算机视觉领域，计算灰度图像梯度的算子主要包括 Sobel 算子、Prewitt 算子、Roberts 交叉算子[13]、Laplacian 算子[14] 等。其中，Prewitt 算子利用图像点四邻域的灰度差，有可能导致对噪声点边缘的错误提取和小幅值边缘点的丢失；Roberts 交叉算子计算量小，但是其卷积核的行列数为偶数，计算的梯度中心相比于原图像存在半像素偏移，因此需要额外的对齐操作；Laplacian 算子受噪声影响较大。Sobel 算子在计算梯度时考虑了地形点距离计算中心的距离，距离中心点较远地形点的高程对中心点梯度的影响较低，通过权重调节能够实现较好的梯度计算，且对噪声不敏感。下面采用 Sobel 算子计算高程地图的一阶梯度。

在 12.5m 分辨率的地图中，地形坡度 θ 与地形梯度 d 之间的变换关系为

$$d=\sqrt{12.5^2+12.5^2}\tan\theta\approx 17.68\tan\theta \tag{7-22}$$

采用 Sobel 算子计算地形坡度。Sobel 算子的核为

$$\boldsymbol{K}_x=\begin{bmatrix}-1 & 0 & 1\\ -2 & 0 & 2\\ -1 & 0 & 1\end{bmatrix} \tag{7-23}$$

$$\boldsymbol{K}_y=\begin{bmatrix}1 & 2 & 1\\ 0 & 0 & 0\\ -1 & -2 & -1\end{bmatrix} \tag{7-24}$$

地形点处 x 方向的梯度计算公式如下：

$$\boldsymbol{G}_x=\boldsymbol{K}_x\boldsymbol{A} \tag{7-25}$$

式中，$\boldsymbol{A}$ 为以地形点为中心的 3×3 矩阵。

地形点处 y 方向的梯度计算公式如下：

$$\boldsymbol{G}_y=\boldsymbol{K}_y\boldsymbol{A} \tag{7-26}$$

地形点处总体梯度计算如下：

$$\boldsymbol{G}=\sqrt{\boldsymbol{G}_x^2+\boldsymbol{G}_y^2} \tag{7-27}$$

梯度方向计算如下：

$$\theta=\arctan(\boldsymbol{G}_y, \boldsymbol{G}_x) \tag{7-28}$$

分别计算 Sobel 算子 $\boldsymbol{K}_x$ 和 $\boldsymbol{K}_y$ 与地形栅格矩阵的卷积，得到地形高程矩阵的 x 方向和 y 方向的一阶梯度矩阵，矩阵中行列元素对应行列所在地形的梯度值。地形栅格矩阵边缘点八邻域矩阵缺少部分元素，若直接使用八邻域中心点的高程值填充缺失区域，经过 Sobel 算子计算后的梯度将会变平滑。

为防止地形分割导致后续路径规划沿地形栅格矩阵边缘行进的倾向，将地形栅格矩阵边缘八邻域缺失部分补全为高海拔数据，构建“地形围墙”如下：

$$\boldsymbol{A}_{\text{empty}}=\mu_{\text{A}}\boldsymbol{A}_{\max} \tag{7-29}$$

式中，μ_{A} 是放大系数，用于调节地形围墙的高度。

7.2.2.2　分水岭算法提取山谷山脊线

分水岭算法是图像分割领域的经典方法，算法核心是将灰度图像等效为高程数据矩阵，将每个像素的灰度值等效为该点的高程，灰度值的局部极小值所在的四周高、中间低的谷地成为汇水盆地。从图像内灰度值的全局最小值开始，将灰度值阈值模拟为水位线，随着水位线上涨，水填满图像内的汇水盆地，在不同的汇水盆地交线处构建大坝，即分水岭，防止两个汇水盆地合并。随着水位淹没全部地图，所有的分水岭线即形成图像分割的分割线。本节需要解决山谷山脊线提取问题，使用的高程地图本质上是高程数据构成的二位二维矩阵，与灰度图像数据结构完全相同，问题本质上即为对高程数据内汇水盆地的分割。山脊线是中间高、两侧低的高凸地形，是不同盆地、谷地之间的分界线，与分水岭构建问题相同，因此下面通过分水岭算法对山谷山脊线进行提取。

设 M_i，$i=1,2,\cdots,m$，表示地图的 m 个高程局部极小值点，每一个高程局部极小值都对应一个汇水盆地，汇水盆地内的点集合记为 $C(M_i)$。设某高程阈值对应的高程平面为 $g(s,t)=n$，地图内高程小于 n 的点的集合为

$$T[n]=\{(s,t)\mid g(s,t)<n\} \tag{7-30}$$

当水位上升到 n 高程时，汇水盆地 $C(M_i)$ 内被淹没的点集合为

$$C_{M_i}[n]=C(M_i)\cap T[n] \tag{7-31}$$

当水位上升到 n 高程时，整个地图内被水淹没的属于汇水盆地的点集合为

$$C[n]=\bigcup_{i=1}^{n}C_{M_i}[n] \tag{7-32}$$

水位从整个地图的全局最小高程 $n_{\min}$ 开始，逐渐升高至整个地图的全局最大高程 $n_{\max}$，水位升高过程中，进行以下迭代。

$$C[n]=\begin{cases}C[n-1]\cup q_i, C[n-1]\cap q_i=\varnothing\\ C[n-1]\cup q_i, \operatorname{card}(C[n-1]\cap q_i)=1\\ C[n-1]\cup e(q_i), \operatorname{card}(C[n-1]\cap q_i)\geqslant 2\end{cases} \tag{7-33}$$

式中，card(·) 函数表示集合内连通分量的个数；$e(\cdot)$ 函数表示膨胀取交点后分区的操作函数。上式迭代的含义如图 7-8 所示。随着水位从全局最低点上升，首先水位集中在一个汇水盆地内，水位上升产生新的连通区域 q_1，q_1 和前一高程水位的汇水盆地点集合 $C[n-1]$ 之间的交集只包含一个连通区域，即为当前汇水盆地区域，将新淹没的地形点归并入汇水盆地集合 $C[n-1]$ 中，形成 $C[n]$；随着水位上升，当水位接触到另一个高程局部极小值点时，连通区域为 q_2 和 q_3，q_2 与汇水盆地点集合 $C[n-1]$ 的交集只包含一个连通区域，即 $C[n-1]$ 本身，同时出现了新的连通区域 q_3，其与集合 $C[n-1]$ 的交集为空，此时将 q_3 作为独立的连通区域并入 $C[n-1]$；当水位继续上升，水位越过两个汇水盆地分水岭，将两个盆地连通为一个区域 q_4 时，q_4 与汇水盆地点集合 $C[n-1]$ 的交集包含 $C[n-1]$ 内的两个连通区域，此时通过膨胀方法在两个连通区域中间构建堤坝，将两个盆地的水域人为分隔。

膨胀取交点函数采用八邻域膨胀法。对 n 时刻目标区域内的多个 $n-1$ 时刻连通区域逐点遍历，以某点为中心，若该点是 A 连通区域内的点，则其八个邻域均设置为 A 膨胀区域

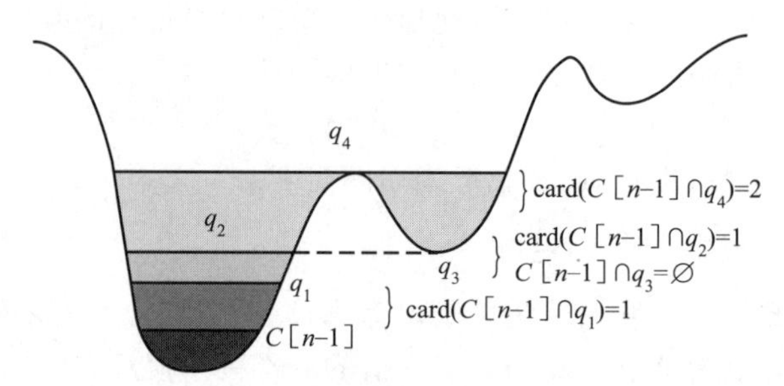

图 7-8 分水岭算法迭代模型的三种类型示意图

点。对所有 $n-1$ 时刻连通区域进行一次膨胀后，检测 A 膨胀区和 B 膨胀区是否存在重合，重合点即为分水岭点。继续对每个连通区域进行循环膨胀，对于分水岭点则不进行膨胀操作，直至各个 $n-1$ 时刻连通区域的膨胀区填满整个 n 时刻目标区域，完成当前步的分水岭构建。膨胀算法构建连通区域间分水岭过程如图 7-9 所示，图中浅蓝色部分为水位上升一步后的淹没区域，由图可知，上升一步后淹没区域 q_i 将上升前的两个连通区域相连。对两个连通区域在 q_i 范围内分别进行八邻域膨胀，两个膨胀区域的相交线即为两个连通区域中间的分割线，即堤坝。持续膨胀直至相交线在 q_i 内没有进一步增长。

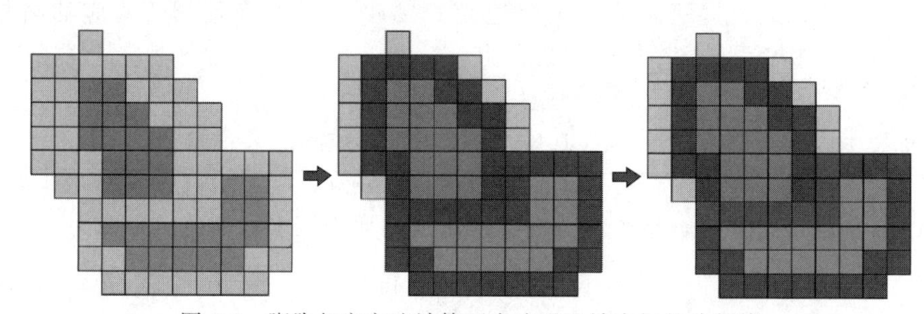

图 7-9 膨胀相交方法计算两个连通区域中间的分割线

依据分水岭算法水位上涨的模式可以计算得到山脊线，将地图矩阵取负值，山谷地形倒转成为山脊，再次运行分水岭算法，即可得到山谷线。

7.2.3 语义地图与栅格地图结合的越障路径规划方法

现有的语义地图中标注了地形区域的类型和位置，然而现有研究很少将语义地图应用于路径规划。本节通过建立地形语义邻接树结构，结合启发式搜索，完成语义地图下的越障路径规划任务，提高语义地图下的越障路径规划速度。

7.2.3.1 语义地图邻接树构建

经过 Sobel 算子梯度计算和山脊山谷线提取后，稠密高程地图中的每一个地图点均具备地形语义属性，即十种地形中的类别属性。相同地形类别属性的地图点相连形成连通区域，形成了地形区。地形区在语义地图内具备面积、方位等语义信息，无法直接用于路径规划的搜索。下面基于模块化机器人越障特点，构建地形区邻接树结构。

模块化机器人在语义地图内的起点必然位于某个地形区内，在向任意方向运动时，必然由当前地形区移动至相邻地形区，不会出现跨地形区的跳跃。机器人在选择下一个地形区时，需要考虑机器人在下一个地形区内的机动难度，以及进入下一个地形区之后继续前进的预估代价。此外，相邻地形区之间的交界线的宽度也是需要考虑的重要因素，例如平地邻接山谷的情况。若二者相邻的交界线宽度狭窄，说明进入缓坡山谷的入口狭窄，较宽的组合体构型通行存在困难，故通过该路线的策略代价较高。地形区通行难度、邻接状态和邻接线宽度是构建加权邻接树结构的三个主要特征。

高程地图语义分割后形成了十个地形语义：缓坡、陡坡、断崖、缓坡山脊、陡坡山脊、断崖山脊、缓坡山谷、陡坡山谷、断崖山谷和沟壑。对每种语义地形赋予通行难度权值。缓坡的定义中考虑了单模块越障能力极限，缓坡是单模块机器人能够机动而无须组成组合体即可通过的地形，故缓坡通行代价最低；陡坡需要单模块组成组合体后以特定构型翻越，通行代价较缓坡高；断崖通行难度最大，需要组合体以翻越高台的特殊动作才可通行，因此断崖通行难度最大。缓坡山谷由于两侧存在坡地，通行时路线宽度受限，缓坡山谷的通行代价较缓坡高；山脊地形由于两侧是下降坡地，容易出现模块滑落的危险，故山脊线的通行代价高于山谷线。沟壑的越障难度在于宽度，沟壑越宽则难度越高，因此沟壑区的代价是宽度 w_g 的线性加权函数。综上分析，对十种地形的通行难度权重值设计如表 7-2 所示。

表 7-2　十种地形的通行难度权重值

项目	缓坡	陡坡	断崖	缓坡山谷	陡坡山谷
权重	1	10	50	2	5
项目	断崖山谷	缓坡山脊	陡坡山脊	断崖山脊	沟壑
权重	30	3	20	80	$10w_g+\mu_t$

注：μ_t 为沟壑两侧地形所在地形区的难度权重的均值。

经过地形分割后每一个地图点都具备地形类别属性，相邻的同地形类别地图点形成一个地形区，凭借先入先出队列的宽度优先搜索算法构建地形区。从某个地图点开始，搜索其八邻域地图点，将邻域内具备相同地形类别的地图点加入队列，并将中心地图点从队列中弹出；跳至队列内首个地图点，搜索其八邻域地图点，将邻域内具备相同地形类别的地图点加入队列，并将该中心点弹出。循环以上搜索步骤直至队列为空，该地形区内所有地图点均被标记。

自地图首行首列地图点开始遍历至末行末列，对每个尚未被标记序号的地图点进行宽度优先搜索，搜索该地图点所在的地形区内所有地图点并标记序号，完成全地图的地形区编号，同时赋予地形各编号通行难度权重。

针对邻接线宽度的计算，再次遍历各个地形区，搜索地形区边界点并搜索与该地形区相邻的其他地形区。地形区边界点的八邻域中存在与中心点地形区序号不同的点，以此为特征遍历每个地形区，提取地形区边界点，查找相邻地形区的序号并计算与每一个相邻地形区的相邻地图点的个数。地形区邻接线的提取如图 7-10 所示

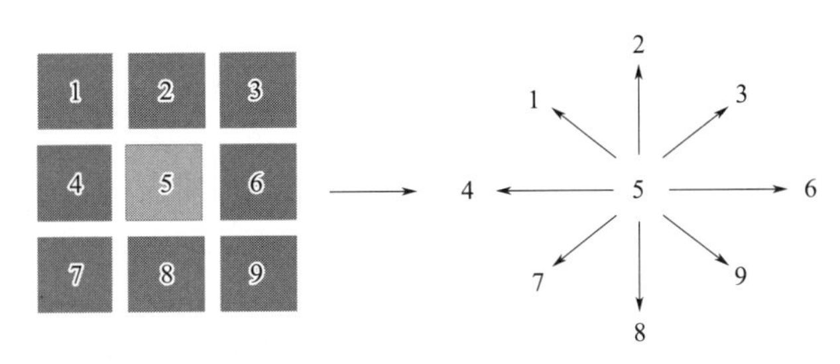

图 7-10　地形区邻接线提取示意图

构建语义地图邻接树，语义地图与语义地形邻接树之间的关系如图 7-11 所示。图中不同的颜色代表不同的地形区，地形区中的圆点表示地形区的中心。树节点序号为地形区序

号，树节点内包含地形区中心点坐标。树节点的权重 w_v 为该地形区的通行难度权重，相邻地形区序号之间存在连接，连接边的权重 $w_{e(1,2)}$ 为两相邻地形区 $\boldsymbol{v}_1$ 和 $\boldsymbol{v}_2$ 之间的邻接线宽度 $l_{n(1,2)}$ 与两个地形区中心之间的欧氏距离 $\|\boldsymbol{v}_1-\boldsymbol{v}_2\|_2$ 的函数表达式，公式如下：

$$w_{e(1,2)}=\|\boldsymbol{v}_1-\boldsymbol{v}_2\|_2+\frac{1}{l_{n(1,2)}} \tag{7-34}$$

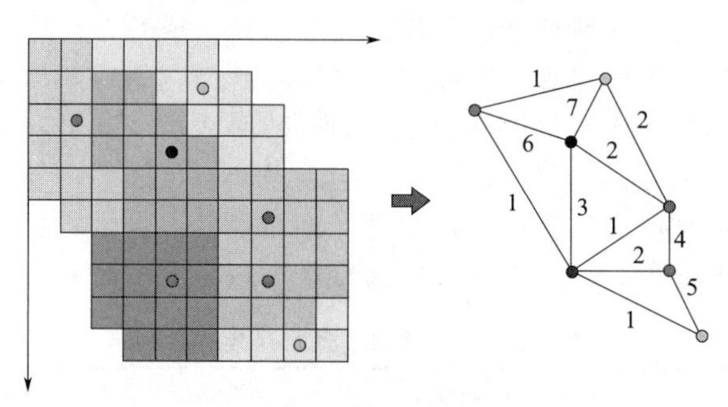

图 7-11　语义地图转换为语义地形邻接树

7.2.3.2　基于语义地图邻接树的启发式路径搜索

采用启发式搜索方法，在语义地图中搜索总体代价最小的路径。根据机器人当前所处地形区，以及机器人目标位置所在地形区，确定邻接树内搜索的起点和终点。设计启发式代价函数如下：

$$f(n)=g(n)+h(n) \tag{7-35}$$

式中，$g(n)$ 为当前节点距离起点的代价，即

$$g(n)=\sum_{i=1}^{n}w_{vi}+\sum_{i=1}^{n-1}w_{e(i,i+1)} \tag{7-36}$$

$h(n)$ 为当前节点距离终点的预测代价，即

$$h(n)=\|\boldsymbol{v}_n-\boldsymbol{v}_{\text{goal}}\|_2 \tag{7-37}$$

从起点开始，计算起点的相连节点的启发式代价，选择启发式代价最小的节点作为下一步节点，迭代计算节点的下一级连接节点的启发式代价，保持选择全局最小代价节点为下一步节点，直至到达目标节点，完成启发式路径搜索。

7.2.3.3　稠密地图下的大范围越障路线分段细化

语义地图形成了大范围越障路径，是由机器人先后经过的地形区顺序排列形成的节点序列，表示机器人从起点开始依次经过路径规划的地形区到达终点。然而，大范围越障路径中仅包含地形区节点顺序，不包含详细运动路径和路径沿途的地形信息，无法用于组合体构型规划，且无法直接交由模块化机器人执行。大范围越障路径记录了进入地形区和离开地形区的空间点位，而在同一地形区内部，不同的运动路径的越障难度和能耗不同，需要对地形区内部的运动路径进行精细规划。

下面通过改进 A^* 算法对大范围越障路径进行逐段细化，以进入地形区的位置为局部路径起点，以离开地形区的位置为局部路径终点，在地形区内规划详细的移动路径。

分析可知，在全局路径规划中，转弯能耗与运动摩擦损耗、上升高度能耗量级相比较低，可忽略。在 A^* 路径规划时，优先考虑寻找路线距离最短与上升高度合计最小的路径作为代价评价指标。

A^* 算法作为经典的路径规划算法，核心在于算法中加入了启发式搜索函数 $F=G+H$。

这里，G 为从起点移动到指定方格的移动代价，H 为从指定的方格移动到终点的估算代价。

算法研究基于三维山地越障路径，需要在传统 A^* 算法代价函数的基础上进一步优化，代价函数改为 $F=G+H+D$，这里 D 指机器人从当前位置到达下一个邻接栅格的高度差[13]。二维栅格地图的元素数值即代表该坐标点的高度，高度越低，代价越小，代表构型运动所需能耗和时间越短。总代价最小的路径即为最优路径。设空间内两点 $A_1(x_1,y_1,z_1)$ 与 $B_1(x_2,y_2,z_2)$ 的空间欧氏距离公式为

$$d_3=\sqrt{(x_1-x_2)^2+(y_1-y_2)^2+(z_1-z_2)^2} \tag{7-38}$$

对于已知高程地图 $mapper(M,N)$，提取其二维栅格地图，将其转变为矩阵形式。其中坐标表示位置信息，矩阵数值代表该点高度信息。

对于已知高程地图，提取矩阵形式。从起点开始，向邻近八个方位的坐标点分别依次进行代价计算，将最小代价点作为下一步起始点，直到终点为止。途径上所有点记为最优路径坐标点。

7.3　地形与负载约束下的越障能耗与时间最优构型生成方法

7.3.1　越障构型规划问题建模

7.3.1.1　模块化机器人构型描述

模块化机器人的构型描述模型包括基于拓扑图、基于关联矩阵[15] 和基于空间装配矩阵[16] 等，其中基于拓扑图的描述模型简洁直观，能够直接反映构型的形状特点，故用以描述所研究的平面阵列式模块化机器人。组合体平面构型如图 7-12 所示。

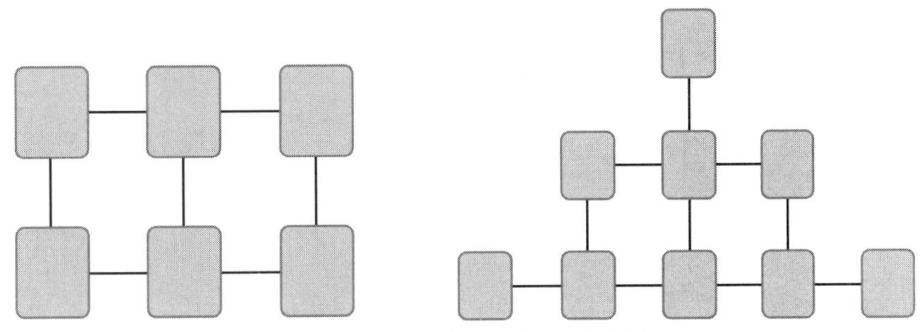

图 7-12　组合体平面构型示意图

基于关联矩阵和空间装配矩阵的描述模型在描述可重构机械臂链式构型时具有一定优势，但在描述具备大量有环连接的阵列式拓扑时，需要将环状拓扑断开形成虚拟断开点，将有环图转换为无环链图再进行描述，使用该模型较为烦琐。针对模块化机器人的特征，对拓扑图描述进行简化。本节研究的模块化机器人特征如下。

① 各个模块为矩形外形的四轮移动车，在车体前后左右各装有一个对接机构，每一个对接机构可以与另一模块的对接机构相连接，且前后方向的对接机构对接另一模块前后方向的对接机构，左右方向对接机构对接另一模块左右方向的对接机构。

② 相邻两个模块之间必然存在连接，该特征可以明显增强模块化机器人组合体的强度。

③ 所有模块的外形、尺寸、驱动方式都是相同的，即模块相互之间是完全同构的，在构型的同一点位上可以等效互换。

基于以上特征，对拓扑图描述模型进行简化。依据第二条特征，两个相邻节点之间必然存在连接，故删除拓扑图内原有的连接边信息，以行列点位为描述结构，以模块编号为描述元素，构建网格矩阵模型。以构型前进方向为向上，原拓扑图内节点所在的行和列转化为矩阵的行和列，同时节点对应的模块编号转化为行列位置的矩阵元素值。若拓扑图内某行某列没有模块存在，则对应矩阵内该行该列的元素为 0。由原始拓扑描述模型简化为网格矩阵模型的过程如图 7-13 所示。

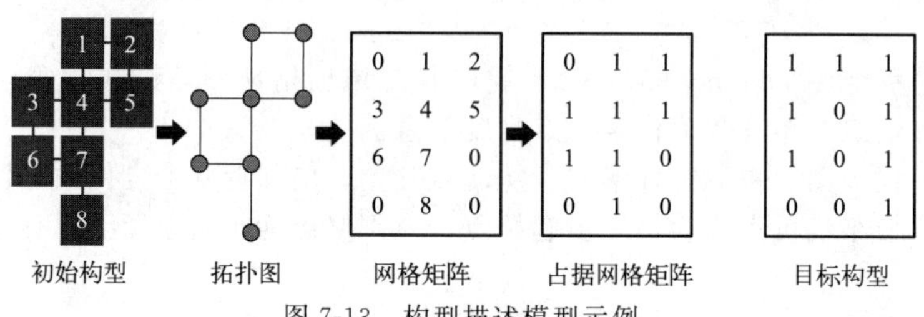

图 7-13　构型描述模型示例

7.3.1.2　模块化机器人越障能耗建模

越障能耗是组合体越障效率的重要评价指标。以单个机器人模块为对象开展运动能耗分析，当考虑模块全程匀速行驶时，模块的能耗来源主要分为距离摩擦损耗、高度爬升损耗与车体转弯损耗。

本节以麦轮移动平台为单模块，建立四轮模块化机器人运动学模型，如图 7-14 所示，在二维坐标系以单一机器人模块的质心为原点进行建模。给出以下说明：

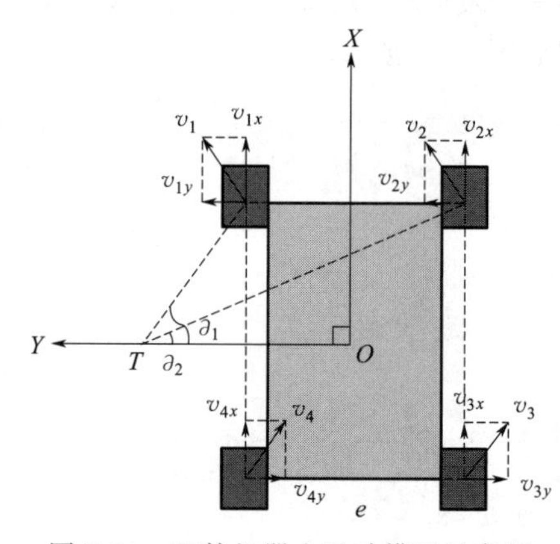

图 7-14　四轮机器人运动模型示意图

① 车体质量分布均匀且对称，质心位于机器人模块车身纵向轴线；

② 车轮触地为理想的点触，轮胎形变可忽略；

③ 为简化能耗模型，在建模过程中设定同侧车轮速度相同。

图 7-14 中，O 为车体质心，以质心为圆心建立二维平面坐标系，v_1、v_2、v_3、v_4 分别表示四个车轮的线速度，v_{1x}、v_{2x}、v_{3x}、v_{4x} 分别表示四个线速度的 x 轴方向分速度，v_{1y}、v_{2y}、v_{3y}、v_{4y} 分别表示四个线速度的 y 轴方向分速度，e 为左右两侧车轮质心间距，T 为机器人模块的运动转向圆心。设机器人的轮距为 e，机器人线速度为 v_t，角速度为 ω_t，故得到机器人线速度与角速度的关系如下：

$$\begin{bmatrix} v_t \\ \omega_t \end{bmatrix} = \begin{bmatrix} \dfrac{v_{1x}+v_{2x}}{2} \\ \dfrac{v_{2x}-v_{1x}}{e} \end{bmatrix} = \begin{bmatrix} \dfrac{1}{2} & \dfrac{1}{2} \\ -\dfrac{1}{e} & \dfrac{1}{e} \end{bmatrix} \begin{bmatrix} v_{1x} \\ v_{2x} \end{bmatrix} \tag{7-39}$$

由上式可得

$$\begin{bmatrix} v_{1x} \\ v_{2x} \end{bmatrix} = \begin{bmatrix} 1 & -\dfrac{e}{2} \\ 1 & \dfrac{e}{2} \end{bmatrix} \begin{bmatrix} v_t \\ \omega_t \end{bmatrix} \tag{7-40}$$

运动距离对轮式机器人能耗的影响主要体现在机器人运动时需要克服车轮与地面产生的滚动摩擦阻力，摩擦因数与机器人触地材质及机器人行驶路面的湿度、粗糙度等相关。在机器人模块进行运动时，单一模块机器人重力为 mg，地面动摩擦因数为 μ。其四个车轮克服摩擦力做功的功率分别为

$$P_1=\frac{1}{4}\mu mg\,|v_1|=\frac{1}{4}\mu mg\,|v_{1x}| \tag{7-41}$$

$$P_2=\frac{1}{4}\mu mg\,|v_2|=\frac{1}{4}\mu mg\,|v_{2x}| \tag{7-42}$$

$$P_3=\frac{1}{4}\mu mg\,|v_3|=\frac{1}{4}\mu mg\,|v_{3x}| \tag{7-43}$$

$$P_4=\frac{1}{4}\mu mg\,|v_4|=\frac{1}{4}\mu mg\,|v_{4x}| \tag{7-44}$$

且由于四轮模块同侧车轮线速度大小相同，故将四个轮子的摩擦力做功功率化简为

$$P_1=P_4=\frac{1}{4}\mu mg\,|v_{1x}| \tag{7-45}$$

$$P_2=P_3=\frac{1}{4}\mu mg\,|v_{2x}| \tag{7-46}$$

故四轮机器人模块前进时摩擦力做功总功率为

$$P=P_1+P_2+P_3+P_4=2P_1+2P_2=\frac{1}{2}\mu mg\,|v_{1x}|+\frac{1}{2}\mu mg\,|v_{2x}| \tag{7-47}$$

对总功率进行时间积分得到机器人四轮克服摩擦力产生运动能耗公式，公式如下：

$$E_s(t)=\int P\,\mathrm{d}t=\frac{1}{2}\int \mu mg\left(|v_t-\frac{e}{2}\omega_t|+|v_t+\frac{e}{2}\omega_t|\right)\mathrm{d}t \tag{7-48}$$

当机器人在山地地形下爬坡时，能耗来源为克服重力做功，将电能转化为重力势能。机器人移动过程中爬坡上升过程高度 Δh 对能耗影响如下：

$$E_{up}=mg\Delta h \tag{7-49}$$

机器人转弯产生的动能等于机器人的转动惯量 I 与角速度平方的乘积，公式如下：

$$E_k=\frac{1}{2}I\omega_t^2 \tag{7-50}$$

总体能耗为摩擦力能耗积分、爬坡克服重力做功和转向能耗的和，公式如下：

$$E_f=\frac{1}{2}\int \mu mg\left(|v_t-\frac{e}{2}\omega_t|+|v_t+\frac{e}{2}\omega_t|\right)\mathrm{d}t+mg\Delta h+\frac{1}{2}I\omega_t^2 \tag{7-51}$$

7.3.1.3　模块化机器人越障约束分析

通过横纵方向的坡度搜索法对最优路径沿途的典型地形特征参数进行提取，构建参数化地形辨识模型。对空间内两点 $A_1(x_1, y_1, z_1)$ 与 $B_1(x_2, y_2, z_2)$ 使用坡度搜索法（图7-15）进行坡度计算，公式为

$$\tan\alpha=\frac{z_1-z_2}{\sqrt{(x_1-x_2)^2+(y_1-y_2)^2}} \tag{7-52}$$

已知最优路径，路径共有坐标点 s 个。相邻两点纵向坡度搜索法计算过程如下：

从起始点 PATH(i,j) 开始，按照式(7-52) 依次计算下一个$(x_{k,0}, y_{k,0}, z_{k,0})$ 坐标点到当前坐标点$(x_{k-1,0}, y_{k-1,0}, z_{k-1,0})$ 的三维正切值，至终点 PATH$(i+s, j+s)$。正切值为正代表目前为上坡趋势，正切值为负代表目前为下坡趋势。遍历求取其中最大上升纵向坡

度值，对应点 PATH(h_1,h_2)。用公式表示如下：

$$\mathrm{PATH}(h_1,h_2)=\operatorname{argmax}\frac{z_{k,0}-z_{k-1,0}}{\sqrt{(x_{k,0}-x_{k-1,0})^2+(y_{k,0}-y_{k-1,0})^2}},\quad k\in\{1,2,\cdots,s\} \tag{7-53}$$

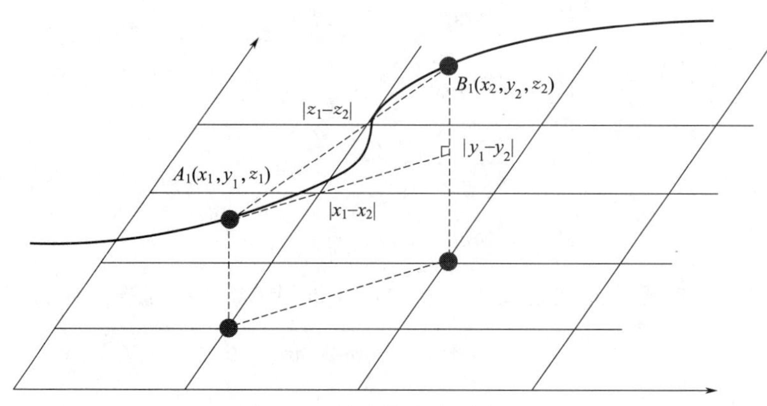

图 7-15 坡度搜索法示意图

对于最优路径进行横向坡度搜索，计算过程如下：

从起始点 PATH(i,j) 开始，向该点两侧 PATH(i,j) 依次分别计算坡度正切值。当正切值小于临界值时认为该点是横向可行点，依次遍历所有坐标点至终点 PATH$(i+s,j+s)$，直到分别找到两侧第一个大于临界值的点为止。对比最优路线上所有坐标点的宽度，直到找到路线上某点$(x_{k,0},y_{k,0},z_{k,0})$ 至两侧$(x_{k,q^+},y_{k,q^+},z_{k,q^+})$、$(x_{k,q^-},y_{k,q^-},z_{k,q^-})$ 临界值的距离和最小的点，记为 PATH(w_1,w_2)，坐标点向右记为 q^+，向左记为 q^-。可得到横向通行最大宽度和最大坡度。N 为正整数。用公式表示如下：

$$\begin{aligned}&\mathrm{PATH}(w_1,w_2)\\&=\operatorname{argmax}\left\{\frac{z_{k,q^+}-z_{k,0}}{\sqrt{(x_{k,q^+}-x_{k,0})^2+(y_{k,q^+}-y_{k,0})^2}},\frac{z_{k,0}-z_{k,q^-}}{\sqrt{(x_{k,0}-x_{k,q^-})^2+(y_{k,0}-y_{k,q^-})^2}}\right\},\\&\qquad k\in\{1,2,\cdots,s\},\quad q^+,q^-\in\{1,2,\cdots,N\}\end{aligned} \tag{7-54}$$

在得到所有路线坐标点的横向坡度以及对应宽度时，比较获得宽度最小值，记为该最优路线的通行宽度约束条件 width。用公式表示如下：

$$\mathrm{width}=q^++q^-\quad q^+\quad q^-\in\{1,2,\cdots,N\} \tag{7-55}$$

7.3.2 基于遗传算法的构型规划求解

遗传算法是一种基于自然选择和群体遗传机理的搜索算法，利用遗传算法求解构型问题时，每一个可能的构型都被编码成一个“染色体”个体，若干个个体构成了群体。对每个构型参数进行建模描述，使每组染色体唯一对应一种构型。而当地形障碍物较多且与负载任务相互约束时，对构型的运动能耗与时间进行加权求和，并使之最小化，从而找到能够通过地形的构型参数的最优解。

7.3.2.1 基于构型描述的种群初始化方法

对于给定的模块数量，阵列式组合体的横纵行列数可变且互相影响，模块间的连接具备刚柔性属性，且模块应逐一紧密排布，满足连通性约束[17]。本节通过随机生长式算法生成初始化的随机构型。以模块数量为长和宽构建一个空白矩阵用于存储即将生成的随机构型。维护一个模块行列号二维数组，数组的每一行记录一个模块在空白矩阵内的行列坐标。从空白矩阵的中心开始向外生长模块。设模块数量为 n，空白矩阵的中心点位行列坐标为 $(\lfloor n/2 \rfloor, \lfloor n/2 \rfloor)$，其中符号 $\lfloor\ \rfloor$ 为向下取整运算。模块行列号数组中的第一个元素，即第一个模块位于空白矩阵中心点，之后在模块行列号数组中随机选择某一行，以该行记录的模块横纵坐标作为基点，向四邻域中一个随机方向生长一个模块。在生长新模块之前，检查该生长方向上是否已经存在模块，若已经存在模块，则重新随机选择一个方向进行生长。新生长的模块所在的行列坐标添加进入模块行列号数组中，参与下一轮的生长基点的选择。初始随机构型的生长过程如图 7-16 所示。

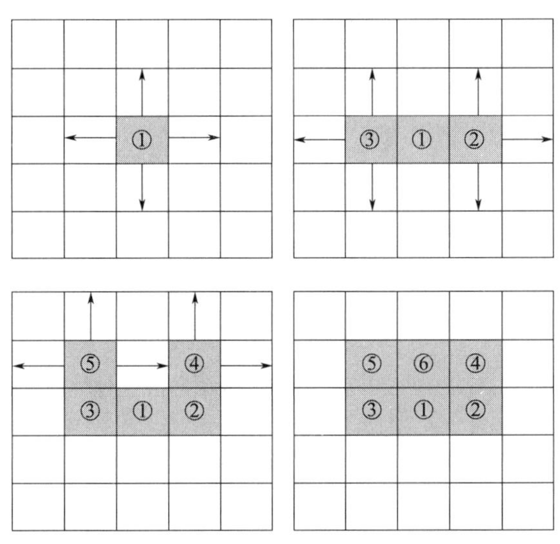

图 7-16　初始随机构型的生长过程

该方法以构型内现有模块作为基点向外生长模块，可以保证构型始终满足连通性；同时生长基点的随机选择使构型具备了随机形状。依据算法设定的种群规模，逐一生成随机构型，完成满足多种约束条件的种群初始化。

7.3.2.2　构型优化问题构建

(1) 构型几何通过性约束

生成随机构型后，对构型的几何通过性进行估计。构型通过地形的能力主要由其形状决定，对初始化的随机构型提取几何特征编码，编码模型如下。

编码共三位：第一位表示构型长度，记为 p_1；编码第二位表示构型宽度，记为 p_2；编码第三位 p_3 为二值位，表示模块间刚柔性连接方式，$p_3=1$ 代表刚性连接，$p_3=2$ 代表柔性连接。设单个机器人模块的长度为 e_1，宽度为 e_2，对接机构与车体长度比较忽略不计，共有 n 个机器人模块。三位编码的范围分别为

$$p_1 \in \{e_1, ne_1\} \quad (n=1,2,\cdots) \tag{7-56}$$

$$p_2 \in \{e_2, ne_2\} \quad (n=1,2,\cdots) \tag{7-57}$$

$$p_3 \in \{1,2\} \tag{7-58}$$

为与构型实际情况一一映射，设置三位编码均为整数。为保证构型实际情况的可实现性，即确保模块在二维平面内且彼此逐一连接，不存在模块落单情况，故设 p_1、p_2 两个随机数始终满足

$$\left(\frac{p_1}{e_1}+\frac{p_2}{e_2}\right)\in\{n-1,n+1\} \tag{7-59}$$

横纵模块取值范围均满足实际模块总数要求，即

$$\frac{p_i}{e_i}\in\{1,n\}\quad(i=1,2) \tag{7-60}$$

式中，p_1/e_1 代表模块横排数；p_2/e_2 代表模块纵排数。

考虑构型以通过地形为最终目的，故将路线障碍特征参数进行分析提取，作为遗传算法的约束集进行合并。提取分析路线中包含的典型特征参数，分别对沟壑、峡谷、缓坡、陡坡、横坡、纵坡、高台等地形因素进行地形约束集建立：提取负载目标参数主要包括负载长度、负载宽度等负载因素进行负载约束集建立（假设负载质量均在组合体构型负载范围之内），并联立种群染色体的天然约束集。因此可以对不同崎岖地形得到综合最优构型解。

（2）构型越障能耗与耗时优化目标

最优构型的求解标准是该构型下进行越障所需能耗最低、时间最短。前面得到机器人模块总能耗公式，即式(7-51)。在同等地形环境、相同最优路线、匀速行驶的前提下，机器人模块组成的构型，其距离摩擦损耗＋克服重力爬升高度损耗相同。构型的不同组合形式对转弯能耗存在影响。分析不同构型下的每个模块的转弯动能，并将其进行累加，获得该构型的总体转弯能耗。

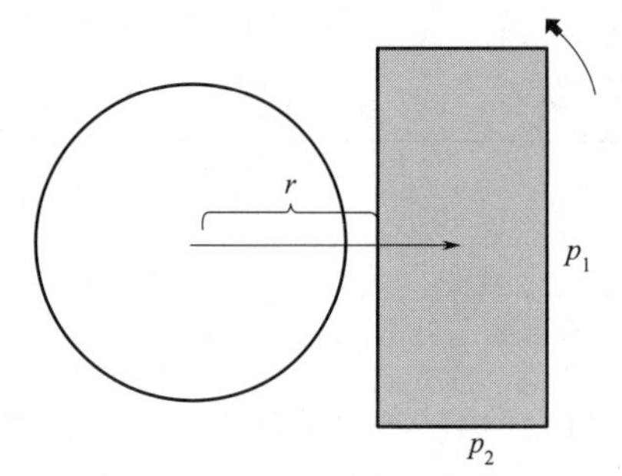

图 7-17　构型转弯示意图

将构型总转弯能耗简化为与转动惯量成正比。对模块机器人构型转弯运动进行建模。视组合体构型为矩形，设构型长度为 p_1，宽度为 p_2。由于构型均匀且对称分布，在转弯过程中可将其看作质心运动。图 7-17 所示是构型转弯归一建模。

$$I=\sum_{k=1}^{n}m{r_k}^2=nm\left(r+\frac{p_2}{2}\right)^2 \tag{7-61}$$

式中，r 为构型转弯时到转动圆心的最短距离；n 表示构型中机器人模块的个数；m 表示机器人模块的质量。

经计算分析可得，构型运动时在线速度保持不变的情况下，同等路径条件下组合体构型宽度越大，其转向半径越分散，造成构型整体转动惯量越大。在相同路线、地面条件、组合体总质量以及线速度恒定的情况下，在保证通过性的前提下，为降低能耗，应减小整体构型半径。

对构型转弯总能耗进行计算，将式(7-61) 代入式(7-50) 得到构型转弯能耗，公式为

$$E_k=\frac{I\omega_t^2}{2}=\frac{\omega_t^2}{2}\sum_{k=1}^{n}m{r_k}^2=\frac{\omega_t^2}{2}nm\left(r+\frac{p_2}{2}\right)^2 \tag{7-62}$$

式中，ω_t 代表运动平均角速度。

令 Q 代表构型整体形态，即

$$Q=\frac{p_1}{p_2} \tag{7-63}$$

若 $Q>1$，表示构型纵向长度较大，在沟壑、较窄峡谷等地形具有优势，同时降低全局通过时间；若 $Q<1$，表示构型横向长度较大，构型整体宽度更大，在较大侧倾坡时更易平稳前进。

p_3 代表构型的刚柔性连接方式，当地形存在沟壑等需要刚性连接构型直接跨越的因素，则唯一确定构型连接方式，即 p_3 取值。由此可将构型特点进行扩展，至任意多个机器人模块。

而在考虑机器人模块构型的时候，构型的越障时间也是重要考虑因素。构型越障时间以路线长度与构型长度之和与运动平均速度的比值进行计算。公式为

$$t=\frac{s+p_1}{v_t}=\frac{p_1+\int\left(|v_t-\frac{e}{2}\omega_t|+|v_t+\frac{e}{2}\omega_t|\right)\mathrm{d}t}{v_t} \tag{7-64}$$

式中，s 为路线积分总长度；v_t 代表构型运动平均速度。

综上分析，将构型规划问题转化为遗传算法优化目标，结合式(7-62) 和式(7-64) 得到目标函数：

$$y=a\times E_k+b\times t \tag{7-65}$$

式中，$a+b=1$[18]，a、b 分别表示各项指标的权重系数。经过仿真实验验证得到 a、b 取值建议范围分别为

$$a\in[0.35,0.45] \tag{7-66}$$

$$b\in[0.55,0.65] \tag{7-67}$$

7.3.2.3　改进交叉运算操作

遗传算法常用的编码方式有二进制编码、浮点编码和符号编码等。其中二进制编码方式简洁，便于进行交叉变异运算，但是由于二进制编码是离散的，在处理连续函数优化问题时存在精度低的问题，而增加编码长度又使得优化搜索空间维度增加。浮点编码则改善了该情况，提升了算法精度。符号编码使用代码符号表示染色体，需要针对特定问题设计编解码规则。现存的遗传算法编码模型尚无法解决文本构型的描述、交叉和变异操作，因此本节结合现有编码原理和构型规划问题的特点，设计了新的编码和对应的交叉变异操作。遗传算法的染色体记录着每个个体对于环境的适应性基因。染色体编码中每一位数字所在的位置都会对该个体显现的特性产生影响。而交叉操作是将两个对环境适应度较高的个体的染色体中部分编码进行交换，在交换的过程中，会保留原先个体中一部分的特征，同时引入另一个优秀个体的部分特征组成一个新的个体，并测试该个体是否具有更高的环境适应能力。经典遗传算法的交叉操作如图 7-18 所示。因此交叉操作需要具备以下两个原则。

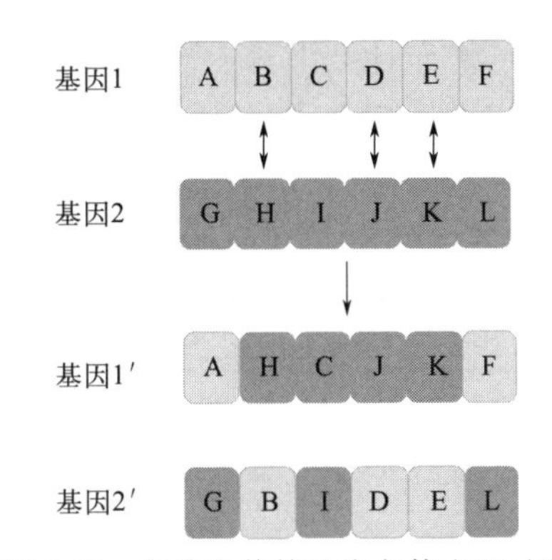

图 7-18　经典遗传算法染色体交叉过程

原则一：交叉位置在两个染色体上是相同的，两个染色体在相同编码位置处的编码互相交换。在交换的过程中，被更换的部分将在新个体内产生其在原染色体中的效能，将其他优秀染色体的优良的特性以较大概率引入当前个体中，进而不断改良后代的环境适应性。若交叉操作的交换位置发生变化，有可能导致坏解的出现。

原则二：交叉部分的编码长度必须相等，即保证交叉完毕之后染色体编码总长不变，保持染色体的正常和完整。

(1) 非同构子构型提取

遵循传统遗传算法编码方式的上述原则，定义构型的网格矩阵描述的交叉操作，以保证构型的完整性、构型内模块数量的恒定性，同时在交叉完毕之后将优秀构型的部分组成完整地引入后代构型中。

两个不同构型对于同一地形的通过能力、负载表现、越障能耗和越障时间等指标相互不同，产生不同越障特性的主要原因是最大同构子构型之外的非同构部分。两个构型之间必然存在一部分形状相同、拓扑结构相同的同构子构型，该子构型内包含的模块数量最少为一个。最大同构子构型是两个构型之间的最大重合部分，非同构部分决定了两个构型之间的外形差异，进而导致了两个构型在面对相同障碍地形时的通过性、越障能耗和通过时间以及对负载驮负能力的差别。

因此，针对非同构子构型部分，设计了不同构型之间的交叉操作，将两个较优良的构型相互结合，产生新的子代构型，并测试该子代构型对于障碍地形的适应能力。同构部分采用滑动重叠测试算法计算，该算法详见 8.2.2 节。

(2) 非同构子构型的交叉操作

针对遗传算法交叉操作的两个原则，参与交叉的部分编码数量相同，同时编码交换的位置相同，以保留该编码在原有染色体中的功能。因此在对非同构部分进行交叉的过程中，设定交叉模块的数量为非同构子构型内模块数量的一半，将非同构子构型的一半移动到一个构型的最大同构子构型的相同位置上并进行连接。交叉操作如图 7-19 所示。

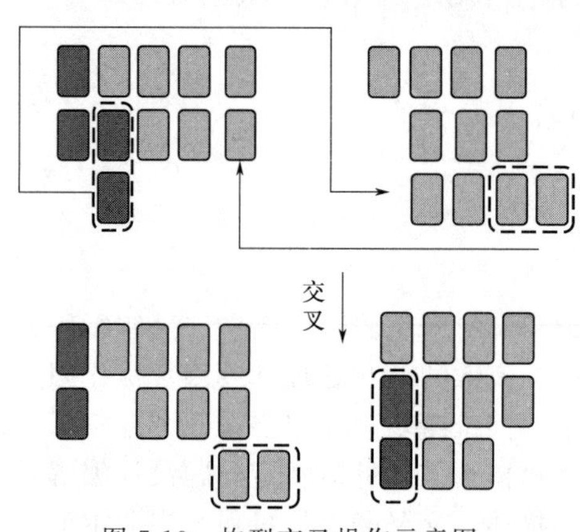

图 7-19　构型交叉操作示意图

机器人构型的初始种群是根据编码形式随机生成的，通过交叉操作进行两个染色体之间的基因互换，形成新个体；新个体会有一定概率的基因突变，变异概率小于 0.05。交叉变异运算可使设计结果具有全局性和收敛性。而在实际情况中，在算法迭代初期，适应度低的个体更易被选作父本，传统交叉变异得到的子代依然沿用父本基因排序，与父本差异、个体之间差异均较小，更易陷入局部最优解。因此本书通过设置动态概率参数，对遗传算法进行改进。

(3) 交叉概率调整

设定交叉概率的最大值 $k_1 \in [0, 1]$，在每次迭代过程中计算 N 个个体的最大和最小适应度 $f_{\max}$ 和 $f_{\min}$，以及所有个体适应度的标准差，交叉过程中两个个体中较大的适应度为 f'，交叉概率模型如下：

$$P_c = \frac{k_1(f' - f_{\min})}{f_{\max} - f_{\min}} \times \left[1 - \frac{2}{\pi}\arctan\left(\frac{1}{\sqrt{N}}\sqrt{\sum_{g=1}^{N}(f_g - f_{\text{avg}})^2}\right)\right] \tag{7-68}$$

式中，f_{avg} 为所有个体适应度的平均值。标准差经归一化后与前项相乘，P_c 取值范围为 $[0,k_1]$，随着个体适应度增加，个体质量变差，第一项线性增大，以增强其交叉的可能；若在该代中个体过于聚集，则标准差小，后项值增加，以增强其散开的可能。当某个体是最优个体，即 $f'=f_{\min}$，交叉概率为 0。

7.3.2.4　改进变异运算操作

（1）变异方法

遗传算法的变异操作中，较为经典的方式是以一定的频率随机在染色体编码内进行编码反转，以在后代中产生更多可能。针对网格矩阵描述的构型的变异，依照编码变异的原理，将构型中的模块以一定的概率随机移动到其他位置。若该过程随机地在整个网格矩阵中进行，将可能导致构型中出现大量随机的空洞，或者产生某些与主构型不连通的孤立个体。因此在进行随机反转跳变时，选择位于构型边缘的模块进行跳变。随机选择原处于构型边缘的模块拆开，移动至边缘的其他随机位置。为了增加构型变换的多样性，同时保证连通性，设计反转机制串行执行，如图7-20所示。

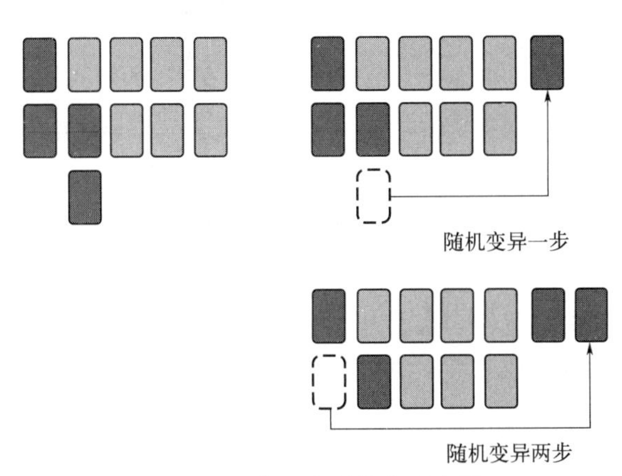

图7-20　构型变异操作示意图

（2）突变概率调整

设定突变概率的最大值$k_2 \in [0,1]$，在每次迭代过程中计算N个个体的最大和最小适应度f_{max}和f_{min}，以及所有个体适应度的标准差，个体的适应度为f，突变概率模型如下：

$$P_m = \frac{k_2(f-f_{min})}{(f_{max}-f_{min})} \times \left[1-\frac{2}{\pi}\arctan\left(\frac{1}{\sqrt{N}}\sqrt{\sum_{g=1}^{N}(f_g-f_{avg})^2}\right)\right] \tag{7-69}$$

式中，f_{avg}为所有个体适应度的平均值。标准差经归一化后与前项相乘，P_m取值范围为$[0,k_2]$，随着个体适应度增加，第一项线性增大，以增强其突变的可能；标准差用于调节其分散聚拢的趋势。若某个体是最优个体，即$f=f_{min}$，突变概率为0。

在交叉和变异过程中，产生的新个体有可能违反约束，即形成不可行解。对于违反约束条件的个体，其适应度设置为无穷。算法动态更新最小适应度，对于种群内的个体，将其适应度取倒数后采用轮盘赌方法选择参与交叉变异的个体，不可行解个体不会进入交叉变异过程。

7.3.2.5　优良个体选择策略

在生成种群并计算每个个体的适应度之后，需要通过一定的策略选择用于生成下一代群体的个体，确定参与交叉遗传的个体。按照自然选择规律，环境适应能力强的个体更容易将基因遗传到下一代，本节选择轮盘赌策略进行优良个体的选择。

轮盘赌策略中各个个体被选择的概率和其适应度值成正比。设包含N个个体的种群中某个体i的适应度值为$f(i)$，则累积概率计算公式如下：

$$q(i)=\sum_{j=1}^{i}p(j) \tag{7-70}$$

式中，$p(j)$ 为个体 j 被选中的概率，计算公式如下：

$$p(j)=\frac{f(j)}{\sum_{n=1}^{N}f(n)} \tag{7-71}$$

其中，累积概率 $q(i)\in[0,1]$。在使用轮盘赌策略生成 N 个新个体时，首先生成 $[0,1]$ 之间的随机数 m，判断累积概率和随机数之间的大小关系，搜索累积概率 $q(i)$ 内满足 $q(i-1)\leqslant m\leqslant q(i)$ 条件的个体 i，即为被选择的优良个体。累积概率是将某个体之前的所有个体的概率相加，被选中概率较大的个体，在累积概率 $[0,1]$ 中占据的概率区域也较大，因此更容易被随机采样选择。轮盘赌策略示意图如图 7-21 所示。

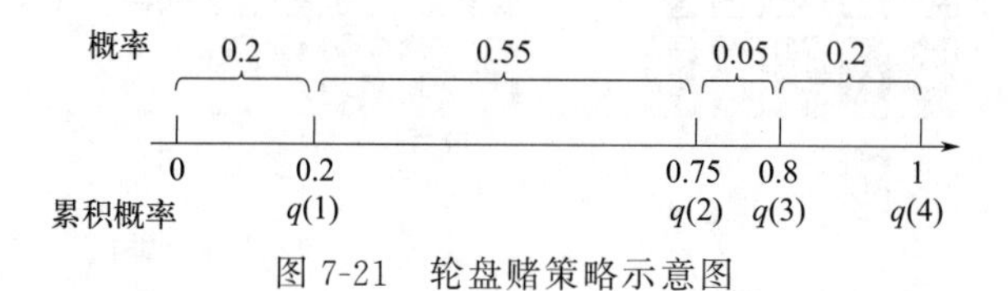

图 7-21　轮盘赌策略示意图

此外，为保证遗传算法最优性，在使用轮盘赌策略生成 $N-1$ 个新一代个体后，将本代具备最高适应度值的个体直接放入新一代成为第 N 个个体，并设置最优个体的交叉和突变概率为 0。

7.3.2.6 算法求解过程与最优性分析

遗传算法求解构型的流程如图 7-22 所示。主要步骤列写如下。

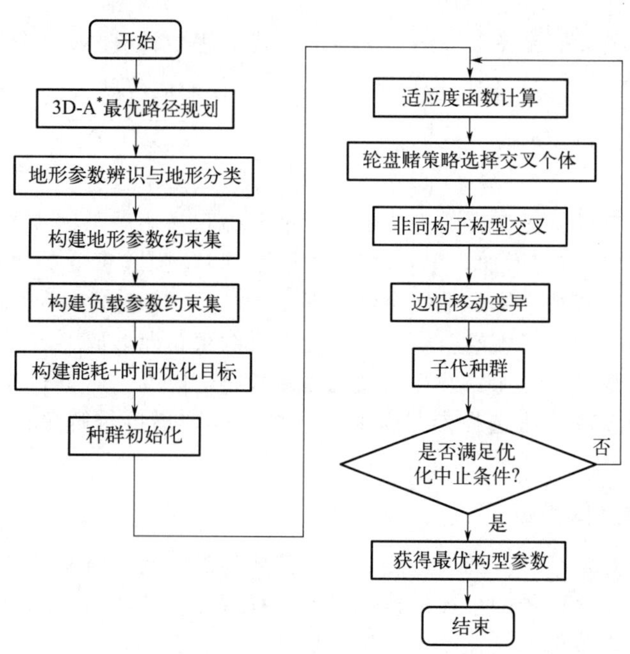

图 7-22　遗传算法求解构型流程图

① 通过随机算法生成初始种群；

② 路径规划得到的最优路径进行地形参数识别，转化为遗传算法约束集参数；

③ 考虑有负载情况，将负载作为约束集参数；
④ 构建基于组合体越障能耗与时耗的适应度评估函数；
⑤ 计算种群的适应度，通过轮盘赌策略选择参与交叉运算的优良个体；
⑥ 进行交叉和遗传操作，形成新的个体，组成下一代种群；
⑦ 判断是否满足优化问题的终止条件，若满足则进入步骤⑧，否则，进入步骤⑤；
⑧ 得到优化的构型结果。

本书方法收敛于最优解。在轮盘赌过程中，本书方法保留了当前代内的最佳个体，同时最佳个体的交叉概率和突变概率为 0，因此当代的最佳个体能够保留至下一代。Rudolph 用齐次马尔可夫链证明了保留最佳个体策略的遗传算法收敛于最优解[19]，因此本书方法收敛于最优解。

7.3.3　基于 BP 神经网络的构型规划

7.3.3.1　BP 神经网络模型建立

BP（back propagation）神经网络是三层的前馈神经网络，通过误差逆向传播机制对网络内各项权重进行迭代优化训练，包括一个输入层、一个隐含层和一个输出层。每一层均由多个神经元组成。生物体内的神经元细胞为模型，通过数学模型模拟神经元信息传递的电信号机理，通过多个神经元细胞组成神经网络，以模拟复杂的非线性函数的映射功能。

神经元模型包括神经元本体和多个神经突触，$x_1, x_2, \cdots, x_j$ 为神经元的输入信号，每个输入信号输入到神经元的一个突触。突触与神经元本体之间由带权重的有向线连接，突触电信号经过权重放大之后进入神经元本体。神经元本体包括激活阈值 θ_i 和激活函数，模拟了神经元在经受突触电信号刺激后的反应。只有在神经元接受的电信号超过阈值时，神经元才会被激活并输出信号。由线性加权求和方式计算神经元的输入公式如下。

$$X_{\text{in}} = \sum_{i=1}^{j} w_i x_i \tag{7-72}$$

将神经元输入与神经元阈值进行比较，并依据激活函数计算神经元输出，公式如下。

$$Y_{\text{out}} = f(X_{\text{in}}) \tag{7-73}$$

本节选择具有负区间的激活函数。双极性 Sigmoid 函数相较于单极性 Sigmoid 函数，导数变化快，有利于误差的快速修正，BP 神经网络的训练速度也更有优势，因此隐藏层和输出层的激活函数采用双极性 Sigmoid 函数，函数表达式如下。

$$f(x) = \frac{1-\mathrm{e}^{-x}}{1+\mathrm{e}^{-x}} \tag{7-74}$$

神经网络由不同神经元组成，不同神经元相互连接。外部信号数据作为输入集输入至神经元；网络处理结果输出至神经元；隐含单元处在输入和输出单元之间。每个神经元相互连接[20]。输入层神经元个数与输入数据的维度相同，输出层神经元个数与组合体内模块的数量相同，隐含层的神经元个数则是需要进行调优的关键参数。本书构建的 BP 神经网络结构如图 7-23 所示。图中灰色的神经元为输入层，蓝色神经元为隐含层，黄色神经元为输出层。

7.3.3.2　BP 神经网络训练方式

对输入层的神经元输入训练数据，输出层是训练得到的结果，中间隐含层是通过改变控制实现输入到输出的结果匹配。在通过遗传算法计算崎岖地形下针对某运动路径的最优构型时，优化算法的输入为移动路径沿途的地形关键参数与负载目标参数：地形关键参数主要包括沟壑宽度、横向最大坡度、最大可通行宽度和最大上升坡度；负载目标参数主要包括负载

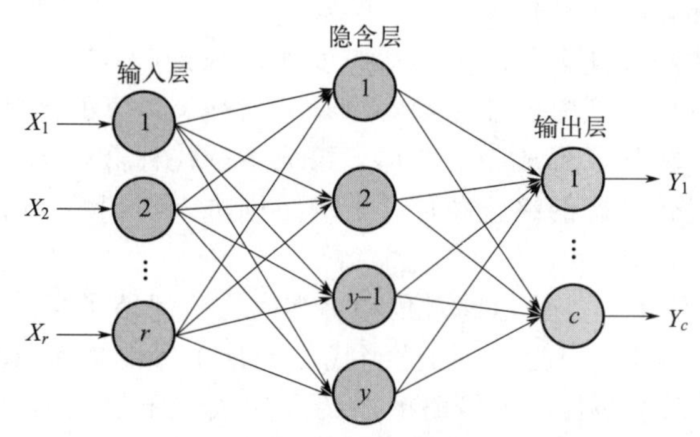

图 7-23　神经网络结构示意图

长度、负载宽度。满足以上约束条件的几何通过性的构型，将能够适应路径沿途的所有障碍地形。遗传算法的输出则为最优构型的数字描述网格矩阵。为了满足 BP 神经网络训练的特点，设计了面向 BP 神经网络的最优构型求解优化数据集。输入集格式与数据示例如表 7-3 所示。输入集包含四维地形参数、运动速度和负载参数，数据类型为浮点数。

表 7-3　输入集参数表

输入集	参数示例
沟壑宽度/m	3
横向最大坡度/(°)	5
最大可通行宽度/m	1
纵向最大上升坡度/(°)	15
运动速度/(m/s)	0.1
负载长度/m	2
负载宽度/m	0.2

输出数据集为最优构型，为适应 BP 神经网络的结构，采用左上角对齐网格矩阵的元素方位描述构型。设模块化机器人中包含 n 个模块，则能够涵盖所有组合体构型的网格矩阵的行列数为 $n\times n$。构型内模块所在的元素可以以整体在网格矩阵容器内移动。将构型移动至左上角对齐的位置，计算网格矩阵内 1 元素所在行列数，共 n 个坐标对，总计 $2n$ 个数字。此外，增加一位二维枚举变量数字 $\{1,2\}$ 用于描述组合体对接机构的刚柔性，变量值 1 表示组合体全部刚性连接，变量值 2 表示组合体全部柔性连接。因此对应于 BP 神经网络的输出层的 $2n+1$ 个神经元。输出集参数表见表 7-4。

表 7-4　输出集参数表

输出集	表达式
1	$\frac{p_1}{e_1}$
2	$\frac{p_2}{e_2}$
3	1、2

针对不同地形图和不同起点、终点对产生的大量越障路线，提取路径沿线的地形参数最值，形成输入集；将路径输入遗传算法求解得到的最优构型整理形成左上角对齐网格矩阵

后，提取 n 个模块在矩阵内的横纵坐标值和一个刚柔性枚举值，与对应的地形参数输入集构成数据集，完成数据集的构建。输出集参数格式如表 7-4 所示。

隐含层连接输入输出层，隐含层 hidden layer 对输入层传来的数据 x 进行映射：

$$(\text{Output})\text{hidden layer}=F(w\times x+b)$$

式中，w 为权重；b 为阈值参数；$F(x)$ 为激活函数；(Output) hidden layer 是隐含层对于传来的数据映射的输出值。隐含层对于输入的影响因素数据 x 进行映射，产生映射值[20]。而若隐节点个数太少，则无法拟合到复杂的关系；隐节点过多，又会导致过拟合。在系统具有多个输入数据在不同层间流动的情况下，使用循环遍历法确定隐含层节点数，获得高性能网络。寻找隐含层节点数的方法如下：

$$z=\sqrt{n+m}+o \tag{7-75}$$

式中，n 为输入层节点个数；m 为输出层节点个数；o 为 0～10 之间的常数。

BP 神经网络训练的流程如图 7-24 所示。构建 BP 神经网络对崎岖地形环境下的构型进行优化的步骤列写如下。

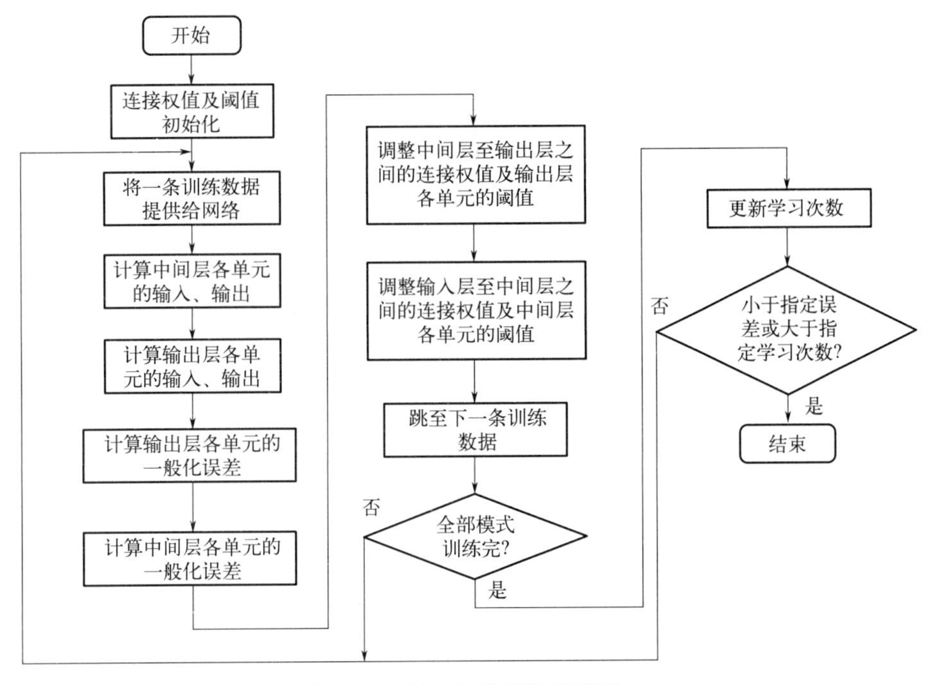

图 7-24　神经网络训练流程图

(1) 神经网络初始化

依照模块化机器人模块数量，设定神经网络内输出层神经元个数，确定隐含层节点数，输入层节点数依照数据集地形参数的个数确定。建立神经网络结构后，初始化连接权重，对每一个连接权重赋予（$-1,1$）区间内的随机数。设定神经元激活阈值 θ_i，设定激活函数为双极性 Sigmoid 函数，设定误差函数和计算精度停止条件 ε。

(2) 样本选取

从 N 维数据集中随机选取 k 个数据记录作为训练集，其余 $N-k$ 个数据记录作为测试集。

(3) 计算各层输入、输出

通过隐含层的激活函数和激活阈值，根据数据集输入计算隐含层输出。隐含层输入为

$$h_i(k)=\sum_{i=1}^{n}w_i x_i(k)-b_h \tag{7-76}$$

隐含层输出为

$$y_{hi}(k)=f(h_i(k)) \tag{7-77}$$

输出层的输入为

$$h_i(k)=\sum_{i=1}^{n}w_{ho}y_{hi}(k)-b_o \tag{7-78}$$

输出层的输出为

$$y_{oi}(k)=f(h_o(k)) \tag{7-79}$$

(4) 计算输出层偏导数

根据输出层的实际输出，利用训练集期望输出计算误差函数，计算误差函数对输出层神经元的偏导数 δ_o (k)。

$$\frac{\partial e}{\partial w_{ho}}=\frac{\partial e}{\partial yi_o}\frac{\partial yi_o}{\partial w_{ho}} \tag{7-80}$$

$$\frac{\partial yi_o(k)}{\partial w_{ho}}=\frac{\partial\left[\sum_{h}^{p}w_{ho}ho_h(k)-b_o\right]}{\partial w_{ho}}=ho_h(k) \tag{7-81}$$

$$\frac{\partial e}{\partial yi_o}=\frac{\partial\left\{\frac{1}{2}\sum_{o=1}^{q}[d_o(k)-yo_o(k)]\right\}^2}{\partial yi_o}=-[d_o(k)-yo_o(k)]yo'_o(k) \tag{7-82}$$

$$=-[d_o(k)-yo_o(k)]f'(yi_o(k))-\delta_o(k)$$

$$\frac{\partial e}{\partial hi_h(k)}=\frac{\partial\left\{\frac{1}{2}\sum_{o=1}^{q}[d_o(k)-yo_o(k)]^2\right\}}{\partial ho_h(k)}\frac{\partial ho_h(k)}{\partial hi_h(k)} \tag{7-83}$$

$$=-\left[\sum_{o=1}^{q}\delta_o(k)w_{ho}\right]f'(hi_h(k))-\delta_h(k)$$

(5) 第一次反向传播：修正隐含层与输出层连接权值

根据误差函数对输出层神经元的偏导数 $\delta_o(k)$，更新隐含层与输出层之间的连接权重。

(6) 第二次反向传播：修正输入层与隐含层连接权值

根据误差函数对隐含层神经元的偏导数 $\delta_h(k)$，更新输入层与隐含层之间的连接权重。

(7) 计算全局误差

通过以下公式计算本次迭代中修正连接权重之后的全局误差。

$$E=\frac{1}{2m}\sum_{k=1}^{m}\sum_{o=1}^{q}[d_o(k)-y_o(k)]^2 \tag{7-84}$$

(8) 判断终止条件

判断神经网络输出误差是否达到第一步中设定的计算精度停止条件 ε。若输出误差小于

停止条件，即神经网络对训练集的拟合条件满足精度要求时，停止迭代；若输出误差仍大于精度要求，则选择下一个样本进行下一步的迭代学习，进一步优化网络权重。

参考文献

[1] A. Hussein, P. Marín-Plaza, D. Martín, et al. Autonomous off-road navigation using stereo-vision and laser-rangefinder fusion for outdoor obstacles detection [C]. IEEE Intelligent Vehicles Symposium (Ⅳ), Gothenburg, Sweden, 2016: 104-109.

[2] S. Katiyar, A. Dutta. Dynamic path planning over CG-space of 10 DOF rover with static and randomly moving obstacles using RRT* rewiring [J]. Robotica, 2022, 40 (8): 2610-2629.

[3] H. Wang, G. Q. Li, J. Hou, et al. A path planning method for underground intelligent vehicles based on an improved RRT* algorithm [J]. Electronics, 2022, 11 (3): 1-18.

[4] 田洪清，马明涛，张博，等．越野环境下势场搜索树智能车辆路径规划方法 [J]. 兵工学报，2024，45 (07)：2110-2127.

[5] 宋晓博，高经纬，张朝衍．基于改进蚁群算法的越野车辆路径规划研究 [J]. 计算机仿真，2023，40：200-204+325.

[6] 陈占龙，吴贝贝，王润，等．面向越野路径规划的多层次六角格网通行模型 [J]. 测绘学报，2023，52 (9)：1562-1573.

[7] 杨振，付庄，管恩广，等．M-Lattice 模块机器人的运动学分析及构型优化 [J]. 上海交通大学学报，2017，51：1153-1159.

[8] W. Wu, Y. Guan, Y. Yang, et al. Multi-objective configuration optimization of assembly-level reconfigurable modular robots [C]. IEEE International Conference on Information and Automation (ICIA), Ningbo, China, 2016: 528-533.

[9] W. Gao, H. Wang, Y. Jiang, et al. Task-based configuration synthesis for modular robot [C]. 2012 IEEE International Conference on Mechatronics and Automation, 2012: 789-794.

[10] 高文斌，王洪光，姜勇，等．一种模块化机器人的拓扑构型优化 [J]. 中国机械工程，2014，25：1574-1580.

[11] D. Bo, L. Yuanchun. Multi-objective-based configuration generation and optimization for reconfigurable modular robot [J]. 2011 International Conference on Information Science and Technology (ICIST 2011), 2011: 1006-1010.

[12] 王忠良．高床客车通过性几何参数的分析 [J]. 机械设计与制造，2004 (03)：82-83.

[13] H. A. T. Abdullah, R. Z. Mahmood, S. M. A. Zber, et al. FPGA-based three edge detection algorithms (Sobel, Prewitt and Roberts) implementation for image processing [J]. Przeglad Elektrotechniczny, 2024, 100 (2): 29-33.

[14] J. Guo, Y. Yang, X. Xiong, et al. Brake disc positioning and defect detection method based on improved Canny operator [J]. IET Image Processing, 2024, 18 (5): 1283-1295.

[15] 赵杰，唐术锋，朱延河，等．UBot 自重构机器人拓扑描述方法 [J]. 哈尔滨工业大学学报，2011，43：46-49，55.

[16] 赵腾，葛为民，王肖锋，等．新型自重构机器人构型表达及空间变形线策略研究 [J]. 组合机床与自动化加工技术，2015：108-111，122.

[17] O. O. Martins, A. A. Adekunle, O. M. Olaniyan, et al. An improved multi-objective A-star algorithm for path planning in a large workspace: Design, implementation, and evaluation [J]. Scientific African, 2022, 15.

[18] J. C. S. Garcia, H. Tanaka, N. Giannetti, et al. Multiobjective geometry optimization of microchannel heat exchanger using real-coded genetic algorithm [J]. Applied Thermal Engineering, 2022, 202.

[19] G. Rudolph. Convergence analysis of canonical genetic algorithms [J]. IEEE Transactions on Neural Networks, 1994, 5 (1): 96-101.

[20] E. Messaoud. Solving a stochastic programming with recourse model for the stochastic electric capacitated vehicle routing problem using a hybrid genetic algorithm [J]. European Journal of Industrial Engineering, 2022, 16 (1): 71-90.

第8章

模块化可重构机器人最优变构决策与规划

8.1 概述

模块化可重构机器人的变构能力是机器人适应环境和任务的关键，变构过程存在许多优化指标，高效的变构系统通常具备较低的能耗和较短的变构用时。低变构能耗使系统能够将能量更多地用于续航和任务执行，因此成为模块化机器人研究过程中最为重要的优化目标。模块化可重构机器人变构能耗主要体现在变构模块的总体运动里程、参与变构运动的模块数量，以及对接机构断开、重连接的数量。变构用时是从变构开始至最后一个运动模块完成导航的用时，是模块化可重构机器人的变构效率的重要指标，是机器人能够实时应对变化环境和多样化任务的重要保证。

构成模块化可重构机器人的模块可以分为异构和同构两类模式。多个同构模块在目标构型同一点位可以相互替换，且不影响构型拓扑。因此对于某同构模块而言，它在目标构型中可以任意选择目标点位，不同目标点位的选择影响该模块从初始构型点位移动到目标构型点位的移动距离，进而影响变构能耗。对于异构模块而言，多个异构模块在目标构型同一点位上不可互相替换，某异构模块可选择的目标构型点位有限。在设定目标构型拓扑之后，异构模块的变构的目标位置基本确定。因此，目标点位处同构模块可相互替换的特点，决定了变构方案需要进行运动复杂度、拆解消耗和变构能耗等指标的优化。

变构策略的设计是模块化可重构系统提升变构效率的关键内容，也是提升变构可靠性和鲁棒性的关键。目前研究者对于移动式模块化可重构机器人的变构策略规划开展了丰富的研究。基于任务分配的变构策略规划方法将变构过程建模为向初始构型各个模块分配目标构型位置，通过计算模块移动距离成本和方向成本，建立最优任务分配问题模型，借助任务分配算法求解变构方案，形成变构汇聚序列[1]。基于启发式搜索的变构策略规划方法将重构步骤构建为节点，在当前构型和目标构型之间生成连续的目标构型序列，通过权重分配生成中间步目标构型，计算构型之间的距离，网络图搜索最优变构路径，形成最优步骤序列[2]。基于最大公共子图（MCS）提出的相似度度量可以定量计算构型之间的偏差距离，用于指导搜索算法在解空间中的搜索方向[3]。装配序列规划算法[4] 用于规划模块汇聚的顺序，针对存在内部孔洞的目标构型，防止模块穿过其他两个模块之间的狭窄间隙，提升变构过程的安全性。

变构过程中存在多个优化目标，针对不同的模块化机器人系统特征，研究人员提出了不同的目标来优化变构方案。移动动作、对接与解对接动作的数量是两类重要的变构优化目标[5]。以模块移动动作数量为优化目标，基于启发式函数和马尔可夫决策过程优化的分层算法计算了变构移动次数最少的最优解[6]。对于包含操作机构的模块化机器人系统，工作量估计模型可以计算模块运动、模块连接和手臂姿态运动等多种代价，通过设置不同权重来平衡多个优化指标[7]。然而，多个最优目标并不是相互独立的，并且全局最优解可能不存在。分层序列方法[8] 对多个目标依次进行优化，很好地平衡了多个优化目标，通过计算帕累托最优解实现整体优化。现有的模块化机器人变构策略的特点比较如表 8-1 所示。

表 8-1 模块化机器人变构策略特点比较

方法	优化的指标	变构模式	分布式控制	连通性约束
Rubenstein 等[9]	—	并行	是	否
Liu 等[1]	移动距离	并行	是	否
Chiang 等[2]	移动步数	串行	—	是
Asadpour 等[3]	移动步数	串行	—	是
Liu 等[5]	解锁数量＋移动步数	串行	是	否
Sadjadi 等[6]	移动步数	串行	是	是
Wang 等[7]	模块移动代价＋臂移动代价	串行	是	否

本章针对变构系统的能耗和变构用时展开优化决策研究，旨在为阵列式地面移动模块化机器人提供一个高效节能的变构决策算法。主要考虑以下四个优化维度：

① 变构过程中移动的模块数量最少。

② 变构过程中断开对接机构的数量最少。

③ 变构过程所有模块的总移动距离最短。

④ 变构过程用时最少。

以上四维优化目标之间关系复杂、互相耦合。通常而言，变构过程中需要移动的模块数量越少，需要断开的对接机构数量越少，运动里程越短，耗费的变构时间也越少。然而，四维指标并非简单的正相关关系，优化指标之间具有非正相关关系的两个变构方案示例如图 8-1 所示。两个变构方案为：

变构方案 1：移动 1 个模块、断开 2 个对接机构、移动 6 单位距离、用时 6 单位；

变构方案 2：移动 2 个模块、断开 3 个对接机构、移动 2 单位距离、用时 1 单位。

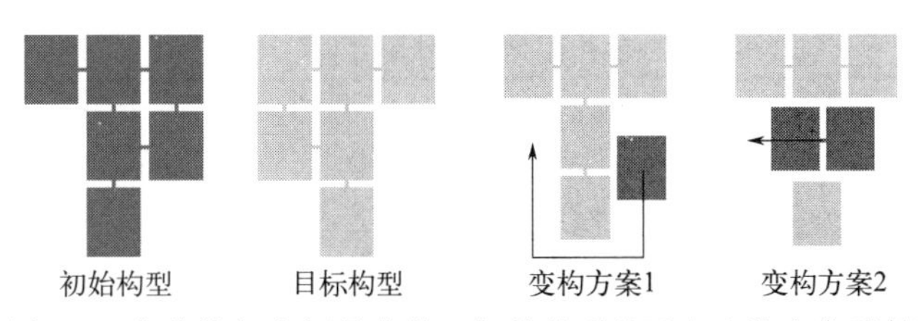

图 8-1 优化指标之间具有非正相关关系的两个变构方案示例

由示例可知，在降低对接机构断开和重连接数量时，可能会导致变构移动距离增加和变构用时的延长。对于不同的变构过程，变构方案的全局最优解不一定存在，即不一定存在各个优化维度的值均为全局最小的解。在现有的多目标优化问题求解框架中，通过映射函数将多优化目标映射为单优化目标的方式，其权重参数难以设定，映射函数选取不当有可能导致解的质量较差。本书主要考虑移动模块数量、断开对接机构数量和模块总移动距离三个优化维度，采用层次优化策略，对多优化目标进行协调，期望求得多优化目标问题的帕累托最优解。

8.2 多目标变构决策层次优化

如8.1节所述，对于多目标优化问题，多个目标相互耦合，难以在每个目标实现最优。具有不同初始构型和目标构型的变构过程可能不存在全局最优解，但存在帕累托最优解集；对于存在全局最优解的变构过程，其帕累托最优解集内仅包含全局最优解。具备帕累托最优性的优化算法能够确保搜索到至少一个帕累托最优解，且能在全局最优解存在时确保找到全局最优解。如何在多优化目标耦合的解空间内高效地搜索到至少一个帕累托最优解，是本节解决的主要问题。

层次优化思想[10] 通过对多个目标进行定序，依顺序对各个目标进行逐一优化求解。设定三个最佳目标，包括移动模块最少、断开对接机构最少和总移动距离最少，在评估变构效率时同等重要，三者之间不存在自然的优先级关系。为三个目标定序，相当于在帕累托边界上设置了选择某部分解作为输出结果的偏好。偏好的设定是基于系统特征和设计者偏好的，例如系统在断开、重连对接机构过程中能耗较高，则首先对断开对接机构的数量进行优化。

将需要移动的模块数量作为第一个优化指标，通过最大公共子构型匹配得到全局最优解的集合；针对模块间的断开连接数量最少的第二个指标，在前一优化目标得到的最优解集合内，通过启发式搜索树模型的构建，搜索第二指标的全局最优解；对于所有模块的移动距离最小的第三个指标，通过快速路径规划模型估计第二步的最优解集内所有最优解的总体移动距离，从中选择距离最短的最优解作为整体优化问题的输出解。

8.2.1 模块化机器人平面构型表达

学术界提出了多种描述链型组合构型的模型，例如基于拓扑图、基于关联矩阵[11] 和基于空间装配矩阵[12] 等。本节涉及的轮式模块化平台构型属于平面阵列拓扑。由于在平面阵列拓扑中存在大量的有环图，在将链型组合构型的模型应用于平面阵列拓扑时存在问题。一种可行的解决方法是将有环图的环状拓扑虚拟断开，生成一个链式无环图，进而采用链型组合模型进行建模。该方法在环状拓扑极多的阵列构型中会产生大量的虚拟断开点，产生的链型拓扑描述复杂混乱。

本节基于构型的拓扑图模型，结合轮式模块化机器人特征，针对模块化机器人的平面晶格式构型建立网格矩阵模型和占据网格矩阵模型。本节面向的模块化机器人具备以下特征：

① 模块具有矩形外形，模块的前、后、左、右四个侧面装有对接机构，可以与其他模块相连。由于矩形外形和四面连接属性，构型的拓扑图是矩形晶格结构，便于创建矩阵式描述。同时，矩形外形也是移动机器人和地面运载平台最普遍的形状。

② 若两个模块在构型相邻位置，则二者之间必然由对接机构相连。一个模块最多可以连接四个邻接模块，最少连接一个模块。一个独立完整的构型不包括孤立模块，组合体构型满足连通性。

③ 模块具有唯一的标签编号。模块是同构的，具备相同的外形尺寸、驱动特性和操作能力。若两个构型拓扑形状相同，而对应点位上的模块标签不同，这两个构型被认为是相同的。

④ 组合体中的各个模块前进朝向一致，均为组合体整体的朝向。构型中不能出现正交

对接或相向对接。

满足上述特征的模块化机器人，其构型的拓扑图描述如下。设 V 为拓扑图节点集合，每个节点代表一个模块的中心位置；设 E 表示拓扑图节点之间的连接集合，每一个连接代表两个模块之间相连的对接机构。V 和 E 组成构型的拓扑图。由第二条特征可知，两相邻节点之间必然存在且仅存在一个连接，因此连接集合 E 可由节点集合 V 自然地导出。因此仅通过节点集合 V 即可描述构型。

建立网格矩阵模型，组合体构型前进方向设置为向上，构型图拓扑的各个节点所在行列对应网格矩阵行列，存在节点的行列元素值为模块标签，无节点的行列元素值为 0。节点分布的最大行数对应网格矩阵的行数；节点分布的最大列数对应网格矩阵的列数。

建立占据网格矩阵模型，组合体构型前进方向设置为向上，构型图拓扑的各个节点所在行列对应网格矩阵行列，存在节点的行列元素通过二值化为 1，无节点的行列元素通过二值化为 0。占据网格矩阵行列数与网格矩阵行列数相同。

在描述初始构型时，由于模块所在位置已知，因此可建立网格矩阵和占据网格矩阵；在描述目标构型时，在变构决策前模块位置未知，因此仅建立占据网格矩阵用于描述形状和目标点位。构型描述模型如图 8-2 所示。

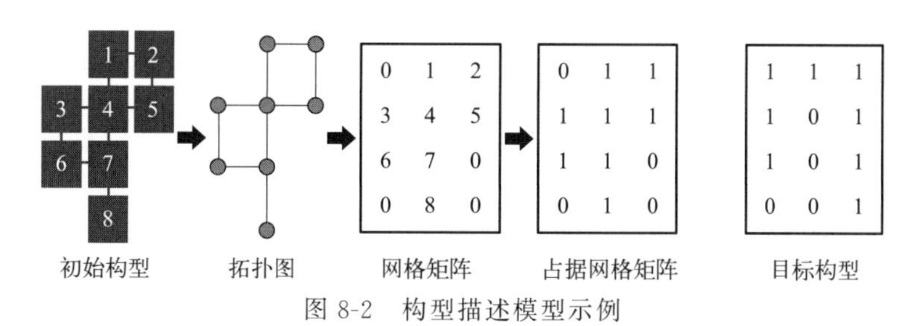

图 8-2　构型描述模型示例

以下论证网格矩阵模型和占据网格矩阵描述构型的完备性和唯一性：

通过上述第一条特征，组合体的任意构型都满足行列式的矩阵分布，即任意构型都可以由网格矩阵描述；

通过上述第二条特征，对接信息可以由模块点位信息自然推断，因此对接状态不影响网格矩阵的表达；

通过上述第三条特征，同一点位上不同模块个体对应于不同的网格矩阵，但其占据网格矩阵是相同的，即某一组合体构型与占据网格矩阵一一对应；

通过上述第四条特征，构型不存在模块朝向的区分，因此网格矩阵可以完全地表达组合体构型的连接方向。

综上，网格矩阵和占据网格矩阵可以完全地、唯一地表示组合体构型。同时，模型中不需要包含连接信息，大大减少了描述模型的数据量，能够高效地描述无环支链型构型和存在大量环路的阵列型构型。

8.2.2　最大公共子构型匹配

变构过程是模块位置重新排布的过程。在变构过程中，若能最大限度地重复利用现有的构型形状，则能够极大降低需要变动的模块数量，进而减少移动距离，降低变构耗时，同时发生变构冲突和变构失败的可能性也将大大降低。因此将变构过程需要移动的模块数量作为最先优化的第一层指标。

最大限度重复利用现有的构型，本质上是寻找初始构型和目标构型之间具有相同拓扑的最大子构型，即最大公共子图（maximum common sub-graph，MCS）。最大公共子图相关定义[13] 如下。

定义 8-1（子图）：图 g 是图 g' 的子图，即 $g \subseteq g'$，当且仅当存在一个映射 f，使得对于 $\forall v \in V(g)$，$f(v) \in V(g')$ 且各顶点的标签对应相同，即 $L_g(v) = L_{g'}(f(v))$；且对于 $\forall (u,v) \in E(g)$，$(f(u), f(v)) \in E(g')$；且对于 $\forall (u,v) \notin E(g)$，$(f(u), f(v)) \notin E(g')$。

定义 8-2（最大公共子图）：对于两个图 G 和 G'，若图 g 满足 $g \subseteq G$ 和 $g \subseteq G'$，且对于 $\forall g'$，$g' \subseteq G$ 且 $g' \subseteq G'$，满足 $|g| \geqslant |g'|$，则图 g 是图 G 和 G' 的最大公共子图。

由定义可知，子图是两个图之间的具备相同节点、相同连接和相同节点标签的子部分；最大公共子图是所有子图中包含节点数量最多的子图。由 8.2.1 节特征②知，网格模型和占据网格模型将节点之间的连接信息并入节点位置信息内，故不需考虑节点之间的连接；由特征③知，具备不同标签的同构模块互相替换，构型保持不变，故不需考虑节点标签的匹配。本书的子构型和最大公共子构型的定义如下。

定义 8-3（子构型）：构型 C 是构型 C' 的子构型，即 $C \subseteq C'$，当且仅当存在一个映射 f，使得对于 $\forall v \in V(C)$，$f(v) \in V(C')$；且对于 $\forall v \in V(C)$，v 与 $f(v)$ 的四个直接相邻位置的模块存在状态相同。

定义 8-4（最大公共子构型）：对于两个构型 C_1 和 C_2，若构型 C 满足 $C \subseteq C_1$ 和 $C \subseteq C_2$，且对于 $\forall C^*$，$C^* \subseteq C_1$ 且 $C^* \subseteq C_2$，满足 $|C| \geqslant |C^*|$，则构型 C 是构型 C_1 和 C_2 的最大公共子构型。

由定义 8-4 可知，最大公共子构型是两个构型之间包含了最多模块的相同部分，作为可最大程度复用的构型部分，可使变构过程需要移动的模块数量降至最低。

任意两个构型之间都存在最大公共子构型。最大公共子构型内节点数量存在上下界。上界为模块数较少的构型的模块数量，即小规模构型完全包含于大规模构型；下界为 1，即两个构型中至少有一个模块可以复用。对于无向性模块组成的组合体，其构型没有方向区分，在构型匹配时可以任意旋转。本节规定了模块的前进朝向，因此模块具备有向性。在匹配两个构型时，构型朝向需设定为相同，不能进行旋转。

本节提出滑动重叠测试方法，快速寻找两个有向构型之间的最大公共子构型。设初始构型的网格矩阵为 $\boldsymbol{C}_o$，$\boldsymbol{C}_o$ 的行列大小为 $m \times n$，其占据网格矩阵为 $\overline{\boldsymbol{C}}_o$。设目标构型的占据网格矩阵为 $\overline{\boldsymbol{C}}_t$，其行列大小为 $q \times p$。构建两个元素全零的矩阵容器，符号为 $\boldsymbol{M}_o$ 和 $\boldsymbol{M}_t$，二者的行列大小均为 $(m+2\times q-2)\times(n+2\times p-2)$。矩阵容器用于放置初始构型和目标构型的占据网格矩阵。将 $\overline{\boldsymbol{C}}_o$ 放置在 $\boldsymbol{M}_o$ 的中心，即 $\overline{\boldsymbol{C}}_o$ 的 (1,1) 元素位于 $\boldsymbol{M}_o$ 的 (q,p) 位置。$\overline{\boldsymbol{C}}_o$ 元素位置与相对应的 $\boldsymbol{M}_o$ 的位置之间的变换关系为

$$(l_x, l_y)_{\boldsymbol{M}_o} = (l'_x, l'_y)_{\overline{\boldsymbol{C}}_o} + (q-1, p-1) \tag{8-1}$$

通过在 $\boldsymbol{M}_t$ 内滑动 $\overline{\boldsymbol{C}}_t$ 以寻找最大公共子构型。$\overline{\boldsymbol{C}}_t$ 从其 (1,1) 元素位于 $\boldsymbol{M}_t$ 的 (1,1) 位置时开始滑动，逐行逐列滑动至其 (1,1) 元素位于 $\boldsymbol{M}_t$ 的 $(m+q, n+p)$ 位置时，完成一次全范围滑动。设 $\overline{\boldsymbol{C}}_t$ 当前滑动至位置 (l_{tx}, l_{ty})，则 $\overline{\boldsymbol{C}}_t$ 元素位置与相对应的 $\boldsymbol{M}_t$ 的位置之间的变换关系为

$$(l_x, l_y)_{\boldsymbol{M}_t} = (l'_x, l'_y)_{\overline{\boldsymbol{C}}_t} + (l_{tx}-1, l_{ty}-1) \tag{8-2}$$

将 $\boldsymbol{M}_t$ 和 $\boldsymbol{M}_o$ 进行重叠，$\boldsymbol{M}_o$ 为包含初始构型的基层，$\boldsymbol{M}_t$ 为包含目标构型的滑动层。在 $\overline{\boldsymbol{C}}_t$ 滑动至 (l_{tx}, l_{ty}) 位置时，$\boldsymbol{M}_t$ 和 $\boldsymbol{M}_o$ 的匹配度 m 计算公式如下：

$$m=\frac{1}{2}\sum_{i=1}^{m+2q}\sum_{j=1}^{n+2p}\varepsilon\left(\boldsymbol{M}_o+\boldsymbol{M}_t\right)_{ij} \tag{8-3}$$

$$\varepsilon=\begin{cases}1,(\boldsymbol{M}_o+\boldsymbol{M}_t)_{ij}=2\\0,\text{其他}\end{cases} \tag{8-4}$$

式中，ε 是二值变量，当 $\boldsymbol{M}_t$ 和 $\boldsymbol{M}_o$ 对应位置元素同时为 1 时，即（$\boldsymbol{M}_o+\boldsymbol{M}_t)_{ij}=2$ 时，ε 为 1；（$\boldsymbol{M}_o+\boldsymbol{M}_t)_{ij}$ 是两个矩阵之和的第（i，j）元素。式(8-3) 计算当前两个矩阵内对应位置元素同时为 1 的元素个数，该元素个数即为匹配度，这些元素所构成的构型为当前滑动步下的匹配子构型。匹配过程如图 8-3 所示。图中蓝色构型为初始构型，橙色构型为目标构型，白色方块表示 0 元素，黄色方块表示两个矩阵对应元素值同时为 1、元素之和为 2 的元素位置。

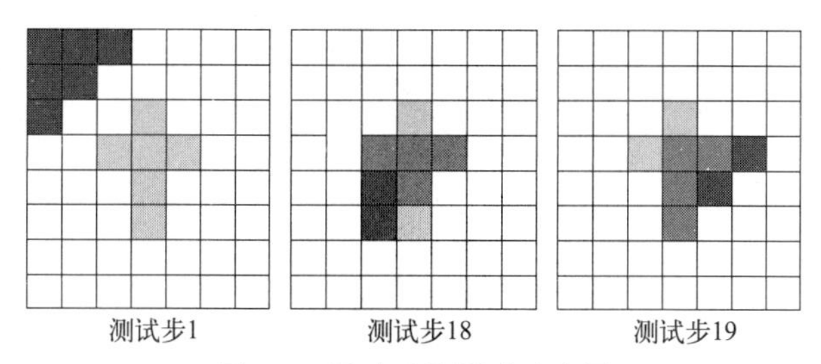

图 8-3　滑动重叠测试示意图

在 $\overline{\boldsymbol{C}}_t$ 的全范围滑动过程中，每滑动一步，计算当前步的匹配度。完成全部滑动之后，具有最高匹配度的滑动步的匹配子构型即为最大公共子构型。设最大公共子构型内各模块行列位置为（$l_{x\mathrm{MCS}},l_{y\mathrm{MCS}}$），则其对应的在初始构型和目标构型中的位置由式(8-5) 和式(8-6) 计算，列写如下：

$$(l'_{x\mathrm{MCS}},l'_{y\mathrm{MCS}})_{\boldsymbol{C}_o}=(l_{x\mathrm{MCS}},l_{y\mathrm{MCS}})-(q-1,p-1) \tag{8-5}$$

$$(l'_{x\mathrm{MCS}},l'_{y\mathrm{MCS}})_{\boldsymbol{C}_t}=(l_{x\mathrm{MCS}},l_{y\mathrm{MCS}})-(l_{tx}-1,l_{ty}-1) \tag{8-6}$$

滑动重叠测试算法流程如图 8-4 所示。通过对初始构型和目标构型运行滑动重叠测试，得到最大公共子构型，本书称其为全局最大公共子构型。全局最大公共子构型使得变构过程需要移动的模块数量降低到最少。移动模块数量优化得到了第一层级优化目标的最优解集，需要移动的非最大公共子构型模块的变构决策组成最优解集内的解。值得注意的是，两个构型之间的全局最大公共子构型并非只有一个，在全范围滑动过程中可能存在多个滑动步，均具有最高匹配度。

8.2.3　组元拆分树结构启发式搜索

在获得最大公共子构型之后，需要对初始构型内的其余模块进行进一步拆分，并为之规划目标位置。不同的拆分方案将产生不同的对接机构断开数量，不同的目标位置分配将产生不同的变构移动距离。

对接机构断开的数量包含两部分：全局最大公共子构型边界处的对接机构断开数量，和非全局最大公共子构型内部拆分时断开的对接机构数量。第一部分数量在得到最大公共子构型时已经确定，不随其余部分的拆分而变化；第二部分则与其余部分的拆分方案有关。对于断开对接机构数量的优化主要集中在第二部分。

本节基于滑动重叠测试的最大公共子构型匹配方法，构建基于启发式搜索和拆分树结构的迭代匹配与拆分算法。

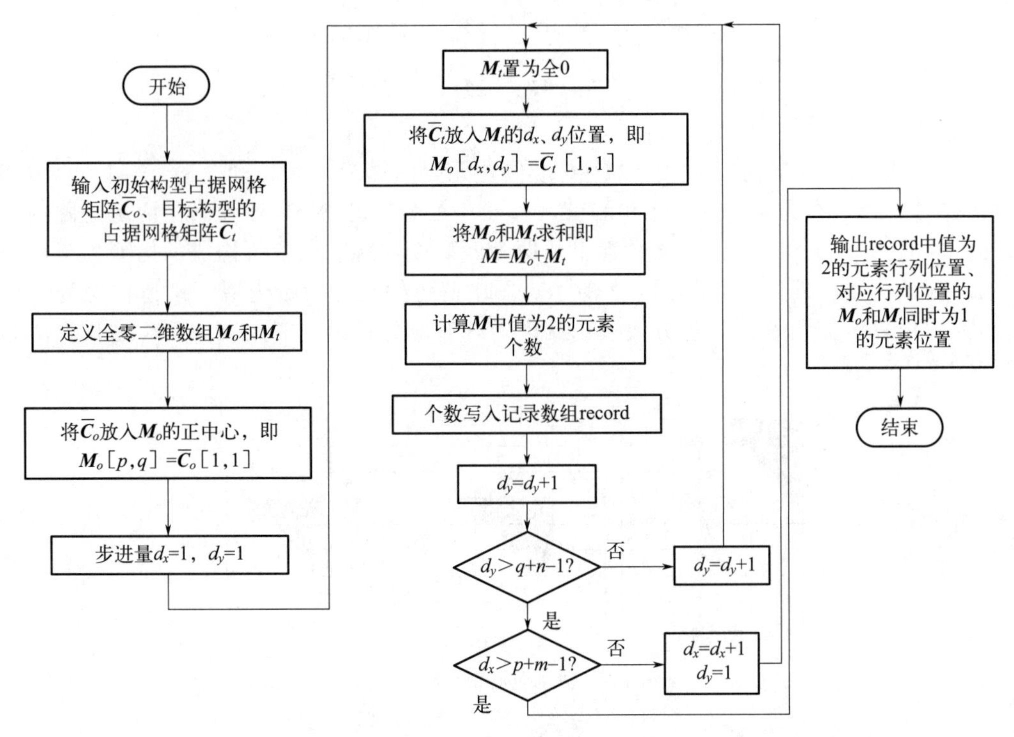

图 8-4　滑动重叠测试算法流程图

建立树结构用于记录拆分方案。树节点表示对初始构型进行拆解所得的组元，父节点与子节点之间的连接表示经过父节点组元的一步拆分后，剩余部分再根据子节点组元进行下一步的拆分。为简化符号表示，以节点记录的组元（子构型）为节点的标识。设父节点为C_p，子节点为C_c，经过组元C_p的一步拆分后，初始构型剩余的部分为C_{op}^-，目标构型的剩余部分为C_{tp}^-，断开对接机构的数量为β_{un}，剩余构型预测还要拆解的对接机构数量为β_{pd}。从初始构型开始至拆分组元C_p之前的累积拆解对接机构数量为β_{un}^-，则树节点的启发式代价定义如下：

$$\mu_c(C_c)=\beta_{un}^- + \beta_{un} + \beta_{pd} \tag{8-7}$$

在开展滑动测试之前准确预测剩余构型尚需拆解的对接机构数量是困难的。本书提出一个保守的估计方法。设c_{oH}和c_{oV}表示C_{op}^-内包含的横向和纵向对接机构数量，c_{tH}和c_{tV}表示C_{tp}^-内包含的横向和纵向对接机构数量。C_{op}^-内相较于C_{tp}^-多余的横向和纵向对接机构一定需要断开（证明详见 8.2.5 节推论 2），故β_{pd}计算如下：

$$\beta_{pd}=\rho(c_{oH}-c_{tH})+\rho(c_{oV}-c_{tV})$$
$$\rho(c_*)=\begin{cases} c_* & c_*>0 \\ 0, & c_*\leqslant 0 \end{cases} \tag{8-8}$$

本节采用启发式搜索构建搜索树。设当前步为C_P，为了选择下一个拆分步骤，对C_{op}^-和C_{tp}^-进行滑动重叠测试，搜索具有最小启发式代价的组元C_M。将C_M的启发式代价与所有历史滑动重叠测试中的组元进行比较：如果C_M的成本是全局最小的，则选择C_M作为下一个拆分步骤，并作为C_P的子节点添加到搜索树中；如果不是，则选择全局启发式代价最小的组元用于下一个拆分步骤，作为其父节点的子节点添加到搜索树中。图 8-5 展示了搜索树某一分支的生长过程。

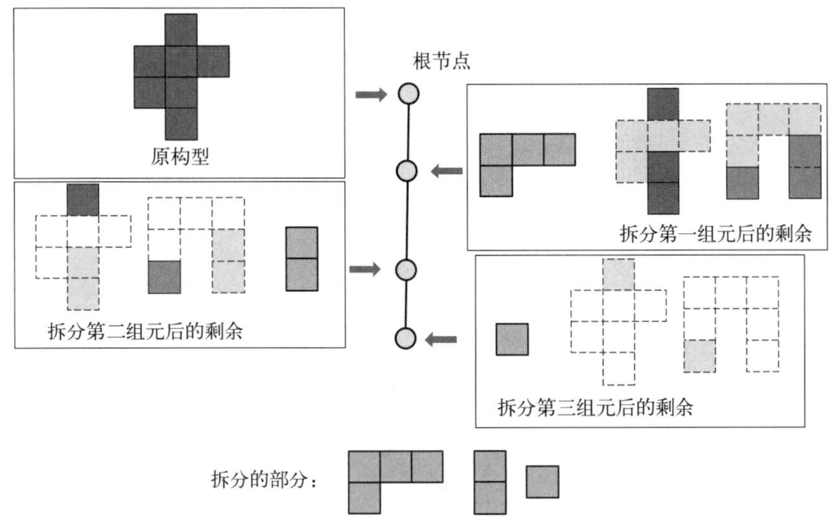

图 8-5　最大公共子构型设置为新建节点

树的建立过程以初始构型 C_o 为根节点，迭代上述生长过程，直至初始构型被完全拆分，一个树分支完成生长。如上节所述，可能存在多个全局最大公共子构型，在生长新节点的过程中同样可能得到多个最小启发式代价的不同形状的子构型。二者均代表不同的拆分方案，对应于搜索树中的不同分支。从根节点开始，第一级的多个节点代表所有全局最大公共子构型；任意一个节点的多个子节点代表该节点拆分后剩余部分中所能匹配出的所有最小启发式代价子构型。

搜索树结构是层数未知、分支数未知的多层多叉树，是伴随拆分方案的搜索同时生成的，容易出现重复搜索、搜索不全、效率较低等问题。通过深度优先搜索策略遍历所有的拆分可能性并生成搜索树。在树生长期间，维护一个先入后出的堆，堆中记录树节点的编号。堆的维护规则如下：

① 压入规则：当生成树节点时，将该节点的索引放入堆顶，堆内其余元素不变。

② 弹出规则 1：当生成某个树节点后，初始构型 C_o 中没有剩余模块，即初始构型拆分完毕，将该节点的索引从堆顶弹出。该节点将不会再出现子节点，该节点被标记为 END 状态。堆内其余元素不变。

③ 弹出规则 2：当某节点的所有子节点均处于 END 状态时，将该节点索引从堆顶弹出，同时该节点被标记为 END 状态。堆内其余元素不变。

搜索树从某个全局最大公共子构型开始，沿着树的一个分支以启发式搜索的方式向纵深生长节点，搜索到树分支末尾之后跳转另一个分支。当执行弹出规则 1 时，表示深度搜索到达树的末尾；当执行弹出规则 2 时，表示算法切换到另一分支开始深度搜索。随着深度搜索的进行，堆中的元素数量不断变化，当堆中所有元素均被弹出，即堆变为空时，树生长完成。

图 8-6 展示了典型的搜索树生长过程示例。节点 1 为根节点，最大公共子构型匹配后，所有的全局最大公共子构型（节点 2、3 和 4）构成节点 1 的子层。此时堆内元素为（4,3,2,1）。选择堆顶元素代表的节点 4 为基点，向纵深生长下一层子节点 5 和子节点 6。将两个节点的编号压入堆中，堆内元素为（6,5,4,3,2,1）。继续选择堆顶元素代表的节点 6 生成下一子层节点 7。当节点 7 生成时，拆分完毕。根据弹出规则 1，设置节点 7 为 END 状态并将其从堆顶弹出。节点 6 的所有子节点均为 END 状态，根据弹出规则 2，弹出节点 6 并标记

为 END 状态。此时堆内元素为（5,4,3,2,1）。搜索算法切换到堆顶元素代表的节点 5 所在的分支开展搜索，生成新的节点 8 和节点 9。此时，全局最大公共子构型 4 的所有后续拆分均已遍历，搜索算法切换到全局最大公共子构型 3 所在的分支开展搜索。

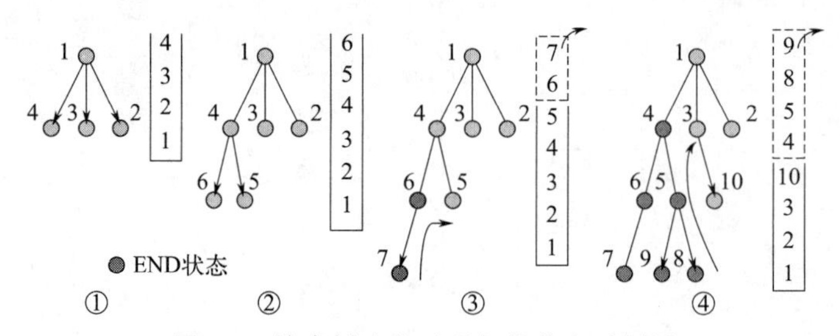

图 8-6 搜索树生长过程与堆状态示例图

树分支的任一末端均代表一个拆分方案。对父节点进行迭代回溯直至根节点，回溯过程中经历的所有节点所记录的组元即为拆分方案。

以上讨论满足了搜索的遍历性要求，以下就上述算法的搜索重复问题进行论述。搜索重复问题的典型情况如图 8-7 所示。图中的初始构型和目标构型经过全局最大公共子构型匹配后，剩余部分的匹配得到了组元 C_1 和组元 C_2。以组元 C_1 为基点继续向下匹配，可以得到组元 C_2；以组元 C_2 为基点继续向下匹配，可以得到组元 C_1。在搜索树中形成了组元 C_1-组元 C_2 和组元 C_2-组元 C_1 的两条相同的分支。若基于此相同分支继续向下拆分，将会形成更多的重复分支，使搜索树冗余重复，降低搜索效率。

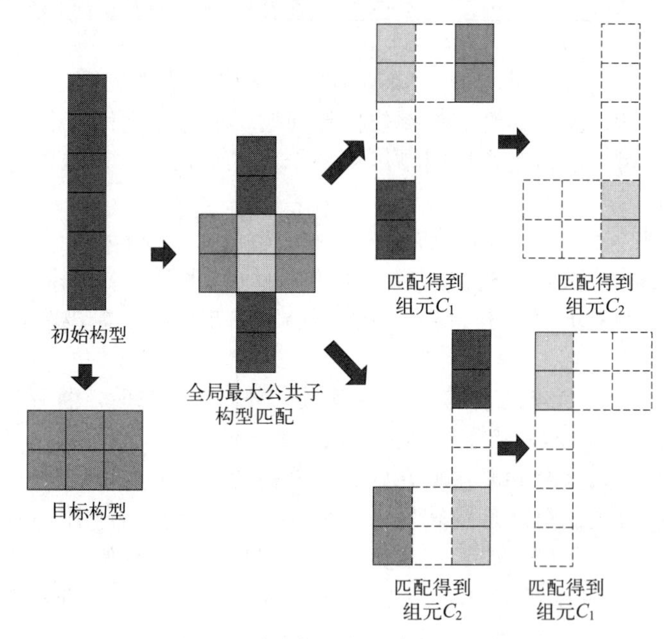

图 8-7 搜索树重复搜索情况示例

为解决此问题，本书提出互斥组元概念。互斥组元定义如下：

对于两个组元 C_A 和 C_B，组元内部各个模块在初始构型中的位置集合为 P_{oA} 和 P_{oB}，在目标构型中的位置集合为 P_{tA} 和 P_{tB}。若 $P_{oA} \cap P_{oB} \neq \varnothing$ 且 $P_{tA} \cap P_{tB} \neq \varnothing$，则组元 C_A 和 C_B 互斥。

互斥的两个组元不能在一个变构方案中同时存在。如图 8-7 中的组元 A 和组元 B，二者的初始位置集合和目标位置集合没有交集，故能够在一个变构方案中同时存在，二者是非互斥组元。当搜索树算法面对非互斥组元时，将会产生重复搜索分支。针对该问题，本书在滑动重叠测试中加入非互斥组元检测算法，识别非互斥的公共子构型，将其组合形成一个子节点，与其他互斥组元并列成为当前节点的子节点；子节点的拆分代价是拆出该子节点代表的所有组元所需断开的对接机构总数。要求组合成一个节点的非互斥组元集合中的任意两个组元都是非互斥的，且至少有一个组元与其他子节点的组元互斥。

通过非互斥组元筛选，实现高效精简的无重复搜索。将初始构型以最少拆分对接机构数量的指标进行优化，形成第二级最优解集合，依据多目标优化的指标层次，第二级最优解集合内的解的主要区别是移动总距离不同，为下一步筛选最短变构移动距离提供了寻优空间。

8.2.4 变构移动距离估计

8.2.3 节中通过最大公共子构型匹配和搜索树建立，获得了对于初始构型的拆分方案集合，完成移动模块最少、断开对接机构最少的优化目标。不同的拆分方案和不同的模块目标位置将产生不同的变构移动总距离。尽管刨除了变构决策空间内绝大部分非帕累托最优解，得到的最优解集内的解数量仍旧巨大。当模块数量增加时，最优解集的解数量将快速扩张。针对第三个优化指标，通过可视图＋启发式搜索 A^* 方法进行快速、高效且最优的路径预生成与移动距离估计。

全局最大公共子构型作为初始构型和目标构型共用部分，在变构过程中静止不动，其内部任一模块的中心均可作为变构系统的地图坐标系原点。设该坐标系 x 轴正方向为构型前进朝向，y 轴正方向为 x 轴旋转 $-\pi/2$ 弧度后的方向，z 轴垂直地面朝向天空。在地图中，全局最大公共子构型所在的位置标记为障碍物区域，其他组元围绕全局最大公共子构型运动，不能与之发生碰撞。

可视图中的顶点集包含障碍物角点和模块起终点。对于由矩形模块构成的组合体，其角点均为组合体内靠近外侧的模块的角点。选取组合体边界多边形的转折角点组成障碍物角点，如图 8-8 所示。图（a）组合体具有凸多边形外形，图（b）组合体具有非凸多边形外形。在转折角点两侧，边界线段发生弯折。针对任意构型的组合体，利用计数值规律，无重复、无缺失地将组合体外侧的转折角点添加至可视图顶点集。

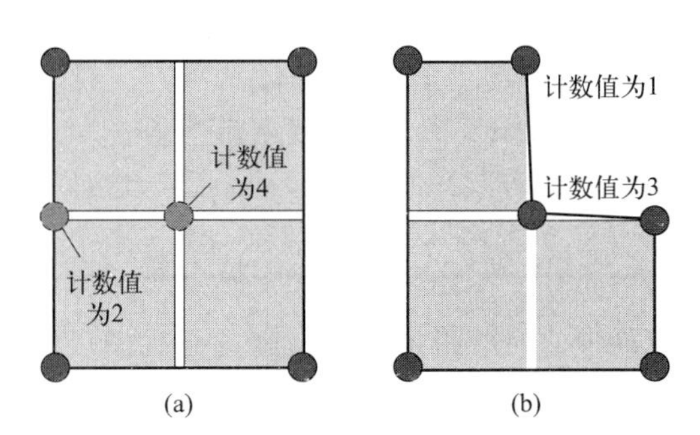

图 8-8 具备凸和非凸多边形外形的组合体障碍物角点

组合体内矩形模块整齐排列时，相邻模块的两对接面的角点相互重叠。存在如下计数值规律：设组合体上的某个角点处存在 n 个模块相互重叠，$n\in[1,4]$，若 n 为偶数，则该角点位于组合体内部，或位于两个转折角点连成的边界线段上，该角点不是转折角点；若 n 为奇数，则该角点是组合体边界处的转折角点。

对于存在空洞的组合体形状，以上规则同样适用。如图 8-8(b) 所示结构，可等效为一个环型空洞组合体的左下角。计数值为 3 的角点是该组合体的内部边界的转折角点，满足上述计数值规律。

利用计数值规律将所有组合体转折角点加入可视图顶点集。从全局最大公共子构型的网格矩阵（1,1）元素开始行列遍历，每出现一个 1 元素，将其四个角点加入点集合。若新加入的角点与集合中已经存在的角点重复，则表明出现一个偶数计数值，将这两个重复节点同时删除。遍历全部元素之后，集合内的节点即为该全局最大公共子构型的全部转折角点。

考虑一组具有 n 个组元的变构方案 $D=\{d_i|i=1,2,\cdots,n\}$，将每个组元的初始位置和目标位置作为顶点，添加到可视图顶点集合，完成可视图顶点集构建。

对可视图顶点集合中的任意两个顶点之间的直线连线进行障碍物碰撞检查。若两个顶点之间的连线穿过障碍物区域，则两顶点之间不可视，其间的连线不加入可视图连接集合。若两顶点之间的连线不与障碍物发生碰撞，则计算连接的欧几里得长度，作为机器人经由该连线运动的距离代价。对于存在空洞的构型，内边界顶点之间存在无碰撞连接线，而与外边界顶点之间无连接。对于需要在空洞内部空间进行变构移动的模块而言，以上模型仍可估计其移动距离，且不会产生穿越全局最大公共子构型进入外层的错误路径。这说明基于计数值规律和碰撞检测的可视图构建方法能够广泛地适应凸、非凸、空洞等外形属性的任意组合体。形成的障碍物地图和可视图形状示例如图 8-9 所示。

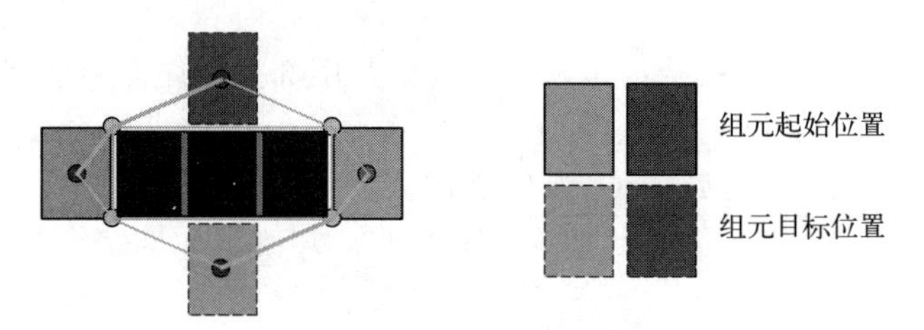

图 8-9　可视图＋A^* 移动距离估计示意图

利用启发式搜索（A^*）方法计算图中起点和终点之间长度最短的折线路径，计算最短移动距离估计值。将所有变构组元的最短移动距离估计值累加，即可计算变构方案的总体运动距离，计算公式如下：

$$L=\sum_{i=1}^{n}l_i \tag{8-9}$$

式中，l_i 为第 i 个模块的移动距离估计值。搜索树内每一个无子节点的节点均代表一个可行的变构方案。计算树内所有变构方案的总体移动距离，选择移动距离最小的变构方案作为最终的输出结果。

经过全局最大公共子构型匹配，变构过程复用了最多模块，实现最少模块变动；经过基于匹配的搜索树构建，实现最少的对接机构断开；经过可视图启发式搜索算法，筛选出移动距离最少的变构方案。通过三层优化，解决了最优化拆分初始构型问题和最优地分配组元目标位置的问题，形成了变构组元集合并为集合内各个组元分配了目标位置，为下一步执行轨迹规划、解决执行过程中的物理约束与就位顺序约束问题、实现变构时间最短的优化提供了基础。

8.2.5　帕累托最优性证明

模块化可重构机器人变构优化方法的解的优化性是评价优化方法质量的最重要的标准，是影响变构效率的关键。多优化目标变构决策优化方法设立优化目标序列，对优化目标逐个开展优化，获得的解为帕累托最优解，分析和证明如下。

推论1：本书中提出的滑动重叠测试算法，一定可以找到包含最多模块数量的全局最大公共子构型。

证明：设初始构型网格矩阵维度为 $q_o \times p_o$，目标构型网格矩阵维度为 $q_t \times p_t$。全局最大公共子构型在初始构型的网格矩阵中的位置为（q_o^*, p_o^*），在目标构型的网格矩阵中的位置为（q_t^*, p_t^*），位置行列数满足式(8-10)。

$$\begin{cases} q_o^* \in [1, q_o] \\ p_o^* \in [1, p_o] \\ q_t^* \in [1, q_t] \\ p_t^* \in [1, p_t] \end{cases} \tag{8-10}$$

依据滑动重叠测试算法的全零元素矩阵向量容器的构建方法，可得

$$\begin{cases} q_o^* + q_t - 1 \in [1, q_o + 2q_t - 2] \\ p_o^* + p_t - 1 \in [1, p_o + 2p_t - 2] \end{cases} \tag{8-11}$$

式(8-11）右侧范围为滑动重叠测试算法的滑动范围，该式表明全局最大公共子构型一定位于滑动重叠测试的范围内，因此必然会被滑动重叠测试发现。证毕。

推论2：式(8-7）中的 β_{pd} 满足可容性，即其对于当前拆分状态之后直至完成拆分尚需的拆开对接机构数量的估计是保守的。

证明：假设初始构型中包含 c_{iH} 个横向连接，目标构型中包含 c_{tH} 个横向连接，且满足 $c_{iH} > c_{tH}$。假设在变构过程中，没有断开任何一个横向连接，则所有的横向连接将在目标构型中出现，使得目标构型的横向连接数不少于初始构型，即 $c_{iH} \leqslant c_{tH}$。该结果与假设条件 $c_{iH} > c_{tH}$ 相违背，故当初始构型中的横向连接个数多于目标构型的横向连接个数时，多出的横向连接必然会被断开，即至少断开 $c_{iH} - c_{tH}$ 个横向连接。

纵向连接可同理推出。因此 β_{pd} 是未来拆分步骤中断开连接机构数量的下限，具备可容性。证毕。

推论3：β_{pd} 具备一致性。设节点 C_B 为节点 C_A 的子节点，β_{pd} 满足式(8-12)。

$$\beta_{pd}^A \leqslant \beta_{un} + \beta_{pd}^B \tag{8-12}$$

式中，β_{un} 是从状态 C_A 到状态 C_B 拆解的对接机构数量，即状态 C_A 到状态 C_B 的代价。

证明：由式(8-8）可得，状态 C_A 和状态 C_B 的估计的断开对接机构的数量可计算为

$$\begin{cases} \beta_{pd}^A = \rho(c_{AH} - c_{AtH}) + \rho(c_{AV} - c_{AtV}) \\ \beta_{pd}^B = \rho(c_{BH} - c_{BtH}) + \rho(c_{BV} - c_{BtV}) \end{cases} \tag{8-13}$$

对于从状态 C_A 到状态 C_B 拆解的一个包含 c_{in}^H 个横向连接和 c_{in}^V 个纵向连接的组元，拆解该组元时断开了 c_{un}^H 个横向连接和 c_{un}^V 个纵向连接。由此可得

$$\begin{cases} c_{BH} = c_{AH} - c_{in}^H - c_{un}^H \\ c_{BV} = c_{AV} - c_{in}^V - c_{un}^V \\ c_{BtH} = c_{AtH} - c_{in}^H - \bar{c}_{un}^H \\ c_{BtV} = c_{AtV} - c_{in}^V - \bar{c}_{un}^V \end{cases} \tag{8-14}$$

从状态 C_A 到状态 C_B 拆解的对接机构数量，即状态 C_A 到状态 C_B 的代价为

$$\beta_{un}=c_{un}^{V}+c_{un}^{H} \tag{8-15}$$

则有式(8-16) 成立。

$$\beta_{un}+\beta_{pd}^{B}=\beta_{un}+\rho(c_{AH}-c_{un}^{H}-c_{AtH}+\bar{c}_{un}^{H})+\rho(c_{AV}-c_{un}^{V}-c_{AtV}+\bar{c}_{un}^{V}) \tag{8-16}$$

根据 $\rho(\cdot)$ 的表达式［式(8-8)］，以及 $c_{un}^{H}\geqslant 0$，$c_{un}^{H}\geqslant 0$，$\bar{c}_{un}^{H}\geqslant 0$，和 $\bar{c}_{un}^{V}\geqslant 0$，可得

$$\begin{cases}c_{un}^{H}+\rho(c_{AH}-c_{un}^{H}-c_{AtH}+\bar{c}_{un}^{H})\geqslant\rho(c_{AH}-c_{AtH}+\bar{c}_{un}^{H})\geqslant\rho(c_{AH}-c_{AtH})\\ c_{un}^{V}+\rho(c_{AV}-c_{un}^{V}-c_{AtV}+\bar{c}_{un}^{V})\geqslant\rho(c_{AV}-c_{AtV}+\bar{c}_{un}^{V})\geqslant\rho(c_{AV}-c_{AtV})\end{cases} \tag{8-17}$$

则式(8-16) 可以写为

$$\beta_{un}+\beta_{pd}^{B}\geqslant\rho(c_{AH}-c_{AtH})+\rho(c_{AV}-c_{AtV})=\beta_{pd}^{A} \tag{8-18}$$

证毕。

推论 4：本节方法求得的解是帕累托最优解。

证明：本节方法于解空间 E 内求得解 C^*，三个最优目标表示为 $\zeta_1(C^*)$、$\zeta_2(C^*)$ 和 $\zeta_3(C^*)$。完成第一个目标的优化之后得到第一目标最优解集 $O_{s1}\subseteq E$，完成第二个目标的优化之后得到第二目标最优解集 $O_{s2}\subseteq O_{s1}$。依据推论 1，可知

$$\zeta_1(C^*)=\zeta_1(O_{s1})\leqslant\zeta_1(E) \tag{8-19}$$

启发式函数中的预估代价若满足可容性和一致性，则以该启发式函数构建的启发式算法可以搜索到全局最优解[14]，即由推论 2 和推论 3，可知以启发式搜索得到的搜索树能够获得最优拆分解，满足式(8-20)。

$$\zeta_2(C^*)=\zeta_2(O_{s2})\leqslant\zeta_2(O_{s1}) \tag{8-20}$$

对于第三个优化目标，本节方法遍历 O_{s2} 内所有的解，并找到具备全局最短移动距离的解，即

$$\zeta_3(C^*)\leqslant\zeta_3(O_{s2}) \tag{8-21}$$

在最小化目标函数条件下，解 C_A 支配解 C_B 当且仅当

$$\begin{cases}\zeta_1(C_A)\leqslant\zeta_1(C_B)\\ \zeta_2(C_A)\leqslant\zeta_2(C_B)\\ \zeta_3(C_A)\leqslant\zeta_3(C_B)\end{cases} \tag{8-22}$$

基于前述证明，$\zeta_1(\boldsymbol{O}_{s1})<\zeta_1(\boldsymbol{E})$ 说明集合 $\boldsymbol{E}\setminus\boldsymbol{O}_{s1}$ 内的解不支配集合 $\boldsymbol{O}_{s1}$ 内的解；$\zeta_2(C^*)=\zeta_2(\boldsymbol{O}_{s2})<\zeta_2(\boldsymbol{O}_{s1})$ 说明集合 $\boldsymbol{O}_{s1}\setminus\boldsymbol{O}_{s2}$ 内的解不支配集合 $\boldsymbol{O}_{s2}$ 内的解；$\zeta_3(C^*)\leqslant\zeta_3(\boldsymbol{O}_{s2})$ 说明集合 $\boldsymbol{O}_{s2}\setminus C^*$ 内的解不支配解 C^*。因此，集合 $\boldsymbol{E}$ 内的解不支配解 C^*。根据帕累托最优解的定义，解 C^* 是原问题的一个帕累托最优解。

8.2.6 时间复杂度

层次优化模型的时间复杂度影响模块化可重构机器人变构求解效率，尤其在模块数量增加、构型形状复杂时，时间复杂度属性决定了优化算法是否高效。层次优化模型的时间复杂度分析如下。

(1) 最大公共子构型匹配的时间复杂度

滑动重叠测试需要在容器矩阵 $\boldsymbol{M}_t$ 内，由 (1,1) 位置逐行逐列滑动至 $(m+q, n+p)$ 位置，共滑动 $(m+q)(n+p)$ 步。对于具备 n 个模块的变构过程，滑动步数在容器 $\boldsymbol{M}_t$ 为方阵时取得最大，共滑动 n^2 步。最大公共子构型匹配的最坏情况时间复杂度为 $O(n^2)$。

(2) 组元拆分树结构启发式搜索的时间复杂度

考虑最坏的情况：全局最大公共子构型中只存在一个模块，并且所有的对接机构都需要

断开。最坏情况如图 8-10 所示。

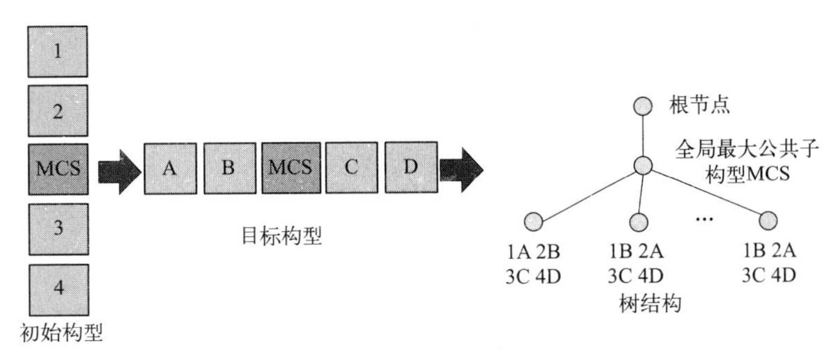

图 8-10　组元拆分最坏情况示意图

对于具备 n 个模块的变构过程，全局最大公共子构型包含一个模块，其余 $n-1$ 个模块构建树的节点规模为 $(n-1)!$。因此基于最坏情况构建树的时间复杂度为 $O((n-1)!)$。就平均情况而言，树结构内进行搜索的时间复杂度远低于 $O((n-1)!)$。在最坏的情况下，由于断开对接机构数量已经确定，重构规划问题可以等效为针对移动距离的最优目标分配问题。现有的经典最优分配算法，例如市场竞拍法、匈牙利算法等，可以有效地解决这一问题。

(3) 变构移动距离估计的时间复杂度

相同数量的模块在不同构型状态下，形成的可视图顶点个数不同，如图 8-11 所示。在同一行或同一列，行列内的模块顶点由行列起止模块的顶点包含，如图 8-11 中六模块一字构型所示，其顶点个数最少。顶点个数最多的情况，即构型内每行列的长度最短，被包含的模块顶点最少。如图 8-11 中构型①所示，每一行和每一列均只有两个模块，其形成的可视图顶点个数最多。

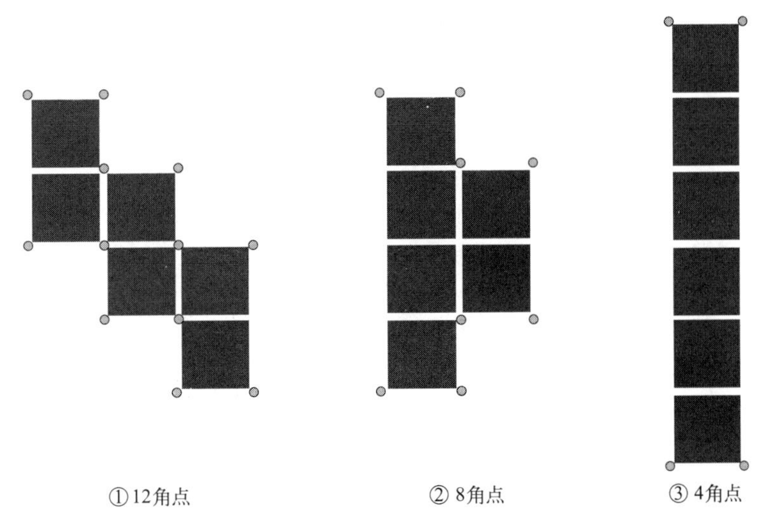

图 8-11　相同模块数量的不同构型形成的可视图顶点个数示意图

考虑最坏情况，n 个模块排列成图 8-11 中构型①的类型，其顶点个数为 $2n$。A^* 算法在最坏情况下的时间复杂度为 Dijkstra 算法的时间复杂度，即 $O(n^2)$[15]。在 $2n$ 个顶点组成的节点网络中，通过 A^* 方法搜索最短路径的时间复杂度为 $O(n^2)$。

综上分析，分层序列层次优化算法的最坏情况时间复杂度为 $O((n-1)!)$。

8.3 大规模组合体的分组变构优化策略

随着变构模块数量的增加，变构方案的解空间的规模爆炸性增长。对于具有 n 个模块的组合体，其变构方案的数量为 $n!$ 个。为了提高本书方法在大规模组合体变构过程中的求解能力，基于前述分层序列优化方法，提出分组变构优化策略。

该策略的核心思想是将大规模组合体划分为多个子组，对每个子组执行分层序列优化搜索。分组策略示意图如图 8-12 所示。设初始构型为 C_o，目标构型为 C_t，对 C_o 和 C_t 进行滑动重叠测试后，将全局最大公共子构型从 C_o 和 C_t 中刨除，得到 C_o^- 和 C_t^-。对 C_o^- 和 C_t^- 进行分组，需满足以下两个设定。

① 子组内模块个数相似。算法运行效率受最坏情况掣肘，对于子组而言，子组内模块数量越多，解该子组的计算复杂度越高；模块数量少的子组，其复杂度对于整体计算效率的提升较少。故子组内模块数量相似可以平衡每个子组的计算复杂度，提升整体运行效率。

② 所有子组在初始构型中的方位与其在目标构型中的方位的总距离最小。依据变构的优化目标，子组完成变构所需移动的距离应尽可能短。

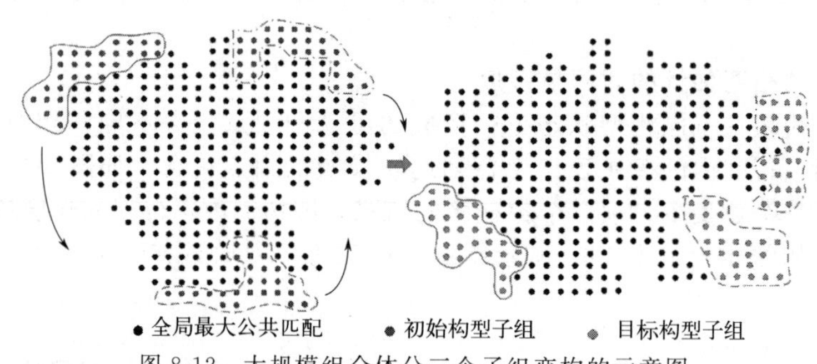

图 8-12 大规模组合体分三个子组变构的示意图

针对第一设定，借助 k-means(k-均值) 聚类算法分别对 C_o^- 和 C_t^- 内的模块进行聚类分组。设 C_o^- 和 C_t^- 内包含 m 个模块，设定分为 N 个子组，则每个子组期望的平均模块数为 $[m/N]$，其中 $[\cdot]$ 为取整运算。设定前 $N-1$ 个子组内模块数量为 $[m/N]$，第 N 个子组内模块数量为 $m-[m/N](N-1)$。由 k-means 聚类算法生成 N 个子组，依据设定的模块数量期望进行聚类的再调整：对于模块数量高于 $[m/N]$ 的子组 g_h，计算中心间距最近且模块数量低于 $[m/N]$ 的子组 g_l，将子组 g_h 内的、与 g_l 中心间距最近的多余模块划归 g_l 子组。调整所有子组直至满足模块数量设定。对于第 N 个初始子组，其模块数量与其他子组不同，在划分目标构型子组时，选择距离第 N 个初始子组最近的目标构型子组，将其模块数量调整为 $m-[m/N](N-1)$。

针对第二设定，构建指派问题模型，对于 N 个初始构型子组和 N 个目标构型子组，优化目标为所有子组的初始位置与目标位置之间的总距离最小。通过匈牙利算法完成最优分配求解。完成子组划分后，对每一个子组进行变构搜索，完成大规模组合体的变构规划。

8.4 模块化机器人并行变构最优轨迹规划技术

模块化可重构机器人变构最优决策对初始构型进行拆分，形成多个子构型，即变构组元。可重构机器人以组元形式进行并行变构，是提升变构效率、缩短变构时间的有效方式。

模块化可重构机器人按照并行方式进行变构，将极大提升变构效率，并行变构过程本质上是多个变构模块在同空间内的并行导航过程，模块之间的冲突调解是研究者关注的重要问题。基于优化的方法利用混合整数二次规划（mixed-integer quadratic program，MIQP）[16]和序列凸规划（sequential convex programming，SCP）[17] 等约束优化模型调解冲突。基于冲突搜索（conflict based search，CBS）[18-19] 的方法，例如连续时间冲突搜索算法[20]和元代理冲突搜索[21]，由两个层次规划器组成，上层为模块个体规划最短路径，下层通过树节点分化消除冲突。基于CBS的方法适用于栅格化地图，在连续空间中运行需要更多的额外处理。针对连续空间内的优化规划求解，ECBS在CBS求解完成后加入一层平滑优化计算，将离散的路径点最优化为平滑轨迹[22]。基于反应的避障方法，如混合相互碰撞速度障碍（hybrid reciprocal velocity obstacles，HRVO）[23] 和最优相互碰撞避免（optimal reciprocal collision avoidance，ORCA）[24]，能够分布式地实现多模块局部避碰，但不能生成全局最优轨迹。基于反馈的运动规划方法[25] 结合了规划和控制过程，将导航过程建模为向目标状态的收敛控制问题，设计针对动力学不确定的机器人收敛到目标位置的自适应控制律，以及在时间约束和外部不确定性条件下的多模块导航的分散反馈控制律[26]，对扰动和不确定性具有鲁棒性和良好的可扩展性。

路径规划和速度规划是调解冲突的两个关键方面，分别对应于冲突发生的空间和时间两个维度。研究人员提出了不同的路径规划方法实现多模块并行运动，可以分为耦合路径规划和解耦路径规划两类。耦合路径规划器在整个系统的层面上解决并行运动问题，将所有的模块整合到一个高维搜索空间进行求解。典型算法包括人工势场法[27]、快速扩展随机树（RRT）法[28] 及其变体dRRT[29] 和sPRM[30] 等。人工势场法建立多模块排斥力场以调解冲突；RRT规划器将多模块的位置状态组合成多维空间中的一个点[29]，在高维空间内搜索所有模块的路径。解耦路径规划器分别搜索单个机器人的路径，并在冲突发生前进行局部调整。基于速度的调解是一种非常有效的冲突解决方法[31]。通过速度障碍[32]，将冲突调解转化为一个求解低维线性规划[24] 的问题。M^*算法基于子维展开框架，使用A^*算法分别为每个模块规划路径，并通过增加搜索空间维数[33] 来调解冲突。基于保留区域的方法考虑了模块未来几个时间步长中的运动过程，当两个模块的保留区域重叠时，分配中心模块以协调冲突双方的运动[34]。在模块数量较大的情况下，耦合方法难以在可接受时间内生成轨迹，解耦方法尽管在单模块水平上生成路径，仍旧需要集中的上层求解器调解冲突，需要调解的冲突规模随着机器人数量的增加而扩大，这导致了上层规划器的巨大负担。

路径规划方式在自由区域空间较大的环境下是可行的。当环境中障碍物分布复杂、自由区域狭窄时，多个模块的路径被迫重叠，导致环境中没有足够的空间进行路径调整。此时在路径不变的条件下进行运动时间调整可以有效地解决多模块冲突问题。离散事件公式方法可以在预先生成的路径基础上规划最短时间调度[35]。安全操作方法采用优先宽度优先搜索方法，调整机器人到达冲突位置的时间[36-37]。RMTRACK方法制定了控制规则，当多模块存在冲突时，决定模块继续运动还是停止并等待，以避免碰撞。RMTRACK方法行为逻辑规则简单，但是无法获得平滑的优化规划，效率较低。路径-时间空间方法[38] 将欧氏空间中的碰撞映射成路径-时间维度中的障碍物，并通过混合整数线性规划模型将路径-时间空间方法推广到多机器人轨迹规划问题[39]。由于禁止机器人同时在重叠路径段中存在，该方法在提高多模块并行移动效率方面性能欠佳。利用路径-时间空间方法可以解决车辆穿越道路或沿指定道路拥挤交叉的避碰问题[40-41]，以及多个集群的轨迹生成问题[42]。以上方法均基于已知的特定路径，方法框架内不包括最优路径规划过程，而连续空间中最优路径的生成是影响多机器人轨迹规划的性能的重要部分，以上方法在解决无预设路线的问题时需要更多处理。

在多组元并行变构运动中，各组元同时开始运动，不分先后顺序，时间参数具备共享性和全局一致性，谓之“同时间”；各组元在同一个空间下运动，以静态障碍物为主要特征的地图相同，不存在某个组元就位后另一组元再开始运动，导致两组元的静态障碍物不同的情况，谓之“同空间”。多组元并行变构问题的求解需要满足复杂的约束，同时空下的多组元并行运动存在以下几个挑战：

① 冲突约束：多个组元同时到达同一空间位置时将发生碰撞，多组元之间应在全部时间内保证间距大于碰撞阈值；

② 就位顺序约束：大量模块在目标构型附近空间密集排列，不当的就位顺序规划将导致变构失败；

③ 运动学约束：模块运动受到物理系统的加速度与速度限制，组元运动速度和加速度有上下界，速度不可突变；

④ 时间最优：在满足前三条约束的同时，实现变构总耗时最短，提高变构效率。

多组元并行变构问题与多智能体协同运动规划问题相似，多模块在运动过程中需要解决最优轨迹规划、碰撞避免、耗时最短等问题。此外，并行变构问题也存在特有的新问题。变构过程就位顺序约束是模块化机器人变构过程中特有的一个问题。运动模块在变构终点附近汇聚，模块分布密集，当一个模块到达目标位置之后，有可能阻挡其他模块进入目标位置的路径。这与出现在多智能体协同运动中间阶段的拥堵不同。图 8-13 展示了发生在经典的多机器人位置交换问题的中间阶段的堵塞，以及多模块在变构聚合过程中存在的路径阻断。在多智能体导航中间阶段，大部分机器人没有到达终点，多数机器人仍旧处于运动状态。堵塞的疏解将从外围开始（如图 8-13 左侧堵塞外围的橘红色机器人所示），外层机器人将率先移动并绕过堵塞区域，内层机器人随后绕出堵塞区，最终完成堵塞疏解。而在模块化机器人汇聚过程中，由于大部分模块已经完成导航，不再移动（如图 8-13 右侧排列整齐的蓝色模块），因此会产生大量的阻塞，导致部分移动模块无法到达目标位置。因此，变构汇聚过程中的就位顺序是一个需要考虑的重要约束。性能优秀的变构规划器应能较好地生成就位顺序，防止变构失败。

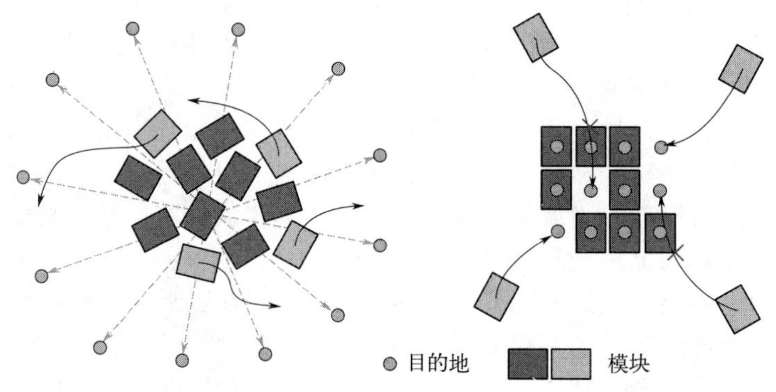

图 8-13　多机器人模块位置交换过程中的堵塞和变构聚合的不同

组元避障策略包含空间和时间两个维度。空间维度避障在保持原定速度规划（即时间不变）基础上，通过调整和偏移组元移动路径，实现对于运动障碍物的规避；时间维度避障则在保持原定路径规划（即空间不变）基础上，通过调整组元执行轨迹的时间规划，通过加减速或暂停策略，实现运动障碍物规避。现有的避障技术常将二者融合，调整路径走向的同时规划行进速度。当存在门、窄走廊、窄桥、峡谷等空间有限地形时，没有足够空间用于调整路径，时间维度避障更适应狭窄环境的动态避障。在变构过程中，特别是在目标构型附近的密集汇聚阶段，已就位模块和静止模块之间常常形成大量的狭窄通道，可用于调节路径走向的空间不足，容易出现徘徊、绕路、堵塞等情况，致使汇聚过程效率低下。

本节为每个变构组元规划最短路径，从时间维度对多组元的并行运动进行规划。将欧几里得空间下的轨迹跟踪运动映射到路径-时间维空间下，通过路径-时间维优化方法，为组元变构的最短路径生成无碰撞且最优的时刻表，解决并行运动冲突和就位顺序问题，生成移动距离最短、变构用时最少的轨迹集合。

8.4.1 构建最优执行路径

最优路径生成为多组元集群中的每个组元独立地创建长度最短的路径。受实时快速生长随机树*（real-time rapidly-exploring random trees*，RT-RRT*）[43] 方法的启发，本书为多组元集群设计了一种连续空间中的快速最优路径规划方法。

在经典 RT-RRT* 算法中，RRT* 树的根节点跟随组元一起实时移动。当根节点移动至新的位置后，算法遍历 RRT* 树内所有节点并重新计算每个节点距离根节点的路径长度代价，并根据新的代价将 RRT* 树的节点重新连接，形成以新的根节点为中心的树形分布。以上算法可以实现单个组元面对动态环境的实时最优路径规划。借鉴 RT-RRT* 算法的根节点变换和变换后重连树分支的两个关键技术，设计了多组元集群的快速最优路径规划算法。

选择第一个组元的初始位置为根节点，使用经典 RRT* 方法构建快速随机树。算法在自由区域中随机采样生成采样点 $\boldsymbol{q}_r$ 来生成新的树节点 $\boldsymbol{q}_n=(x_n,y_n)$。$\boldsymbol{q}_c$ 是距离 $\boldsymbol{q}_r$ 最近的树节点。λ 是每步生长的长度。

$$\boldsymbol{q}_n=\boldsymbol{q}_c+\lambda\ \frac{\boldsymbol{q}_r}{|\boldsymbol{q}_r|} \tag{8-23}$$

针对 $\boldsymbol{q}_n$ 的 d 半径邻域 V_d 内的树节点进行检查，计算 $\boldsymbol{q}_n$ 经由 d 半径邻域内的不同树节点连接到 RRT* 树的距离代价，选择使 $\boldsymbol{q}_n$ 成本最低的树节点作为 $\boldsymbol{q}_n$ 的父节点。$c_{\boldsymbol{q}_i}$ 是 d 半径邻域内的树节点 $\boldsymbol{q}_i$ 的代价。

$$\boldsymbol{q}_p=\underset{\boldsymbol{q}_i}{\operatorname{argmin}}(\|\boldsymbol{q}_n-\boldsymbol{q}_i\|+c_{\boldsymbol{q}_i}),\quad \boldsymbol{q}_i\in V_d \tag{8-24}$$

$\boldsymbol{q}_n$ 的距离代价计算方法如下：

$$c_{\boldsymbol{q}_n}=\|\boldsymbol{q}_n-\boldsymbol{q}_p\|+c_{\boldsymbol{q}_p} \tag{8-25}$$

设置树节点的最大数量，以确保 RRT* 树填充整个自由区域。将第一个组元的目标点作为一个节点添加到树中。从目标点开始，沿父节点连接向上级迭代回溯直至根节点，可构建该组元的路径。

当构建下一个组元的路径时，该组元的初始位置被设置为新的根节点。从新的根节点开始，所有节点的成本按照式(8-25) 重新计算，并更新节点之间的连接。经过树节点重新连接计算后，RRT* 树变为以新的根节点为中心的成本最优树。通过回溯构建该组元的路径。循环以上过程，直到为所有组元生成最优路径。

RRT* 的结果是由多段线段组成的折线，无法交由组元直接执行。使用追赶法生成三次样条曲线对折线段路径进行平滑。

8.4.2 并行变构运动的路径-时间维映射

将欧几里得空间下的组元并行变构运动过程映射到路径-时间维空间。路径-时间维空间

由时间 t（横轴）和沿路径 l_i 的纵向移动距离 s（纵轴）组成，空间内的点具备二元坐标 (t,s)，表示组元于 t 时刻到达路径 l_i 上的一点，组元从起点开始沿路径运动至该点的距离为 s。空间内的曲线表示组元运动时间对组元沿着路径的移动距离的函数关系，其一阶导数表示组元速度，二阶导数表示组元加速度。

考虑两组元并行移动的典型碰撞场景，如图 8-14 所示。两个外形大小相同的组元分别沿路径 l_A 和 l_B 运动，依据组元外形大小构建包络圆，半径为 R，则两个组元之间的最小安全距离（碰撞阈值）为 $2R$。将组元 A 简化为一个质点，将组元 B 简化为一个半径为 $2R$ 的圆，若质点在圆上或圆内，则二者发生碰撞。考察路径 l_A 和 l_B，当两路径之间的最短距离大于 $2R$ 时，无论两个组元位于路径何处位置，二者之间均不可能发生碰撞，此时组元途经该路径的时间可任意设置；当两路径之间的距离小于 $2R$ 时，两组元之间有可能发生碰撞，如图 8-14 中的红蓝色带所示区域。本书定义该路径段为重叠段，路径 l_A 的重叠段符号为 c_{AB}，表示由组元 B 导致的位于路径 l_A 上的可能发生碰撞的段；相对应地，路径 l_B 的重叠段符号为 c_{BA}。重叠段定义如下：

$$c_{AB} \triangleq [s_{A(b)}, s_{A(e)}] \tag{8-26}$$

式中，$s_{A(b)}$ 为重叠段起点对应的路径纵向距离；$s_{A(e)}$ 为重叠段终点对应的路径纵向距离。c_{AB} 满足

$$\forall s \in c_{AB}, \min d_{p_s \to l_B} < 2R \tag{8-27}$$

式中，p_s 为路径 l_A 上的路径点，其路径纵向距离为 s；$d_{p_s \to l_B}$ 表示 p_s 到路径 l_B 的最短距离。上式的意义为：重叠段 c_{AB} 内所有的点到路径 l_B 的距离都在碰撞阈值之内。

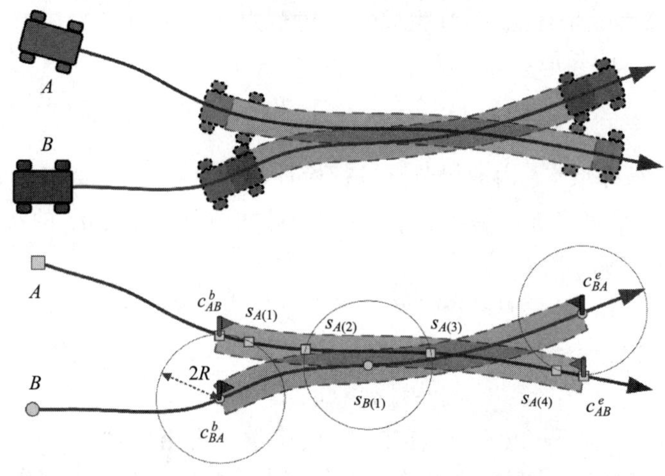

图 8-14　AB 两组元轨迹相互干扰的典型碰撞示意图

在重叠段内，两组元并非在所有位置每一时刻都发生碰撞。图 8-14 中，当组元 B 在 $t_{B(1)}$ 时刻到达路径点 $s_{B(1)}$ 时，其外形圆遮盖了路径 l_A 的 $[s_{A(2)}, s_{A(3)}]$ 部分，此时若组元 A 位于 $[s_{A(2)}, s_{A(3)}]$ 之内，则两组元发生碰撞。定义冲突区域 ξ 表示 $[s_{A(2)}, s_{A(3)}]$ 部分，区域宽度为 w。

$$w = s_{A(3)} - s_{A(2)}, \quad w \in (0, 4R] \tag{8-28}$$

冲突区域意味着组元 A 在 $t_{B(1)}$ 时刻的禁入区域，其宽度随两组元的相对位置不断变化，如图 8-14 中黄色矩形点对所示。将欧几里得空间中的冲突区域映射为路径-时间空间下的障碍物，如图 8-15 所示。冲突区域在路径-时间空间下是对应于某时刻的、在 s 轴纵向延伸的线段型障碍物，线段的上顶点为 $s_{A(3)}$，下顶点为 $s_{A(2)}$。组元 A 的路径-时间曲线不可

穿过该线段障碍物，即组元 A 在该时刻禁止进入冲突区域。以等间隔对组元 B 在重叠段内的运动进行采样，计算采样点处产生的冲突区域并绘制在组元 A 的路径-时间空间内，形成具备一定形状的障碍物竖线带。该竖线带本质上是稠密、连续的一整块障碍物区域。设重叠段 c_{AB} 内有 h 个冲突区域 ξ_h，定义映射 f_B：$s_B \rightarrow \xi_h$ 表示组元 B 的位置与其在路径 l_A 上产生的冲突区域之间的关系。

两个路径之间的重叠段并非仅有一段，两路径的重叠段数量也不一定相等，例如在具有 U 形弯的路径上，折返的部分可能被一并重叠，反映在路径-时间空间内就是多块障碍物区域。

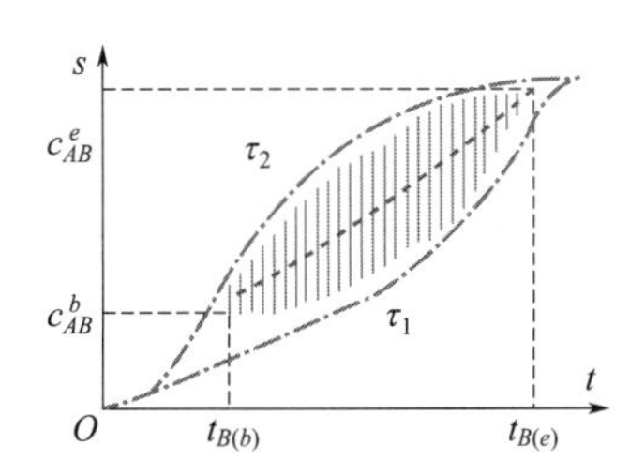

图 8-15　冲突区域映射为路径-时间维空间中的障碍物

以上部分从空间角度分析了路径-时间障碍物的形状特征，在 s 轴方向其形状仅由路径 l_A 和 l_B 决定。以下从时间角度分析路径-时间障碍物的形状特征，考察其在时间轴方向上的形状特征及数学表达。

对于一个映射 $f_B(s_{B(1)})$，其出现的时间由组元 B 到达路径点 $s_{B(1)}$ 的时间决定，即组元 B 的时刻表。定义时刻表曲线 τ_B：$t \rightarrow s_B$，描述组元 B 在某时刻到达路径 l_B 上某位置的映射关系。路径-时间障碍物可以表示为

$$f_B : \tau_B(t) \rightarrow \xi_h \tag{8-29}$$

由上式可知，组元 A 的路径时间障碍物在时间维度的形状由组元 B 的时刻表决定，根据组元 B 的时刻表产生平移、拉伸或收缩变换。对于两个具有不确定形状的路径而言，难以通过一个准确的数学模型来描述两个路径之间的相对位置关系，也很难建立映射 f_B 的准确数学模型。通过离散时间的方法，对组元 B 的时刻表 τ_B 进行采样，对每个采样点计算冲突区域，进而构建整个路径时间障碍物的形状，该方式数据存储量大、处理优化复杂度高，难以适应大量障碍物存在的情况。本书构建线性化模型建立路径-时间障碍物，简化其描述，降低时刻表规划的难度。

如图 8-15 所示，红色线代表路径-时间障碍物的中线 $\widehat{\tau}_{BA}$，即每个离散时刻的冲突区域线段的中点相连形成的一条曲线。建立映射 $\widehat{f}_B$ 描述组元 B 的时刻表与其在组元 A 的路径-时间空间中形成的障碍物中线的函数。

$$\widehat{f}_B : \tau_B(t) \rightarrow \widehat{\tau}_{BA} \tag{8-30}$$

由于 RRT 方法生成的路径是多段直线，且经过路径平滑之后，仍可认为路径是近似多段直线。当 c_{AB} 和 c_{BA} 是多段直线时，$\widehat{f}$ 满足线性关系，其本质是组元 B 的中心在路径 l_A 上的投影，如图 8-16 所示。

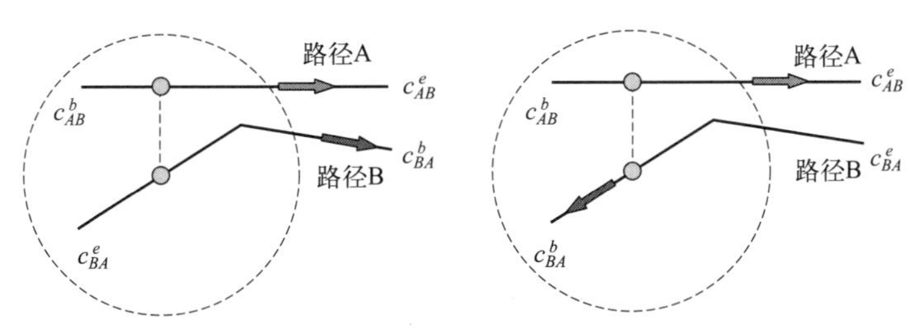

图 8-16　路径-时间障碍物与时刻表曲线之间的线性映射示意图

$\widehat{f}_B$ 的数学表述如下：

$$f_B[\tau_B(t)]=\frac{\tau_B(t)[c_{AB}^e-c_{AB}^b]}{c_{BA}^e-c_{BA}^b}+\hat{c}_{AB}^b, t\in[t_{B(b)}, t_{B(e)}] \tag{8-31}$$

式中，$t_{B(b)}$ 和 $t_{B(e)}$ 是组元 B 到达 c_{BA} 起点和终点的时间；$\hat{c}_{AB}^b$ 是映射基点，$\hat{c}_{AB}^b\in\{c_{AB}^b, c_{AB}^e\}$。若两组元相向运动，则映射基点为 c_{AB}^e；同向运动映射基点为 c_{AB}^b。上式表述了在组元 B 与组元 A 的路径之间存在重叠段时，组元 B 的时刻表与其在组元 A 的路径-时间空间中产生的障碍物的关系。

由于组元外形尺寸相对于路径长度而言很小，且在重叠段内组元相距较近，设定 $\xi_h\equiv 4R$ 以进一步精简路径-时间障碍物模型，降低求解难度，提高计算效率。以上设定相比于真实的 $\xi_h\in(0,4R]$，扩大了多数时刻的冲突区域，不会导致碰撞约束的松弛，不会增加组元碰撞风险。由于扩大了冲突区域，因此组元采取更保守的避障规划，降低了变构时间效率。经过该设定，路径-时间障碍物简化为以曲线 $\hat{\tau}_{BA}$ 为中心、s 轴方向长度为 $4R$ 的曲线带，如图 8-17 所示。

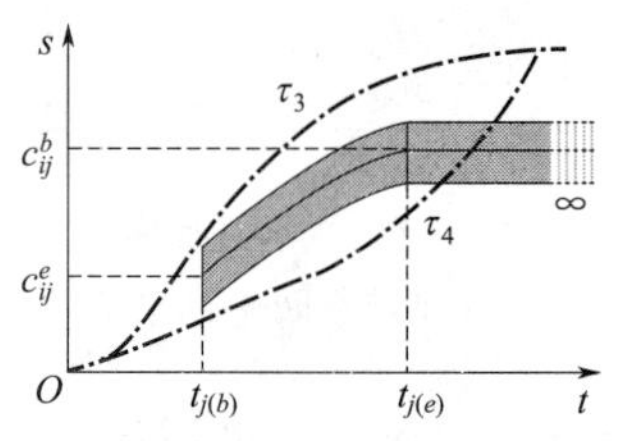

图 8-17 带状路径时间障碍物模型

当组元到达目标点停止运动之后，其路径-时间曲线的 s 轴位置随着时间推移永远保持为路径总长度，曲线水平向时间轴正方向无限延伸。若该组元的目标点与其他组元的路径的最短距离小于 $2R$，则该组元产生的路径-时间障碍物在尾部保持末端位置、向时间轴正方向无限延伸，本书称其为末端阻塞，如图 8-17 所示。末端阻塞建模如式(8-32) 所示。被阻塞的组元必须提前经过末端阻塞点，否则将永远无法到达目标位置。

$$\hat{f}_j[\tau_j(t)]=s_{i(e)}, \quad t\in[t_{j(e)}, \infty) \tag{8-32}$$

本书将欧几里得空间内的路径空间关系和组元循迹时刻表的时间关系映射到路径-时间空间下，建立了映射的线性化数学模型，为下一步进行的时刻表优化提供理论基础。

8.4.3 运动约束下分段平滑时刻表模型

组元的循迹时刻表生成，本质上是在路径-时间空间内规划时刻表曲线，创立时刻与沿路径移动的纵向距离的函数关系，同时满足组元的运动约束。创建曲线的方式包括时间最速曲线、三次样条曲线[44]、B样条曲线[45] 等。针对变构耗时最短的优化指标，选取时间最速曲线方式构建时刻表曲线。

组元的运动速度和加速度存在上下限，即时刻表曲线的一阶导数和二阶导数存在上下界，如式(8-33) 所示。由于后退运动将导致时间浪费，本书设定组元的速度朝向前进方向、取值非负。

$$\begin{cases}\dot{\tau}(t)\in[0, v_{\max}]\\ \ddot{\tau}(t)\in[-a_{\max}, a_{\max}]\end{cases} \tag{8-33}$$

组元的速度无突变，即时刻表曲线的一阶导数连续。本书通过路径关键点的路径纵向距离、到达时间和瞬间速度三个信息构建时刻表曲线。沿路径设置 i 个路径关键点 s_{li}，组元到达关键点的时间为 t_{li}，在关键点处的瞬时速度为 v_{li}。在两相邻关键点之间构建时间最速曲线，整体时刻表曲线由 $i-1$ 段时间最速曲线组成。

时间最速曲线遵循三分段二次方程的模式，即由前后两个匀加速段和位于中间的匀速段组成，如图 8-18 所示。

三分段之间的两个连接点为 (t_{m1}, s_{m1}) 和 (t_{m2}, s_{m2})，设定两个匀加速段曲线内的加

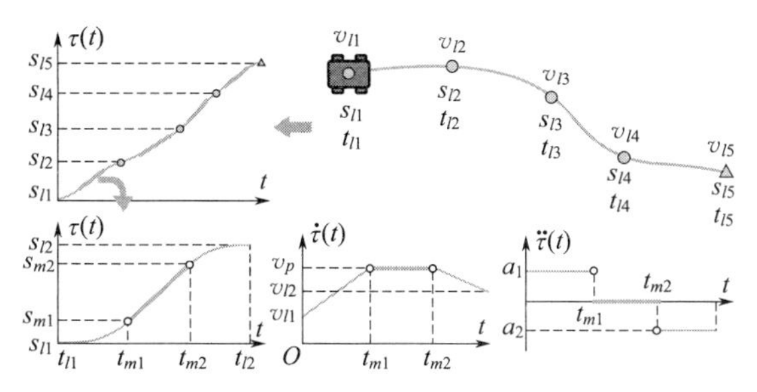

图 8-18　智能体沿轨迹运动的时间计划 s-t 曲线示意图

速度 a_1、a_2 的绝对值为加速度上限，匀速段的速度为 v_p，三分段前后的两个路径关键点的瞬时速度为 v_{l1} 和 v_{l2}。列写三段二次曲线方程如下：

$$\begin{cases} s_{m1}-s_{l1}=\dfrac{v_{l1}(v_p-v_{l1})}{a_1}+\dfrac{(v_p-v_{l1})^2}{2a_1} \\ s_{l2}-s_{m2}=\dfrac{v_p(v_{l2}-v_p)}{a_2}+\dfrac{(v_{l2}-v_p)^2}{2a_2} \\ s_{m2}-s_{m1}=v_p\left(t_{l2}-t_{l1}-\dfrac{v_p-v_{l1}}{a_1}-\dfrac{v_{l2}-v_p}{a_2}\right) \end{cases} \tag{8-34}$$

式中，第三行为中间匀速段方程，二次项系数为零。上述方程的解为

$$v_p=\begin{cases} v_1, & a_1\neq a_2 \text{ 且 } v_1\in[V_{\min},V_{\max}] \\ v_2, & a_1\neq a_2 \text{ 且 } v_2\in[V_{\min},V_{\max}] \\ -H_C/H_B, & a_1=a_2 \end{cases} \tag{8-35}$$

式中：

$$\begin{cases} v_1=\dfrac{-H_B+\sqrt{H_B^2-4H_AH_C}}{2H_A}, & H_B^2-4H_AH_C\geqslant 0 \\ v_2=\dfrac{-H_B-\sqrt{H_B^2-4H_AH_C}}{2H_A}, & H_B^2-4H_AH_C\geqslant 0 \\ H_A=\dfrac{1}{2a_2}-\dfrac{1}{2a_1} \\ H_B=t_{l2}-t_{l1}+\dfrac{v_{l1}}{a_1}-\dfrac{v_{l2}}{a_2} \\ H_C=-\dfrac{v_{l1}^2}{2a_1}+\dfrac{v_{l2}^2}{2a_2}-s_{l2}+s_{l1} \end{cases} \tag{8-36}$$

取 a_1、a_2 的值为最大加速度，可以尽可能减少加减速时间，降低运动耗时。计算方法如下：

$$a_1=\begin{cases} a_{\max}, & v_{l1}<\bar{v}_1 \text{ 或：} v_{l1}=\bar{v}_1 \text{ 且 } v_{l2}<\bar{v}_1 \\ -a_{\max}, & v_{l1}>\bar{v}_1 \text{ 或：} v_{l1}=\bar{v}_1 \text{ 且 } v_{l2}>\bar{v}_1 \\ 0, & v_{l1}=v_{l2}=\bar{v}_1 \end{cases}$$

$$a_2=\begin{cases}a_{\max}, & v_{l2}<\overline{v}_1 \text{ 或}: v_{l2}=\overline{v}_1 \text{ 且 } v_{l1}>\overline{v}_1\\ -a_{\max}, & v_{l1}>\overline{v}_1 \text{ 或}: v_{l2}=\overline{v}_1 \text{ 且 } v_{l1}<\overline{v}_1\\ 0, & v_{l1}=v_{l2}=\overline{v}_1\end{cases} \tag{8-37}$$

因此，整个运动轨迹的三段 s-t 曲线中，每一段的表达式如下：

$$\tau(t)=\begin{cases}s_{l1}+v_{l1}(t-t_{l1})+\dfrac{a_1(t-t_{l1})^2}{2}, & t\in[t_{l1},t_{m1}]\\ s_{m1}+v_p(t-t_{m1}), & t\in(t_{m1},t_{m2})\\ s_{m2}+v_p(t-t_{m2})+\dfrac{a_2(t-t_{m2})^2}{2}, & t\in[t_{m2},t_{t2}]\end{cases} \tag{8-38}$$

上述模型中，路径关键点处的速度是设定变量之一。路径起点（第一个路径关键点）处和路径终点（最后一个路径关键点）处的瞬时速度为 0。为进一步减少方法设定变量的维度，对于非首尾路径关键点的瞬时速度，本书将各关键点两侧的时刻表曲线段平均速度的均值设定为该关键点处的瞬时速度，公式如下：

$$v_{li}=\frac{\overline{v}_{i-1}+\overline{v}_i}{2} \tag{8-39}$$

式中，$\overline{v}_{i-1}$ 和 $\overline{v}_i$ 分别为路径关键点 v_{li} 左、右段的平均速度，该速度可由路径纵向距离和时间间隔计算得到。由上式，生成时刻表曲线所需要的变量简化为两类：关键点处的路径纵向距离和到达关键点的时间。在上述构建时间曲线的过程中，由于直接使用最大速度和最大加速度参数生成曲线，因此在整个曲线段上，均已满足速度和加速度有限的约束。

8.4.4 启发式偏移粒子群算法的时刻表优化器

前面构建了路径-时间维模型，通过关键点处的路径纵向距离和到达关键点的时间构建时刻表。本书讨论如何通过优化算法，快速最优地确定关键点时间，建立各个组元的时刻表。路径关键点在优化前已经指定，沿路径纵向距离将路径四等分，除首尾两个关键点之外，增加三个中间关键点。五个关键点的路径纵向距离可知。设定起点处速度为 0、时间为 0；设定末尾关键点处速度为 0。优化问题为每个组元到达关键点分配最优时刻，满足避碰、运动学约束和就位顺序约束，并实现变构运动耗时最短。优化问题建模如下：

$$\min J=T_{\max}$$

$$\text{s. t.}\begin{cases}\dot{\tau}_i(t)\in[v_{\min},v_{\max}], & \forall i\\ \ddot{\tau}_i(t)\in[-a_{\max},a_{\max}], & \forall i\\ |\tau_i(t)-\hat{\tau}_{ji}(t)|>2R, & \forall i,j,\quad i\neq j\end{cases} \tag{8-40}$$

式中，$T_{\max}$ 是变构总耗时，是最晚到达目标位置的组元的运动用时。约束一和约束二对应组元的运动速度约束和加速度约束，在生成时刻表曲线时已经满足。约束三为碰撞约束。优化算法计算组元 i 的时刻表曲线 $\tau_i(t)$ 和第 j 个组元产生于组元 i 上的障碍物 $\hat{\tau}_{ji}(t)$ 之间的距离。两组元之间的碰撞发生在同一时刻，时间具有全局一致性，因此计算同一时刻下时刻表曲线和障碍物中心曲线之间的 s 轴方向距离，距离小于碰撞阈值则发生碰撞。求得碰撞时间范围 $t_{c(ij)}$，即碰撞开始至碰撞结束的时长 ε_{ij}，$t_{c(ij)}$ 满足下式：

$$\forall t\in t_{c(ij)},\quad |\tau_i(t)-\hat{\tau}_{ji}(t)|<2R \tag{8-41}$$

采用惩罚函数方法将碰撞约束归入目标函数中，将违反碰撞约束的碰撞时间宽度累计，通过惩罚因子调节惩罚权重后作为一项加入目标函数。在迭代优化过程中，巨大的惩罚因子权重促使算法尽可能降低碰撞发生次数和碰撞持续时间，直至无碰撞出现。惩罚函数设计如下：

$$P = \gamma \sum_{i=1}^{N} \sum_{j=1}^{N} \varepsilon_{ij} \tag{8-42}$$

式中，γ 为惩罚函数的系数。设惩罚因子为 α_1，最终的目标函数如下：

$$\min J' = T_{\max} + \alpha_1 P \tag{8-43}$$

本书针对经典粒子群算法进行改进，提出启发式偏移粒子群算法求解上述优化问题。如前所述，组元在五个路径关键点处的到达时刻是决策变量，首个关键点的时刻设定为 0，因此每个组元的决策变量包含四维参数如下：

$$\boldsymbol{t}_r = (t_{l2}, t_{l3}, t_{l4}, t_{l5}), \quad r \in \{1, 2, \cdots, N\} \tag{8-44}$$

构建包含所有 N 个组元的时刻表曲线四维关键参数的 $1 \times 4N$ 维向量，构成粒子群算法的基本粒子。设定群体中包含 U 个粒子 $\hat{\boldsymbol{x}}_u, u \in \mathbf{N}, u \in [1, U]$，粒子的结构如下：

$$\hat{\boldsymbol{x}}_u = (\boldsymbol{t}_1, \boldsymbol{t}_2, \cdots, \boldsymbol{t}_N) \tag{8-45}$$

通过式(8-38) 将每个组元的四维参数转换成时刻表曲线，通过式(8-41)、式(8-42) 进行碰撞检查，计算碰撞惩罚项的值；比较所有组元的第五关键点到达时间，选择最大值作为 $T_{\max}$ 取值，通过式(8-43) 计算适应度值。在 U 个粒子中，寻找全局最优粒子 $\hat{\boldsymbol{x}}_{gb}$ 和所有粒子的个体最优 $\hat{\boldsymbol{x}}_{pb}$，通过下式计算每一个粒子的移动速度：

$$\hat{\boldsymbol{v}}_{u(k+1)} = \omega \hat{\boldsymbol{v}}_{uk} + c_1 \rho (\hat{\boldsymbol{x}}_{pb} - \hat{\boldsymbol{x}}_{uk}) + c_2 \rho (\hat{\boldsymbol{x}}_{gb} - \hat{\boldsymbol{x}}_{uk}) + c_3 \boldsymbol{b}_{uk} \tag{8-46}$$

式中，ω 是粒子惯性因子，表述粒子在搜索空间中飞行的历史速度信息；c_1、c_2、c_3 是粒子学习因子，表述粒子学习全局最优粒子、个体最优粒子和启发式偏移项的能力；ρ 是 0 和 1 之间的随机数，在粒子的飞行速度更新过程中加入随机性，增强粒子的探索能力；$\boldsymbol{b}_{uk}$ 是启发式偏移项，可提高优化器对于末端阻塞的调解能力，由所有组元的偏移项堆叠而成，表达式如下：

$$\boldsymbol{b}_{uk} = [\hat{\boldsymbol{b}}_{1k}, \hat{\boldsymbol{b}}_{2k}, \cdots, \hat{\boldsymbol{b}}_{Nk}] \tag{8-47}$$

通过下式更新粒子在下一时刻的位置：

$$\hat{\boldsymbol{x}}_{u(k+1)} = \hat{\boldsymbol{x}}_{uk} + \hat{\boldsymbol{v}}_{u(k+1)} \tag{8-48}$$

当组元 A 的路径被组元 B 的目标位置阻挡时，组元 A 应提高行进速度，在组元 B 到目标位置之前通过阻挡区；或组元 B 降低行进速度，在组元 A 通过阻挡区之后再到达目标位置。以上分析表明，调解末端阻塞问题存在明确的调解方向：延缓阻挡者到达目标位置、加速被阻挡者通过阻挡区域。可就此对粒子的飞行方向进行启发式偏移，如图 8-19 所示。

对于组元 i，其偏移项 $\hat{\boldsymbol{b}}_i$ 建模如下：

$$\hat{\boldsymbol{b}}_i = \left(\frac{1}{4}, \frac{2}{4}, \frac{3}{4}, 1\right) \beta_i \tag{8-49}$$

式中，β_i 是累积偏差。若粒子中包含的各组元时刻表之间出现了末端阻塞冲突，则依照式(8-41) 计算冲突持续时间宽度 ε_{ij}，对其进行累计。通过二元参数 $\eta_{ij} \in \{-1, 1\}$ 确定累计方向。当组元 i 的目标位置阻塞组元 j 的路径时，$\eta_{ij} = -1$；当组元 j 的目标位置阻塞组元 i 的路径时，$\eta_{ij} = 1$。通过累计方向调整，在存在多个组元互相阻塞的情况下，可以综合整体的阻塞情况。累积偏差 β_i 定义如下：

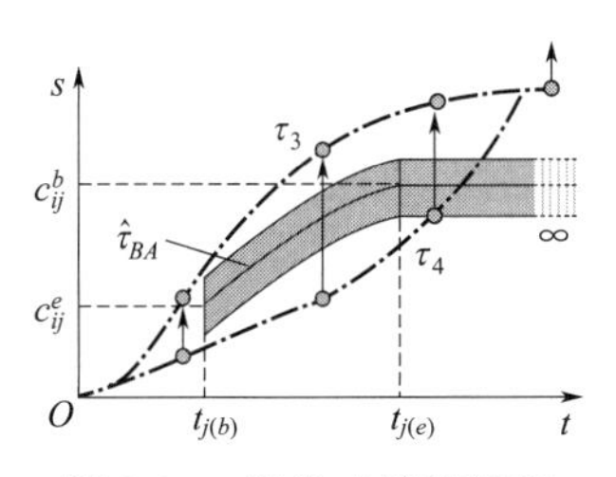

图 8-19　启发式偏移调解末端阻塞示意图

$$\beta_i = \sum_{j=1}^{N} \eta_{ij} \varepsilon_{ij}, \quad i \neq j \tag{8-50}$$

式(8-49) 中的系数向量对应于组元的时刻表四维参数，偏移项对于每维均进行一定偏移。在靠近目标位置的路径关键点上，偏移量权重高；路径关键点越向前级，偏移量权重越小。该设计主要在靠近末端阻塞的关键点处进行偏移，尽量减小对于前级时刻参数的影响；对于四维参数的同时调节减少了出现大幅度加减速和违反物理实际的坏解出现。

为进一步优化粒子飞行区域，减少粒子在明显违反物理限制的区域内进行无效搜索，本书分析了粒子搜索区域的性质，得到了粒子边界如式(8-51) 所示。当粒子飞出飞行区域时，对粒子进行修正，将粒子的各项取值设置为粒子边界值。

$$\begin{cases} t_{l2} \geqslant \left(s_{l2} - \dfrac{v_{\max}^2}{2a_{\max}}\right)/v_{\max} + \dfrac{v_{\max}}{a_{\max}} \\ t_{li} \geqslant t_{l(i-1)} + [s_{li} - s_{l(i-1)}]/v_{\max}, \quad i \in \{3,4\} \\ t_{l5} \geqslant t_{l4} + \left(s_{l5} - s_{l4} - \dfrac{v_{\max}^2}{2a_{\max}}\right)/v_{\max} + \dfrac{v_{\max}}{a_{\max}} \end{cases} \tag{8-51}$$

式中，$v_{\max}$、$a_{\max}$ 分别为速度、加速度上限；s_{li}、t_{li} 为第 i 个路径关键点的纵向距离和时刻。

通过式(8-47) 循环迭代粒子，直至全局最优解的目标函数值变化量小于阈值，即优化搜索基本无明显改进时，优化搜索停止，当前的全局最优解即为问题的最优解，其中包含所有组元的运动时刻表四维参数。组元将四维参数重建成时刻表曲线，依照时刻表曲线执行路径，可实现满足运动学约束、无碰撞、无末端冲突的时间最短的并行变构移动。

8.5 仿真与物理平台实验

8.5.1 最优变构规划仿真与分析

本节通过仿真测试分层序列层次优化算法求解最优性、求解效率和模块可扩展性方面的性能。本书通过 Windows 10 环境下 Matlab R2017b 软件开展仿真，程序运行于 2.30GHz 的 Intel i7-9750H CPU 内。

设置三角、矩形和树形三种典型构型，如图 8-20 所示。在矩形构型至树形构型的变构过程中，设置模块数量为 12。搜索全局最大公共子构型过程中，滑动重叠测试得到的结果示意图如图 8-21 所示，图中每个立方体的高度表示滑动层移动到立方体行列点位时初始构型和目标构型的重叠模块数量。由结果可知，最大公共子构型出现在（3,4）、（3,5）和（3,6）位置，全局最大公共子构型有三个。

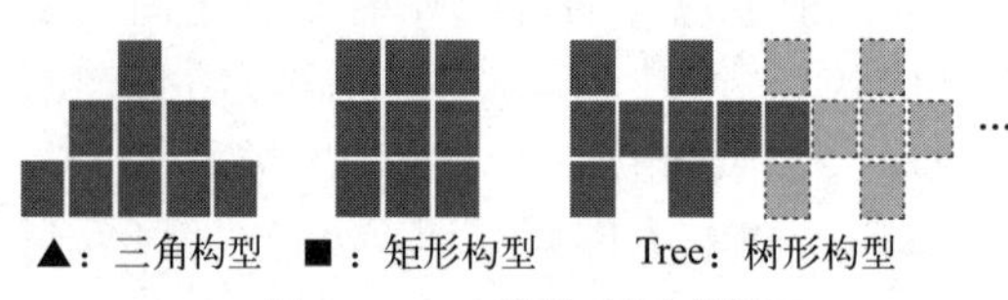

图 8-20 三类构型示意图

设单模块在地图中的尺寸为 8×6 像素，由某全局最大公共子构型作为静止模块构建的

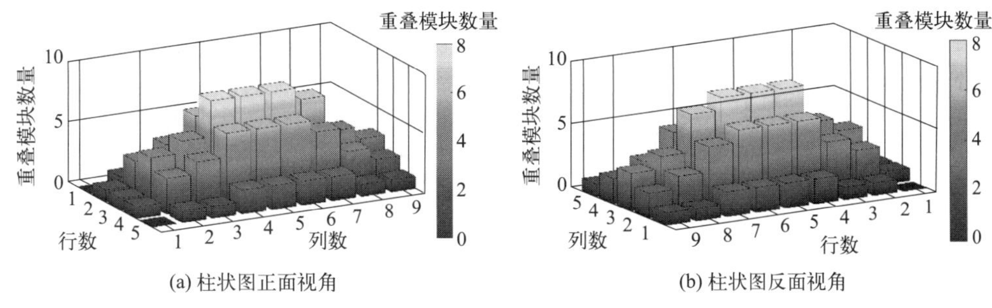

(a) 柱状图正面视角　　(b) 柱状图反面视角

图 8-21　12 模块方形构型转树形构型滑动重叠测试搜索全局 MCS 结果图

地图如图 8-22 所示。图中黑色部分为全局最大公共子构型形成的静态障碍物，红色圆点为可视图顶点，绿色圆点为模块变构起点，蓝色圆点为模块变构目标位置，绿色折线为模块变构的预估移动路径。该路径是为快速估算模块变构的移动距离而生成的，并非模块最终的实际执行轨迹。

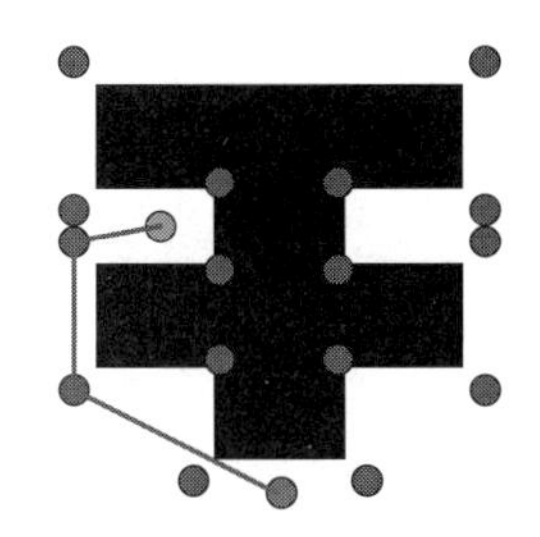
图 8-22　某全局 MCS 构建地图、可视图顶点与某模块变构移动距离估计结果图

经过启发式搜索树计算和可视图移动距离估计，12 模块矩形构型至树形构型的最优变构结果如图 8-23 所示。变构过程中，灰色矩形代表的全局最大公共子构型静止不动，其余模块拆分成三个组元，分别运动到目标构型的对应位置，组合成树形构型。该变构决策方案的三个优化指标值如表 8-2 所示。

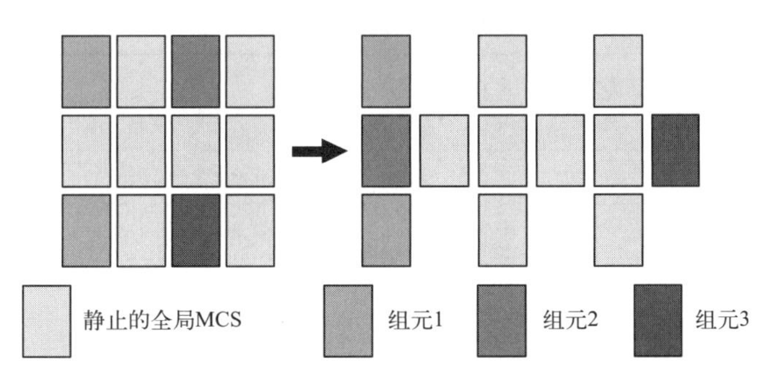

图 8-23　12 模块矩形构型至树形构型的变构规划结果

表 8-2　12 模块矩形构型至树形构型变构结果

优化指标	变量值
移动模块数量/个	4
断开对接机构/个	10
变构移动距离/像素	73.8537

表 8-3　某次 7 模块随机构型变构测试结果

项目	移动模块数量/个	拆解对接机构数量/个	模块移动距离/像素
全排列方法	3	3	24
	2	3	30.7703
	2	2	38.8416673095054
	1	1	41.7321374946370
本章方法	1	1	41.7321374946370

作为验证本章方法求解质量的基线方法，全搜索方法通过全排列方式计算解空间中的所有变构方案，并搜索解空间中的所有帕累托最优解。在仿真中，设置不同的模块数量，通过随机生成方法构建初始构型和目标构型，每种数量的模块执行200次随机构型的变构规划。在某次7模块组合体变构过程中，由全排列方式搜索得到的帕累托最优解集，以及本章方法的规划结果对比如表8-3所示。由结果可知，本章方法求解结果位于帕累托最优解集内。由于本章方法首先优化移动模块数量指标，得到的结果偏向于选取帕累托最优解集内移动模块数量最少的解。该次测试的7模块组合体变构决策结果如图8-24所示。

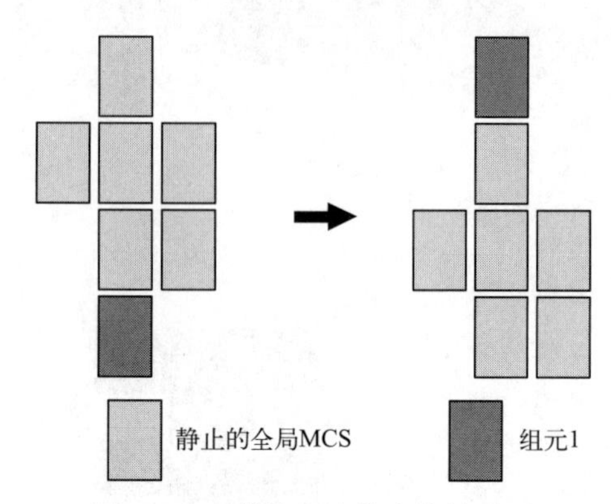

图8-24 7模块组合体变构结果图

对不同模块数量的组合体分别进行200次仿真运行，表8-4列出了本章方法搜索得到帕累托最优解和全局最优解的成功率，其中第4列显示了在200个随机变构过程中存在全局最优解的比例。在第5列和第6列中比较了全排列搜索方法和本方法的求解耗时。从结果来看，本章方法可以在很短的时间内搜索到帕累托最优解；如果变构规划的解空间中存在全局最优解，本章方法可以搜索到全局最优解。随着模块的增加，搜索空间爆炸性增长，本书方法相较于全排列搜索方法的效率提升更加显著。

表8-4 解的最优性和求解效率仿真结果

模块数量	帕累托最优解成功率	全局最优解成功率	全局最优解存在率	全排列搜索耗时/s	本章方法规划耗时/s
4	100%	100%	63.50%	0.0760±0.0720	0.0579±0.0821
5	100%	100%	44.00%	0.3601±0.1803	0.0550±0.0708
6	100%	100%	34.50%	2.1227±0.2570	0.0730±0.1245
7	100%	100%	27.50%	17.8998±1.4154	0.0866±0.1375

本章方法的可扩展性在图8-20所示的三种构型之间进行了测试，每项变构过程测试了不同的模块数量，计算变构决策的求解耗时。算法扩展性测试结果如表8-5所示。随着模块数量的增长，求解耗时的非线性增长是迅速的，表明本章算法仍然面临搜索空间爆炸的问题。而在目前应用需求的规模情况下，本章方法具备很高的求解效率，在面对各种构型和不同的模块数量时具有良好的可扩展性。针对大规模模块数量的分组策略的测试在下节展开。

表8-5 算法可扩展性测试结果

变构过程	模块数量	求解耗时/s	变构过程	模块数量	求解耗时/s
▲→■	9	0.0092±0.0004	■→Tree	9	0.0100±0.0002
	16	0.0628±0.0069		15	0.1994±0.0033
	25	0.2956±0.0144		21	1.7940±0.0860

8.5.2 面向大量模块的分组变构规划仿真与分析

如表8-5所示，随着模块的增加，本章方法仍然面临搜索空间爆炸式增长的问题。因此，本书构建了面向大量模块的分组变构规划策略。在全局 MCS 匹配之后，对除全局 MCS 之外的初始构型剩余部分划分具有相同数量模块的子组，对子组执行本书算法的优化搜索。将包含 300 个模块的大规模组合体划分 8 个子组进行变构的仿真结果如图 8-25、图 8-26 所示。每个子组由不同颜色表示，两图中相同颜色的部分表示同一子组在初始构型和目标构型中的位置。白色圆表示全局最大公共子构型，在变构过程中保持静止，其他子组围绕全局最大公共子构型移动。由结果知，子组的目标位置与初始位置相距较近，可以较小的距离代价完成整组变构移动。

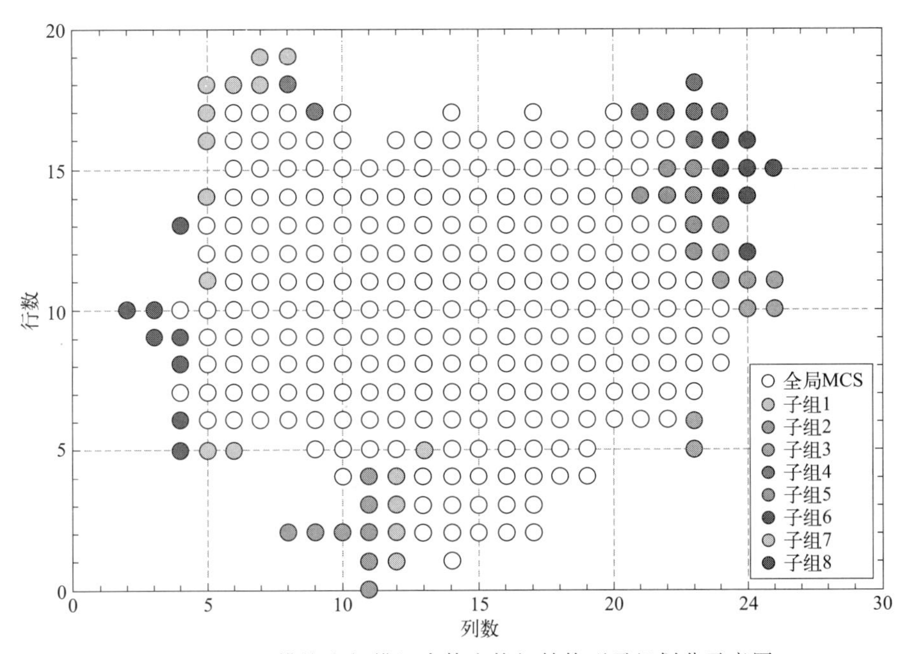

图 8-25　300 模块大规模组合体变构初始构型子组划分示意图

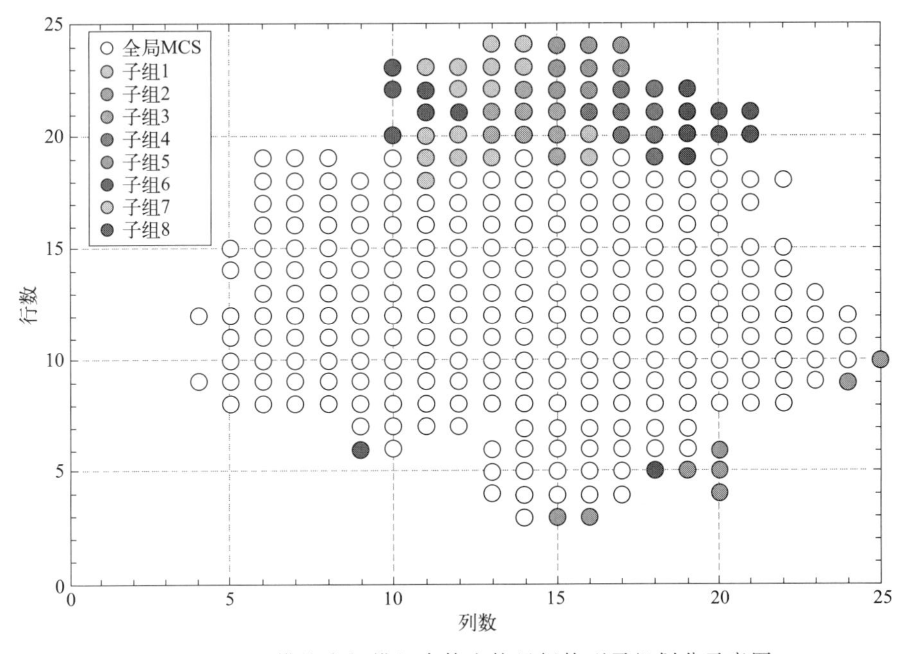

图 8-26　300 模块大规模组合体变构目标构型子组划分示意图

本节对大规模组合体变构过程中的不同模块数量和不同划分子组的数量进行了仿真，结果如图 8-27 所示。本书方法的分组策略在可接受的耗时内完成了规划，随着模块数量增加，求解耗时几乎呈线性增长，表明了分组策略具备良好的可扩展性。在模块规模较小时，分组组数对求解效率的影响不明显，在模块规模较大时，分组组数越多，求解耗时越少。

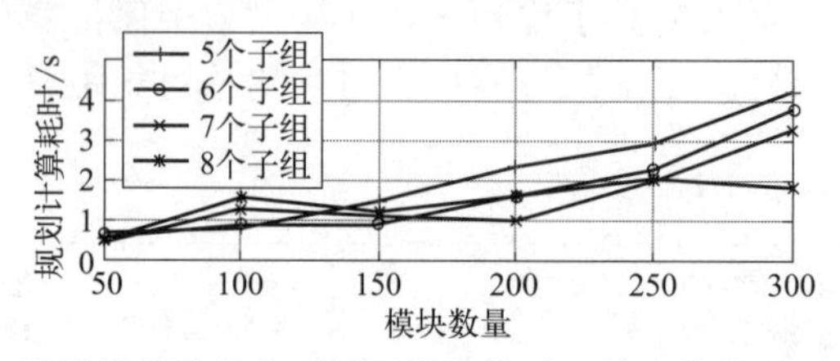

图 8-27　不同模块数量和不同划分组数对于算法性能的测试结果图

8.5.3　模型仿真与结果分析

本书方法在 Qt Creator 中使用 C++代码编写算法进行仿真，程序运行于 Ubuntu 18.04 系统，硬件环境为 Intel i7-10875H CPU，主频 2.30 GHz。在仿真和实物实验中，本书方法通过单线程程序计算所有机器人的轨迹。路径生成过程中的参数值如下：生长步长 λ 为 25 像素，检查的邻域半径 d 为 50 像素，树节点的最大数量 900，仿真中地图的大小为 480×720 像素。PSO 优化器的关键参数如表 8-6 所示。

表 8-6　PSO 优化器的关键参数表

ω	α_1	c_1	c_2	c_3	迭代次数
0.8298	500	1.49618	1.49618	0.8	100

8.5.4　算法性能仿真

在仿真中，机器人的半径 R 为 7.5 像素，碰撞阈值为 15 像素，机器人的速度为 $v\in[0,30]$，加速度为 $a\in[-10,10]$。图 8-28 显示了九个模块在地图 1 中并行导航移动过程的路径-时间维障碍物与时刻表曲线。图中红线为时刻表曲线，具有上下虚线边界的黑线表示单个路径-时间维障碍物，水平方向的障碍线表示机器人之间的末端阻塞。九个模块的时刻表曲线未穿过路径-时间障碍物，且满足速度和加速度约束，表明九个模块按照时刻表曲线沿路径行进可以无碰撞地汇聚到目标构型。

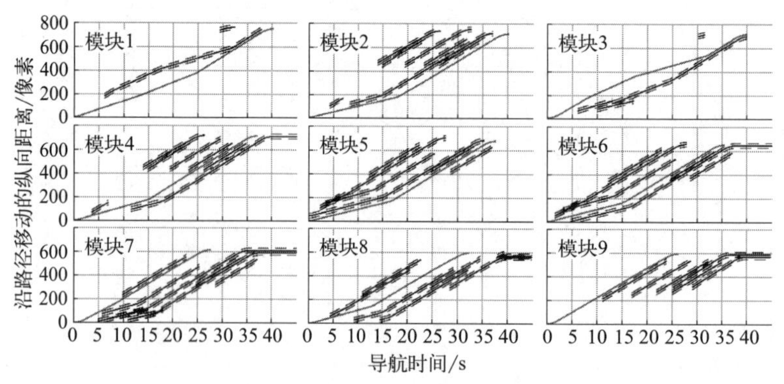

图 8-28　九模块在路径-时间维空间中的时刻表结果图

本书测试了算法在不同关键参数 c_3、α_1 和机器人数量条件下的性能。图 8-29 显示了本书算法在 c_3 分别为 0、0.4、0.8 和 1.2 时的求解能力的变化。求解效率随着权重 c_3 的增加而提高，这证明了式(8-46) 中的启发式偏差项可以有效地调解末端阻塞。

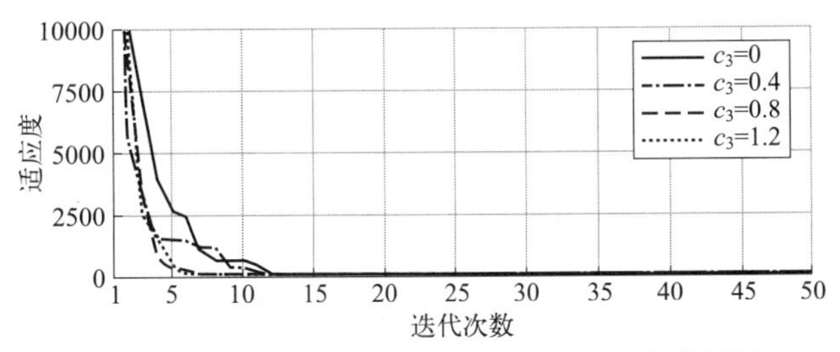

图 8-29　参数 c_3 对于算法求解能力的影响结果图

图 8-30 显示了算法在不同 α_1 下的性能。当 α_1 在 0 到 5000 的大范围内变化时，完成编组耗时保持一致，表明所得解的质量对参数 α_1 不敏感；当 α_1 较大时，求解成功率出现小幅度下降，成功率在 [0.92,1] 区间内波动。因此推荐的 α_1 取值范围为 [1000,2500]。

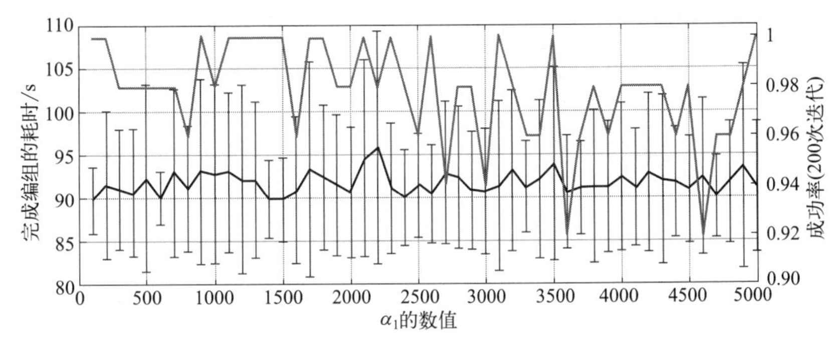

图 8-30　参数 α_1 对于算法求解能力的影响结果图

图 8-31 显示了模块数量对规划效率的影响。本书算法解决 20 个模块并行移动的优化问题大约需要 25s，随着模块数量的增加，算法计算时间几乎线性增加，这表明本书算法具有良好的可扩展性。

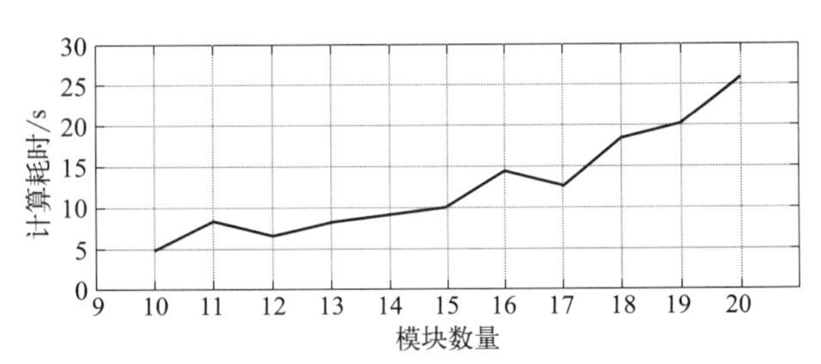

图 8-31　模块数量对于规划效率的影响结果图

8.5.5　对比仿真

本节将本章方法与优先级轨迹规划方法[22] 进行了比较仿真。优先级轨迹规划方法首先通过 ECBS 规划所有机器人的最短无碰撞路径，然后解决一个非线性优化问题，将 ECBS 结果细化为光滑、可行和接近最优的轨迹。仿真设计了三种具有不同形状的障碍物的地图，九个模块分别放置在起始位置，并设置了三种不同的密集排列的目标编组构型。在目标构型中，水平和垂直的相邻目标点之间的距离是 20 像素，模块的半径 R 为 5 像素，碰撞阈值为 10 像素。模块的速度为 [0,10]（单位：像素/s），加速度为 [−1,1]（单位：像素/s^2）。

三个地图中每种方法独立运行十次仿真，计算规划结果的总运动距离和导航完成耗时。图 8-32、图 8-33、图 8-34 显示了三个地图内的模块运动仿真过程。

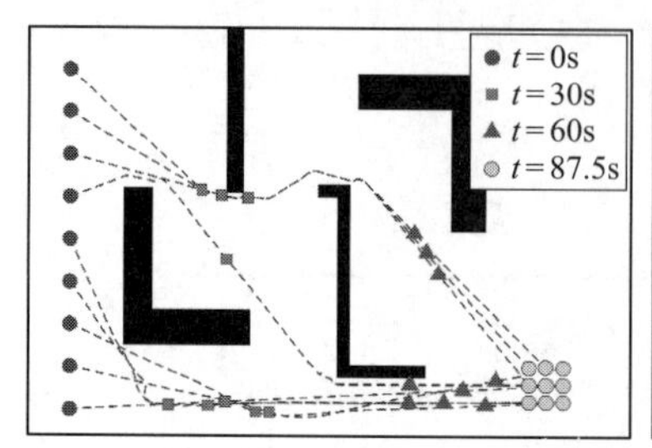

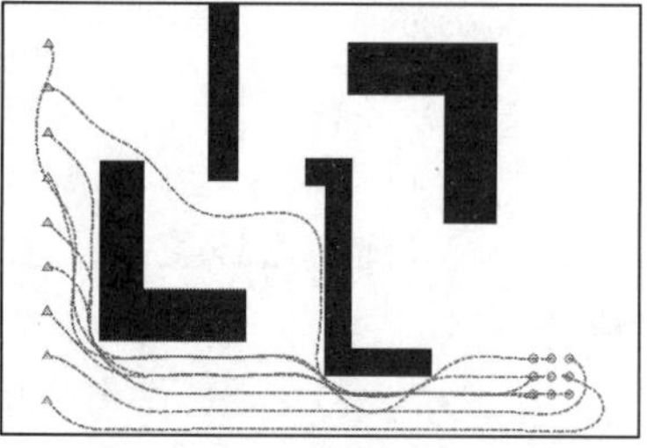

图 8-32　本书方法与对比方法在地图 1 中的仿真结果图

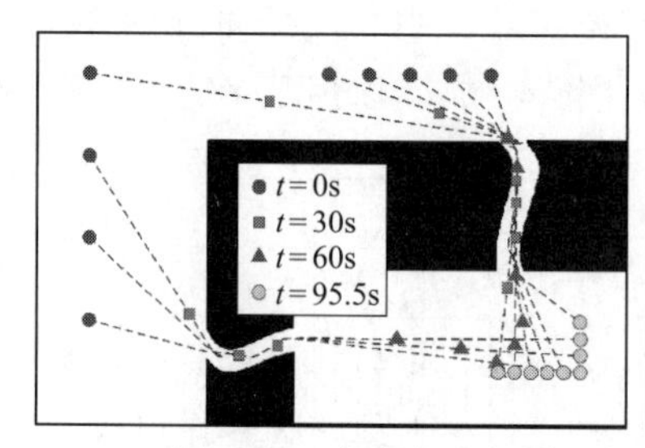

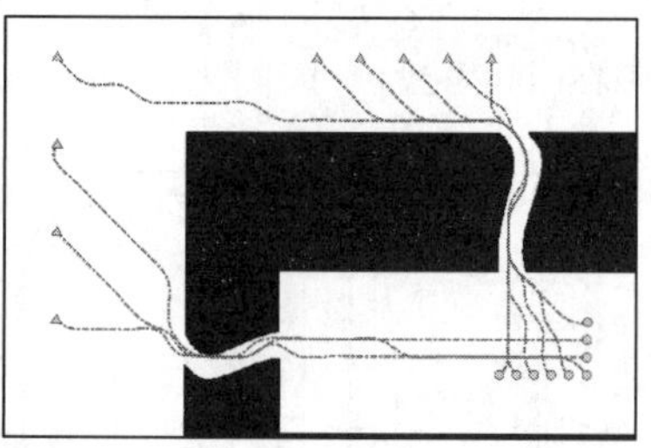

图 8-33　本书方法与对比方法在地图 2 中的仿真结果图

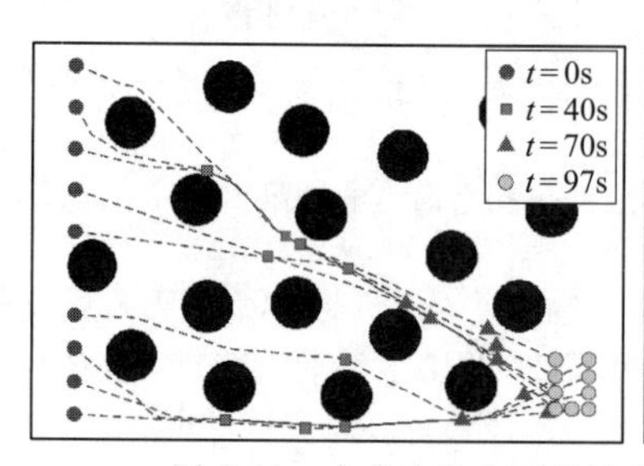

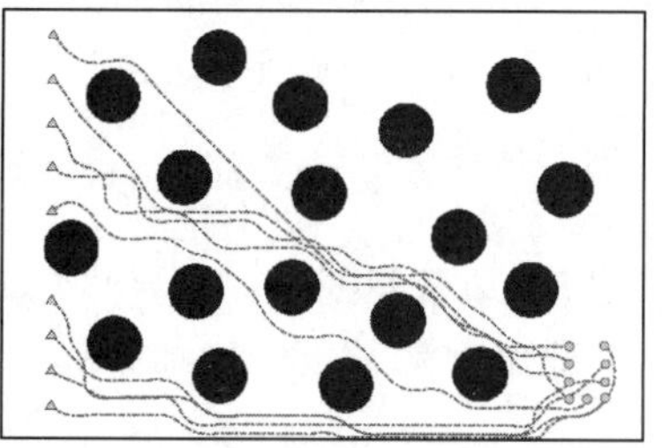

图 8-34　本书方法与对比方法在地图 3 中的仿真结果图

表 8-7 列出了所有模块的总移动距离、移动完成时间和规划计算耗时。与优先级优化方法相比，本章方法的总移动距离平均缩短 4.26%，导航完成耗时平均缩短 18.05%。结果表明，本章方法可以生成多模块团队并行运动的最优协同计划。面对拥挤的目标位置、狭窄通道和复杂的到达顺序，本章方法具有很强的求解能力，生成最优的并行运动轨迹规划。

表 8-7　对比仿真测试结果

地图类别	变量	本章方法	优先级优化方法
地图 1	移动距离/像素	5855.3±19.7608	6146.95
	导航用时/s	103.8292±11.6794	126.4
	算法计算耗时/s	5.9908±0.3085	5.0019±0.0242
地图 2	移动距离/像素	6036.8±52.5636	6391.05
	导航用时/s	104.7739±5.8228	118.4
	算法计算耗时/s	5.4351±0.1347	4.4009±0.0282

续表

地图类别	变量	本章方法	优先级优化方法
地图 3	移动距离/像素	5087.6±8.9886	5218.35
	导航用时/s	96.2994±1.7754	128
	算法计算耗时/s	6.7654±0.1104	6.5418±0.0833

8.5.6　物理平台对比实验

本节搭建了两个具备不同障碍物形状和障碍物分布的真实物理环境，并使用四轮模块样机在真实场地中进行了测试。图 8-35(a) 所示为实验场地，长方体为静态障碍物，场地的大小为 3.2m×4.8m，对应计算过程中的地图尺寸为 480×720 像素。在地图上设置了一个狭窄通道，一次仅允许单个模块通过，同时设置了密集排列的目标构型。模块采用滑移转向四轮独立驱动机器人，如图 8-35(b) 所示。在场地上方搭建全局视觉定位系统，通过检测模块顶部的 ArUco 标记判断机器人的编号，并估计其位姿。

(a) 实验场地

(b) 轮式模块

图 8-35　实验设置说明图

模块在现实世界中速度为 [0,0.16] (单位：m/s)，在地图中速度为 [0,24] (单位：像素/s)；在地图中的加速度为 [−10,10] (单位：像素/s^2)。模块外接圆直径为 0.23m，在地图中模块尺寸为 35 像素，碰撞阈值为 70 像素。算法由 C++代码编写，运行于 Ubuntu 18.04 中的 ROS Melodic 系统之上。在轨迹执行过程中，通过通信心跳帧协调多个模块的时间计数。

运动过程截图如图 8-36～图 8-39 所示。相较于对比方法，本章方法生成的轨迹更加平滑，轨迹长度更短，三个模块协同运动更加紧凑，表明本章方法生成了效率更高、能耗更少的轨迹。

三个模块的总移动距离和完成时间如表 8-8 所示。本章方法与优先级优化方法相比，在地图 1 中，总移动路径长度缩短了 12.94%，导航完成时间缩短了 13.87%；地图 2 中，总

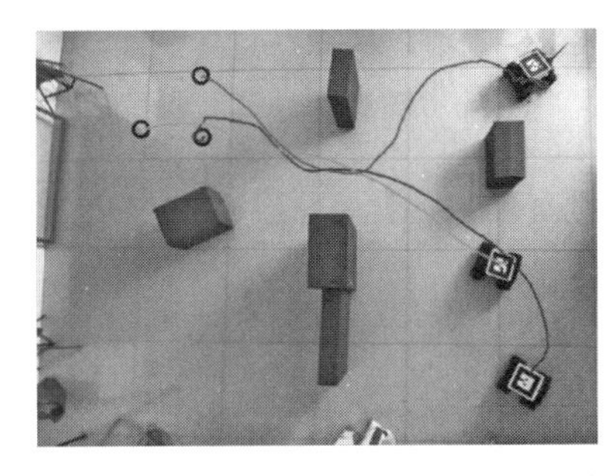
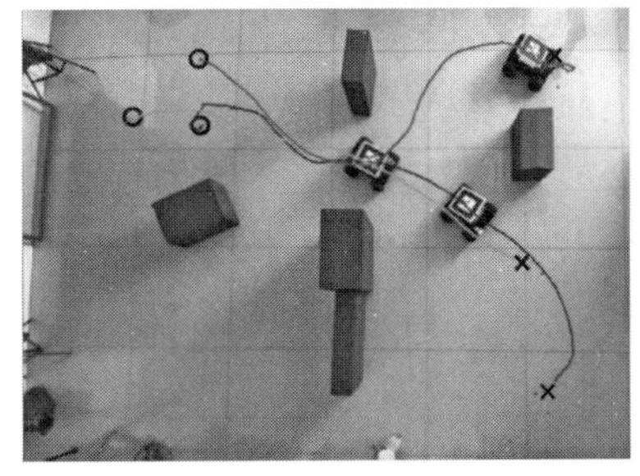

图 8-36

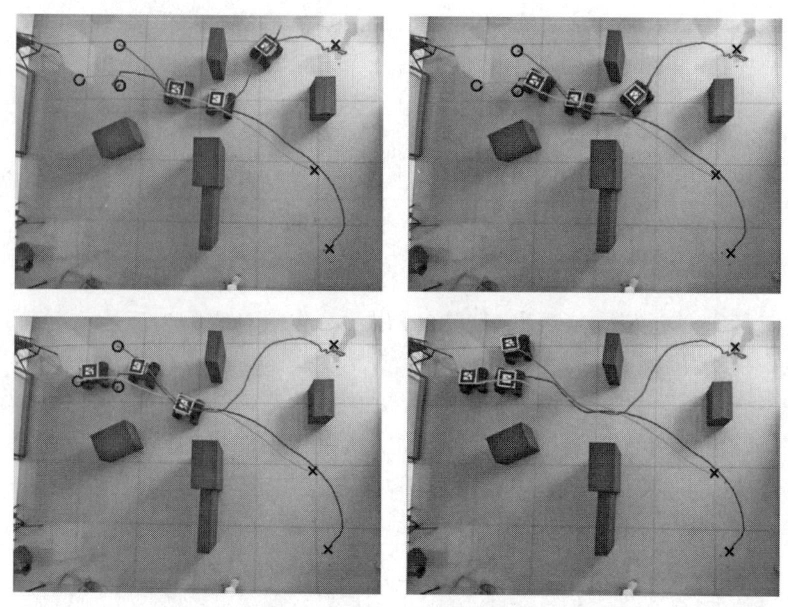

图 8-36 对比方法在地图 1 中导航的 6 个时刻

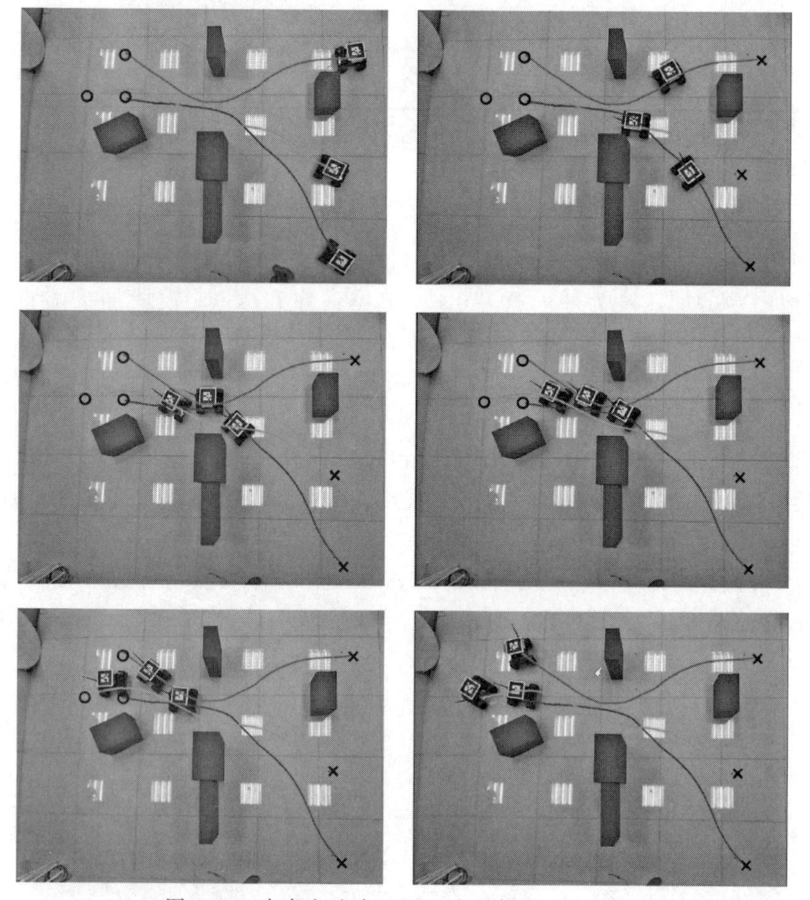

图 8-37 本书方法在地图 1 中导航的 6 个时刻

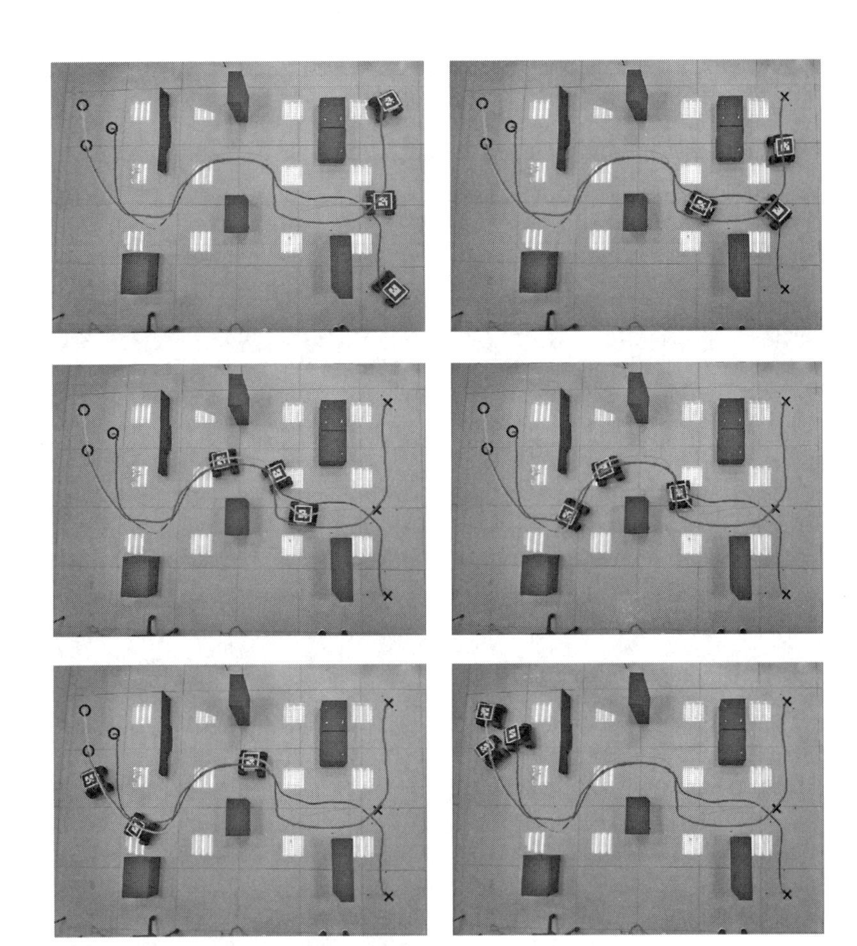

图 8-38　对比方法在地图 2 中导航的 6 个时刻

移动路径长度缩短了 18.88%，导航完成时间缩短了 13.48%。实验结果证明本章方法可以更好地处理狭窄通道和紧密排列目标位置环境下的并行轨迹规划问题。

表 8-8　实物对比实验的移动距离和导航耗时

项目	本章方法	优先级优化方法
地图 1 总移动距离	12.2268m	14.0435m
地图 1 导航总耗时	33.48s	38.87s
地图 2 总移动距离	15.9275m	19.6340m
地图 2 导航总耗时	52.07s	60.18s

表 8-9 显示了不同 c_3 和 α_1 对于本章方法解决地图 2 导航问题的能力的影响。由结果可知，本章方法对 α_1 不敏感，当 c_3 增加时，方法具有更好的求解能力。

表 8-9　不同参数对于移动距离和导航耗时的影响

参数		距离/m	导航总耗时/s
$c_3=0.8$	$\alpha_1=100$	16.1220	51.39
	$\alpha_1=500$	16.1325	49.05
	$\alpha_1=1000$	16.3006	50.00

续表

参数		距离/m	导航总耗时/s
$\alpha_1=500$	$c_3=0.4$	17.2954	55.55
	$c_3=0.8$	16.1325	49.05
	$c_3=1.2$	15.9711	49.21

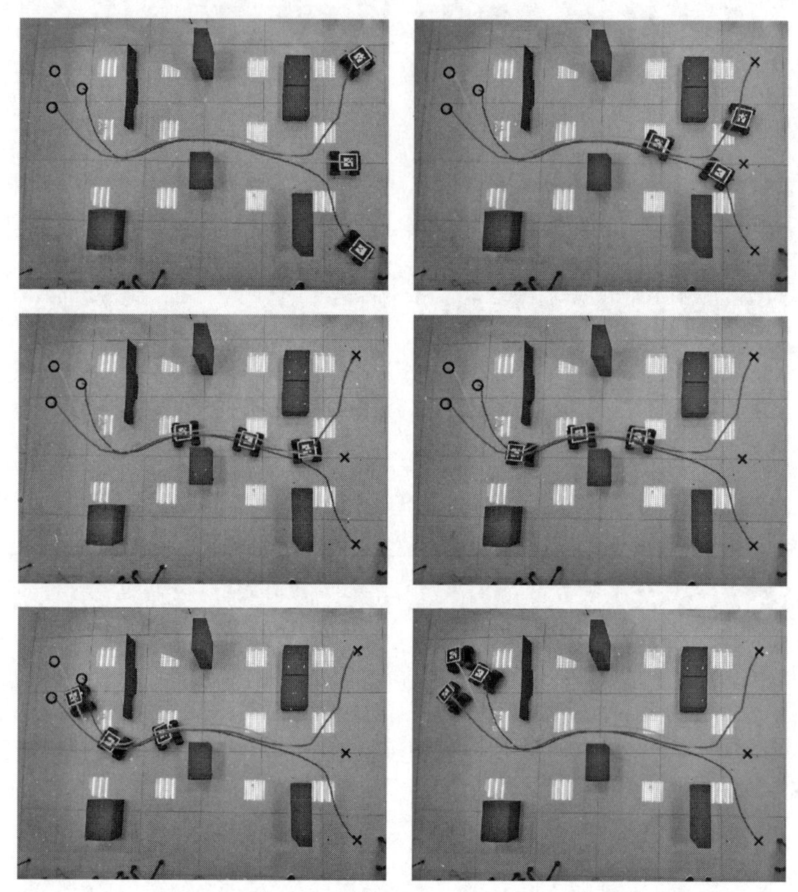

图 8-39　本章方法在地图 2 中导航的 6 个时刻

通常，地图分辨率的大小设置为大于模块尺寸，以避免模块与障碍物碰撞。因此，在模块尺寸大、地图通道窄的情况下，多模块冲突位置附近没有足够的自由网格供算法进行路径调整。本章方法在连续空间中进行规划，不存在网格分辨率引起的缩放问题。

参考文献

[1] C. Liu，Q. Lin，H. Kim，et al. SMORES-EP，a modular robot with parallel self-assembly [J]. Autonomous Robots，2023，47：211-228.

[2] C. J. Chiang，G. S. Chirikjian. Modular robot motion planning using similarity metrics [J]. Autonomous Robots，2001，10 (1)：91-106.

[3] M. Asadpour，A. Sproewitz，A. Billard，et al. Graph signature for self-reconfiguration planning [C]. 2008 IEEE/RSJ International Conference on Intelligent Robots and Systems，2008：863-869.

[4] J. Seo，M. Yim，V. Kumar. Assembly sequence planning for constructing planar structures with rectangular modules [C]. 2016 IEEE International Conference on Robotics and Automation (ICRA)，2016：5477-5482.

[5] C. Liu, M. Whitzer, M. Yim. A distributed reconfiguration planning algorithm for modular robots [J]. IEEE Robotics and Automation Letters, 2019, 4 (4): 4231-4238.
[6] H. Sadjadi, M. A. Al-Jarrah, K. Assaleh. Morphology for planar hexagonal modular self-reconfigurable robotic systems [C]. 2009 6th International Symposium on Mechatronics and its Applications (ISMA09), 2009: 1-6.
[7] M. Wang, S. Ma, B. Li, et al. Reconfiguration optimization for a swarm of wheel-manipulator robots [C]. 2008 IEEE International Conference on Mechatronics and Automation, 2008: 1035-1040.
[8] L. Lai, L. Fiaschi, M. Cococcioni, et al. Solving mixed pareto-lexicographic multiobjective optimization problems: The case of priority levels [J]. IEEE Transactions on Evolutionary Computation, 2021, 25 (5): 971-985.
[9] M. Rubenstein, A. Cornejo, R. Nagpal. Programmable self-assembly in a thousand-robot swarm [J]. Science, 2014, 345 (6198): 795-799.
[10] 张利，李刚．基于分层序列法的EFP战斗部药型罩结构优化与仿真 [J]. 四川兵工学报，2013，34：23-25.
[11] 赵杰，唐术锋，朱延河，等．UBot自重构机器人拓扑描述方法 [J]. 哈尔滨工业大学学报，2011，43：46-49，55.
[12] 赵腾，葛为民，王肖锋，等．新型自重构机器人构型表达及空间变形线策略研究 [J]. 组合机床与自动化加工技术，2015：108-111，122.
[13] H. Hu, G. Li, J. Feng. Fast similar subgraph search with maximum common connected subgraph constraints [C]. 2013 IEEE International Congress on Big Data, Santa Clara, CA, USA, 2013: 181-188.
[14] P. E. Hart, N. J. Nilsson, B. Raphael. A formal basis for the heuristic determination of minimum cost paths [J]. IEEE Transactions on Systems Science and Cybernetics, 1968, 4 (2): 100-107.
[15] 梁波，杨新民．一种基于改进型Dijkstra算法的路线规划方法研究 [J]. 信息化研究，2020，46：13-16.
[16] D. Mellinger, A. Kushleyev, V. Kumar. Mixed-integer quadratic program trajectory generation for heterogeneous quadrotor teams [C]. 2012 IEEE International Conference on Robotics and Automation, 2012: 477-483.
[17] F. Augugliaro, A. P. Schoellig, R. D. Andrea. Generation of collision-free trajectories for a quadrocopter fleet: A sequential convex programming approach [C]. 2012 IEEE/RSJ International Conference on Intelligent Robots and Systems, 2012: 1917-1922.
[18] G. Sharon, et al. Conflict-based search for optimal multi-agent pathfinding [J]. Artificial Intelligence, 2015.
[19] M. Barer, G. Sharon, R. Stern, et al. Suboptimal variants of the conflict-based search algorithm for the multi-agent pathfinding problem [C]. 21st European Conference on Artificial Intelligence (ECAI 2014), 2014: 961.
[20] A. Andreychuk, K. Yakovlev, E. Boyarski, et al. Improving continuous-time conflict based search [C]. Thirty-fifth Aaai Conference on Artificial Intelligence, Thirty-third Conference on Innovative Applications of Artificial Intelligence and the Eleventh Symposium on Educational Advances in Artificial Intelligence, 2021: 11220-11227.
[21] G. Sharon, R. Stern, A. Felner, et al. Meta-agent conflict-based search for optimal multi-agent path finding [C]. Annual Symposium on Combinatorial Search, 2012.
[22] J. Li, M. Ran, L. Xie. Efficient trajectory planning for multiple non-holonomic mobile robots via prioritized trajectory optimization [J]. IEEE Robotics and Automation Letters, 2021, 6 (2): 405-412.
[23] M. S. Catherine, E. Lucet. A modified hybrid reciprocal velocity obstacles approach for multi-robot motion planning without communication [C]. 2020 IEEE/RSJ International Conference on Intelligent Robots and Systems (IROS), 2020: 5708-5714.
[24] J. van den Berg, S. J. Guy, M. Lin, et al. Reciprocal n-body collision avoidance [C]. Robotics Research, 2011: 3-19.
[25] C. K. Verginis, D. V. Dimarogonas. Adaptive robot navigation with collision avoidance subject to 2nd-order uncertain dynamics [J]. Automatica, 2021, 123: 109481.
[26] A. Nikou, S. Heshmati-alamdari, D. V. Dimarogonas. Scalable time-constrained planning of multi-robot systems [J]. Autonomous Robots, 2020, 44 (8): 1451-1467.
[27] B. M. Ferreira, A. C. Matos, N. A. Cruz, et al. A centralized approach to the coordination of marine robots [C]. Proceedings of the 11th Portuguese Conference on Automatic Control, 2015: 567-576.
[28] D. Ferguson, N. Kalra, A. Stentz. Replanning with RRTs [C]. Proceedings of 2006 IEEE International Conference on Robotics and Automation, 2006: 1243-1248.
[29] K. Solovey, O. Salzman, D. Halperin. Finding a needle in an exponential haystack: Discrete RRT for exploration of implicit roadmaps in multi-robot motion planning [J]. Springer International Publishing, 2015: 501-513.
[30] G. Wagner, K. Minsu, H. Choset. Probabilistic path planning for multiple robots with subdimensional expansion [C]. 2012 IEEE International Conference on Robotics and Automation, 2012: 2886-2892.

[31] R. X. Cui, B. Gao, J. Guo. Pareto-optimal coordination of multiple robots with safety guarantees [J]. Autonomous Robots, 2012, 32 (3): 189-205.
[32] S. J. Guy, J. Chhugani, C. Kim, et al. ClearPath: Highly parallel collision avoidance for multi-agent simulation [C]. Symposium on Computer Animation, 2009: 177-187.
[33] G. Wagner, H. Choset. Subdimensional expansion for multirobot path planning [J]. Artificial Intelligence, 2015, 219: 1-24.
[34] D. G. Kim, K. Hirayama, G. K. Park. Collision avoidance in multiple-ship situations by distributed local search [J]. Journal of Advanced Computational Intelligence & Intelligent Informatics, 2014, 18 (5): 839-848.
[35] D. Deplano, M. Franceschelli, S. Ware, et al. A discrete event formulation for multi-robot collision avoidance on pre-planned trajectories [J]. IEEE Access, 2020, 8: 92637-92646.
[36] F. Keppler, S. Wagner, K. Janschek. SAFESTOP: Disturbance handling in prioritized multi-robot trajectory planning [C]. 2020 Fourth IEEE International Conference on Robotic Computing (IRC), 2020: 226-231.
[37] F. Keppler, S. Wagner. Prioritized multi-robot velocity planning for trajectory coordination of arbitrarily complex vehicle structures [C]. 2020 IEEE/SICE International Symposium on System Integration (SII), 2020: 1075-1080.
[38] K. Kant, S. W. Zucker. Toward efficient trajectory planning—The path-velocity decomposition [J]. International Journal of Robotics Research, 1986, 5 (3): 72-89.
[39] J. F. Peng, S. Akella. Coordinating multiple robots with kinodynamic constraints along specified paths [C]. Algorithmic Foundations of Robotics V, 2003: 221-237.
[40] J. Johnson, K. Hauser. Optimal acceleration-bounded trajectory planning in dynamic environments along a specified path [C]. 2012 IEEE International Conference on Robotics and Automation, 2012: 2035-2041.
[41] F. Altché, X. Qian, A. de L. Fortelle. Time-optimal coordination of mobile robots along specified paths [C]. 2016 IEEE/RSJ International Conference on Intelligent Robots and Systems (IROS), 2016: 5020-5026.
[42] Y. W. Fu, M. Li, J. H. Liang, et al. Optimal acceleration-velocity-bounded trajectory planning in dynamic crowd simulation [J]. Journal Of Applied Mathematics, 2014: 501689.
[43] K. Naderi. RT-RRT*: A real-time path planning algorithm based on RRT* [C]. Proceedings of the 8th ACM SIGGRAPH Conference on Motion in Games, 2015: 113-118.
[44] 高晓，杨志强，库新勃，等. 基于三次样条插值实现无人机高动态运动轨迹插值 [J]. 全球定位系统，2020，45: 37-42.
[45] 袁旭华，刘羽，林喜辉. 机械臂时间最优轨迹的样条曲线拟合与智能规划 [J]. 机械设计与制造，2022: 162-167.

第9章

模块化机器人变构实时路径规划与并行控制

9.1 概述

模块化机器人运行的环境时常发生动态变化，环境动态性高、变动复杂且剧烈。环境的高动态性来源于三部分：具备不确定性的合作动态障碍、具备不确定性的非合作动态障碍、静态地图大程度变动。对于环境中大量存在的模块机器人，相互之间能够通过显式或隐式通信交换信息，借助通用协议对邻近模块进行信息解码、状态估计和行为重建。对于模块而言，其他模块具备障碍物属性，该类障碍物的状态与未来行为可预知，称之为合作动态障碍。同一工作空间下，存在某些物体，模块与物体之间无法通过通信交换信息，仅能借助传感器估计物体当前位姿，在综合历史观测值情况下，借助匀速匀变速假定、速度方向一致假定或神经网络学习，预测该物体的运动轨迹和行为。对于该类障碍物而言，仅能观测和预测其行为，称之为非合作动态障碍[1]。通信延时、观测误差等因素导致两类动态障碍的观测存在不确定性，尤其在混杂非合作障碍环境下大量模块并行运动时，环境动态性维度极高。在模块化机器人连续变换构型过程中，静态地图在目标构型切换瞬间发生变化。在面对该类动态性时，已有规划信息难以重复利用，重新运行建模、搜索等计算将导致系统性能的瞬间下降，产生较大的动态响应滞后。

高动态性环境伴随着高未知性，尤其对于大量模块并行运动、静态地图彻底变动、非合作障碍运动未知的情况，模块极有可能陷入包围阻塞状态。该状态将导致路径规划失败，模块陷入死锁；局部死锁可能在群体内扩散，导致模块群体陷入停滞和拥塞。现有的路径规划方法在包围状态识别方面存在困难：图搜索类方法需要遍历全部搜索空间确定无解后才可确定包围状态；概率类方法（RRT、PRM）的完备性是基于采样次数趋于无穷的前提，难以在有限时间内确定包围状态；狭窄通路对应的狭窄可行解区域，使得优化类方法难以求得可行解，更难判断可行解是否存在。快速有效地识别包围状态，快速发现狭窄通路并生成路径规划，是模块化机器人提升动态响应能力、复杂环境生存能力和鲁棒性的关键。

模块化可重构机器人模块在变构时面临的环境是高度动态的，包含其他运动模块和运动障碍物等，对模块导航至目标构型位置的效率和安全性产生不利影响。可移动障碍物造成的不确定性和机载处理器有限的计算资源使得实时避免碰撞和路径规划困难。此外，任务（外源性事件）可以随时分配给可重构机器人系统。机器人保持稳定的规划效率和高鲁棒性的优化能力具有挑战性。

研究人员提出了多种动态时变环境下的路径规划框架。基于搜索方法，如 D*-lite[2]，通过以代价移动在离散地图中搜索最优路径。基于采样的 RRT[3]、RRT*[4]、PRM[5] 等方法通过随机采样快速探索连续地图。基于优化的方法，如进化算法[6]、遗传算法[7]、动态规划[8-9] 和粒子群优化[10]，将导航建模为优化问题。离散方法存在离散尺度问题，精细的网格划分导致搜索耗时增加；基于 RRT 的方法具有快速的搜索能力，但难以寻找最优解；优化类方法在复杂动态约束下的导航规划中具有优势。

局部冲突避免方法通常有两层构造[11]。当障碍物干扰机器人的运动时，人工势场、动态窗口方法、精细动态窗口[11] 可以调整全局路径。模型预测控制（MPC）[12] 也被用于生成控制序列，这是控制空间中的另一种轨迹。以上方法实现了良好的局部冲突避免，但当局部路径被完全阻塞时，以上方法难以在全局范围内切换路径。

针对时变工作空间，基于 RRT 的方法因计算成本低、具备完整性而引起广泛关注。分支剪枝和重用是降低计算成本和提高实时性能最常用的方法。执行扩展 RRT（ERRT）方法[13] 在生成的搜索树中包含了先前规划中树增长中的路径点。RRTX[14] 通过修复地图上的搜索图实现了对环境变化的快速响应。有效偏差目标因子 RRT（EBG-RRT）方法[15] 利用潜在的缓存信息，找到修复 RRT 树的最优路径。

为了克服 RRT 框架优化能力的不足，研究者提出了一些面向动态环境的 RRT* 类方法，将 RRT* 的渐进最优性和实时规划相结合。RT-RRT*[16] 搜索树的根节点随着模块运动一起变换，通过更新树节点代价将整个树重新连接。部分研究针对未知障碍环境对 RRT*[17] 进行扩展。多目标 RRT*（MOD-RRT*）[18] 通过 RRT* 生成初始路径，使用帕累托优化方法在碰撞附近区域选择备选节点，重新规划新的路径以避免障碍。提出广义 Voronoi 图（GVG）来指导 RRT* 的有偏采样来生成最优路径[19]。针对移动障碍，risk-RRT[20] 采用高斯过程对障碍的典型运动模式进行建模，计算碰撞风险来指导节点的生成。risk-RRT*[21] 采用舒适性和碰撞风险（CCR）地图来描述移动障碍，从最优性角度进一步改进了 risk-RRT 方法。EB-RRT[22] 利用动态规划器中的弹性带方法从全局规划器中优化轨迹。以 RRT* 方法为基础的最优规划是基于根节点的代价，在面对目标跟踪场景和长期任务序列时，历史规划的树不能被重复利用，导致 RRT* 类方法难以在长期场景中保持实时性能。

前述的各类路径规划方法属于一次规划[23]，即当模块到达目的地时终止本次规划过程。为了利用往次搜索中获得的信息，研究者提出了长生命周期路径规划方法。长生命周期 A*（LPA*）和 SLPA*[24] 可以适应地图上的变化，无须重新搜索整个地图。导航长生命周期学习（LLfN）方法[25] 在计算资源有限的情况下具有动态环境扩展的能力。PRIMAL2[26] 和 LPCBS[27] 方法可以解决长生命周期多智能体寻径（LMAPF）问题。

本章针对模块化机器人变构过程的高动态环境实时响应问题开展研究和讨论，旨在形成高实时性的路径规划策略和方法，在保持高实时性的同时具备发现全局近似最优路径的能力；提出快速识别包围状态、快速发现逃逸通道的机制，提升模块化机器人整体的变构鲁棒性和动态响应能力。

9.2 变构实时路径规划

9.2.1 高实时性去中心化全地图随机树

现有的路径规划方法多以机器人当前位置为起点构建某种机制，以接近或到达目标位置为路径规划完成的条件，终止该机制的构建，这些机制存在一个或多个中心。例如 RRT* 类方法，以机器人当前位置为根节点向外生长随机树，构建的机制为树形数据结构；当树节点接近目标位置时得到规划路径，随机树机制的构建终止。该数据结构的中心位于树的根节点，所有节点的代价属性均依附于根节点：当根节点变动时，全部节点的代价属性需重新计算。部分改进 RRT 类方法以目标位置为根节点反向或多向同时生长随机树，该方式仍然是中心化的。状态转移类方法，以机器人当前位置为初始状态，以目标位置为给定状态，通过状态转移方程的设计达到围绕给定状态的收敛，构建的机制为类似控制器的状态转移方程。该机制的中心在于模型：当环境内障碍物变动时，状态转移问题模型的约束发生变化，状态转移方程需重新设计。

中心化的路径规划方法在面对高动态环境时，变化前的既有机制将快速失去可行性和优化性，中心化机制难以复用、难以快速适应变化，导致其实时性和动态响应能力较差。去中心化的机制不依赖于某个中心，在响应高动态变化时具有优势。典型的去中心化方法是 PRM，其创建的机制是寻路空间内随机采样得到的路线图。该机制没有中心，在环境变动时可以快速删除失效节点、增补新节点，路线图在动态环境下可以良好复用。在规划路径时，方法分别寻找距离机器人起点、终点最近的路线图节点作为出入口，在路线图内通过启发式搜索建立最优路径。概率类方法的完备性和最优性基于采样点数量趋于无穷的条件，采样点数量和密度是概率类方法寻路能力和寻优能力的关键因素。尽管 PRM 具备去中心化属性，节点间的网状连接数量随节点数量上升呈爆炸式增长，为启发式路径搜索带来巨大负担，掣肘了方法的最优性和发现狭窄路径的能力。

本书基于快速搜索随机树机制，构建去中心化的随机树结构，具备全地图的遍布性、均匀性和高密度，同时具备路径搜索的高实时性。

定义 9-1（全地图随机树）：设 $G_{mc}=(V_{mc},E_{mc})$，$G_{mc}\cap X_{\text{obs}}=\varnothing$ 表示在工作空间中的全地图随机树拓扑图，$V_{mc}\subseteq\mathbf{R}^d$ 是在空间内对自由区域 X_{free} 采样产生的随机节点集合，E_{mc} 是节点间的边集。随机树的根节点 $v_o\in X_{\text{free}}$ 可位于自由区域内任意位置。设父节点为 v_p，子节点为 v_c，G_{mc} 定义如下❶：

$$\begin{cases}V_{mc}\sim U(X_{\text{free}})\\E_{mc}=\{(v_c,v_p)\mid v_c,v_p\in V_{mc}\}\end{cases}\tag{9-1}$$

式中，$U(X_{\text{free}})$ 是自由区域中的均匀分布。以 $C_{X\text{free}}$ 表示自由区域 X_{free} 的容积，在三维空间为体积、二维空间为面积，设 μ_{mc} 为分布密度因子，表示节点在自由区域内的分布密度，节点集 V_{mc} 的节点数量 $\text{card}(V_{mc})$ 与自由区域的容积成比例，满足以下关系：

$$\text{card}(V_{mc})=\mu_{mc}C_{X\text{free}}\tag{9-2}$$

边集内的元素仅包含父子节点之间的连接（v_c，v_p），设生成子节点 v_c 时的随机采样点为 v_r，单次生长的长度为 l，边连接满足以下关系。

$$\boldsymbol{v}_c=\boldsymbol{v}_p+l\,\frac{\boldsymbol{v}_r}{|\boldsymbol{v}_r|}\tag{9-3}$$

全地图随机树具备以下特性：

① 树结构是去中心化的、各向同性的。尽管存在根节点，随机树各节点仅在父子连接关系方面与根节点有关，节点属性与根节点无关。根节点可位于自由空间中的任意位置，意

---

❶ 本章中为表述方便，对于节点符号（如 v），只有在公式中作为坐标向量进行运算时采用黑体（如 $\boldsymbol{v}$）进行表示，其余情况下以正常字母形式（白体）表示。

味着在面对动态变化时，除本身受障碍物遮挡而失效外，根节点不需变化。根节点自身受到障碍物遮挡失效时，可以从随机树中快速选择新根节点并切换连接关系。

② 树节点在自由区域内均匀分布。采样点在自由区域内符合均匀随机分布，由其引导形成的树节点也满足均匀分布。由于采样存在随机性，在有限次采样过程中可能出现局部的节点过密情况。为使树形舒展，解决随机性导致的分布不均问题，引入节点间距约束。生成的新节点 v_{c1} 与树内最近节点 v_{c2} 之间的欧氏距离满足下式：

$$\|\boldsymbol{v}_{c1}-\boldsymbol{v}_{c2}\|_2 \geqslant (\pi\mu_{mc})^{-\frac{1}{2}} \tag{9-4}$$

上式避免产生距离过近的两个节点，减少重复无效节点生成。节点间距约束和节点数量共同推动随机树在自由区域均匀遍布。在节点间距约束作用下，已充分生长节点的区域难以产生新节点；在节点数量的要求下，新节点将在未探索区域不断生成，直至均匀填充整个自由区域。

③ 树节点增长速度非均匀，呈逐渐降低趋势。当树节点数量较少时，未探索区域多，每次随机采样得到有效新节点的概率高，树节点数量增长迅速，增长速度近似匀速；当树节点逐渐填充自由区域，采样点出现在未探索区域的概率降低，节点间距约束导致花费多次随机采样才可得到一个有效节点，树生长速度下降。

④ 树节点密度可变，取决于生长步长 l 和分布密度因子 μ_{mc}。生长步长决定父节点和子节点之间的距离，分布密度因子决定节点和非父节点之间的距离，二者均影响节点分布密度。当 l 降低、μ_{mc} 增加时，随机树分支短、分布密，探索狭窄通道的能力增强，但节点数量高，计算复杂度上升。不同的细粒度影响随机树在不同特征的环境下的寻路能力，细粒度应与最小地图要素的尺度相适配。

借助全地图随机树，机器人可以快速寻找可行路径。对位于位置 r 的机器人，距其最近的树节点为 v_e；机器人目标位置为 g，距其最近的树节点为 v_l。定义符号 $L_{(*)}^{(\cdot)}$ 表示从节点（*）到（·）的路径，即途经节点的有序集合。路径 $L_{v_e}^{v_l}$ 计算如下：

$$L_{v_e}^{v_l}=(L_{v_e}^{v_o}\cup L_{v_o}^{v_l})\backslash(L_{v_e}^{v_o}\cap L_{v_o}^{v_l}) \tag{9-5}$$

式中，v_o 是根节点；$L_{v_e}^{v_o}$、$L_{v_o}^{v_l}$ 通过父节点索引回溯生成。路径生成示意图如图 9-1 所示。

实时重建整个遍布树非常耗时。去中心化特性允许全地图随机树大范围复用，全地图随机树模板可在规划前预生成，并扩展到不同环境的多次规划中使用。

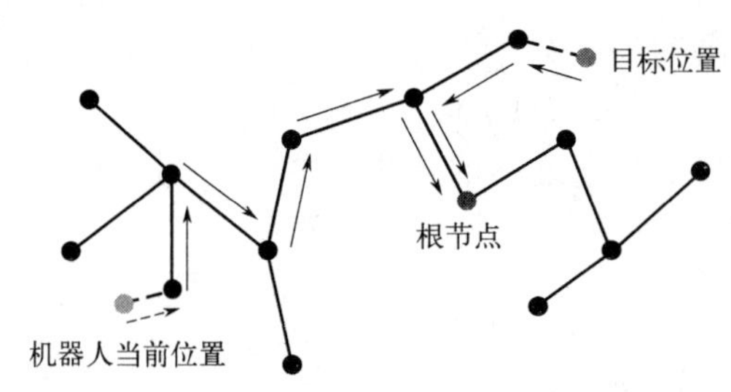

图 9-1　路径规划示意图

9.2.2 回环分支迭代的实时路径优化

9.2.2.1 回环分支

全地图随机树规划的路径是非最优的。全地图随机树拓扑图是连通无环图，任意两节点之间有且仅有一条通路相连，仅依靠随机树现有信息无法进行路径优化。在经典的基于快速搜索随机树的渐进最优算法 RRT* 中，通过随机采样生成新节点，不断修正路径使其距离代价逐渐降低，随着采样点趋于无穷，可得到全局最优路径。其算法思想的本质是在工作空间中使用新节点产生的更优路径代替现有路径，迭代得到最优结果。如前面分析，RRT* 方法构建的树结构是中心化的，在面对高动态环境时响应较慢；全局最优性基于节点数量趋于无穷的条件，在有限节点条件下难以获得真正的全局最优解，且大量树节点对于动态变化的响应更加不利。针对去中心化的全地图随机树，如何增加路径的数量、提升路径多样性，是实现高动态实时优化的关键问题。本节提出回环分支概念，在全地图随机树的无环拓扑中建立回环结构，将其转变为虚拟有环拓扑，实现任意两点之间连接通路的多样化，并以此开展路径迭代优化。

回环连接是全地图随机树内两节点之间的虚拟连接图，设 B_i 表示工作空间内的第 i 个回环连接，包含三元节点集 $S_i=\{v_{b,i},s_i,v_{t,i}\}$ 和二元边集 C_i。节点集中基节点 $v_{b,i}\in G_{mc}$ 和目标节点 $v_{t,i}\in G_{mc}$ 是全地图随机树内的两个树节点，s_i 是虚拟连接节点。边集内包含两个连接边，定义如下：

$$C_i=(v_{b,i},s_i)\cup(s_i,v_{t,i}) \tag{9-6}$$

基节点 $v_{b,i}$ 和目标节点 $v_{t,i}$ 通过虚拟连接节点相连，形成一个回环连接通路。虚拟连接节点 s_i 与基节点 $v_{b,i}$ 之间满足如下关系。

$$\boldsymbol{s}_i=\boldsymbol{v}_{b,i}+l\frac{\boldsymbol{v}_r}{|\boldsymbol{v}_r|} \tag{9-7}$$

式中，$\boldsymbol{v}_r$ 是生成虚拟连接节点 s_i 时的随机采样点 v_r 的坐标向量；$\boldsymbol{s}_i$ 和 $\boldsymbol{v}_{b,i}$ 是节点 s_i 和 $v_{b,i}$ 的坐标向量，l 为单次生长的长度。上式与式(9-3) 相似，由随机采样点引导虚拟连接点生长。

设 μ_c 为连接阈值，$\mu_c\leqslant l$。虚拟连接节点 s_i 与目标节点 $v_{t,i}$ 之间满足如下关系：

$$\begin{cases}\|\boldsymbol{s}_i-\boldsymbol{v}_{t,i}\|_2\leqslant\mu_c\\ \|\boldsymbol{s}_i-\boldsymbol{v}_{t,i}\|_2=\min\{\|\boldsymbol{s}_i-\boldsymbol{v}_j\|_2,\forall v_j\in G_{mc}\}\end{cases} \tag{9-8}$$

式中，首行表示虚拟连接节点与目标节点的间距小于连接阈值；次行表示二者间距是虚拟连接节点与所有全地图随机树节点间距的最小值，即最近树节点。

定义 9-2（回环分支）：定义 G_{cb} 为回环分支，是由多个回环连接图 B_i 组成的图集合，G_{cb} 表达式如下：

$$G_{cb}=\{B_i\,|\,B_i=(S_i,C_i),i\in\mathbf{N}\} \tag{9-9}$$

基于全地图随机树，通过随机采样依据式(9-7)、式(9-8) 建立回环连接，逐步形成回环分支如下：

$$G_{cb}\leftarrow G_{cb}\cup(S_i,C_i) \tag{9-10}$$

G_{cb} 内的虚拟连接节点 s_i 的集合符合自由区域中的均匀分布，即

$$\{s_i\,|\,s_i\in G_{cb}\}\sim U(X_{\text{free}}) \tag{9-11}$$

虚拟连接节点集 $\{s_i\,|\,s_i\in G_{cb}\}$ 满足以下关系：

$$\text{card}(\{s_i\,|\,s_i\in G_{cb}\})=\mu_{cb}C_{X\text{free}} \tag{9-12}$$

式中，μ_{cb} 为虚拟连接节点的分布密度因子，与全地图随机树节点的分布密度因子 μ_{mc} 相似，表示虚拟连接节点在自由区域内的分布密度。节点数量 $\text{card}(\{s_i\,|\,s_i\in G_{cb}\})$ 与自由区域的容积成比例。

将全地图随机树 G_{mc} 和回环分支 G_{cb} 组合，形成有环树图拓扑。由回环连接 B_i 生成的

环路定义为回环Γ_i，设$L_{v_{t,i}}^{v_{b,i}}$表示在G_{mc}图中连接基节点$v_{b,i}$和目标节点$v_{t,i}$的路径，C_i是回环连接B_i内的边集。回环Γ_i定义如下：

$$\Gamma_i = L_{v_{t,i}}^{v_{b,i}} \cup C_i \tag{9-13}$$

回环分支具备以下特性：

① 回环分支是去中心化的，均匀分布于自由区域内，在全地图随机树上产生环路连接，各向同性。

② 对全地图随机树而言，回环分支是虚拟的。回环分支和全地图随机树二者在图拓扑结构上相互连接，而在数据结构层面相互独立。在含有大量环路的拓扑图中开展最优搜索难度高，计算复杂度大，实时性难以保证。通过数据结构独立，在两个无环树形拓扑中进行协作优化搜索，能够在实时的时间步长内得到近似最优的路径结果。

③ 虚拟连接节点在自由区域内均匀分布。同全地图随机树节点的特性，在节点数量的要求下，新的虚拟连接节点将在未探索区域不断生成，直至在整个全地图随机树上产生均匀的环路。

④ 虚拟连接节点密度可变，取决于生长步长l和分布密度因子μ_{cb}。一般而言，虚拟连接节点的生长步长应与全地图随机树的步长保持一致，分布密度因子μ_{cb}和全地图随机树分布密度因子μ_{mc}之间相互独立。高值的μ_{cb}将产生稠密的虚拟连接节点，产生密度更高的环路，增强路径在局部的迭代优化能力，但降低最优路径的搜索速度，计算负担上升；随着μ_{cb}降低，稠密的小型环路逐渐减少，路径局部细化能力降低，但计算速度上升。

9.2.2.2 迭代优化搜索策略

通过全地图随机树和回环分支相组合，在地图中形成了大量的环路，形成覆盖整个工作空间的路网。参考RRT*方法通过不断修正当前路径以至全局最优的思想，本节提出针对去中心化路网的迭代优化搜索策略，在实时频率下获得从机器人的当前位置r到目标g的近似全局最优路径，以获得对于高动态环境变化的最优响应结果。

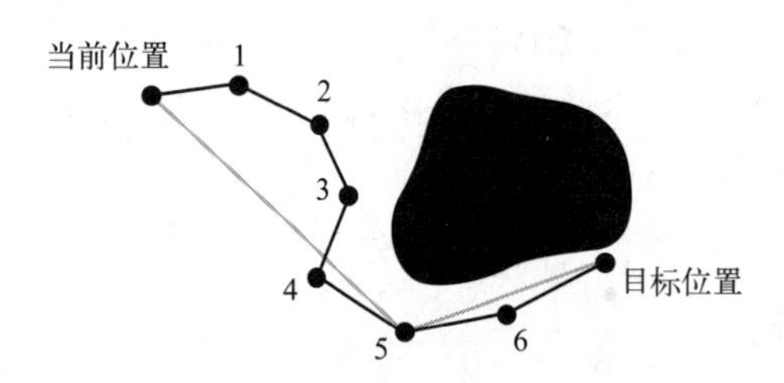

图 9-2 路径松弛算法示意图

首先给出收缩路径的定义。全地图随机树及其与回环分支相结合生成的路径是多个节点弯折连接形成的多段折线，包含多个冗余路径节点和无谓的路径弯折，如图 9-2 所示。起点到达节点 5 的过程中经过冗余节点 1 至 4，机器人可直线行进到节点 5 而不与障碍物发生碰撞；类似地，节点 5 经过节点 6 到目标节点的路径可收缩为节点 5 与目标点间的直线路径。收缩后的路径如蓝线所示。

以函数形式定义收缩运算为R，满足下式：

$$R[L(v_j,\cdots,v_{j+m})] = \begin{cases} R[L(v_j,\cdots,v_{j+m-1})], & (v_j,v_{j+m}) \cap X_{\text{obs}} \neq \varnothing \\ L(v_j,v_{j+m}), & \text{其他} \end{cases} \tag{9-14}$$

R是迭代运算函数，对路径节点v_j和v_{j+m}之间的路径段进行运算，其结果为路径节点v_j与$v_{\widehat{m}}$间的线段（上式第二行，$\widehat{m} \leqslant j+m$），对应于图 9-2 中蓝色路径的一段。迭代收缩过程为上式首行，当路径节点v_j和v_{j+m}之间的直线连线(v_j,v_{j+m})与障碍物X_{obs}之间存在碰撞（交集非空），则v_{j+m}下标回退 1，对路径节点v_j和v_{j+m-1}之间的路径段进行迭代R运算，直至满足上式第二行条件的路径节点$v_{\widehat{m}}$出现，函数输出。

设收缩前的原路径为L，收缩路径$\widetilde{L}$由多段R运算输出的路径段有序连接形成，定义如式(9-15)所示。其中 $v_m^{(k-1)}$ 为第 $k-1$ 次 R 运算产生的路径段末端节点，首次 R 运算时 $v_m^{(0)}=v_1$。

$$\widetilde{L}=\{R_k[L(v_m^{(k-1)},\cdots,v_N)]\mid k\leqslant N\} \tag{9-15}$$

迭代优化搜索问题建模如下。设 L 为通过全地图随机树 G_{mc} 和回环分支 G_{cb} 形成的全部路径 L 的集合；设 $\widetilde{L}$ 表示 L 的收缩路径，$\widetilde{L}$ 为 L 内全部路径的收缩路径集合，length(L) 表示路径 L 的欧几里得长度，迭代优化搜索的目标是寻找路径 $L_o\in L$，使其收缩路径全局最短，即满足以下条件。

$$L_o=\underset{L}{\operatorname{argmin}}\ \operatorname{length}(\widetilde{L}) \tag{9-16}$$

上述模型中，优化对象是收缩路径的长度。考虑图9-3中所示情况，障碍物左侧由全地图随机树生成的路径具有较多的节点数，由于路径折线段的弯折，其总体路径长度更长。障碍物右侧由全地图随机树和回环分支组合形成的路径具备较少的节点数，总体路径长度更短。然而，当删除冗余的弯折节点形成收缩路径之后，障碍物左侧收缩路径短于右侧收缩路径。从发现路径走向方面考虑，左侧具有较多节点数的曲折路径发现了更优的路径走向。故未收缩的原路径长度不能准确表达路径优劣，迭代优化搜索问题对原路径开展迭代，而选取收缩路径长度作为评价指标。以上分析同时说明，并非所有虚拟连接节点都能生成更优路径，其意义在于提供发现其他路径走向的机会和可能性。

虚拟连接节点与全地图随机树组合形成新的路径。由于环状拓扑存在顺时针和逆时针两个流向，虚拟节点形成的路径同样存在两个流向，对应两个路径，如图9-4所示。对于虚拟节点 s_5，环路顺时针流向形成的路径为“起点→v_{rf}→v_{rb}→s_5→v_{rf}→v_{rb}→目的地”，如图中蓝色实线流向所示；环路逆时针流向形成的路径为“起点→v_{rf}→s_5→v_{rb}→目的地”，如图中橘黄色虚线流向所示。由于构建虚拟连接节点时 $v_{b,5}$ 和 $v_{t,5}$ 的选择是随机的，从 $v_{b,5}$ 至 $v_{t,5}$ 的方向属于顺时针或逆时针是随机的，一个固定的路径节点顺序构建策略无法自然地区分两个流向的路径。观察两个流向可知，蓝色路径存在重复路径段“v_{rf}→v_{rb}”，该特征用于筛选无重复的路径流向作为该虚拟连接节点形成的新路径。

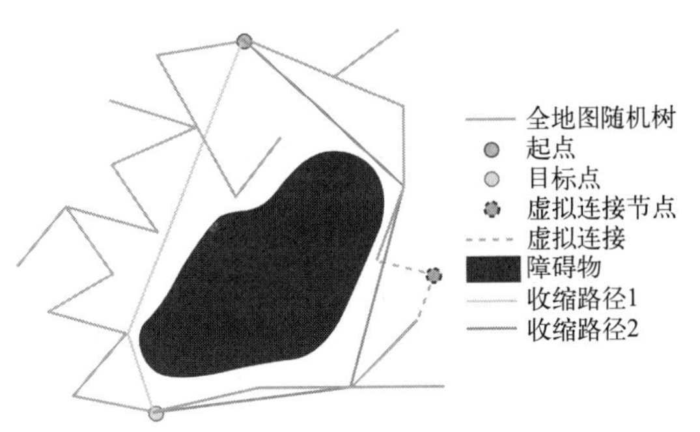

图9-3 路径长度的不同衡量标准示意图

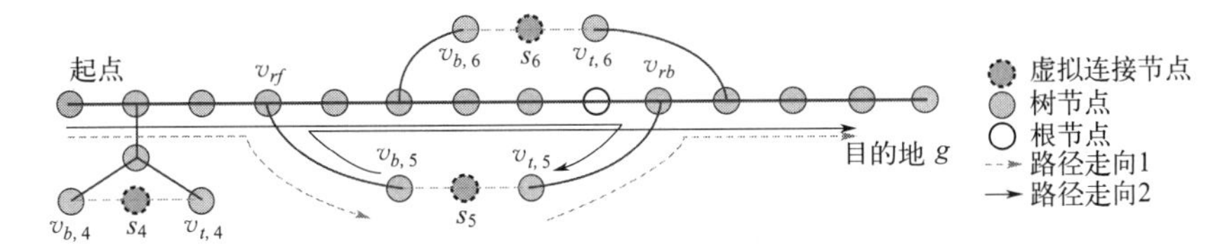

图9-4 回环连接产生的两个路径流向

筛选机制描述为：若起点至 $v_{b,5}$ 的路径 $L_r^{v_{b,5}}$ 与 $v_{t,5}$ 至目标点的路径 $L_{v_{t,5}}^g$ 交集为空，则按“$v_{b,5}$→s_5→$v_{t,5}$”顺序构建路径；否则，按“$v_{t,5}$→s_5→$v_{b,5}$”顺序构建路径。表达式如下：

$$L_r^g(s_5)=\begin{cases}L_r^{v_{b,5}}\cup L_{v_{t,5}}^g\cup s_5, & L_r^{v_{b,5}}\cap L_{v_{t,5}}^g=\varnothing\\ L_r^{v_{r,5}}\cup L_{v_{b,5}}^g\cup s_5, & 其他\end{cases} \tag{9-17}$$

路径网络 L 维度高，在其中搜索全局最优解存在难度。结合修正当前路径的思想，提出基于贪婪的迭代优化搜索策略，通过每个虚拟连接节点逐渐修正初始路径，得到近全局最优路径。

考虑具有 N 个虚拟连接节点的回环分支。设全地图随机树内的初始路径为 L_0（如图 9-4 中的墨绿色粗水平线），第 i 次迭代通过虚拟连接节点 s_i 修正路径 L_0，得到候选路径为 $L'_i, i=1,2,\cdots,N$。修正机制如下：

$$L'_i=(L_{i-1})_r^{v_{rf}} \cup L_{v_{rf}}^{v_{rb}}(s_i) \cup (L_{i-1})_{v_{rb}}^g \tag{9-18}$$

$$L_{v_{rf}}^{v_{rb}}(s_i) \subseteq L_r^g(s_i) \tag{9-19}$$

式中，v_{rf} 和 v_{rb} 是虚拟连接节点 s_i 生成的路径 L_r^g（s_i）与第 $i-1$ 次修正后路径 L_{i-1} 的重叠段的两端点，即

$$(L_{i-1})_{v_{rf}}^{v_{rb}}=L_r^g(s_i) \cap L_{i-1} \tag{9-20}$$

修正机制将 L_{i-1} 内的 v_{rf} 和 v_{rb} 之间的路径段（L_i）$_{v_{rf}}^{v_{rb}}$ 替换为虚拟连接节点 s_i 所在路径段 $L_{v_{rf}}^{v_{rb}}$（s_i）。贪婪策略如式(9-21) 所示。经过路径收缩之后，若 $\widetilde{L}'_i$ 比 $\widetilde{L}_{i-1}$ 短，贪婪策略将 L_i 更新为 L'_i；若替换后路径长度无优化，则保持不变。

$$L_i=\begin{cases} L_{i-1}, & \text{length}(\widetilde{L}_{i-1}) \leqslant \text{length}(\widetilde{L}_i) \\ L'_i, & 其他 \end{cases} \tag{9-21}$$

通过每个虚拟连接节点修正路径，N 次迭代后得到优化结果。

9.2.2.3 显著性与相似性筛选

迭代优化搜索策略的耗时与回环分支内节点的数量成比例，在回环分支内存在冗余或无效的回环连接，其对路径的优化贡献极小，占据了较多搜索用时。本节通过显著性和相似性指标对回环连接进行评价和筛选。

如图 9-5 所示，s_1 连接的两个全地图随机树节点相距较近，在全地图随机树内从 $v_{b,1}$ 到 $v_{t,1}$ 的路径，与经由回环连接的路径非常相似。分析可知 s_1 所在回环连接产生的新路径价值较低，对路径修正的贡献小，是无效连接。s_2 和 s_3 所在的回环连接具备一个相同端点 $v_{b,2}=v_{b,3}$，二者产生的新路径包含“$v_{b,2} \rightarrow s_2 \rightarrow v_{t,2}$”和“$v_{b,3} \rightarrow s_2 \rightarrow v_{t,3}$”两个路径段，两路径相似。分析可知 s_2 和 s_3 所在的两回环连接对路径修正的贡献相似，是两个原分支之间的冗余连接。

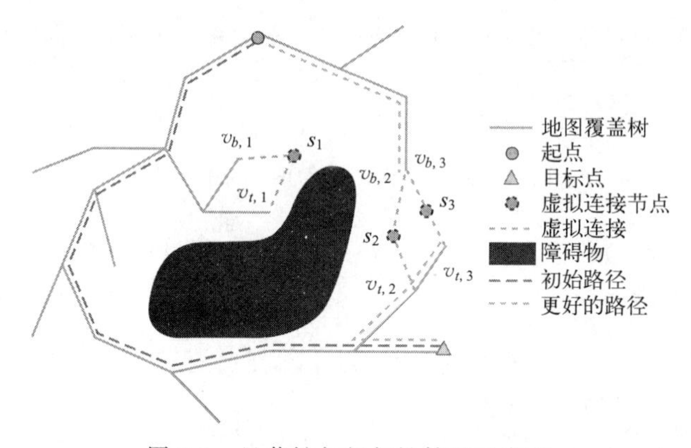

图 9-5　显著性与相似性筛选示意图

显著性筛选指标 μ_s 定义如式(9-22) 所示。card $(L_{v_{b,i}}^{v_{t,i}})$ 是回环连接所在环路中的节点数量。在固定生长步长条件下，低节点数量环路表示环路占据空间少，环路内路径段在空间上相互接近。环路节点数量低于显著性阈值的回环连接将被删除。

$$G_{cb}=G_{cb}\backslash(S_i,C_i),\quad \mathrm{card}(L_{v_{b,i}}^{v_{t,i}})<\mu_s \tag{9-22}$$

相似性筛选指标 μ_p 定义如式(9-23) 所示。card$(L_{v_{t,2}}^{v_{t,3}})$ 是虚拟连接节点 s_2 和 s_3 所在的环路节点数量之差，如式(9-24) 所示。相似性筛选指标的前提是两个回环连接具有至少一个相同的端点。在该前提下，结合固定生长步长，若两个环路的节点数量相近，则两个回环连接在空间上相近，产生的路径修正贡献也相近。此时只保留其中一个回环连接。

$$G_{cb}=G_{cb}\backslash(S_2,C_2),\quad \mathrm{card}(L_{v_{t,2}}^{v_{t,3}})<\mu_p \tag{9-23}$$

$$\mathrm{card}(L_{v_{t,2}}^{v_{t,3}})=\mathrm{card}(\Gamma_{s3})-\mathrm{card}(\Gamma_{s2}) \tag{9-24}$$

9.2.3 动态环境快速响应机制

环境的高动态性来源于三部分：不确定性合作动态障碍、不确定性非合作动态障碍、静态地图大程度变动。动态障碍物存在于整个生命周期，伴随障碍物的生成、移动和消失，对机器人的轨迹和运动状态产生影响；静态地图变动发生于变构任务切换瞬间，表现为静态障碍物变动导致的自由空间形状、分布位置和容积发生变化。二者产生的环境动态性本质上是动态、静态障碍物信息的变化，本节针对其本质开展分析与研究。

前文建立的去中心化全地图随机树和回环分支，在静态环境中可以快速地构建最优路径，环境动态性将对二者产生影响，分析如下：

① 动态障碍物的生成和移动将使树节点和虚拟连接节点落入障碍物区域，导致其失去**有效性**；

② 对于树节点间的连接和回环连接，动态障碍物将切断连接，使连接两端的节点失去**连通性**；

③ 动态障碍物的消失和移动将在原位置产生空白区域，该区域内没有树节点和虚拟连接节点，导致随机树和回环分支失去**均匀分布性**；

④ 对于局部自由空间，动态障碍物将切断该局部空间的树分支与主支的连接，使该局部自由区域失去**可达性**。

静态障碍物的变动影响自由空间的形状、位置和容积，对于全地图随机树和回环分支的影响与动态障碍物相似。此外，自由空间容积的改变将影响全地图随机树和回环分支的节点数量。

本节构建分支修剪模型、断裂修复模型和概率生长模型，解决环境动态性产生的有效性、连通性、均匀分布性和可达性问题。

设 $V_{mc}\subseteq\mathbf{R}^d$ 表示全地图随机树在工作空间自由区域 X_{free} 内的节点集合，E_{mc} 是节点间的边集。设 v 为 V_{mc} 内某节点，其父节点为 v_p，存在 n 个第一代子节点 $v_i^{(1)}, i=1,2,\cdots,n$；第 i 个一代子节点下分支内的第 k 代子节点为 $v_i^{(k)}$，第 k 代子节点构成的集合为 $V_i^{(k)}$，$v_i^{(k)}$ 的父节点为 $v_{ip}^{(k)}$。分支修剪模型定义如下：

① 若节点 v 落入障碍物区域，即 $v\in X_{\mathrm{obs}}$：

$$\begin{cases}V_i'=\{v_i^{(k)}\mid k=1,2,\cdots,K;V_i^{(K+1)}=\varnothing\}\\E_i'=\{(v_{ip}^{(k)},v_i^{(k)})\mid k=1,2,\cdots,K;V_i^{(K+1)}=\varnothing,\quad i=1,2,\cdots,n\}\\E_{mc}=E_{mc}\backslash[(v_p,v)\cup E_i'\cup(v,v_i^{(1)})]\\V_{mc}=V_{mc}\backslash(v\cup V_i')\end{cases}\tag{9-25}$$

② 若连接 (v_p,v) 穿过障碍物区域，节点 v 未落入障碍物区域，即 $(v_p,v)\cap X_{\text{obs}}\neq\varnothing$，$v\notin X_{\text{obs}}$：

$$\begin{cases}V'=\{v,v^{(k)}\mid k=1,2,\cdots,K;V^{(K+1)}=\varnothing\}\\E'=\{(v_p^{(k)},v^{(k)})\mid k=1,2,\cdots,K;V^{(K+1)}=\varnothing\}\\E_{mc}=E_{mc}\backslash[(v_p,v)\cup E']\\V_{mc}=V_{mc}\backslash V'\end{cases}\tag{9-26}$$

式(9-25) 中，第一行公式表示当节点 v 落入障碍物区域时，n 个子节点与其分支内所有后代节点组成 n 个子节点集 V_i'，$i=1,2,\cdots,n$；第二行公式表示子节点集内部依据现有的父子连接关系形成 n 个子边集 E_i'，$i=1,2,\cdots,n$，与子节点集共同构成 n 个子树；第三行公式表示全地图随机树 G_{mc} 的边集中去除边 (v_p,v)、所有子树的边集和节点 v 与 n 个子节点之间的连接$(v,v_i^{(1)})$，$i=1,2,\cdots,n$；末行公式表示全地图随机树 G_{mc} 的节点集中去除节点 v 和所有子树的节点集。

式(9-26) 中，若连接 (v_p,v) 穿过障碍物区域，节点 v 未落入障碍物区域，第一、二行公式将节点 v 及其所有节点组成子节点集 V'，内部节点依照现有父子连接关系组成子边集 E'，二者形成一个子树；第三、四行中全地图随机树 G_{mc} 去除子树内节点集与边集。分支修剪模型如图 9-6 所示。

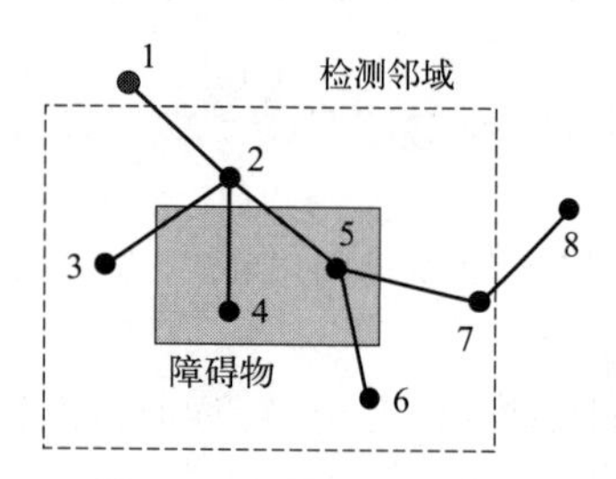

图 9-6 剪枝过程示意图

通过上述分支修剪模型，去除了与障碍物发生碰撞的节点和边，依据原有随机树连接关系快速镜像子树连接，无须重新建立连接，能够快速响应环境中的障碍物变动，实时地确保了任意时刻全地图随机树和其子树内所有节点和连接的有效性。

分支修剪模型将原全地图随机树切分为多个独立子树，子树之间互相不连通。本书构建断裂修复模型以恢复全图连通性。由于动态障碍物切割原有树分支，断裂发生于动态障碍物当前位置附近，部分研究[18] 在断裂附近邻域内的多个子树内选择节点，将其直接相连；或在断裂附近邻域生长新分支，将多个子树相连。以上修复策略聚焦于断点邻域，能够形成与断裂前相近的新路径，路径变化幅度小，侧重于路径微调；聚焦断点邻域导致策略缺乏全局连接能力，难以发现大变动新路径，特别是当运动障碍物阻挡了狭窄通道的出入口时，断点邻域内不存在可行的新连接，仅从断点邻域内无法将两树相连，以上策略将失败。在模块化机器人变构过程中，狭窄拥挤的环境十分常见，构型聚合位置附近更为突出。本书的断裂修复模型不指定聚焦区域，在包括断点邻域的全地图范围内寻找修复路径。

设自由空间中存在子树 (V_1',E_1')、(V_2',E_2')，由子树 V_2'为起点向子树 V_1'建立连接，建立修复分支 (V_c,E_c)，断裂修复后形成合并子树 (V_3',E_3')。断裂修复模型定义如下：

$$\begin{cases}V_3'=V_1'\cup V_2'\cup V_c\\E_3'=E_1'\cup\text{Rr}(E_c\cup E_2')\end{cases}\tag{9-27}$$

式中，$\text{Rr}(E_c\cup E_2')$ 为对合并边集 $E_c\cup E_2'$的根节点变换运算。修复分支的节点集

$V_c \subseteq X_{\text{free}}$ 由自由空间内随机采样点引导产生，边集 E_c 由 V_c 内部父子节点之间的连接组成，满足式(9-3) 的连接模型。设 μ_r 为修复连接阈值，$\mu_r \leqslant l$。修复分支的生长满足如下关系：

$$\begin{cases}(V_c, E_c) = (V_c, E_c) \cup (v_{cn}, e_{cn}) \\ \min\{\|v_{1i} - v_{cj}\|_2\} \geqslant \mu_r \\ v_{1i} \in V_1', v_{cj} \in V_c; i = 1, 2, \cdots, \text{card}(V_1'); j = 1, 2, \cdots, \text{card}(V_c)\end{cases} \tag{9-28}$$

式中，(v_{cn}, e_{cn}) 为当前次采样生长的修复分支新节点。上式表示当修复分支节点距离子树 V_1' 内节点的最短距离小于修复连接阈值 μ_r 时，修复分支停止生长。修复分支是基于子树 V_2' 生长的，其根节点连接关系隶属于子树 V_2'，即 E_c 与 E_2' 可直接按顺序合并。断裂修复模型如图 9-7 所示，由红色采样点引导生成的新节点将子树 V_1' 和 V_2' 恢复连接。

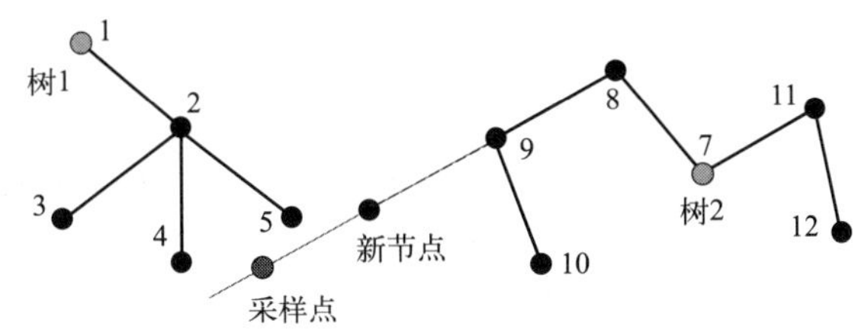

图 9-7　断裂修复模型示意图

式(9-27) 中根节点变换运算定义如下。设某树的边集为 E，其当前根节点为 v_r，根节点变换后新根节点为 v_r'，在以 v_r 为根节点的隶属系统内，v_r' 的父节点为 v_{rp}'，子节点为 v_{rs}'。全地图随机树是无向图，而树形数据结构内存在前后级连接关系，定义符号 $P = \{(*, \cdot)\}$ 表示具有父子节点前后级关系指向的连接集合，$*$ 位置元素为父节点，$\cdot$ 位置元素为子节点。边集 E 在树形数据结构下的前后级连接集合为 P_E，定义变换主分支为由 v_r' 出发连接至当前根节点 v_r 的节点的有向连接集合，如下：

$$P_{\text{main}} = \{(v_r, v_{rs}), \cdots, (v_{rpp}', v_{rp}'), (v_{rp}', v_r')\} \tag{9-29}$$

定义挂载于变换主分支上的其他 n 个分支为 $P_i, i = 1, 2, \cdots, n$。对变换主分支 P_{main} 进行指向反转，得到新根节点隶属系统下的主分支 P_{main}^{-1}：

$$P_{\text{main}}^{-1} = \{(v_r', v_{rp}'), (v_{rp}', v_{rpp}'), \cdots, (v_{rs}, v_r)\} \tag{9-30}$$

根节点变换运算的结果为隐含新根节点隶属系统下的整个树结构的连接集合的边集，定义如下：

$$\text{Rr}(E) = P_{\text{main}}^{-1} \cup P_i, \quad i = 1, 2, \cdots, n \tag{9-31}$$

根节点变换运算如图 9-8 所示。图 (a) 表示运算前的树结构，其中分支“1→4→5→新根节点”为变换主分支 P_{main}，“5→6”和“1→2→3”分支为挂载于变换主分支上的其他分支；图 (b) 内黑色箭头连接的分支为变换后的主分支 P_{main}^{-1}；图 (c) 为根节点变换运算后的树结构，其他分支重新挂载到主分支 P_{main}^{-1} 上。

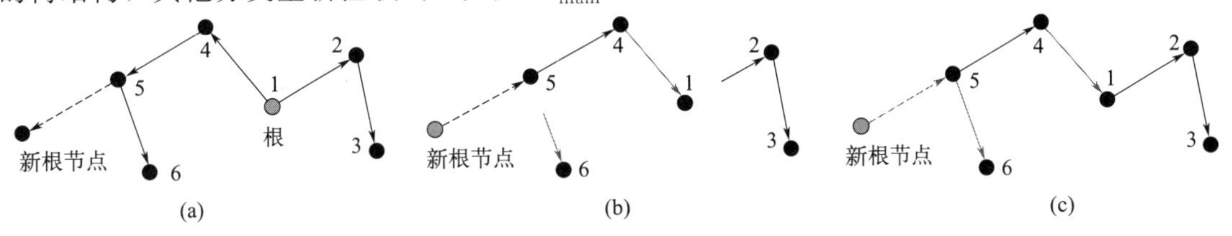

图 9-8　根节点变换运算示意图

动态障碍物运动时，分支修剪通常产生多个子树，断裂修复模型的运算顺序对修复耗时有重要影响，进而影响到断裂修复模型的动态实时性。典型情况如图 9-9 所示，分支修剪模型产生四个子树。在均匀随机采样引导树分支生长过程中，目标区域占据空间越小，树分支生长进入目标区域的概率越低，需经过更多次随机采样方可进入目标区域。若由树 1 向树 4 开展断裂修复，树 4 占据空间范围较小，修复分支的生长进入树 4 邻域的概率较低，耗时较长；若由树 4 向树 1 开展断裂修复，树 1 占据空间大，修复分支可轻易生长至树 1 邻域，完成二者的重连接。故断裂修复模型总是以节点规模最小的树开始向其他树开展修复，且不指定目标树，以进一步增强断裂修复模型的实时性。

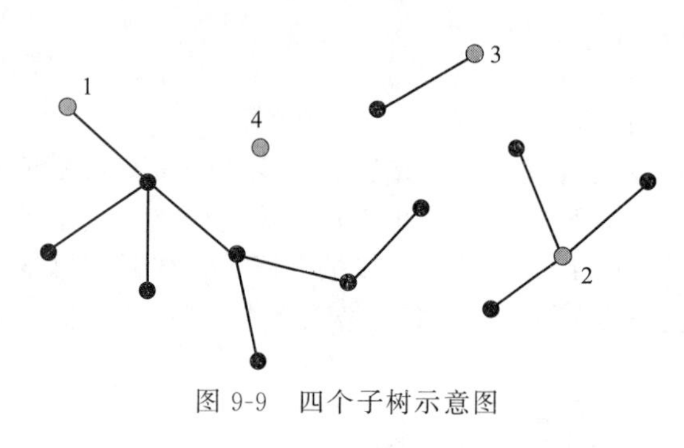

图 9-9　四个子树示意图

通过断裂修复模型，因障碍物运动产生的子树重新连成一体，依据树结构的根节点变换运算可以快速变换根节点，完成两子树的合并；断裂修复模型的顺序策略确保其动态响应的实时性，使全地图随机树在任意时刻保持连通性。

动态障碍物消失和移动过程中，分支修剪模型不断删除无效节点和无效连接，在动态障碍物原位置产生无节点分支的空白区域，导致随机树和回环分支失去均匀分布性。本书建立概率生长模型，产生新分支和新的虚拟连接以填补空白区域。

设动态障碍物消失和移动后产生的空白区域为 $X_{\text{empty}} \subseteq X_{\text{free}}$，设概率阈值为 μ_f，某次树节点生长的随机采样点为 v_r，r 为随机数，概率生长模型定义如下：

$$\begin{cases} G_{mc} = G_{mc} \cup (v_c, e_c) \\ G_{cb} = G_{cb} \cup B_i \\ \text{card}(V_{mc}) \geqslant \mu_{mc} \\ \text{card}(V_{cb}) \geqslant \mu_{cb} \end{cases} \tag{9-32}$$

式中，第三、四行表示概率生长模型满足分布密度因子的约束，维持节点数量在阈值之上。(v_c, e_c) 和 B_i 的生成方式与式(9-3) 与式(9-7) 相同，且满足下式。

$$\begin{cases} v_r \in X_{\text{empty}}, & r \leqslant \mu_f \\ v_r \in X_{\text{free}}, & \text{其他} \end{cases} \tag{9-33}$$

式中，当 r 大于 μ_f 时，模型在整个自由空间中随机采样；否则，模型仅在障碍物移动后的空白区域内采样。模型通过概率阈值，人为修正了在空白区域内采样的概率，促使树分支生长进入空白区域；保留全域的采样能力，防止模型在面对狭窄空白区域难以进入时陷入死锁，保持一定的采样发散。概率生长模型如图 9-10 所示。

概率生长模型通过快速随机采样补充删除的全地图随机树节点和回环分支虚拟连接节点，维持了二者的均匀分布性。对于动态障碍物切断局部空间树分支与主支的连接的情况，若局部空间不封闭且具有较宽通道，概率生长模型可恢复局部空间的可达性；若局部空间封闭或具有较狭窄通道，概率生长模型无法在有限步内将局部空间内子树连接至空间外的主树分支，此时应借助包围逃逸方法进行封闭空间判定和逃逸路线搜索，进而判断和恢复可达性。

分支修剪模型、断裂修复模型和概率生长模型的总体示意图如图9-11所示。上述方法确保了任一时刻地图上的路线图是有效、连通和均匀分布的，是高动态环境下的实时最优响应的关键。

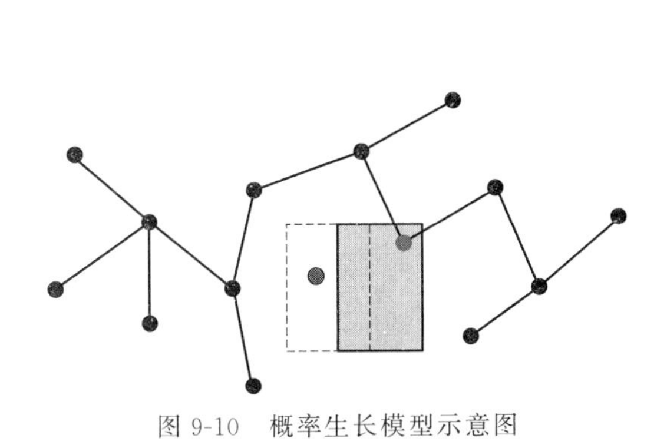

图9-10 概率生长模型示意图

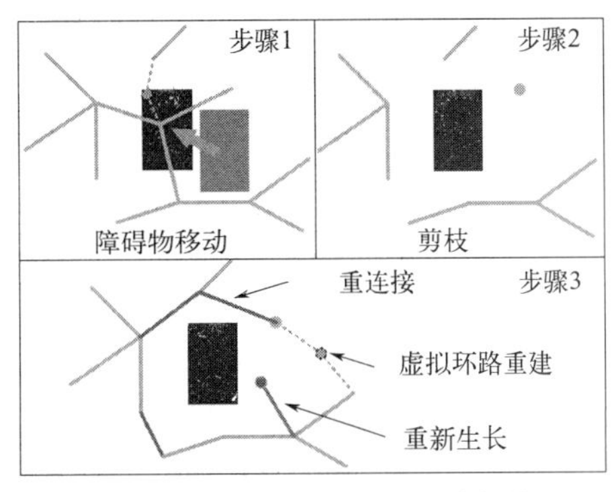

图9-11 分支修剪模型、断裂修复模型和概率生长模型的总体示意图

9.2.4 概率完备性

本书提出的去中心化全地图随机树和回环分支模型，本质上是基于随机抽样的概率类方法，本节讨论以上模型的概率完备性。概率完备性的含义为：若工作空间中存在连接起点 o 和目标点 g 的路径，则随着树中的节点数趋于 $+\infty$，模型搜索得到该路径的概率趋于 1[4]。

猜想：中心化全地图随机树和回环分支模型是概率完备的，设 n 和 h 表示树 G_{mc} 中的节点数量，存在常数 $a>0$ 和 n_0，$h_0\in\mathbf{N}$，使得下式成立。

$$P(\{\exists A_{\mathrm{CNRRT}}\})>1-\mathrm{e}^{-ah}-\mathrm{e}^{-an}+\mathrm{e}^{-a(h+n)},\forall h>h_0,n>n_0 \tag{9-34}$$

证明：由文献［4］中定理16可知，经典RRT模型是概率完备的［式(9-35)］。

$$P(\{\exists A_{\mathrm{CNRRT}}\})>1-\mathrm{e}^{-an} \tag{9-35}$$

在全地图随机树上，路径搜索过程包含两个搜索方向：从根节点 v_o 到起点 o 和从根节点 v_o 到目标点 g。每个方向的路径搜索都基于RRT模型。设事件 A_o 和 A_g 表示上述两个搜索方向成功寻找到存在的路径，两事件相互独立。由式(9-35)可得

$$\begin{cases}P(\{\exists A_o\})>1-\mathrm{e}^{-ah}\\P(\{\exists A_g\})>1-\mathrm{e}^{-an}\end{cases} \tag{9-36}$$

最终路径是由两个搜索方向的路径合并去重而成的，独立事件 A_o 和 A_g 同时发生，即事件 $\{\exists A_o\}\cap\{\exists A_g\}$。两独立事件的交集的概率为二者概率的乘积，故得

$$P(\{\exists A_o\}\cap\{\exists A_g\})>1-\mathrm{e}^{-ah}-\mathrm{e}^{-an}+\mathrm{e}^{-a(h+n)} \tag{9-37}$$

在全地图随机树基础上生成的回环分支，增加了树节点的丰富度和路径的多样性，增加了模型发现路径的概率。设加入回环分支后模型发现存在的路径为事件 A_T，则式(9-38)成立。

$$\{\{\exists A_o\}\cap\{\exists A_g\}\}\subset\{\exists A_T\} \tag{9-38}$$

即

$$P(\{\exists A_T\})>P(\{\{\exists A_o\}\cap\{\exists A_g\}\}) \tag{9-39}$$

由式(9-37)可知

$$\lim_{\substack{h \to +\infty \\ n \to +\infty}} P(\{\exists A_T\}) > \lim_{\substack{h \to +\infty \\ n \to +\infty}} (1-\mathrm{e}^{-ah}-\mathrm{e}^{-an}+\mathrm{e}^{-a(h+n)})=1 \tag{9-40}$$

当全地图随机树节点数趋于$+\infty$时，h 和 n 均趋于$+\infty$，模型寻找到存在的路径的概率趋于 1，中心化全地图随机树和回环分支模型是概率完备的。证毕。

9.3 包围逃逸

在高动态环境中，动、静态障碍物的变化经常切断全地图随机树分支，在局部范围内形成封闭空间，或存在狭窄通道的半封闭空间。该情况常见于模块化机器人变构汇聚过程中，静止状态的模块与运动模块一起形成大量未知的封闭空间；或在模块之间留有狭窄的、仅供单模块行走的折线通道。封闭空间将完全失去可达性。针对半封闭空间，断裂修复模型和概率生长模型难以在有限次采样条件下生长进入狭窄通道。由于狭窄通道占据空间极小，随机采样点落于狭窄通道的概率低；狭窄通道进入角度受限，即便成功在狭窄通道内采样，外部树节点也难以建立无碰撞连接，这也是概率类、搜索类、优化类路径规划方法面临的问题。以上方法需要生成大量节点用于测试环境，或完成遍历搜索和多次迭代优化，难以在有限时间内判断搜索空间中是否存在可行路径，并生成可行路径。此外，以上方法均基于明确的路径起点和目标点信息，在判断封闭空间内外是否连通的过程中，不存在明确目标点，以上方法在相关场景中无法使用。如图 9-12 所示，图中考虑了障碍物膨胀。如何快速判断周围环境中是否存在可行的路径，并快速找到该路径，是模块化变构中提升鲁棒性的重要问题。

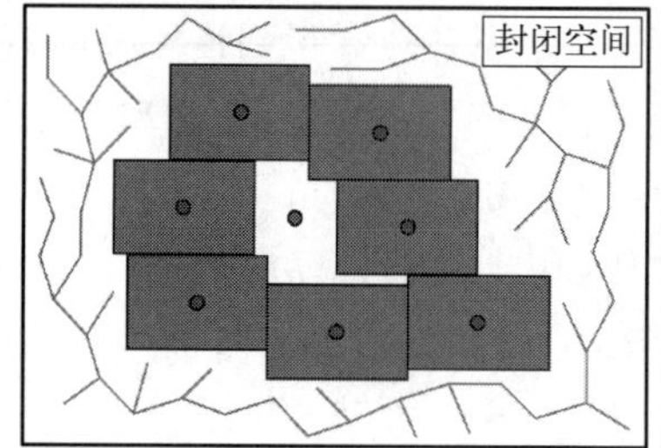

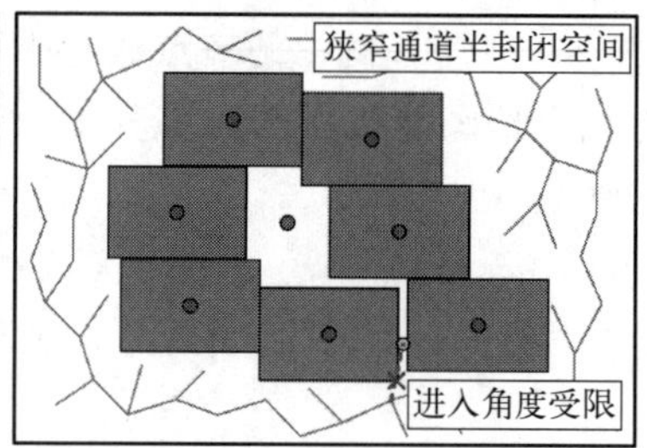

图 9-12　模块化机器人汇聚过程中封闭与半封闭空间示意图

问题本质为确认封闭/半封闭区域与外界是否存在连接并找到连接路径。本节建立梯度感知模型以解决包围逃逸问题，如图 9-13 所示。以原始地图的单位分辨率为尺度，构建网格地图。设封闭/半封闭空间内模块或树节点所在的网格 g_o 为梯度渐变场的中心，该网格满足梯度 $g_o=0$。空间某位置的梯度 $g_{(x,y)}$ 按照如下梯度传播规则计算：

$$g_{(x,y)}=\min\{g_{(x+i,y+j)}\}+1, \quad i,j=\{-1,0,1\} \tag{9-41}$$

上述规则在 $g_{(x,y)}$ 网格的八邻域内寻找最小梯度值，将该梯度值加 1 作为 $g_{(x,y)}$ 网格的梯度。障碍物网格梯度为无穷。梯度传播顺序从梯度场的中心开始，环型向外逐层扩散，该扩散模型可由具有先入先出队列的宽度优先搜索（BFS）来完成。

若某网格的八邻域中出现含有树节点的网格，则认为机器人区域和树节点区域是连通的。设发现的树节点为 v_s，其所在网格为 g_s，定义映射 $f_{8\min}: g_{(x,y)} \to \underset{g}{\operatorname{argmin}}\{g_{(x+i,y+j)}\}$，$i,j=\{-1,0,1\}$，计算网格 8 邻域内最小梯度网格，路径 L_e 构建方法如下：

$$L_e=\{f_{8\min}(g_s), f_{8\min}(f_{8\min}(g_s)), \cdots, g_o\} \tag{9-42}$$

由 g_s 开始，通过 $f_{8\min}$ 计算八个相邻网格中的最小梯度网格作为前一级路径节点，迭代计算 $f_{8\min}$ 直至 g_o，形成逃逸路径 L_e。迭代沿着最速梯度降方向向梯度场中心运动。

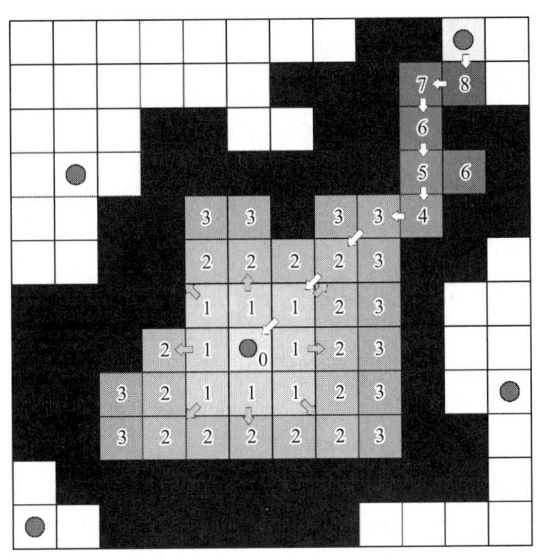

图 9-13　梯度传递感知包围逃逸示意图

若梯度场扩散至整个局部区域，仍未发现其他树节点，则认为局部空间是完全封闭的，不存在逃逸路径。梯度感知模型具备以下特征：

① 计算代价低。连续地图在离散计算机系统内的存储仍旧为离散网格化的，梯度感知模型使用网格化地图不增加存储负担；整数梯度值使模型可以在计算机整型数据类型下工作，计算速度快、存储量小，梯度场构建和路径生成速度快，具备实时性。

② 局部空间梯度场无遗漏。基于式(9-41) 的梯度扩散规则和基于宽度优先搜索的波动扩展机制使梯度场扩散至局部空间内的每一点，能够穿过任意形状的、宽度仅为一网格的狭窄通道。

③ 模型能够判断连通性，若通路存在，则一定可以找到。由特征二可知，模型对局部空间建立无遗漏梯度场，确保了模型的包围状态判断能力和寻路完备性。

9.4　分布式并行变构控制技术

现有的模块化机器人，多采用模块依次完成运动的序列式模式，或模块逐步移动的步进式模式完成变构。以上两种变构运动策略，在任一时刻整个运动空间中有且仅有一个模块进行移动，其余模块均被视为静态障碍物，其运动本质上是在静态环境下进行的变构运动。串行运动或逐步运动模式通过限制空间中运动的模块数量解决模块间运动冲突问题，变构效率低。本节目标是通过所有组元的平行运动，实现高效快速的变构重组。在并行变构重组过程中，主要存在以下关键问题：

① 在同一个变构过程中，存在多个组元，各个组元包含不同数量的模块，具有不同的形状。如何设计控制器，使其能够有效地控制包含不同模块数量的异形组元，实现异形组元的协调移动，是一个技术难题。

② 变构过程中的所有组元共享运动空间，在并行运动时组元之间极易发生冲突和碰撞。在 8.4 节中，通过时空优化解决了多组元并行移动过程中的避碰和协同运动控制问题；在 9.2 节中，通过动态环境实时最优路径规划方法解决了动态环境下的实时响应问题。在动态环境和存在感知控制不确定性的环境中，尚缺少一种实时动态控制器以解决动态轨迹跟踪控

制和避碰问题。

③ 变构运动完成后的高精度对接问题。视觉引导条件下，具备全向运动能力和无横移运动能力的模块，其对接控制难度不同，如何在某一方向运动受限的条件下，完成高精度的对接控制，是模块化机器人完成可靠变构的一个难题。

移动式模块化机器人并行变构过程本质上是多智能体并行运动控制问题。变构控制与编队控制存在联系，又有所不同。变构过程中多个模块可作为固定连接的子构型整体移动，其运动特性与多机器人编队控制问题相似；然而多模块之间的固定连接，使机器人组合体在面对狭窄环境和动态障碍物时，无法通过调整模块间相对位置改变队形，该特征与模块之间无机械连接的分散编队控制不同。后者与多智能体协同运输问题相似。

针对多机器人编队控制问题，领航跟随法是广泛采用的有效编队控制方法。在多机器人系统中引入虚拟领航机器人，虚拟领航机器人保持对设定轨迹的跟随，跟随机器人保持对虚拟机器人的位姿跟随，通过编队队形等比例缩放[28]、人工势场驱动的队形变换[29]完成存在碰撞约束的狭窄环境下的编队穿行。此外，基于行为的方法[30]和虚拟结构法[31]也可用于解决多机器人编队和避障问题。以上方法能够完成多模块组合体的协同运动控制，但由于通过调整机器人间的相对位姿实现队形变换，以聚拢或散开的形式通过受限环境、躲避障碍，因此在固定连接的多模块组合体上难以适用。

子构型整体运动控制问题与多智能体协同运输问题相似。为解决多智能体协同运输的避障问题，研究者在多机器人之间构建变形托举薄板[32]，通过虚拟可变绳索模型搬运物体，同时保持机器人编队的队形可变性[33]。多无人机通过悬索协同吊运物体的模式也通过保证队形可变性完成避障[34]。基于双积分器动力学的编队控制器可以控制机器人团队夹持可变形物体边缘并开展运输和避障[35]。对于不可变形的物体和托举机构，研究者通过增强自适应滑模控制器和领航跟随框架，完成双无人机的协同避障运输[36]。

近年来，研究者进行了很多关于分布式模型预测控制（DMPC）方法和非线性模型预测控制（NMPC）[37]的研究。借助模块之间的通信交换模块的最新预测状态和控制序列，根据模块碰撞的情况按需起/停用冲突软约束条件，提升控制器求解性能[38]。采用相对安全飞行走廊（RSFC）方法处理非凸碰撞约束[39]。为了降低对于模块间通信的依赖，研究者利用递归神经网络（RNN）学习机器人的运动行为，在无通信的DMPC中预测邻居模块的行为以避免碰撞[40]。针对协同运输问题，研究者提出了具有编队误差最优目标的DMPC方法来运输多边形物体[41]。基于分布式共识的控制器[42-43]可以在没有通信的情况下实现搬运力协同，领导模块根据轨迹要求对物体施加力和扭矩，跟随模块通过对被搬运物体的操纵力的局部测量，实现对于领导模块施加力和扭矩的匹配，在无通信的模块团队内达成搬运输出力的共识。针对编队控制的两步DMPC算法，设置了基于优先级的协调策略来协调避障子任务和编队子任务[44]，但仍旧难以在避障的同时保持编队构型。研究者设计了两层级控制器用于协同搬运大型物体，具备避免碰撞和连通性特征[45]，但是没有对搬运整体的避障问题进行讨论。

本节针对以上问题，聚焦动态环境下并行变构的控制层面，模拟自然界生物种群的行为机理，提出基于本地共识的分布式变构控制器。生物种群是通过分布式行动实现集群行为的典型系统。多项研究成果根据个体的局部规则创建和模拟群体运动模型。本节为组元内的各模块设计了三个本地共识：

① 避免碰撞：非同一组元的模块间距大于安全距离阈值；

② 轨迹跟踪：模块按照构型的几何尺寸，沿着从组元中心轨迹转换得到的该模块轨迹移动；

③ 运动匹配：模块倾向于将自身运动与同一组元中具备较高紧急度的模块运动相匹配。

本节在路径-时间空间中规划组元执行的轨迹，以底层实时执行层解决了多异形组元混编集群的动态协同控制问题，实现了高效并行变构控制。

此外，本节以滑移转向模式为例，重点讨论了横移运动受限情况下模块的可靠对接控制问题，通过基于行为的步进控制方法，逐步缩小横向对接误差，以实现高精度对接控制。

9.4.1 本地共识的异形组元分布式轨迹跟踪控制

9.4.1.1 模块与组元的运动学模型

本书采用四麦克纳姆轮（简称麦轮）移动平台作为单模块，模块运动学模型如图 9-14 所示。$o\text{-}x_b y_b z_b$ 为固连于单移动平台的模块坐标系，原点位于模块中心，x 轴正方向朝向模块前进方向，y 轴正方向朝向模块右横移方向；$o\text{-}x_c y_c z_c$ 为固连于组合体中心的组合体坐标系，原点位于组合体最小包络矩形的中心，x 轴正方向朝向组合体前进方向，y 轴正方向朝向组合体右横移方向。

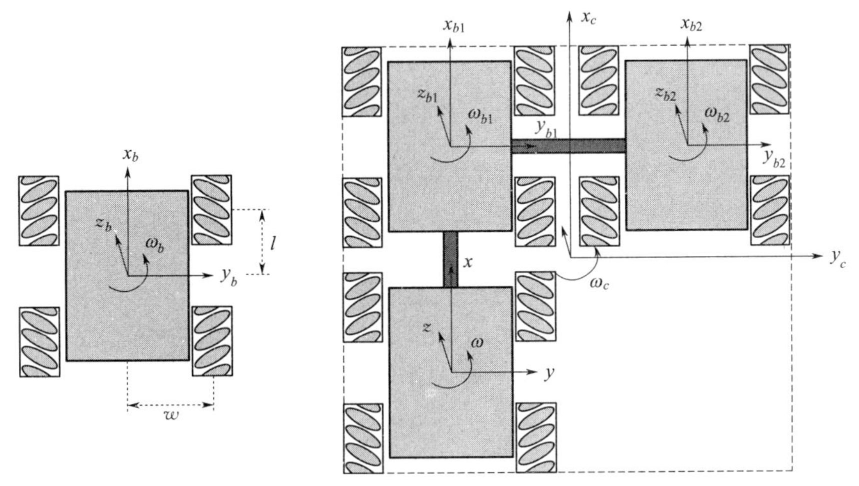

图 9-14　单模块与组合体运动学模型示意图

设四个麦轮的速度分别为：左前轮 v_{lf}，右前轮 v_{rf}，左后轮 v_{lb}，右后轮 v_{rb}。模块的状态变量为$[x\ y\ \theta]^{\mathrm{T}}$，中心的线速度为 $[v_x\ v_y]$，角速度 ω。麦轮轮径为 R，半轴距为 l，半轮距为 w，四麦轮模块正运动学模型[46] 为

$$\begin{bmatrix} \dot{x} \\ \dot{y} \\ \dot{\theta} \end{bmatrix} = \begin{bmatrix} v_x \\ v_y \\ \omega \end{bmatrix} = \frac{R}{4}\begin{bmatrix} 1 & 1 & 1 & 1 \\ 1 & -1 & 1 & -1 \\ -(l+w)^{-1} & (l+w)^{-1} & (l+w)^{-1} & -(l+w)^{-1} \end{bmatrix}\begin{bmatrix} v_{lf} \\ v_{rf} \\ v_{rb} \\ v_{lb} \end{bmatrix} \tag{9-43}$$

逆运动学方程为

$$\begin{bmatrix} v_{lf} \\ v_{rf} \\ v_{rb} \\ v_{lb} \end{bmatrix} = \frac{1}{R}\begin{bmatrix} 1 & -1 & -(l+w) \\ 1 & 1 & -(l+w) \\ 1 & -1 & l+w \\ 1 & 1 & l+w \end{bmatrix}\begin{bmatrix} v_x \\ v_y \\ \omega \end{bmatrix} \tag{9-44}$$

本节通过分布式控制器控制组合体运动，组合体的运动由多个模块的运动合成。设组合体

中心的状态变量为 $[x_c\ y_c\ \theta_c]^{\mathrm{T}}$，组合体内部的 m 个模块，模块中心到组合体中心的距离为 l_i，组合体中心到模块中心的向量在组合体坐标系下的角度为 φ_i，组合体正运动学模型如下：

$$\begin{cases}x_c=x_{bi}-q_i\cos(\theta_c-\varphi_i)\\y_c=y_{bi}-q_i\sin(\theta_c-\varphi_i)\quad i=1,2,\cdots,m\\\theta_c=\theta_{bi}\end{cases}\tag{9-45}$$

上式在组合体内各模块协调运动时成立。当各模块不协调时，模块对组合体中心施加有差异的运动趋势，依据每个模块的运动趋势计算得到的组合体中心的运动趋势将不重合。组合体逆运动学模型如下：

$$\begin{cases}x_{bi}=x_c+q_i\cos(\theta_c-\varphi_i)\\y_{bi}=y_c+q_i\sin(\theta_c-\varphi_i)\quad i=1,2,\cdots,m\\\theta_{bi}=\theta_c\end{cases}\tag{9-46}$$

9.4.1.2 基于本地共识的分布式 MPC 控制器

由上节模型可知，$\boldsymbol{P}=[x\ y\ \theta]^{\mathrm{T}}$ 表示模块位置状态，$\boldsymbol{V}=[v_x\ v_y\ \omega_z]^{\mathrm{T}}$ 表示模块速度状态。设 $\boldsymbol{P}(t)$ 为 t 时刻的模块测量位置。本书控制四麦轮的转动角速度，即

$$\boldsymbol{U}=[u_1\ u_2\ u_3\ u_4]^{\mathrm{T}}=[v_{lf}\ v_{rf}\ v_{rb}\ v_{lb}]^{\mathrm{T}}\tag{9-47}$$

在控制量 $\boldsymbol{U}=[u_1\ u_2\ u_3\ u_4]^{\mathrm{T}}$ 下，组元的运动学模型如下：

$$\boldsymbol{V}=\frac{r}{4}\boldsymbol{HU}\tag{9-48}$$

$$\boldsymbol{H}=\begin{bmatrix}1&1&1&1\\1&-1&1&-1\\-(l+w)^{-1}&(l+w)^{-1}&(l+w)^{-1}&-(l+w)^{-1}\end{bmatrix}\tag{9-49}$$

设符号 $*\ (k|t)$ 表示 $t+k$ 时刻的变量 $*$。在 t 时刻，预测未来时刻范围 $k\in\{1,2,\cdots,K\}$ 内状态 $\hat{\boldsymbol{P}}$ 的预测模型如下：

$$\begin{cases}\hat{\boldsymbol{P}}(k|t)=\tau\hat{\boldsymbol{V}}(k-1|t)+\hat{\boldsymbol{P}}(k-1|t)\\\hat{\boldsymbol{P}}(0|t)=\boldsymbol{P}(t)\end{cases}\quad k\in\{1,2,\cdots,K\}\tag{9-50}$$

τ 是两个预测步 k 和 $k+1$ 之间的持续时间。将式(9-48) 代入式(9-50) 的第一行中，可以重写如下：

$$\hat{\boldsymbol{P}}(k|t)=\hat{\boldsymbol{P}}(k-1|t)+\frac{\tau r}{4}\boldsymbol{HU}(k-1|t)\tag{9-51}$$

控制量存在上下界，约束如下：

$$\boldsymbol{U}_{\min}\leqslant\boldsymbol{U}(k-1|t)\leqslant\boldsymbol{U}_{\max}\tag{9-52}$$

建立具有松弛因子 ε 的软约束来描述模块之间以及模块与障碍物之间的碰撞约束。设 $\hat{\boldsymbol{P}}_n(k|t),k=1,2,\cdots,K$ 表示通信距离内的邻居模块 n 在未来 K 个时刻的预测状态，通过通信发送到本地进行处理。设 $\boldsymbol{b}^{(k)}=\hat{\boldsymbol{P}}_n(k|t)-\hat{\boldsymbol{P}}(k|t)$ 表示邻居模块状态与本地模块的位置状态偏差，其范数应大于碰撞阈值 d_s，即两个模块之间的最小安全距离。碰撞约束如下：

$$\|\boldsymbol{b}^{(k)}\|_2\geqslant d_s,\quad k=1,2,\cdots,K\tag{9-53}$$

引入单位向量 $\boldsymbol{a}$，$\|\boldsymbol{a}\|_2=1$，由余弦定理可得

$$\boldsymbol{a}\cdot\boldsymbol{b}^{(k)}=\|\boldsymbol{a}\|_2\|\boldsymbol{b}^{(k)}\|_2\cos\varphi\leqslant\|\boldsymbol{b}^{(k)}\|_2\tag{9-54}$$

式(9-53) 可改写如下：

$$\boldsymbol{a}\cdot\boldsymbol{b}^{(k)}\geqslant d_s\tag{9-55}$$

在上式中加入松弛因子 $\varepsilon_k>0$， $k=1,2,\cdots,K$ 后的碰撞约束如下：

$$\boldsymbol{a}\cdot\boldsymbol{b}^{(k)}\geqslant d_s-\varepsilon_k \tag{9-56}$$

综合模块循迹过程中的要求，提高模块循迹跟踪精度，降低控制量波动幅度，同时防止模块间碰撞，将目标函数列写如下：

$$J=c_1J_e+c_2J_c+c_3J_r \tag{9-57}$$

式中，c_1、c_2、c_3 是权重参数；J_e 为轨迹误差项，优化器最小化轨迹误差将使模块更好地跟踪参考轨迹。设 $\overline{\boldsymbol{P}}^{(k)}=(\overline{x}^{(k)},\overline{y}^{(k)},\overline{\theta}^{(k)})$ 表示模块在预测范围 K 中的参考轨迹路径点，轨迹误差项计算如下：

$$J_e=\sum_{k=1}^{K}\|\hat{\boldsymbol{P}}(k|t)-\overline{\boldsymbol{P}}^{(k)}\|_2 \tag{9-58}$$

对于仅包含一个模块的组元，其参考轨迹 $\overline{\boldsymbol{P}}_C^{(k)}$ 由该模块直接跟踪，即该模块的轨迹为 $\overline{\boldsymbol{P}}^{(k)}=\overline{\boldsymbol{P}}_C^{(k)}$。对于包含多个模块的组元，利用组合体逆运动学模型［式(9-46)］将组元的参考轨迹映射为模块的参考轨迹。设 $\boldsymbol{\eta}$ (δ,φ) 表示模块中心与组元中心的相对位置参数。从组元中心参考轨迹到模块中心参考轨迹的映射 $G:(\overline{\boldsymbol{P}}_C,\boldsymbol{\eta})\rightarrow\overline{\boldsymbol{P}}$ 可以写为

$$\begin{cases}\overline{x}^{(k)}=\overline{x}_C^{(k)}+\delta\cos(\overline{\theta}_C^{(k)}-\varphi)\\ \overline{y}^{(k)}=\overline{y}_C^{(k)}+\delta\sin(\overline{\theta}_C^{(k)}-\varphi)\quad k=1,2,\cdots,K\\ \overline{\theta}^{(k)}=\overline{\theta}_C^{(k)}\end{cases} \tag{9-59}$$

利用组合体正运动学模型可得 G 的逆映射 $G^{-1}:(\overline{\boldsymbol{P}},\boldsymbol{\eta})\rightarrow\overline{\boldsymbol{P}}_C$。

模块轨迹跟踪过程中的控制量输入幅度应尽可能小，即

$$J_c=\sum_{k=1}^{K}\boldsymbol{U}(k-1|t)^{\mathrm{T}}\boldsymbol{U}(k-1|t) \tag{9-60}$$

在目标函数中，添加 ε_k 的惩罚项，使其在目标函数优化过程中被惩罚为尽可能小。碰撞约束的松弛因子 ε_k 的惩罚项为

$$J_r=\sum_{k=1}^{K}\varepsilon_k^2 \tag{9-61}$$

式(9-57) 中惩罚项的权重 c_3 被设置为足够大，优化过程可将松弛变量值减少到接近于零。

9.4.1.3　基于本地共识的运动匹配

由多个模块组成的组元中的每个个体均由彼此独立的分布式控制器控制，相互之间通过通信交换状态。依据组合体逆运动学为各个模块分配参考轨迹，在式(9-57) 优化项作用下，各个模块能够分布式地达成一致，完成组合体整体的协调运动。当环境中的运动障碍物接近组合体时，各个模块与运动障碍物的距离不同，每个模块的分布式控制器产生不同的避障控制量序列，在缺少运动协调的情况下，各模块的序列将产生不同的运动趋势，组合体内部应力增加，模块相互拮抗，能耗随之上升。

集群规避运动障碍物的行为在自然界生物集群中极为常见。鱼群在面对捕食者威胁时，位于集群外围接近捕食者的个体率先反应，产生逃逸和规避行为。规避行为具有突发性，会导致该个体周围水体水压发生波动。其他个体的侧线器官感知到周围水压的突变，将采取与规避个体相似的动作，最终形成协调的集群规避行为。水体作为集群个体之间信息传递的载体，个体的运动通过水动力信息进行传递。

研究人员深入研究了鱼群、鸟群、蝙蝠群等自然生物种群的行为，总结了多种借助个体自主动作产生整体行为涌现的机理模型[47]。本节为模块个体设计了三个本地共识规则，遵照规则可使模块集群保持协调行为。本地共识如下：

① 碰撞避免：不在同一个组元中的模块的间距大于安全距离；

② 跟踪轨迹：模块沿着给定轨迹移动，该轨迹由组元中心轨迹转换而来；

③ 运动匹配：当组元中出现高紧急度模块时，其他模块将其自身的运动与高紧急度模块的运动相匹配。

碰撞避免规则通过约束［式(9-56)］和目标函数［式(9-57)］中的松弛因子惩罚项来满足；轨迹跟踪则通过目标函数［式(9-57)］中的轨迹偏差项来满足。本节提出运动匹配约束来满足运动匹配本地规则。

为组元内每个模块构建危险度 α，设某模块检测到 m 个障碍物，该模块与 m 个障碍物之间的距离为 $d_{o1},\cdots,d_{om}$，则其危险程度 α 计算如下：

$$\alpha=\frac{1}{\min(d_{o1},\cdots,d_{om})} \tag{9-62}$$

组元内个体通过通信来交换 α。每个模块都将其危险度与相邻模块进行比较。若其他模块的危险度高于自身的危险度，则向该模块的约束集中添加具有松弛因子 λ_k 的协调软约束如下：

$$\eta(k+i)=G(\widetilde{\eta}_h(k+i),\delta)+\lambda_k \tag{9-63}$$

$\widetilde{\eta}(k+i)$ 为危险度最高的模块的等效中心。由于组元运动过程中形状固定，每个模块的位置和方向可以反向映射为组件的等效中心。如果组件中所有模块的等效中心在位置和方向上是一致的，即各模块的等效中心可以作为一个点重合，则组元的运动是协调的，如图 9-15 所示。

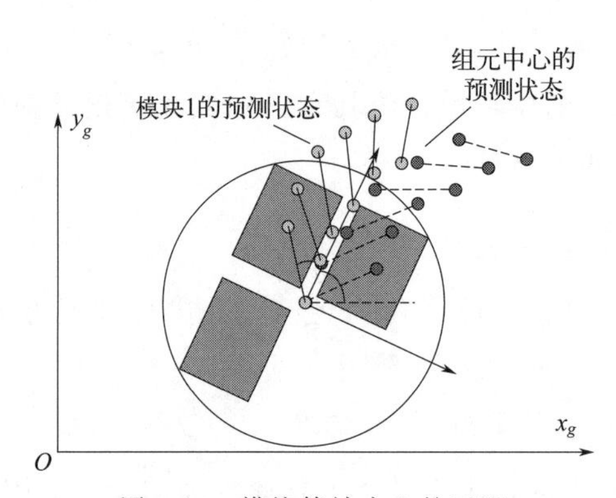

图 9-15　模块等效中心的匹配

等效中心重合的要求构成了模块与危险度最高的模块进行运动匹配的约束。从模块到组元等效中心的逆映射被写为

$$\widetilde{\eta}_h(k+i)=G^{-1}(\eta_h(k+i),\delta_h) \tag{9-64}$$

$\widehat{\boldsymbol{P}}_h$ $(k|t)$ 和 η_h 是具有最高危险度 α_h 的模块的预测状态和相对位置参数。在目标函数中添加关系因子 λ_k 的惩罚项：

$$J_m=\sum_{k=0}^{K}\lambda_k^2 \tag{9-65}$$

当一个模块将其运动与另一个模块进行匹配时，匹配误差是最重要的需要优化的目标，应给予最高的权重。为了降低问题的复杂性，当模块处于运动匹配状态时，在目标函数中只保留了控制量幅度项和速度匹配项。总体的优化问题模型如下：

$$\min J=(1-\sigma)c_1 J_e+c_2 J_c+(1-\sigma)c_3 J_r+\sigma c_4 J_m$$

$$\text{s. t.}\begin{cases}\boldsymbol{U}_{\min}\leqslant\boldsymbol{U}(k-1\mid t)\leqslant\boldsymbol{U}_{\max}\\ \boldsymbol{a}\cdot\boldsymbol{b}^{(k)}\geqslant d_s-\varepsilon_k\\ \hat{\boldsymbol{P}}(0\mid t)=\boldsymbol{P}(t)\\ \hat{\boldsymbol{P}}(k\mid t)=G(\overline{\boldsymbol{P}}_h(k\mid t),\boldsymbol{\eta}),\quad 若\ \alpha<\alpha_h\\ \sigma=1,\quad 若\ \alpha<\alpha_h\\ \sigma=0,\quad 若\ \alpha\geqslant\alpha_h\\ k=1,2,\cdots,K\end{cases}\tag{9-66}$$

本节使用两个模块构建 1×2 构型的组元，使用第三个模块作为运动障碍物，以测试分布式 MPC 控制器对包含多个模块的组元的轨迹跟踪控制能力和避障能力。分布式 MPC 控制器的关键参数设置如表 9-1 所示。

表 9-1　分布式 MPC 控制器的关键参数

c_1	c_2	c_3	c_4	K	d_s
1	8×10^{-5}	1×10^{8}	0.05	15	0.3405

实验中给定组元的轨迹，包括路径关键点坐标和时间信息。运动障碍物以恒定的速度沿两条不同方向的直线穿过 1×2 组元的轨迹。运动障碍物的两个不同运动方向条件下组元轨迹跟踪实验过程如图 9-16 和图 9-17 所示。

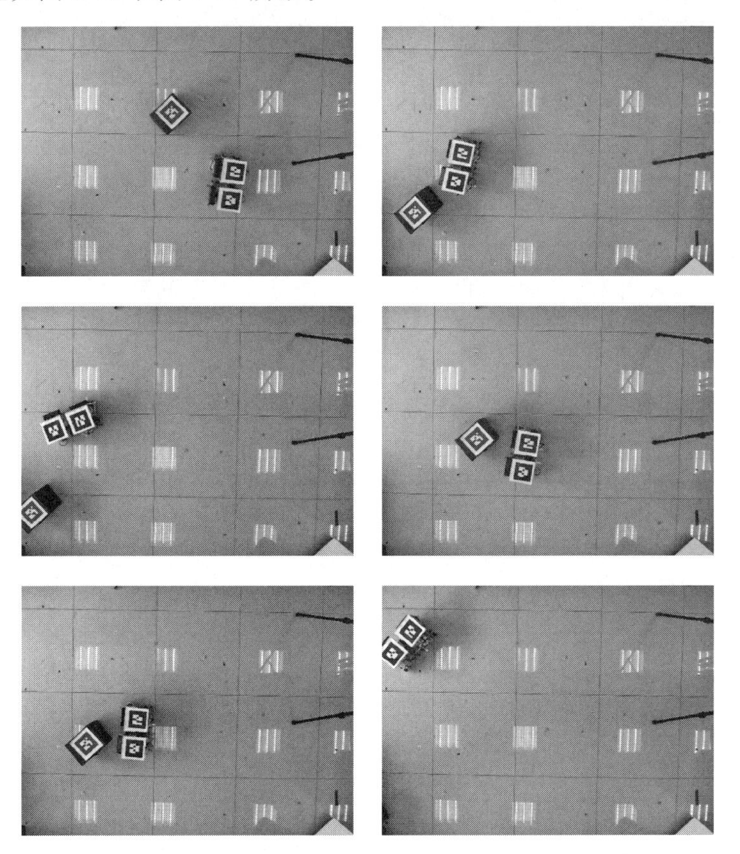

图 9-16　运动障碍物 1 条件下 1×2 组元轨迹跟踪与动态避障实验截图

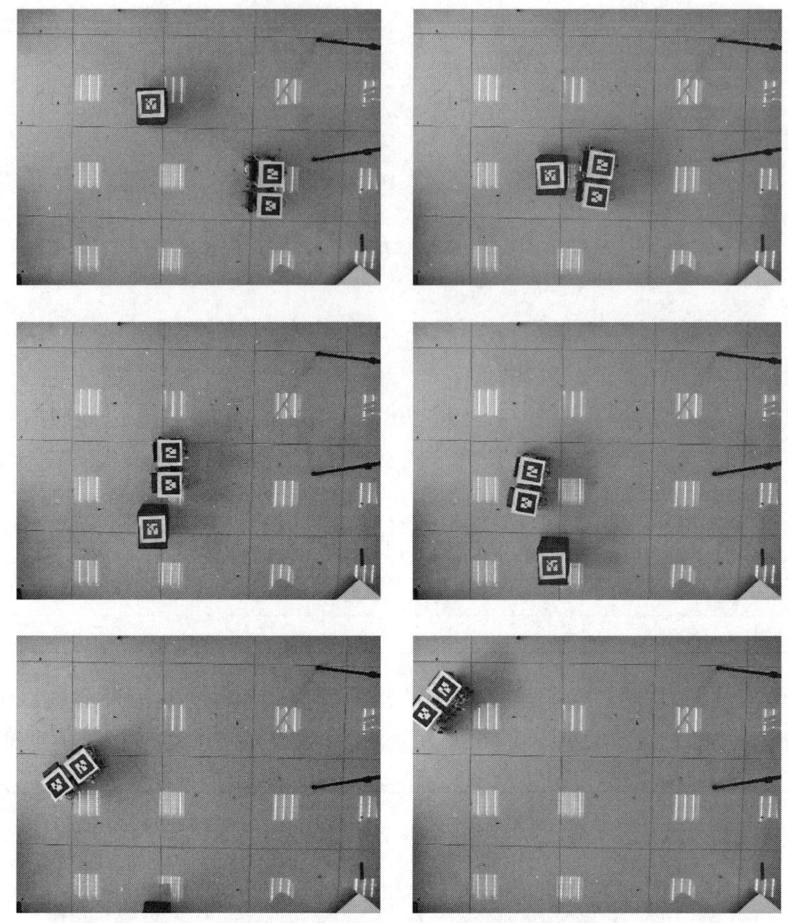

图 9-17　运动障碍物 2 条件下 1×2 组元轨迹跟踪与动态避障实验截图

轨迹跟踪过程中组元内各模块的位置以及运动障碍物的位置如图 9-18 所示。蓝色星形点表示组元中心参考轨迹路径点；蓝色圆圈点表示两个模块的执行轨迹路径点；绿色、粉色和青色“+”号标记表示系统运行过程中模块 5、模块 3 和运动障碍物的实时测量位置；△和×标记表示组元内两个模块和运动障碍物在两个瞬间时刻的位置；黑色圆圈表示以运动障碍物为圆心、半径为 0.3405m 的碰撞范围。由于定位系统以固定频率对各模块和运动障碍物进行测量，图中实时测量位置标记的疏密程度反映了三者的运动速度。

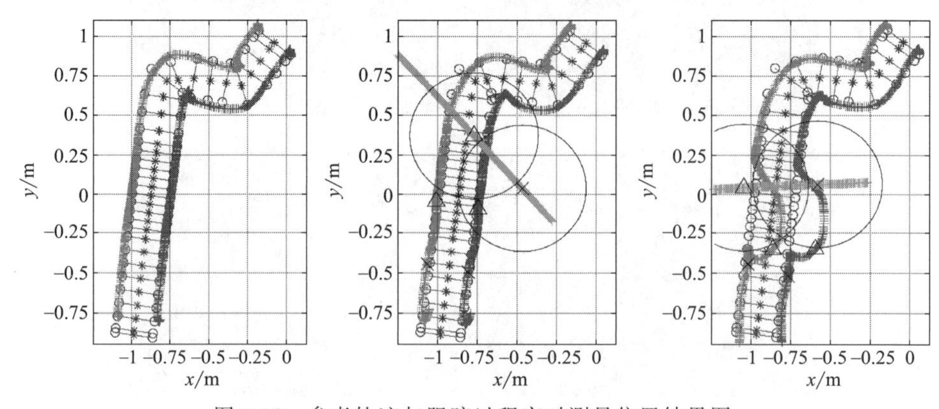

图 9-18　参考轨迹与跟踪过程实时测量位置结果图

组元中心的轨迹跟踪误差如图9-19所示。直线部分的跟踪精度很高，而在两个接近90°的转弯部分出现轨迹跟踪波动。在直线部分，可以明显观察到由避障动作引起的额外偏差，这些误差仍旧在可接受的范围内。模块与运动障碍物之间的距离如图9-20所示。在组元跟踪轨迹运动过程中，所有模块与运动障碍物的距离均大于0.3405m安全距离阈值。

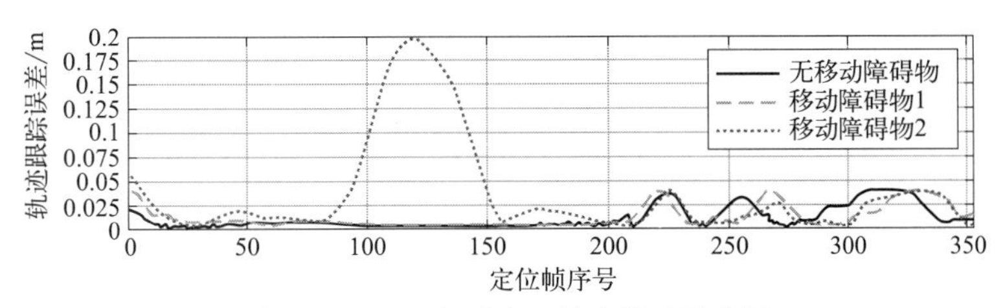

图9-19　1×2组元中心轨迹跟踪误差图

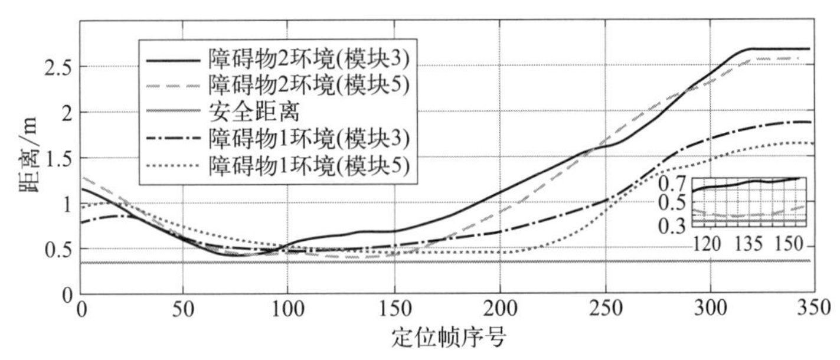

图9-20　模块与运动障碍物之间的距离结果图

组元在跟踪轨迹过程中同时躲避运动障碍物的控制量如图9-21和图9-22所示。结果表明，组元中的两个模块在路径和速度上协调一致。组元成功地避免了与运动障碍物的碰撞，同时很好地跟踪了轨迹。

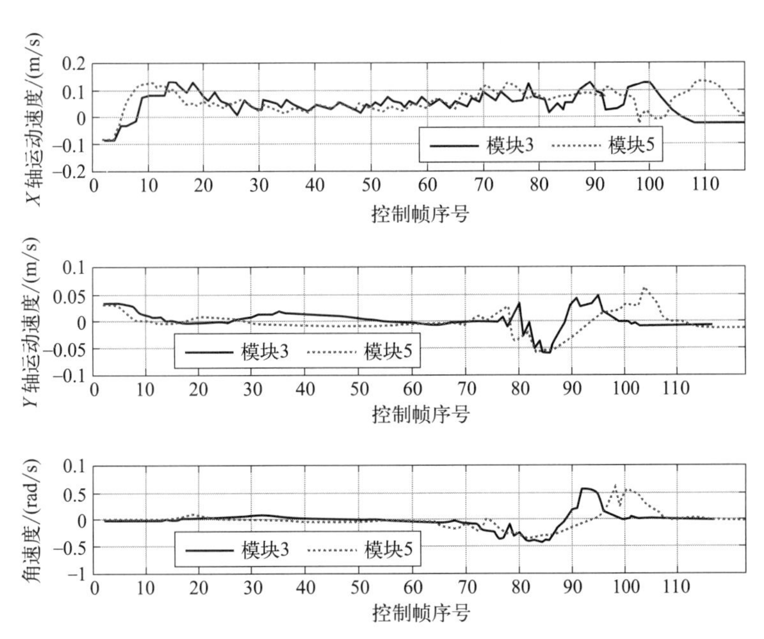

图9-21　运动障碍物移动方向1条件下组元两模块的控制量结果图

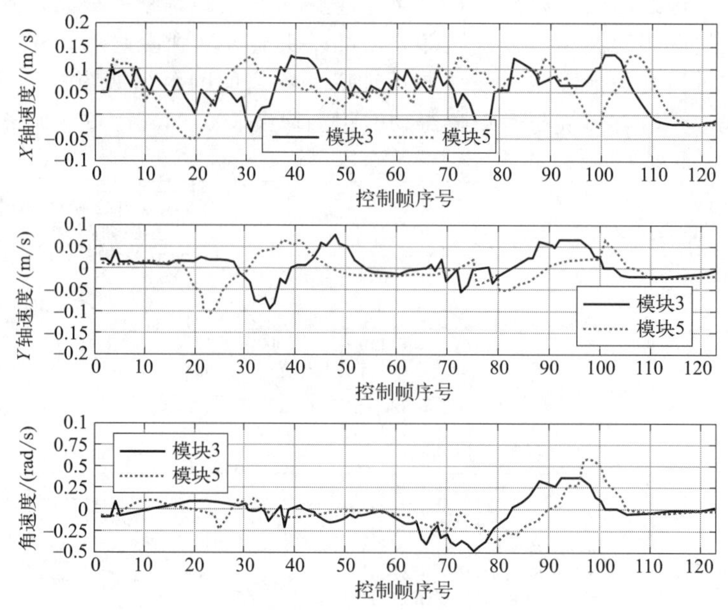

图 9-22 运动障碍物移动方向 2 条件下组元两模块的控制量结果图

9.4.2 分布式控制器的递归可行性与渐近稳定性

9.4.2.1 递归可行性

本质上，分布式 MPC 实时地、迭代地解决一个约束优化问题。控制器在每个时间步内进行一次优化计算，并将所求解内控制量序列的首个控制量施加至被控对象。其迭代性体现于施加当前时刻最优控制序列的首个控制量后，整个被控系统进入了新的时刻，该时刻及其后时刻的最优问题是否存在可行解受系统历史时刻的控制量影响，即施加本时刻最优控制量之后，系统在未来时刻可能不存在可行解。以上问题源于 MPC 问题的有限窗口特性：MPC 的预测步长有限，可以保证预测窗口内可行解存在，但无法预知施加当前控制量后系统未来的、在预测窗口之外的可行解状态。递归可行性的分析对于设计分布式 MPC 控制器至关重要。

猜想： 本节提出的基于本地共识的分布式 MPC 控制器是递归可行的。

证明：

递归可行性的证明基于以下两个事实。

事实一：式(9-66) 所示的优化问题在初始时刻 $t=0$ 存在可行解。该事实具备清晰的物理意义，即模块在初始状态时与障碍物无碰撞，且存在一个移动路径使模块能够离开初始位置。一个能够正常执行功能的机器人在非死锁环境下均满足这一事实。

事实二：本节提出的控制器内，对于某模块 i，其在 t 时刻求得的最优控制量序列 $\boldsymbol{U}^*(k-1|t)$，$k=1,2,\cdots,K$，则在 $t+1$ 时刻的假设控制量 $\boldsymbol{U}^a(k-1|t+1)$ 计算如下：

$$\begin{cases}\boldsymbol{U}^a(k-1|t+1)=\boldsymbol{U}^*(k|t), \quad k=1,2,\cdots,K-1\\ \boldsymbol{U}^a(K-1|t+1)=\boldsymbol{0}\end{cases} \tag{9-67}$$

本节提出的分布式 MPC 控制算法包含两套约束状态，由模块紧急度 α 和最高紧急度 α_h 的大小关系决定。当 $\alpha \geqslant \alpha_h$ 时，模块处于自治状态，优化问题为经典的分布式 MPC 模型[48]；当 $\alpha < \alpha_h$ 时，模块处于运动匹配状态，由于约束条件 $\widehat{\boldsymbol{P}}(k|t)=G(\overline{\boldsymbol{P}}_h(k|t),\boldsymbol{\eta})$ 生

效，优化问题退化为关于目标模块预测状态序列的映射问题。模块依据紧急度相对大小在两类状态中动态切换。

当模块处于自治状态时，根据事实一，式(9-66)所示的优化问题在初始时刻 $t=0$ 存在可行解。假设优化问题在 t 时刻存在可行解，且其最优解为 $\boldsymbol{U}^*(k-1|t)$，$k=1,2,\cdots,K$。依据式(9-67)，假设控制量 $\boldsymbol{U}^a(k-1|t+1)$ 自然地满足式(9-66)的约束条件，故其是优化问题在 $t+1$ 时刻的可行解。因此当优化问题在 t 时刻存在可行解时，其在 $t+1$ 时刻也存在可行解。由初始可行解存在条件可知，自治状态下的优化问题是递归可行的。

当模块处于匹配状态时，优化问题退化为映射问题，问题的解是否存在依赖于匹配目标模块的解是否存在。若匹配目标模块的解存在，则通过 $\widehat{\boldsymbol{P}}(k|t)=G(\overline{\boldsymbol{P}}_h(k|t),\boldsymbol{\eta})$ 映射为本模块的解。匹配目标模块处于自治状态，其优化问题具备递归可行性，处于匹配状态的模块将可行解映射为本地解，故匹配状态具备递归可行性。

综上所述，式(9-66)所示的优化问题具备递归可行性。

9.4.2.2　渐近稳定性

分布式MPC控制器在轨迹跟踪过程中应收敛于设定轨迹，本节通过李雅普诺夫方法证明提出的分布式MPC控制器是渐近稳定的。

猜想：本节提出的基于本地共识的分布式MPC控制器是渐近稳定的。

证明：

借助李雅普诺夫方法证明本节控制器的渐近稳定性。将所有模块的优化目标函数[式(9-66)]求和，构造李雅普诺夫函数如下：

$$J_s=\sum_{i\in\mathbf{N}}[(1-\sigma)c_1J_e+c_2J_c+(1-\sigma)c_3J_r+\sigma c_4J_m] \tag{9-68}$$

设 t 时刻的最优解对应的目标函数为 J_s^*，$t+1$ 时刻的可行解对应的目标函数为 J_s^f，二者的差值如下：

$$\begin{aligned}J_s^f-J_s^*=\sum_{i\in\mathbf{N}}&[(1-\sigma)c_1\|\widehat{\boldsymbol{P}}(K-1|t+1)-\widetilde{\boldsymbol{P}}^{(K)}\|_2\\&-(1-\sigma)c_1\|\widehat{\boldsymbol{P}}(0|t)-\widetilde{\boldsymbol{P}}^{(0)}\|_2\\&+(1-\sigma)c_3(\varepsilon_0^2+\varepsilon_K^2)+\sigma c_4(\lambda_0^2+\lambda_K^2)]\end{aligned} \tag{9-69}$$

式中，松弛因子惩罚项随着优化器求解将逐渐趋于0，中括号内第三项、第四项为0。依据轨迹跟踪误差的零终端约束，中括号内第一项为0。式(9-69)可改写如下：

$$J_s^f-J_s^*=-(1-\sigma)c_1\|\widehat{\boldsymbol{P}}(0|t)-\widetilde{\boldsymbol{P}}^{(0)}\|_2<0 \tag{9-70}$$

综上，李雅普诺夫函数 J_s 为正定函数，其离散导数为负定，控制系统渐近稳定。

9.5　仿真与物理平台实验

9.5.1　模型仿真与结果分析

本节对提出方法的有效性、先进性和参数特征等进行仿真和实验测试，主要包括全地图随机树模型仿真、回环分支优化特征测试、高动态环境下实时响应路径规划仿真、对比方法仿真与数据分析等。仿真在Matlab R2017b软件中运行，运行环境配置为Intel i7-9750H CPU，CPU工作频率2.6GHz，内存32GB，64位Windows 10系统。

9.5.1.1　全地图随机树仿真

本节建立扩展数据结构描述全地图随机树，以增强随机树沿父节点方向向上级回溯和沿子节点方向向下级搜索的能力，进而提升随机树构建、回环分支建立、动态环境快速响应机制的运行速度。扩展数据结构包含每个树节点的三级关键邻居节点的索引，即父级节点 v_p、子级节点 v_s、同级上一节点 v_{lp} 和同级下一节点 v_{lb}。建立四元链表来描述节点之间的关系，链表记录格式如下：

$$\begin{bmatrix} v_p & v_s & v_{lp} & v_{lb} \end{bmatrix} \tag{9-71}$$

若邻居节点不存在，则相应记为－1。图 9-23 显示了随机树的典型形式和对应的链表结构。

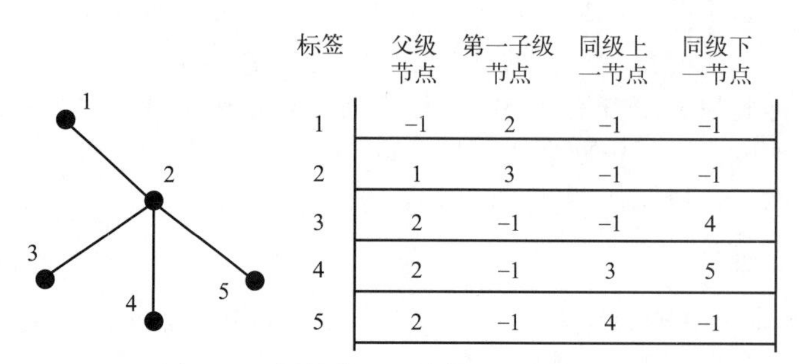

标签	父级节点	第一子级节点	同级上一节点	同级下一节点
1	−1	2	−1	−1
2	1	3	−1	−1
3	2	−1	−1	4
4	2	−1	3	5
5	2	−1	4	−1

图 9-23　树结构和链表数据结构示意图

建立包含 5 个静态障碍物的 480 行×640 列大小的仿真地图，以横轴 64 列、纵轴 48 行为一个网格，将整个地图划分为 10×10 个网格，统计网格内树节点数量用于测试全地图随机树的遍布性和均匀性。每隔 10 行、10 列选取根节点，共计 64×48 个根节点，对每个根节点生长一个全地图随机树，统计每个随机树的节点在 100 个网格内的分布数量标准差。将所有标准差结果按照根节点绘制，如图 9-24 所示。

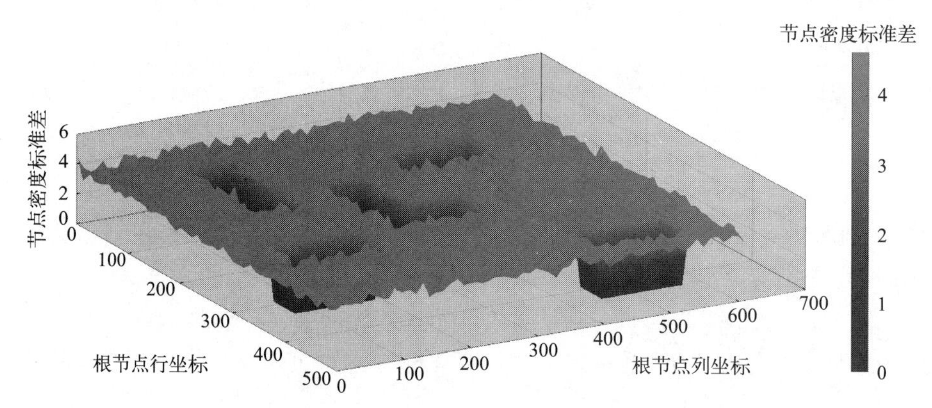

图 9-24　不同树节点位置产生的节点数量分布标准差结果图

网格间树节点数量标准差最大值为 4.6239，最小值为 2.7801，不同位置的根节点形成的随机树分布状态相近。由结果可知，全地图随机树的均匀分布性与根节点位置无关，根节点可在工作空间中任意选择。图 9-25 展示了在地图中进行的某次测试的全地图随机树的形状。

全地图随机树的分布密度因子 μ_{mc} 影响树节点总量，也影响全地图随机树的生成用时。对不同的分布密度因子进行随机树生长仿真测试，统计单个网格内树节点的平均个数、无树节点的空白网格数量和随机树构建用时，结果如图 9-26 所示。

由仿真结果可知，随着 μ_{mc} 增加，单个网格内树节点的平均个数呈线性增加。该结果与树节点的均匀分布性和 μ_{mc} 与树节点总量的线性关系相符合。在 μ_{mc} 小于 0.003 时，全地

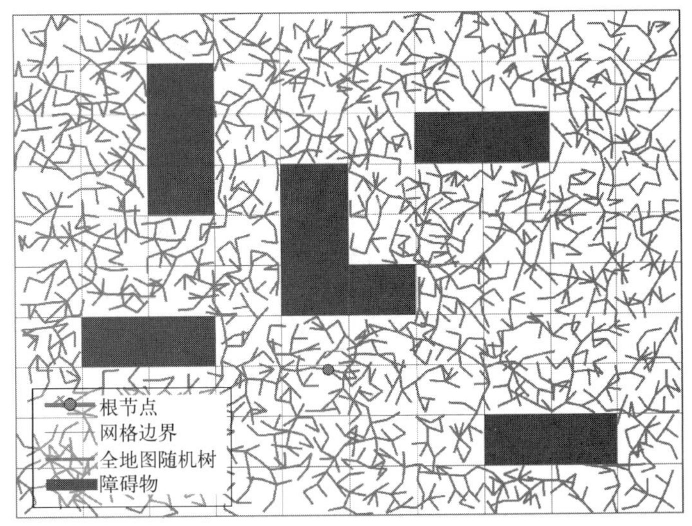

图 9-25　某根节点产生的全地图随机树结果图

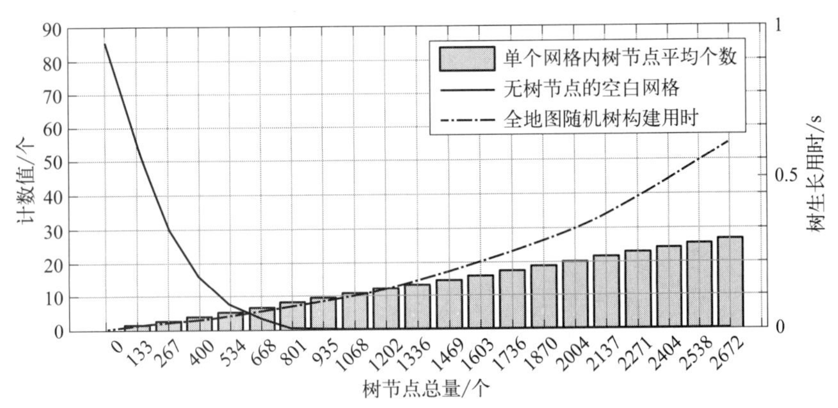

图 9-26　不同 μ_{mc} 导致的全地图随机树结果图

图随机树尚未完全覆盖整个自由空间，仍存在无树节点的网格。随着 μ_{mc} 增加，完成随机树生长的时间加速增加，反映了在随机树生长后期随机采样生成新的有效节点的效率降低。该现象与节点间距约束有关，当自由空间内大部分空间已经被树节点覆盖，新一次采样大概率与现有节点重复，生成有效节点的效率降低。由结果可知，μ_{mc} 的取值范围在 [0.003,0.008] 内可实现遍布性和构建时间的均衡。

9.5.1.2　回环分支模型仿真

本节建立虚拟连接表结构描述回环分支，该数据结构与全地图随机树的数据结构相互独立，以增强路径迭代优化的速度。针对回环分支模型的仿真以优化解质量为指标，测试显著性指标 μ_s 和相似性指标 μ_p 对于规划路径长度的影响。在 1 至 50 范围内，每隔 1 单位选取 μ_s 和 μ_p，进行 2500 个 μ_s-μ_p 对的回环分支构建与路径寻优计算。某次测试生成的回环分支如图 9-27 所示。

2500 个 μ_s-μ_p 对的回环分支构建下的最优路径长度结果如图 9-28 所示，寻优耗时结果如图 9-29 所示。随着显著性指标增加，环路内节点数量标准提高，删除更多的回环连接，回环分支的分布逐渐稀疏，导致路径优化搜索能力降低，得到的路径长度更长；由于迭代虚

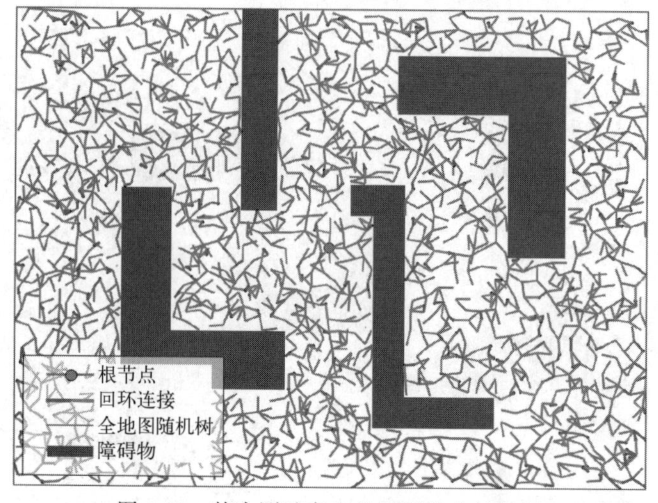

图 9-27　某次测试产生的回环分支结果图

拟节点连接的次数少，完成迭代优化的耗时较短，速度快。若显著性指标降低，地图内保留了更多的回环连接，得到的结果优化程度更高，但耗时也更长。相似性指标对于优化结果的影响力弱于显著性指标，且在低显著性指标条件下，相似性指标的影响更加明显，原因在于低显著性指标保留了更多回环连接，供相似性指标进行筛选，而高显著性指标筛选去除了大多数回环连接，使得相似性指标无法发挥筛选作用。

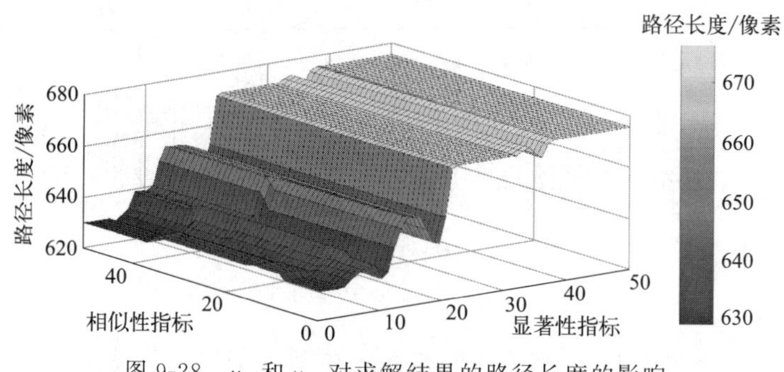

图 9-28　μ_s 和 μ_p 对求解结果的路径长度的影响

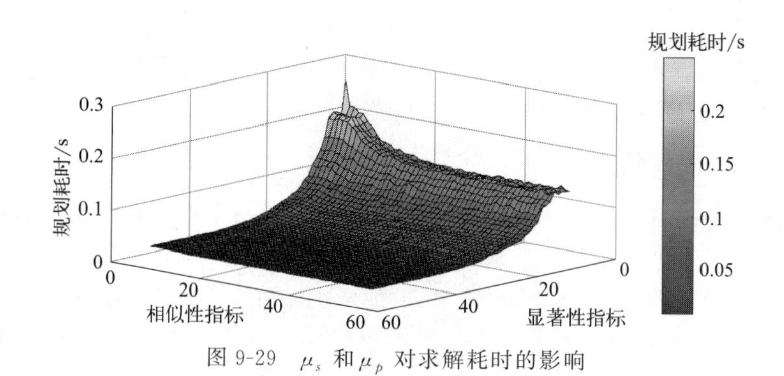

图 9-29　μ_s 和 μ_p 对求解耗时的影响

9.5.1.3　高动态环境下最优路径规划仿真

本节验证所提出模型在高动态环境下的性能，选择目前面对动态环境的先进算法 MOD-

RRT*[18] 作为对照。设计了三个不同环境，具备不同的障碍物形状、分布密度和地形类型，每个环境中均有四个运动的矩形障碍物，进行匀速直线往复运动。机器人从起点开始，在路径规划器引导下躲避障碍物，以实时最优路径向目标点移动。本节方法的关键参数设置为：$\mu_s=8$，$\mu_p=6$，$\mu_{mc}=0.0075$。仿真测试结果如图 9-30 所示。图中黑色部分为静态障碍物，灰色矩形为运动障碍物，移动速度为 3 像素/s；叉号标记位置为起点，黄色圆点位置为目标位置。机器人以 5 像素/s 的速度运动，其导航整体轨迹如图中蓝色实线和橘红色点画线所示。由图可知，两个方法均可以引导机器人躲避障碍物、移动至目标位置，而本书方法产生的机器人路径波动更小。为定量对比两个方法的动态响应性能，对上述三个导航过程重复独立地执行 40 次，统计机器人无碰撞运动到目标位置的导航成功率、运动距离和实时规划单次运行耗时。导航成功率结果如表 9-2 所示。

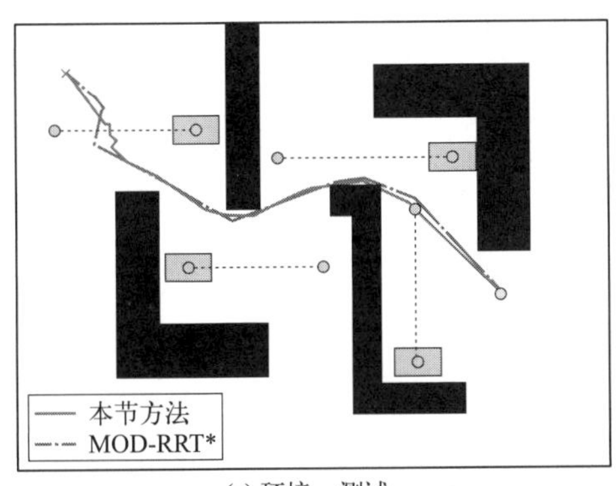

(a) 环境一测试

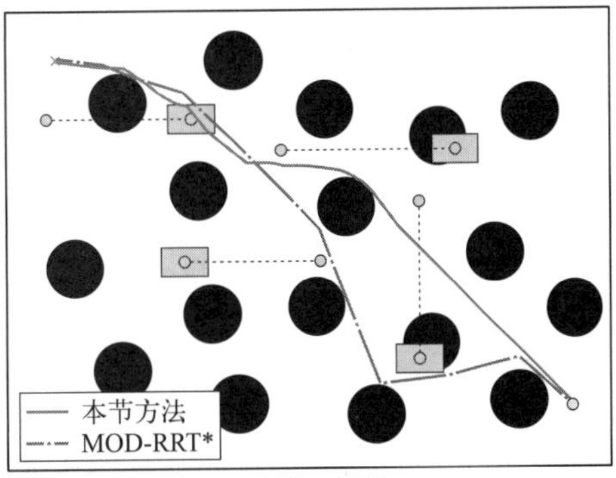

(b) 环境二测试

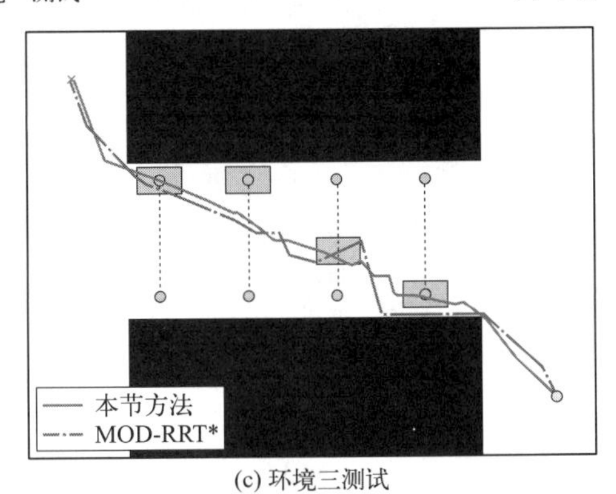

(c) 环境三测试

图 9-30　三个不同的高动态环境下路径导航结果图

表 9-2　两种方法在三个环境下的导航成功率结果

环境编号	成功率	
	本书方法	MOD-RRT*
环境一	100%	85%
环境二	100%	100%
环境三	100%	97.5%

由 40 次测试结果可知，本节的方法在三种环境中的成功率均为 100%，相比于 MOD-RRT* 方法，可靠性和鲁棒性更高。三种环境下机器人的移动距离对比如图 9-31 所示，实时规划单次运行耗时对比如图 9-32 所示。在 40 次机器人导航测试中，本节方法的平均移动

距离比 MOD-RRT* 方法更短，环境一中减少 5.09%，环境二中减少 6.84%，环境三中减少 4.67%；本节方法的实时规划单次耗时比 MOD-RRT* 方法更少，环境一中减少 30.90%，环境二中减少 32.85%，环境三中减少 32.22%。综合以上测试结果，本节方法能够在高动态环境下实时规划最优路径，在计算效率、优化程度、可靠性、鲁棒性等方面实现了性能提升。

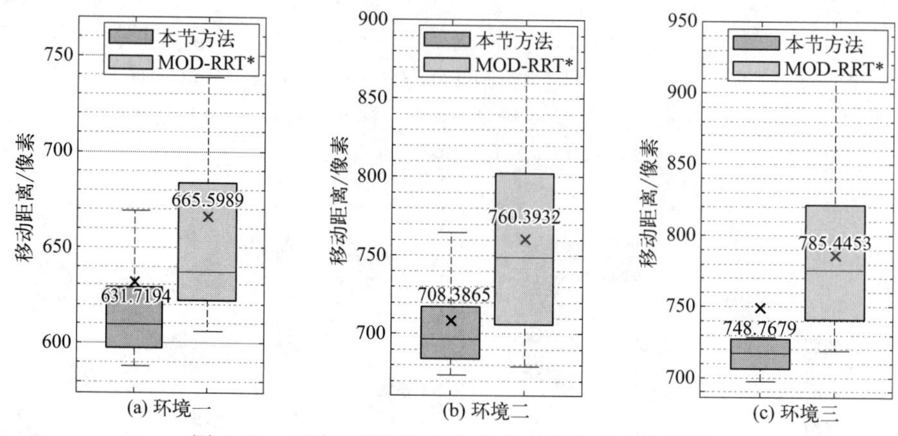

图 9-31　三种环境下机器人的移动距离对比结果图

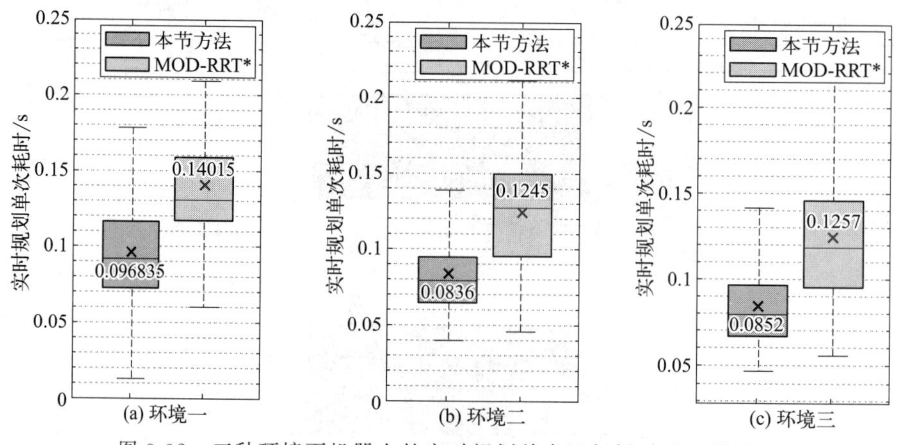

图 9-32　三种环境下机器人的实时规划单次运行耗时对比结果图

9.5.1.4　连续任务序列最优路径规划仿真

本节在连续任务序列场景中测试本书方法的性能，选用环境一作为测试场景，设计目标位置序列，使机器人按序列访问十个目标位置。当机器人到达一个目的地时立刻赋予其新的目标。过程中计算每个实时规划步骤产生的最优路径的相对优化偏差。Theta* 算法是 A* 算法的改进算法，其搜索到的路径结果几乎与全局最优路径相同。选取 Theta* 算法[49] 为基线算法，相对优化偏差 $Q(L)$ 计算如下：

$$Q(L)=[\mathrm{len}(L)-\mathrm{len}(L_{\mathrm{theta}})]/\mathrm{len}(L_{\mathrm{theta}}) \tag{9-72}$$

式中，$\mathrm{len}(L)$ 表示路径 L 的欧几里得长度。在每一个实时优化帧内，本节算法构建最优路径之后，Theta* 算法按照同样的环境配置独立求解结果，作为当前环境帧内的全局最优解，取二者长度计算相对优化偏差，并记录本节方法的求解用时，形成的结果图如图 9-33 所示。图中竖实线表示新目标位置分配给机器人的瞬间。定义性能波动量 ρ 为切换新目标位置瞬间的变量值与除切换瞬间外的所有帧的平均值之间的差值。相对优化偏差和单次规划耗时的性能波动量结果如表 9-3 所示。10 个连续的导航过程中，相对优化偏差在 0 附近波动，表明在应对连续任务序列时本节方法保持了一致的优化能力，未因时间的延长产生优化性能的下降，证明了动态响应模型和数据结构的维护模型具备有效性；实时规划的单次耗时在给定新目的地瞬间略有上升，升幅约为平均计算耗时的 13.57%，耗时上升主要原因是路径长度瞬间增加导致路径规划的收缩、寻优计算负担增加。然而耗时峰值低于 0.13s，仍满足实时性要求。由以上结果可知，本节方法能够在序列式任务下保持一致的优化能力和实时的优化速度，在面对地图内各个方向的起点-终点对时保持性能的全向一致。

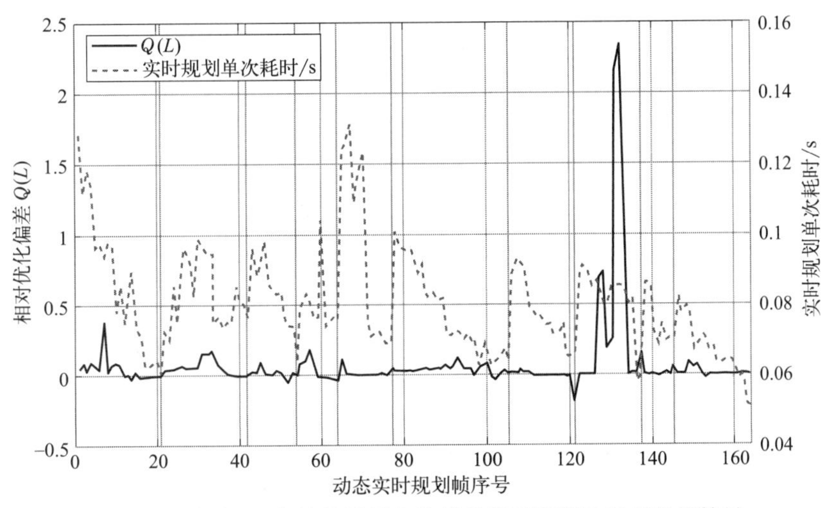

图 9-33　包含 10 个导航目标点的任务序列下算法运行性能结果

表 9-3　相对优化偏差和单次规划耗时的性能波动量

相对优化偏差的性能波动(无量纲)	单次规划耗时的性能波动/ms
−0.0356±0.0359	10.9±14.9

9.5.2　物理平台对比实验

采用滑移转向的四轮独立驱动机器人进行实物实验，设置一个尺寸为 4.8m×3.2m 的场地。由同类型机器人作为运动障碍物，机器人和运动障碍物的最大线速度分别为 0.5m/s 和 0.3m/s。根据机器人的形状尺寸，障碍物边界扩展为以机器人中心为圆心、机器人尺寸为半径的圆。由于实验使用的是具有非完整约束的机器人，因此根据运动障碍物与机器人之间的相对速度，进一步扩展了运动障碍物的边界，以降低发生横向碰撞的可能。机器人和两个运动障碍物上方贴有 ArUco 标记，通过全局视觉估计二者的姿态。开展动态环境下机器人导航和避障实验测试，实验过程截图如图 9-34 所示。图中蓝线表示机器人的运动轨迹，斜十字标识所在位置是导航起点，圆形标识所在位置是导航终点，带有 ArUco 标记的两个墨绿色方框是运动的障碍物，其运动方向由粗箭头线表示；其他墨绿色的盒子是静态障碍物，其周围的浅绿色区域是障碍物的扩展边界。由实验过程截图可知，当两个移动的障碍物阻挡机器人前进轨迹时，机器人成功绕过障碍物，如图 9-34 的第 4 帧和第 7 帧所示。

重复执行 10 次导航测试，统计运动轨迹的长度和导航过程的耗时，如表 9-4 所示。本节方法引导机器人以较短的轨迹完成导航，比 MOD-RRT* 短 13.68%。对于导航时间消耗，本节方法到达目的地的耗时比 MOD-RRT* 少 11.33%。实物实验验证了本节方法有效地引导机器人以实时近最优轨迹在动态环境中移动，并避开移动的障碍物。

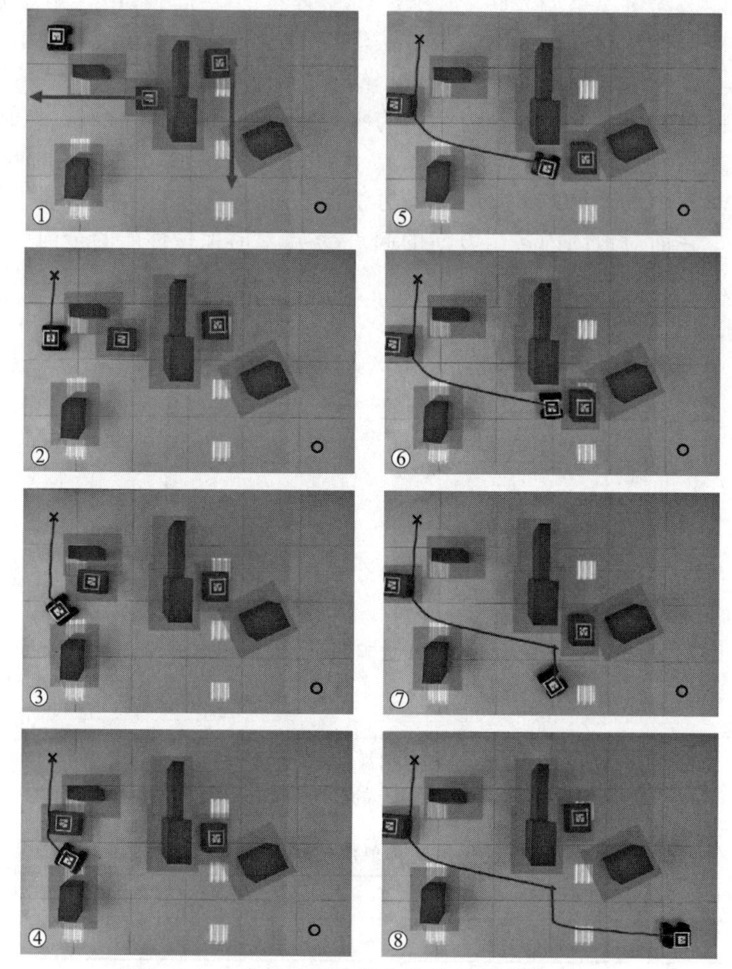

图 9-34　动态环境下机器人导航和避障实验测试

表 9-4　实物实验对比结果

性能指标	本节方法	MOD-RRT*
轨迹长度/m	5.17±0.33	5.99±0.38
导航时间/s	25.81±2.88	29.11±3.21

从仿真和实验结果来看，本节方法具备近最优性和实时规划的特性。在由运动障碍物切割导致的断开分支重新连接过程中，MOD-RRT* 在断点处重新连接子树。当在障碍物狭窄通道中移动时（例如环境一中右上角移动的障碍物），仅从断点处难以将断裂的分支重新连接到主树上。无论断点处附近自由区域的空间有多大，可能都不存在一个主树节点可以将断裂分支直接重新连接，且连接线不与障碍物发生碰撞。这导致了环境一中 MOD-RRT* 方法成功率下降。若 MOD-RRT* 方法遍历子树的所有节点，计算邻域，然后重新连接，将导致大量的计算代价。然而，本节方法通过随机抽样将子树重新连接到主树，其重连节点可以是子树中的任一节点，因此只要存在一个节点重连接成功，则可完成重连接，计算效率高。此外，若当前路径被完全阻塞，本节方法可以在较大范围内切换路径方向。

RRT* 树内各节点依据其与根节点之间的代价构建，满足所有树节点对根节点的成本最小。在动态环境下运行时，RRT* 树不可能直接重复使用。重建树或重新计算整个树的代价导致计算量较高，将导致规划性能的下降。本节方法通过跨地图复用的全地图随机树和回环连接生成一个路径网络，该网络的特性对于不同方向的起终点是一致的。当起点和目标发生变化时，路径网络可以直接用于搜索，不进行转换或大规模的重新计算。因此，本节方法可以处理任务序列，且方法的效率对树的大小不敏感。

通过循环连接，规划得到的路径会跳出其所在的通道，进入其他质量更好的路径簇。同时，循环连接也可以从局部改进路径，并在同伦路径簇中找到一个更短的路径。回环连接是虚拟的，保持了全地图随机树的无环图特征，以保持快速路径生成能力。快速路径生成和基于贪婪的迭代搜索是本节方法能够在实时帧率下搜索到近最优路径的重要因素。本节方法的搜索时间消耗的主要决定因素是回环连接的数量，更多的回环连接会导致更高质量的结果，但搜索耗时就越多。在不同地图环境中，若回环连接的数量保持恒定，则规划帧率也将保持稳定。本节方法求得的结果是次优解，基于贪婪的迭代策略并不会访问网络中的所有路径，在路径长度最优性和搜索耗时之间进行了良好的平衡。

9.5.3　组合体变构对比测试

将分布式并行变构控制技术用于由六个四麦克纳姆轮全向移动模块组成的模块化机器人平台上，说明并行变构控制方法的效果。四麦克纳姆轮模块尺寸为 0.22m × 0.26m × 0.19m，模块搭载的控制板为 NVIDIA Jeston Nano，其板载 CPU 为 ARM Cortex-A57 MPCore，内存为 4GB。使用 Ipopt 求解器和 CppAD 工具求解非线性 MPC 控制器的滚动优化问题，模块通过背部二维码和全局视觉定位系统获取自身位姿。

组合体六个模块在共享工作空间中并行移动进行变构，首先在无动态障碍物环境下由“十”字构型变为“一”字构型，变构过程如图 9-35 所示。最优变构决策为将初始构型拆分成两个单模块组元，围绕最大公共子构型进行变构运动。图中绿色和红色曲线分别表示两个组元的运动轨迹。两个运动模块在就位顺序上进行了良好的规划，构型远端的模块对另一运动模块进行了规避，实现了安全变构。

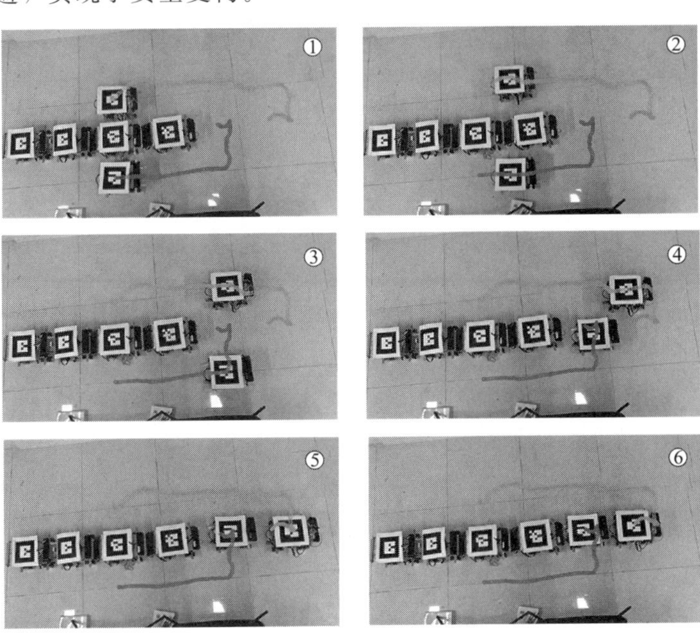

图 9-35　“十”字构型至“一”字构型并行变构实验过程图

模块化机器人在有运动障碍物的动态环境中完成由“h”构型到“一”字构型的变构运动，变构过程如图 9-36 所示。最优变构决策为将初始构型拆分成一个 2×1 组元和一个单模块组元，围绕最大公共子构型进行变构运动。图中深绿色方块为运动障碍物，蓝色曲线表示 2×1 组元中心的实际运动轨迹，红色曲线表示单模块组元的运动轨迹，黄色虚线表示运动障碍物轨迹。在第 3 张和第 4 张照片中可以观察到 2×1 组元以组合体整体进行避障的运动情况。基于本地共识的 MPC 控制器能够实现高效的并行变构移动，且模块和运动障碍物之间没有碰撞。

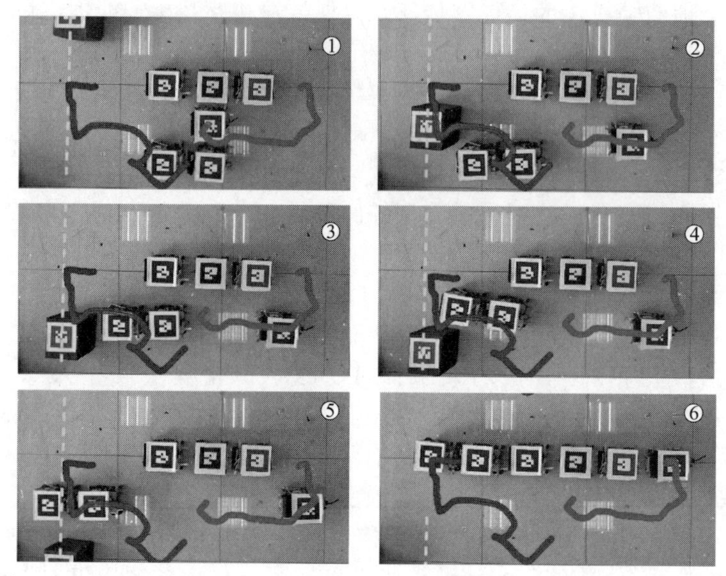

图 9-36　含运动障碍物的“h”构型至“一”字构型并行变构实验过程图

将本节提出的方法与文献［50］中提到的方法进行比较，变构过程如图 9-37 所示。图中，左栏为对比方法的运行过程，其中红线、蓝线和绿线表示三个模块的运动轨迹；右栏为本节方法的运行过程，蓝线表示 1×2 组合体中心轨迹。表 9-5 列出了四个优化目标的测试结果。对比方法拆分了三个移动模块，以串行方式进行逐一运动，效率较低；本节方法拆分了一个单模块组元和一个 1×2 组元，二者同时运动，变构过程效率更高，断开对接机构数量更少、变构总移动距离更少且变构完成时间更短。

表 9-5　对比实验的结果

项目	对比方法	本节方法
移动模块数量/个	3	3
断开对接机构数量/个	3	2
总体移动距离/m	6.9123	6.5433
完成时间/s	69	60

9.5.4　组合体连续变构

组合体六个模块在共享工作空间中进行连续变构，设置了五种构型：“十”字构型、“h”构型、“一”字构型、“T”构型和阵列构型。六模块机器人依照顺序连续变换五次，最终变换回到“十”字构型。多目标变构决策优化算法计算最优组元拆解方案和组元目标位置，同时空并行变构最优轨迹规划方法离线计算变构轨迹，各模块运行实时最优路径规划并

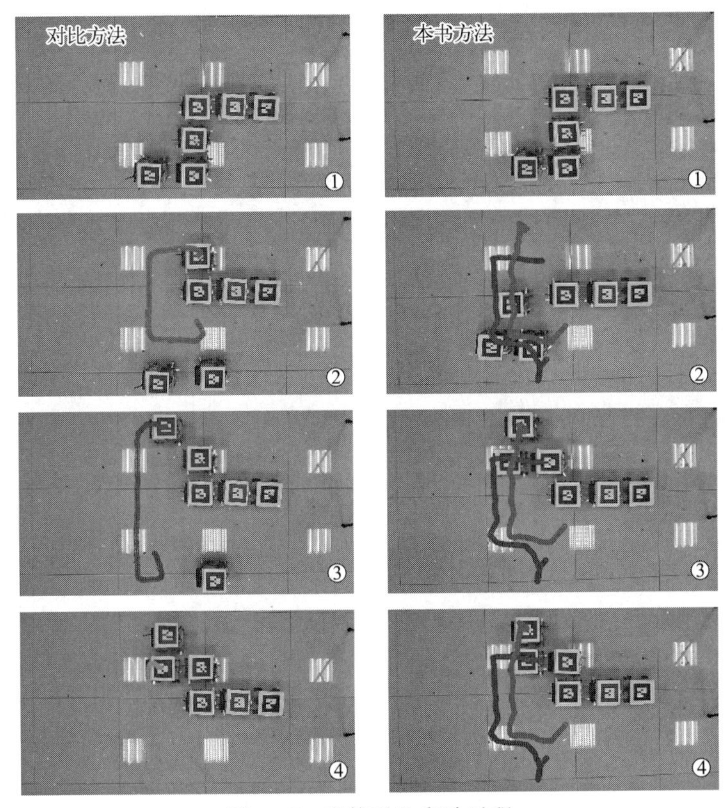

图 9-37　变构对比实验过程

通过基于本地共识的分布式控制器执行变构运动，连续变构过程如图 9-38 所示。图中各模块首先脱离组合体，向目标位置并行运动，到达对接位置之后执行对接动作。第 4～8 帧画面中，两个模块以 1×2 组元形式协同运动。变构过程中模块之间无碰撞发生，从第 13、14 帧画面中可以观察到模块脱离组合体时的脱离顺序，外侧模块率先移动，为内侧模块提供充足运动空间。脱离顺序的协调是由于两个模块在脱离一瞬间互相交换控制量序列，避碰约束发挥作用，产生了协调的脱离顺序。

本节以组合体中心坐标为基准，测量参与变构运动的模块质心与其给定目标位置之间的位置偏差，即机器人组合成为目标构型的精度，测量结果如表 9-6 所示。经计算，连续变构实验的平均偏差为 0.01643m，标准差为 5.280×10^{-3}m。连续变构五个过程的耗时结果如表 9-6 所示，五个变构过程的平均构型切换时间为 47.8s，构型切换时间的标准差为 1.939s。由结果可得，本节方法能够支持模块化可重构机器人完成连续变构过程，变构效率高，组成目标构型的精度较高。

表 9-6　连续变构实验机器人组合成为目标构型的精度与耗时

切换始末构型	位置偏差/m	切换时间/s
十字构型切换到 h 构型	0.01795	45
h 构型切换到一字构型	0.02443	51
一字构型切换到 T 构型	0.01190	48
T 构型切换到阵列构型	0.01640	48
阵列构型切换到十字构型	0.01145	47

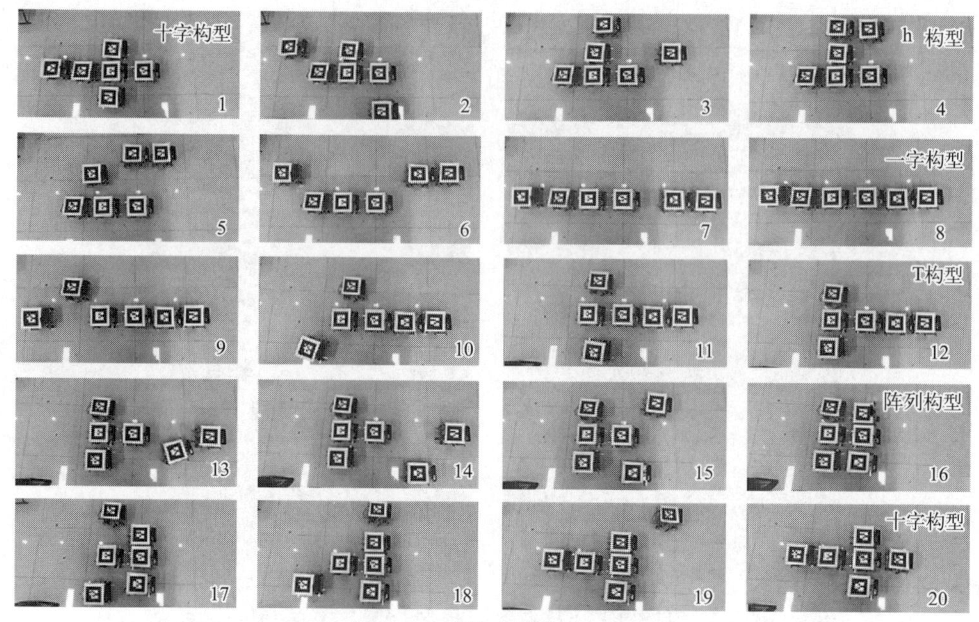

图 9-38 连续变构实验过程

参考文献

[1] 韩统，周欢，李霞，等．针对非合作型动态障碍的无人机自主防碰撞［J］．电光与控制，2017，24：6-12.

[2] S. Koenig，M. Likhachev. D* lite［C］. Eighteenth National Conference on Artificial Intelligence，Edmonton，Alberta，Canada，2002：476-483.

[3] S. M. LaValle，J. Kuffner. Randomized kinodynamic planning［J］. International Journal of Robotic Research，1999，20（5）：378-400.

[4] S. Karaman，E. Frazzoli. Sampling-based algorithms for optimal motion planning［J］. International Journal of Robotics Research，2011，30（7）：846-894.

[5] A. A. Ravankar，A. Ravankar，T. Emaru，et al. HPPRM：Hybrid potential based probabilistic roadmap algorithm for improved dynamic path planning of mobile robots［J］. IEEE Access，2020，8：221743-221766.

[6] M. Mishra，W. An，D. Sidoti，et al. Context-aware decision support for anti-submarine warfare mission planning within a dynamic environment［J］. IEEE Transactions on Systems，Man，and Cybernetics：Systems，2020，50（1）：318-335.

[7] Q. Yang，J. Liu，L. Li. Path planning of UAVs under dynamic environment based on a hierarchical recursive multiagent genetic algorithm［C］. 2020 IEEE Congress on Evolutionary Computation（CEC），2020.

[8] E. Barnett，C. Gosselin. A bisection algorithm for time-optimal trajectory planning along fully specified paths［J］. IEEE Transactions on Robotics，2021，37（1）：131-145.

[9] J. Wang，M. Q. H. Meng. Optimal path planning using generalized voronoi graph and multiple potential functions［J］. IEEE Transactions on Industrial Electronics，2020，67（12）：10621-10630.

[10] V. Roberge，M. Tarbouchi，G. Labonte. Comparison of parallel genetic algorithm and particle swarm optimization for real-time UAV path planning［J］. IEEE Transactions on Industrial Informatics，2013，9（1）：132-141.

[11] N. Wang，H. Xu. Dynamics-constrained global-local hybrid path planning of an autonomous surface vehicle［J］. IEEE Transactions on Vehicular Technology，2020，69（7）：6928-6942.

[12] C. Hu，L. Zhao，G. Qu. Event-triggered model predictive adaptive dynamic programming for road intersection path planning of unmanned ground vehicle［J］. IEEE Transactions on Vehicular Technology，2021：11228-11243.

[13] J. Bruce，M. Veloso. Real-time randomized path planning for robot navigation［C］. IEEE/RSJ International Conference on Intelligent Robots and Systems，2002，3：2383-2388.

[14] M. Otte, E. Frazzoli. RRTX: Asymptotically optimal single-query sampling-based motion planning with quick replanning [J]. The International Journal of Robotics Research, 2015, 35 (7): 797-822.

[15] C. Yuan, G. Liu, W. Zhang, et al. An efficient RRT cache method in dynamic environments for path planning [J]. Robotics and Autonomous Systems, 2020, 131: 103595.

[16] K. Naderi. RT-RRT*: A real-time path planning algorithm based on RRT* [C]. Proceedings of the 8th ACM SIGGRAPH Conference on Motion in Games, 2015: 113-118.

[17] L. Pfotzer, S. Klemm, A. Roennau, et al. Autonomous navigation for reconfigurable snake-like robots in challenging, unknown environments [J]. Robotics and Autonomous Systems, 2017, 89: 123-135.

[18] J. Qi, H. Yang, H. Sun. MOD-RRT*: A sampling-based algorithm for robot path planning in dynamic environment [J]. IEEE Transactions on Industrial Electronics, 2021, 68 (8): 7244-7251.

[19] H. Ren, S. Chen, L. Yang, et al. Optimal path planning and speed control integration strategy for UGVs in static and dynamic environments [J]. IEEE Transactions on Vehicular Technology, 2020, 69 (10): 10619-10629.

[20] C. Fulgenzi, A. Spalanzani, C. Laugier, et al. Risk based motion planning and navigation in uncertain dynamic environment [J]. Hal Inria, 2010.

[21] W. Chi, M. Q. H. Meng. Risk-RRT*: A robot motion planning algorithm for the human robot coexisting environment [C]. Proceedings of the 2017 18th International Conference on Advanced Robotics (ICAR), 2017.

[22] J. Wang, M. Q. H. Meng, O. Khatib. EB-RRT: Optimal motion planning for mobile robots [J]. IEEE Transactions on Automation Science and Engineering, 2020, 17 (4): 2063-2073.

[23] H. Ma, J. Li. Lifelong multi-agent path finding for online pickup and delivery tasks [C]. Proceedings of the 16th International Conference on Autonomous Agents and Multiagent Systems (AAMAS 2017), 2017.

[24] S. Yoon, D. H. Shim. SLPA* shape-aware lifelong planning A* for differential wheeled vehicles [J]. IEEE Transactions on Intelligent Transportation Systems, 2015, 16 (2): 730-740.

[25] B. Liu, X. Xiao, P. Stone. A lifelong learning approach to mobile robot navigation [J]. IEEE Robotics and Automation Letters, 2021, 6 (2): 1090-1096.

[26] M. Damani, Z. Luo, E. Wenzel, et al. PRIMAL 2: Pathfinding via reinforcement and imitation multi-agent learning-lifelong [J]. IEEE Robotics and Automation Letters, 2021, 6 (2): 2666-2673.

[27] Q. Wan, C. Gu, S. Sun, et al. Lifelong multi-agent path finding in a dynamic environment [C]. 2018 15th International Conference on Control, Automation, Robotics and Vision (ICARCV), 2018: 875-882.

[28] M. U. Khan, S. Li, Q. X. Wang, et al. Distributed multirobot formation and tracking control in cluttered environments [J]. ACM Transactions on Autonomous and Adaptive Systems, 2016, 11 (2): 1-22.

[29] S. S. Ge, X. Liu, C. H. Goh, et al. Formation tracking control of multiagents in constrained space [J]. IEEE Transactions on Control Systems Technology, 2016, 24 (3): 992-1003.

[30] G. Lee, D. Chwa. Decentralized behavior-based formation control of multiple robots considering obstacle avoidance [J]. Intelligent Service Robotics, 2018, 11 (1): 127-138.

[31] Z. Y. Sun, H. B. Sun, P. Li, et al. Formation control of multiple underactuated surface vessels with a disturbance observer [J]. Journal of Marine Science and Engineering, 2022, 10 (8): 1016.

[32] L. Pei, J. Lin, Z. Han, et al. Collaborative planning for catching and transporting objects in unstructured environments [J]. IEEE Robotics and Automation Letters, 2023: 1-8.

[33] J. Hu, W. Liu, H. Zhang, et al. Multi-robot object transport motion planning with a deformable sheet [J]. IEEE Robotics and Automation Letters, 2022, 7 (4): 9350-9357.

[34] B. E. Jackson, T. A. Howell, K. Shah, et al. Scalable cooperative transport of cable-suspended loads with UAVs using distributed trajectory optimization [J]. IEEE Robotics and Automation Letters, 2020, 5 (2): 3368-3374.

[35] R. Herguedas, M. Aranda, G. López-Nicolás, et al. Double-integrator multirobot control with uncoupled dynamics for transport of deformable objects [J]. IEEE Robotics and Automation Letters, 2023, 8 (11): 7623-7630.

[36] H. Lee, H. Kim, H. J. Kim. Planning and control for collision-free cooperative aerial transportation [J]. IEEE Transactions on Automation Science and Engineering, 2018, 15 (1): 189-201.

[37] S. Heshmati-Alamdari, G. C. Karras, K. J. Kyriakopoulos. A predictive control approach for cooperative transportation by multiple underwater vehicle manipulator systems [J]. IEEE Transactions on Control Systems Technology, 2022, 30 (3): 917-930.

[38] C. E. Luis, A. P. Schoellig. Trajectory generation for multiagent point-to-point transitions via distributed model predictive

control [J]. IEEE Robotics and Automation Letters，2019，4 (2)：375-382.

[39] J. Park，H. J. Kim. Online trajectory planning for multiple quadrotors in dynamic environments using relative safe flight corridor [J]. IEEE Robotics and Automation Letters，2021，6 (2)：659-666.

[40] H. Zhu，F. M. Claramunt，B. Brito，et al. Learning interaction-aware trajectory predictions for decentralized multi-robot motion planning in dynamic environments [J]. IEEE Robotics and Automation Letters，2021，6 (2)：2256-2263.

[41] H. Ebel，W. Luo，F. Yu，et al. Design and experimental validation of a distributed cooperative transportation scheme [J]. IEEE Transactions on Automation Science and Engineering，2021，18 (3)：1157-1169.

[42] Z. Wang，M. Schwager. Multi-robot manipulation with no communication using only local measurements [C]. 2015 54th IEEE Conference on Decision and Control (CDC)，2015：380-385.

[43] W. Wang，Z. Wang，L. Mateos，et al. Distributed motion control for multiple connected surface vessels [C]. 2020 IEEE/RSJ International Conference on Intelligent Robots and Systems (IROS)，2020：11658-11665.

[44] X. Zhou，T. Yang，Y. Zou，et al. Multiple subformulae cooperative control for multiagent systems under conflicting signal temporal logic tasks [J]. IEEE Transactions on Industrial Electronics，2023，70 (9)：9357-9367.

[45] R. S. Sharma，A. Mondal，L. Behera. Tracking control of mobile robots in formation in the presence of disturbances [J]. IEEE Transactions on Industrial Informatics，2021，17 (1)：110-123.

[46] G. Peng，Z. Lu，S. Chen，et al. Pose estimation based on wheel speed anomaly detection in monocular visual-inertial SLAM [J]. IEEE Sensors Journal，2021，21 (10)：11692-11703.

[47] F. Ginelli. The Physics of the Vicsek model [J]. European Physical Journal-Special Topics，2016，225 (11-12)：2099-2117.

[48] L. Dai，Q. Cao，Y. Q. Xia，et al. Distributed MPC for formation of multi-agent systems with collision avoidance and obstacle avoidance [J]. Journal of the Franklin Institute-Engineering and Applied Mathematics，2017，354 (4)：2068-2085.

[49] K. Daniel，A. Nash，S. Koenig. Theta*：Any-angle path planning on grids [J]. Journal of Artificial Intelligence Research，2010，39：533-579.

[50] C. Liu，M. Whitzer，M. Yim. A distributed reconfiguration planning algorithm for modular robots [J]. IEEE Robotics and Automation Letters，2019，4 (4)：4231-4238.